矿用单轨吊实用指南

李臣华　杨大明　主编

应急管理出版社

·北京·

图书在版编目（CIP）数据

矿用单轨吊实用指南 / 李臣华，杨大明主编． 北京：
应急管理出版社，2024． -- ISBN 978-7-5237-0615-2

Ⅰ. TD527-62

中国国家版本馆 CIP 数据核字第 20240TG877 号

矿用单轨吊实用指南

主　　编	李臣华　杨大明
责任编辑	郑素梅　李雨恬　孟　楠
编　　辑	王　晨
责任校对	张艳蕾
封面设计	范红丽　陈　珊

出版发行	应急管理出版社（北京市朝阳区芍药居 35 号　100029）
电　　话	010-84657898（总编室）　010-84657880（读者服务部）
网　　址	www.cciph.com.cn
印　　刷	北京盛通印刷股份有限公司
经　　销	全国新华书店
开　　本	710mm×1000mm $^1/_{16}$　印张 $40\frac{3}{4}$　字数　783 千字
版　　次	2024 年 8 月第 1 版　2024 年 8 月第 1 次印刷
社内编号	20240616　　　　　　　　定价　198.00 元

版权所有　违者必究

本书如有缺页、倒页、脱页等质量问题，本社负责调换，电话：010-84657880
（请认准封底防伪标识，敬请查询）

编写人员名单

主　　编　李臣华　杨大明
副 主 编　史志远　李　群　李　广
编写人员　陈　淼　贺江波　冯海涛　杨冬冬　孙凡占
　　　　　　王西涛　王　磊　周　建　姚　源　杨锦涛
　　　　　　罗振兴　廖泽巨　渠慎月　唐宏波　史　巍
　　　　　　陈　翀　刘永亮
参编人员（按姓氏笔画排序）
　　　　　　丁文通　丁德才　马云龙　马忠明　王建刚
　　　　　　王贵生　王晓东　井庆贺　尤　亚　卢　波
　　　　　　达昀峰　吕　鲲　刘　威　刘文越　刘同宽
　　　　　　闫建浩　孙宏光　李　志　李　波　李　威
　　　　　　吴金尘　余洪伟　张兆全　张学亮　张智勇
　　　　　　张瑞博　范宝贵　罗贤峰　屈　平　赵　韦
　　　　　　赵军华　柳东林　洪益青　贺智峰　郭　涛
　　　　　　郭建礼　黄炜炜　靳如亮　谭斯格　燕　浩
　　　　　　薛安东
审稿人员　王端武　王虹桥　翟守忠　范口启

序

煤炭是我国的基础能源和重要工业原料，是我国能源安全的"压舱石"和"稳定器"。在今后较长时间，煤炭仍是我国最丰富、最可靠、最经济的能源资源。2023年全国原煤产量达到47.1亿吨，预计到2030年、2050年，煤炭占我国能源消费的比例仍将达到50%、35%以上。因此，以煤为主能源结构是我国能源安全的基本战略。

近年来，我国大力推进煤矿智能化建设，加速实现煤炭行业转型升级，推动煤炭生产技术革命，提高煤矿企业的核心竞争力。煤矿智能化建设在减人增安提效方面取得了显著进步，截至2023年底，全国建成智能化采掘工作面1649个，其中智采工作面810个，智掘工作面839个；应用煤矿机器人1803台，无人驾驶矿卡608台；有智能化采掘工作面的煤矿达758处，产能占比达到60%左右，基本实现了掘进工作面减人提效、综采工作面内少人或无人操作、井下和露天煤矿固定岗位的无人值守与远程监控。2016年以来，全国煤矿井下减少43万人以上，陕西、内蒙古部分大型矿井单班下井人数少于80人。

辅助运输是煤矿井下生产的重要环节，担负着设备、材料、人员等运送的重任，在一些煤矿也是安全生产的薄弱环节和智能化进程中亟待攻坚克难的重点领域。传统的井下辅助运输采用分段小绞车接力运输方式，一些矿区推广采用无轨胶轮车、单轨吊等先进辅助运输方式，已成为高产高效、智能化矿井辅助运输的首要选择。矿用单轨吊以其优越的结构形式、超强的适应能力、优良的爬坡能力以及易于实现自动化控制、智能化运行的技术基础，受到不具备无轨运输条件的矿山越来越多的青睐，具备良好的发展前景。加强矿用单轨吊选型设计、安装和运维管理，充分发挥矿用单轨吊的效能，是煤矿使用单轨吊所面临的重要问题。

徐州江煤科技有限公司是我国矿用装备生产制造领域的知名企业、国家级高新技术企业，国家专精特新"小巨人"企业，基于多年持续科技创新，研制出矿用单轨吊系列化装备，应用无线通信、人员精确定位、AI环境感知、辅助控制系统等智能化技术，实现矿用单轨吊远程遥控及无人驾驶。此外，积累了丰富的煤矿单轨吊设备合理安装使用、科学维护管理经验。

《矿用单轨吊实用指南》是江煤科技董事长李臣华先生组织国内相关专家，在系统总结多年研究成果和现场管理经验，吸纳借鉴相关领域的成功做法，科学研判相关领域技术发展趋势的基础上精心编撰而成，具有很强的系统性、科学性、实用性和指导性。本书出版发行，将有助于提升矿用单轨吊运维技术水平，为提高我国煤矿辅助运输安全生产水平和辅助运输智能化发展质量发挥重要作用。

中国工程院院士

2024 年 4 月 18 日

前　　言

随着科学技术的发展和矿山装备水平的提高，矿井生产向集约化方向发展，生产能力和工效不断提高，运输距离越来越长，综采综掘等设备的单件质量越来越大，在巷道坡度起伏较大、工况复杂的环境条件中，如何实现矿井辅助运输的连续、安全、高效，有效支撑矿山自动化、信息化、智能化进程，实现矿山高质量发展，是目前矿山井下辅助运输面临的重大挑战。

传统的井下辅助运输采用多点分段小绞车接力方式，个别采用无极绳绞车运输，从地面或者井底车场至采掘工作面的物料运输一般须经多次转载，不仅运输环节多、系统构成复杂、运输效率低下，且用人多、对操作控制能力的依赖性高，事故频发。据有关资料，我国采用传统辅助运输方式的煤矿，其辅助运输人员约占井下从业人员总数的 1/3，个别达到 1/2，工伤事故占事故总量的 30% 左右。为了彻底改变这种现状，一些矿区推广采用无轨胶轮车、单轨吊等先进辅助运输方式，取得积极成效，其已成为高产高效、智能化矿井辅助运输的首要选择。井下无轨运输具有运输环节少、设备性能优良、运输效率高、占用人员少等突出优点，但对运输条件的要求高。单轨吊则以其优越的结构形式、超强的适应能力、优良的爬坡能力以及良好的发展前景，受到不具备无轨运输条件的矿山越来越多的青睐，成为矿山井下辅助运输发展的重要方向。

国内矿用单轨吊的研制开发及使用已有近 50 年的历史，初期发展缓慢。近年，随着科学技术的发展，矿用单轨吊的技术水平、运行安全可靠性以及自动化、智能化程度在不断提升，类型和规格型号越来越多，功能性能越来越先进，适用条件和范围越来越广，为单轨吊在矿山井下安全平稳经济运行奠定了坚实的技术基础。近年来矿用单轨吊销售量大幅增加。据不完全统计，截至目前，国内已有矿用单轨吊生产制造企业45家，每年生产各类矿用单轨吊近千台，单次运载货物最大质量60 t，最大爬坡角度25°；近2000处矿山使用单轨吊，在用单轨吊总量超过4500台（套）。单轨吊运输的突出优势在于：轨道安装在井巷上部，不受巷道底鼓变形等的影响；本机截面小，巷道断面空间利用率高，运距不受限制，可实现1台机车在多变坡、多拐弯、多岔道支线巷道中不转载连续直达运输；同一线路上，一套装备可运物、运人，自动起吊，装卸方便；轨道和吊挂装置重复使用率高，安装维护简单，投资和维护费用较低；劳动强度低，效率高，用人少。可以预料，矿用单轨吊将在矿山高质量发展和安全生产工作中发挥越来越重要的作用。

先进的技术装备必须有与之相适应的科学规范的管理，才能有效发挥重要作用。目前，我国矿用单轨吊在矿山安全生产中发挥重要作用的同时，也存在着诸多亟待解决的问题，如坠落、跑车、刮擦、碰撞等事故仍时有发生，伤亡事故仍屡禁不止。究其原因，主要与矿用单轨吊的选型与设计不合理、安装与验收不规范、使用与维护管理不到位、运行秩序与环境不良、规章制度与操作规程贯彻落实不力等密切相关。依法履责、按章操作、科学运维、精细化管理，切实保证矿用单轨吊安全平稳运行，有效提升单轨吊运输效能，是使用单轨吊的矿山企业面临的一项重要任务。

为指导和帮助矿山企业加强对矿用单轨吊的科学规范管理，提升单轨吊的安全运行水平，徐州江煤科技有限公司联合安标国家矿用产品安全标志中心、长沙矿山研究院、中煤能源集团大屯煤电公司、中国煤炭工业协会、中国矿业大学等单位的专家，在分析矿用单轨吊技术发展方向、深入剖析单轨吊系统使用维护管理中存在问题、系统总结多年研究成果和现场管理经验，紧密结合矿山现场客观需求的基础上，编撰了《矿用单轨吊实用指南》一书。本书力求科学性、规范性、系统性、实用性和指导作用，主要介绍了矿用单轨吊的发展历程与发展趋势、主要安全风险、国家的相关规定要求；矿用单轨吊的基本结构、组成、功能、工作原理、主要设备的技术特点与性能指标、悬挂轨道及技术要求；矿用单轨吊选型设计的依据、原则、内容、程序与技术方法；矿用单轨吊的入矿入井查验、安装、调试、验收的技术方法与相关要求；矿用单轨吊运维管理的机构与职责、制度与规程、操作与运维、检查与检测、维修与故障处理等的技术方法，以及质量标准化要求；单轨吊典型事故案例剖析及防范措施等。本书第一章主编写人员为史志远、李群、渠慎月，第二章主编写人员为贺江波、杨冬冬、陈翀、史巍，第三章主编写人员为陈淼、廖泽巨、王西涛，第四章主编写人员为冯海涛、杨冬冬、刘永亮，第五章主编写人员为李广、孙凡占、唐宏波、周建，第六章主编写人员为杨大明、王磊、姚源、罗振兴、杨锦涛。全书由李臣华、杨大明统稿。

  本书编撰过程中，得到了有关领导和专家的大力支持和指导，中国工程院院士、中国矿业大学（北京）校长葛世荣教授为本书作序，在此一并致以衷心感谢！

  由于水平所限，书中难免存在瑕疵之处，敬请读者不吝赐教。

编 者

2024 年 5 月 10 日

目　次

第一章　概述 ………………………………………………………………… 1

　第一节　矿用单轨吊的发展与使用概况 ……………………………………… 1
　第二节　矿用单轨吊运输的主要特点及适用条件 …………………………… 16
　第三节　矿用单轨吊的主要安全风险及管控措施 …………………………… 23
　第四节　矿用单轨吊相关标准规范 …………………………………………… 31
　第五节　矿用单轨吊的发展方向 ……………………………………………… 35

第二章　矿用单轨吊运输系统的基本结构与组成 ……………………… 38

　第一节　矿用单轨吊运输系统的基本组成与分类 …………………………… 38
　第二节　矿用单轨吊悬挂轨道 ………………………………………………… 61
　第三节　矿用单轨吊机车 ……………………………………………………… 81
　第四节　矿用单轨吊运输系统吊运单元 ……………………………………… 136
　第五节　矿用单轨吊井巷配套设施 …………………………………………… 144
　第六节　矿用单轨吊的智能化 ………………………………………………… 151
　第七节　典型矿用单轨吊技术性能及特点 …………………………………… 172

第三章　矿用单轨吊的选型与设计 ……………………………………… 232

　第一节　矿用单轨吊选型与设计的目的与原则 ……………………………… 232
　第二节　矿用单轨吊选型与设计的主要依据与内容 ………………………… 237
　第三节　矿用单轨吊选型与设计的基本程序与方法 ………………………… 242
　第四节　悬挂轨道系统的选型与设计 ………………………………………… 246
　第五节　矿用单轨吊机车的选型与设计 ……………………………………… 278
　第六节　矿用单轨吊系统的验算校验 ………………………………………… 323
　第七节　矿用单轨吊选型与设计示例 ………………………………………… 329

第四章　矿用单轨吊的安装与调试 ……………………………………… 356

　第一节　矿用单轨吊的入矿查验 ……………………………………………… 356

第二节　矿用单轨吊的安装施工……………………………………… 365
　　第三节　矿用单轨吊机车的调试与试运行……………………………… 438
　　第四节　矿用单轨吊运输系统的验收与移交…………………………… 457

第五章　矿用单轨吊的使用与运维管理……………………………………… 470
　　第一节　矿用单轨吊运维管理的机构与制度…………………………… 470
　　第二节　矿用单轨吊的操作规程………………………………………… 504
　　第三节　矿用单轨吊日常检查与维护…………………………………… 522
　　第四节　矿用单轨吊定期检测技术方法与要求………………………… 551
　　第五节　常见故障处理技术方法………………………………………… 565

第六章　矿用单轨吊典型事故及其防范措施………………………………… 583
　　第一节　矿用单轨吊坠落事故及其防范措施…………………………… 583
　　第二节　矿用单轨吊跑车事故及其防范措施…………………………… 598
　　第三节　矿用单轨吊剐蹭事故及其防范措施…………………………… 603
　　第四节　矿用单轨吊其他事故及其防范措施…………………………… 606
　　第五节　矿用单轨吊典型事故剖析……………………………………… 611

参考文献……………………………………………………………………………… 637

第一章 概　　述

矿用单轨吊是在悬吊的单轨上运行的具有起吊作用的运输设备，单轨吊机车主要由动力单元、吊运单元、驱动单元、制动单元、驾驶单元、行走单元、液压系统、电控系统等组成，用于运输矿山生产所需的物料、机电设备、液压支架及人员等，具有连续运输、适应性强、运输效率高等突出优点，能有效解决采掘工作面"最后一公里"的运输难题。随着科学技术的发展，矿用单轨吊的技术性能不断提高、使用范围逐步扩大，得到矿山等相关方越来越多的重视。但矿用单轨吊作为机电液一体化装备，人们对其选型设计、安装与运维管理有较高要求，因为其设计与安装缺陷、使用与运维不当造成的故障、事故屡见不鲜，直接影响着矿山安全生产。选好、安装好、使用维护好矿用单轨吊，对矿山安全高质量发展具有重要意义。

第一节　矿用单轨吊的发展与使用概况

矿用单轨吊作为矿山辅助运输的重要方式，是伴随煤炭工业的发展和矿山的科技进步而逐步发展起来的。其经历了从简单到复杂、从低水平到高技术性能、从人工操作到自动化、从单一使用工况到多场景应用的发展过程，在煤矿等矿山辅助运输中发挥着越来越重要的作用。

一、矿山辅助运输的发展

辅助运输担负着人员、材料、设备及矸石的运送任务，素有"咽喉""动脉"之称。由于辅助运输路线长、环节多、条件复杂、设备类型多等原因，其技术发展和运行安全一直备受重视，相应产品研发、生产与使用也经历了小绞车、卡轨车、架空乘人装置，到无轨胶轮车、单轨吊等的发展历程。

早期煤矿辅助运输广泛采用以调度绞车等小绞车为主的接力运输方式。这种运输方式由于需要设置诸多中间车场，轨道系统复杂，运输环节多，占用设备多，需用人员多，设备安全可靠性差，运输能力和效率均较低，且容易形成较多事故隐患，成为制约矿井安全生产和机械化发展的老大难问题。越来越多的矿山已经或者正在淘汰这种落后的辅助运输方式。典型的矿用小绞车如图1-1所示。

图 1-1　矿用小绞车

20 世纪 90 年代，煤矿开始推广使用钢丝绳牵引卡轨车运输方式，如图 1-2 所示。图 1-2a 为卡轨车辆，图 1-2b 为车辆卡轨运行方式。钢丝绳牵引卡轨车

（a）卡轨车辆

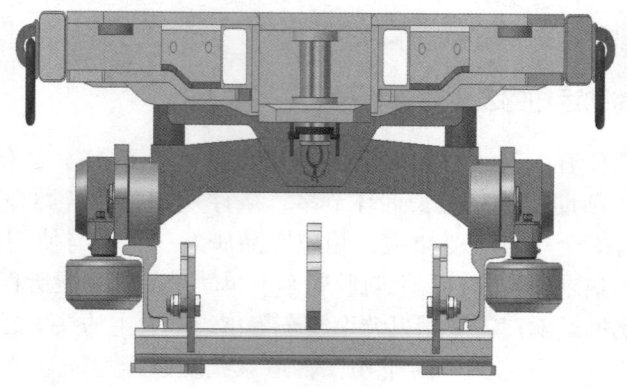

（b）车辆卡轨运行方式

图 1-2　钢丝绳牵引卡轨车运输方式

的使用对于解决小绞车存在的问题发挥了重要作用,特别是对于掘进巷道的矸石运输效果更为突出。但是钢丝绳牵引卡轨车对巷道长度、坡度、轨道等要求比较严格,运输距离受限。由于采用钢丝绳牵引,一部卡轨车只能在一条巷道内使用,不能同时服务于多条巷道,压绳轮容易发生脱绳,难以实现运输中的全过程控制。随着煤矿开采深度的增加,巷道变形加剧,大大限制了钢丝绳牵引卡轨车运输方式的推广应用。

进入21世纪后,研发使用了自驱式或者无极绳牵引式卡轨运输装置,主要有全路况卡轨乘人装置、起伏巷卡轨乘人装置(图1-3)、齿轨卡轨车(图1-4)等。这些装置的使用,进一步提高了辅助运输的安全可靠性,为矿山辅助运输提供了新的选择。

图1-3 起伏巷卡轨乘人装置

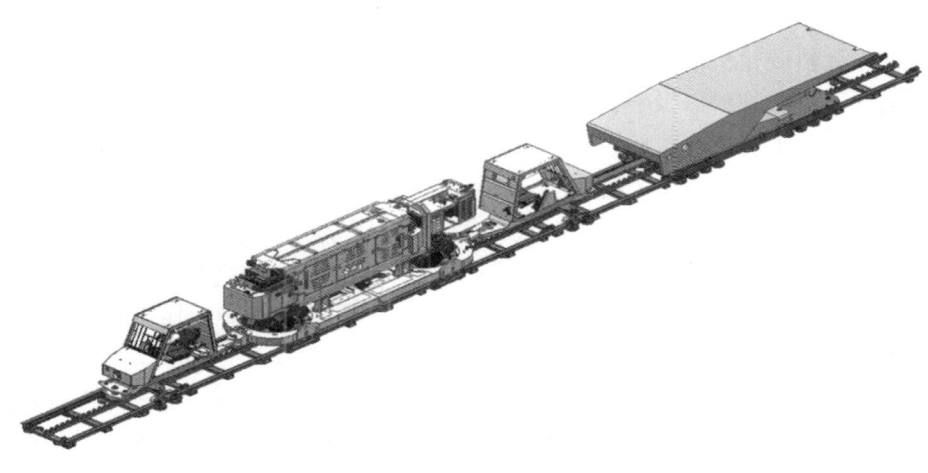

图1-4 齿轨卡轨车

20世纪60年代，我国矿山开始研究使用架空乘人装置，其示意图如图1-5所示。发展之初，产品简单、粗糙、不规范，生产厂家很少。至20世纪90年代末，架空乘人装置开始较快发展。但由于缺乏统一的设计制造标准，产品类型各异，驱动方式、抱索器型式、托压绳轮结构、吊椅形状、张紧机构方式等也不尽相同。这一阶段的架空乘人装置存在技术相对不成熟、运行不平稳、基本安全保护缺失等问题，从而限制了架空乘人装置的应用。2000年后，随着架空乘人装置技术的发展及MT/T 873—2000《煤矿固定抱索器架空乘人装置技术条件》的发布实施，架空乘人装置生产制造逐步专业化、标准化。2008年，可水平转弯的架空乘人装置研制成功，解决了在弯道处换乘带来的问题，同时变频技术也应用到架空乘人装置中，实现了连续调速和软启动等功能，提高了安全性。其后，国产液压驱动架空乘人装置研发成功并成功应用，因其具备无级调速、软启动、软停车、故障率低、体积小等特点而得到快速发展。架空乘人装置仅限于人员运输，且对运输角度、运行速度、吊具的吊挂方式和吊挂距离等均有一定限制。

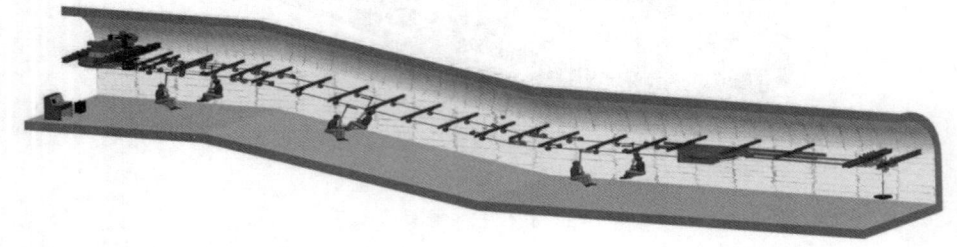

图1-5 架空乘人装置

矿用无轨胶轮车是一种以柴油发动机或蓄电池为动力，胶轮行走，主要用于井下运送人员、物料以及设备的车辆，具有载重大、操作灵活、结构紧凑等特点。在矿山井下巷道特殊环境下，使用无轨胶轮车完成矿井辅助运输任务，具有无须物料转载、速度快、灵活性强、爬坡能力大以及安全性高等众多优点，可大大缩短生产准备时间，为实现矿山高产高效奠定了坚实的基础。但不同于地面机动车辆，受井巷空间及条件限制，其适用条件受限较大，仅适用于条件简单、断面较大、倾斜角度一般不超过6°的运输巷道。典型矿用物料运输无轨胶轮车如图1-6所示。

矿用单轨吊作为一种新的运输方式，充分利用巷道的上部空间，不受巷道地面条件的限制和影响，克服了传统运输方式受工况条件限制大的问题；可实现多条巷道连通使用；可以在多弯道、多起伏的巷道中应用，能够实现从车场至工作面的不转载直达运输，灵活性和适应性都较强。单轨吊因其具有结构紧凑、机动

图 1-6　矿用物料运输无轨胶轮车

灵活、转弯半径小、可多工作面同时作业等特点，成为当前矿山辅助运输发展的重点装备。典型的矿用单轨吊运输系统示意图如图 1-7a 所示，矿用单轨吊起吊设备示意图如图 1-7b 所示，矿用单轨吊地面试验现场如图 1-7c 所示，矿用单轨吊井下使用现场如图 1-7d 所示。

总体而言，目前我国煤矿等矿山的辅助运输的特点仍然比较明显，辅助运输系统及装备的自动化程度较低，用工相对较多，接续环节比较复杂；每采百万吨煤需辅助运输用工 800~1200 人班，是先进国家的 7~10 倍；工伤事故占到矿山事故总量的 1/4 左右，居所有事故的第 2 位。我国矿山面临的一项很重要的任务，就是采用高新技术，加速实现我国矿山辅助运输现代化，推广应用单轨吊等新型辅助运输方式，并着力提高自动化、智能化水平。

(a) 矿用单轨吊运输系统示意图

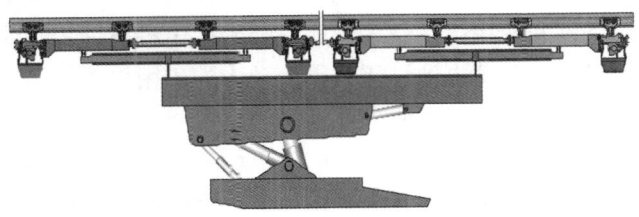

(b) 矿用单轨吊起吊设备示意图

(c) 矿用单轨吊地面试验现场

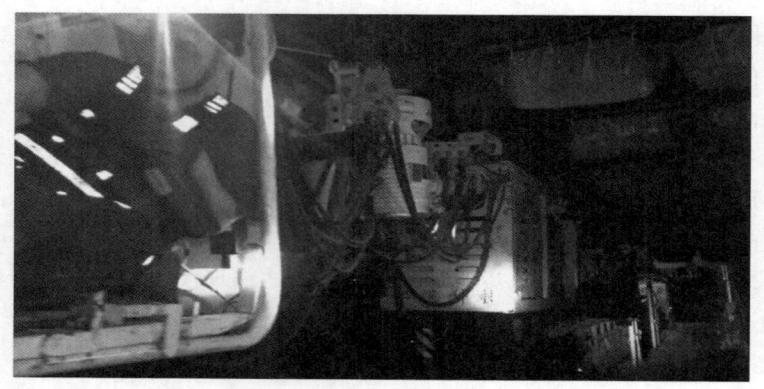

(d) 矿用单轨吊井下使用现场

图 1-7 矿用单轨吊

二、矿用单轨吊的发展

单轨吊以其优越的结构形式，超强的适应能力、优良的爬坡能力，以及良好的发展前景，越来越受到国内外矿山的青睐。其类型型号越来越多，功能性能越来越先进，适用条件和使用范围越来越广。随着矿山科技进步，陆续出现了以钢丝绳牵引、柴油发动机、蓄电池、压风等为动力的矿用单轨吊。

(一) 国外矿用单轨吊的发展

国外单轨吊的发展是随着矿山技术的进步而发展起来的。早在20世纪50年代，世界上一些主要采煤国家为解决本国煤矿井下辅助运输机械化的问题，开始研发矿用单轨吊。1954年，德国研制了世界上第一台矿用单轨吊，为钢丝绳牵引型式。1963年，德国研制出柴油机单轨吊机车。1976年，德国又开始着手研制蓄电池单轨吊车。随后，捷克、英国、苏联等国家也陆续开展了矿用单轨吊相关产品的研究和推广应用。

20世纪七八十年代，矿用单轨吊在西欧、东欧成为煤矿主要辅助运输设备，使用矿用单轨吊的国家包括德国、英国、法国、捷克斯洛伐克、苏联等。德国鲁尔矿区辅助运输设备中单轨吊占95%，捷克几乎全部采用单轨吊。在设备更新改进中，单轨吊的使用大大提高了煤矿生产效率，使用效果良好，产生了显著的经济效益和安全效益。

国外矿用单轨吊产品技术性能相对优良。目前牵引力最大达到320 kN，最大制动力达到480 kN，最大爬坡角度达到30°，最大行驶速度达到2.6 m/s，最小水平转弯半径4 m，最小垂直转弯半径8 m，在纵向坡度起伏较大、水平弯道较多的轨道上能安全平稳运行。国外典型矿用单轨吊的主要技术参数见表1-1所列。

表1-1 国外典型矿用单轨吊主要技术参数表

动力源	输出功率/kW	最大爬坡能力/(°)	最大负载/t	驱动轮组数量/组	最大运行速度/(m·s^{-1})
柴油发动机	84/130	25	32	3~14	2
压缩空气	9	20	28	1	0.5~0.8
绳牵引	视绞车功率配置	30	32	—	视绞车速度
蓄电池	40	16	20	4	2

国外矿用单轨吊在技术特性、运输效率和安全性能等方面的优点，主要表现在以下方面：

（1）运行安全可靠，不跑车，不掉道。
（2）爬坡能力强，能在纵向坡度起伏较大和水平弯道道岔较多情况下运行。
（3）牵引力大，能实现重型物料如重型液压支架等的整体搬运。
（4）运行速度快。
（5）能实现远距离连续运输。
（6）有比较完整的配套设备和运输车辆，可实现装卸作业机械化。

由于上述优点，矿用单轨吊在国外发展迅速。目前，国外规模比较大的矿用单轨吊生产企业有德国的沙尔夫公司、贝克公司和捷克的芬瑞特公司。

德国沙尔夫公司1951年建厂，一直致力于柴油发动机单轨吊的研发，其单轨吊安装量曾占全球的34%，产品成熟、质量可靠、适应性强、故障率低，但产品价格较高。沙尔夫公司矿用单轨吊如图1-8所示。

图 1-8　德国沙尔夫公司矿用单轨吊

德国贝克公司生产的矿用单轨吊产品主要以柴油发动机为动力，在欧洲占有率曾达 50%。进入中国市场后，经过一些年的发展，也逐渐得到国内矿山的认可。其产品主要是以齿轨单轨吊为主，齿轨驱动相较传动的摩擦轮驱动方式，有爬坡能力大、维修成本低的特点，但存在前期投入较大的弊端。德国贝克公司矿用单轨吊如图 1-9 所示。

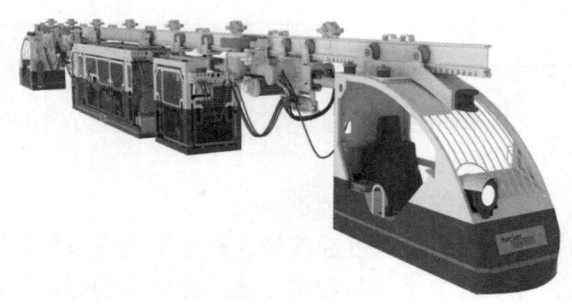

图 1-9　德国贝克公司矿用单轨吊

捷克芬瑞特公司在 1993 年开始生产经营单轨吊（主要为柴油发动机单轨吊），其产品在欧洲市场有一定的占有量，而捷克本土则是 100% 占有市场份额。2006 年芬瑞特公司的矿用单轨吊产品进入中国市场，由于其体积小、机动灵活、速度快、运送效率高、运送距离长、通过巷道断面小、对巷道要求低、转弯半径小等特点，迅速在中国矿山得到较多应用。芬瑞特公司矿用单轨吊如图 1-10 所示。

图 1-10 捷克芬瑞特公司矿用单轨吊

同时，国外也研发了少量的气动单轨吊，如芬瑞特公司的 MK10 气动单轨吊、沙尔夫公司的 S-40972/15 气动单轨吊、布劳提干公司的 PSM90D 气动单轨吊等。

国外单轨吊轨道一般分为 I140V（重型轨，图 1-11a）和 I140E（轻型轨，图 1-11b）。同时，根据地质条件和载重工况，轨道有不同长度规格，以合理分配载荷。轨道系统的安装质量直接影响单轨吊机车的正常行驶，因此轨道系统必须经由专业人员综合考虑地质条件、运输条件以及设备选型进行合理设计，同时轨道的安装必须由专业队伍实施。

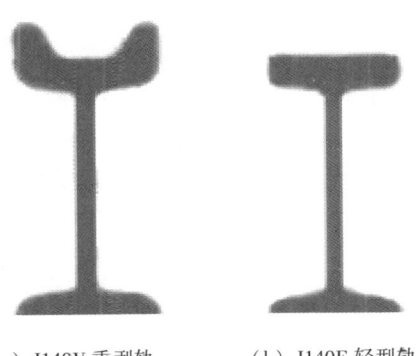

(a) I140V 重型轨　　(b) I140E 轻型轨

图 1-11 国外单轨吊轨道轨型

国外单轨吊轨道悬挂方式分为轨道单链悬挂方式和轨道双链悬挂方式,如图 1-12 所示。

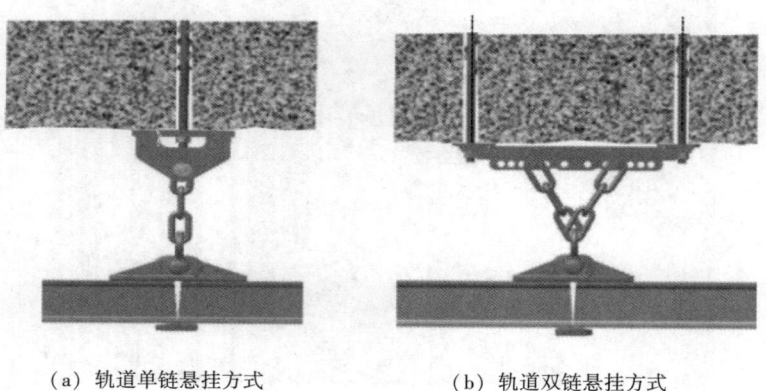

(a) 轨道单链悬挂方式　　　　　　(b) 轨道双链悬挂方式

图 1-12　国外单轨吊轨道悬挂方式

(二) 国内矿用单轨吊的发展

国内柴油发动机单轨吊的使用起源于德国,已有近 50 年的历史。2004 年以前,德国柴油发动机单轨吊垄断中国市场。

我国自 20 世纪七八十年代开始研制矿用单轨吊运输系统,由于技术相对落后,进展缓慢。随着煤矿经济形势的好转,国家强化煤矿安全生产管理,针对辅助运输用人多、环节多、事故多的实际情况,我国开始从国外引进柴油发动机单轨吊系统,最早在山西潞安矿务局的漳村矿、常村矿使用,改变了辅助运输安全状况差、效益低的被动局面,在全国开了个好头。进入 21 世纪后,矿用单轨吊得到较大发展,连续开发出具有较高技术含量的矿用单轨吊产品,并呈现出自动化、智能化、集控远控、无人驾驶等发展态势。

1982 年,河北煤炭科学研究所、井陉矿务局机修厂共同研制了 FND-40 型防爆柴油发动机单轨吊,使用 X4105FB 柴油发动机,在开滦矿务局荆各庄矿的采区综掘巷道进行材料、设备运输,并于当年通过了煤炭工业部组织的技术鉴定。但由于防爆元件问题未能得到很好解决而造成大面积推广应用搁浅。

"七五"期间,煤矿高效辅助运输技术装备研制列入国家科技攻关计划,并验收了 66 kW 防爆低污染柴油发动机单轨吊,但由于各种原因未能够实际投入生产使用。

1986 年,河南省煤炭研究所、温县黄河煤机厂联合研制出 GD140 钢丝绳牵引单轨吊,在平顶山矿务局十二矿综掘巷道内运输支护材料,1987 年通过煤炭工业部组织的技术鉴定,先后推广应用了 3 台。

1987年，河南省煤炭研究所、济源煤炭高压开关厂研制成功 XTD7 防爆特殊型蓄电池单轨吊，在平顶山矿务局七矿的综掘巷道运输支护材料。

1992年8月，国家级单轨吊车性能检测中心站首次对国产 25 kW 蓄电池单轨吊车在汾西矿务局水峪矿井下进行了检测，1993年3月中旬通过了中国统配煤矿总公司组织的技术鉴定。

2003年开始，山西潞安矿务局屯留矿、王庄矿、潞宁矿、麦捷矿，霍州煤电的辛置矿、李雅庄矿、山浪矿、木瓜矿及沈煤集团所属矿等相继投用了单轨吊。单轨吊的使用实践证明，其具有安全性高、运输效率高、占用人员少等特点，是一种适合我国煤矿特点的辅助运输设备。其后，国内陆续引进德国单轨吊 20 多台，引进捷克单轨吊 2 台，同时石家庄煤矿机械厂试制单轨吊 10 台，山西太矿电气公司试制蓄电池单轨吊 2 台。

2007年，山西太矿电气公司开始自主研发单轨吊，2009年研制出第一台蓄电池单轨吊，在山西潞安矿务局漳村矿进行试运行，综采工作面搬家倒面时，该产品只用了 22 天，完成运输 109 台液压支架、2727 t 设备。经过 15 年的持续研发，该公司累计生产矿用单轨吊产品超过 200 台，目前在现场运行 100 余台，主要在山西潞安集团和焦煤集团，其中潞安常村矿 20 台、漳村矿 15 台，以 80 kN 和 100 kN 两种规格为主。蓄电池单轨吊用于生产过程中运输，柴油机单轨吊在工作面安装拆除期间使用，两者互补。

山东新汶矿务局 2005 年开始研制防爆特殊型蓄电池单轨吊车，2006 年研制成功后用于新汶翟镇矿，其后 5 年中累计生产蓄电池单轨吊车 65 台。2008 年与德国沙尔夫公司合作成立山东新沙公司，为沙尔夫的柴油发动机单轨吊修理和售后服务，并代理其产品。

徐州江煤科技有限公司 2010 年开始进行矿用单轨吊的研究设计和生产制造，尽管起步较晚，但发展迅速，已先后研发出防爆柴油发动机单轨吊、防爆特殊型铅酸蓄电池单轨吊、防爆锂离子蓄电池单轨吊等产品，用于国内多个煤矿和非煤矿山。2022 年 10 月，该公司研发的智能型矿用单轨吊通过了中国煤炭工业协会组织的科技成果鉴定，其完善的试验系统被中国煤炭工业协会列为单轨吊司机训练竞赛基地。2023 年 9 月 17 日，首届"江煤杯"全国煤炭行业单轨吊司机职业技能大赛在徐州江煤科技有限公司隆重开幕，央视 CCTV-1《朝闻天下》节目进行了专题报道。竞赛精彩纷呈，赛出了团结友谊和职业操守，弘扬了"敬业、专注、精细"的工匠精神，也发挥了徐州江煤科技全国最大单轨吊试验场地的作用。

三、国内矿用单轨吊的生产制造情况

为改善矿山井下运输环境、提高运输效率、保证运输安全，诸多国内生产厂

家研制出柴油发动机、压缩空气、绳牵引、蓄电池等不同动力源和驱动型式的矿用单轨吊，并在煤矿等矿山得到了大量推广和应用。

（一）国内矿用单轨吊的主要生产单位

目前，我国生产单轨吊的厂家有45家左右，其中规模比较大的厂家有太原矿机电气股份有限公司、石家庄煤矿机械有限公司、徐州江煤科技有限公司、上海申传电气股份有限公司等，其在矿用单轨吊国产化及替代进口装备中发挥了重要作用。

太原矿机电气科技有限公司成立于2003年，前身为太原矿机电气发展有限公司，是一家专业从事煤矿电气、辅助运输设备研发的高科技企业。经过多年的发展，已开发出DX系列防爆蓄电池单轨吊、防爆柴油发动机单轨吊、气动单轨吊、自移设备列车等系列产品，尤其矿用蓄电池单轨吊产品在全国各大矿区应用广泛。

石家庄煤矿机械有限公司是我国辅助运输设备的骨干企业，1990年研制出FND-90型柴油发动机单轨吊；1997年研制的SDY型绳牵引单轨吊系统出口土耳其；2015年研制的DX80型防爆特殊型蓄电池单轨吊机车用于潞安集团潞宁煤业，用于潞宁煤矿的采掘工作面生产中的辅助运输；2019年，成功研发我国首台160kW的大功率防爆柴油发动机单轨吊机车。

在多年技术沉淀的基础上，借助防爆柴油发动机尾气排放最新规定的东风，国内防爆柴油发动机单轨吊生产企业显著增加，并迅速站稳脚跟，服务煤矿企业。自2020年以来，淮北矿业集团、淮南矿业集团等煤矿，对原有的单轨吊运输系统进行了大规模更新与升级换代，所用的防爆柴油发动机的尾气排放都达到了非道路国Ⅲ及以上的要求。

徐州江煤科技有限公司是国家级高新技术企业，国家专精新"小巨人"企业，2010年开始进行矿用单轨吊的研究设计和生产制造，建设了完整的部件生产和试验设施、先进的整机试验场，整机试验场长度、角度、曲率半径等能够1:1系统完整地模拟井下各种条件和工况。目前已取得矿用产品安全标志的单轨吊产品主要有DCR200/130Y、DCR175/130Y、DCR150/130Y、DCR125/130Y、DCR200/105Y、DCR175/105Y、DCR150/105Y、DCR125/105Y、DX120/72P、DX100/60P、DX80/48P、DX60/36P、DX40/24P、DLR180/90P、DLR150/75P、DLR120/60P、DLR90/45P、DLR60/30P等型号。徐州江煤科技有限公司生产制造的整机、运人车厢、运料车厢及试验场如图1-13所示。

虽然国内单轨吊生产厂家的研究进展迅速，具备了矿用单轨吊产品的设计和生产能力，但因设计、材料和制造工艺等因素影响，在产品生产工艺控制、技术性能与自动化、智能化水平等方面与国外先进技术产品仍有一定差距，国内生产

(a) DX100 单轨吊　　　　　　　　(b) 运人车厢

(c) 运料车厢　　　　　　　　　(d) 单轨吊试验场

图 1-13　徐州江煤科技矿用单轨吊及试验场

厂家仍要发挥创新、创优精神，进一步提高产品的质量和技术性能。

（二）防爆柴油发动机单轨吊的生产制造

防爆柴油发动机单轨吊是以防爆柴油发动机为动力，通过液压泵带动液压马达驱动机车运行的矿山井下大型辅助运输设备。柴油单轨吊的牵引能力强，爬坡能力优越。在煤矿井下使用的单轨吊中，单次运载的货物量可高达 70 t，最大斜巷爬坡角度为 25°。

防爆柴油发动机单轨吊的主要技术优势：结构紧凑，机动灵活，转弯半径小，适用坡度大；在用于长距离、大坡度、大载荷的复杂工况下的连续远距离、重载直达运输时，整个运输过程无须装载、拆卸。

防爆柴油发动机单轨吊的主要缺点：柴油发动机工作时噪声较大，尾气排放污染空气，需要配套较好的通风系统，以保证井下巷道里空气质量。

目前矿用产品安全标志在有效期内的国内防爆柴油发动机单轨吊生产厂家有

32家，据不完全统计，国内防爆柴油发动机单轨吊每年生产制造400余台。

（三）防爆特殊型铅酸蓄电池单轨吊的生产制造

铅酸蓄电池单轨吊以车载防爆特殊型铅酸蓄电池作为动力源驱动机车行驶，配备专用的起吊设备完成井下辅助运输工作。受车载铅酸蓄电池能重比影响，防爆特殊型铅酸蓄电池单轨吊的整体自重相对较大，一般用于吊运26 t以下的中小型设备、材料和人员，最大运输坡度为15°。

防爆特殊型铅酸蓄电池单轨吊的主要技术优势：机车转弯半径小，可在多弯道、多岔道、长距离范围内连续运输；能有效利用巷道条件，轨道悬挂在巷道顶端，不受底板条件限制；应用范围广，可运人也可吊运物料和设备；低噪声、零排放、无污染、牵引力稳定、节能环保；操作简单，铅酸蓄电池充电维护方便，运行成本低，对通风不良的掘进巷道运输尤为适用，是一种多功能、投资少、安全性高、维护方便的井下辅助运输设备。

防爆特殊型铅酸蓄电池单轨吊的主要缺点：铅酸蓄电池寿命短；铅酸蓄电池能重比低，储电能力有限，一般连续工作4~6 h就需要更换蓄电池或者进行充电，续航能力较差，这也是制约铅酸蓄电池单轨吊广泛应用的瓶颈问题；牵引力相对较小，适用的最大坡度受限（≤15°）。

目前矿用产品安全标志在有效期内的防爆铅酸蓄电池单轨吊生产厂家有20家，据不完全统计，目前国内防爆特殊型铅酸蓄电池单轨吊每年生产制造100余台。

（四）气动单轨吊的生产制造

气动单轨吊的动力源是压缩空气，利用气动马达后经减速机驱动机车行驶，配备专用的起吊设备完成井下辅助运输工作。气动单轨吊的起吊力及牵引力小，功率较低，属小型单轨吊车，主要用于采掘工作面的短距离、轻载及小倾角巷道物料运输。

气动单轨吊的主要技术优势：购置成本低；结构紧凑，布局合理，适应性较强；质量轻、移动方便、灵活，可随工作面一同推进；操作简单，可大大降低工人劳动强度。

气动单轨吊的主要缺点：由于需要连接风管，随着运距的增大，压力损失越大，气压不足而影响设备的正常运行；最大运输距离一般在150~200 m左右，平巷可运输10 t以下的重物，运载量较小。为了解决上述问题，冀凯河北机电科技有限公司研制开发了以高压空气瓶为动力源、气动发动机为动力的单轨吊，使用的运输距离可提高到1 km以上，较好地解决了采掘工作面"最后一公里"的运输难题。

目前矿用产品安全标志在有效期内的气动单轨吊生产厂家有45家，据不完全统计，目前国内气动单轨吊每年生产制造 500 余台。

（五）防爆锂离子蓄电池单轨吊的生产制造

防爆锂离子蓄电池单轨吊以防爆锂离子蓄电池电源为动力源，利用防爆电动机驱动机车行驶，配备专用的起吊设备完成井下辅助运输工作。目前防爆锂离子蓄电池电源所使用的单体锂离子蓄电池容量主要有 100 Ah、228 Ah、230 Ah 三种规格。在电源内部，单体锂离子蓄电池仅允许串联，不可并联连接。

防爆锂离子蓄电池单轨吊的主要技术优势：锂离子蓄电池的能重比高，可以存储更多电能，提高续航里程；低噪声、零排放、无污染、牵引力稳定、节能环保；操作简单，更易实现智能化、绿色化。随着科技进步和矿用机电产品智能化、绿色化要求，防爆蓄电池单轨吊车将具有广阔的发展前景。

防爆锂离子蓄电池单轨吊的主要缺点：动力普遍偏小，适用范围及条件受限，充电不方便，锂离子蓄电池内部热失控的安全风险相对较高。

目前矿用产品安全标志在有效期内的防爆锂离子蓄电池单轨吊生产厂家有 10 家，据不完全统计，目前国内防爆锂离子蓄电池单轨吊每年生产制造 200 台左右，近年增长趋势明显。

（六）钢丝绳牵引单轨吊的生产制造

钢丝绳牵引单轨吊以钢丝绳与驱动轮之间的摩擦力来带动钢丝绳运行，从而牵引单轨吊车沿轨道往复运行。煤矿井下钢丝绳牵引单轨吊生产厂家，在矿用产品安全标志有效期内的仅有 1 家，为常州御发工矿设备有限公司，最大规格为 DS120/132P。

钢丝绳牵引单轨吊的主要技术优势：具有结构紧凑、质量小、噪声低、无污染、安全可靠、操作维修方便、使用成本低等特点。

钢丝绳牵引单轨吊的主要缺点：钢丝绳频繁用于各种作业场所，因此易磨损、易腐蚀等。如果钢丝绳的选择、维护、保养和使用不当，容易发生钢丝绳断裂，造成伤亡事故或重大险情，直接危及人身安全、财产安全。

四、矿用单轨吊国内矿山使用情况

据不完全统计，2018 年全国煤矿在用单轨吊约 1660 台套，其中由国内厂家生产的单轨吊 1231 台，主要厂家包括山西太矿电气公司、石家庄煤矿机械有限责任公司等；由国外厂家生产的单轨吊 430 台，主要有德国沙尔夫公司、贝克公司，捷克芬瑞特公司等，具体见表 1-2。使用地主要集中在山西、山东、内蒙古自治区、安徽、河南、陕西、贵州、云南等省区。

近年单轨吊设备在矿山的应用呈现明显加速态势，云南、贵州等省还将矿用单轨吊作为替代传统小绞车分段运输的最佳方案加以推广，取得了明显的技术经

表1-2 国外厂家生产的煤矿在用单轨吊统计

序号	生产厂家	安标取证规格数/个	国别	防爆柴油发动机功率/kW	牵引力/kN	煤矿在用保有量/台套
1	沙尔夫公司	8	德国	150	100~275	230
2	贝克公司	15	德国	149	110~275	140
3	芬瑞特公司	12	捷克	107、144	100~275	60

济效果。保守估计，目前煤矿在用单轨吊数量超过4260台套，非煤矿山100台套左右。

煤矿在用单轨吊的使用条件和工况主要具备以下特点：

（1）采用单轨吊运输的巷道长度主要集中在1~5 km范围内，累计占比达47.58%，这一特点以山西、山东、安徽、贵州尤为明显；陕西省略有不同，该省份单轨吊主要应用在0~500 m范围内的巷道中；单轨吊运输单条巷道最大长度为7.5 km。

（2）单轨吊最大运行坡度25°，运行速度一般不超过2 m/s，实现自动化运行的矿用单轨吊超过20条。

（3）运送物料的单轨吊占75%以上；部分煤矿单轨吊既用于运物料也用于运人，但整体比例较低；仅用于运人的单轨吊在山东、山西、安徽、山西等省份有使用，但总体数量不多。

（4）防爆柴油发动机单轨吊数量最多，占62.7%；蓄电池单轨吊占20%，主要为防爆特殊型铅酸蓄电池单轨吊；绳牵引和气动单轨吊分别占比6.2%、7.2%。随着锂离子蓄电池电源安全性的提高和能力提升，锂离子蓄电池单轨吊的比例在快速上升。

第二节 矿用单轨吊运输的主要特点及适用条件

单轨吊作为煤矿辅助运输的关键装备，可以实现系统化、网络化运输，能有效解决材料、设备、人员等不能连续运输以及采掘工作面"最后一公里"的运输难题。随着技术性能不断提升和自动化、智能化的发展，单轨吊的主要特点及适用条件受到矿山企业越来越多的关注。

一、矿用单轨吊运输的主要优势

矿用单轨吊具有对巷道底板要求不高、功能广泛、驱动力大、可形成连续运输体系、经济效益可观等诸多特点。其主要优势主要体现在适应性、功能广泛性、运输能力、网络化及技术经济等方面。

（一）单轨吊运输对巷道的适应性强

单轨吊对巷道坡度适应性较强。柴油发动机单轨吊、绳牵引单轨吊最大运输坡度可达25°，铅酸蓄电池单轨吊的最大运输坡度可达15°，锂离子蓄电池单轨吊在采用新技术新工艺后最大运输坡度也可达到25°，国外采用齿轨驱动的单轨吊最大运行坡度达到30°；对巷道的水平曲率半径可达到4 m，竖直曲率半径可达10 m，可应用于一般平巷、斜巷、采区变坡平巷、大巷等多种巷道中，具有较强的适应性。

单轨吊需要的巷道宽度比较小。蓄电池单轨吊机车的宽度最小可达到1 m，柴油发动机单轨吊机车最小达到1.2 m，且不像地轨运输对巷道安全间隙的严格要求，巷道宽度很易满足需要。

单轨吊对巷道高度要求不高。只要能将需运输的大件提起来就可安全运行，运输小件就更无问题。运输材料等小件时，一般巷道高度就可以满足要求；运输液压支架等大件设备时，巷道高度满足液压支架最低高度加1.3 m的要求就可实现安全运行。

单轨吊对巷道支护适应性强。可以适用于锚杆支护巷道、架棚支护巷道、砌碹支护巷道、锚喷支护巷道等。

单轨吊对巷道底板无特殊要求。单轨吊是在悬吊的单轨上运行的具有起吊作用的运输设备，与巷道底板没有直接接触，因此巷道底板易出现的凹凸不平、底鼓等现象，对其正常使用均没有直接影响。

（二）单轨吊运输的使用功能广泛

单轨吊作为一种矿山井下比较理想的辅助运输装备，用途比较广泛，可以在多种条件下进行运输。

从运输种类上看，单轨吊既可以运输各种物料、设备，又可以挂上人车运送人员。

从使用形式上看，单轨吊既可以作为掘进工作面综掘机与带式输送机的辅助后配套装备，又可以用于采煤工作面安装或回撤期间的材料设备运输，还可以用于采掘工作面正常生产期间的物料供应。

从操作方式上看，有人工驾驶、无人驾驶、遥控操作、集中远程控制等多种形式。

从使用方式看，既可连续运输、点对点运输、井筒大巷运输、采（盘）区运输，也可有效解决采掘工作面"最后一公里"的运输难题，对长距离运输、短距离运输均能适用。

从运输和承载质量看,既可进行大吨位机械装备运输,也可进行小吨位材料或者工具运输,轻载时能运输材料、工具、人员等,重载时可以运输液压支架、采煤机等大型装备。

(三) 单轨吊的运输能力强

单轨吊有多种驱动方式,驱动力可由 27 kN 到目前最大牵引力 396 kN(甚至更大),可根据实际需要进行选用和设计。

轻型单轨吊主要用于采掘巷道,解决采掘工作面"最后一公里"的运输难题。用于掘进工作面巷道时,一般用作综掘机和带式输送机的辅助后配套装备,承载质量一般 3 t 以内,运输距离一般 5 km 以内;用于采煤工作面运输巷时,承载质量一般 5 t 以内,运输距离一般 1 km 以内。

重型单轨吊主要运输巷道的设备、材料运输,部分矿井也用于采煤工作面搬家倒面时大型设备运输,具备大运输能力和驱动力、连续运输等特点,比较适合我国煤矿的实际情况和需求。例如,徐州江煤科技有限公司生产的 DX80 单轨吊,一次可运输 6 t 的集装箱 3 个,也可以一次运输 24 t 的综采液压支架 1 架。

(四) 单轨吊运输的网络化优势

在斜巷中使用的其他辅助运输装备,如卡轨车、小绞车、梭车等,大都需在固定地点使用,一部设备只能服务于一条巷道或者巷道的一段。当一个采区具备多个采煤工作面和掘进工作面时,只有布置多台设备,才能保证辅助运输的正常运行。

使用单轨吊运输,各巷道之间的单轨吊轨道线路可以通过道岔、弯道等联成一体,形成一个完整的单轨吊网络系统,一部单轨吊机车可以服务于多条巷道或者多个工作面,也可以多部单轨吊机车服务于一条巷道集中进行运输,完成运输量较大的运输任务。

(五) 单轨吊运输的经济和社会效益明显

传统的地轨辅助运输系统,道钉、鱼尾夹板、轨枕等需用大量材料,成本较高。而单轨吊轨道系统只需要一股轨道,一般不大于 25 kg/m,除吊挂链和吊挂锚杆外,不需要其他物料,相对地轨来说,材料消耗少,经济效益明显。

从采煤工作面的搬家倒面来看,使用单轨吊运输安装或者回撤一个 100 架轻型支架的综采工作面,一般只需要 14 天左右的时间,与使用地轨运输一般需要 30 天左右的时间相比,可缩短 16 天时间,每次采煤工作面搬家倒面可节省一个工作面 16 天的装备租赁费。

从使用人员来看,使用传统的小绞车运输方式每条巷道需布置多部绞车,每部绞车需一名司机和一名信号把钩工,占用大量人员,造成井下辅助运输人员比例居高不下。而使用单轨吊运输时,多条巷道只需安排一名单轨吊司机和一名把钩工，可以大大减少井下辅助运输用工。由此可见，单轨吊运输可节省大量的劳动力，减少工资支出，也有利于安全生产和现场管理。

二、矿用单轨吊运输现存的主要问题

单轨吊运输虽然特点鲜明、优点突出，但在研发、制造与实际使用过程中也存在一些值得关注和重视的问题，主要反映在单轨吊系统的规划与设计、使用巷道通风与支护、牵引动力系统可靠性、坠落跑车等安全风险、自动化智能化程度以及标准规范建设等方面。

（一）单轨吊运输系统的规划与设计要求较高

单轨吊是一套独立运行的运输系统，是矿井辅助运输系统中的有机组成部分，也与矿井其他生产和安全保障系统密切关联，因此在矿井建设之初就应当进行统一的规划和布局，以确保单轨吊运行系统完备、矿井辅助运输接驳合理，降低系统运行风险。但根据部分煤矿企业的反馈信息，目前单轨吊运输系统基本为在矿井已有辅助运输系统基础上新增的系统及设备，前期的矿井辅助运输设计中均未进行独立且系统性的规划，新增的系统及设备不如新建矿井的系统规划性强。其井下运输线路、配套设施、巷道高度等井巷条件、设备运维检修条件等具体问题的考量不如新建矿井全面、系统、深入，这既制约了单轨吊设备的应用，也增加了运行的安全风险。

此外，单轨吊系统运行的安全可靠性、经济性，不仅取决于所选择使用的单轨吊产品的制造水平、安全性能以及工况环境的适应性，还取决于现场安装质量、配套设施的完备性，以及根据运行巷道的断面、坡度、变坡点、运量与运输距离等进行的轨道系统具体设计、牵引力、制动力等关键技术参数的具体设计计算。单轨吊系统运输能力越大、连续性越强、自动化智能化程度越高，对具体选型设计的要求就越高，对建成后系统运行稳定性可靠性的影响也越大。目前，缺乏相应具有针对性的设计规范以及重视程度不够，选型设计针对性不足、系统性不强、深度不够，这些在很大程度上制约着单轨吊系统运行的安全可靠性和经济性。

（二）单轨吊使用巷道配套通风与支护要求较高

使用防爆柴油机单轨吊车的巷道，需要加强通风，其通风量应能将空气中的有害气体稀释到《煤矿安全规程》规定的最高允许浓度范围之内。矿用防爆柴油机单轨吊机车需要的风量应按照《煤矿安全规程》《煤矿通风能力核定标准》等的规定进行配置或者验算。使用蓄电池单轨吊车，蓄电池充电硐室需要独立通风，其要求与普通矿车轨道运输系统蓄电池充电要求相同。对巷道支护要求较高，使用单轨吊车的巷道一般采用U型钢拱形支架、梯形棚或锚喷。

(三) 单轨吊牵引动力系统可靠性略显不足

目前单轨吊的动力系统以单轨吊机车牵引为主,包括防爆柴油发动机机车、防爆特殊型铅酸蓄电池机车、防爆锂电池单轨吊机车、气动单轨吊机车等。

使用防爆柴油发动机机车牵引的单轨吊,维护保养工作较为烦琐,经常出现维护保养不到位导致的故障率居高不下的情况。井下劣质柴油的使用也使得动力系统的可靠性下降。此外,在井下半封闭式的空间中,柴油发动机单轨吊的噪声以及尾气污染也比较大,合理降低防爆柴油发动机噪声、防范尾气危害也是需要进一步深入研究的课题。

使用防爆特殊型铅酸蓄电池机车牵引的单轨吊,虽然电池自身的安全性较高、维护保养工序较为简单,但电池能量密度低、牵引力偏小、续航里程不足等问题,限制了其应用范围,一般限于运输坡度15°以下、吊运质量26 t以下的中小型设备、材料和人员的运输。

气动单轨吊的动力源是压缩空气,虽然购置成本低,结构紧凑,布局合理、使用灵活方便,但起吊力及牵引力小,功率较低,且由于需要连接风管,随着运距的增大,压力损失也增大,会因气压不足而影响设备的正常运行。一般限用于掘进工作面迎头、短距离、轻载及小倾角巷道物料的运输。

使用锂离子蓄电池机车牵引的单轨吊,锂离子蓄电池热失控风险一直备受关注,又缺乏井下安全可靠充电的方式方法和标准规范支撑。其充放电过程的安全要求与标准尚在研究制定和不断完善之中,这些对锂离子蓄电池机车牵引单轨吊的使用也带来了限制以及风险。

(四) 单轨吊系统坠落跑车风险较高

单轨吊悬吊在顶板上运行,振动较大,在重力的作用下,存在较大的坠落风险,单轨吊坠落风险主要包括车厢坠落、轨道坠落、起吊设备坠落、人员坠落、物料坠落等。

单轨吊同时存在因制动不及时、制动力矩不足、摩擦系数下降造成制动力不足等带来的跑车风险。单轨吊在巷道上部空间运行,与地轨运行系统相比,在垂直纵向空间上具有更大的自由度,一旦发生跑车事故,造成的危害更大。

(五) 单轨吊自动化程度有待提升

据不完全统计,目前煤矿井下实现自动化运行的单轨吊系统所占比例仅为4%左右,用人多、占有工时长、工伤事故比例高的现象尚未根本改变,距离"数字化转型、智能化发展、减人提效"的目标要求还有较大差距。

在国外发达国家,单轨吊运输的自动化程度普遍较高,占井下作业人员的比例和工伤事故比例相对较低,工效是我国煤矿的数倍甚至数十倍。我国正在大力推动矿山智能化建设,智能化示范煤矿建设的实践表明,我国矿山单轨吊系统的自动化运行水平有很大发展空间，成效可期。需要矿山企业提高认识、加大投入，从根本上提升单轨吊的自动化、智能化水平。

目前在全景传感定位、全过程监测、轨道监测、地面信息互动、无人驾驶、故障诊断、预测预警、智能控制、远程管理、多参数集成等方面，还处在研究开发或者试点应用阶段。

（六）单轨吊标准建设相对滞后

防爆特殊型蓄电池单轨吊、钢丝绳牵引单轨吊、防爆柴油发动机单轨吊等产品的相关行业标准发布已接近20年，技术要求、功能性能要求、测试技术方法等方面已不能完全适应现实需要。气动单轨吊、锂离子蓄电池单轨吊尚无相应产品标准。

前已述及，单轨吊系统的合理选型设计，对建成后单轨吊系统的安全稳定运行具有重大影响，但目前缺乏相应的设计规范加以规范和约束，编制、审批、落实等方面缺乏规范性的要求和完善的管控机制。

单轨吊的稳定运行还有赖于行之有效、强有力的现场管理、运维管理以及检测试验管控等手段，但目前缺乏使用运维管理规范，暂无明确对管理机构、人员、制度、职责、日常检查与维护、测试试验、零部件更换、设备报废等的相关要求。

随着煤矿开采规模的逐步扩大，井深的不断增加，单轨吊及运输系统也在发生较大变化，在单轨吊设计选型、研究开发、生产制造、检验认证、使用维护、改造报废等各个环节，标准滞后、标准缺失带来的问题显得更加突出。

三、矿用单轨吊的适用条件

矿用单轨吊的工作特点及其自身的优越性，决定着其对矿山井下辅助运输的广泛适用性，且不同类型矿用单轨吊具备不同的适用条件和工况。随着科学技术的发展，矿用单轨吊的功能正在不断完善，技术水平和性能在不断提升，对矿山井下条件适应能力不断增强，适用条件和范围也在随之拓展。

（一）柴油机单轨吊机车

柴油机单轨吊机车由于续航能力强，既可以运行在一条巷道，也可以运行在一个采区，甚至运行在整个矿井的轨道系统内，就像汽车在公路网上运行一样，加一次油可连续运行8 h以上。

柴油机单轨吊机车几乎适应各类巷道。目前国内柴油机单轨吊机车最大驱动部数量达到14驱，最大牵引力达到396 kN，最大承载质量达到100 t，一次性运输物料可多达6个集装箱，最大爬坡能力达到25°。

由于柴油机单轨吊机车运行时存在尾气污染和噪声危害，对井巷通风条件有较高要求，适宜在通风良好的巷道中使用。

（二）矿用防爆特殊型铅酸蓄电池单轨吊

矿用防爆特殊型铅酸蓄电池单轨吊机车更换一次电瓶，续航能力一般在 18 km 以内，电瓶自身质量就 5 t 左右，机车质量相对较大，爬坡能力一般在 15°以内。

矿用防爆特殊型铅酸蓄电池单轨吊的运行费用低、无污染，非常适应在采区顺槽运输物料设备等。机车可以在一条巷道、几条巷道或一个采区内运行，一次可运输 3 个 6 t 的集装箱，最大运输重物达到 24 t。

目前，矿用防爆特殊型铅酸蓄电池机车在采区运输和采煤工作面顺槽运输中广受欢迎，一般适用于运输坡度 15°以下、吊运质量 26 t 以下的中小型设备、材料和人员的运输。

（三）气动单轨吊

气动单轨吊机车每次运行 200 m 左右就需要更换压风管路的接头来提供风源，因此只能在采掘工作面的局部地点使用，作为柴油单轨吊和铅酸蓄电池单轨吊的补充。

气动单轨吊机车购置费用低，结构紧凑，布局合理、使用灵活方便，但起吊力及牵引力小，功率较低，爬坡能力 15°左右，不适应于长距离运输，一般适用于掘进工作面迎头、短距离、轻载及小倾角巷道物料的运输。

为提高气动单轨吊的使用范围，冀凯河北机电科技有限公司研制开发了以高压空气瓶为动力源、气动发动机为动力的单轨吊，使用的运输距离可提高到 1 km 以上，较好地解决了采掘工作面"最后一公里"的运输难题。

（四）钢丝绳牵引单轨吊

钢丝绳牵引单轨吊机车一般只能运行在一条巷道中，常在双突矿井的掘进工作面使用；存在轮系复杂、钢丝绳需运输等缺点；购置费用和蓄电池单轨吊差不多；最大适应坡度 25°左右，最大运输质量在 15 t 上下。

（五）防爆锂离子蓄电池单轨吊

防爆锂离子蓄电池单轨吊具有性能稳定、噪声低、节能环保、运输效率高、操作维护方便、保护齐全、运行成本低等优点。但锂电池存在爆燃等安全风险，一旦发生热失控，不需要氧气即可燃烧，目前暂无有效的灭火剂，短时会产生大量有毒有害气体，气体在井下密闭空间内无法快速排出，可能会引起群死群伤事故，另外充电场所及相应安全技术措施要求也较高。因此，防爆锂离子蓄电池单轨吊在安标审核发放时，明确"不允许在煤与瓦斯突出矿井的回风巷使用；高、低瓦斯矿井采盘区回风巷使用时，应制定专门的安全措施"等要求。

关于防爆锂离子蓄电池单轨吊最大使用坡度，相关方建议提高到 25°，即在进行充分理论及试验研究的基础上，并满足相应安全技术要求后，应该能够实现在最大坡度 25°下安全可靠运行。

第三节 矿用单轨吊的主要安全风险及管控措施

矿用单轨吊是一种机动性较强、运行速度较快、载重较大、可靠性较高,行驶于悬吊单轨系统的辅助运输设备。单轨吊的工作特性和运行工况特点,决定其运行中必然潜藏着一定的安全风险。对单轨吊安全风险的超前分析和预先管控、防范杜绝事故隐患,是矿用单轨吊运维管理、提高实用效果的主要内容。

一、安全风险的概念及其特点

风险泛指某种事情发生的不确定性。不确定性包括事情发生与否的不确定、发生时间的不确定和导致结果的不确定。风险无处不在,伴随所有社会和生产经营活动及过程。矿山井下属于高危作业环境,客观存在较大安全风险,加强风险防控和隐患排查治理是矿山安全生产工作的重中之重。

(一) 安全风险的概念及构成要素

安全风险泛指可能发生的危险,是某一特定危险情况发生的可能性和后果性综合度量,即事故发生的可能性和后果的严重性的结合。也可表述为安全风险是生产安全事故或健康损害事件发生的可能性和后果严重性的组合。安全风险由风险因素、事故和损失 3 个要素构成。

安全风险因素指促使某一特定事故发生,或者增加其发生的可能性,或者扩大其损失程度的原因和条件,是事故发生的潜在原因、造成损失的间接原因。煤矿生产环境和生产过程客观存在诸多安全风险因素,如瓦斯、煤尘、顶板、地热、水、火等自然灾害类风险因素,生产活动所使用的机械能、电能、热能等可能失控,人员可能失误,管理可能不到位等带来的生产类风险因素。

事故是指造成人员伤亡或者财产损失的偶发事件,是造成损失的直接的或者外在的原因,是损失的媒介物。

在风险管理领域,损失是指非故意的、非预期的、非计划的经济价值减少,即经济损失。在保险实务中,损失分为直接损失和间接损失。在安全管理领域,损失指造成的人员伤亡、财产损失、环境破坏。

(二) 安全风险的特点

安全风险具有以下几方面的突出特点:

(1) 客观性。只要存在安全风险因素,就必须存在安全风险。安全风险伴随所有生产作业活动和作业过程。风险不能消灭,只能控制、防范。

（2）偶然性。风险具有动态性，事故发生也需要条件，即使存在同类不安全行为和事故隐患，也不一定在预期时间内产生后果。

（3）损害性。风险的变现会导致人员伤亡、财产损失或者环境破坏。

（4）不确定性。事故发生的可能性与后果会因管理变量而随机变化，尤其是可能会因管理水平的差异性发生较大变化。

（5）相对性（或者可变性）。承担风险损失的能力不同，对风险的认知就会不同。

（6）可控性。可以从降低事故发生概率和减弱事故后果两个方面来削弱风险损失。

（三）安全风险与事故隐患间的关系

事故隐患指在生产经营活动中，当风险管控措施失效或落实不到位后，存在的可能导致职业健康损害或事故发生的人的不安全行为、物的不安全状态、环境的不安全因素或管理上的缺陷，是引发安全事故的直接原因。事故隐患的实质是有危险的、不安全的、有缺陷的"状态"，是工作过程中的各种不足、不到位导致的，如措施执行不到位、检查不到位、制度的不健全、人员培训不到位等。事故隐患一般分为重大事故隐患和一般事故隐患。

事故隐患与安全风险密切关联，具有以下诸方面的区别和联系：

（1）安全风险具有不确定性，而事故隐患具有确定性。安全风险具有预期、前瞻、假想的性质，意即不一定现实存在或发生；而事故隐患则具有现实存在特点。风险是"潜在型危险"，隐患是"现实型危险"。

（2）安全风险以提前、预先分析辨识、分析，制定并落实相应的安全防范措施为主，体现源头治理、超前防范；而事故隐患则以及时排查、限期整改直到隐患消除、验收合格为止，体现过程管控。

（3）安全风险辨识分析是隐患排查的"基础""主排查点"（安全风险受控情况、生产中的薄弱环节）；隐患排查也可能发现新的风险，对安全风险台账予以补充或完善。

（4）风险的辨识与分级管控并不需要全员参与，而是要求有一定经验、训练有素的专业人士进行客观、公正的评价，但需让相关方知晓；隐患排查应体现全员、全方位、全过程。

二、单轨吊运输安全风险分析

鉴于单轨吊的结构特点、使用工况，以及以往使用过程中发生的事故、故障情况，单轨吊安全风险主要包括坠落风险、跑车风险、刮擦碰撞风险、安全环保风险。

（一）坠落风险

因单轨吊起吊梁、车厢、轨道均悬吊于空中，在重力的作用下，产生较大的坠落风险，包括轨道坠落、运输设备物料坠落、人员坠落等。坠落地点多集中在采（盘）区内部，主要轨道大巷零星出现。坠落时段多为重载运输期间，大件运输居多，轻载运输时偶有出现。

1. 轨道坠落

轨道坠落指悬挂于巷道中的轨道在重力等的作用下，因轨道质量或者吊挂装置、措施失效，致使轨道掉落而造成的单轨吊坠落。可能引发轨道坠落的主要因素有以下方面：

（1）顶板固定出现问题。因锚杆锚固质量差、锚固力不足、锚固力不均匀，导致固定于顶板的锚杆被拔出，从而引起轨道坠落。

（2）轨道吊挂点锚索疲劳损坏。轨道吊挂点为锚索吊挂，锚索在长期运行中经反复的应力作用而疲劳损坏；或者经长期淋水腐蚀，钢丝锈蚀或断裂，单轨吊机车通过时被拉断，轨道下坠造成机车被卡住甚至坠落。

（3）轨道吊挂点锚索U型环疲劳断裂。在长期运行中，U型环在反复的应力作用下产生疲劳损坏，或者长期淋水作用下锈蚀，单轨吊机车通过时被拉断断裂。

（4）轨道吊耳损坏。因质量、运行中锈蚀等原因，造成单轨吊轨道吊耳断裂。

（5）轨道连接点损坏。主要表现为连接扣件疲劳断裂、螺栓螺母缺失等，这是造成单轨吊坠落事故的主要原因之一。连接点损坏时，机车大部分时间仍能通过，但长期运行必然会引发单轨吊轨道的扭曲变形，继而卡住机车，在未能及时停车、斜巷重载等情况下会进一步发展成坠落事故。

（6）未按照要求加设侧拉链。侧拉链的主要作用是控制机车经过时造成的轨道摆动，对于侧拉链的安装地点、安装方式，在矿机电运输管理规定中都有相应的要求。侧拉链安装不足（尤其是大坡度斜巷及变坡点），机车经过时必然出现剧烈摆动，继而造成轨道损坏、机车落架。在大件运输中，侧拉链装设不足造成的机车卡住或落架是最常见的。

（7）单轨吊与巷道周边设施刮擦。此多发于大件运输中，因为大件运输对巷道高度宽度要求较高（需求较大的运行空间）。在单轨吊运行空间不足的情况下，会出现大件在底板拖拽滑行或刮擦巷帮的情况，使单轨吊负载增加，轨道承力不均，从而引发轨道变形机车坠落。

（8）巷道设施吊挂不当。因为设施吊挂不当引发的轨道事故不多，但也会造成设施的损坏。

（9）单轨吊超载运行。超过额定载荷运行时，对轨道固定、悬挂、连接件等均可能造成较大冲击，发生坠落的风险大大增加，尤其是在单轨吊吊运的物料超重并且在大坡度斜巷运行中，更容易发生因应力集中而造成轨道损坏进而引发的坠落事故。

2. 设备、物料坠落

单轨吊在运输设备、物料过程中，因物料固定不合理、设备吊挂不规范等原因，也存在设备、物料坠落的风险。可能引发设备、物料坠落的主要因素有以下方面：

（1）物料固定、装车不当。一般通过集装箱运输材料、煤、矸石等散装物料，通过起吊梁运输液压支架等大型、重型设备，通过圆环链捆绑运输锚杆类、管材等细长料。因此，物料运输时，装车不平衡失稳、底部安全间距不足刮底板、超过集装箱边缘剐蹭巷道帮等情况，是引起物料掉落的主要原因。

（2）设备吊挂不当。最常见的原因是使用的连接螺栓强度等级低，某矿2014年就出现过因使用普通螺栓吊挂大件，在平巷运输过程中螺栓拉断，起吊的重物坠地的事故。此外，因为起吊物吊挂轻重不均，在单轨吊机车下山运行时也可能出现轨道扭曲而造成机车坠落的事故，这类现象在单轨吊系统使用初期曾较为常见。

（3）超载吊运。某矿2013年在1024采煤工作面安装期间，在30°的斜巷上运输采煤机摇臂（13 t）时，单轨吊轨道吊耳拉断造成的坠落事故，就是在超出单轨吊机车运输能力的情况下运行造成的。

（4）违规起吊或者下放设备、材料。不按照规程操作，现场管理不到位，人员站位不当，可能造成设备、材料坠落或者撞伤现场人员。

3. 运送人员坠落

单轨吊在运送人员过程中，因运人车辆不符合安全要求、人员违规乘坐等情况，存在人员坠落风险。可能引发人员坠落的主要因素有以下方面：

（1）采用非专用运人车辆运送人员。《煤矿安全规程》第三百九十一条规定，采用柴油机、蓄电池单轨吊车运送人员时，必须使用人车车厢；两端必须设置制动装置，两侧必须设置防护装置。在单轨吊实际使用过程中，若采用普通车厢或在普通车厢中加设简易设施后运送人员，就存在较大的人员坠落风险，尤其在人员疲劳状态下乘坐单轨吊时，更容易坠落。

（2）违规乘坐或者下车。乘坐中未关好车厢门、未挂靠保护链，不在规定地点上、下车，乘车秩序不良等情况，在大颠簸或者紧急制动的情况下，均可能造成人员坠落。

（二）跑车风险

单轨吊悬吊于空中运行，在运行坡度较大、运行速度较快、运输物料较重等情况下，受重力、运行动能等的作用，可能产生较大的跑车风险。跑车地点以大角度、重载、下行运输居多，轻载运输时偶有出现。可能引发跑车的主要因素有以下方面：

（1）制动力不足。制动力不足的主要原因为制动闸块磨损超过标准限值、制动装置连接紧固件松动、制动装置失灵等。其中，因闸块磨损超限引起制动力不足发生下滑跑车的现象最多。

（2）顶板淋水等造成摩擦系数下降。在重载上行时，摩擦系数下降造成驱动力不足，驱动轮打滑，引起单轨吊带着重物反向运行；重载下行时，摩擦系数下降造成制动闸瓦与悬吊梁间打滑，单轨吊会带着重物越走越快，以致刹不住车。

（3）紧急停车失效。按照规定，单轨吊安全制动必须采用失效安全型制动装置，如果制动装置回油系统电磁阀或管路堵塞，不能正常回油泄压，制动闸不能抱死，就会造成正常停车、紧急停车失效。

（4）超速保护失效。如果超速保护装置部件损坏，不起作用，会造成斜巷超速下滑时不能停车。

（5）连接部件断裂。连接单轨吊驾驶室、驱动车、制动车等的连接杆断裂，会导致单轨吊后面部分沿斜巷下滑跑车。

（6）操作失误。单轨吊驾驶员、吊放操作人员在起停单轨吊或吊、放设备、材料时，操作或指挥失误，可能造成单轨吊跑车。

（三）刮擦碰撞风险

在单轨吊大件运输时，因轨道高度或与巷帮距离不足等原因，会出现大件在底板拖拽滑行或刮擦巷帮的情况，使单轨吊负载增加，轨道承力不均，引发轨道变形机车坠落。特别在通过风门、道岔、弯道时，刮擦碰撞的风险增加。

因煤矿井下设备多、工况复杂，设备之间相互干涉引起的刮擦碰撞风险也应引起注意。

（四）安全环保风险

单轨吊电气配套部件不满足防爆要求，有失爆的风险，可能引起煤尘、瓦斯爆炸事故。防爆柴油发动机尾气排放温度一般较高，如果湿式冷却器缺水失去冷却作用，那么排出高温气体有引爆瓦斯、煤尘的风险。

单轨吊配套锂电池存在热失控的风险，锂电池一旦热失控，便会爆燃，产生的大量浓烟和有毒有害气体，会给人员生命安全及财产造成重大损失。因为井下为密闭环境，产生的有毒有害气体不容易扩散，还易随着矿井风流蔓延，易引起群死群伤事故。

如果单轨吊（尤其是防爆柴油发动机单轨吊）噪声源控制不好，或是没有降低噪声的技术措施，会对人产生职业伤害。

三、单轨吊安全风险管控措施

为全面管控单轨吊安全风险，确保单轨吊安全运行，避免单轨吊运行事故发生，应针对单轨吊运行特点、可能出现的不可靠因素和安全风险，从单轨吊系统选型设计、单轨吊轨道安装及机车的安装调试、单轨吊机车操控、单轨吊系统的运维、检测检验、管理机构和管理制度、技术培训等方面采取系统综合性措施。

（一）单轨吊系统的选型设计

单轨吊选型，首先应综合考虑矿山的巷道情况、产品优缺点、前期投入、运营成本等，确定牵引部的驱动形式，是柴油发动机、蓄电池、气动式还是绳牵引式。综合考虑牵引车自重、起吊梁质量、司机及管线质量、物料质量、斜巷最大倾角、运行阻力系数、牵引力富裕系数等因素，确定单轨吊牵引力。

起吊梁的选型，一般先考虑满足载重需求及牵引设备形式，再考虑现场条件。人车的选型主要考虑人数，目前市面上的运输人车的序列为8座、10座、12座、16座、20座等，可根据实际一次性运输人员的数量来选择。

制动车的选型，必须考虑到最大载荷以及轨道最大坡度，运输人员时还应考虑到最小载荷，一般根据每种制动车的实际制动效果来进行分析计算。机车安全制动和停车制动装置为失效安全型，当机车出现故障时，制动装置自动施闸。要核算单轨吊车重载下坡时的制定减速度和制动距离，单轨吊车向下运行时为制动最困难条件，因此只需计算向下运行制动距离，按照《煤矿安全规程》第三百九十条中的要求，在最大载荷最大坡度上以最大设计速度向下运行时，制动距离应当不超过相当于在这一速度下 6 s 的行程。

悬挂轨道选型，需要考虑两个方面，一是轨道悬挂锚杆的受力情况，二是轨道自身受力情况。锚杆受力情况为主要参考因素。

（二）单轨吊轨道的安装

单轨吊轨道的科学合理安装，对于整个单轨吊系统安全、可靠、稳定运行至关重要，安装应有技术规范，安装后应进行验收。应采取的主要措施包括以下方面：

（1）针对单轨吊轨道的安装，应制定《煤矿机电运输管理规定》及《单轨吊轨道安装技术规范》，并严格执行。要做好学习宣贯工作，保证职工进行安装检修作业中有据可依。

（2）对轨道进行分段验收。煤矿应设置相应科室组织轨道验收，必须将验收查出的问题整改完毕后，再启用单轨吊机车。

（3）明确职责，属地管理。采区轨道由使用单位检修维护，轨道使用单位应有专人进行单轨吊轨道的巡检维护工作，使用单位机电负责人应对轨道巡检工作进行监督检查，确保全覆盖的检修维护。

（三）单轨吊机车的安装调试

在单轨吊安装调试之前，首先应查验整机、部件的"两证一标志"，即防爆合格证、产品合格证和安全标志；其次，应根据生产单位提供的设备清单（合同清单、主要零元部件及重要原材料明细表）开展检查，必要时应结合安标备案的单轨吊图纸、主要零元部件及重要原材料明细表进行核对。

安装过程中，应根据现场实际情况，在平巷段选择顶板完好、无淋水处进行安装。安装时设备与巷道两侧的墙壁之间的距离应不小于 1.5 m，设备与顶板之间的距离应不小于 0.2 m。同时，设备与设备之间的安全间距也应符合《煤矿安全规程》的规定。还应考虑设备安装的路线上应无明显障碍物，以保证设备正常安装。

矿用单轨吊机车安装施工完成，必须经过调试满足设计要求，经过试运行满足运行要求，并经验收合格后，方可正式投入使用。矿用单轨吊的调试和试运行的目的，是通过整机的全面试运转，检查主要性能参数是否达到设计要求；发现产品在生产制造、检验、安装过程中存在的问题和缺陷，及时予以纠正完善；调整各组成设备的运行技术参数，以实现最优状态和最佳配合，确保单轨吊系统投入运行前能满足矿山需求并安全稳定运行。

（四）单轨吊的操作运行

应建立单轨吊的操作规程，并严格按操作规程进行操作。操作规程是控制和减少安全事故的重要措施，正确的操作规程可以确保操作标准化，减少设备设施的损坏，防止由于不正确的使用方法导致的人身伤亡、财产损失等生产安全事故。另外，进一步深化单轨吊司机作业的模块化、流程化工作，按章作业。跟车工应提高责任意识，做好跟车确认工作。

（五）单轨吊系统的运维管理

单轨吊系统的运维管理应包括对轨道及道岔、运行井巷环境及设施、单轨吊机车等的全面运维管理。

1. 单轨吊轨道的运维管理

正确有效实施单轨吊的使用维护管理，是保护单轨吊系统连续稳定运行的基础，主要内容如下：

（1）每天要派专人对各采区的轨道进行自外向里检查，对每个吊点（拱架、横梁、吊爪、吊链、U型环、螺栓、吊耳、定位环、块）、每节轨道，逐个进行详细检查。发现不完好及时进行更换检修。

（2）对于轨道接头间隙、轨面错差、折角要注意检查、调整。

(3) 要特别注意道岔的活动轨及其气缸以及锁紧装置的气缸是否灵敏可靠，活动轨面是否闭合密贴，各吊点受力是否均匀，螺栓是否紧固。

2. 单轨吊轨道道岔的运维管理

单轨吊道岔使用维护主要包括以下内容：
(1) 各吊点受力均匀，链环无变形。
(2) 连接螺栓紧固可靠齐全。
(3) 移动轨灵活自如，定位可靠。
(4) 每班检查不少于 1 次，发现问题及时处理。
(5) 维修时，应在检修点前后 30 m 外设置检修警戒严禁车辆通行。

3. 单轨吊运行井巷环境及配套设施的运维管理

对于单轨吊运行的空间，绝不能打折扣，尤其是为大件安装做准备的巷道，应严格按照运行需求进行作业。对于一些可能与单轨吊运输有交集的吊挂设施，应提前考虑好设施布置位置。单轨吊在使用过程中，要在保证曲线巷道段在直线巷道允许安全间隙的基础上，内侧加宽不小于 0.1 m，外侧加宽不小于 0.2 m。在风门、道岔、弯道部位，应更加注意空间距离，保证单轨吊安全可靠通过风门、道岔、弯道。

4. 单轨吊机车的运维管理

应建立单轨吊机车的运维制度，建立维修作业流程和操作规程，根据相关制度进行日常检查、定期检查、零元部件更换等工作。

单轨吊所属责任队组必须编制每台单轨吊检修网络，每日按照网络对应的单轨吊设备运行情况进行检查、检修，发现隐患问题及时处理；检修工必须按照单轨吊设备的维护和保养的规定项目进行检修，在维修中发现设备元件损坏，必须领配件更换，并做好记录，保证单轨吊设备安全可靠运行。

应加强单轨吊机的检修工作，尤其保证检修，未检修的机车坚决不准运行，每辆车每天必须保证 2 h 的检修时间。

（六）单轨吊的检测检验

应建立单轨吊安全检测机制，确保状况良好、性能可靠。每年请具有检测资质的单位对机车最大牵引力、最大制动力、制动空行程时间、机车牵引连接杆探伤等进行一次检测；每季由煤矿自行检测一次机车最大牵引力、最大制动力，严格按照设备说明书的规定进行各类保护试验。每年的检验应重点关注以下检测项目：

(1) 牵引力。牵引力是单轨吊主要技术参数，反映单轨吊的运载能力。单轨吊机车最大牵引力不得低于设计值的 105%。
(2) 运行速度。单轨吊机车最大运行速度不得超过设计规定值。防爆柴油发动机单轨吊最大运行速度一般不超过 3 m/s，蓄电池单轨吊最大运行速度一般不超过 2.0 m/s。

（3）制动力。制动力为最大牵引力的 1.5~2 倍。

（4）超速保护。单轨吊运行速度超过规定值时停车。

（5）制动施闸空动时间。紧急制动施闸的空动时间不大于 0.7 s。

（6）制动距离。在最大坡道上，以相应的最大载荷和最大速度向下运行时，制动距离应不超过相当于这一速度运行 6 s 的行程。

（7）制动减速度。在最小载荷、最大坡度上向上运行时，制动减速度不大于 5 m/s^2。

（8）连接杆探伤检测。对单轨吊连接杆进行探伤试验。

（9）制动闸块。测量单轨吊制动闸块，磨损超限的应更换。

（七）管理机构及管理制度

煤矿应明确单轨吊具体管理机构，配备相应管理人员及仪器设备，对单轨吊使用、维护、在用品检验、改造、报废等环节，进行严格管理。

在单轨吊的日常使用过程中，应建立单轨吊司机岗位责任制、司机操作规程、轨道安装标准、检修工岗位责任制、检修工操作规程、机车检查及保养制度、轨道线路工岗位责任制、轨道线路巡查制度、轨道线路工操作规程等。

（八）技术培训

为进一步提高单轨吊运行效率和维护质量，有效保障单轨吊安全高效运行，降低单轨吊机车故障影响率，矿山应组织对综采工区、掘进工区、准备工区、运输工区的单轨吊司机、维修工、检测员及机电管理人员等，开展维护、运行、检测专项培训。

宜本着"干什么学什么，缺什么补什么"的原则，重点围绕单轨吊操作、维修保养和单轨吊机车安全运行保障措施等进行"定向"精准培训，并根据操作维修人员日常使用中存在的问题和难题进行解答。可通过理论教育与实操演练相结合的多元化培训模式，多角度对单轨吊操作方法与维护技术进行讲解，促进参训人员系统全面地掌握单轨吊安装调试、安全操作、维护保养及常见故障的处理等技术，切实提升参训人员的专业技术水平。

第四节 矿用单轨吊相关标准规范

各相关方高度重视单轨吊安装、使用管理和技术发展，陆续出台相关标准、规范和规程，支持、引导、规范国内相关产品的技术研究开发和安装使用维护管理。

一、矿用单轨吊相关标准规定

随着单轨吊技术发展，我国逐步建立了相关标准、规范，涉及产品设计、制造、安装、检测、使用、维护等环节。

（一）单轨吊设计制造标准

MT/T 883—2000《柴油机单轨吊车》规定了防爆柴油发动机为动力、全液压传动的单轨吊机车的型式、基本参数、技术要求、试验方法、检验规则等内容；MT/T 886—2000《煤矿井下钢丝绳牵引单轨吊车》规定了煤矿井下用钢丝绳牵引单轨吊车的产品分类、技术要求、试验方法、检验规则等内容；MT/T 887—2000《DX25J 防爆特殊型蓄电池单轨吊车》规定了 DX25J 防爆特殊型蓄电池单轨吊车的型式、型号与基本参数、技术要求、试验方法、检验规则等内容；MT/T 888—2000《单轨吊车起吊梁》规定了 QY12、QY16 型单轨吊车起吊梁的型式、型号、基本参数、技术要求、试验方法、验收规则和标志、包装、运输、贮存等内容。

（二）单轨吊系统设计与选型标准

GB 50533—2009《煤矿井下辅助运输设计规范》规定了不同种类单轨吊车的最大运行坡度、吊梁和吊挂轨道安装要求及轨道防护要求，规范了单轨吊车在运行中跟车及操作人员的行为，对用于运送人员的单轨吊车安全保护装置及设施进行了特别规定，对绳牵引单轨吊车巷道行人问题进行了规范，对单轨吊机车的检修位置提出了要求。

（三）单轨吊轨道系统及相关设施标准

MT/T 468—1995《煤矿用机车单轨吊运系统轨道及相关设施》规定了煤矿用机车单轨吊运系统轨道及相关设施的要求，主要对直轨、曲轨、连接轨和过渡轨进行了规定。直轨标准长 3 m，宽 68 mm，高 155 mm，中板厚（7±0.5）mm，允许单根轨道垂直夹角是 3.5°，水平夹角是±1°。曲轨水平曲率半径不得小于 4 m，每节弧长不得大于 2 m，弧长大于 1.6 m 时，应在其中点设一吊耳；垂直弯轨曲率半径不得小于 10 m，每节弧长不得大于 3 m，弧长大于 1.6 m 时，应在其中点增设一吊耳。水平弯轨及轨道与道岔连接处应用法兰连接。同一线路必须使用同型号单轨，道岔单轨要与线路单轨型号一致，单轨接头间隙不得大于 3 mm，高低和左右允许偏差分别为 2 mm 和 1 mm，接头摆角垂直不得大于 7°，水平不得大于 3°。

（四）在用单轨吊检测标准

NB/T 10176—2019《煤矿在用单轨吊车安全性能检测检验规范》规定了煤矿在用单轨吊车检测检验基本条件、检测检验项目、检测检验方法、检测检验规则和判定规则等内容。在用单轨吊主要检验项目为司机室噪声、运行速度、载荷、冷却水温度、巷道坡度、制动性能、照明、信号与通信、安全保护装置、人车、仪表、灭火器、管线、液压系统等内容。

二、《煤矿安全规程》相关规定

2021年8月17日，应急管理部第27次部务会议审议通过了《应急管理部关于修改〈煤矿安全规程〉的决定》，2022年1月6日应急管理部发布《煤矿安全规程》，自2022年4月1日起施行。《煤矿安全规程》第三百九十条、第三百九十一条，对单轨吊有十分明确的要求和规定。

(一) 单轨吊通用要求

煤矿井下用单轨吊应满足以下通用要求：

（1）安全制动和停车制动装置必须为失效安全型，制动力应当为额定牵引力的1.5~2倍。

（2）必须设置既可手动又能自动的安全闸。安全闸应当具备下列性能：

① 绳牵引式单轨吊运行速度超过额定速度30%时，其他设备运行速度超过额定速度15%时，能自动施闸；施闸时的空动时间不大于0.7 s。

② 在最大载荷最大坡度上以最大设计速度向下运行时，制动距离应当不超过相当于在这一速度下6 s的行程。

③ 在最小载荷最大坡度上向上运行时，制动减速度不大于5 m/s^2。

（3）柴油机和蓄电池单轨吊车，必须设置车灯和喇叭，列车的尾部必须设置红灯。

（4）柴油机和蓄电池单轨吊车，必须具备2路以上相对独立回油的制动系统，必须设置超速保护装置。司机应当配备通信装置。

（5）柴油机单轨吊车运行巷道坡度不大于25°，蓄电池单轨吊车不大于15°，钢丝绳单轨吊车不大于25°。

（6）必须根据起吊重物的最大载荷设计起吊梁和吊挂轨道，其安装与铺设应当保证单轨吊车的安全运行。

（7）单轨吊车运行中应当设置跟车工。起吊或者下放设备、材料时，人员严禁在起吊梁两侧；机车过风门、道岔、弯道时，必须确认安全后，方可缓慢通过。

（8）采用柴油机、蓄电池单轨吊车运送人员时，必须使用人车车厢；两端必须设置制动装置，两侧必须设置防护装置。

（9）采用钢丝绳牵引单轨吊车运输时，严禁在巷道弯道内侧设置人行道。

（10）单轨吊车的检修工作应当在平巷内进行。若必须在斜巷内处理故障时，应当制定安全措施。

（11）有防止淋水侵蚀轨道的措施。

（二）绳牵引单轨吊特殊要求

绳牵引单轨吊除应满足上述通用要求外，还应满足以下特殊要求：

（1）必须设置越位、超速、张紧力下降等保护。

（2）必须设置司机与相关岗位工之间的信号联络装置；设有跟车工时，必须设置跟车工与牵引绞车司机联络用的信号和通信装置。在驱动部、各车场，应当设置行车报警和信号装置。

（3）运送人员时，必须设置卡轨或者护轨装置，采用具有制动功能的专用乘人装置，必须设置跟车工。制动装置必须定期试验。

（4）运行时绳道内严禁有人。

（5）车辆脱轨后复轨时，必须先释放牵引钢丝绳的弹性张力。人员严禁在脱轨车辆的前方或者后方工作。

（三）柴油发动机单轨吊特殊要求

柴油发动机单轨吊除应满足矿用单轨吊通用要求外，还应满足以下特殊要求：

（1）具有发动机排气超温、冷却水超温、尾气水箱水位、润滑油压力等保护装置。

（2）排气口的排气温度不得超过 77 ℃，其表面温度不得超过 150 ℃。

（3）发动机壳体不得采用铝合金制造；非金属部件应具有阻燃和抗静电性能；油箱及管路必须采用不燃性材料制造；油箱最大容量不得超过 8 h 用油量。

（4）冷却水温度不得超过 95 ℃。

（5）在正常运行条件下，尾气排放应满足相关规定。

（6）必须配备灭火器。

（四）单轨吊连接装置要求

倾斜井巷中使用的单轨吊车、卡轨车和齿轨车的连接装置，运人时最小安全系数不小于 13，运物时最小安全系数不小于 10。

（五）单轨吊巷道条件要求

在双向运输巷中，采用单轨吊车运输的巷道，对开时两车最突出部分之间的距离不得小于 0.8 m。

（六）单轨吊充电要求

蓄电池单轨吊应在充电硐室内充电，硐室的通风要求及氢气浓度要符合《煤矿安全规程》第一百六十七条、第一百六十八条的有关规定。在充电室和变流室间及进出口均设向外开的防火门。单轨吊电池充电时，必须由专人进行看护，如发现电池温度异常，必须及时停止充电并汇报。

第五节 矿用单轨吊的发展方向

随着矿井大型化、高效化、多样化开采的不断深入，辅助运输的距离越来越长，工况越来越复杂，矿用单轨吊以其自身优势，已成为辅助运输的关键装备。辅助运输对单轨吊也提出了更高的要求，可以预料，矿用单轨吊将呈现出使用范围更广、品类多样、高可靠性和环保舒适性，以及智能化等的发展方向。

一、使用范围进一步拓展

单轨吊能够实现连续化运输，且能解决"最后一公里"无合适设备可用的难题，从井口、大巷到综采工作面，都将有单轨吊使用，且长距离运输、短距离运输均适用，使用工况日益增多。掘进工作面，单轨吊可以作为综掘机跟带式输送机的辅助后配套，用于运输除尘风机、风筒等设备；采煤工作面，可用于正常生产期间的物料供应，也可用来运输安装撤出期间的材料设备。

近年来，各大煤业集团陆续进行辅助运输系统升级改造，越来越多生产矿井采用单轨吊作为辅助运输设备，运输能力和运输效率得到显著提高，同时简化了原来运输工区组织结构，不再单独设立工区。例如，2020年，盘江煤电集团全面推广使用单轨吊，到2021年底，集团所属21对生产矿井全部使用单轨吊。

二、产品类型多样化

各种类型的单轨吊适用于不同的矿井及不同的工况。

从装机功率看，单轨吊有小型、中型、大型；从动力源看，单轨吊有柴油发动机、蓄电池、气动、绳牵引等多种型式。

另外，单轨吊各组成系统也不尽相同，发展多参数、多功能传感器、自动化执行机构等，最大限度降低对使用者的要求，提高使用效能，减少维护工作量；通过标准化提高各组成部件的兼容性、可互换性。

驾驶方式会更加多样化，通过遥控、远程控制、智能控制等方式，实现单轨吊可靠运行。

三、高安全可靠性和环保舒适性

单轨吊机、电、液等关键零部件可靠性提高是延长单轨吊寿命的关键，驱动部、制动部、驾驶部等需要适应更加广泛的工况环境，尤其在严酷工况条件下，各部分应有较高的可靠性。

（1）安全保护冗余化。比如，在坡度较大、轨道湿滑或者载重较大时，驱动部的摩擦轮可能会出现打滑的现象，影响单轨吊的正常运行。克服这一问题的有效方法是，考虑在特殊区间增加齿轨装置，采用齿轮+摩擦轮的混合驱动模式，提高单轨吊的安全性。

（2）绿色清洁化。防爆柴油发动机单轨吊的重点方向是动力系统和尾气排放处理系统的优化与改良，标本兼治考虑和解决问题，推进其向绿色、节能、环保方向发展。

（3）高舒适性。在进行单轨吊部件及整机设计时，需根据人体工程学基本理论，最大限度降低劳动强度，提高操作维护的方便性、乘坐的舒适性。

四、智能化

单轨吊将向智能化方向发展，通过故障诊断、预测预警等功能，实现单轨吊全生命周期管理；通过全景传感，全过程监测，轨道监测，地面信息互动，实现无人驾驶、远程操纵。单轨吊将具备自适应、自识别、自诊断、自评估、自动控制、联动联控、智能预警、智能存储、边缘存储、模型自学习、关联分析、宏细观规律分析等功能；可远程管理、多参数集成发展，并可能开发出相应的集成操作平台，对单轨吊及辅助运输资源进行有效管理。

随着技术进步，矿山用户可根据使用场景定制专门的单轨吊智能系统，这样更能达到"机械化换人，自动化减人"的科技强安战略要求。

五、系统网络化

根据统计，我国大部分煤矿使用绞车等非常传统的地轨运输模式，工作人员多，运送环节复杂，运送效率低，容易造成断绳。为改变现有地轨运送方式，单轨吊系统运输应运而生。单轨吊运输系统建成后，可实现矿井辅助运输网络化、无人化，大大减少人工摘挂车辆的环节，减少运输作业工伤事故发生，甚至杜绝辅助运输安全事故的发生；主要采区实现单轨吊机车运输无人化，矿井辅助运输作业人员将减少一半以上。另外，矿井实现辅助运输网络化，还可以降低作业人员劳动强度和矿井日益紧张的人力资源成本，大大提高矿井自动化、机械化、智能化的水平。在辅助运输系统安全性、经济效益以及社会效益方面均有较好的效果。

六、集装箱化

单轨吊是一种机动性强、运行速度快、载重大、安全可靠的行驶于悬吊单轨系统的辅助运输设备。单轨吊在矿井内运输设备或货物时需要一种能够容纳设备或货物的箱体，这种箱体需要能够适合通过狭窄的矿井，并且便于从单轨吊机车上装卸设备或货物，因此集装箱化载物是一种发展趋势。集装箱结构简单，能够悬挂在单轨吊机车上，便于设备或货物装卸。

七、智能调度

随着精确定位、智能测控和信息传输等关键技术的发展，矿用单轨吊智能化和自动化程度越来越高，单轨吊作为一种高效运输设备，在矿山辅助运输中的应用越来越广泛。单轨吊的智能调度对于提高生产效率至关重要。实现单轨吊智能调度的关键因素是做好调度算法、任务分配、路线规划。未来，随着物联网和人工智能技术的发展，单轨吊的智能化程度将进一步提高，智能调度系统将更加智能化、高效化并且自动化。这将为矿用单轨吊的发展带来更加广阔的发展空间和更加广泛的应用场景。

第二章 矿用单轨吊运输系统的基本结构与组成

矿用单轨吊运输作为矿山井下辅助运输的重要方式，具有适应强、通过性好、维护方便等特点，且便于实现运输连续化、智能化、无人化。为了管好、用好、维护好矿用单轨吊，确保矿用单轨吊运输的连续稳定、安全可靠运行，应该了解矿用单轨吊运输系统的基本组成、结构、工作原理及主要类型，掌握矿用单轨吊运输系统的主要特点、基本安全要求及其适用条件，以便有针对性地采取安全管控措施。

第一节 矿用单轨吊运输系统的基本组成与分类

矿用单轨吊运输，是在井下巷道上部悬挂单根轨道，通过单轨吊车列在该轨道上的往复运行，实现材料、设备、人员等吊装、运输的井下辅助运输方式，又称天轨运输方式。随着科学技术的发展，矿用单轨吊的类型在增加，技术性能在不断提升，使用范围在逐步扩大，矿用单轨吊在矿山井下辅助运输中发挥着越来越重要的作用。

一、矿用单轨吊运输系统的基本组成

矿用单轨吊运输系统主要由悬挂轨道、单轨吊车列、井巷配套设施设备等组成，单轨吊车列又由单轨吊机车、吊运单元组成。矿用单轨吊运输系统组成结构图如图 2-1 所示，基本组成示意图如图 2-2 所示。

（一）悬挂轨道

悬挂轨道支撑单轨吊机车的运行，由轨道、道岔、阻车器、悬挂装置等组成。轨道是用一条吊挂在巷道上部的特制工字钢，作为单轨吊车列的支撑悬挂和其运行方向的引导。

悬挂装置的作用是将吊链一端通过锚杆（索）固定在巷道顶板上，或者通过采用特殊螺栓钩住 U 型棚或工字钢棚，另一端与轨道连接，实现轨道的悬挂。

道岔是单轨吊车列从一股轨道转入或越过另一股轨道时必不可少的线路设

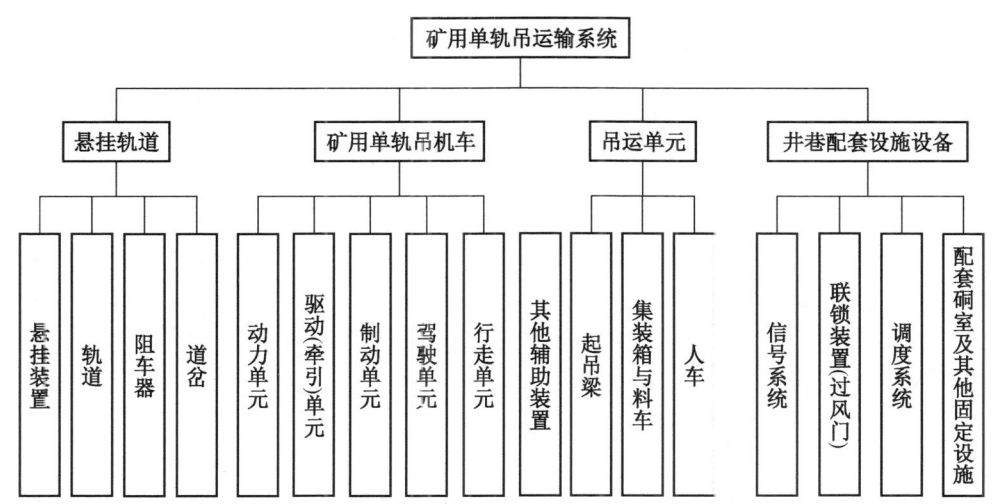

图 2-1 矿床单轨吊运输系统组成结构图

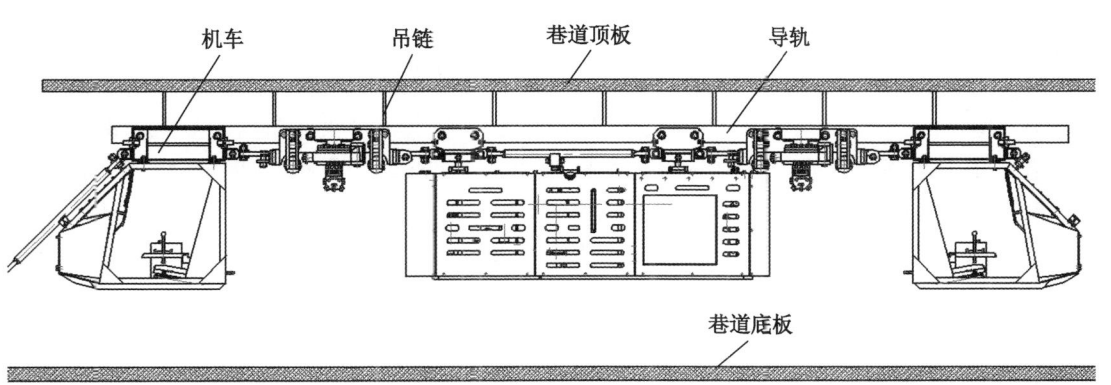

图 2-2 矿用单轨吊运输系统基本组成示意图

备,可以实现单轨吊车列的跨轨与变轨,以及改变行驶方向。

阻车器是安装在悬挂轨道上的安全保护装置,起临时性制动作用,以防止单轨吊机车在轨道上溜车等危险情况的发生。

(二) 单轨吊车列

单轨吊车列是单轨吊运输系统的主要组成部分,主要由单轨吊机车与吊运单元组成,两者之间通过连接装置进行连接。

1. 单轨吊机车

单轨吊机车一般由动力单元、驱动(牵引)单元、制动单元、行走单元、连接装置、驾驶单元（其中气动单轨吊通常无该部分），以及液压系统、电控系统、安全保护系统等组成。

1）动力单元

动力单元为单轨吊车列提供吊运所需要的动力，主要有防爆柴油机、防爆蓄电池电源、高压气源、交流电源等。其中，防爆柴油机单轨吊机车由防爆柴油机作为动力；防爆特殊型铅酸蓄电池单轨吊由防爆特殊型铅酸蓄电池电源作为动力；防爆锂离子蓄电池单轨吊由防爆锂离子蓄电池电源作为动力；气动单轨吊由井下压风管路或者高压气瓶作为动力；钢丝绳牵引单轨吊，其牵引力由绞车提供，通过钢丝绳进行牵引，绞车由交流电提供动力。以交流电为动力的单轨吊目前正逐步被其他动力方式所取代。

2）驱动（牵引）单元

驱动（牵引）单元驱动或者牵引单轨吊的运行。防爆柴油机单轨吊、防爆蓄电池单轨吊、气动单轨吊等自驱式单轨吊的驱动单元由一个或者多个驱动轮组（或称驱动小车）和控制系统组成，通过驱动轮组中的电动机或者液压（气动）马达运转，带动摩擦轮的转动，摩擦轮与轨道摩擦形成牵引力，实现机车沿轨道的运行。

驱动轮组根据不同的动力方式，可分为液压驱动或气驱动、电力驱动等。液压驱动（气驱动）一般由2个液压马达（气马达）、1个夹紧缸、1个驱动部支架、2个摩擦轮组成。电力驱动由于所使用的电动机类型不同，其基本组成有普通异步电动机和减速器、永磁电机（由变频驱动）和减速器、永磁变频一体机和减速器、减速永磁变频一体机等方式，具体组成如下：

（1）2个异步电动机+2个减速器+1个驱动部支架+2个摩擦轮。

（2）2个永磁电动机+2个减速器+1个夹紧缸+1个驱动部支架+2个摩擦轮，由变频器集中供电。

（3）2个永磁变频一体机+2个减速器+1个驱动部支架+2个摩擦轮。

（4）2个减速永磁变频一体机+1个夹紧缸+1个驱动部支架+2个摩擦轮。

牵引单元用于钢丝绳牵引单轨吊，主要由钢丝绳、绞车、张紧装置、牵引车、滑轮座等组成，通过绞车运转，带动钢丝绳牵引单轨吊机车运行。

3）制动单元

制动单元由一个或者多个制动轮组和控制系统组成。根据所用动力方式不同，制动轮组分为液压或者气动制动两种方式，前者用于防爆柴油机单轨吊、防爆蓄电池单轨吊和钢丝绳牵引单轨吊，后者用于气动单轨吊。

制动轮组一般由制动油缸或气缸、1组制动部支架、制动弹簧、2个制动闸块等组成，实现单轨吊在各种情况下的制动停车。制动油缸（气缸）应采用失效安全型。

4）行走单元

行走单元支承整车重量，并在驱动单元的驱动下，使整个车列沿着悬挂轨道运行，由行走轮、导向轮组成。

5）连接装置

连接装置将机车各部件连成一个有机整体，由连杆、销轴和连杆铰接座等组成。

6）驾驶单元

驾驶单元是单轨吊司机的操控室，大型矿用单轨吊在机车两端均应设立驾驶室，以方便双向驾驶和机车的往复运行。对于只进行近距离运输物料或设备的小型单轨吊，一般不设驾驶室，多实现遥控操作控制其运行。

7）液压（气动）系统

液压系统利用液体（气体）传递力量和运动，用于单轨吊的驱动、起吊和制动，一般由泵、蓄能器、阀及液控阀组、液压马达、管路、传感器件等组成。

8）电控系统

电控系统通过感知和测量单轨吊的相关技术参数，利用电子技术实现对单轨吊的控制和管理，由电机、控制箱、操纵箱、电磁阀、显示屏、速度编码器、压力及温度传感器等组成。

9）安全保护系统

安全保护系统是通过一系列技术、措施和程序来保障单轨吊安全运行的系统，包括超速保护装置（含机械超速保护、电子数码超速保护）、瓦斯超限报警停机保护、限位保护等，为机车的运行提供安全保障。有些单轨吊机车基于功能集成化考虑，将多种保护功能集成为一体，配备专门的安全保护装置、安全制动车等。

安全保护装置由启动杆、离心装置、液压阀等部分组成，为机车提供超速保护、超温保护、掉道保护等。

安全制动车由手动泵、离心释放器、制动弹簧油缸和机械结构件等组成，作为独立的制动保护装置为机车提供安全保护。

2. 吊运单元

吊运单元根据实际用户需求分为吊运人员、吊运物料或设备等两种情况。运人时，吊运单元主要由专用人车组成。运物时，吊运单元由起吊梁、集装箱或料车等专用车辆组成。起吊梁用于起吊运输的物料、设备，以便实现物料或设备运输。

3. 单轨吊车列技术构成综合分析

从技术构成看，单轨吊车列总体上属于机电液一体化设备，由机械系统、电控系统、液压系统或者气路系统等组成。

机械系统由具备起吊、行走、驱动、制动等功能的机械部件组成，主要承担着整个设备部件在运行过程中动作的执行。

电控系统主要由电控主机、传感器、控制器、电磁阀等组成，实现单轨吊的起吊、运行、停止、方向控制和安全保护。电气设备包括主电机、制动器、电缆、照明灯等，主要用于控制单轨吊的运行和停止。传感器主要用于监测单轨吊的状态，包括重量、高度、速度等。控制器主要用于接收控制信号和控制单轨吊的运行。

液压系统主要由液压管路、液压泵、液压马达、液压缸、液压阀、电磁阀、蓄能器等组成，为单轨吊车列以液压为动力的机械系统提供保障。

气路系统主要由气动马达、蓄能器、气动阀、压力表等组成。气动马达将压缩气体的压力能转换为机械能并产生旋转运动；蓄能器的重要作用是为启动系统提供动力；气动阀用于操控机车的开启关停或者行走停车；压力表是控制启动压力的依据或者参考。

（三）井巷配套设施设备

井巷配套设施设备主要包括信号系统、联锁装置、调度系统、车场、检修硐室、充电硐室等。

1. 信号系统

单轨吊信号系统是指用于保障单轨吊机车线路安全、正常运行的技术设备和管理体系，提供机车、调度室之间的语音和数据传输服务，使各系统能够快速、可靠地进行信息交互。

2. 联锁装置

联锁装置负责对轨道区间道岔及风门进行联锁，避免多个机车同时进入同一区间发生碰撞事故，保证机车安全运行。

3. 车辆调度系统

单轨吊车辆调度系统是基于矿井辅助运输需求，通过对车辆的合理安排和调度，提高运行效率，优化配送路线，降低配送成本。单轨吊车辆调度系统的组成可能因具体应用场景和需求而有所不同，但通常包括数据采集模块、分析模块、调度模块、监控模块、其他辅助模块等。这些模块可以通过网络连接到中央控制器或数据中心，实现数据的实时传输和处理。

数据采集模块主要负责收集车辆的实时数据，包括车辆的位置、速度、载重等。

分析模块主要负责对收集到的车辆数据进行处理和分析，以提取有关车辆运行状态的关键信息。

调度模块主要负责根据收集到的车辆数据和数据分析结果,对车辆进行优化调度,包括任务分配、路径规划等。

监控模块主要负责对车辆的运行状态进行实时监控,一旦发现异常情况,立即发出预警,通知相关人员采取措施。

其他辅助模块,如数据统计、报表生成等,以提供更全面的数据分析功能。

随着矿山智能化的进展,单轨吊车辆调度系统正在向集成化、智能化方向发展。单轨吊智能调度管理系统融合了精确定位、视频监控、通信传输、远程控制等多种技术,具有车辆定位、远程道岔控制、车辆调度、车载信号与通信、弯道告警等功能,能够保障行车安全、提高运输效率、提升调度能力;能够对单轨吊机车实现跟踪管理,减少供车不足以及运输不安全等现象的发生,实现机车合理配置,提升煤矿辅助运输管理能力,从而提高煤矿产煤供煤效率。单轨吊智能调度管理系统主要由数据采集、定位跟踪、调度控制以及统计分析等系统组成。

4. 单轨吊车场

单轨吊车场是专为单轨吊机车提供停车服务的场所。

5. 单轨吊检修硐室

单轨吊检修硐室是专为单轨吊机车提供检修服务的场所,配有保障车辆正常运行的检修设备,为机车提供定期维保和检修。

6. 单轨吊充电硐室

单轨吊充电硐室是专为蓄电池单轨吊机车提供充电服务的场所,配有蓄电池充电机,保障蓄电池电能供应。

二、矿用单轨吊的工作原理

在悬吊的轨道上,由各具功能的专用吊挂机车和车辆连成车组形成单轨吊车列。需要运行时,自驱式单轨吊的驱动单元是通过电动机或者液压(气动)马达运转带动摩擦轮的转动,摩擦轮与轨道摩擦形成牵引力,实现机车沿轨道运行。驱动单元的动力由动力单元中的柴油发动机、蓄电池或风动装置提供。钢丝绳牵引单轨吊通过绞车的运转,带动钢丝绳牵引单轨吊运行。

机车速度的调节主要通过控制电动机,或者液压(气动)马达,或者牵引钢丝绳的绞车实现。需要机车制动时,主要由制动单元中的控制系统对制动油缸或气缸进行控制,从而通过制动弹簧带动制动块对轨道进行夹紧,实现单轨吊在各种情况下的制动停车。

在超速、跑车等紧急情况下,安全制动装置中离心释放器动作,将液压阀启动杆拨动,液压阀开启,动力油通过回油管路,直接回油泄压,制动闸动作。制动轮组采用失效安全型保障其机车安全。

三、矿用单轨吊运输系统的工作特点

矿用单轨吊运输系统作为矿山井下辅助运输系统中较为先进系统之一，具有的显著的工作特点主要有以下方面：

（1）悬挂在巷道上部空间并在上部空间中运行，完全不受巷道底板变形等因素的影响。对巷道条件要求低，适应能力强，可以适应我国 80% 以上的矿山井下巷道，并可降低整个运输巷道维护成本。

（2）单轨运行，可以很好适应起伏多和弯道多的复杂情况，对巷道的水平最小曲率半径可达到 4 m，最小竖直曲率半径可达到 10 m。

（3）运输能力大，能实现重型物料（如重型液压支架）的整体搬运。

（4）可实现远距离连续运输，整个运输过程无须转载，运输效率相对较高。

（5）爬坡能力强，柴油发动机单轨吊、绳牵引单轨吊最大运输坡度可达 25°，铅酸蓄电池单轨吊的最大运输坡度可达 15°，锂离子蓄电池单轨吊在采用新技术新工艺后最大运输坡度也可达到 25°，国外采用齿轨驱动的单轨吊最大运行坡度达到 30°。

（6）大多数的单轨吊设备截面较小，可以完成在胶带运输机巷道、掘进巷道等设备较多、空间受限井巷中的辅助运输任务，能够较好解决采掘工作面"最后一公里"的运输难题。

（7）风险可控，运行相对安全，不会轻易出现跑车、掉道等极端情况。

（8）配套性好，有比较完整的配套设备和运输车辆；轨道可以回收，重复使用。

（9）轨道呈现悬挂状态，运行速度相对较低，尤其是载重和爬坡时，速度下降比较大。比较单个路段的运行速度，单轨吊远不如平均速度达到 20 km/h 的无轨胶轮车，甚至也不如一些绞车的速度。

四、矿用单轨吊的基本类型及适用条件

矿用单轨吊由于驱动单元、吊运能力等不同，组成结构会有差异，也会具有不同的优缺点和适用条件，需要在选型设计和实际使用、维护中加以注意。

（一）矿用单轨吊的分类方法

矿用单轨吊可按照动力来源、吊运载能力、驱动单元工作原理、起吊梁的起吊动力、悬挂轨道的类型以及操作方式等进行分类，各类单轨吊的基本组成、特点以及其适用条件有所差异。

1. 按动力来源分类

按照动力来源，矿用单轨吊可以分为自驱式和牵引式。

自驱式单轨吊通过自身动力实现起吊和运行，自身动力包括防爆柴油发动机、防爆特殊型铅酸蓄电池电源、防爆锂离子蓄电池电源、压缩空气等，因此自驱式单轨吊按照自身动力不同，又可分为防爆柴油机单轨吊、防爆特殊型铅酸蓄电池单轨吊、防爆锂离子蓄电池单轨吊、气动单轨吊。

牵引式采用无极绳绞车牵引方式牵引单轨吊的运行，即通过钢丝绳牵引单轨吊，因此牵引式单轨吊机车又叫钢丝绳牵引单轨吊机车。

2. 按照吊运载能力分类

按照吊运载能力，可分为轻型单轨吊和重型单轨吊。

轻型单轨吊主要用于采掘巷道，解决采掘工作面"最后一公里"的运输难题及作为综掘机械的辅助后配套装备，承载质量一般 3 t 以内，运输距离一般 5 km 以内。

重型单轨吊主要运输巷道的设备、材料，部分矿井也用于采煤工作面搬家倒面时大型设备运输，具备大运输能力和驱动力、连续运输等特点，最大牵引力可接近 400 kN，最大承载质量可达 100 t。

3. 按照驱动单元工作原理分类

按照驱动单元工作原理，可分为电驱动方式、液压马达驱动方式、气动马达驱动方式。防爆柴油机单轨吊一般采用液压马达驱动，防爆蓄电池单轨吊一般采用电驱动，气动单轨吊采用气动马达驱动。

4. 按照起吊梁的起吊动力分类

按照起吊梁的起吊动力，可分为液压马达式、液压缸式、气动马达式，近年电动式也有探索应用。防爆柴油机单轨吊和防爆蓄电池单轨吊一般采用液压马达式或者液压缸式起吊梁，气动单轨吊采用气动马达式起吊梁。

5. 按照悬挂轨道类型分类

按照悬挂轨道类型，可分为轻轨（I140E）和重轨（工140V）。轻轨一般用于轻载单轨吊运输，重轨用于重载单轨吊运输。

6. 按照操作方式分类

按照操作方式，单轨吊可分为人工驾驶、无人驾驶、遥控操作、集中远程控制等。随着科学技术的发展，无人驾驶、集控远控等智能化是单轨吊发展的必然方向。

（二）防爆柴油机单轨吊

防爆柴油机单轨吊，由于其动力来自防爆柴油机，有柴油机强大动力独特的重载能力优势，在矿山井下所有单轨吊机车中，仍是目前应用最广的单轨吊类型，但也存在尾气污染、噪声危害等问题。

1. 基本组成

防爆柴油机单轨吊以防爆柴油机为动力，采用液压驱动和起吊、液压制动。防爆柴油机单轨吊机车主要由动力单元、驱动单元、制动单元、驾驶单元、连接装置、电控系统、液压系统等组成，基本组成如图2-3所示。

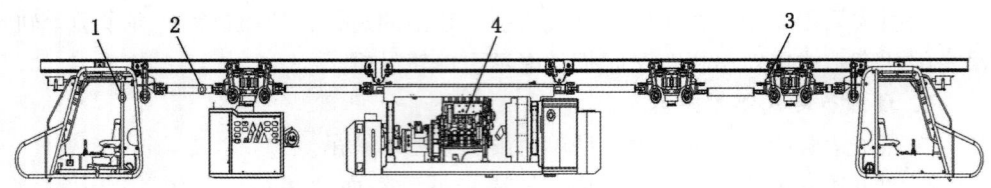

1—驾驶单元；2—连接装置；3—驱动单元及制动单元；4—动力单元

图2-3　防爆柴油机单轨吊机车基本组成

动力单元主要由防爆柴油机及配套的冷却装置组成。驱动单元由多个驱动轮组及控制系统组成，采取液压驱动的方式，主要通过液压控制系统对多个驱动轮组进行控制。制动单元包含多个制动闸瓦和控制系统，采用失效安全型液压制动。

防爆柴油机单轨吊机车配合起吊梁、料车或人车，组成防爆柴油机单轨吊车列，对设备、物料、人员进行吊运。防爆柴油机单轨吊吊运设备时主要配有起吊梁，车列的组成示意图如图2-4所示；运输人员时主要配备人车，车列的组成示意图如图2-5所示。

小型柴油机单轨吊机车，由于自身系统设计一般不能作为运输人员的牵引设备，因此无人车、驾驶室等。常见小型柴油机单轨吊的组成示意图如图2-6所示。

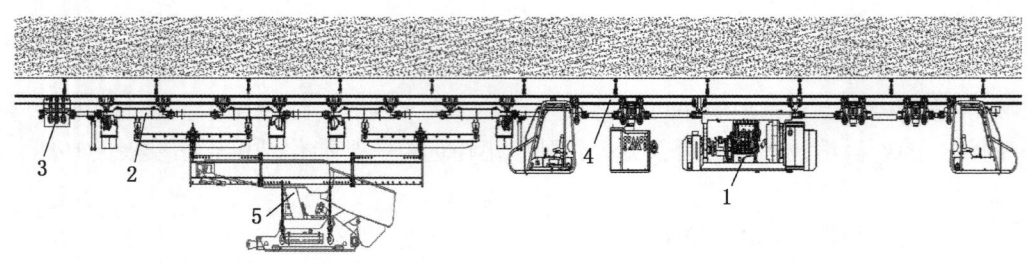

1—防爆柴油机；2—起吊梁；3—制动车；4—悬挂轨道；5—吊运的支架

图2-4　防爆柴油机单轨吊运送设备示意图

第二章 矿用单轨吊运输系统的基本结构与组成

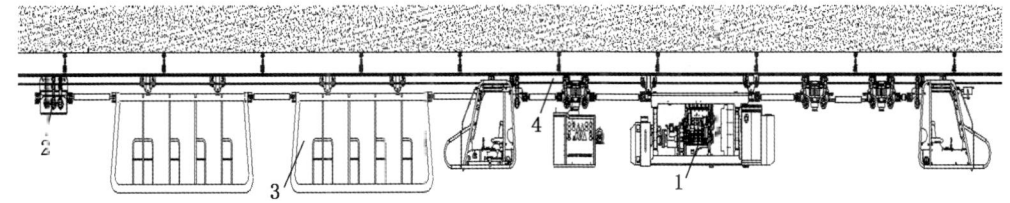

1—防爆柴油机；2—制动车；3—人车；4—悬挂轨道

图 2-5 防爆柴油机单轨吊运送人员示意图

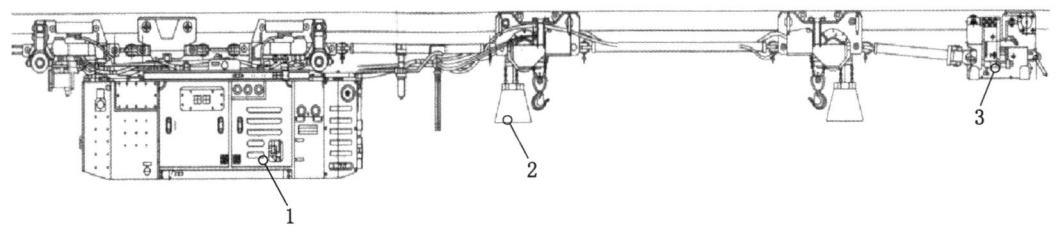

1—牵引机；2—起吊梁；3—制动车

图 2-6 小型柴油机单轨吊组成示意图

2. 基本特点

防爆柴油机单轨吊续航能力强，燃料可以随时添加，随时使用；巷道运行受限少，能轻松实现变道、变坡和转弯；动力大，速度和载重强于其他单轨吊；系统兼容性强，可以兼顾视频、遥控、定位等先进数字化设备等诸多优点。目前国内防爆柴油机单轨吊机车最大驱动轮组数量达到 14 驱，最大牵引力可达到 396 kN，最大承载质量可达到 100 t，一次性运输物料可多达 6 个集装箱，最大爬坡能力达到 25°。

防爆柴油机单轨吊的缺点是尾气污染严重，虽然柴油机尾气可以经过处理和吸收，但是对于通风要求很高的巷道相对比较难，特别是柴油机本身质量及使用维护等问题导致的故障，易造成尾气污染，对人体造成影响；燃料存放安全问题，目前柴油在井下的安全存放还有待研究；噪声污染问题，某矿测试表明，当防爆柴油机单轨吊重载时，噪声可达到 106 dB（A），超过了国家规定；漏油问题，由于液压件本身的质量问题和维修管理不到位，导致机车漏油，一方面造成巷道底板油迹多、地面滑，污染井下环境，另一方面也增大了油料消耗。

3. 适用条件

防爆柴油机单轨吊适用于矿山井下采煤、掘进工作面的物料、液压支架、人员等的长距离无转载运输,特别适用于井下大坡度、长距离和多工作面长时间连续运输,适应的最大运输坡度可达到25°。

(三) 防爆特殊型铅酸蓄电池单轨吊

防爆特殊型铅酸蓄电池单轨吊,由于动力来自防爆特殊型铅酸蓄电池,其在基本组成、特点和适用条件等方面与防爆柴油机单轨吊存有较大差别。

1. 基本组成

防爆特殊型铅酸单轨吊以防爆特殊型铅酸蓄电池电源为动力,采用电力驱动、液压制动、液压起吊。防爆特殊型铅酸蓄电池机车主要由驾驶单元、动力单元、驱动单元、制动单元、电控系统、液压系统等组成。运输货物时,配用起吊梁,组成的单轨吊车列如图2-7所示;用于运输人员时,配用人车,组成的单轨吊车列如图2-8所示。

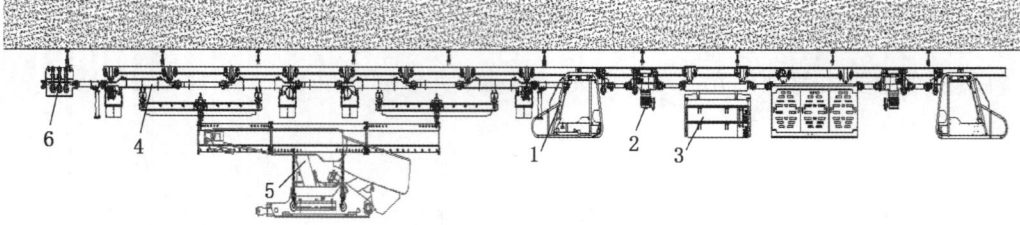

1—驾驶单元;2—驱动及制动单元;3—动力单元;4—起吊梁;5—吊运的支架;6—制动车

图2-7 防爆特殊型铅酸蓄电池单轨吊运输货物车列组成示意图

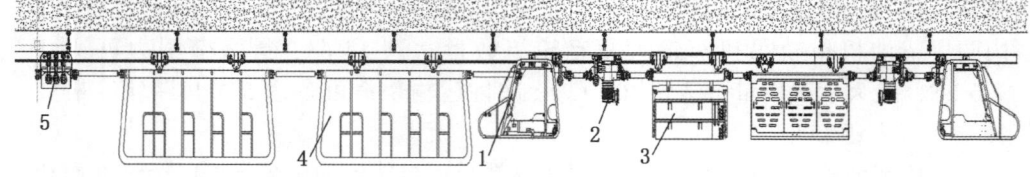

1—驾驶单元;2—驱动及制动单元;3—动力单元;4—人车;5—制动车

图2-8 防爆特殊型铅酸蓄电池单轨吊运人车列组成示意图

动力单元主要采用防爆特殊型铅酸蓄电池;驱动单元主要采用电力驱动方式,由电控系统对电动机或变频一体机进行控制,通过减速器将驱动力传递给驱动轮组;制动单元与防爆柴油机单轨吊类同。

2. 基本特点

防爆特殊型铅酸蓄电池单轨吊具有诸多优点:噪声低、无污染、运转发热量小、操作方便；巷道运行受限少，能轻松实现变道、变坡和转弯；故障率相对较低，维护工作量小；无尾气排放和燃料存放安全问题等。但自重大，爬坡能力不足，续航能力差，充放电时易产生易燃易爆气体。

3. 适用条件

防爆特殊型铅酸蓄电池单轨吊受蓄电池容量和爬坡能力限制，多用于巷道平缓、载荷较小、作业不大频繁的短途运输，运行最大坡度不超过15°。

(四) 防爆锂离子蓄电池单轨吊

防爆锂离子蓄电池单轨吊工作原理与防爆特殊型铅酸蓄电池单轨吊基本相同。由于锂离子蓄电池能量密度远高于铅酸蓄电池，目前发展较快，应用越来越多。

1. 基本组成

防爆锂离子蓄电池单轨吊以防爆锂离子蓄电池为动力，采用电力驱动（异步电机或者永磁电机控制系统）和液压起吊、液压制动。防爆锂离子蓄电池单轨吊机车主要由驾驶单元、动力单元、驱动单元、制动单元、电控系统、液压系统等组成。运送货物时的车列基本组成如图2-9所示。

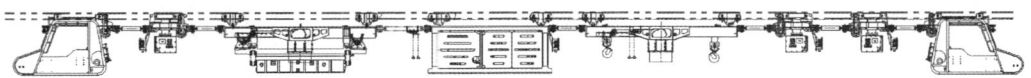

图2-9 防爆锂离子蓄电池单轨吊运送货物车列组成示意图

2. 基本特点

防爆锂离子蓄电池单轨吊具有能重比高、续航能力强、性能稳定、噪声低、节能环保、运输效率高、操作维护方便、保护齐全、运行成本低等诸多优点。但锂电池内部热失控风险一直备受关注，如何实现井下受限空间下安全充电也一直在探索之中。

3. 适用条件

防爆锂离子蓄电池单轨吊可以适用于进风巷道，不允许在煤与瓦斯突出矿井的回风巷使用；高、低瓦斯矿井采盘区回风巷使用时，应制定专门的安全措施。关于防爆锂离子蓄电池单轨吊最大使用坡度，有研究认为，在进行充分理论研究及试验，并满足相应安全技术要求后可提高至25°。

(五) 钢丝绳牵引单轨吊

钢丝绳牵引单轨吊以无极绳绞车为动力，利用钢丝绳牵引单轨吊机车运送设备物料及人员。为保证钢丝绳的安全稳定运行，需要设置导向轮和滑轮导向。

1. 基本组成

钢丝绳牵引单轨吊由绞车、牵引钢丝绳、轨道、道岔、紧急制动车、连接杆、承载吊车、吊车梁、乘人吊车、集装箱、缓冲器、导向架、绳轮及回绳轮等组成，如图2-10所示。

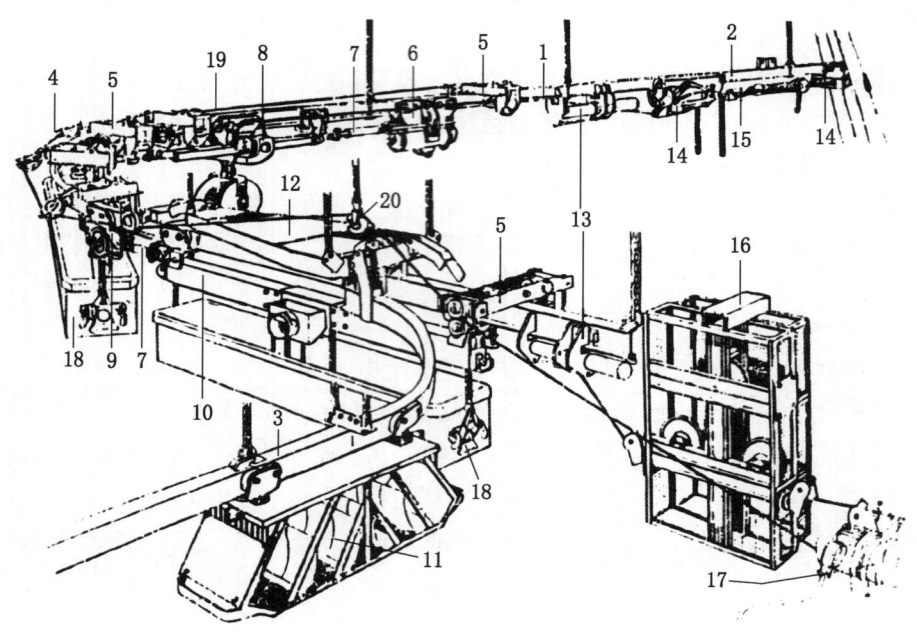

1—轨道；2—有绳轮座的轨道；3—与弯轨连接的直轨；4—弯轨；5—牵引绳导向架；
6—紧急制动车；7—连接杆；8、9—承载吊车；10—吊车梁；11—乘人吊车；12—道岔；
13—紧急制动车；14—尾部绳轮；15—尾轮拉紧装置；16—头部张紧装置；
17—摩擦轮胶车；18—通用可翻卸式集装箱；19—牵引钢丝绳；20—钢丝绳回绳轮

图2-10 钢丝绳牵引单轨吊组成示意图

钢丝绳牵引单轨吊的动力单元是无极绳绞车，通过其带动钢丝绳进行牵引。

2. 基本特点

钢丝绳牵引单轨吊具有结构比较简单、操作维修方便，对操作人员各方面素质要求相对较低，无污染、低能耗，投入相对较小，价格低廉且运营成本低等诸多优点。但牵引力小、摩擦阻力大、不安全因素多，且弯道需要装大量的导轮组且不能分支；一套单轨吊只能适应一个地点，当需要抵达另一终点时，必须经过车场或装载站，因而形成多段运输，占用设备和人员多，运输效率和设备利用率低，影响使用范围。

3. 适用条件

钢丝绳牵引单轨吊主要适用于掘进工作面及上、下山长距离的材料、人员运输。一台运距一般不超过 1500 m，适用的最大运输坡度可达 25°，最大运输质量在 15 t 上下。

（六）气动单轨吊

气动单轨吊与防爆柴油机单轨吊、防爆蓄电池单轨吊相比，基本组成相对比较简单，使用场所相对比较固定。

1. 基本组成

气动单轨吊以压缩空气为动力，采用气动马达或者空气发动机驱动、气动起吊、气动制动，主要由驱动车、轨道、制动车、气承载车、拉杆、气动葫芦等组成，如图 2-11 所示。驱动车也为失效制动的独特结构，在使用过程中同样也必须强制配套安全制动车。

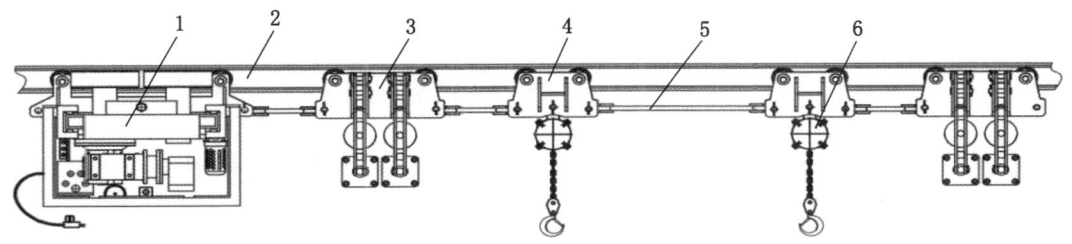

1—驱动车；2—轨道；3—制动车；4—气承载车；5—拉杆；6—气动葫芦

图 2-11 气动单轨吊组成示意图

动力单元一般以气动管路或空气压缩气瓶作为动力来源，驱动单元采取液压驱动的方式，主要通过液压控制系统对多个驱动轮组进行控制。

2. 基本特点

与其他动力的单轨吊相比，气动单轨吊运输速度比较低；无驾驶单元，一般采用有线遥控或近距离无线遥控方式；由于其载重很小，适应坡度也不大，并且和小型柴油机单轨吊一样，由于自身系统设计特点，不能作为运输人员的牵引设备。

3. 适用条件

气动单轨吊适用于载重较小、平巷或坡度小的场所，仅用于短距离运输物料或小型设备，最大爬坡能力为 15°。

（七）其他单轨吊

除上述单轨吊类型外，还有极个别的电动单轨吊，其主要以矿井的交流电源和防爆交流电动机为动力源，一般通过电动机、减速器或液压马达驱动，主要由电动葫芦、行走单元、轨道、吊挂单元、电控系统、电气限位等部件组成，如图 2-12 所示。

电动单轨吊结构相对比较简单，由于此类单轨吊机车受到电缆长度一般不超过 100 m 的限制，其工作最远行程为 200 m 左右，坡度一般不超过 25°。另外，一般只有一组驱动组，牵引力一般不超过 20 kN，载重很小，因此只适合轻型物料的短距离运输。

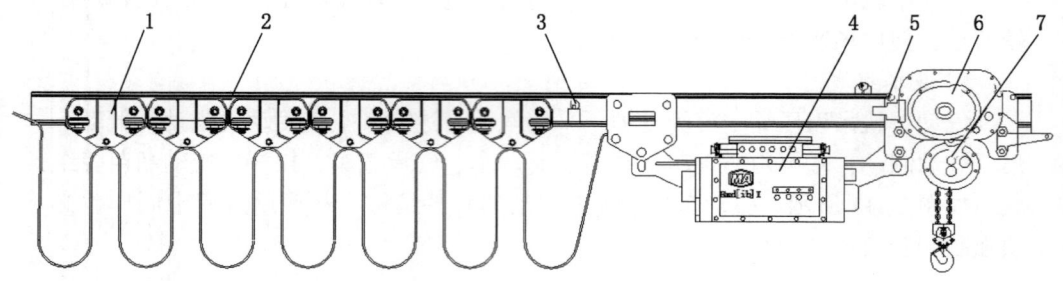

1—电缆吊挂装置；2—轨道；3—终点限位装置；4—电控系统；
5—吊挂单元；6—行走单元；7—电动葫芦

图 2-12　电动单轨吊组成示意图

五、矿用单轨吊基本安全要求

矿用单轨吊的基本安全要求一直作为设计、制造、检测、使用维护的重要关注点。不同类型的单轨吊，安全要求既有诸多共同之处，也有诸多各自的特殊点。每类单轨吊均应在符合单轨吊通用安全要求的基础上，满足各自特殊的安全要求。

（一）矿用单轨吊通用安全要求

矿用单轨吊的通用安全要求，主要体现在使用环境、组成部件、安全保护、安全防护、整机性能等方面的基本安全要求，所有单轨吊均必须满足这些要求。

1. 使用环境要求

各类矿用单轨吊，在使用环境方面应满足以下要求：
（1）应能在周围环境-20~40 ℃条件下正常使用。
（2）应能在周围环境-20~40 ℃条件下正常充电。
（3）应能在湿度不超过 95%（25 ℃）的环境中正常使用。
（4）应能在瓦斯和煤尘爆炸危险环境中正常使用。
（5）单轨吊运行的井巷应有足够的通风量，其环境空气成分应符合《煤矿安全规程》的规定。
（6）不允许在煤与瓦斯突出矿井的回风巷使用。
（7）严禁运输爆炸物、可燃物等危险品。

2. 组成部件要求

单轨吊的各类组成部件，应满足以下要求：

（1）配套电气设备应符合 GB/T 3836.1《爆炸性环境 第1部分：设备 通用要求》、GB/T 3836.2《爆炸性环境 第2部分：由隔爆外壳"d"保护的设备》、GB/T 3836.4《爆炸性环境 第4部分：由本质安全型"i"保护的设备》、GB/T 3836.9《爆炸性环境 第9部分：由浇封型"m"保护的设备》及相关标准要求，连接电缆应符合 GB 43069《矿用电缆安全技术要求》及 MT/T 818《煤矿用电缆》的规定要求。

（2）所用的非金属材料应符合 MT/T 113《煤矿井下聚合物制品阻燃抗静电性通用试验方法和判定规则》的规定，所用的制动材料应选用在制动时不会产生危险温度和危险火花的材料制成。

（3）单轨吊机车的零部件和铭牌不得采用轻合金制造。

（4）单轨吊的液压系统应符合 GB/T 3766《液压传动 系统及其元件的通用规则和安全要求》的规定，液压系统压力在额定压力的125%时，保压5 min 不得有渗漏；在额定压力下保压36 h 后，应仍能保持正常开启制动闸块所需的压力。

（5）驱动轮所用的材料与轨道的摩擦系数不应小于0.4。

（6）拉杆必须用优质钢材制造，其冲击功 A_k 应符合：常温（15 ℃）$A_k \geqslant$ 100 J；低温（-30 ℃）$A_k \geqslant$ 70 J。单轨吊运人时，拉杆最小破断力应不小于13倍单轨吊额定牵引力；运物时，拉杆最小破断力应不小于10倍单轨吊额定牵引力。每根拉杆的焊接部位应进行探伤，焊缝不得有裂纹、气孔、夹渣等焊接缺陷。

（7）司机室前端应装设喇叭、照明灯和红色信号灯。照明灯应保证机车正前方20 m 处至少有4 lx 的照度，照明灯和红色信号灯应能互相转换，信号灯的能见距离至少为60 m；喇叭音响在距离司机室20 m 处应清晰。

（8）机车应设有工作制动、安全制动和停车制动。安全制动必须设计成失效安全型，且是既可手动又可自动的制动装置。安全制动和停车制动装置允许合二为一，如传动系统采用液压传动，传动系统本身具备工作制动功能，可不再另设工作制动。如工作制动采用失效安全型的弹簧制动器，功能满足紧急制动和停车制动要求，可不再另设紧急制动和停车制动。安全制动的制动力为最大牵引力的1.5~2倍；安全制动施闸的空动时间不大于0.7 s。

（9）除小型不运送人员作为调度用的单轨吊外，单轨吊机车应设有2个均能独立操纵且又互为自动闭锁的司机室，两司机室应都能操作紧急制动装置。

（10）超速保护装置采用机械式离心释放器，离心释放器动作时，转子的转速值最大允许误差为+5%。

（11）当起吊梁提升重力达到额定值时，提升重物应平稳可靠，运行畅通，无卡阻现象，在额定提升重力的125%时，各部应平稳可靠。

（12）每个司机室应装设一台或数台便携式灭火器。

3. 安全保护及防护要求

单轨吊的安全保护和安全防护，应满足以下基本要求：

（1）应设置超速保护装置。当运行速度超过设计最高速度15%时，超速保护装置应动作并自动保护停机。

（2）瓦斯超限保护。司机室内必须设置甲烷自动检测报警断电仪，当甲烷浓度达到1.5%时，能自动报警并断电。

（3）司机室内的最大噪声应小于90 dB（A）。

4. 整机性能

单轨吊的整机性能，应明确或者符合以下基本要求：

（1）整机应明确最大牵引力、最大起吊重量、最大行走速度、适应最大坡度、通过能力半径、整备质量、外形尺寸等基本参数。

（2）除钢丝绳牵引单轨吊机车外，应具有在水平曲率半径为4 m、垂直曲率半径为10 m轨道上的通过能力。

（3）单轨吊机车的最大牵引力、最大运行速度应符合设计值要求，牵引力允许偏差±5%，速度允许偏差±5%。

（6）在最大坡道上，以相应的最大载荷和最大速度向下运行时，制动距离应不超过相当于在这一速度运行6 s的行程。

（7）在最小载荷、最大坡度上向上运行时，制动减速度不大于5 m/s^2。

（8）运行速度超过额定速度的15%时能自动施闸（当额定速度不高于2 m/s时，允许在运行速度超过额定速度的30%时自动施闸），制动装置应灵活可靠。

（9）在整车空载运行中，通过试验场的坡道、弯道时，各部件不准有干涉现象，仪表指示应正常；整车负载运行时，各部件应平稳可靠。

（10）应具有设计中给定的在规定的最大坡道上以规定的载荷运行、制动和起动的能力。

（11）应给出适应最大坡度内，不同运行速度、坡度与运载质量的对应值，以图、表的形式展现。

（二）防爆柴油机单轨吊特殊安全要求

防爆柴油机单轨吊除应满足上述通用安全要求外，还应满足以下特殊安全要求：

（1）应设置防爆柴油机保护装置，柴油机部分相关保护要求应符合 MT 990

《矿用防爆柴油机通用技术条件》的规定。

（2）应设有指示仪表，包括冷却水温度表、润滑油压力表、液压传动系统压力表、补油系统压力表等。

（3）燃油箱的最大容量不得超过 8 h 正常运行所需的油量。燃油管系必须采用非燃性材料制造，加油孔和通气孔的孔盖必须以螺纹连接。燃油箱须进行水压试验，水压 0.03 MPa 保持 3 min，油箱不得有泄漏和产生塑性变形。

（三）防爆特殊型铅酸蓄电池单轨吊特殊安全要求

防爆特殊型铅酸蓄电池单轨吊除应满足上述通用安全要求外，还应满足以下特殊安全要求。

（1）应有蓄电池容量指示器、短路保护和漏电保护。

（2）电源装置应符合 MT/T 334《煤矿铅酸蓄电池防爆特殊型电源装置》规定。

（3）两端司机室的控制器使用斩波调速（或变频调速），两套控制器之间应设有电气联锁，只有当一端控制器的换向手柄在零位时，另一端的控制器才能操作，但两套均可操作紧急制动。

（4）整机性能应符合以下要求。

① 在额定工作状态下，电阻箱体的表面温度不得超过 150 ℃。

② 电路绝缘性能（灯泡、电机及电子器件除外）应符合以下要求：

a) 电路对地绝缘电阻值不得小于 1 MΩ。

b) 电路应能承受表 2-1 规定的工频正弦波交流试验电压值的 85%，并历时 1 min，无击穿或闪络现象。

表 2-1　工频正弦波交流试验　　　　　　　　　　　　V

额定电压	试验电压
$U_i \leqslant 30$	750
$30 < U_i \leqslant 300$	1500
$300 < U_i \leqslant 750$	$2.5 U_i + 2000$

（四）防爆锂离子蓄电池单轨吊特殊安全要求

防爆锂离子蓄电池单轨吊，应考虑因使用防爆锂离子蓄电池及其电源等的特殊要求，主要包括以下方面。

（1）高瓦斯矿井、低瓦斯矿井采（盘）区回风巷使用时，应制定专门的安全措施。

（2）选用线缆应满足 MT/T 818.1《煤矿用电缆　第 1 部分：移动类软电缆

一般规定》和 MT/T 818.9《煤矿用电缆 第 9 部分：额定电压 0.3/0.5 kV 煤矿用移动轻型软电缆》的有关规定，且应具有耐油性能，本安电缆与非本安电缆应分开固定并采取保护措施，不可使缆线弯折过度而导致内部导体不导电。

（3）单轨吊机车上的高压系统对外引出的电缆正、负极应有明显标识，如正负极对外输出以插头形式连接的，其连接插头应具备防反接功能。

（4）锂离子蓄电池及电源，应满足以下要求。

① 应采用安全性能较高的锂离子蓄电池，如磷酸铁锂蓄电池等。禁止采用钴酸锂蓄电池、三元系锂蓄电池、锰酸锂蓄电池。

② 单体电池的额定容量不超过 230 Ah。

③ 在正常充、放电过程中，单体电池最高温度的报警值应不超过 55 ℃，断电温度应不超过 60 ℃。

④ 锂离子蓄电池应采用串联方式连接，电源的额定能量不应超过 74 kW·h，额定电压不应超过 600 V。

⑤ 电源结构应具有防短路措施。

⑥ 锂离子蓄电池电源在整车上的布置位置应考虑避免碰撞。

⑦ 锂离子蓄电池电源防护等级应不低于 IP55（或安装在整车上后防护等级不低于 IP55）。

⑧ 锂离子蓄电池电源中所使用的所有单体电池应为同一厂家生产的同一规格的产品，内阻、容量、电压一致性应满足 JB/T 11137《锂离子蓄电池总成通用要求》，单体电池容量不超过该电池组平均单体容量的±2%。

⑨ 锂离子蓄电池电源的防爆结构、性能和标志应满足 GB/T 3836.1～GB/T 3836.4 的要求，其中放置电池的隔爆腔体应能承受不小于 1.5MPa 的静压试验。

⑩ 锂离子蓄电池应放置在独立的隔爆腔内，该隔爆腔内可以放置电池管理系统数据采集模块、熔断器。控制单元与电池隔爆分腔放置。电池腔应具有手动断电开关。

⑪ 电池腔应具有满足防爆要求的泄压措施。

⑫ 锂离子蓄电池电源应具备电池管理系统（EMS），电池管理系统应满足以下基本要求：

a）应具有单体电池过充电压保护功能，充电截止电压不超过 3.5 V。

b）应具有单体电池过充电压保护失效检测功能，保护失效电压不超过 3.6 V。

c）应具有单体电池过放电压保护功能，放电截止电压不低于 2.75 V。

d）应具有单体电池过放电压保护失效检测功能，保护失效电压不低于

2.45 V。

e）应具有充电过流保护功能，最大充电电流不超过 0.5 C。

f）应具有放电过流保护、输出短路保护、温度保护、充电均衡、电池信息采集线开路保护、低温禁止充电、严重过放电后不允许充电等功能。

j）绝缘电阻应符合 MT/T 661—2011《煤矿井下用电器设备通用技术条件》中 5.3.3.3 的规定。

⑬ 其他特殊要求：

a）电源充电插座除满足防爆要求外，还应满足 GB/T 20234.3—2023《电动汽车传导充电用连接装置　第 3 部分：直流充电接口》的规定，充电协议满足 GB/T 27930—2023《非车载传导式充电机与电动汽车之间的数字通信协议》的规定。

b）电源应参照 GB 38031—2020《电动汽车用动力蓄电池安全要求》进行模拟碰撞试验，试验后的绝缘电阻应不小于 100 Ω/V。

c）电池管理系统应具备低功耗或休眠唤醒监控功能，实际功耗不高于正常工作功耗的 10%。

d）电源应进行 3 次充放电循环的工作稳定性测试，主要技术指标和功能应满足电池管理系统、电气安全性能要求。

e）环境适应性应符合 MT/T 1078—2008《矿用本质安全输出直流电源》中 4.14 的规定。其主要技术指标和功能应满足电池管理系统、电气安全性能的规定。电源内部连接应可靠，进行振动试验后，电源内部整个电池组内阻变化率不超过 5%。

⑭ 电磁兼容要求：

a）电快速瞬变脉冲群抗扰度应符合 GB/T 38661—2020《电动汽车用电池管理系统技术条件》的规定，满足其中附录 A 中规定的 C 级要求。

b）射频电磁场辐射抗扰度应符合 GB/T 38661—2020 的规定，满足其中附录 A 中规定的 C 级要求。

（五）钢丝绳牵引单轨吊特殊安全要求

钢丝绳牵引单轨吊，除应满足上述通用安全要求外，还应满足以下特殊安全要求。

（1）操纵台上应设置电控开关、液控阀，以控制主电机及主油泵，并应配有显示主系统压力、补油压力、控制压力、油温及运输位置的仪表，能方便地对单轨吊车运行进行监控。

（2）牵引用钢丝绳的安全系数，应符合《煤矿安全规程》中表 9 钢丝绳安全系数最小值要求。运人时，钢丝绳最小安全系数不低于 $6.5 \sim 0.001 L$，且不得小于6；运物时，钢丝绳最小安全系数不低于5~0.001 L，且不得小于3.5。其中 L 为由驱动轮到尾部绳轮的长度，单位为 m。

（3）钢丝绳若需插接，插接长度应符合《煤矿安全规程》要求，钢丝绳接头的插接长度不得小于钢丝绳直径的1000倍。

（4）单轨吊车的运输系统内，必须具有跟车司机能进行直接停车的功能和与牵引绞车司机联络用的信号装置。

（5）钢丝绳的使用期限、断丝、直径缩小和锈蚀程度应满足《煤矿安全规程》中表11钢丝绳的报废类型、内容及标准要求，达到其中一项的必须报废。

（6）油箱内油温不超过65 ℃，各主要部件壳体最高温度不超过80 ℃。

（7）钢丝绳导向装置，应符合以下要求：

① 钢丝绳导向装置对钢丝绳导向时应不卡绳，不磨碰车辆、货物及巷道设施。

② 回绳装置应牢固可靠，回绳轮预张紧力最大不超过钢丝绳破断力的16%。

（8）绞车牵引力、牵引速度、爬坡角度、轨型、轨道拐弯半径应符合表2-2的规定。

表2-2 钢丝绳牵引单轨吊基本参数规定

牵引力/ kN	牵引速度/ $(m \cdot s^{-1})$	爬坡角度/ (°)	轨型	轨道拐弯半径/m	
				水平	垂直
0~45	0~3.5	0~25	I140E（DIN 20593）	≥6	≥10

（9）牵引车性能，应满足以下要求：

① 牵引绳的固定应安全可靠，不得自行松弛。

② 牵引臂应与滚轮的位置及压绳轮的开启装置相适应，且在通行中无卡阻现象。

（10）其他性能要求：

① 跟车司机与绞车司机之间相互联络的声光信号，应准确无误。

② 遥控停车可靠。

③ 呼叫电话通话清晰。

（六）气动单轨吊特殊安全要求

气动单轨吊在满足基本要求的基础上，还应满足以下要求。

（1）起吊用气动葫芦应满足最大运载质量（通常为平道时的运载质量）要求，并取得安全标志。

（2）应设置安全阀。

(3) 以压缩空气瓶为动力来源的单轨吊,除满足气动单轨吊的安全技术要求外,还应满足以下要求。

① 压缩空气瓶、连接管路及阀门的要求:

a) 气瓶生产单位应具有"特种设备制造许可"资质,选购的气瓶应出具相关合格证明文件。

b) 连接管路、阀的安装、使用应符合特种设备安全监察管理规定。

c) 各气瓶应设有瓶口截止阀,瓶口截止阀应带限流关闭功能,当管路内流速出现异常时,瓶口阀应自动关闭;管路间应设有球形截止阀;长时间停机,需关闭瓶口截止阀与球形截止阀,防止瓶内气体泄漏。

d) 连接管路应采用不锈钢管,安全系数应不小于3.5,应有缓冲结构。

e) 系统各泄压口不能朝向作业人员。

f) 气瓶安装时应采取有效措施防止气瓶表面损伤,气瓶应设置防撞、缓冲装置,保证气瓶在单轨吊车运行发生碰撞或倾翻时不直接承受外力。

② 使用巷道的倾角不大于15°。

③ 空气动力马达表面最高温度不应超过90 ℃。

④ 气瓶充气时应设置保护装置,当气瓶压力达到规定压力时能自动停止充气。

⑤ 气瓶充气前应检查接口状态,确认连接可靠,开始充气后,充气口应能锁死,避免管路脱落或误操作。

六、矿用单轨吊机车的型号命名规则

由于不同的矿用单轨吊机车型号命名规则有所差异,通过进一步规范不同形式的单轨吊机车命名,体现其动力来源和主要参数,以便更好地方便用户选型、使用。

(一) 防爆柴油机单轨吊机车

防爆柴油机单轨吊机车一般采用以下方式命名:

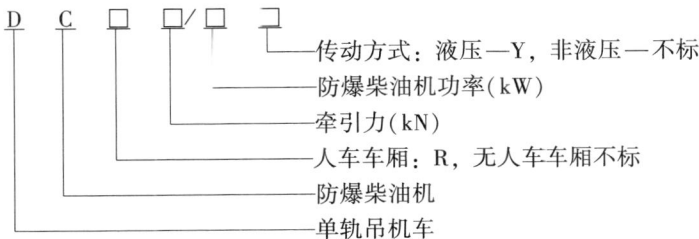

例如:型号 DCR200/130Y,表示以防爆柴油机为动力来源,牵引力为200 kN,防爆柴油机功率为130 kW,传动方式为液压传动的矿用防爆柴油机单轨吊机车。

(二) 防爆特殊型铅酸蓄电池单轨吊机车

防爆特殊型铅酸蓄电池单轨吊机车一般采用以下方式命名：

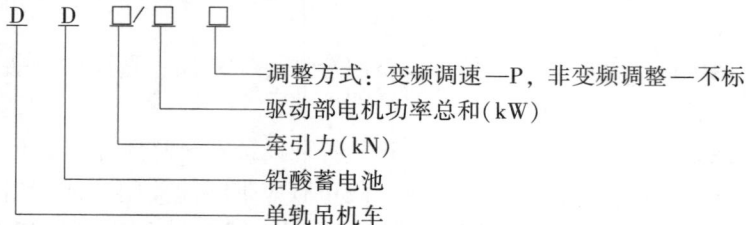

例如：型号 DX120/72P，表示以铅酸蓄电池为动力来源，牵引电机功率为 72 kW，牵引力 120 kN，采用变频调速的防爆特殊型铅酸蓄电池单轨吊机车。

(三) 防爆锂离子蓄电池单轨吊机车

防爆锂离子蓄电池单轨吊机车一般采用以下方式命名：

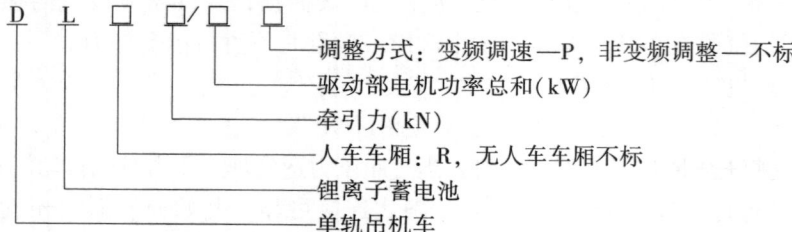

例如：型号 DLR180/90P，表示以防爆锂离子蓄电池为动力来源，牵引电机功率为 90 kW，牵引力为 180 kN，采用变频调速的防爆锂离子蓄电池单轨吊机车。

(四) 钢丝绳牵引单轨吊机车

钢丝绳牵引单轨吊机车一般采用以下方式命名：

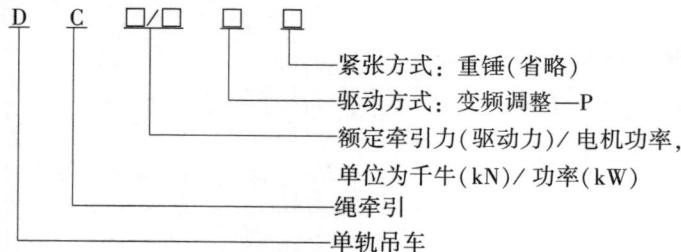

例如：型号 DS120/132P，表示采用钢丝绳牵引，牵引绞车配套的电机额定功率为 132 kW，额定牵引力为 120 kN，采用变频调速，张紧方式为重锤张紧的钢丝绳牵引单轨吊机车。

(五) 气动单轨吊机车

气动单轨吊机车一般采用以下方式命名：

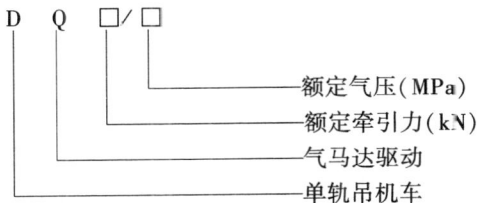

例如：型号 DQ50/0.5，表示以气马达驱动为动力来源，额定气压为 0.5 MPa，额定牵引力为 50 kN 的气动单轨吊机车。

第二节 矿用单轨吊悬挂轨道

轨道系统是单轨吊运输导向和承载基础，其布局合理性、安全可靠性和安装质量，直接影响单轨吊机车的正常行驶、辅助运输的安全性和可靠性。单轨吊悬挂轨道由悬挂装置、轨道、阻车器、道岔等组成，沿运输巷道布置，在巷道上部空间布设，形成单轨吊运输网络。单轨吊的悬挂轨道是单轨吊运输的核心部分，轨道安装必须要做到牢固、平整、安全可靠。

一、悬挂装置

悬挂装置主要用于悬挂轨道，根据悬挂方式的不同，轨道的悬挂装置有相应不同的配置和布设方式。

（一）悬挂方式

由于巷道条件各不相同，单轨吊轨道系统的悬挂方式主要有顶板悬挂和架棚悬挂两种方式。

1. 顶板悬挂

顶板悬挂是通过将锚杆（索）固定在巷道顶板中，利用悬挂板与其相连，再通过链条等实现对轨道的连接悬挂，连接示意图如图 2-13 所示。悬挂装置主要包括锚杆或锚索、悬挂螺栓、悬挂板、摇板（连接板）、链条等。

按照使用锚杆的数量，顶板悬挂可分为单锚杆悬挂、双锚杆悬挂、四锚杆悬挂。单锚杆悬挂整体示意图如图 2-14 所示，双锚杆悬挂如图 2-15 所示，四锚杆悬挂如图 2-16 所示。

按照所用悬挂链条的数量，可分为单链悬挂、双链悬挂。单链悬挂如图 2-17 所示，双链悬挂如图 2-18 所示。

悬挂方式的选择主要取决于巷道的支护方式，目前我国矿山特别是煤矿大多采用的是锚杆、锚网、锚索或者以上相结合的支护方式，双锚杆悬挂方式的使用比较普遍。

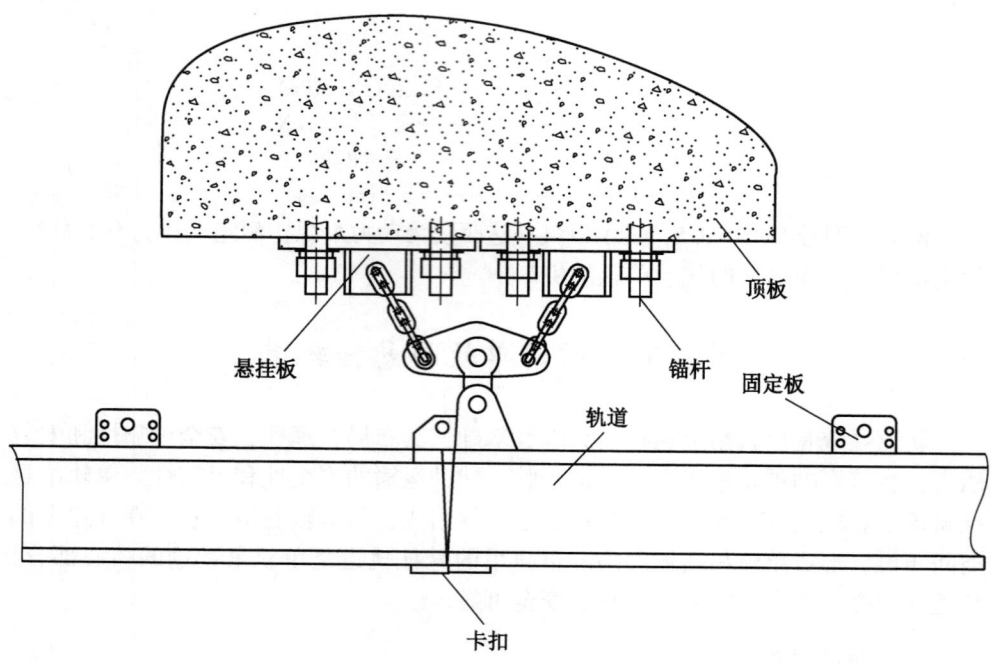

图 2-13 顶板悬挂的悬挂装置组成示意图

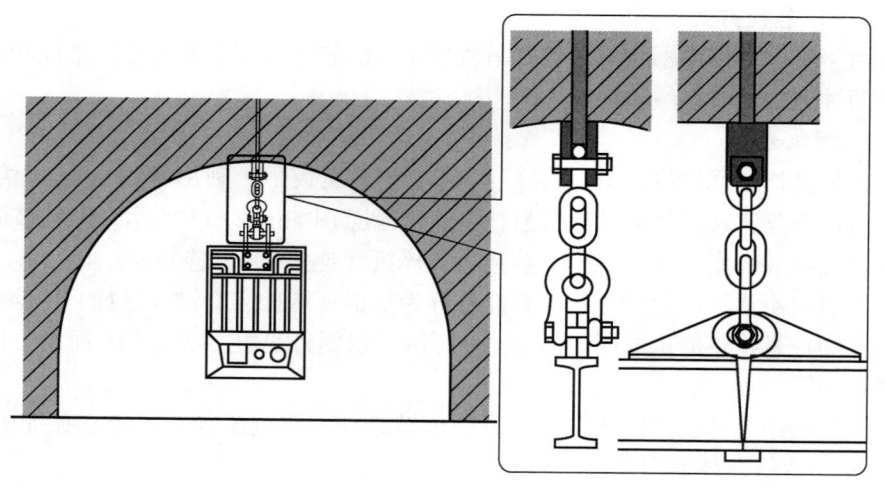

图 2-14 单锚杆悬挂整体示意图

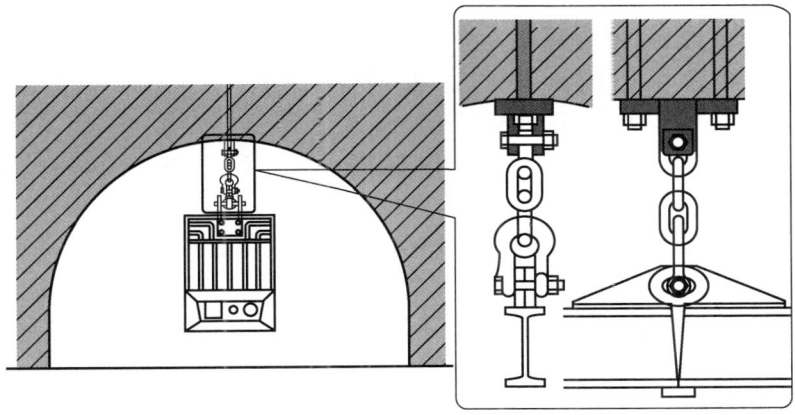

图 2-15　双锚杆悬挂整体示意图

图 2-16　四锚杆悬挂整体示意图

 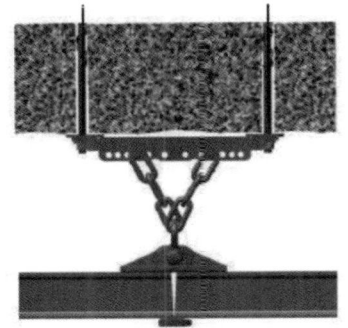

图 2-17　单链悬挂　　　　图 2-18　双链悬挂

使用锚杆实施轨道顶板悬挂时，一般应满足以下要求：

（1）选用 ϕ22-2500 mm 的高强螺纹钢锚杆。安装轨道前，对每根锚杆进行预定 100 kN 锚固力的集中载荷试验。如遇特殊地质条件需选用其他型号锚杆，用户须与生产厂家设计工程师协商确定。

（2）单根锚杆锚固力大于 100 kN，锚杆外露长度在 100~150 mm，巷道中垂线与锚杆夹角小于 10°。

（3）悬挂轨道的各吊挂点间距偏差不得大于 20 mm，10 组吊挂点间距的累计偏差不得大于 50 mm。

（4）如锚杆锚固时失效，且锚杆不可拔出，应将悬挂板或锁件偏移 70 mm，重新安装锚杆。

2. 架棚悬挂

架棚悬挂通过针对 U 型棚或工字钢棚设计的棚式悬挂板，采用特殊螺栓钩住 U 型棚或工字钢棚的边缘，使悬挂板固定住这些螺栓而形成一个整体。通过悬挂板、链条再将轨道进行连接悬挂。

1）U 型棚

如果巷道采用的是 U 型棚支护，则可以直接将轨道挂在 U 型棚上，如图 2-19 所示。

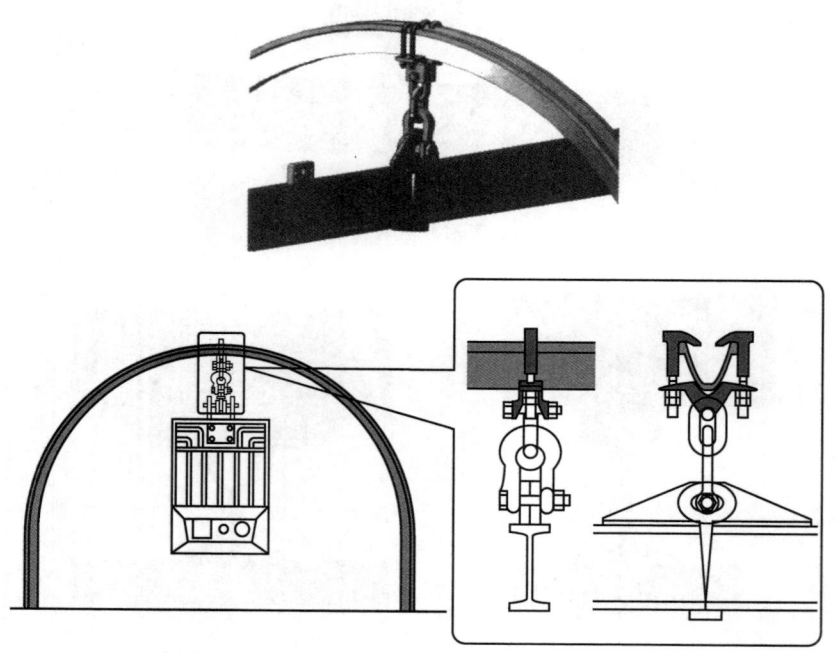

图 2-19　U 型棚支护悬挂整体示意图

巷道采用 U 型棚支护时，轨道悬挂应满足以下要求：

（1）采用 U 型可压缩性金属棚悬挂时，可用架棚顶梁悬挂轨道，在悬吊点做 100 kN 预定集中载荷试验，试验过程中架棚不得失去可缩性和产生塑性变形，应能可靠支撑围岩压力。

（2）支护棚间应设纵向拉杆，防止支护棚倒伏。

（3）轨道垂直方向偏移角小于 3°，水平方向偏移角小于 1°。

（4）要求悬挂轨道的各吊挂点间距偏差不得大于 20 mm，10 组吊挂点间距的累计偏差不得大于 50 mm。

2）工字钢架棚悬挂

如果巷道采用的是工字钢架棚支护，则可以直接将轨道挂在工字钢架棚上，如图 2-20 所示。

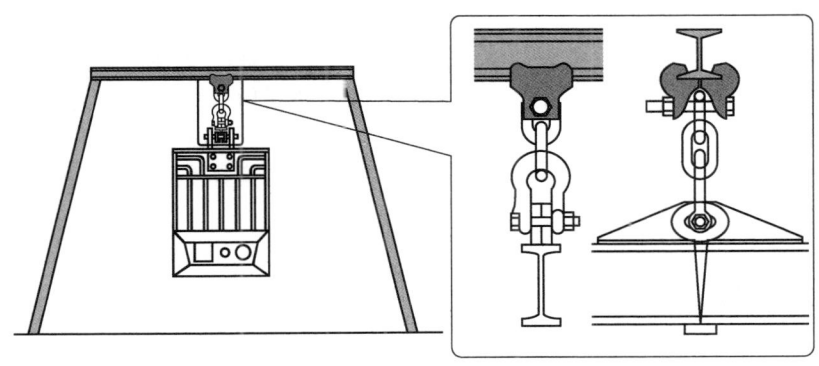

图 2-20　工字钢架棚挂接

巷道采用工字钢架棚支护时，轨道悬挂应满足以下要求：

（1）可用顶梁或在顶梁间加小短梁的方式悬挂轨道，其悬吊点做 90 kN 预定集中载荷试验时，顶梁不得产生塑性变形，顶梁与小短梁的连接不得产生松脱或破坏变形，整组支护棚应能可靠支撑围岩压力。

（2）支护棚间应设纵向拉杆，防止支护棚倒伏。

（3）轨道垂直方向偏移角小于 3°，水平方向偏移角小于 1°。

（4）要求悬挂轨道的各吊挂点间距偏差不得大于 20 mm，10 组吊挂点间距的累计偏差不得大于 50 mm。

（二）锚杆、锚索

锚杆、锚索的作用是通过其加固或增强作用提高锚固范围内岩体的强度和承载能力，从而保持围岩自身的稳定。锚杆、锚索与被锚固的岩层共同组成了支护体。利用支护体的整体承载能力，通过锚杆锚索配套的高强度螺栓将单轨吊悬挂装置悬挂板与托盘共同固定在顶板上,从而达到悬挂单轨吊轨道系统的作用。

在使用锚索悬挂时,锚索间的距离不能太近,否则会导致相邻锚索张拉后应力损失较大。在使用锚索时应当合理控制其间距,以充分发挥锚索单独的作用,尤其是与悬挂板配合使用时,间距很小,因此,建议使用锚杆锚索配合使用的方式。以锚索替代特定位置的锚杆,通过合理的构件连接,与锚杆形成整体,以达到扩大预应力对浅部围岩作用范围的目的。

当单独使用锚索悬挂单轨吊轨道时,由于锚具是采用摩擦方式进行固定,且锚索相对锚杆来说存在螺距大、材料硬而脆、锁具易脱落等问题,因此应尽量避免采用全部锚索吊挂的方式;且根据经验,当连续使用锚索悬挂轨道的吊点超过10个时,可能存在重大事故隐患,应该引起高度重视。

(三) 悬挂板

悬挂板是通过锚杆螺栓固定在巷道顶板或通过特殊设计固定在 U 型或工字钢架棚上,然后连接链环(条),再通过链环(条)悬挂轨道。悬挂板是悬挂装置的主要受力部件之一。目前悬挂板已经成为单轨吊轨道的标准配置,其安装示意如图 2-21 所示。

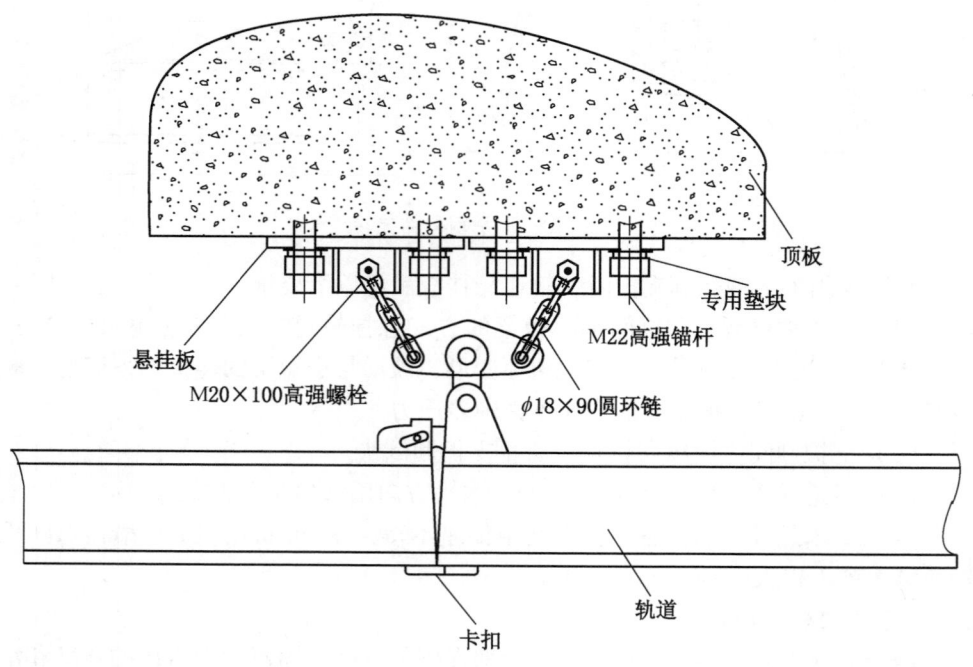

图 2-21 悬挂板安装示意图

按照结构的不同，悬挂板可以分为两孔式悬挂板、三孔式悬挂板、U 型棚式悬挂板等。

两孔式悬挂板是连接两根锚杆或锚索的固定装置，主要起到让两根锚杆或锚索能均匀受力的作用，如图 2-22 所示。

图 2-22　两孔式悬挂板

在一些特殊的条件下，还有一些特殊形状的悬挂板，如三孔式悬挂板（图 2-23）。这种悬挂板多用在锚杆锚索配合使用的情况下，锚索用于将巷道顶板与上层岩层"串"在一起，形成一个整体，使得悬挂更加可靠。

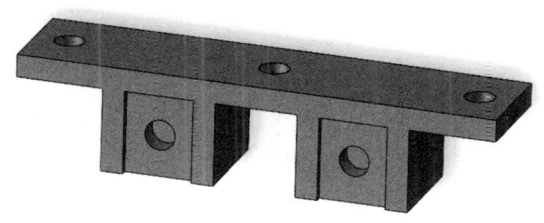

图 2-23　三孔式悬挂板

图 2-24 所示的悬挂板是针对 U 型棚设计的，其采用特殊螺栓钩住 U 型棚的边缘，使悬挂板固定住这些螺栓而形成一个整体。

图 2-24　U 型棚式悬挂板

悬挂板技术最早在国外使用，随着国内单轨吊使用数量的增多及现场使用经验的积累，而逐渐在国内矿山推广应用。在此之前，国内单轨吊一直使用的是锚杆链条直接悬挂，如图2-25所示。

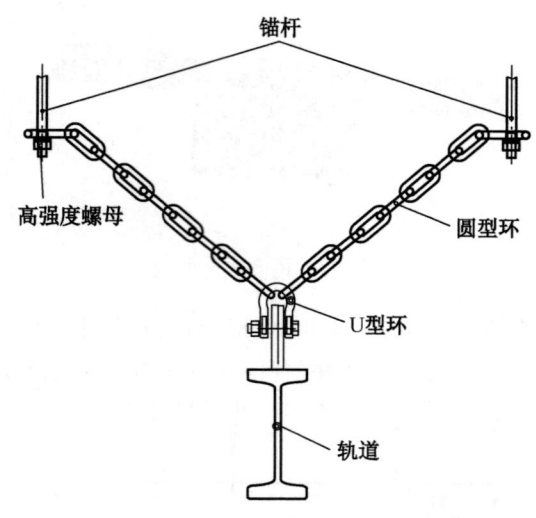

图2-25　锚杆链条直接悬挂

与锚杆链条直接悬挂相比较，使用悬挂板安装方式，轨道安装后整齐美观；轨道可以实现圆滑连接，为后期单轨吊长期稳定运行提供保障；锚杆均匀受力。但由于使用链条的变形有限，安装比较费时；且由于锚杆必须穿过悬挂板固定，对锚杆位置的精度要求相对比较高。

锚杆链条直接悬挂的优点：由于锚杆位置不需要严格规定，所以安装相对方便；由于链条侧拉，对锚杆的摩擦力也会有所增加；轨道的晃动相对小一些。缺点是：由于链条自身特点，安装时很难实现两根链条的受力均匀；轨道在实际运行中，可能会出现一根锚杆受力而另一根不受力的情况，使得轨道所有载荷附加在一根轨道上，长时间的拖拽，可能使锚杆松动，而不被人发觉，最终两根锚杆都会有掉落的风险；由于采用两根链条悬挂，这两根链条都会变形，导致轨道的悬挂位置变化较大；整体安装缺乏美观，容易出现S形扭曲。

（四）摇板、连接板

当悬挂方式采用多链条方式悬挂时，一般采用摇板及连接板固定，保证各个部件受力均匀，如图2-26所示。链条连接摇板，摇板通过连接板固定在轨道上。

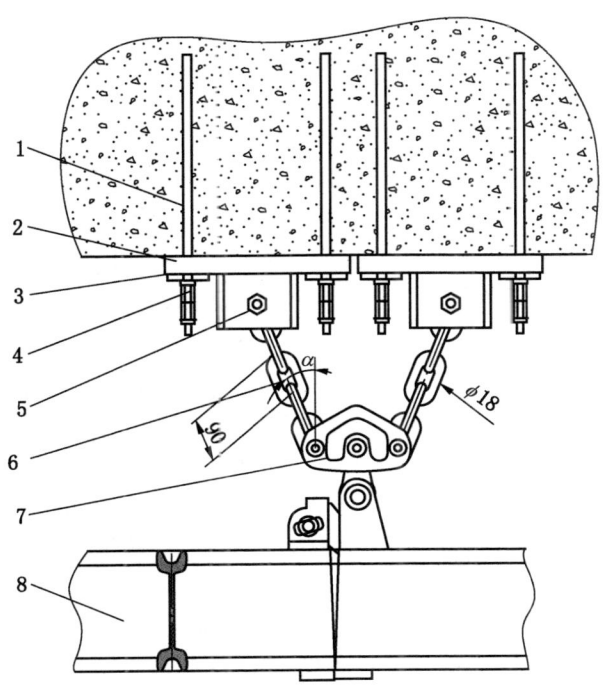

1—锚杆;2—悬挂板;3—专用垫块;4—双螺母;5—高强度螺栓 M20×100 mm;
6—18×90(64) mm 链环;7—摇板及连接板;8—I140V 轨道

图 2-26 摇板、连接板

(五) 其他附件

悬挂装置中,还有悬挂螺栓、固定板、U 型吊挂紧固件、链环、特制卡具及 U 型环等。固定板、U 型吊挂紧固件、链环、特制卡具及 U 型环应该采用锻造工艺制造,使用前应做不小于 150 kN 集中载荷的抽样试验。

螺栓选用强度 8.8 级以上、直径不小于 20 mm 的高强螺栓。链条一般选用矿用 $\phi 18$ mm×64 mm 型圆环链。

二、轨道

轨道是承载单轨吊机车起吊、前进或后退的主要载体,用于承载整个矿用单轨吊的吊运,起到导向与承载作用。悬挂轨道由工字钢和吊耳、插头、插座、法兰螺栓连接,由固定长度的轨道拼接成整体。

(一) 轨道的基本轨型

根据单位长度承重的不同,单轨吊悬挂轨道分为 I140E 型轻型轨道和 I140V

型重型轨道两种基本轨型，如图 2-27 所示，主要技术性能指标见表 2-3。I140E 型号命名出自德国标准 DIN 20593-1 和 DIN 20593-3。

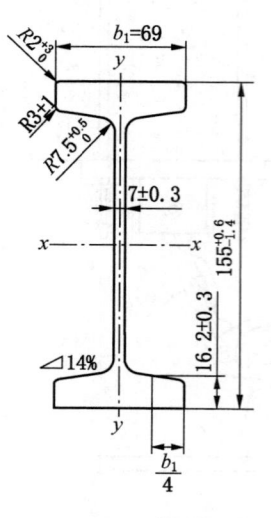
(a) I140E 型轻型轨道

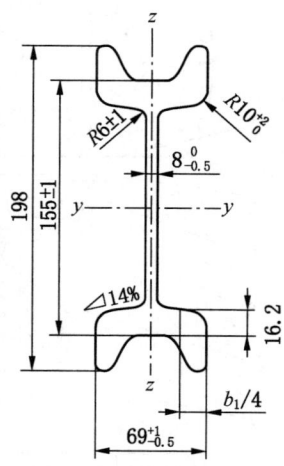
(b) I140V 型重型轨道

图 2-27　单轨吊轨道轨型

表 2-3　单轨吊轨道主要技术参数表

项目	轻型轨道 I140E	重型轨道 I140V
轨道断面（高×宽）/(mm×mm)	155×69	198×69
单根最大承受拉力/kN	120	320
悬轨最大距离/m	3	3
轨道最大坡度/(°)	30	30
水平最小半径/m	4	4
垂直最小半径/m	8	8
最高运输速度/(km·h^{-1})	13	30
腹板厚/mm	7	8
单位质量/kg	22.8	32.4
断面/cm^2	30.9	40.93

（二）轨道的常见类型

根据用途和位置不同，悬挂轨道主要包括直轨、弯轨等。

1. 直轨

直轨按照用途和位置不同，又分为普通直轨、固定直轨、法兰直轨。直轨常用每节 3 m、每节 2.4 m、每节 2 m 共 3 种规格。

1）普通直轨

普通直轨是整个轨道工程中出现得最多的一种类型，应用在直线连接部分，其结构组成如图 2-28 所示。

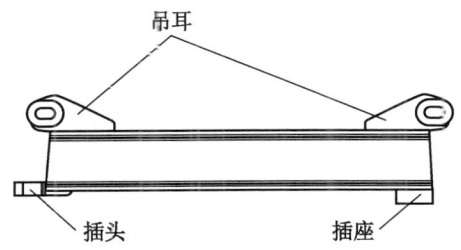

图 2-28　普通直轨

2）固定直轨

固定直轨是轨道固定的一种类型，其在普通直轨的中间位置增加了固定板，通过固定板，以使轨道不出现前后、左右晃动，如图 2-29 所示。固定直轨一般用于弯道和直道连接处。

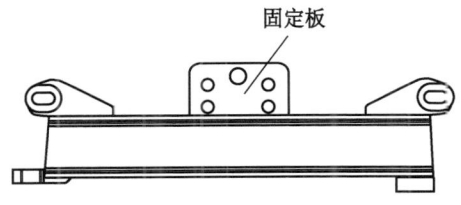

图 2-29　固定直轨

悬挂时，用 4 根链条一端连接在轨道中间的固定板上，另一端固定在巷道围岩中或者支架上，最后用紧固器（花篮螺丝）张紧链条，如图 2-30 所示。固定轨道的侧视图和俯视图如图 2-31 所示。

3）法兰直轨

法兰直轨是在普通直轨的一端或者两端增加法兰，以加强轨道间连接的过渡型轨道，一般用于连接弯轨、道岔等特殊部位。由于单轨吊车列在过弯轨和道岔的过程中，轨道间普通的卡扣形式连接容易出现脱扣的现象，因此需要法兰这种更加牢固的连接方式。法兰直轨具有法兰直轨（带插座）、法兰直轨（带插头）、双法兰直轨3种类型，如图2-32所示。其中法兰直轨（带插座）与法兰直轨（带插头）配套使用，双法兰直轨一般用在弯道和道岔连接处。

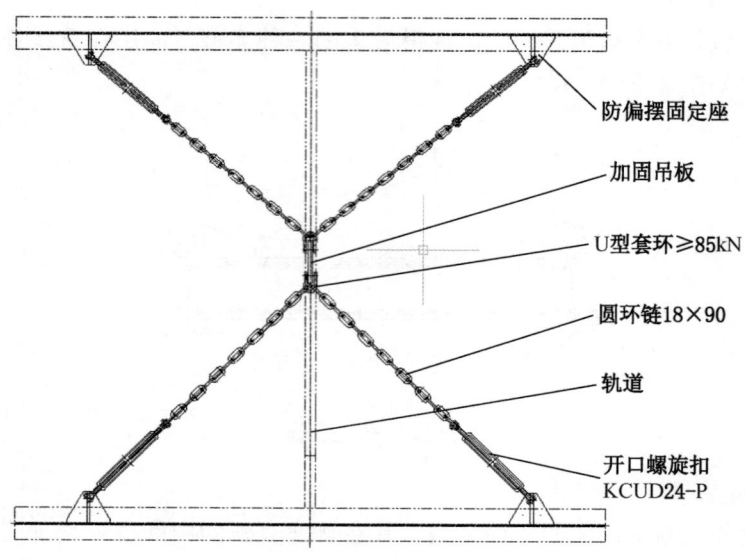

图2-30 控制轨道摆动的X型链条固定方式

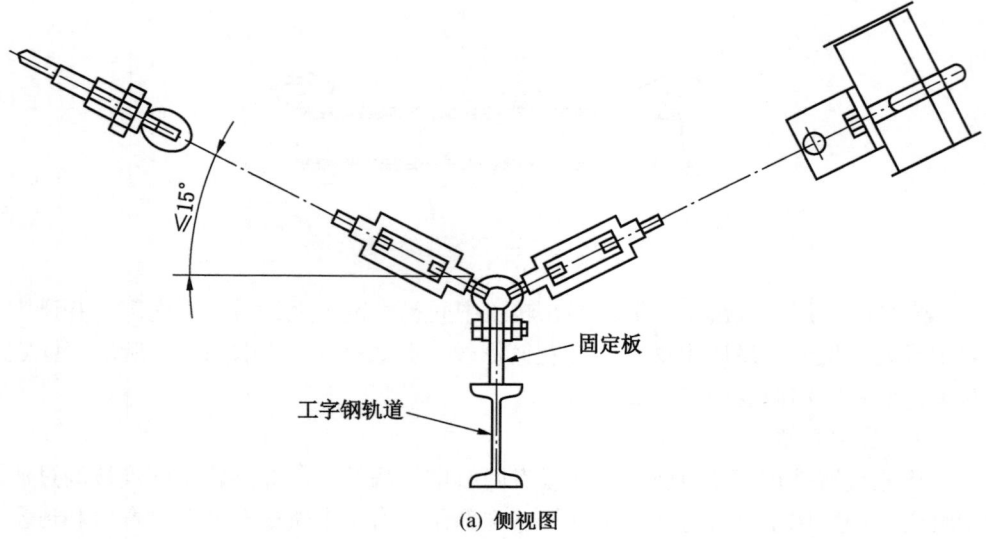

(a) 侧视图

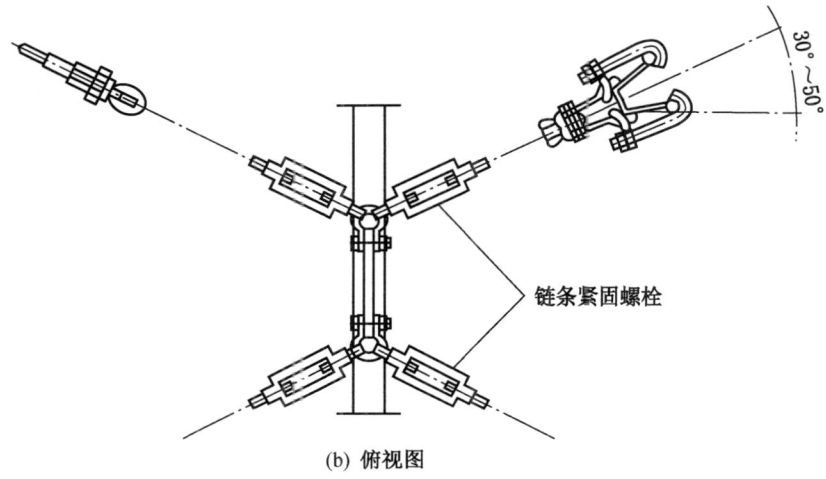

(b) 俯视图

图 2-31 固定轨道连接图

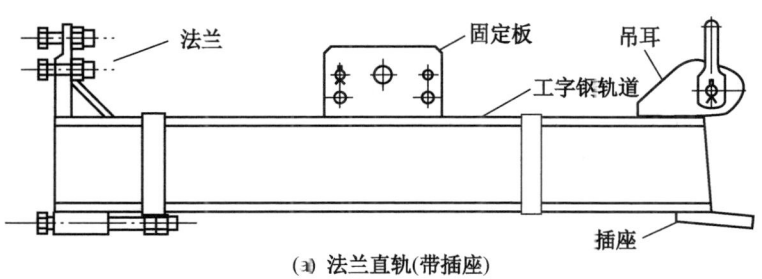

(a) 法兰直轨(带插座)

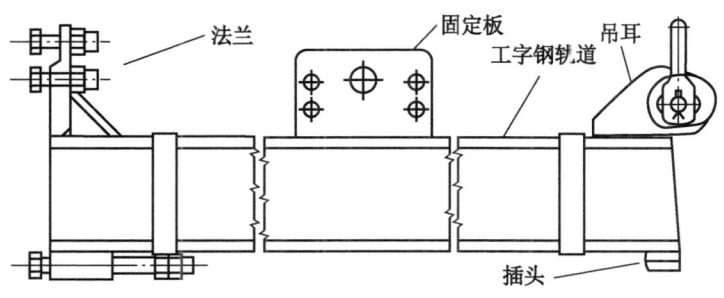

(b) 法兰直轨(带插头)

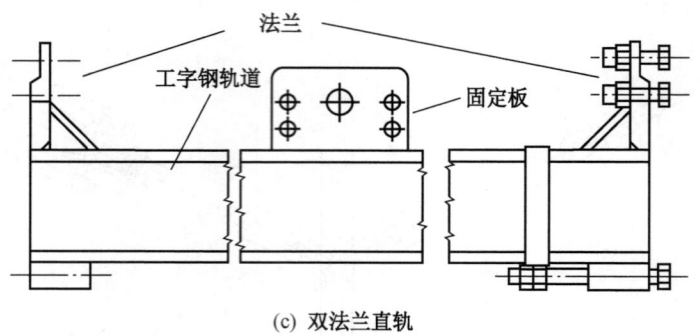

(c) 双法兰直轨

图 2-32 法兰直轨

2. 弯轨

弯轨按照用途和位置，可分为垂直弯轨、水平弯轨。弯轨两端都带有法兰，必要时加固定板。

垂直弯轨是用于变坡点位置的过渡型轨道。为了防止在变坡点的轨道变化过急以及轨道之间角度过大，影响单轨吊的正常运行，必须安装此类轨道以保证轨道的平滑过渡。垂直弯轨如图 2-33 所示，垂直下弯轨道用于下坡点位置，而垂

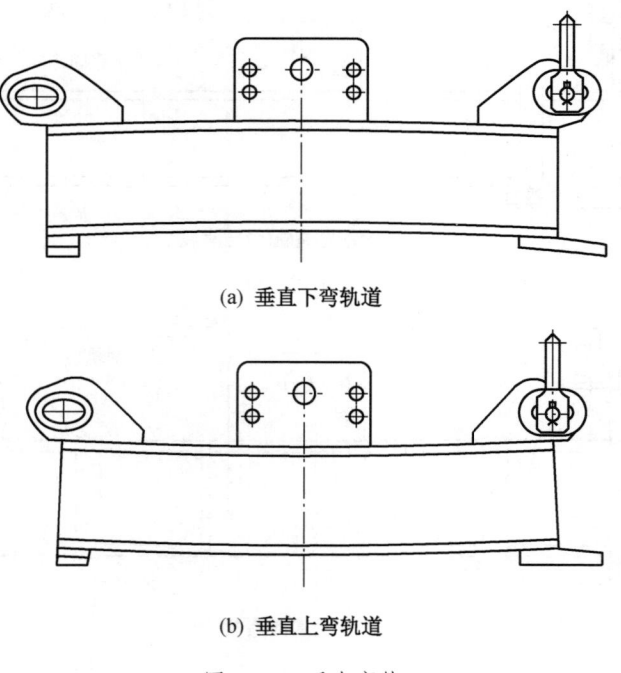

(a) 垂直下弯轨道

(b) 垂直上弯轨道

图 2-33 垂直弯轨

直上弯轨道用于上坡点位置。弯轨长度有每节1 m、每节1.2 m、每节1.5 m共3种规格，也可统一制造成每节1 m规格。垂直弯轨的弯曲半径可以根据巷道的实际情况来设计加工定制，但不得小于8 m，一般选用10 m或12 m居多。

水平弯轨是用于转弯点位置的过渡型轨道。为了防止在水平转弯位置轨道变化过急、轨道之间夹角过大，影响单轨吊的正常运行，必须安装此类轨道来保证其平滑的过渡。水平弯轨的侧视图、俯视图如图2-34所示。同样，水平弯轨的弯曲半径可以根据巷道的实际情况来设计加工定制，但最小不得小于4 m，一般选用6 m或8 m居多。

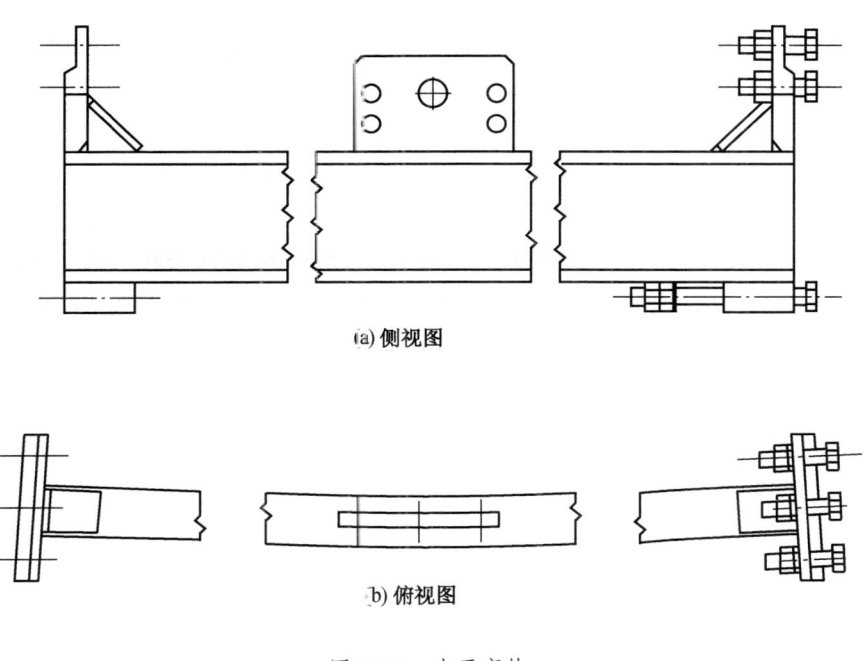

图2-34 水平弯轨

以上是所有正常类型的轨道。每个轨道工程都有自身的特点，在有些特殊的情况下，会出现特殊长度甚至特殊形式的轨道，在设计过程中需针对不同条件详细设计计算。

（三）轨道的连接方式

轨道连接时，直轨采用搭接嵌槽板方式与铰接接头连接；弯轨采用法兰螺栓连接；过渡轨一端带法兰、一端搭接嵌槽板；轨道设置防偏摆固定，直轨每6~10节设置一节带固定板。

通过轨道的有效连接，形成轨道线路。常见轨道线路如图2-35所示。

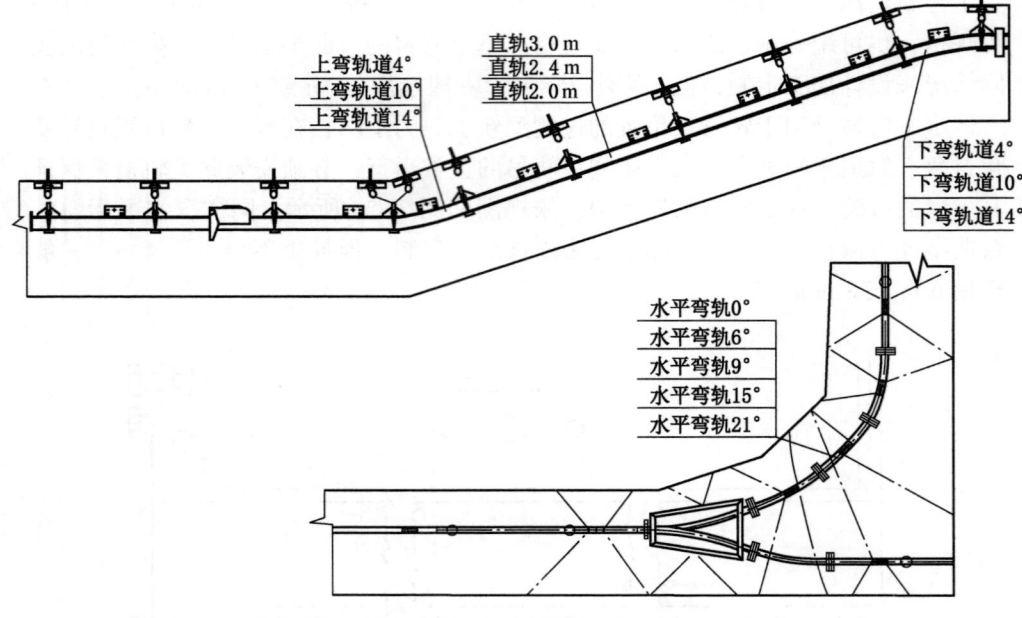

图 2-35 常见轨道线路

(四) 轨道的基本安全要求

轨道在安装和使用中,应满足以下基本安全要求:

(1) 轨道应确保安装可靠,其中钢丝绳牵引单轨吊其轨道两端及弯道的固定处应能平衡由于绳的牵引而产生的轨道纵向移动。

(2) 轨道对接处,在其上下、左右范围内对接偏差不超过 2 mm。

(3) 轨道的起始端和终止端应设置阻车器,以阻止车辆进入禁区。

(4) 轨道线路应遵循"变坡不变道、变道不变坡"的原则,在变坡点位置,不能出现弯道和道岔,弯道也不能出现在坡道上,道岔适应的坡度一般小于 10°。

(5) I140E 型轻型轨道水平力不超过 60 kN、垂直力不超过 50 kN,每根轨道所受最大驱动力不超过 30~40 kN;I140V 型重型轨道水平力不超过 90 kN、垂直力不超过 100 kN,每根轨道所受最大驱动力不超过 45~60 kN。

三、阻车器

阻车器是一种安全装置,安装在悬挂轨道上,对单轨吊车列起临时性制动、阻车作用,以防止车列在轨道上溜车等危险情况的发生。

(一) 阻车器基本组成及主要类型

在轨道线路的起点或尾端,为防止因人员操作失误将单轨吊车列驶出轨道,需要在轨道线路的起点或尾端设置阻车器，因此，端头阻车器是目前阻车器常见的型式。在单轨吊车列运行过程中需要临时停车时，为防止单轨吊车列在轨道上滑动或翻滚，避免轨道事故的发生，往往需要设置临时阻车器。临时阻车器一般随车列配置。

端头阻车器主要由阻车固定板和固定螺栓组成，如图 2-36 所示，其将轨道夹在阻车固定板中，并用固定螺栓紧固，起到阻车的作用。

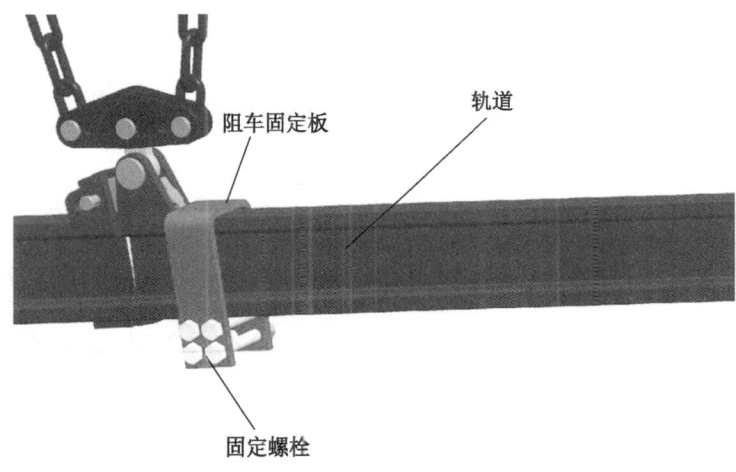

图 2-36　端头阻车器吊挂阻车示意图

轨道端头阻车器为阻住驱动轮和行驶车轮，防止车列继续前行，部分端头阻车器的前方设置橡胶弹簧类缓冲垫（图 2-37），碰撞时能起到缓冲作用，防止损坏驱动轮的聚氨酯外套。

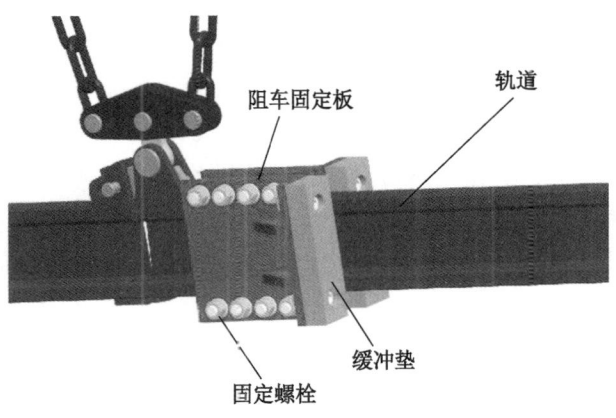

图 2-37　带有缓冲装置的端头阻车器吊挂阻车示意图

阻车器安装实物图如图 2-38 所示。

图 2-38　端头阻车器结构形式与安装方式图

（二）阻车器的主要技术要求

为了保证轨道线路端头阻车器的安全，端头的轨道悬挂应满足以下要求：

（1）轨道线路尾端是单吊点受力，I140E 型轻型轨道线路尾端、I140V 型重型轨道线路尾端要求承受的安全载荷分别不低于 50 kN、100 kN。

（2）轨道端头安装使用专门设计的吊挂装置，轨道的吊挂使用"锚杆+吊板+圆环链"的方式。

（3）轨道的端头使用专门设计的端头吊挂夹板，宜采用 Q235、δ16 mm 钢板制造，用 2 条 M20×140 mm、10.9 级螺栓对穿夹紧，圆环链与夹板上部 M20×140 mm 连接，增强轨道端头的吊挂强度，防止普通轨道连接装置焊接强度达不到要求而出现断裂的情况。

四、道岔

道岔是单轨吊运输线路的重要部件，主要用于悬挂轨道的分道、变道，是线路转换的关键设施。

（一）道岔的基本类型

按移动方式不同，道岔一般可分为摆轨式道岔、平移式道岔。摆轨式道岔通过中间活动轨移动，实现连接轨道，主要特点是移动部件少、阻力小，适用于水平线路或不超过 5° 的倾斜线路。平移式道岔整体性好、强度大，结构复杂、扳道阻力大，主要适用于水平和倾斜线路。

按照工作方式不同，道岔主要有手动、电动、液压、气动等工作方式。常用的是气动道岔+手动道岔，正常使用过程中使用气动操作。

道岔用于巷道的三岔门、四岔门或车场内，一般有左开、右开、对称 3 种布置形式，也有单开和三开道岔，目的是布置合理，线路顺畅，尽量缩短道岔的长度。

(二) 道岔的典型结构

单轨吊道岔的典型结构如图 2-39 所示。

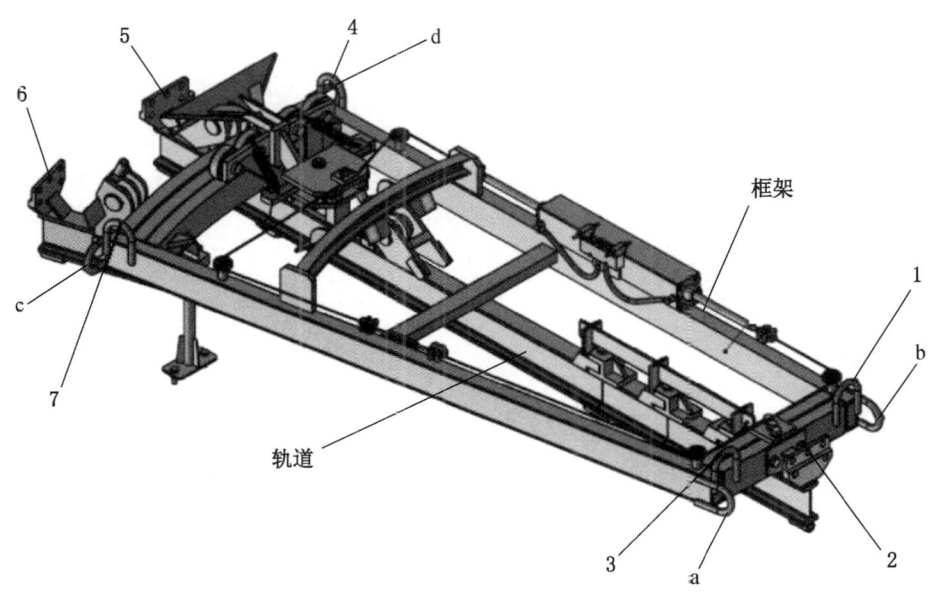

图 2-39 道岔结构设计示意图

道岔悬挂通常设计 7 个悬吊点,其中,框架设 4 个悬吊点,如图 2-39 中的 1、3、4、7;轨道设 3 个悬吊点,如图 2-39 中的 2、5、6;悬吊链铅垂偏角 ≤ 60°,轨道接头转角 ≤3°,下接头缝 ≤2 mm;道岔框架上设 4 个斜拉点,如图 2-39 中的 a、b、c、d。道岔 3 个法兰与过渡轨连接。

典型的气动道岔如图 2-40 所示,主要包括框架和设置在框架中的摆动中间道。需要换道时,限位气缸上顶支架,将限位销移出;然后扳道气缸推动中间道,移动至对应岔道。中间道移动到位时,限位气缸回缩,以使限位销抵靠在中间道的旁侧,限制其移动。在中间道以及端部的两个对接轨道上均设置有挡车器,中间道上的挡车器通过与限位气缸连接的压板下压打开,端部的两个挡车器通过固定在中间道上的摆动架移动下压打开,当对应通行轨道上的阻车器抬起时,机车才可通行。

道岔司控装置能够在遥控器信号作用下,对道岔实现准确、可靠的控制;也可视现场情况通过预判单轨吊机车运行路线自动扳道,并对道岔位置正确性作出预判性警示处理。

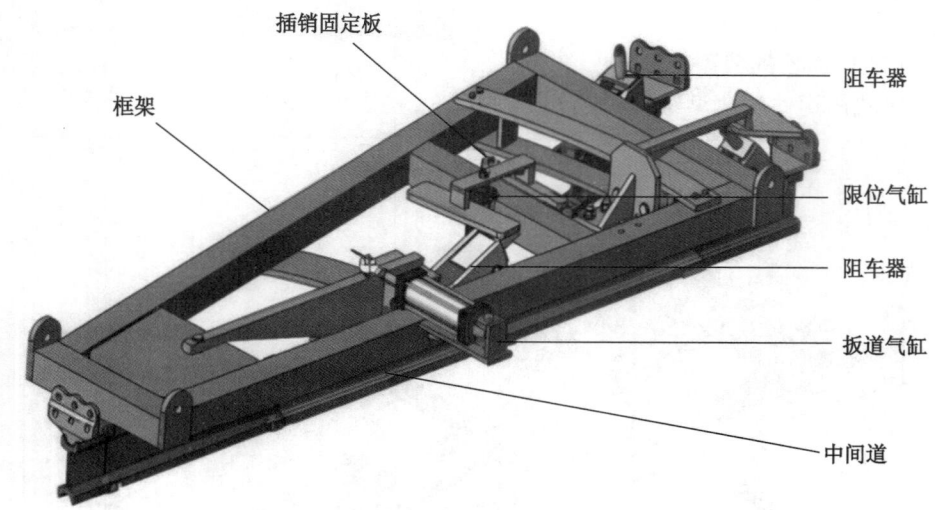

图 2-40 气动道岔

道岔司控装置用于对道岔的控制，主要由控制器、遥控器、岔位显示箱、传感器、执行机构（气缸）等全部或部分部件组成。控制器可对无线遥控信号进行识别，可远距离对道岔进行遥控扳道；显示箱可直观地指示出道岔装置工作状态。控制器（PLC）接收扳道指令信号，控制电磁阀，接通气路，驱动执行器扳动道岔，道岔扳动到位后，控制器接收到位置检测传感器信号，控制器控制电磁阀断开，显示箱显示当前道岔状态（直道或者岔道）。遥控器电压不足或控制器失电，装置故障等引起不能正常变道工作时，可操作手动按钮，直接控制气源驱动气缸，完成道岔变道。

典型道岔司空装置主要技术指标：

(1) 遥控距离：0~30 m 无遮挡。
(2) 遥控角度：0~30°。
(3) 传感器感应距离：0~5 mm。
(4) 输入气压：0.15~1.0 MPa。
(5) 执行器动作行程：≤150 mm。
(6) 道岔动作时间：≤3 s。
(7) 显示箱指示在黑暗中 20 m 处清晰可见。
(8) 额定工作电压：AC127V，工作电流≤1.8 A。

（三）道岔的基本要求

道岔应满足以下基本要求：

(1) 道岔一般采用不低于 Q235 的材质。

(2) 道岔活动轨的摆角≤15°。

(3) 道岔框架 4 悬挂点受力要均衡，每个悬挂点使用 2 根锚杆悬吊，每个悬吊点应能承受不小于 90 kN 的载荷。

(4) 道岔上必须安装有阻车器和闭锁装置，以确保单轨吊车列稳定和安全运行。闭锁装置是在摆动道岔动作到位后的防脱防退的保险装置。

(5) 整个轨道工程的安装，先从道岔和弯轨开始，道岔和弯轨安装完成后，才能开始安装直轨，这样可以避免频繁出现不规则长度的短轨道。

(6) 结合煤矿井下风动设备用风情况，道岔一般布置在不大于 5°的单轨线路段，道岔活动轨的摆角不大于 11°，极限情况下摆角不大于 15°。

(7) 道岔吊挂与前后的轨道线路一致。高低、受力和锚杆等的吊挂方式等保持一致性，防止使用过程中出现道岔或轨道下沉而引起变形，使得轨道线路质量下降。

(8) 气缸控制管路需固定在巷道帮上，避免外界锐器损伤。

第三节　矿用单轨吊机车

矿用单轨吊机车是单轨吊运输系统中完成设备、物料或者人员吊运的关键装备，其设计合理性、安全可靠性和制造质量，直接影响辅助运输系统的安全性和可靠运行。矿用单轨吊机车由动力单元、驱动（牵引）单元、制动单元、驾驶单元、行走单元、安全保护装置、液压系统、电控系统、连接装置以及其他辅助装置等组成。熟悉单轨吊机车的基本组成和主要类型，以及基本功能和参数，是确保能正确设计、使用不同类型矿用单轨吊机车的基本要求。

一、动力单元

矿用单轨吊机车动力单元是给驱动单元提供动力，或给牵引单元提供牵引力的单元，为整个单轨吊提供动力源。

动力单元由于动力来源不同，其基本组成和类型也有差异。根据动力来源不同，动力单元组成可由防爆柴油机动力车或防爆蓄电池电源车、无极绳绞车、压缩空气及其配套设备组成。防爆蓄电池电源车又可分为防爆特殊型铅酸蓄电池电源车或者防爆锂离子蓄电池电源车。压缩空气动力的来源主要是矿井压缩空气管路或压缩空气储气瓶。因此，动力单元主要有防爆柴油动力、蓄电池动力、压缩空气动力、绞车等动力方式。

（一）防爆柴油机动力单元

以防爆柴油机为动力的矿用单轨吊机车，是目前矿山尤其是煤矿使用最广的机车。与地面柴油机相比，防爆柴油机由于因必须适用井下爆炸危险环境，采用了防爆设计或者经过防爆改装，其组成结构相对更为复杂。

1. 防爆柴油机动力单元基本组成

防爆柴油机动力单元主要包括防爆柴油机及其配套的防爆柴油机燃油喷射电控装置、防爆柴油机后备保护装置、发电机、冷却系统、尾气处理系统、液压系统、电液控制系统及其配套部件，如图2-41所示。图2-41a为防爆柴油机动力单元结构正面示意图，图2-41b为防爆柴油机动力单元结构背面示意图。

2. 防爆柴油机动力单元基本原理

防爆柴油机作为整机动力源，由于要满足国三及其以上排放要求，目前原机一般采用电喷柴油机进行防爆改装。柴油发动机通过联轴器与柱塞泵连接，柱塞泵同轴级联齿轮液压泵为辅助压力系统提供液压源。冷却系统采用了冷却液散热器和液压油散热器。柴油发动机驱动一组发电机，为机车电控系统提供电源。发动机采用液压马达启动，主机带有两组液压蓄能器为液压启动马达提供动力。正常工作时辅助液压泵给蓄能器补充压力。当蓄能器压力低于设计值时使用随机气动泵或手动泵补充压力。

液压系统为机车驱动制动部分提供液压动力和制动控制动力，包括主泵和辅助泵及外围控制单元、液压油箱及过滤器、起动和熄火控制单元、发动机液控单元。

发动机的控制是通过操作手柄控制油门大小，实现对发动机油门功率控制、起动和熄火保护控制。

主控制器为电控系统的核心，所有检测和控制数据通过主控制器交换。电源供电单元为主控制器及机车其他电气单元提供电源。各类检测参数包括压力、液位、温度、速度、瓦斯浓度等物理参数，通过检测传感器将数据传送到主控制器处理，配合驾驶操控指令信息实现对电磁电液阀的控制，实现各种控制功能。主控制融合检测信息和设定的参数形成安全逻辑控制和故障报警闭锁控制。

防爆发动机采用了特殊的水冷却排气系统，气缸及排气管路均采用闭式循环水冷却处理，发动机尾气通过废气处理箱充分冷却后，经过防爆阻火栅后排出。

进气系统由进气管、进气阻火栅、空气切断阀门及空气滤清器组成。进气阻火栅是为了防止防爆柴油机气缸火焰返回直接通向大气。空气切断阀门是为了安全而设置的，在防爆柴油机发生故障时，用作紧急停机。排气防爆阻火栅是在废气处理箱出现故障时阻止火焰通向大气，排气防爆阻火栅必须定期清理。排气冷却管夹层中的防冻液与防爆柴油机中的冷却液连通形成封闭强制冷却，保证防爆柴油机表面和排气管表面的温度不超过150 ℃。废气处理箱的作用是进一步冷却和洗涤废气，熄灭废气中的火焰，清除炭烟及溶解废气中的部分有害气体。经过处理的废气经排气阻火栅栏通向大气。

第二章　矿用单轨吊运输系统的基本结构与组成　　·83·

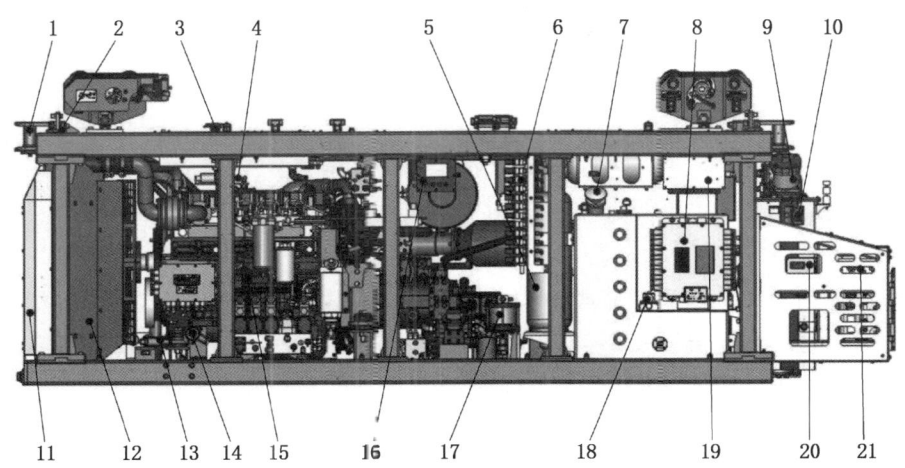

1—U型件；2—吊钩；3—防冻液加注口；4—断气缸；5—蓄能器；6—压力传感器；7—燃油箱加油口；
8—矿用隔爆兼本安型柴油机燃油喷射电控装置主机；9—液压油箱；10—矿用本安型遥控接收器；
11—前面板组件；12—散热器；13—手动泵；14—熄火开关；15—防爆柴油机；16—故障显示器；
17—手动泵；18—自动灭火系统手动触发器；19—矿用浇封兼本安型柴油机保护装置控制器；
20—甲烷传感器；21—矿用隔爆兼本安型单轨吊机车控制箱

(a) 防爆柴油机动力单元结构正面示意图

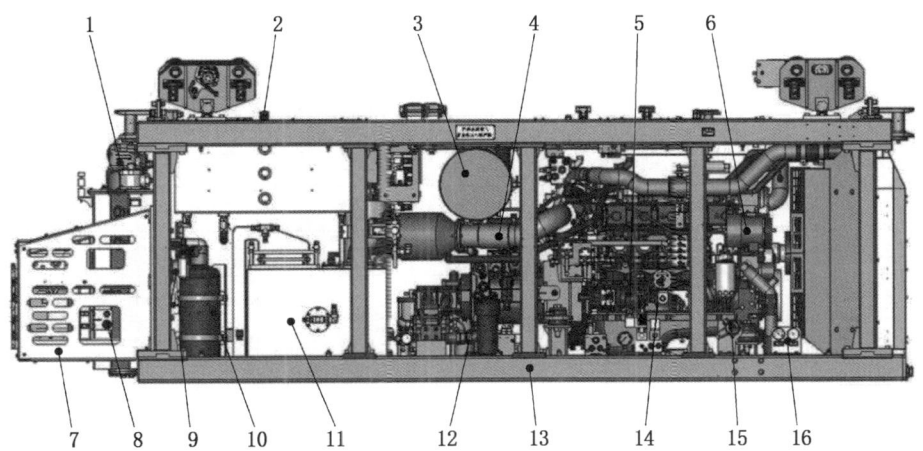

1—回油过滤器；2—补水箱加注口；3—空滤器；4—排气冷却管；5—启动马达；6—发电机；
7—电控箱托架；8—液压油箱加注口；9—气动隔膜泵；10—自动灭火装置；11—废气处理箱；
12—柱塞泵；13—主机架；14—矿用隔爆型主令开关；15—熄火开关；16—水温/机油压力表

(b) 防爆柴油机动力单元结构背面示意图

图 2-41　防爆柴油机动力单元结构示意图

保护监控装置主要是保证防爆柴油机能安全稳定地运行,且在防爆柴油机出现问题时能声光报警并且自动停机。保护监控装置与防爆发动机配套使用。

3. 防爆柴油机动力单元主要技术性能及参数

防爆柴油机动力单元的主要技术性能参数包括额定功率、额定转速、最大扭矩、最低比油耗、主机外形尺寸、主机质量、启动方式、冷却方式等。例如,徐州江煤科技 DCR 系列防爆柴油机单轨吊使用 KC6107DZLYFB 防爆柴油机,其主要技术性能如下:

(1) 适用于环境为瓦斯或粉尘、易燃易爆气体间断或连续存在的环境。
(2) 适应环境温度-25~40 ℃。
(3) 巷道或空间通风量按照《煤矿安全规程》规定,巷道或空间增配通风量不小于 520 m^3/min。
(4) 柴油机按照防爆标准对康明斯的原型机进行了再设计,主要对进气、排气、冷却、燃油、润滑系统及安全保护装置再设计;进气方面在涡轮增压器及缸盖进气口之间增加了进气阻火栅栏,进气阻火栅栏与缸盖之间增加了进气关断阀,有效阻断防爆柴油机内部火焰回火进入外界;柴油机增压器至进气盖板之间的连接管路隔爆设计,各进气隔爆面尺寸达到防爆标准要求;排气系统设置了水冷却式排气口防爆装置。
(5) 经过了防爆和安标检测,取得了相应的资格证书。
(6) 主要技术参数见表 2-4。

表 2-4　KC6107DZLYFB 防爆柴油机主要技术参数

序号	项目	参数
1	额定功率	130×(1±5%) kW
2	额定转速	2200 r/min
3	高怠速转速	(2380±50) r/min
4	低怠速转速	(800±20) r/min
5	最大扭矩	(950±10) N·m
6	倾斜度	纵倾 30°,横倾 25°
7	最低比油耗	(210~230)×(1±3%) g/(kW·h)
8	主机外形尺寸(长×宽×高)	1285 mm×800 mm×900 mm
9	主机质量	680 kg
10	启动方式	液压启动
11	冷却方式	水冷

4. 防爆柴油动力单元技术要求

防爆柴油动力单元应满足以下技术要求：

（1）防爆柴油机应满足 GB 20891—2014《非道路移动机械用柴油机排气污染物排放限值及测量方法（中国第三、四阶段）》中第三阶段排放标准的相关要求。

（2）防爆柴油机当出现下列情况之一时，声光报警装置应发出声、光报警信号，其声光信号必须使驾驶员能够清晰辨别，报警后延时 1 min 内产品应自动停机：

① 排气温度至（68±2）℃。

② 表面温度至（148±2）℃。

③ 冷却水温度至（93±2）℃。

④ 废气处理箱水位低至设定值。

⑤ 机油压力至（0.08±0.01）MPa。

⑥ 甲烷浓度至 0.5%。

（3）防爆柴油机应单独取得矿用产品安全标志、防爆合格证。

（4）其他技术要求应符合 MT 990 的相关规定。

（二）防爆特殊型铅酸蓄电池动力单元

防爆铅酸蓄电池单轨吊使用防爆特殊型铅酸蓄电池动力单元，由于目前铅酸蓄电池容量有限，限制了其适用范围。

1. 基本组成

防爆特殊型铅酸蓄电池动力单元，由防爆特殊型铅酸蓄电池电源装置、电池梁和连接装置组成。徐州江煤科技设计制造的防爆特殊型铅酸蓄电池动力单元示意图如图 2-42 所示。

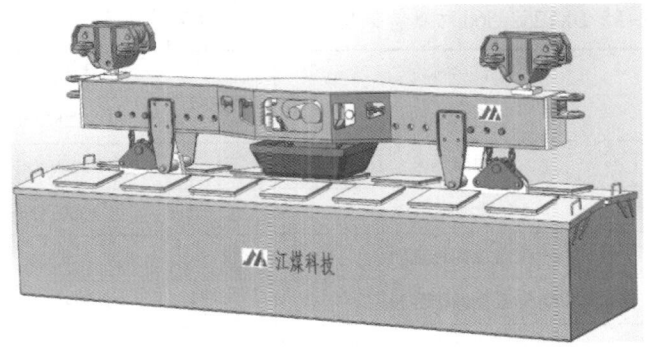

图 2-42　防爆特殊型铅酸蓄电池动力单元组成示意图

电源装置包括蓄电池箱体、隔爆插销连接器、防爆特殊型铅酸蓄电池组和连接导线等。其中,防爆特殊型电池组由诸多井下专用铅酸蓄电池串联组合而成,单体蓄电池每节 2 V,容量根据需要设计确定。

电池梁由 4 个承载小车和 2 个电池梁体组成。电池梁体通过球面轴及销轴悬吊于承载小车下面,而电源装置的蓄电池箱体吊挂在电池梁体上,随车移动。徐州江煤科技设计制造的某型号电池梁,使用单梁 6 t 起吊梁,增加动链轮的导向和悬吊固定架,示意图如图 2-43 所示。

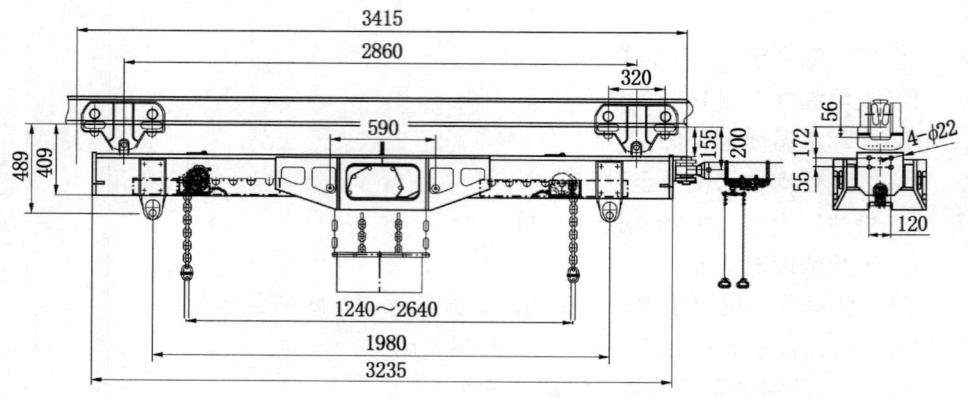

图 2-43 徐州江煤科技某型号电池梁示意图

2. 主要技术参数

防爆特殊型铅酸蓄电池电源装置主要技术参数包括额定电压、额定容量等。例如,徐州江煤科技设计制造的 DXT252/560 防爆特殊型铅酸蓄电池电源装置的主要技术参数见表 2-5。

表 2-5　DXT252/560 防爆特殊型铅酸蓄电池电源装置主要技术参数

序号	项目名称	技术参数
1	型号	DXT252/560
2	电源电压	252 V DC
3	5 h 额定容量	560 Ah
4	单体电池标称电压	2 V
5	单体电池标称容量	560 Ah
6	单体电池放电终止电压	1.75 V
7	电源装置(含箱体)质量	5400 kg

表 2-5（续）

序号	项目名称	技术参数
8	充电循环次数	700 次
9	电源装置有效贮存期	2 年
10	电池箱最大外形尺寸	3900 mm×1020 mm×760 mm

3. 技术要求

防爆特殊型铅酸蓄电池电源装置动力单元应符合以下技术要求：

（1）电源装置应执行标准 MT/T 334，且其使用条件也应符合此标准的要求。

（2）电源装置的壳体及其结构均采用金属材料和耐电解液作用、机械强度好、不易燃烧的绝缘材料。蓄电池在电源箱中的安装应牢固可靠，电池之间应用塑料通风隔板或定位键相互楔紧。

（3）电源装置中两相邻蓄电池间的最大放电电压一般不超过 24 V，极柱间的爬电距离不少于 35 mm，如最大放电电压超过 24 V，则每超过 2 V，爬电距离应增加 1 mm。

（4）电源装置内部（除蓄电池外）的任何地方，氢气浓度不得超过 0.3%（体积比）。

（5）电源装置应具有良好的耐振动性能和冲击性能。箱盖应能承受 75 J 能量的冲击试验。

（6）箱体和箱盖的内表面应有耐酸绝缘层，使其具有良好的绝缘性能，湿态绝缘电阻不小于 5 MΩ。

（7）电源装置应具有良好的抗漏电性能，蓄电池组极柱对蓄电池组外壳（地）的绝缘电阻应符合表 2-6 的要求。

表 2-6 电源装置最小对地绝缘电阻

电源装置额定电压/V	最小对地绝缘电阻/kΩ
$U>300$	45
$250<U\leqslant300$	40
$200<U\leqslant250$	35
$150<U\leqslant200$	30
$100<U\leqslant150$	25
$50<U\leqslant100$	15
$U\leqslant50$	10

(8) 电源装置中连线两端的极柱内的温差不大于 5 ℃,整个箱内极柱温差不得超过 10 ℃。

(9) 蓄电池箱体的防护等级为 IP22。

(10) 连接线的电缆芯线与铅锑合金接头的铸件应牢固可靠,其两端接触电阻在 20 ℃时应不大于 20 μΩ。

(11) 连接线接头与蓄电池极柱的焊接应牢固可靠。

(12) 所用铅酸蓄电池应符合 MT 658《煤矿用特殊型铅酸蓄电池》的规定。

(三) 防爆锂离子蓄电池电源动力单元

防爆锂离子蓄电池电源是防爆锂离子蓄电池单轨吊的动力源,其动力单元的组成与防爆特殊型蓄电池电源组成基本相同。但由于配套使用的蓄电池类型不一样,锂离子蓄电池电源的安全要求更高,须有电池管理系统提升其对电池使用的安全性能。

1. 基本组成

防爆锂离子蓄电池电源主要由矿用隔爆型锂离子蓄电池电源箱体、锂电池组、电池管理系统组成。单体电池串联成锂离子电池组,放置于电源箱体腔内。电源管理系统固定于电气设备腔内,包含充电继电器、放电继电器、主控模块 BPU、采集模块 BMU、显示屏、霍尔传感器、手动隔离开关。采集模块位于电源箱体腔内。

2. 主要技术参数

防爆锂离子蓄电池电源装置的技术参数主要有额定电压、额定能量、单体锂离子电池容量等。例如,徐州江煤科技有限公司生产的 DXBL73600/320C(A)矿用隔爆型锂离子蓄电池电源的主要技术参数见表 2-7。

表 2-7 DXBL73600/320C(A)矿用隔爆型锂离子蓄电池电源主要技术参数

序号	项目	参数
1	额定输出电压	320 V
2	额定输出能量	73600 Wh
3	额定输出电流	70 A
4	锂离子蓄电池型号	LFL1-230
5	蓄电池个数	100 个
6	单体电池标称电压	3.2 V
7	单体电池标称容量	230 Ah
8	单体电池允许最大充电电压	3.5 V

表 2-7（续）

序号	项目	参数
9	充电保护失效电压	≤3.5 V
10	单体电池允许最低放电截止电压	2.9 V
11	放电保护失效电压	≥2.5 V
12	单体电池最大允许充电电流	115 A
13	单体电池最大允许放电电流	230 A
14	电源最高允许工作温度	55 ℃
15	电源恢复温度	50 ℃
16	电源的最低允许使用能量报警值	14720 Wh
17	电源额定输入电流	46 A
18	电源充电过流保护值	50 A
19	电源放电过流保护值	130 A
20	电源额定输入电压范围	290~350 V
21	电源额定输入电流范围	0~100 A
22	电源的额定容量	230 Ah
23	电池管理系统正常工作功耗	≤11 W
24	电池管理系统低功耗状态或休眠唤醒监控状态标称功耗	0.7 W
25	电源允许最低充电温度	0 ℃
26	质量	1200 kg
27	外形尺寸（长×宽×高）	2030 mm×1070 mm×310 mm

3. 技术要求

防爆锂离子蓄电池电源应满足的技术要求包括基本要求、防爆安全要求、电池管理系统要求、电气安全性能要求、电磁兼容要求、外观及结构要求、其他特殊要求等。

1）基本要求

（1）在正常充、放电过程中，锂离子蓄电池最高温度不应超过 60 ℃。

（2）锂离子蓄电池应采用串联方式连接，电源额定电压应不超过 600 V。隔爆腔内不允许锂离子蓄电池以任何形式的并联连接。

（3）电源中锂离子蓄电池应为同一制造商生产的同一规格的产品。

2）防爆安全要求

（1）电源防爆结构、性能和标志应满足 GB/T 3836.1~GB/T 3836.4 的要求。

（2）隔爆接合面参数应符合 GB/T3836.2—2021 中第 5、6、7、8、11 章的

要求和合格产品图纸的要求。电气间隙、爬电距离应符合 GB/T 3836.3—2021 中 4.3、4.4 的规定，其中输入、输出的裸导体之间与外壳、接线导体之间的电气间隙大于等于 4.0 mm，爬电距离大于等于 4.0 mm。

（3）外壳应通过 GB/T 3836.2—2021 中第 16 章规定的静压试验，电池腔试验压力不小于 1.5 MPa，其余腔体试验压力为 1.0 MPa，保持时间不小于 10 s，无泄漏，无影响隔爆性能的损坏和永久变形。隔爆外壳应通过 GB/T 3836.2—2021 中 15.2 规定的外壳耐压试验和 15.3 规定的内部点燃的不传爆试验。

（4）外壳、引入装置、泄压装置及透明件应能通过 GB/T 3836.1—2021 中 26.4.2 规定的抗冲击试验，试验产生损伤不应使电气设备防爆型式失效。透明件应通过 GB/T 3836.1—2021 中 26.5.2 规定的热剧变试验要求，试验后不得发生破裂。

（5）外壳非金属部件、密封圈非金属部件应满足 GB/T 3836.1—2021 中第 7 章的规定。外壳非金属部件应通过 GB/T 3836.1—2021 中 26.8、26.9 规定的耐热、耐寒试验，密封圈非金属部件应通过 GB/T 3836.1—2021 中 26.11 规定的耐化学试剂试验。

（6）绝缘套管应能通过 GB/T 3836.2—2021 中 19.4 规定的火焰烧蚀试验和 GB/T 3836.1—2021 中 26.6 规定的绝缘套管扭转试验。

（7）引入装置夹紧、密封试验应符合 GB/T 3836.1—2021 中 A.3 和 GB/T 3836.2—2021 中 C.3 的要求，引入方式应符合 GB/T 3836.2—2021 中 F.2 的要求。

（8）外壳防护等级试验应符合 GB/T 4208—2017 中 IP54 的要求，热试验应符合 GB/T 3836.2—2021 中 15.4.3 的要求。

（9）呼吸排液装置附加要求应符合 GB/T 3836.2—2021 中 B.1 的要求。接地装置应符合 GB/T 3836.1—2021 第 15 章的规定，电源装置外壳内、外设接地螺栓，并有接地标志。电源电池腔应具有泄压结构，满足 GB/T 3836.2—2021 中 10.9.3 的规定。

（10）应设有"警告：在爆炸性气体环境中严禁打开""警示：使用屈服强度≥640 MPa（8.8 级）的紧固件""严禁带电开盖"的警示牌。电源应经国家指定的防爆检验部门审查检验合格，取得检验部门发放的"防爆检验合格证"。

3）电池管理系统要求

（1）应对所有单体电池的电压和温度，电池组的电压、电流、绝缘电阻等参数进行监测，误差应满足表 2-8 的要求。测量信息的显示和故障报警功能应满足实际需要。充满电后实际放电容量及能量应不低于标称容量及能量。

（2）应具有单体电池过充电压保护功能。充电截止电压不超过 3.5 V。

第二章 矿用单轨吊运输系统的基本结构与组成

表2-8 电池(组)参数测量误差要求

参数	单体电池电压值	单体电池温度	电池组电流	电池组电压	SOC(电池电量)估算	绝缘电阻
误差	≤0.5%	±2 ℃	≤2%	≤0.5%	≤5%	±10%

注：电池温度测量应选择在电池负极极耳处。

(3) 应具有单体电池过充电压保护失效检测功能。保护失效电压不超过3.6 V。

(4) 应具有单体电池过放电压保护功能。放电截止电压不低于2.9 V。

(5) 应具有单体电池过放电压保护失效检测功能。保护失效电压不低于2.45 V。

(6) 应具有充电过流保护功能。最大充电电流不超过0.5 C。

(7) 应具有放电过流保护、输出短路保护、温度保护、充电均衡、电池信息采集线开路保护、低温禁止充电、严重过放电后不允许充电等功能。

(8) 应具备低功耗和休眠唤醒监控功能，实际功耗不高于正常工作功耗的10%。

4) 电气安全性能要求

(1) 绝缘电阻。电源带电回路与接地(或外壳)间的绝缘电阻应符合设计规定。直流电源绝缘电阻要求与同电压等级交流电源绝缘电阻要求一致。

(2) 介电强度。电源应能承受历时1 min的交流50 Hz正弦工频耐压试验。试验期间泄漏电流不大于5 mA，且无击穿和闪络现象。

(3) 电源充电插座除满足防爆要求外，还应满足GB/T 20234.3—2023《电动汽车传导充电用连接装置 第3部分：直流充电接口》的规定。

(4) 电源应进行模拟碰撞试验，试验后的绝缘电阻应不小于100 Ω/V。

(5) 工作稳定性电源应进行3次充放电循环的工作稳定性测试。

(6) 充电协议满足GB/T 27930—2023《非车载传导式充电机与电动汽车之间的数字通信协议》的规定。

5) 电磁兼容要求

(1) 电快速瞬变脉冲群抗扰度应符合GB/T 17626.3—2023的规定，试验等级为3级，满足GB/T 17799.1—2017《电磁兼容 通用标准 居住、商业和轻工业环境中的抗扰度》中性能判据C级的要求。

(2) 射频电磁场辐射抗扰度应符合GB/T 17626.4—2018《电磁兼容 试验和测量技术 电快速瞬变脉冲群抗扰度试验》的规定，试验等级为3级，满足GB/T 17799.1—2017中性能判据C级的要求。

6) 外观及结构要求

(1) 外壳表面不应有明显的凹痕、划伤、裂缝和变形，表面涂层不应起泡、龟裂和脱落，焊缝不得有明显的焊迹。

（2）产品的铭牌、标志均应清晰牢固。

（3）金属零部件应紧固无松动，且不得有锈蚀、毛刺、裂纹等机械损伤。

（4）隔爆面不得有划痕、损伤等缺陷。

（5）外壳材质由 Q235 钢材制造，其结构应保证调试、操作、维修和安装的方便与可靠。外壳应有便于固定或支撑的结构，表面要用防锈漆喷漆或烤漆，内部喷耐弧漆，机内黑色金属件和隔爆面要经过防锈处理，隔爆面涂防锈油。

（6）紧固件必须有防止自动松脱的措施。

7）其他特殊要求

（1）在最不利的条件下，其外壳的最高表面温度不得大于 150 ℃。

（2）锂离子蓄电池应放置在独立的隔爆腔内，电池腔应具有手动隔离开关。电池管理系统数据采集模块、熔断器可放置在电池腔内，其他器件与电池隔爆分腔放置。

（3）锂离子蓄电池额定容量不大于 100 Ah 时，电池腔中预留的自由空间应超过单体电池体积的 2 倍；锂离子蓄电池额定容量大于 100 Ah 时，电池腔中预留的自由空间应超过单体电池体积的 7 倍。

（四）钢丝绳牵引单轨吊动力单元

矿用钢丝绳牵引单轨吊采用无极绳绞车，通过无极绳绞车牵引钢丝绳拖动单轨吊车列运行，无极绳绞车是整个系统的动力源。

1. 无极绳绞车的基本组成

无极绳绞车采用机械传动，主要由电机、减速机或变速箱、主轴装置、联轴器、制动装置、底座、防护罩等组成，如图 2-44 所示。

电机为无极绳绞车提供动力。底座由结构件焊接成整体，通过地脚螺栓与基础固定。减速机或变速箱采用硬齿面齿轮。主轴装置部分由大齿轮、主轴、滚筒及绳衬等组成。联轴器用于联结电机和变速箱。制动装置由安全制动器、工作制动器组成，其中安全制动器由电力液压推动器、拉杆、制动臂、制动瓦、底座等组成，如图 2-45 所示；工作制动器由手动带式刹车、底座、车闸、闸瓦等组成，如图 2-46 所示。防护罩由薄钢板制成，固定于底座上，用以保护大小齿轮和防护。

2. 无极绳绞车工作原理

电机通过联轴器连接减速机或变速箱，带动主轴装置中滚筒转动，滚筒上摩擦衬垫通过摩擦力带动钢丝绳移动。制动时，拉动手闸；通过工作制动器对电机高速轴进行工作制动；安全制动器一般采用电力液压鼓式制动器，通常对低速轴进行安全制动。绞车传动原理图如图 2-47 所示。

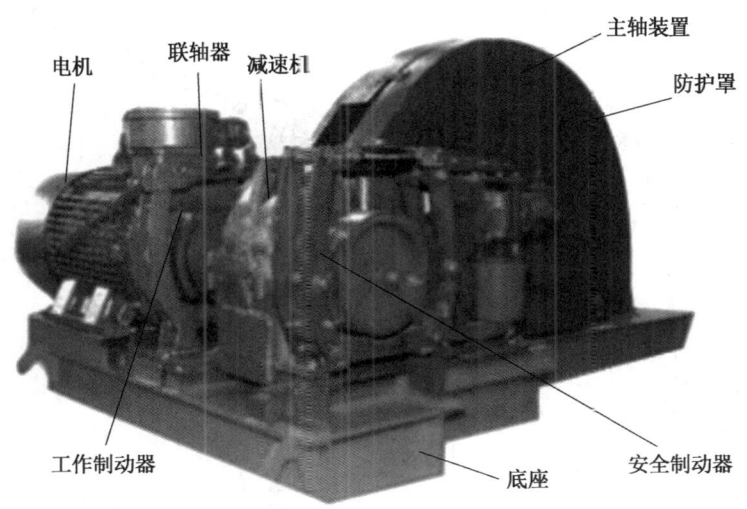

图 2-44 无极绳绞车的组成结构

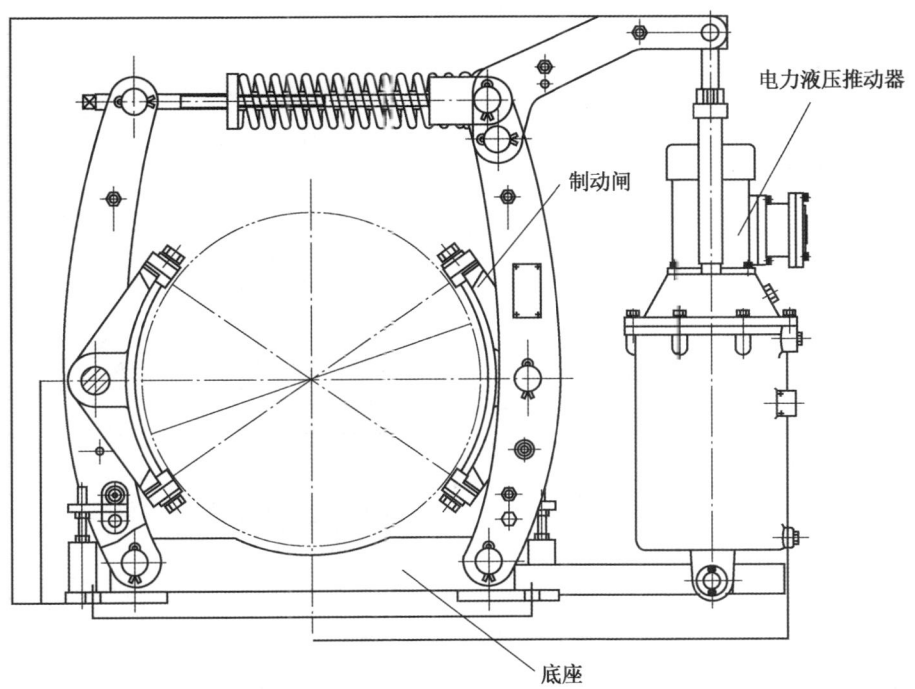

图 2-45 安全制动器结构示意图

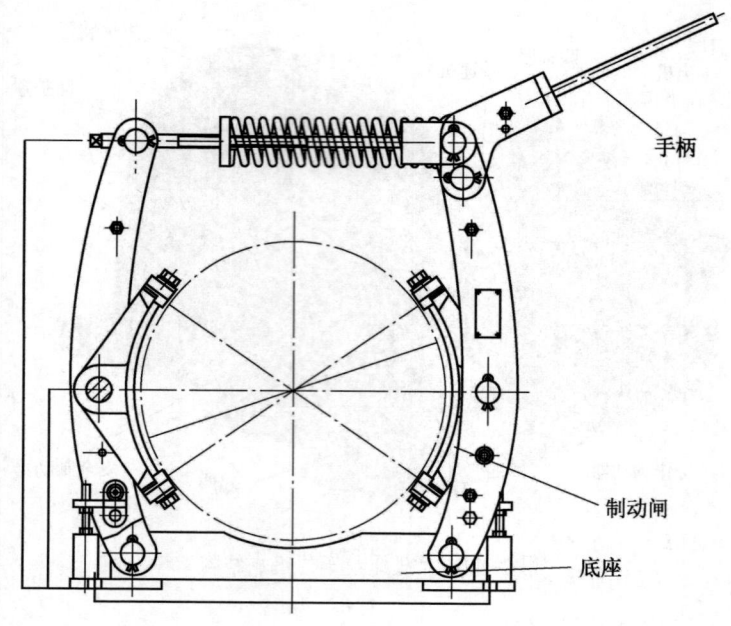

图 2-46 工作制动器结构示意图

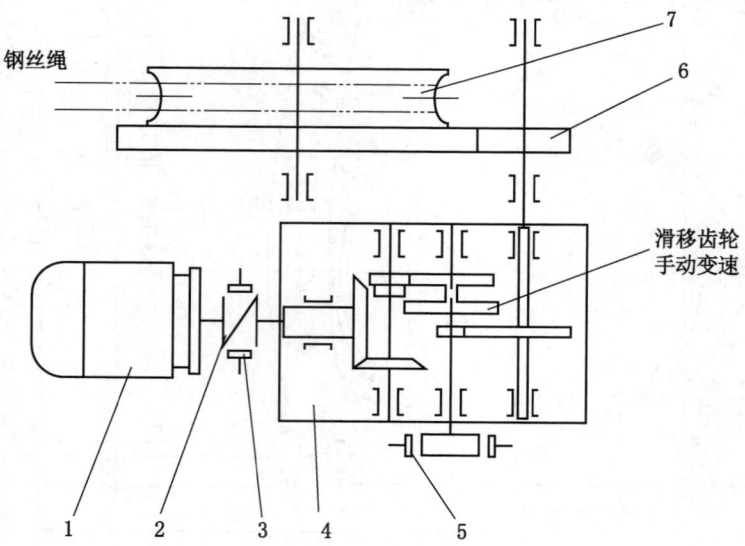

1—隔爆型三相异步电动机；2—联轴器；3—工作制动器；
4—双速圆锥圆柱齿轮减速器；5—安全制动器；6—齿轮轴组件；7—主轴装置

图 2-47 绞车传动原理图

3. 无极绳绞车主要技术参数

无极绳绞车主要有牵引力、电机功率、电压、滚筒直径等技术参数。JWB132BJ 无极绳绞车的主要技术参数见表 2-9。

表 2-9 JWB132BJ 无极绳绞车主要技术参数表

序号	项 目	参 数
1	牵引力	快速：70 kN；慢速：120 kN
2	电机功率	132 kW
3	钢丝绳直径	24～26 mm
4	电压等级	660/1140 V
5	滚筒直径	1040 mm
6	外形尺寸	3372 mm×1740 mm×1768 mm

4. 无极绳绞车技术要求

无极绳绞车安装使用过程中，应满足以下技术要求：
（1）所有轴承装配时应加注钙基滑脂。
（2）整机装配完成后，各旋转部件应能灵活转动，无卡滞现象。
（3）减速机应无渗漏油现象。
（4）所有紧固件连接应可靠，不得有松动现象。
（5）传动装置和轴承在工作时不应有异常的振动和响声。
（6）绞车应在静止时换挡，换挡机构应操作灵活，动作准确，定位可靠，在运行时不得出现齿轮自行滑移现象。

二、驱动（牵引）单元

驱动（牵引）单元是矿用单轨吊机车的动力输出部分，是其能够正常运行不可或缺的主要组成部件。自驱式单轨吊使用驱动单元，钢丝绳牵引单轨吊使用牵引单元，二者在组成及技术性能特点等方面均具有较大差别。

（一）驱动单元

1. 驱动单元的基本组成及主要类型

单轨吊机车驱动单元的基本组成和工作原理基本相同，但不同动力来源的单轨吊，应用不同类型的驱动单元，在具体构成、技术性能参数等方面各有差异。

1）基本组成

常见的驱动单元主要由 1 个或者多个驱动轮组及控制系统组成。驱动轮组主要由液压（气动）马达或者电动机、液动（气动）油缸、驱动轮、主吊架、行走轮组等组成，依靠夹紧于轨道腹板上的驱动轮，由马达或者电动机带动驱动轮运转与轨道产生的摩擦力，驱动单轨吊运行。控制系统控制驱动轮组，可采用集中控制、分布控制方式。

驱动单元的动力来自液压系统（防爆柴油机单轨吊）、电控系统（防爆蓄电池单轨吊）或者供气系统（气动单轨吊）。

单轨吊机车需要的驱动轮组数量，根据所需的驱动力确定，通过驱动轮组不同组合和增减来满足实际工作需要。驱动轮组可采取集中布置、分列布置等布设方式，由控制系统实现集中控制。

2）驱动轮组工作原理

单轨吊驱动装置主要采用液压对夹式摩擦驱动方式，常见的驱动单元结构示意图如图2-48所示。

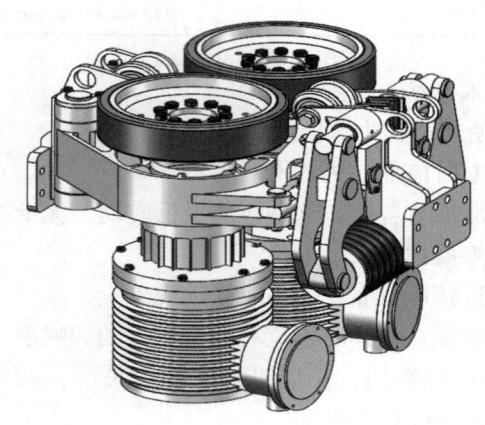

图2-48　驱动单元结构示意图

工作原理：一对驱动轮（又称之为车轮）被一个夹紧油（气）缸压在轨道腹板上，驱动轮由液压马达/电动机/气动马达驱动，使驱动轮与轨道腹板之间产生摩擦力，依靠这种摩擦力驱动单轨吊的运行。

3）主要类型

根据动力源不同，单轨吊主要分为液压驱动、电驱动、气驱动等，驱动轮组相应地有由液压驱动轮组、电驱动轮组、气驱动轮组之分。

（1）液压驱动轮组。

液压驱动轮组以液压为动力，通过液压系统提供动力，驱动液压马达，液压马达带动驱动轮，依靠驱动轮与轨道的摩擦力，带动机车运行。防爆柴油机单轨吊机车一般采用液压驱动轮组的方式。

目前液压驱动轮组大多采用 1 个驱动轮组与 1 个制动单元同时布置的方式，主要由液压马达、夹紧油缸、驱动轮、主吊架、行走轮组、制定闸块、制动弹簧、制动油缸、制动臂等组成，如图 2-49 所示。

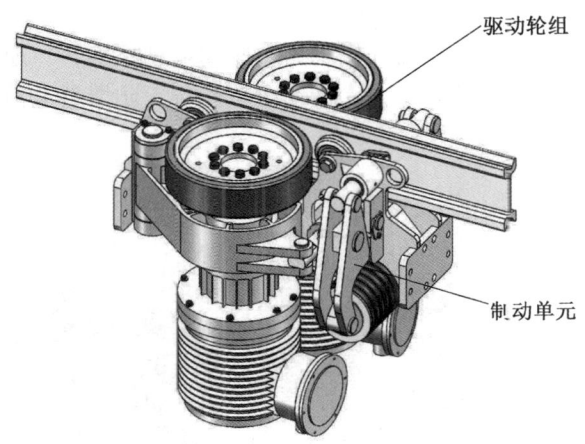

图 2-49　带 1 个制动单元的液压驱动单元工作示意图

有些驱动轮组也与多个制动单元综合布设，如图 2-50 所示，由 1 个驱动轮组与 2 个制动单元同时布设。

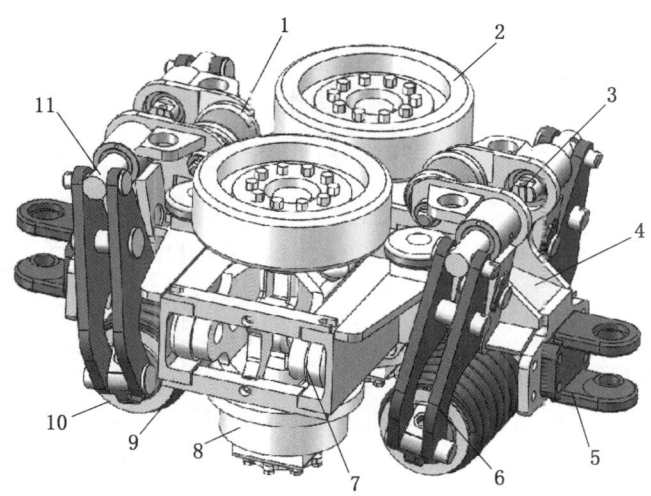

1—行走轮组；2—驱动轮；3—制动闸块；4—主吊架；5—铰接座；
6—制动臂；7—夹紧油缸；8—液压马达；9—制动弹簧；10—制或油缸；11—制动轴

图 2-50　带 2 个制动单元的液压驱动单元工作示意图

(2) 电驱动轮组。

电驱动轮组以电动机为动力，主要由驱动电机、减速机、驱动轮、主吊架、行走轮组、导向轮、夹紧油缸等组成，如图 2-51 所示。驱动轮组也可以制动单元组合布设，如图 2-51 中的制动装置。

由蓄电池电源作为动力单元提供动力，驱动电动机旋转，通过减速机带动驱动轮，依靠驱动轮与轨道的摩擦力，带动机车运行。防爆蓄电池单轨吊机车一般采用电驱动轮组的方式。

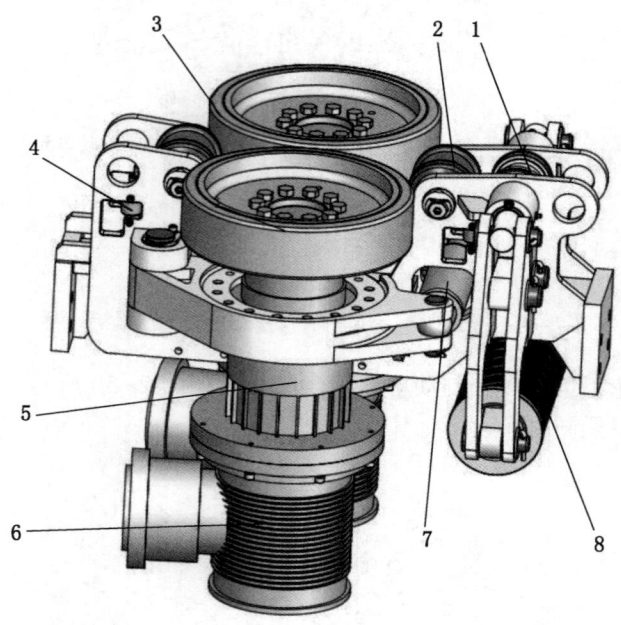

1—主吊架；2—行走轮组；3—驱动轮；4—导向轮；5—减速机；
6—驱动电机；7—夹紧油缸；8—制动装置

图 2-51　电驱动轮组结构示意图

(3) 气驱动轮组。

与液压驱动轮组相比，气驱动轮组主要以压缩气体管路或气瓶中压缩空气为动力来源，主要由气动马达、驱动轮、夹紧气缸、主吊架、行走轮组、制动闸块、制动弹簧、制动气缸、制动臂等组成，结构图与液压驱动轮组相同。

通过压缩空气提供动力，驱动气动马达，气动马达带动驱动轮，依靠驱动轮与轨道的摩擦力，带动机车运行。气动单轨吊机车一般采用气驱动轮组的方式。

蓄电池单轨吊机车，是一种以储能电池为动力源，通过电机驱动传动机构，带动驱动轮,在悬挂轨道上运行的煤矿辅助运输设备。其运行轨道采用德国标准中的 I140E 型或 I140V 型轨道,使用高强圆环链悬吊于巷道顶部,机车运行时承载轮沿轨道的两侧翼板行走,无脱轨、掉道和跑车现象,运行全程可控,采用弹簧储能、失效夹紧轨道腹板制动停车。

2. 驱动单元的主要技术参数

驱动单元的主要技术参数包括驱动轮、夹紧装置、电动机或液压马达、减速机、驱动轮组的技术参数。

1) 驱动轮的主要技术参数

驱动轮是驱动轮组中的重要部件,目前常用的单轨吊驱动轮组的驱动轮如图 2-52 所示,由轮芯和聚氨酯层轮套组成。驱动轮通过螺栓固定在驱动轴上,如图 2-53 所示。

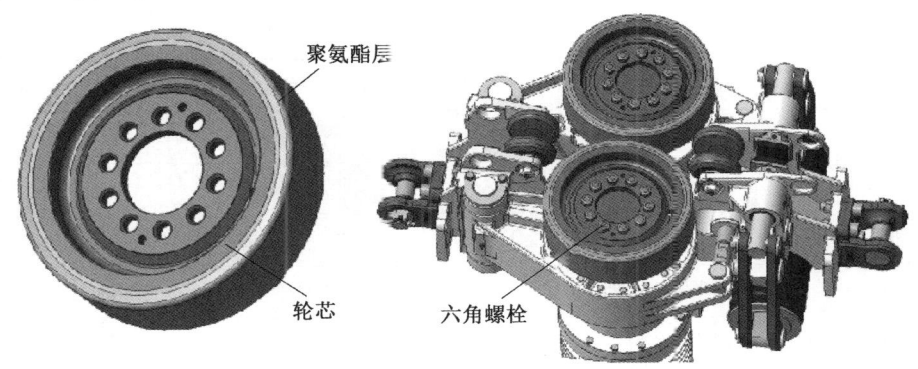

图 2-52 驱动轮

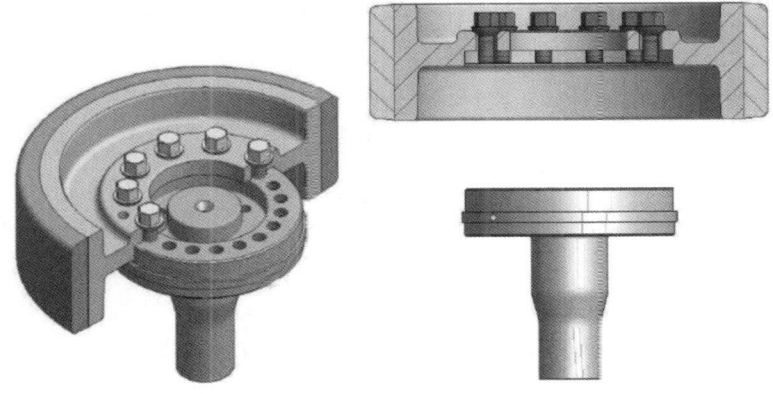

图 2-53 驱动轮组装示意图

单轨吊驱动轮直径一般有 340 mm、400 mm 两种规格。以 φ340 mm 的驱动轮为例，其主要技术参数如下。

(1) 驱动轮技术参数：驱动轮直径为 340 mm，宽度为 100 mm。

(2) 聚氨酯轮套参数：聚氨酯轮套是驱动轮直接与轨道接触的部位，其摩擦系数、硬度、承压能力以及阻燃抗静电等安全性能参数应作为重要关注要点。目前驱动轮轮套主要采用聚氨酯材料，其主要技术参数见表 2-10。

(3) 聚氨酯层轮套厚度应不小于 5 m，若厚度低于 5 mm 时，驱动轮套需成对更换。

表 2-10 聚氨酯轮套技术参数

序号	项目	技术参数
1	邵氏 A 硬度	95
2	拉伸强度	≥30 MPa
3	摩擦系数	≥0.4
4	表面电阻	≤3×10^8 Ω
5	阻燃性要求	<10 s（离火自燃时间）
6	承受压力	正压力≥40 kN，切向压力≥15 kN
7	设计寿命	1500 h

φ340 mm 驱动轮的规格尺寸见图 2-54 所示。

φ400 mm 驱动轮的技术参数，除外径尺寸增大到 400 mm 外，其他技术参数与 φ340 mm 驱动轮的技术参数相同。φ400 mm 驱动轮的规格尺寸如图 2-55 所示。

2) 夹紧油缸的主要技术参数

夹紧油缸一般采用单作用单活塞结构型式、耳环安装方式、间隙缓冲，为驱动轮紧贴轨道腹板提供正压力，促使其产生摩擦驱动力，驱动单轨吊的运行。徐州江煤科技有限公司设计制造的驱动单元夹紧油缸结构尺寸如图 2-56 所示，主要技术参数见表 2-11。

3) 电动机的主要技术参数

防爆蓄电池单轨吊采用电力驱动，一般使用感应式异步电动机或者永磁电机配合变频器。感应式异步电动机结构如图 2-57 所示。徐州江煤科技蓄电池单轨吊配用的感应式异步机主要技术参数见表 2-12。

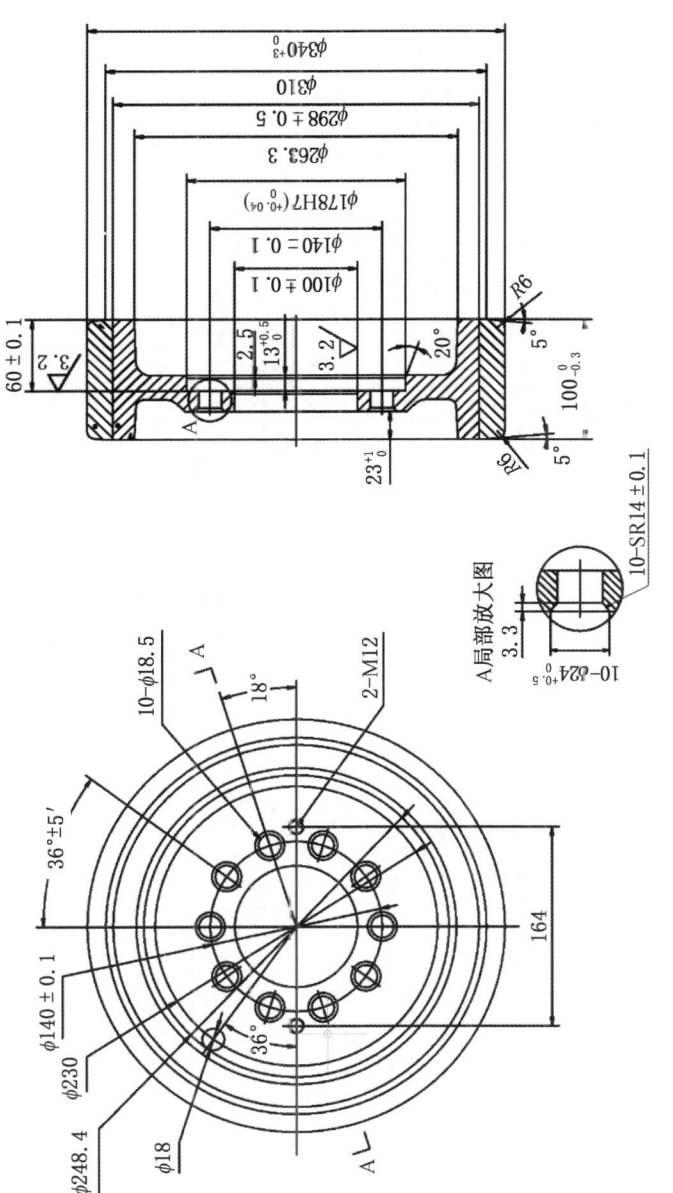

图 2-54 φ340 mm 驱动轮的结构示意图

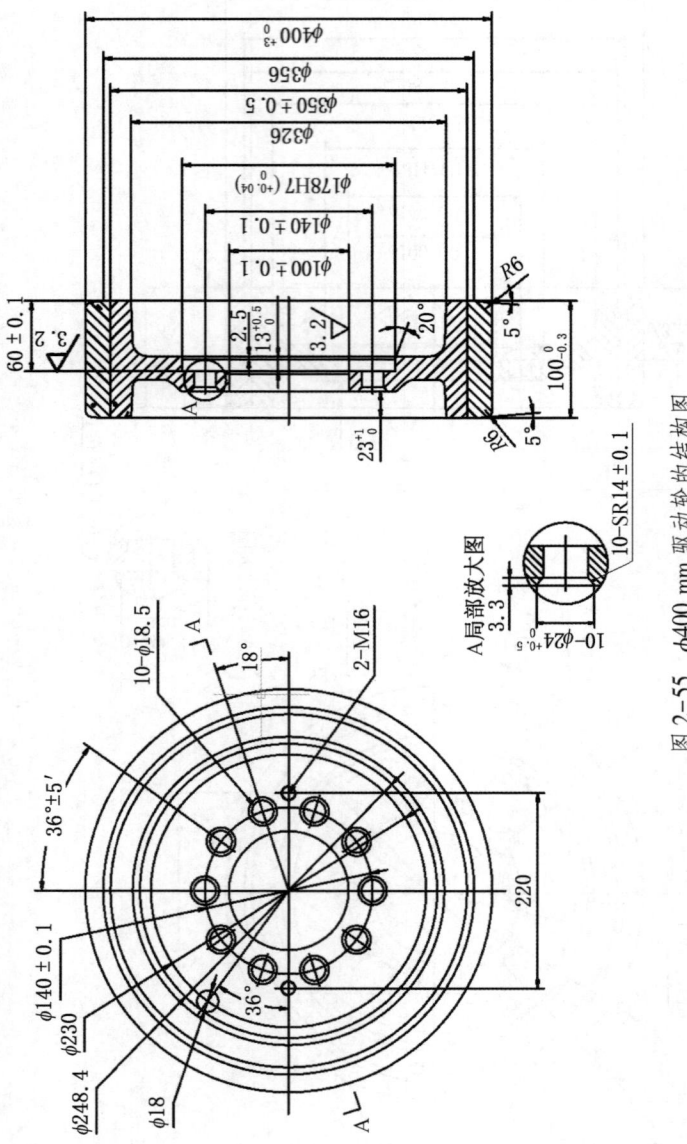

图 2-55　$\phi 400$ mm 驱动轮的结构图

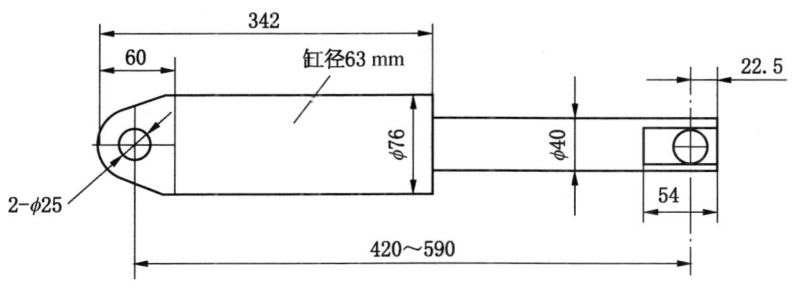

图 2-56　徐州江煤科技驱动单元夹紧油缸结构尺寸

表 2-11　徐州江煤科技驱动单元夹紧油缸主要技术参数

序号	项目名称	技术参数
1	缸筒内径	63 mm
2	缸筒外径	76 mm
3	有效面积	18.6 mm^2
4	活塞杆直径	40 mm
5	行程	≥170 mm
6	连接最短孔距	420 mm
7	缸筒工作压力	16 MPa

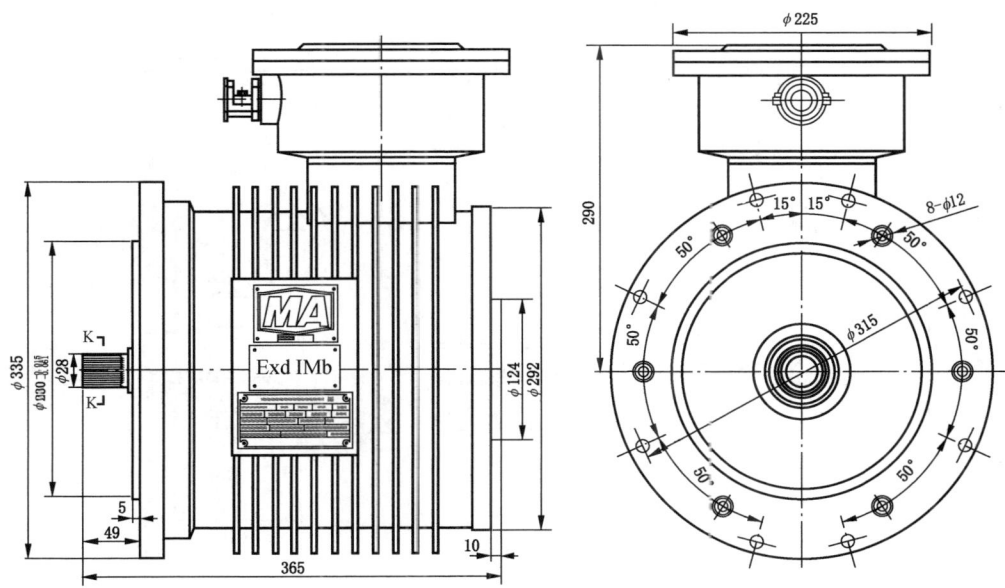

图 2-57　感应式异步电动机的结构示意图

表2-12 徐州江煤科技蓄电池单轨吊配用的感应式异步电动机主要技术参数

序号	项目	技术参数
1	型号	YBVF-8Q
2	额定功率	7.5 kW
3	额定压	220 V
4	额定电流	29 A
5	额定转矩	58 N·m
6	额定转速	1230 r/min
7	频率范围	恒转矩：4~42 Hz；恒功率：42~100 Hz
8	绝缘等级	H级
9	绕组接法	Y型
10	防护等级	IP54
11	防爆类别	Ex dI Mb
12	质量	108 kg

4）液压马达的主要技术参数

防爆柴油机单轨吊驱动部一般采用液压马达作为驱动动力。常用的驱动部液压马达结构如图2-58所示，主要技术参数见表2-13。

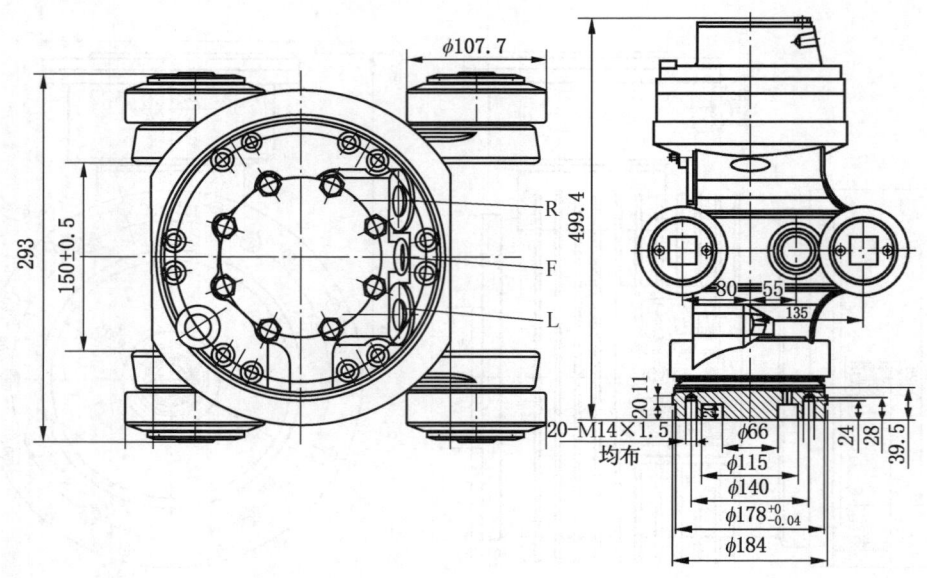

图2-58 常用的液压马达结构示意图

表2-13 常用液压马达主要技术参数

序号	项目名称	技术参数
1	几何排量	200 mL/r
2	额定压力	31.5 MPa
3	最大压力	45 MPa
4	额定输出扭矩	2528 N·m
5	最大扭矩	3611 N·m
6	工作温度	-55~+100 ℃
7	正转时进油口 R	G3/4
8	反转时进油口 L	G3/4
9	卸油口 F	G3/8

5) 减速机的主要技术参数

防爆蓄电池单轨吊采用电力驱动，使用三相异步电动机时，为保证可靠的调速性能，需要配备减速机。根据单轨吊的运行特点，一般配用二级减速行星齿轮减速机，其结构如图2-59所示。徐州江煤科技蓄电池单轨吊配用的减速机主要技术参数见表2-14。

6) 驱动轮组的主要技术参数

驱动轮组重点应关注驱动力参数计算原理，以及驱动轮组和配套的驱动轮轮套等主要技术参数，方便后续的设计计算和选型使用。

(1) 驱动力参数计算。

驱动轮组是依靠摩擦力产生动力的，故每组驱动轮组的摩擦力计算式为

$$F = F_0 \times f$$

式中　F——驱动轮与轨道之间的摩擦力，kN；

　　　F_0——驱动轮与轨道之间的压力，kN；

　　　f——驱动轮与轨道之间的摩擦系数。

由于摩擦系数 f 取决于驱动轮和轨道的材质，而驱动轮的材质多为聚氨酯材料，轨道的材质为钢，在双方材质已经确定的情况下，f 为恒定值。因此，摩擦力 F 的大小就取决于驱动组中驱动轮的压力 F_0。F_0 是由夹紧装置将闸块夹紧在工字钢轨道腹板上产生的压力，计算式为

$$F_0 = P \times S$$

式中　P——压强，kN/cm²；

　　　S——接触面积，cm²。因每组驱动轮组有2个摩擦轮，故应取单摩擦轮与轨道接触面积的2倍。

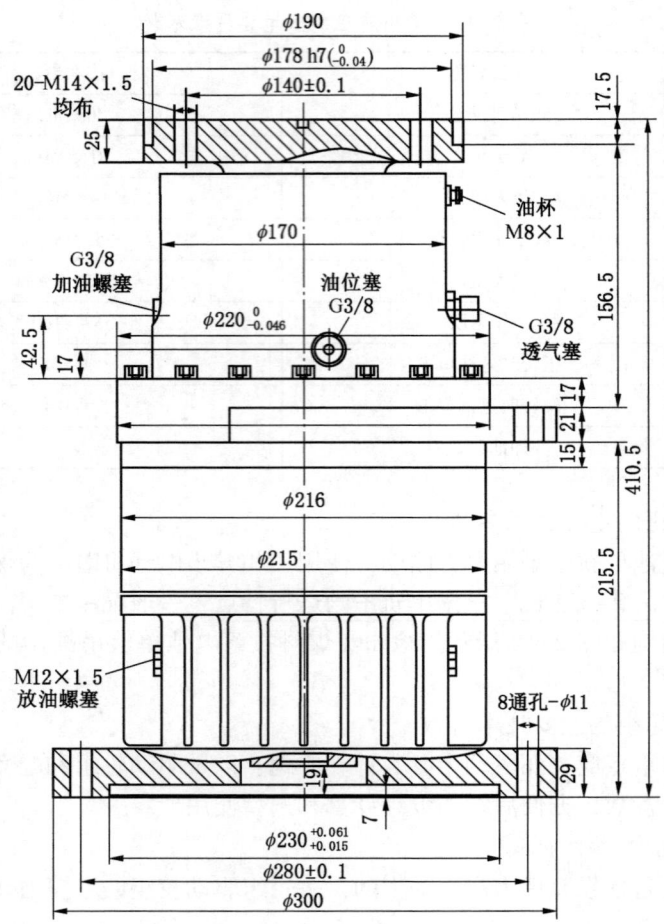

图 2-59　二级减速行星齿轮减速机结构示意图

表 2-14　徐州江煤科技蓄电池单轨吊配用的减速机主要技术参数

序号	项目名称	技术参数
1	结构形式	行星齿轮减速器
2	额定输入转矩径	80 N·m
3	最大输入转速	2600 r/min
4	额定输出转矩	2000 N·m
5	减速比	43
6	运行温升	≤45 ℃
7	表面温度	≤75 ℃
8	润滑油	220 号（40 ℃）LS2 工业齿轮油

故摩擦力 F 也可以按下式计算：

$$F = P \times S \times f$$

由于 S、f 均为常量，驱动力与摩擦力大小相等、方向相反。因此，如果增加驱动力，就需要增加 F_0，即需要增加夹紧液压缸的压力。因此，驱动力与液压系统的压强变化成正比变化。

（2）驱动轮组的主要技术参数。

驱动轮组的主要技术参数包括驱动轮直径、宽度、减速比、驱动力等。电机功率为 7.5 kW，驱动轮直径为 340 mm/400 mm 的电驱动轮组，其主要参数见表 2-15。

（3）驱动轮轮套的主要技术参数。

轮套是驱动轮直接与轨道接触的部位，其摩擦系数、硬度、承压能力以及阻燃抗静电等安全性能参数应作为重要关注要点。目前驱动轮轮套主要采用聚氨酯材料，其主要技术参数见表 2-16。

表 2-15　ϕ340 mm/ϕ400 mm 电驱动单元主要技术参数

序号	项　　目	技术参数
1	电动机标称功率	7.5 kW
2	最大运行速度	2.0 m/s
3	驱动轮	直径为 340 mm/400 mm，宽度为 100 mm
4	减速比 i	37
5	电动机额定扭矩 T_1	58 N·m
6	传动机构输出扭矩 T_2	2200 N·m
7	电机额定转速 n_1	1230 rpm
8	传动机构输出转速 n_2	0~100 rpm
9	驱动力 F	≥20 kN

表 2-16　聚氨酯轮套技术参数

序号	项　　目	技术参数
1	邵氏 A 硬度	95
2	拉伸强度	≥30 MPa
3	摩擦系数	≥0.4
4	表面电阻	≤3×10^8 Ω
5	阻燃性要求	<10 s（离火自燃时间）
6	承受压力	正压力≥40 kN，切向压力≥15 kN
7	设计寿命	1500 h

3. 驱动单元的主要技术要求

驱动单元直接决定单轨吊的牵引（驱动）力，其应满足以下技术要求：

（1）应根据单轨吊机车需要的牵引力大小，确定驱动轮组数量，并进行规定的校验验算，以确保安全。I140E 型轻型轨道的驱动单元最大驱动力不超过 30~40 kN；I140V 型重型轨道的驱动单元最大驱动力不超过 45~60 kN。

（2）驱动轮承受正压力不小于 40 kN，切向力不小于 15 kN。

（3）驱动轮的聚氨酯轮套应满足以下要求：

① 聚氨酯轮套摩擦系数 μ 大于等于 0.4。

② 聚氨酯轮套与轮芯的黏结强度和韧性应满足现场使用要求，使用过程和后期不产生相对运动和脱落。

③ 应满足阻燃和防静电性能要求，符合标准 MT/T 113 的规定。

④ 聚氨酯轮套的拉伸强度大于等于 30 MPa，邵氏硬度为 95。

（4）当驱动轮表面有破损时，必须及时更换；更换时，需要成对更换。

（5）机车累计运行时间达 1000 h，应更换所有摩擦轮，以确保机车的牵引力。

（二）牵引单元

钢丝绳牵引单轨吊机车使用的牵引单元，主要由牵引装置及其控制系统组成。牵引装置主要由无极绳绞车、张紧装置、钢丝绳、绳轮组等组成，常用的无极绳绞车如图 2-60 所示，钢丝绳张紧装置如图 2-61 所示。

钢丝绳牵引单轨吊机车利用无极绳绞车和钢丝绳，实现对单轨吊的运行。牵引力的大小由无极绳绞车决定。实际所需牵引力的大小，应根据实际情况和需求，进行针对性的设计计算，在此基础上进行无极绳绞车、钢丝绳的选型设计。

图 2-60 无极绳绞车

图 2-51　钢丝绳张紧装置

三、制动单元

制动单元是单轨吊的重要安全设施，其制动性能对于单轨吊的安全运行有着重要的影响。制动单元实施的紧急制动，是在单轨吊工作制动失灵或者单轨吊出现突发情况、需要紧急停车或超速状态下的自动停车制动，是单轨吊运输中的最后一道安全保障。同时，制动单元也是单轨吊驻车制动的可靠保障。

（一）制动单元的基本组成及主要类型

为保证单轨吊机车及驾驶人员的安全，以及机车平稳可靠运行，单轨吊应设有紧急制动、安全制动、工作制动等形式，蓄电池单轨吊一般还应设有电阻制动。有些机车还设有安全制动车，对车列实施安全保护。

1. 基本组成

制动单元由一个或者多个制动轮组和控制系统组成。制动轮组主要包括制动油缸或者制动气缸、制动部支架、制动弹簧、制动闸块等，其结构示意图如图 2-62 所示。制动单元与电驱动单元配合安装示意图如图 2-63 所示，制动单元与其他类型驱动单元的配合安装与此类同。

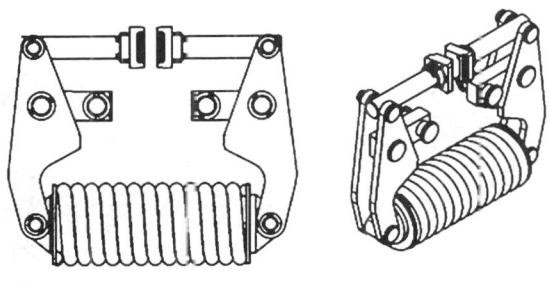

图 2-62　制动单元结构示意图

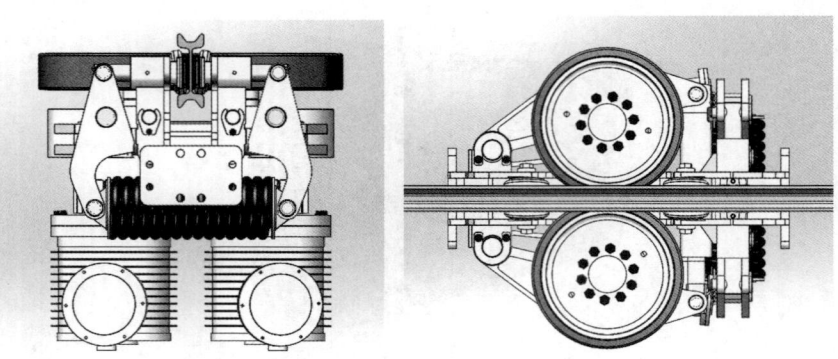

图 2-63　制动单元与电驱动单元配合安装示意图

1) 制动油缸（气缸）与制动弹簧

制动油缸与制动弹簧配合使用，其组装图如图 2-64 所示。机车正常行驶时，油缸中充满油，弹簧被压缩；需要制动时，油缸卸压，弹簧伸长。制动油缸为失效安全型，制动气缸与此相同或相似。

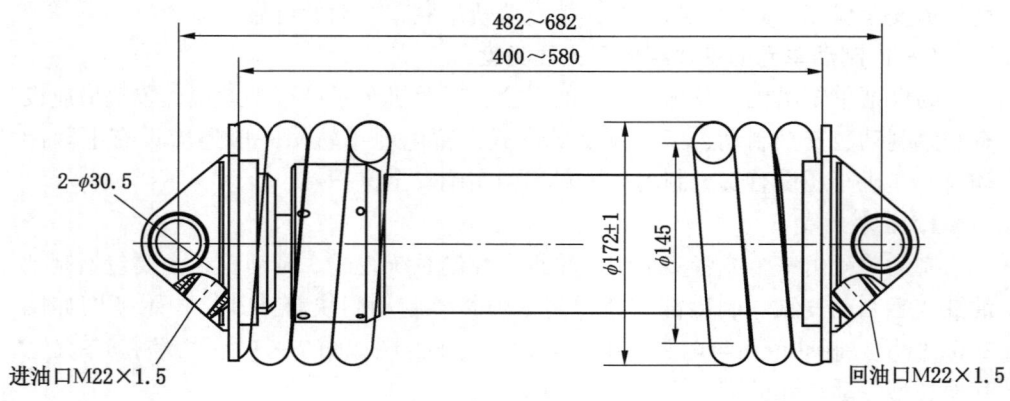

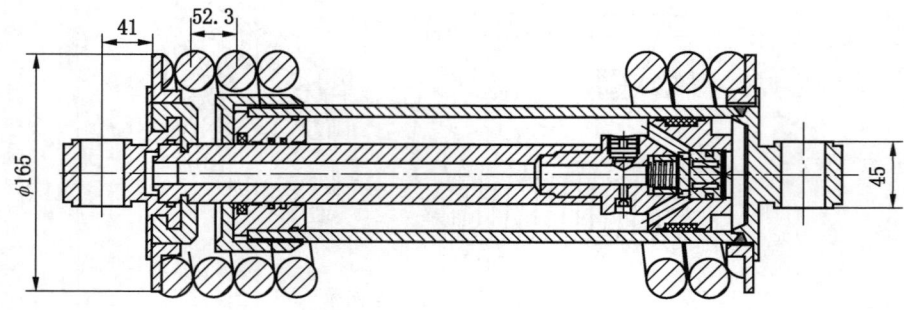

图 2-64　制动弹簧与油缸组件组装图

2）制动部支架

制动部支架由制动臂、杠杆等组成。通过制动部支架，将弹簧张力传递到制动闸块上，使制动闸块夹紧轨道，形成制动力。制动部支架与制动弹簧、制动油缸、制动闸块组装示意图如图 2-65 所示。

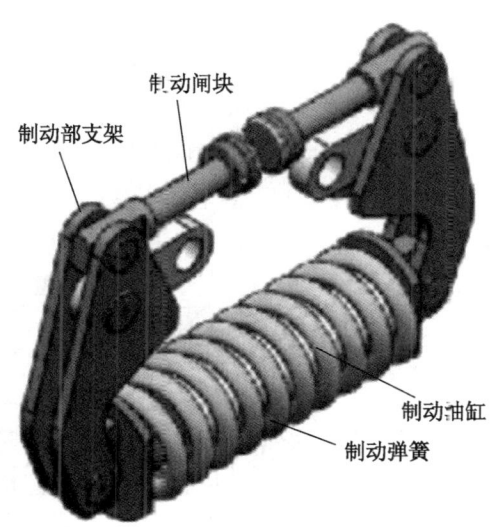

图 2-65　制动部支架与制动弹簧、制动油缸、制动闸瓦组装示意图

3）制动闸块

制动闸块按其设计形状，分为圆形结构和梯形结构。圆形结构制动闸块如图 2-66a 所示，梯形结构制动闸块如图 2-66b 所示。

制动闸块贴闸情形如图 2-67 所示，通过施加正压力，使其与轨道夹紧，产生摩擦力，达到制动效果。

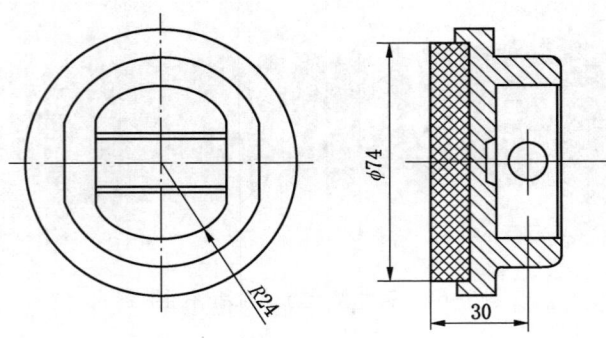

(a) 圆形结构制动闸块

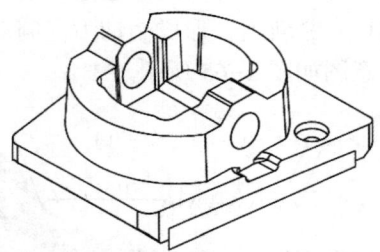

(b) 梯形结构制动闸块

图 2-66 制动闸块

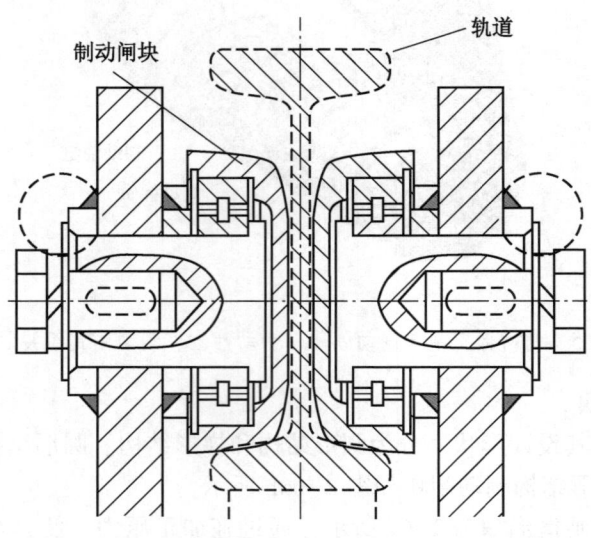

图 2-67 制动闸块贴闸情形示意图

2. 工作原理

制动轮组工作原理如图 2-68 所示。当机车正常运行时，油缸充满油，压缩油缸内的弹簧，闸块处于开启状态；当机车需要紧急制动时，通过液压系统使油缸卸压，在弹簧张力的作用下，油缸伸长，通过杠杆 1、杠杆 2 将闸块压紧轨道，利用闸块与轨道之间的摩擦力起到制动作用。

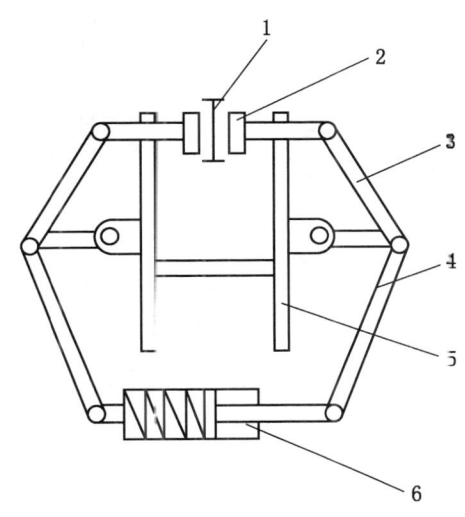

1—轨道；2—闸块；3—杠杆 2；4—杠杆 1；5—车架；6—油缸

图 2-68 制动轮组工作原理图

单轨吊制动单元油路原理图如图 2-69 所示。当需要解除制动时，电液换向阀控制油口，有杆腔杆端进油，压缩弹簧，制动闸块张开；当需要制动时，电液换向阀控制油口，油缸向回油箱回油，在弹簧张力作用下油缸伸长，制动闸块贴合轨道。

根据机车所需制动力大小，可调整制动系统油的压力或制动轮组的数量，使其满足要求。单轨吊机车选型设计时，需要进行有针对的设计计算和验证。

3. 主要类型

单轨吊制动单元，可按照制动动力和用途进行分类，每类具有相应组成结构和性能特点与要求。

1）按制动动力分类

按照制动动力，单轨吊制动单元可以分为油制动、气制动两种类型。油制动使用液压动力，用于防爆柴油机单轨吊、防爆蓄电池单轨吊等。气制动使用压缩空气的压力，用于气动单轨吊。

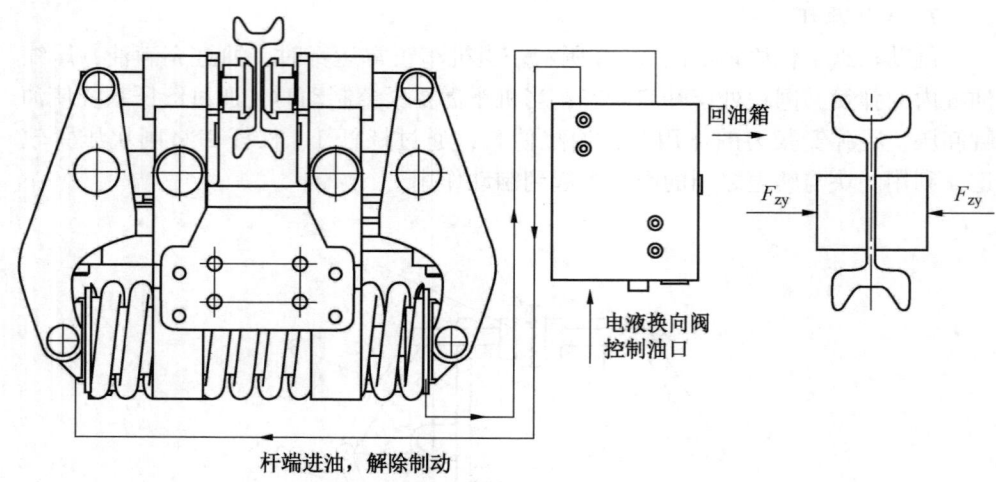

图 2-69 单轨吊制动单元油路原理图

油制动中,每个制动轮组由制动油缸、1 组制动部支架、制动弹簧、2 个制动闸块等组成。

气制动中,每个制动轮组由制动气缸、1 组制动部支架、制动弹簧、2 个制动闸块等组成。

2）按用途分类

按用途,单轨吊的制动可以分为紧急制动与安全制动、工作制动与行车制动、驻车制动。有些制动需要多种设备联动联控,如安全制动等。

（1）紧急制动与安全制动。

紧急制动是机车在运行中,突然遇到意外情况需要立即停止运动时而采取的一种制动形式,也可供机车在坡道较长时间停车时作停车制动。

安全制动是机车在超速运行的状态下,为保证机车原部件的正常工作而采用的一种无须人员操作自动起制动作用的制动形式。安全制动是通过离心限速器、制动轮组（由行程阀、制动油缸、制动闸等组成）等而实现制动的。当机车运行速度超过规定的最大速度时,离心限速器动作,行程阀打开,制动系统卸压,同紧急制动一样实施制动。这种制动形式一般是用在机车长距离坡道下滑而引起的超速运行中。

紧急制动与安全制动的执行机构均为制动轮组及其组合,区别在于触发机构。紧急制动一般由司机操作设置在司机室的急停按钮实施,安全制动是利用超速保护自动实施,当然也可由司机实施。目前,单轨吊的超速保护一般使用离心限速器。

(2) 工作制动与行车制动。

工作制动是指机车在运行中需要作临时短暂停车或者下坡运行时减缓机车运行速度而采用的一种制动形式。工作制动采用的是内涨双向双领蹄式制动器，其安装在每个制动单元中，与油箱、蓄能器、使能开关、电磁阀和减压阀组成工作制动系统。机车正常运行时，按下使能开关，机车前行，电磁阀打开，压力油通过制动油缸，工作制动处于开闸状态。当运行中的机车需要临时停车时，缓慢减速，松开使能开关，电磁阀关闭，制动闸块制动。

行车制动是在机车运行的过程中，驱动组中的车轮停止转动，依靠车轮和轨道之间的静摩擦力实现制动。行车制动是一种主动式制动，一般由操作人员操作实施。

工作制动主要靠制动单元的制动闸块和轨道之间的摩擦力实现制动，行车制动主要依靠驱动动力停止，即依靠车轮和轨道之间的静摩擦完成停车；两者都属于主动式制动。

(3) 驻车制动。

驻车制动是一种车列停靠时使用的制动，其可以让车辆稳定地停在原地而不滑动或者滚动，从而保障车列和人员的安全。

驻车制动的执行机构为制动轮组及其组合，由弹簧撬动杠杆，将闸片抱紧在轨道上，依靠闸片和轨道之间的摩擦力实现制动。驻车制动和工作制动为同一形式。

(二) 制动轮组主要技术参数

制动轮组中，制动油（气）缸、制动弹簧和制动闸块决定着整个轮组的制动能力，具体技术参数的选择应根据所需的制动力来进行计算。

1. 制动油（气）缸主要技术参数

制动油（气）缸是保障制动单元正常工作的动力执行部件。制动液压缸一般采用双作用单活塞结构型式，制动液压缸内设置换向阀，以便快速回油；通常采用间隙缓冲工作模式、耳环安装方式。徐州江煤科技有限公司设计制造的制动油缸主要技术参数见表2-17。

表2-17 徐州江煤科技制动油缸主要技术参数

序号	项目名称	技术参数
1	缸筒内径	80 mm
2	缸筒外径	96 mm
3	有效面积	37.7 mm^2
4	活塞杆直径	40 mm

表 2-17（续）

序号	项目名称	技术参数
5	活塞杆行程	≥220 mm
6	连接最短孔距	480 mm
7	缸筒工作压力	16 MPa
8	最大耐压	25 MPa
9	推荐用油	46 号抗磨液压油

2. 制动闸块主要性能参数

制动闸块是制动单元中与轨道直接接触的重要作用部件，其摩擦系数、导热系数以及闸片磨耗量是设计计算和选型中的重点内容，其性能参数应满足以下要求：

（1）静摩擦系数，0.35~0.45。
（2）动摩擦系数，0.25~0.35。
（3）导热系数>0.1 cal/(cm·s·℃)［或换算为 41.87W/(m·K)］。
（4）单位制动能量的闸片磨耗量≤0.61 cm^3/MJ，500 ℃。

3. 制动弹簧主要技术参数

制动弹簧的选取直接影响着单轨吊的制动性能，决定制动系统是否能够完成单轨吊机车制动工作。制动弹簧的主要技术参数包括弹簧的中径、弹簧丝的直径、节距以及自由高度、旋绕比、有效圈数等。徐州江煤科技矿用单轨吊选用的制动弹簧主要技术参数见表 2-18。

表 2-18 徐州江煤科技矿用单轨吊选用的制动弹簧主要技术参数

序号	项 目	技术参数
1	旋向	右
2	有效圈数	12
3	总圈数	13
4	材料	50CrV4
5	淬火硬度	HRC42~47

4. 安全制动车主要技术参数

安全制动车是在原制动系统上，增加一组或者二组制动轮组，能够在单轨吊失速情况下为车列安全制动提供足够的制动力，增加安全保障能力。安全制动车一般由离心式限速器或编码器测速器+两组或三组制动轮组组成，其制动轮组结构一般如图 2-70 所示排列。当离心式限速器或编码器测速装置检测到单轨吊超速时,制动油缸回油,制动轮组动作,产生制动力。某单位设计制造的配有 3 个制动轮组的安全制动车技术参数见表 2-19。

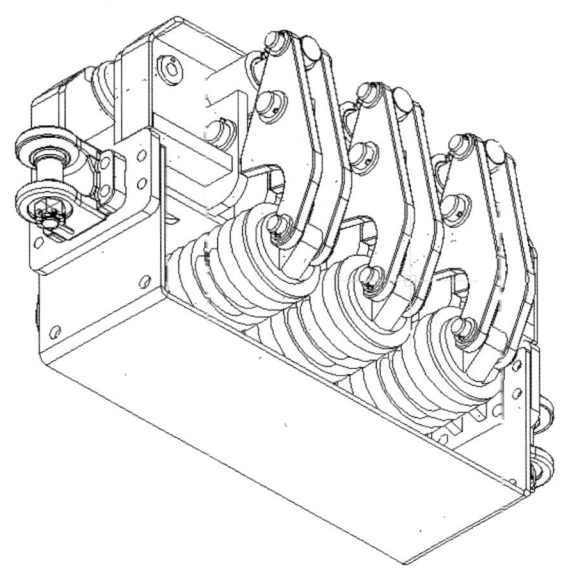

图 2-70 安全制动车结构示意图

表 2-19 配有 3 个制动轮组的安全制动车主要技术参数

序号	项 目	技术参数
1	最小静制动力	3×(30~40) kN
2	运行速度	0~2.5 m/s
3	最大制动距离	5 m
4	最长反应时间	0.3 s
5	最小转弯半径	水平 4 m,垂直 10 m
6	最大运行坡度	25°
7	工作介质	46 号抗磨液压油
8	工作温度	5~40 ℃
9	自身质量	492 kg
10	外形尺寸	1046 mm×630 mm×583 mm

（三）制动单元安全技术要求

单轨吊的制动单元，应满足以下安全技术要求：

（1）制动闸块所用的材料，应选用在制动时阻燃且不会引爆外界爆炸性物质的材料，应具有阻燃和抗静电性，符合 MT/T 113 的规定。

（2）紧急制动的制动力为最大牵引力的 1.5~2 倍。

（3）紧急制动施闸的空动时间不大于 0.7 s。

（4）在最大坡道上，以相应的最大载荷和最大速度向下运行时，制动距离应不超过相当于在这一速度运行 6 s 的行程。

（5）当机车向上以最小载荷在最大坡度上行驶时，制动时减速度不超过 5 m/s^2。

（6）机车行驶速度超过额定速度的 15%，应自动紧急抱闸；当不高于额定速度时，允许手动施闸紧急制动，制动装置应灵活可靠。

（7）具有失速限速保护装置，离心限速器可靠工作。

（8）具有失效制动功能。

（9）具有防掉道功能。

（10）遇有紧急情况，可人为操控紧急制动。

（11）制动块阻燃抗静电材料的摩擦系数不小于 0.28。

（12）液压元件保压无泄漏。

（13）制动装置强度满足要求。

（14）制动系统必须是相对独立的液压系统。

（15）触发机构要能够自动触发，即单轨吊机车在出现故障时具有自动保护机制，且至少有两种失压保护制动和超速保护制动。

（16）单轨吊机车必须安装紧急制动装置，执行机构为驻车制动，在出现紧急情况时，可以人为快速地实现制动。紧急制动的启动装置（按钮或阀门）必须安装在驾驶舱内。

（17）配有安全制动车时，安全制动车应满足以下要求：

① 应有独立的液压系统，不受其他设备的影响，可以实现对单轨吊系统的二次保护。

② 制动车上的离心式测速器监测单轨吊车列的运行速度，一旦速度超过预定值后，制动车将自动打开弹簧制动装置，将整个单轨吊车列安全制动在轨道上。

③ 安全制动车一般安装在单轨吊车列的两端。

④ 运输人员时，在车列的最后一节后应挂一辆制动车，并在单轨吊车尾部挂红色信号灯。欧盟的相关规定中明确指出，无论运人或者运物，必须在最远

端安装安全保障制动车,其中绳牵引单轨吊必须在车列的两端都安装安全制动车。

四、驾驶单元

驾驶单元即驾驶室,是矿用单轨吊机车的主要操控单元,由司机控制机车启动、行驶、停止、吊装等。矿用单轨吊机车一般有两个相同的驾驶室,每个驾驶室内有显示屏、操纵箱、头灯等部件。在驾驶室内司机可以开动机车向前、向后行驶。

(一)驾驶单元基本组成

驾驶单元一般由挂架、机架、操作台、显示屏、车灯、座椅等组成,具体组成如图2-71所示。

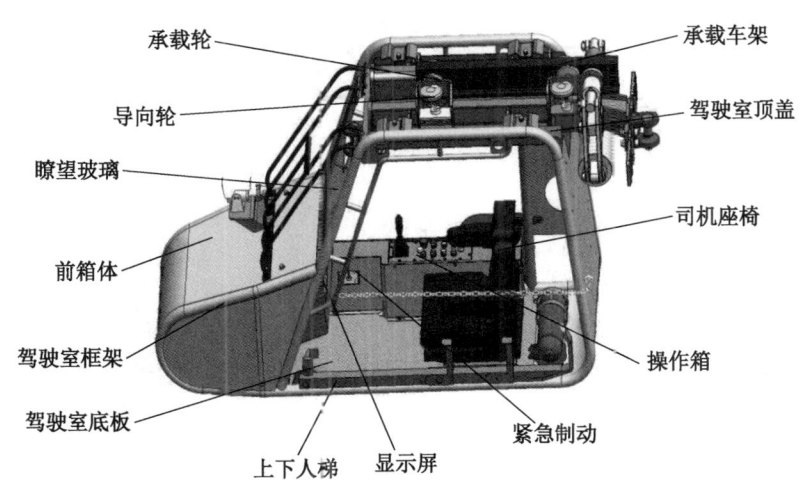

图2-71 驾驶室

驾驶室里面装配有控制台,司机通过操作手柄和按钮来操作单轨吊机车,同时也可以通过行车显示器查看机车运行状态参数。另外,每个驾驶室还设有照明信号灯。当驾驶室里的点火开关被开启后,该照明信号灯将自动从停止状态的红色尾灯模式转变为驱动状态的照明模式。进出驾驶室辅助装置(爬梯)侧向固定在驾驶室上,操作人员通过进出驾驶室辅助装置安全地进入或离开高悬的驾驶室,使用后折叠收起。扶手杆用于辅助抓握。座椅弹簧可根据人员体重(在50~130 kg)调整。

部分驾驶室还配有制动单元,如图2-72所示。

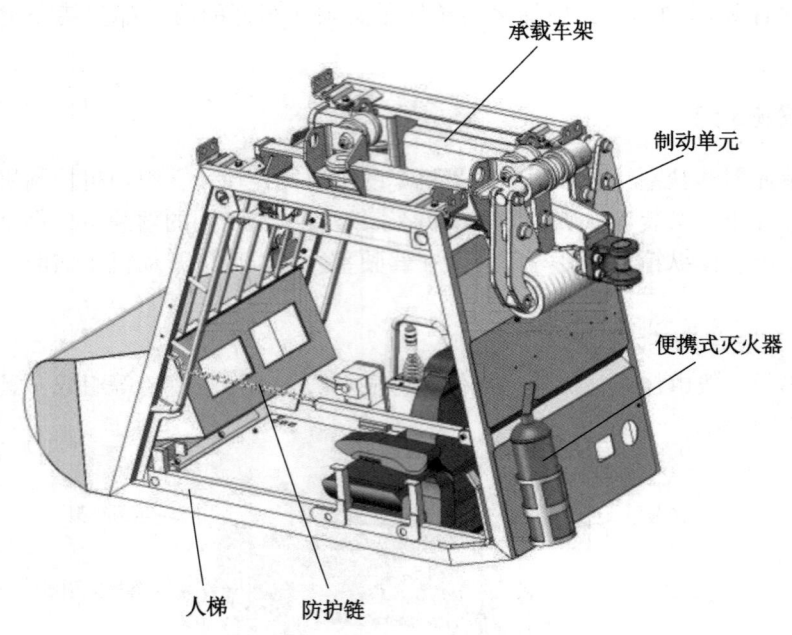

图 2-72 带制动单元的驾驶室

(二) 驾驶单元主要技术参数

驾驶单元主要配置的技术参数包括外形尺寸、底部距轨底高度、机车灯、电子喇叭、操作箱的配置等内容。DLR180/90P 单轨吊驾驶单元的主要技术参数见表 2-20。

(三) 驾驶单元基本技术要求

驾驶单元应满足以下基本技术要求：

(1) 司机室前端应装设喇叭、照明灯和红色信号灯。

(2) 照明灯应保证机车正前方 20 m 处至少有 4 lx 的照度，照明灯和红色信号灯应能互相转换，信号灯的能见距离至少为 60 m。

(3) 喇叭音响在距离司机室 20 m 处应清晰。

(4) 两个均能独立操纵的司机室应互为自动闭锁，两司机室都应能操作紧急制动装置。

(5) 每个司机室内应装设一台或数台便携式灭火器。

(6) 司机室内必须设置瓦斯自动检测报警断电仪，当甲烷浓度达到 0.5% 时，能自动报警并断电。

(7) 单轨吊机车司机室内的最大噪声应小于 90 dB (A)。

第二章　矿用单轨吊运输系统的基本结构与组成　　　·121·

表 2-20　DLR180/902 单轨吊驾驶单元的主要技术参数

序号	项目	参数
1	外形尺寸	2536 mm×811 mm×1410 mm
2	底部距轨底高度	1275 mm
3	机车灯	型号：DGE18/24L（A） 额定电压：24 V 额定功率：18 W 防爆标识：ExdIMb
4	电子喇叭	型号：DLEC2-24 U_m：26.4VDC U_o：26.4 V I_o：45.0 mA C_o：1.0 μF L_o：0.1 mH 防爆标识：Exmb［ib］IMb
5	矿用本安操作箱	型号：CXH-24 接点容量：DC24V/0.5A（阻性负载） 外壳防护等级：IP54 防爆标识：ExibIMb
6	矿用隔爆型显示屏	型号：PB24 额定电压：DC24V 工作电流：≤0.7 A 外壳防护等级：IP54 防爆标识：ExdIMb
7	矿用车载甲烷传感器	U_i：DC24.3V I_i：535 mA C_i：1 μF L_i：20 μH 防爆标识：Exd bIMb
8	摄像仪	工作电压：DC12V 清晰度：400 万 镜头：4 mm 防爆标识：ExibIMb

五、行走单元

在设备的主机、起吊梁、司机室的顶部都有行走轮和导向轮,行走轮的作用是使设备在轨道上行驶,而当设备转弯时导向轮起到卡轨及导向的作用。

(一)行走单元基本组成

矿用单轨吊机车行走单元由多个行走轮和导向轮组成,如图 2-73 所示。

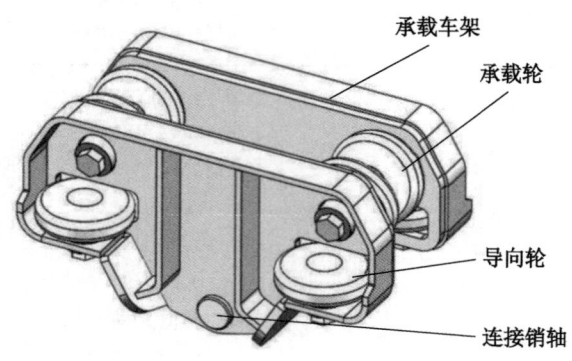

图 2-73 行走单元

行走单元通过承载轮悬吊在轨道上并通过导向轮进行导向,在行走单元下可吊挂起吊梁和电液车等部件。承载轮和导向轮均通过连接销轴固定。行走单元上的承载轮及导向轮可以互换,其内部有免维护轴承,在日常使用过程中无须加注润滑脂。行走单元主要与电液车、起吊梁等大吨位部件配套使用,使其他部件吊挂在轨道下方。

(二)行走单元主要技术参数

承载轮、导向轮主要技术参数包括承载能力、轨宽、轮径、轮面材料、轴承材料、适用轨道、运行速度等。型号 DMD-1000 承载轮、导向轮的主要技术参数见表 2-21。

表 2-21 型号 DMD-1000 承载轮、导向轮主要技术参数

项 目	参数/材料
承载能力	1000 kg
轨宽	220~440 mm
轮径	118 mm
轮面材料	40 Cr

表 2-21（续）

项　目	参数/材料
轴承材料	轴承钢
适用轨道	工字钢轨道
运行速度	2~5 m/min

（三）行走单元技术要求

行走单元应满足以下技术要求：

（1）承载轮、导向轮的设计和材料选择应有足够的强度，确保其能够在额定载重下安全运行，转动无阻滞。

（2）紧固螺栓以及连接销轴处开口销等有足够强度，确保无松动现象。

（3）行走单元使用过程不得超过额定载重。

（4）行走单元在单轨吊轨道上的运动应保持稳定，不得出现晃动或倾斜。

六、安全保护装置

安全保护装置是单轨吊运输系统中不可或缺的组成部分，直接决定了设备的使用安全性能。

（一）安全保护装置主要保护类型

根据保护对象不同，安全保护装置可分为通用保护类型和专用保护类型。单轨吊机车根据基本组成结构和通用安全技术要求，应具备超速保护、甲烷超限保护、超温保护、防掉道保护、防碰撞保护、驾驶室互锁保护等基本保护类型。同时，不同类型的矿用单轨吊机车由于动力来源不同，也有其专用保护类型。柴油机单轨吊机车还需要设置柴油机后备保护装置；蓄电池单轨吊机车需要设置漏电保护、过充保护、过放保护等；铅酸蓄电池单轨吊机车还需设置防过倾保护等；钢丝绳牵引单轨吊机车还应设置张紧力下降保护装置、托压轮绳保护装置等。

根据功能不同，安全保护装置可分为超速保护、防掉道保护、漏电保护、超温保护等。

根据保护原理不同，安全保护装置可分为电气保护、机械保护等。常见的电气保护如柴油机后备保护装置、超温保护等，机械保护如超速保护等。

（二）安全保护装置工作原理及主要技术要求

安全保护装置的类型不同，其工作原理和主要技术要求也不同。矿用单轨吊常用的安全保护有超速保护、甲烷超限保护、柴油机单轨吊的柴油机后备保护、蓄电池单轨吊机车安全保护、防撞保护、驾驶室互锁保护、紧急制动保护、防溜车保护、行车起吊互锁保护、防火灾保护、低电量欠压保护以及强制例行检查功能等。

1. 超速保护

超速保护是防止单轨吊超速运行的保护。当机车运行速度超过设计运行速度的 15% 时，机车应报警并制动停车。

单轨吊的超速保护一般由离心限速器和编码器控制实现。徐州江煤科技有限公司设计制造的离心限速器组成结构如图 2-74 所示，实物安装图如图 2-75 所示。

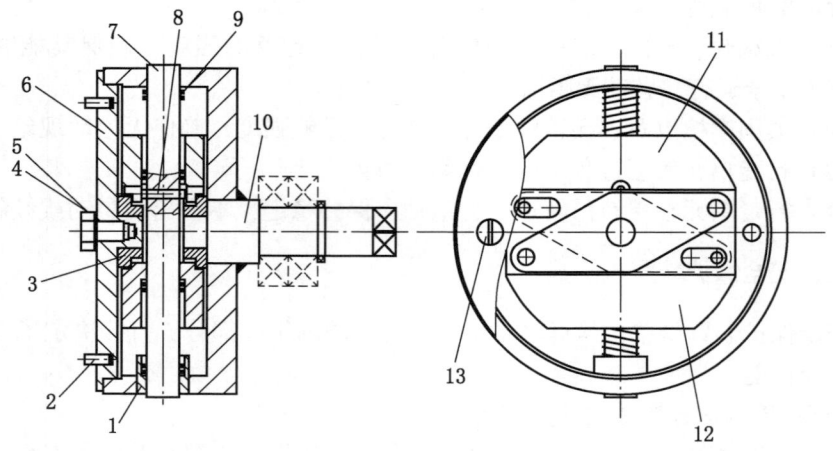

1—滑套；2—销；3—连接组件；4—垫圈；5—螺栓；6—盖板；7—滑动轴；
8—销钉；9—压簧；10—转动体组件；11—滑块；12—滑块；13—螺钉

图 2-74　离心限速器组成结构图

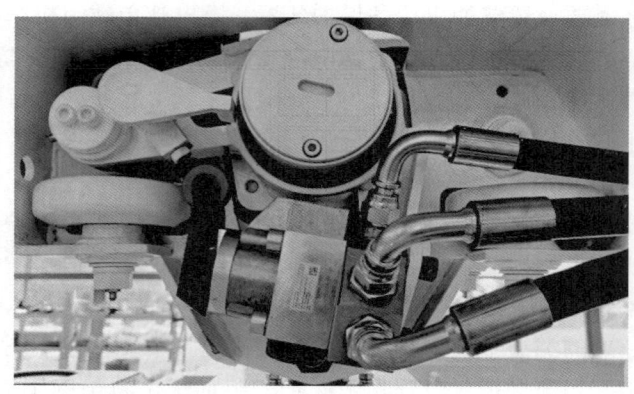

图 2-75　离心限速器实物安装图

离心限速器的工作原理：根据弹簧力与离心力的平衡来工作。限速离心器的滑块离心力取决于速度大小，当发生超速时，两个力的平衡被打破，离心力大于弹簧力，滑块沿滑动轴滑出，超速保护动作。因此，拉伸弹簧力保持在一个稳定的设定值，此值就是超速的限定值。

2. 甲烷超限保护

司机室内应装设瓦斯自行检测报警断电仪。柴油机单轨吊甲烷超限保护是当巷道甲烷含量达 0.5% 时，能自动报警，自动断电（油）、停止柴油机工作。

甲烷超限保护的工作原理：甲烷浓度达到报警值时，甲烷传感器开关量闭合，输出一组节点，连接到调速控制箱光电耦合隔离板上，再与 PLC 输入端相连接。PLC 输入端检测到触点闭合，执行相应程序，使机车急停并断电。

3. 柴油机后备保护装置

防爆柴油机单轨吊机车在下列情况均能停止柴油机工作，并实施紧急制动保护装置：①柴油机转速超过许可最大转速时；②柴油机废气排气口温度超过 70 ℃时；③柴油机冷却水温度超过 95 ℃时；④柴油机润滑油压力低于规定值时；⑤液压系统补油压力低于规定值时；⑥单轨吊机车运行速度超过规定值的 15% 时。

柴油机后备保护装置的工作原理：由各传感器将各自感知的机械变量转换为电信号，上传至主机，在显示器上显示实时数据，当某信号达到报警值时，主机报警，控制电磁阀导通，断气气缸和断油气缸工作，使发动机停止工作。

4. 蓄电池单轨吊机车安全保护

蓄电池单轨吊机车应具有以下保护要求，电气控制系统报警并停车制动：①具有双重电气制动方式，电气和手动紧急制动与双路回油；②倾角显示与保护；③电量、电压显示，过放电保护；④过欠压保护；⑤过流保护；⑥漏电保护。

倾角保护工作原理：安装在前后驾驶室的矿用本安倾角传感器可对机车当前运行坡度实施监测和保护，倾角传感器根据当前运行坡度输出不同大小的电流，经过 PLC 内程序的换算，通过网口传输至驾驶室显示屏，实时显示当前运行坡度。蓄电池单轨吊机车最大运行坡度为 15°，当超过设定值时，机车执行相应保护程序，发出坡度报警，并使机车停车，保护机车正常运行与安全。

欠压保护工作原理：调速控制箱变频器腔实时检测母线电压和电流，通过 485 通信将信息实时传输进 PLC，PLC 根据当前电压电流进行蓄电池电源容量估算，当小于设定值（30%）时，发出报警，提醒人员及时充电，并进行停车，防止电池过放欠压对电池造成损坏。

过压保护工作原理：蓄电池充电机对电池进行充电时会实时监测当前电池电压值，当达到预定值时，会减小电流、进行滑流充电，电池电压到达预设值后停止充电，防止过高电压对电池造成损坏。

过流保护工作原理：单轨吊机车运行时，变频器将蓄电池直流电逆变成驱动电机和油泵电机需要的交流电，并对电压电流进行实时监控。当机车重载或爬坡需要的大电流，超出保护值时，变频器会保护性停止工作，防止对变频器造成损坏。

漏电保护工作原理：安装在调速控制箱内的漏电保护装置可对机车进行漏电保护。漏电检测线安装在变频器输出三张交流电中的任意一项，检测驱动电机和外壳之间的绝缘电阻值。当机车绝缘良好时，漏电保护器不进行保护。当机车绝缘电阻值小于保护值，即驱动电机线圈和外壳有漏电电流产生时，漏电闭锁模块常闭点变为常开，PLC 输入口检测到这种变化，执行相应程序。显示屏上显示漏电保护时机车不能运行，绝缘保护值正常时机车才能正常运行。

5. 防撞保护

当监测到车辆前方有障碍物时，防撞保护警示司机保持跟车距离或者执行紧急制动。防撞保护的防撞装置由本安型防撞接近传感器、触发板、防撞架、行走轮组成，通过连杆与单轨吊列车连接。本安型防撞接近传感器适用于煤矿井下具有煤尘、瓦斯爆炸危险环境中；当单轨吊列车行驶中遇到轨道线路有障碍物时，防撞接近传感器及时切断单轨吊 PLC 的控制回路的电源，实现紧急制动。

6. 驾驶室互锁保护

两个驾驶室不分主次，操作权均等，哪个操作室首先操作，哪个操作室就获得操作权，另一个操作室就失去操作权，直到单轨吊停车后，两个驾驶室又重新获得均等操作权。每个驾驶室的急停按钮任意时刻均可有效。

7. 紧急制动保护

遇到紧急情况可直接按下急停按钮控制机车停车或者扳动设置在驾驶室内的手动卸荷阀，实现手动控制机车停车，也可由超速保护小车上的离心限速器和编码器根据运行速度情况自动触发紧急制动。

紧急制动保护工作原理：阀门开启后，制动油缸快速回油，制动闸块抱死，主要靠制动单元的制动闸块和轨道之间的摩擦力实现制动。

8. 防溜车保护

机车在坡上启动时，不会出现倒退现象。液压系统设有专用的爬坡电磁阀，坡上起步或上坡时，启用爬坡程序，加大驱动单元的夹紧压力，防止机车倒退。

9. 行车起吊互锁保护

车辆在运行过程中，起吊梁不能进行工作。液压系统设有起吊电磁阀，当单轨吊车处于行车状态时，起吊电磁阀将起吊梁油路切断，货物起吊马达不会工作；当单轨吊车处于停车状态，并且将驾驶室操作箱上行车起吊按钮扳到起吊位置，起吊电磁阀给起吊梁马达工作，起吊减速机工作，升降重物。

10. 防火灾保护

在主机配备自动灭火系统，发生火灾时自动触发；前后驾驶室内各配置一个便携式灭火器，可通过手动触发灭火器。

徐州江煤科技有限公司生产的 DCR200/130Y 单轨吊机车，其主机灭火系统由装满灭火物质的特殊容器组成。此容器的一部分为一个特殊阀门，接 12 mm 的软管。低熔点软管绕过机车的易燃部分，发生意外起火时或当某一部分的温度升高到超过 120 ℃时，经过此部分的软管破裂，灭火物质溢出并流向起火点。机车部分起火情况下，驾驶人员也可以通过驾驶室配备的便携式灭火器将火扑灭。

11. 低电量欠压保护

蓄电池电量低于 15% 时，系统报警。当机车制动压力或夹紧压力低于下限值，电气控制系统报警并停车制动。调速控制箱变频器腔实时检测母线电压和电流，通过 485 通信将信息实时传输进 PLC，PLC 根据当前电压电流进行蓄电池电源容量估算，当小于设定值（15%，可调）时，发出报警，提醒人员及时充电，并进行停车，防止电池过放欠压对电池造成损坏。

12. 强制例行检查功能

强制例行检查功能为每次启动机车运行前，按照设定的检查项目逐一进行检查，确认所有项目正常后，才能启动机车运行，确保机车的运行安全。

七、液压系统

液压系统是单轨吊的重要组成部分，肩负为单轨吊制动、夹紧、起吊和行走（柴油机单轨吊独有形式）提供动力的重任。根据动力单元的不同，一般有蓄电池单轨吊液压系统、柴油机单轨吊液压系统等主要类型。

（一）蓄电池单轨吊液压系统

蓄电池单轨吊一般依靠液压系统提供制动、夹紧、起吊等的动力，依靠电力驱动单轨吊的行走。

1. 蓄电池单轨吊液压系统基本组成及工作原理

蓄电池单轨吊液压系统主要由泵组（含液压泵、电动机、联轴器和底座等）、控制、储能、储油、温控、油路 6 个单元构成，供给单轨吊液压系统的夹紧、制动、起吊与紧急制动 4 回路。液压泵、电动机、联轴器和底座等构成动力单元；油箱和液位计、温度计等构成储油、散热、油液口的污物沉淀的储油与油位显示单元；蓄能器、控制阀组等构成储能控制单元；电磁阀、溢流阀、节流阀等构成控制单元；过滤器和管路等构成过滤组件；手动泵和单向阀构成紧急情况解锁功能。

蓄电池单轨吊液压系统工作原理：当单轨吊行走工作时，由控制中心发出指令，启动油泵电机，使油泵向系统提供压力；待液压系统压力达到设定最低值时，发出系统压力正常信号，单轨吊车正常工作；待系统压力达到最高设定压力值时，油泵停止工作，系统保压。当系统压力降低到补压检测值时，液压系统自动启动油泵电机，进行补压；当系统压力再次达到最高设定压力值时，油泵电机停止工作，完成一次补压循环。系统如此循环工作。

当液压系统发生故障时，不能正常进行补压，系统压力降到设定最低值时，液压系统发出警报并使单轨吊车停止运行。

正常操作时，单轨吊车接到加速（或减速）操作命令时，控制中心在检测到液压系统工作压力正常后，方允许牵引逆变器工作。否则，没有系统压力的建立，行走逆变器不具备工作条件。

2. 蓄电池单轨吊液压系统技术参数

蓄电池单轨吊液压系统的技术参数包括系统最大压力、最大流量、电机电压、电机功率、夹紧压力、制动压力、起吊压力等，徐州江煤科技有限公司生产的 DX120/72P 蓄电池单轨吊液压系统的主要技术参数见表 2-22。

表 2-22　DX120/72P 蓄电池单轨吊液压系统技术参数

序号	项目名称	参数
1	系统最大压力	16 MPa
2	系统最大流量	52 L/min
3	电机电压	AC180V
4	电机功率	12 kW
5	齿轮泵	P124G25 182ZD85G，36 mL/r，25 MPa
6	制动油缸回油时间	<0.7 s
7	夹紧压力	9~12 MPa
8	制动压力	12~15 MPa
9	起吊压力	10.5~12 MPa
10	油箱	100 L

徐州江煤科技有限公司生产的 DX120/72P 蓄电池单轨吊液压系统采用模块化设计，系统按照功能集成的阀块结构，结构紧凑，功能完善，系统、制动、夹紧、起吊的压力独立可调。夹紧压力低于 8 MPa 不启车，爬坡和轨道潮湿的工况下可一键操作增大夹紧力，不容易打滑。夹紧回路设泄压转换阀，长时停机夹紧手动泄压，保证摩擦轮不受力；停车制动时夹紧系统不泄压，防止斜坡停车制

动失效时溜车，紧急制动泄压时泄压只是泄制动系统压力；设手动泵紧急处置和更换驱动轮、解除制动，具有手动阀转换功能。

(二) 柴油机单轨吊液压系统

柴油机单轨吊一般依靠液压系统提供制动、夹紧、行走、起吊等的动力。柴油机单轨吊液压系统对柴油机单轨吊的安全稳定运行具有重要作用。

1. 柴油机单轨吊液压系统基本组成及工作原理

柴油机单轨吊液压系统的重要组成与蓄电池单轨吊液压系统基本相同，其构成包括液压驱动与走行子系统、液压控制子系统。

液压驱动与走行子系统通过柴油机带动斜盘式变量柱塞泵，由斜盘式变量柱塞泵为系统提供油压动力，主泵、补油泵和控制泵构成单轨吊车的驱动走行、补油、控制子系统。典型的主泵供油的柴油机单轨吊液压驱动与走行子系统液压原理图如图2-76所示。

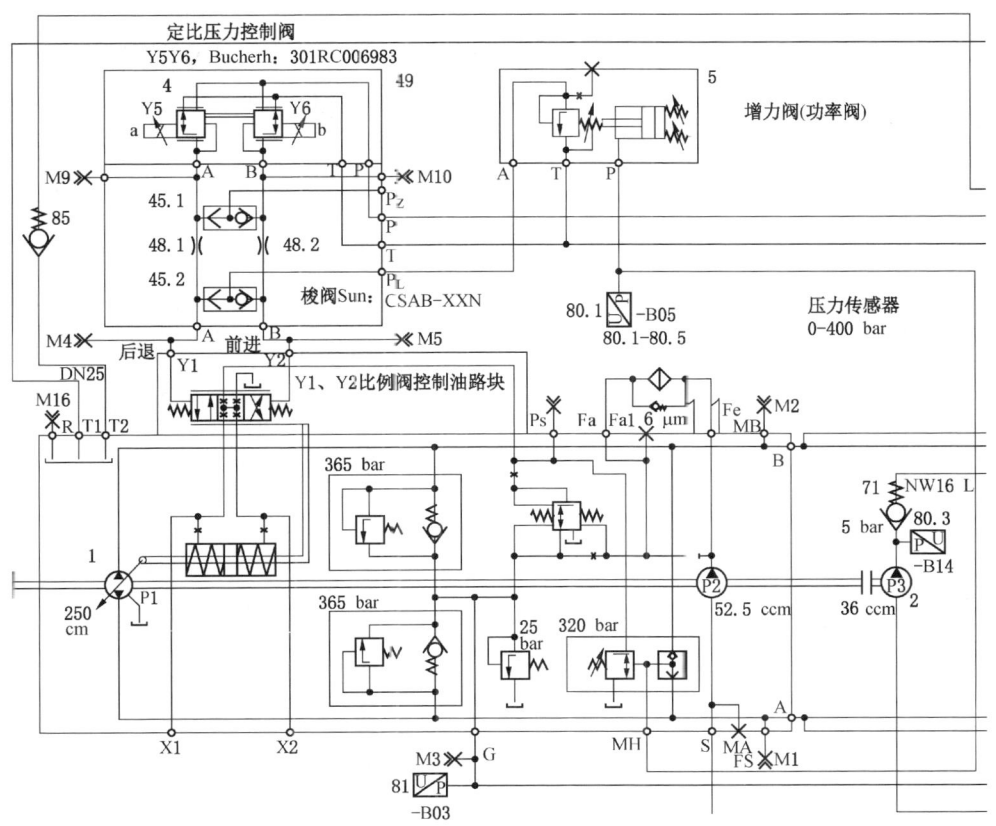

图2-76 柴油机单轨吊液压驱动与走行子系统液压原理图

液压控制子系统由齿轮泵提供控制压力，满足单轨吊的制动、夹紧、起吊等工作单元的工作。典型的柴油机单轨吊液压控制子系统液压原理图如图2-77所示。

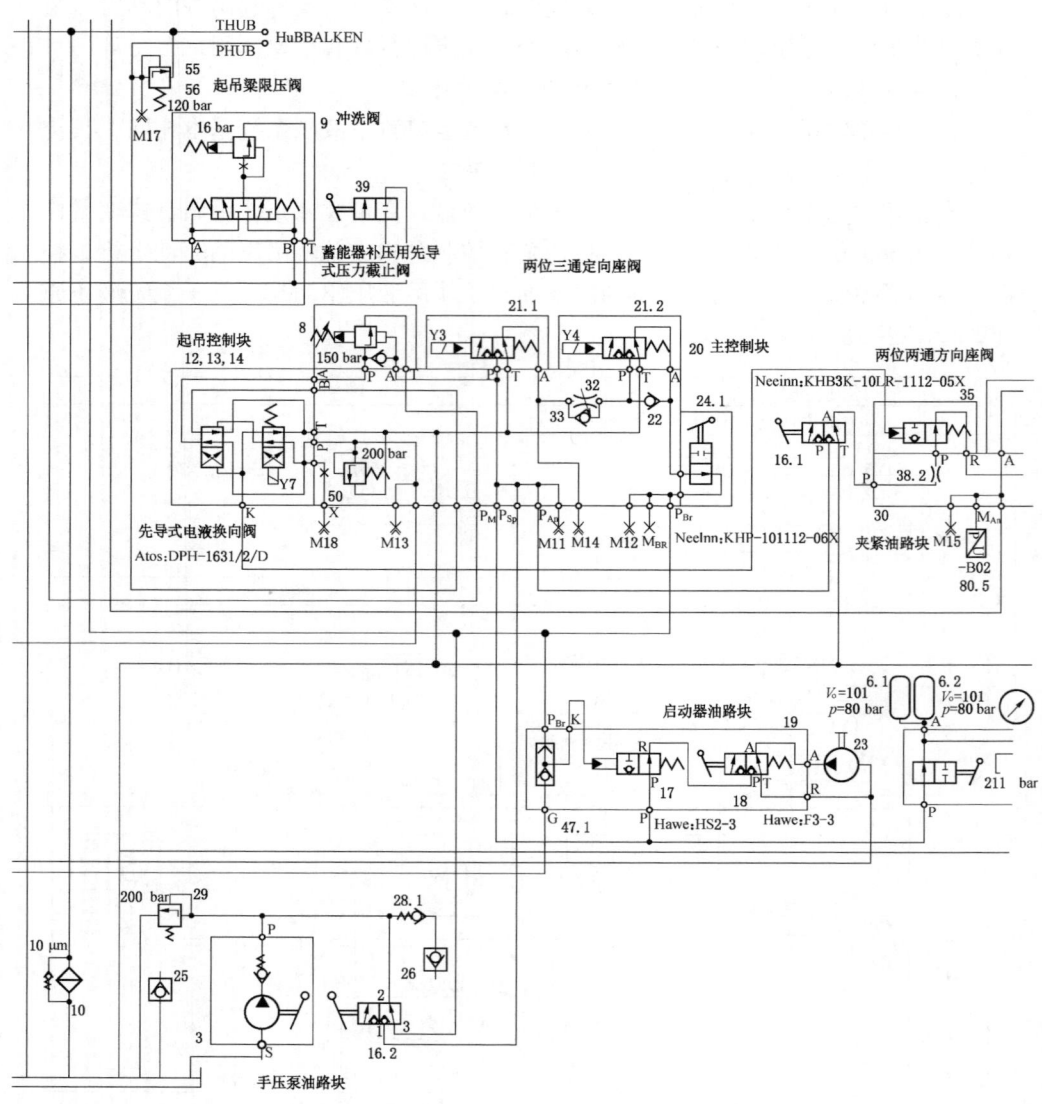

图 2-77　柴油机单轨吊液压控制子系统液压原理图

2. 柴油机单轨吊液压系统主要技术参数

柴油机单轨吊液压系统的技术参数包括系统压力、工作压力、系统流量、夹紧压力、制动压力、起吊压力、启动压力、柱塞泵性能参数、补油泵性能参数等。徐州江煤科技有限公司生产的 DCR200/130Y 柴油机单轨吊液压系统主要技术参数见表 2-23。

表 2-23　DCR200/130Y 柴油机单轨吊液压系统主要技术参数

序号	项目名称	参　　数
1	系统压力	32 MPa
2	工作压力	32 MPa
3	系统流量	600 L/min
4	制动压力	15 MPa
5	夹紧压力	水平 8 MPa，爬坡压力 11 MPa
6	起吊压力	12 MPa
7	启动压力	工作 15 MPa，最大 16 MPa
8	柴油机	额定功率 130 kW，额定转速 2200 r/min
9	柱塞泵	排量 250 mL/r，压力 40 MPa
10	补油泵	压力 2 MPa、52.5 mL/r
11	油箱容积	140 L

（三）液压系统的安全要求

单轨吊的液压系统应满足以下安全要求。

（1）液压系统应根据工作需求和安全要求进行设计，确保系统能够正常运行且安全可靠。

（2）液压系统和液压元件应符合 GB/T 3766《液压传动　系统及其元件的通用规则和安全要求》和 GB/T 7935《液压元件通用技术条件》的有关规定，并确保其质量可靠，能够承受工作压力和负荷。

（3）液压系统应设置适当的安全阀来保护系统免受超压和过载的伤害。安全阀的设置压力应符合系统设计要求。

（4）液压胶管在选型设计时应注意下列事项：

① 胶管的弯曲半径不宜过小，一般不应小于《液压软管总成技术特征》中规定的值。胶管总成与管接头的连接处应有一段直的部分，此段长度不应小于管外径的两倍。

② 胶管总成的长度应考虑到胶管在通入压力油后长度将发生收缩变形，一般收缩量为管长的 3% ~ 4%。因此胶管总成安装时，不允许处于拉紧状态。

③ 胶管总成在安装时应保证不发生扭转变形。胶管的接头轴线应尽量放置

在运动的平面内，避免两端互相运动时胶管受损。

④ 胶管应避免与机械上尖角的部位相接触和摩擦，以免管子损坏。

（5）为保证胶管总成安全可靠地使用，下列事项应特别注意：

① 软管规定的工作压力通常情况下不能小于最大系统压力，只有在不常使用的情况下，才允许提高20%；对于使用频繁、经常弯扭者，要降低40%。系统的冲击压力若高于软管规定的工作压力，不仅会降低液压软管使用寿命，而且可能导致人身设备事故。

② 流体温度与环境温度，无论是稳定的还是瞬时的，均不得超过软管的耐温极限，因为温度低于或高于软管的推荐温度均可降低软管性能，造成软管损坏，从而引起泄漏。

③ 软管中的流体，应符合产品样本中"用途"中作出的规定。若超出规定使用，无法保证管子的使用寿命及安全性。

④ 液压管路应安装牢固，管路连接应可靠，避免泄漏和断裂，减少液压系统故障和事故的发生。在振动较大的情况下，要充分考虑到连接螺母的松动问题。

（6）液压系统的操作者应经过专业培训，了解液压系统的工作原理、操作方法和安全注意事项，确保其能够正确操作，并及时处理系统故障和紧急情况。

（7）液压系统应定期检查，包括对系统管路、阀门、液压元件等进行检查，发现问题及时修复，确保系统的安全运行。

（8）液压系统中应设置紧急停止按钮，以便在紧急情况下能够迅速切断系统的动力源，避免事故的发生或扩大。

（9）液压系统应设置适当的防护措施，如防护罩、防护网等，以防止操作者接触到液压元件和运动部件，避免误操作和意外伤害。

八、电控系统

电控系统是单轨吊的重要组成部分，为各执行部件运行提供检测和运行指令，从而通过操作系统控制单轨吊的正常运行。

（一）电控系统基本组成

单轨吊电控系统由逆变、操作、显示、控制、检测等部分组成，分别履行相应功能。

1. 逆变部分

电牵引单轨吊车有两套逆变器，即行走逆变器和油泵电机逆变器，均装于防爆箱内，分别控制行走电机和液压站油泵电机工作。在单轨吊车需要驱动的场合，牵引逆变器将直流电逆变为三相交流电，驱动牵引电机工作，使单轨吊车前进；当下坡时，在逆变器的控制下，将单轨吊车动能（或势能）转化为电能，向蓄电池充电，实现能量回馈和制动减速停车。

单轨吊车在运行或需要起吊梁工作时，液压站油泵电机逆变器将蓄电池提供的直流电逆变为三相交流电，驱动液压站油泵电机工作运行，使液压系统建立压力，维持液压缸及液压马达的正常工作。

2. 操作部分

操作部分主要由司机室中司机驾驶的操作部件构成。当1号司机室或2号司机室的任何一个钥匙开关打到"打开"位置时，如果1号司机室或2号司机室的显示器上显示驾驶室有效且处于行走模式，单轨吊机车可以行走，但不可起吊；如果显示器上显示驾驶室有效且处于起吊模式，单轨吊机车可以起吊，但不可行走。

单轨吊机车在停止时，两个司机室的操作权是均等的，哪个司机室首先操作，哪个司机室就取得操作权，另一个司机室则失去操作权。当取得操作权的司机室操作结束，即单轨吊车停止运行时，两个司机室重新又获得相同的操作机会。

3. 显示部分

单轨吊电控系统中通过显示屏显示单轨吊状态、故障内容以及摄像头内容。还有一台硬盘录像机用于存储视频文件。

4. 控制部分

控制中心是单轨吊车操作、检测、显示、控制、执行的中枢环节，它安装于防爆电控箱内，由各种航空插头与外部连接，分别完成对外部操作信号、液压站压力信号、逆变器的工作运行信号等的采集处理，并发出对行走逆变器、液压站逆变器、液压站电磁换向阀以及状态显示信号的输出控制指令。

控制中心内部由可编程控制器、光电隔离板、继电器、航空插头插座及各种电源组成。

（二）电控系统工作原理

单轨吊机车由蓄电池装置提供总电源，通过逆变器将直流逆变为三相交流电，供给牵引电机和液压站油泵电机。控制中心完成对操作中心信号、运行状态信号、各回路压力信号的检测和逻辑处理，并根据检测结果发出相应指令，执行控制。

徐州江煤科技有限公司的电控系统基本组成如图2-78所示。其主要由三相异步电机、变频器、控制箱、倾角传感器、坡度传感器、声光报警器等组成。其作用是将蓄电池直流电源逆变为三相交流电，供给牵引电机和液压电机，对单轨吊车进行检测与运行控制；转速为外环、电流为内环的双环模糊PID控制器调

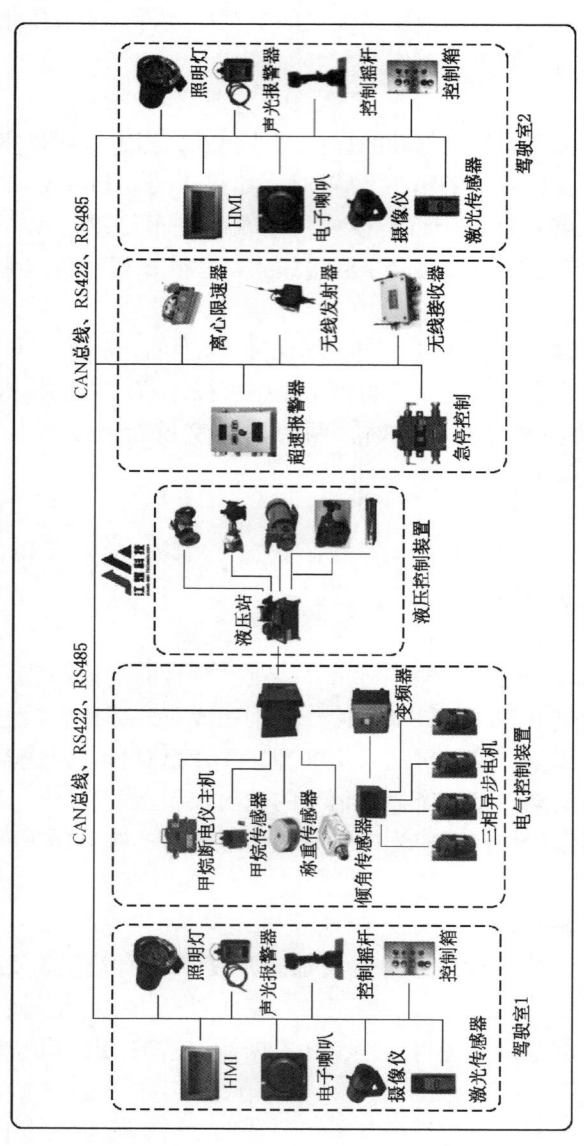

图 2-78　徐州江煤科技有限公司的电控系统基本组成

节,DTC 直接转矩控制实现低转速大转矩控制,满足机车在低速时的最大起动牵引力,具有较高快速反应与抗干扰能力;采用验证成熟与可靠控制的模块化结构,便于扩展;电气、液压、操控、显示集成化,CAN 总线和快速插头连接方式,简化难度,方便维修。

九、连接装置

连接装置是各部件成为整体的主要部件,是整机行走过程中的主要受力部件,因此连接装置的强度是设计计算的主要关注点。

(一) 连接装置的基本组成

连接装置包括拉杆、球销、铰接座、铰接螺栓等,如图 2-79 所示。

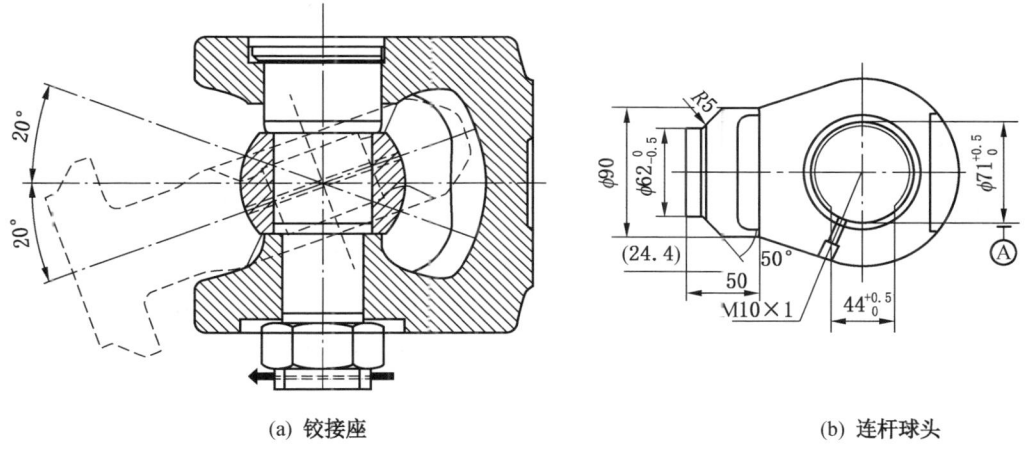

(a) 铰接座　　　　　　　　　　(b) 连杆球头

(c) 连接实物图

图 2-79　连接装置主要零部件及连接实物图

(二) 连接装置主要技术参数

连接装置主要技术参数包括拉杆主体的直径、长度、允许载荷等。一般拉杆主体直径为 90 mm；长度有 300 mm、500 mm、800 mm、1000 mm、1200 mm 等规格；允许载荷一般不低于 2000 kN。

（三）连接装置主要技术要求

连接装置主要技术要求包括：

（1）连接装置破断拉力的安全系数：运人时不低于 13，运物料时不低于 10。

（2）拉杆应带连接球头，上下和左右可偏转，便于弯道通过。

（3）拉杆必须采用优质钢材制造，每根拉杆的焊接部位应进行 X 光检查，焊缝不得有裂纹、气孔、夹渣等焊接缺陷。

十、其他辅助装置

除上述单轨吊重要组件、部件外，还需使用各类液压元件、液压油管、电线电缆、燃油管系、电气部件等，应满足以下相关要求：

（1）电气部件的防爆安全性能应符合 GB/T 3836.1~GB/T 3836.4 的规定。

（2）电线电缆、非金属液压管应符合 MT/T 113 的规定，并且外表防护材料应具有耐油性。

（3）燃油管系必须采用非燃性材料制造，加油孔和通气孔的孔盖必须以螺纹连接，燃油箱最大容量不准超过 8 h 时正常运行所需的油量，且燃油箱应进行水压试验（水压 0.03 MPa，保持 3 min，油箱不得泄漏和产生塑性变形）。

（4）零部件和铭牌不得采用铝合金制造。

第四节　矿用单轨吊运输系统吊运单元

矿用单轨吊吊运设备是主要承重单元，与矿用单轨吊机车共同实现货物和人员的吊运，是矿用单轨吊运输系统中不可或缺的部分。常用的吊运单元根据运送的对象不一样，其配置不一样。运送人员时，主要由人车组成；运送物料或设备时，主要配置由起吊梁和集装箱（料车）组成，或通过起吊梁直接悬挂设备完成吊运。

一、起吊梁

起吊梁是单轨吊的载重设备，所有的货物都由其来装载，是单轨吊运输的重要配套设备之一。起吊梁与单轨吊车配合使用，完成货物的起吊、运输工作。

（一）起吊梁的基本组成及主要类型

根据单轨吊吊运货物不同，其配备的起吊梁也各有不同。不同类型的起吊梁，其结构型式、组成及吊运能力也会有所不同。

1. 起吊梁基本组成

起吊梁主要由起吊梁主体、承载行走小车、液压（气动）提升葫芦、吊钩、防脱缓冲器等部件组成，如图 2-80 所示。

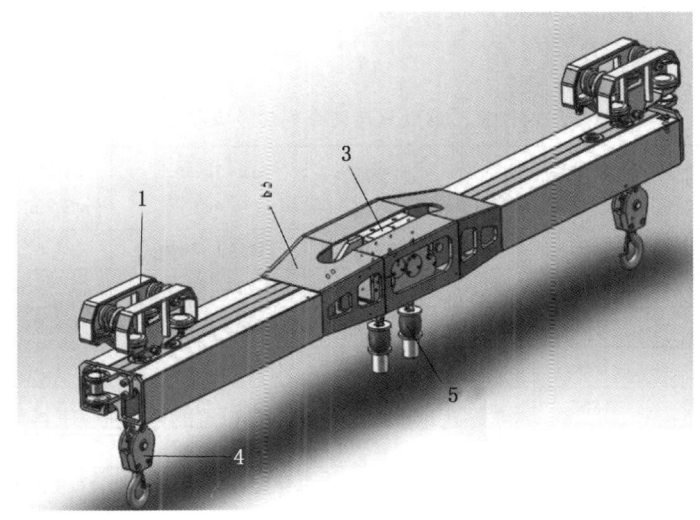

1—承载行走小车；2—起吊梁主体；3—液压（气动）提升葫芦；
4—吊钩；5—防脱缓冲器

图 2-80 起吊梁结构示意图

承载行走小车和起吊梁主体是主要承载部件，其中承载行走小车在连接装置拉杆的作用下带动起吊梁沿轨道整体移动；液压（气动）提升葫芦主要用于控制吊钩的升降，一般采用遥控的方式；吊钩主要用于吊挂集装箱、料车、设备；防脱缓冲器可以有效地减少起吊过程中的冲击力，起到缓冲保护作用，使起吊过程运行平稳。其中气动单轨吊一般采用气动提升葫芦，其他形式的单轨吊大部分采用液压提升葫芦。

2. 起吊梁工作原理

起吊梁通过液压（气动）提升葫芦控制吊钩升降，在装载点吊钩下降，通过吊钩吊挂集装箱、料车、设备后，液压（气动）提升葫芦提升吊钩及吊挂的集装箱、料车、设备，使其离开地面。

3. 起吊梁的主要类型

起吊梁根据起吊运输重量，可分为重型梁、轻型梁两种；根据起吊货物的形状大小不同，可分为单梁、双梁和多梁组合；根据液压动力不同，可分为马达式和油缸式。重型起吊梁主要运输大型设备，可以有效吊运20~48 t的货物；轻型起吊梁主要运输较轻的货物（一般6~16 t），满足正常的生产需要。

（二）起吊梁及主要配件技术参数

常见的液压马达系列起吊梁技术参数见表2-24，常见的液压马达起吊梁技术参数见表2-25，常见的液压提升葫芦技术参数见表2-26，常见的起重链条技术参数见表2-27。

表2-24 常见的液压马达系列起吊梁技术参数

规格	行走小车数量/个	承载小车间距/mm	最大悬挂载荷/kg	自身质量/kg	吊钩间距/mm	起吊速度/(m·min^{-1})	工作压力/MPa
6 t	2	2866	6000	500	1240~2640	4.6	10
8 t	4	1860	8000	750	(970~1800)+L	7	10~12
12 t	4	1860	12000	1110	(780~2580)+L	3.5	10~12
16 t	4	1860	16000	1550	(1340~2800)+L	3.5	10~12
20 t	8	1860	20000	4600	(1130~2730)+L	3.5	10~12
24 t	8	1860	24000	4950	(1130~2730)+L	3.5	10~12
28 t	8	1860	28000	5400	(1130~2730)+L	3.5	10~12
32 t	8	1860	32000	5520	(1130~2730)+L	3.5	10~12
48 t	16	905/969	48000	7500	2040~5600	3.0	10~12

注：L为拉杆长度。

表2-25 常见的液压马达起吊梁技术参数

序号	项目	技术参数
1	双马达起吊梁起吊最大重量	2×40 kN
2	起吊行程	2.6 m
3	行走小车数量	2个
4	行走轮数量	8个
5	行走轮直径	118 mm
6	轴基距离	320/1810 mm
7	可调节范围	2820~4280 mm
8	起吊梁长度	6860 mm
9	液压传动工作压力	12 MPa
10	提升速度	4.8 m/min
11	单马达链轮起吊重力	40 kN

表2-26 常见的液压提升葫芦技术参数

序号	项目		40 kN 液压提升葫芦	50 kN 液压提升葫芦
1	额定载荷		40 kN	50 kN
2	起吊速度		4.8~7 m/min	4.8 m/min
3	总传动比		56.4	57.6
4	外形尺寸		635 mm×265 mm×333 mm	662 mm×468 mm×285 mm
5	质量		115 kg	125 kg
6	液压马达	输出力矩	93 N·m	150 N·m
		总排量	2741 mL/r	4478.9 mL/r
		额定流量	60 L/min	60 L/min
		工作压力	105 bar	100 bar
		介质	46号液压油	
7	减速机	传动比	56.4	57.6
		输入力矩	93 N·m	150 N·m
		输出力矩	5300 N·m	8700 N·m

表2-27 常见的起重链条技术参数

链径 d/mm	内长 t/mm	内宽/mm	外宽/mm	破断载荷/kN
13	36	16	42	212.3

(三) 起吊梁的技术要求

起吊梁应满足以下技术要求：

(1) 起吊梁应符合 MT/T 888 的要求，并按照程序批准设计图纸和技术文件制造；起吊梁的各零部件设计以及用于制造起吊梁的材料应符合 GB/T 3811《起重设计规范》的要求；机械加工尺寸公差等级应满足 GB/T 1804—2000 中 m 级的规定；机械加工零件的形位公差应满足 GB/T 1184—1996《形状和位置公差 未注公差值》的规定。

(2) 起吊梁在额定载荷下承载车应运转灵活，能通过各种弯道及相适应的坡道并无卡阻现象。

(3) 载车受剪零件（如球销、吊环、连接螺栓）应承受 1.25 倍的额定载荷试验，应不产生裂纹及变形等缺陷。

(4) 起吊梁金属结构件材质符合国家标准要求，用于受剪力作用的重要连接螺栓或销轴的材料应不低于 45 钢或 40 Cr，并经调质处理。

(5) 牵引销轴的最小破断强度应不小于 10 倍机车最大牵引力，且运输人员时应不小于 13 倍机车最大牵引力。

(6) 载重梁相关要求：载重主梁与副梁应为焊接结构；超载 25% 静载试验时，主梁体及副梁体构件应无永久变形，焊接部位应无裂纹。

(7) 液压葫芦相关要求：法兰盘与箱体、箱体与箱体之间的结合面上涂密封胶，在额定转速下作台架空运转试验，正反转不得少于 2 h，各密封处不应有渗漏油现象；在负载情况下，液压葫芦应运转灵活，吊钩升降平稳，无卡阻现象；自锁性能试验 4 h 后，其自行滑落误差不大于 100 mm，各密封处不应有渗漏油现象。

(8) 起吊链条安全系数应符合 GB11341—2008 中 5.2 与 5.3 的规定。

(9) 液压系统的相关要求：起吊梁液压系统额定工作压力应不大于 12 MPa；液压系统内工作介质的正常工作温度不应超过 85 ℃；主油路系统及控制油路系统的高压油管、接头、操纵阀块应承受 1.25 倍的额定工作压力，各密封处不得有渗漏油现象；液压系统应设有防止过载和液压冲击的安全装置，溢流阀的调整压力不应大于系统额定工作压力的 110%。

(10) 主梁起吊的主要受力部件设计应满足强度要求，额定负荷和正常起吊运输下不能发生断裂和塑性永久变形。

(11) 主起吊梁宜模块化结构设计，每组起吊梁受力组合梁部件、承载小车、液压马达提升葫芦、提升装置可互换；可通过相同结构、尺寸的部件，不同组合梁形式实现不同的起吊重量，实现模块式结构、部件互换，能力扩展，增大提升能力。

(12) 起吊链条与链轮相关技术要求：宜采用 13 mm×36 mm 的高强起吊圆环链；起吊链条与链轮材料选用优质合金钢 23MnNiMoCr54，经过特殊处理的镍硬化链条可抗淋水、抗腐蚀等，符合井下适应性强的要求。

二、集装箱与料车

集装箱、料车是运输物料的主要承载装置，应根据运输货物的类型和数量需要，进行针对性的选择使用。

（一）集装箱与料车基本组成及类型

集装箱根据货物的装卸方式，主要分为底卸式集装箱、侧翻式集装箱。底卸式集装箱主要由竖向导向板、侧箱体、底卸导向板、上挂钩、下挂钩等组成，如图 2-81 所示。

侧翻式集装箱主要由吊挂板、手柄、羊角板、吊挂销轴、套筒、固定座、箱体等组成，如图 2-82 所示。

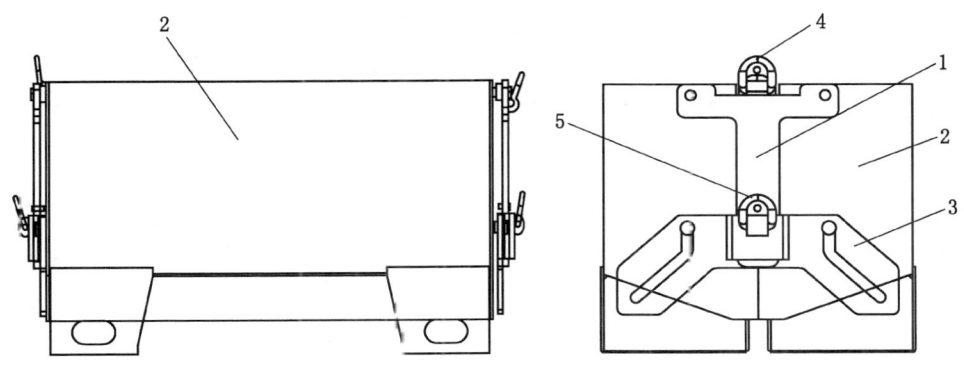

1—竖向导向板；2—侧箱体；3—底卸导向板；4—上挂铁；5—下挂钩

图 2-81　底卸式集装箱示意图

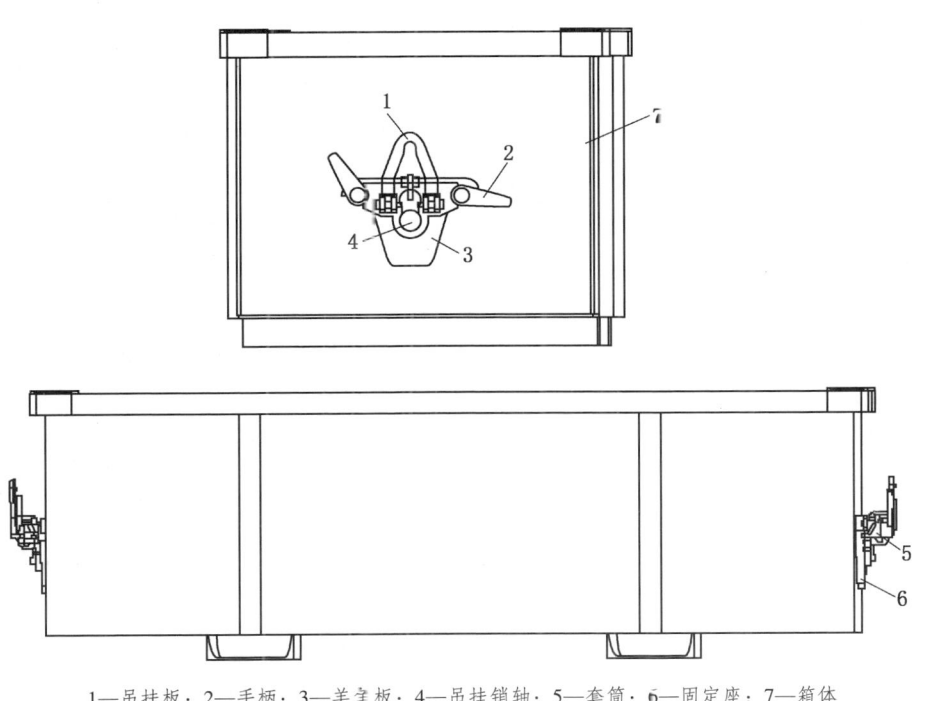

1—吊挂板；2—手柄；3—羊角板；4—吊挂销轴；5—套筒；6—固定座；7—箱体

图 2-82　侧翻式集装箱示意图

（二）集装箱与料车主要参数

典型物料车的技术参数主要考虑装载能力、运输节数、最大运行角度、自身质量、规格尺寸、最大运行速度等，详见表 2-28。

表 2-28 典型物料车技术参数

序号	项　目	DW-4	DW-8
1	装载/t	4	8
2	最多运输节数/辆	3	3
3	最大运行角度/(°)	15	15
4	自身质量/kg	900	1200
5	尺寸规格（长×宽×高）/（mm×mm×mm）	2600×800×1180	3800×900×1200
6	最大运行速度/(m·s^{-1})	2.0	2.0

(三) 集装箱与料车主要技术要求

单轨吊集装箱与料车安全技术要求包括以下几个方面：

(1) 起吊载荷要符合起吊梁吨位要求，拒绝超载起吊。起吊前，必须确保起吊梁两钩载荷分布均匀，满足吨位要求，起落匀速，并且高低水平一致。

(2) 吊运集装箱时，除可用专用的集装箱卡外，也可用吊装链直接吊运。集装箱装载物料的高度不得超过 1.5 m，并且不得超过起吊臂。集装箱专用挂钩应挂牢固。

(3) 起吊长物料时，必须使用专用吊装链或绳套吊装、捆绑，并确保物料平稳起吊。长物料的长度不得超过 8 m，宽度和高度均不得超过 1.5 m，重量不得超过负荷要求。超过负荷要求的物料应解体吊运。

(4) 起吊大型设备时，必须采用专用配套设备，并确保吊挂牢固。机车尾部应加挂安全制动车。

(5) 运送超长物料时，使用单位应制定特殊措施。

(6) 起吊时，两承载起吊臂载荷必须均匀分布，起吊后，离地距离不得低于 0.2 m，且重物底面应平稳。

(7) 起吊后，操作人员应密切观察吊链运行情况，防止断链伤人。

(8) 必须按规定每月对机车的牵引力、制动力进行测试，达不到规定的机车严禁运行。

三、人车

人车是运输人员的主要装置，在设计、使用上应保障足够的安全强度，同时还应考虑到乘坐人员乘坐时的舒适度、安全防护要求等。

(一) 人车基本组成

人车主要由顶架、人车框架、座椅、防护链、爬梯等组成，悬挂在承载小车上。人车结构示意图如图 2-83 所示。

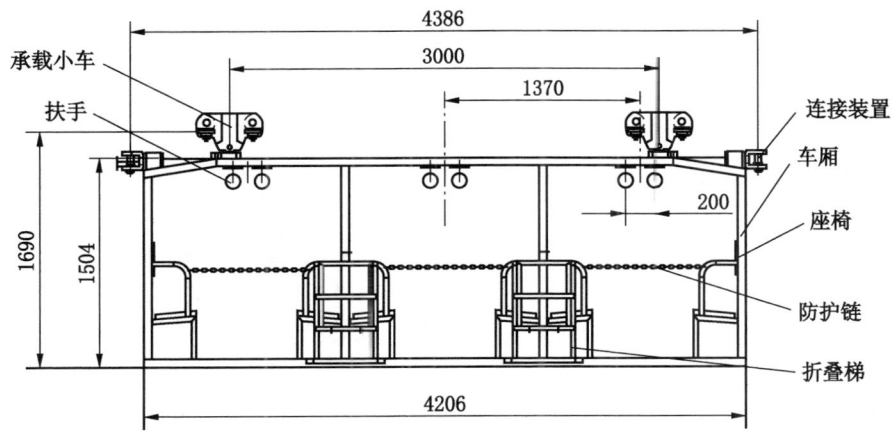

图 2-83 人车结构示意图

乘人车悬吊于轨道上，用于单轨吊机车运送人员。每节乘人车厢可乘坐人员 10~18 人。单个车厢可通过特制连接杆相互连接，形成车列，一次大批量运送人员。人车也可以悬挂在起吊梁上运输，也可根据用户的运人量要求定制，但整列定制乘人车最多六节。

(二) 人车主要技术参数

典型单轨吊人车技术参数见表 2-29。

表 2-29 典型单轨吊人车技术参数

序号	项　目	DRC-4/8	DRC-6/12
1	最多运送人员/人	3	12
2	水平巷道最多挂车/节	3	3
3	最大运行角度/(°)	15	15
4	自身质量/kg	900	1250
5	尺寸规格（长×宽×高）/(mm×mm×mm)	4000×920×1300	5020×920×1300
6	最大运行速度/(m·s^{-1})	2.0	2.0

(三) 人车主要技术要求

人车的主要性能应满足以下要求：

（1）车厢内应设有扶手，两侧人员入口处应设置保护栏杆或链条。

（2）座位及靠背应有足够强度，在制动时不应损坏。

（3）人车在列车紧急制动时，各零部件不得有裂纹、变形、扭曲、开焊等缺陷。

（4）未出现安全问题时，严禁触发人车上的紧急制动开关。

（5）吊装位置的开口销不应松动。

（6）座椅倾角可随巷道角度变化自动变化。

（7）人车与驾驶员应有可靠的通信联系装置，要有防颠簸装置。

第五节 矿用单轨吊井巷配套设施

矿用单轨吊井巷配套设施是矿用单轨吊系统的重要组成部分，主要包括信号系统、联锁装置、调度系统、车场（要求和布置）、充电硐室（规定、要求、布局）、检修硐室、转载点等，是单轨吊机车按规定要求安全可靠运行的基础保障。

一、信号系统

信号系统是指用于保障单轨吊机车线路安全、正常运行的技术设备和管理体系，其提供机车与调度室之间的语音和数据传输服务，使各系统能够快速、可靠地进行信息交互。

（一）信号系统基本组成及功能

单轨吊信号系统是一种针对单轨吊运行状态进行实时监测与评估的系统。该系统主要由各种传感器、信号处理单元、数据传输单元、显示单元、报警单元等组成。

1. 传感器

传感器是信号监测系统的核心组成部分，用于采集单轨吊运行过程中的各种状态信息，如位置、速度、载重、运行方向等。这些传感器可以实时感知单轨吊的运行状态，并将相关信息传输给后续处理单元。

2. 信号处理单元

信号处理单元是负责对传感器采集的数据进行处理和分析的环节。它首先对原始数据进行滤波、去噪等预处理操作，以提取出有效的状态信息。随后，根据预设的算法或模型，对这些状态信息进行分析和评估，以实现对单轨吊运行状态的实时监测和评估。

3. 数据传输单元

数据传输单元负责将处理后的数据传输到远程监控中心或调度中心，以便实现集中监控和调度。该单元可以通过无线通信、有线通信等方式实现数据传输，如使用无线数传模块将数据传输到远程监控中心。

4. 显示单元

显示单元是负责向操作人员显示单轨吊运行状态和监测结果的环节。它通常采用液晶显示屏或电子显示屏等显示设备，可以实时显示单轨吊的位置、速度、载重等关键信息，以及监测结果和预警信息等。

5. 报警单元

报警单元是负责对异常状态进行报警的环节。当监测结果显示单轨吊出现异常情况时，报警单元会自动触发报警装置，如发出声光报警或发送报警短信等，以提醒操作人员及时采取相应措施。

（二）信号系统工作特点

单轨吊信号系统能够对单轨吊的运行状态进行实时采集、监测和评估，有助于保障单轨吊的安全、稳定、高效运行，同时提高管理效率和预防事故的能力。矿用单轨吊机车信号系统具有实时监测、数据传输与集中监控、预警与预防、历史数据记录与分析、兼容性与扩展性等特点。

1. 实时监测

信号系统可以实时感知单轨吊的运行状态，并对相关数据进行处理和分析，能够及时发现异常情况并报警。

2. 数据传输与集中监控

信号系统可以通过数据传输单元将数据传输到远程监控中心或调度中心，实现集中监控和调度，提高管理效率。

3. 预警与预防

通过对单轨吊运行状态的实时监测和评估，信号系统能够提前发现潜在问题并发出预警，有助于预防事故的发生。

4. 历史数据记录与分析

信号系统可以记录历史运行数据并进行统计分析，有助于了解单轨吊的性能特点及变化趋势，为后续维护和管理提供参考依据。

5. 兼容性与扩展性

信号系统可以根据实际需求进行定制和扩展，能够兼容不同的传感器和通信方式，以满足不同用户的需求。

二、联锁装置（过风门）

联锁装置负责对轨道区间道岔及风门进行联锁，避免多个机车同时进入同一区间发生碰撞事故，保证机车安全运行。单轨吊联锁装置（过风门）是一种安全装置，通常用于在矿用单轨吊车通过风门时进行安全制动。

（一）联锁装置（过风门）基本组成及功能

单轨吊联锁装置（过风门）通常由一个感应器和一个制动器组成。当单轨吊车通过风门时，感应器会检测到并触发制动器，使制动器对吊车进行制动。这个过程可以防止吊车在通过风门时发生意外，从而保障工人的安全。

制动器主要由连杆、锁舌、锁体等部分组成：

（1）连杆是与风门连接的部件，通常会设置一个机械装置，使得连杆可以带动风门开启或关闭。

（2）锁舌是与锁体配合的部件，它可以在风门关闭后伸出，将风门锁定在关闭位置。

（3）锁体是与锁舌配合的部件，它内部设有锁定机构，可以在风门关闭后与锁舌配合，将风门锁定在关闭位置。

（二）联锁装置（过风门）工作特点

联锁装置（过风门）结构简单、操作方便、安全可靠，它可以有效地提高单轨吊车的安全性，避免在通过风门时发生意外事故。

联锁装置（过风门）应具有以下工作特点：

（1）可靠性。联锁装置必须可靠，确保在任何情况下都能够有效地锁定风门，防止风流短路等危险情况的发生。

（2）耐久性。由于单轨吊运行环境可能较为恶劣，因此联锁装置必须具有较好的耐久性，能够长期稳定地工作。

（3）安全性。联锁装置必须安全可靠，不能存在任何安全隐患，以免造成人身伤害或设备损坏。

（4）适应性。联锁装置必须能够适应不同的单轨吊型号和规格，方便安装和拆卸。

（5）可维护性。联锁装置应易于维护和保养，方便操作人员进行日常维护和检修。

总之，联锁装置（过风门）是保障单轨吊运行安全的重要部件之一，具备可靠性、耐久性、安全性、适应性和可维护性等特点，以确保单轨吊的安全、稳定运行。此外，该装置还可以根据实际需要调整感应器和制动器的参数，以满足不同场合的需求。在使用过程中，需要注意定期检查和维护，确保其正常运转。

三、调度系统

单轨吊调度系统是一种针对矿用单轨吊车的调度系统，旨在提高车辆运行系统的运行效率及安全系数。智能调度管理系统还融合了精确定位、视频监控、通信传输、远程控制等多种技术，具有车辆定位、远程道岔控制、车辆调度、车载信号与通信、弯道告警等功能，能够保障行车安全、提高运输效率、提升调度能力。对单轨吊机车实现跟踪管理，减少供车不足以及运输不安全等现象的发生，实现机车合理配置，提升煤矿辅助运输管理能力，从而提高煤矿产煤供煤效率。

（一）调度系统基本组成及功能

单轨吊调度系统主要由计算机、无线基站、控制器、通信终端、机车通信信号装置主机/分机、平板电脑、交换机、声光信号器、音箱、手机、各类传感器等部分组成。

（1）计算机负责数据计算、分析和管理。

（2）无线基站提供无线通信服务，包括与各种设备的通信和数据传输。

（3）控制器负责控制单轨吊的运行，包括速度、方向和位置等。

（4）通信终端提供与计算机的通信接口，可以用于数据传输和命令发送。

（5）机车通信信号装置主机/分机用于机车与调度系统之间的通信，可以发送和接收信号，如位置、速度等信息。

（6）平板电脑提供用户界面，可以用于操作和监控单轨吊的运行。

（7）交换机提供网络连接，包括与计算机、无线基站等设备的连接。

（8）声光信号器提供声音和灯光信号，用于指示单轨吊的运行状态和警告等信息。

（9）音箱播放声音信息，如警告、通知等。

（10）手机提供远程监控和操作功能，用户可以通过手机随时了解单轨吊的运行状态并进行远程操作。

（11）各类传感器监测单轨吊的运行状态和环境参数，如温度、湿度、压力等。

此外，单轨吊调度系统还可能包括其他辅助设备，如摄像头、定位设备等，用于监控和追踪单轨吊的运行状态和位置。这些设备可以通过网络连接到计算机或控制器，实现数据的实时传输和处理。

智能化调度系统以高速无线 Wi-Fi6、UWB 精确测距及高速光纤工业环网为底层数据传输平台，以 GIS 及 Web 为主要呈现方式，配以 AI 智能视频监视，可提供包括语音调度通信、车辆定位、AI 视频监视、车辆远控/遥控驾驶、道岔风门自动控制、广播、文件传输、历史记录查询等功能服务。单轨吊调度系统的核心功能是语音调度通信，可以帮助管理人员根据实际需要调度单轨吊车，同时可以实时掌握单轨吊车的运行状态和位置信息。此外，单轨吊调度系统的车辆定位、AI 视频监视等功能，可以实时监控单轨吊车的运行情况和周围环境，确保安全运行。

（二）调度系统工作特点

单轨吊调度系统应具有以下工作特点：

（1）可靠性。单轨吊调度系统需要具备高可靠性，能够保证长时间稳定运行，避免因设备故障或系统问题导致运输中断或安全事故。

（2）安全性。单轨吊调度系统需要具备安全性，能够确保运输过程中的安全，避免发生事故，保证人员和设备的安全。

（3）灵活性。单轨吊调度系统需要具备灵活性，能够适应不同的运输需求和环境变化，方便用户操作和使用。

（4）实时性。单轨吊调度系统需要具备实时性，能够实时监测和记录单轨吊的运行状态和位置，及时发现和解决问题，确保运输的及时性和准确性。

（5）可维护性。单轨吊调度系统需要具备可维护性，方便进行设备的维护和保养，确保设备的正常运行和使用寿命。

（6）可扩展性。单轨吊调度系统需要具备可扩展性，能够根据用户需求进行功能扩展和升级，满足未来的运输需求和变化，同时方便用户后期进行系统智能化改造升级。

（7）节能环保性。单轨吊调度系统需要具备节能环保性，采用先进的节能技术，降低能耗和排放，减少对环境的影响。

总之，单轨吊调度系统的组成及相关要求需要结合实际应用场景和需求进行设计，确保系统的可靠性、安全性、灵活性、实时性、可维护性、可扩展性和节能环保性。

四、配套硐室及其他固定设施

与单轨吊机车配套使用的硐室及其他固定设施也是组成单轨吊系统的重要部分，主要有加油维修间（适用防爆柴油机单轨吊机车）、充电硐室（蓄电池电源单轨吊机车）或绞车房（绳牵引单轨吊机车），另外还有单轨吊列车存放库、材料换装站等。

（一）防爆柴油机单轨吊机车加油维修间

防爆柴油机单轨吊机车加油维修间是专门用于防爆柴油机单轨吊机车的加油、检修和维修的场所。

1. 位置布置要求

加油维修间应设在加油、维修较方便的地点，主要分为集中布置和分散布置两种方式，另外在特殊工况下，还有一些特殊布置要求。

1）集中布置

集中布置是指在井下设一个加油维修间，为全矿井的柴油机加油和维修。加油维修间一般设在井底车场或其他合适的地点。集中布置的优点是集中储存燃油，便于管理，利于防火，通风条件好，对安全生产有利。集中布置的适应条件是柴油机车的使用地点比较集中，矿井采用中央式通风。

2）分散布置

分散布置是指矿井根据需要在井下不同地点布置多个加油维修间，每个加油维修间为一定区域内的柴油机加油和维修。优点是加油和维修方便，距离近，花费时间少；缺点是设置分散，不易管理，占用人员多。

3）其他特殊布置

矿井采用斜井或平硐开拓，辅助运输采用柴油机单轨吊由地面至井下一条龙运输时，加油维修间应设在地面。矿井采用多水平同时生产时，每一水平可单设加油维修间；矿井采用分区开拓时，可在各分区设加油维修间；若机车仅限于在采区使用且采区距井底车场较远时，应在采区设加油维修间。井下加油维修间必须设在稳定岩层中，且不受采动影响及其他矿山压力现象的威胁。

2. 间距要求

矿用单轨吊机车与维修间巷壁或其他设备的间距，行人侧不得小于 1.0 m；单轨吊最底部与维修底板的间距，设检修地沟时不得小于 0.5 m，地沟深度不得小于 0.5 m，不设检修地沟时不得小于 1.0 m。维修间内单轨铺设长度不小于机车长度的 1.5 倍。

3. 防水要求

设计时要采取防水措施，维修间内不允许有淋水或渗水现象。

4. 硐室地面建设要求

地坪需用水泥抹面，地板须光平；间内地板四周要有围栏或其他防止柴油流出硐室的措施；硐室内不得设集油坑。

5. 逃生出口要求

必须设两个使人员能够安全撤离的出口。

6. 通风要求

必须有单独的进风风流、回风风流，必须直接引入矿井总回风风流或主要回风风流，不得与回采面串联通风。

7. 燃料储备要求

燃料储存量不得超过 3 桶或 3 天的用量。

8. 消防要求

必须用不燃性材料支护，进出口处应设向外开的防火防爆门，维修间内应设加水嘴、消防栓，应配备足够的消防器材。

（二）蓄电池电源单轨吊机车充电硐室

单轨吊机车充电硐室是专为单轨吊机车提供充电服务的场所。蓄电池单轨吊机车应设置充电硐室，充电必须在充电硐室内进行，禁止在井下充电硐室以外的地点对电池（组）更换和维修。单轨吊机车充电硐室应满足以下要求。

1. 位置要求

根据《煤矿安全规程》的规定，充电硐室应设置在主要进、回风巷，严禁安设在局部通风巷道、联巷、角联巷道中。应设置专用充电硐室，如果因特殊情况不能设置专用充电硐室，应设在主要进、回风巷。采用扩散通风的硐室，其深度不得超过 6 m，入口宽度不得小于 1.5 m，并且无瓦斯涌出；应在充电室和变流室间及进出口均设防火门。

2. 通风要求

充电硐室必须满足通风要求，以保证氢气浓度符合《煤矿安全规程》的相关规定。充电硐室应有独立的通风系统，回风风流应当引入回风巷。充电硐室风流中以及局部积聚处的氢气浓度，不得超过 0.5%。

3. 充电设备

充电硐室应配备相应的充电设备，如充电桩、充电柜等，以满足单轨吊机车的充电需求。

4. 安全设施

充电硐室内应设置消防器材，并确保其有效性。此外，还应设置向外开的防火门，以确保安全。

5. 电力要求

充电硐室内应提供足够的电力供应，以满足单轨吊机车的充电需求。

操作要求：充电前，必须由当班带班队干部向通风调度汇报，通风调度安排辖区瓦检员对充电下风侧有害气体进行检测，并将测量结果及时汇报通风调度，做好数据收集工作。

6. 日常维护

充电硐室应定期进行清洁和维护，以确保设备的正常运行。

为了确保充电硐室的安全性，需要设置消防器材，并确保其有效性。此外，还应设置向外开的防火门，以确保安全。

（三）绳牵引单轨吊机车绞车房

绳牵引单轨吊机车绞车房一般布置有拉紧装置、绞车、液压泵站、操纵台等。绞车房的尺寸主要取决于设备基础大小、布置要求、检修要求及安全间隙要求等，按厂家提供的设备安装图设计。

(四) 矿用单轨吊机车列车存放库

单轨吊机车列车存放库是单轨吊机车的放置点，必须符合下列规定：

(1) 硐室式存放库必须设在进风风流中，硐室内吊轨线路应容纳井下单轨吊车总数的 50% 以上，并应设灭火装置和专用照明设备，进出口应设双扇防火门。

(2) 巷道加宽式存放库应设在主要进风巷中，并设有隔墙与巷道分开，其出入口应设栅栏门。

(3) 列车与硐室墙壁的间距，行人侧不得小于 1.0 m、非行人侧不得小于 0.7 m；列车与列车间应设人行道。

(五) 矿用单轨吊机车材料换装站

矿用单轨吊机车材料换装站应充分利用单轨吊本身的吊卸机具进行换装，材料换装站的单轨吊直接布置在地圮轨道中心线的上方，这样可以利用单轨吊自身的吊运梁吊起货物，并吊运至目的地。如果单轨吊本身无起吊装置，也可以利用单轨的高低道差进行换装，在换装点将单轨吊高度降低，可很容易地将货物吊起或者放下，然后单轨吊驶出低轨段，使货物自然脱离原车，实现换装。以上两种方式简单可行，不需要其他辅助装置即可实现换装，但需要增加巷道高度，在巷道坡度不大时较为适应。如果条件不允许，也可以采用专用设备换装，但是操作较为复杂，效率低，一般不采用。

第六节 矿用单轨吊的智能化

随着矿井井型的多样化、大型化、高效化开采的不断深入，煤矿辅助运输距离越来越长，运输作业从机械化逐步转向自动化、智能化，辅助运输对单轨吊运输系统的智能化水平提出了更高的要求。目前，国内外围绕单轨吊智能辅助运输的研究主要体现在导航定位技术、无人驾驶技术、智能调度技术三个方面。从单轨吊运行系统方面而言，单轨吊的智能化实现，除了单轨吊本身安全性能、使用性能等可靠外，主要体现在单轨吊车辆本体智能化、轨道系统智能化、沿线设备智能化以及平台智能化等方面。

一、单轨吊车辆本体智能化

单轨吊车辆本体智能化水平是单轨吊智能化运输系统关键组成部分，主要体现在精确定位、电池驱动、智能测控和信息传输等关键技术，其各部分之间的逻辑关系如图 2-84 所示。此外，智能化还包括无人驾驶技术、安全制动技术、车辆车载子系统等。

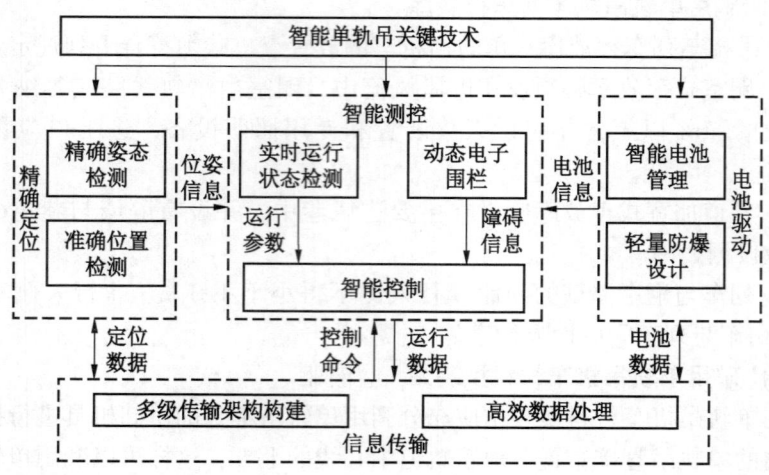

图 2-84　智能单轨吊关键技术

（一）矿用智能单轨吊精确定位技术

精确定位技术是确保煤矿智能单轨吊系统安全高效运行的重要保障，是实现对煤矿智能单轨吊在复杂环境下精准控制的重要依据。因此，如何实时获取煤矿智能单轨吊全局位置信息和局部位置信息等成为关键。国内外最新非限定空间定位系统主要采用射频指纹匹配方法，其多应用于室外环境或环境良好室内场所，代表性产品有欧洲 Ekahau 系统、美国 Meridian 系统、微软公司 Radar 系统、GPS 定位系统、北斗定位系统等。在限定空间定位方面，美国博通公司通过 Wi-Fi、蓝牙或 NFC 等技术提供无线定位；麻省理工学院研发了基于无线融合方法的 Cricket 技术；美国 TimeDomain 公司研制了 UWB 定位系统，通过超声波和射频信号的到达时间差实现定位；煤炭科学研究总院、中国科学院、清华大学、中国科学技术大学、中国矿业大学等相继开展了基于 RFID、Wi-Fi、Zigbee、UWB 等煤矿井下定位技术研究。

精确定位技术主要有以下方面：

（1）借助激光雷达、毫米波雷达、超声波雷达、高清摄像头等传感器实时采集环境数据，结合视觉目标检测和景深感知技术，构建多源传感信息融合的煤矿井下运行环境全状态感知系统。

（2）构建煤矿井下多源无线信号采集系统，分析狭长封闭空间内 UWB、RFID 等无线定位信号传输特性，结合井下无线信号降噪和多径抑制技术，实现多源异构定位数据的可靠传输。

(3) 采用 UWB、RFID、捷联惯导、编码器组合定位方式，设计多源定位信号下误差自校正策略，构建多源信息融合下单轨吊运输机器人精确定位技术。

(4) 基于模块化设计方法，采用嵌入式开发和井下防爆隔爆技术，应用单轨吊运输机器人动态融合感知定位系统。

(二) 矿用智能单轨吊电池驱动技术

煤矿单轨吊采用电池驱动形式，面临着容量有限、过充放、能效比低等关键难题，为了使电池驱动能满足大容量、防爆、高寿命、高可靠性与高稳定性的要求，亟待破解电池驱动防爆设计、多级组合方式及电池管理等关键技术问题。电池驱动技术主要有以下方面：

(1) 分析气动驱动、柴油机驱动、电液驱动不同方式下单轨吊运输机器人牵引爬坡性能，研发单轨吊运输机器人多驱动单元自动/手动切换技术，研制基于锂电池动力的大坡度重载爬坡单轨吊运输机器人。

(2) 针对单轨吊运输机器人驱动系统关键部件，采用嵌入式传感器动态监测技术，分析系统状态和驱动性能间的关联关系，实现单轨吊运输机器人驱动系统全状态实时监测评估。

(3) 建立变负载下单轨吊运输机器人运行速度与驱动转矩匹配准则，设计变负载下多驱动单元驱动转矩动态控制分配策略，采用自适应控制技术抑制系统参数和特性差异，构建多驱动单元自适应协同控制技术。

(4) 采用集成化设计和人机实时交互技术，研制单轨吊运输机器人集成化智能驱动系统。

(三) 矿用智能单轨吊测控技术

矿用智能单轨吊测控技术包括精确定位、多传感器信息融合智能测控、边缘计算信息传输等关键技术。针对精确定位技术，提出了惯导+里程计融合的全局定位方法，及基于视觉+UWB 结合的局部定位方法；针对智能测控技术，提出了基于递推最小二乘算法/二阶近似扩展卡尔曼滤波的智能检测方法、随动电子围栏实时构建方法和基于模糊规则的矢量控制方法；针对信息传输技术，提出了基于融合 5G 网络的"本地—近程—地面"通信系统架构，及基于边缘计算的分布式数据计算及传输方法。煤矿智能单轨吊关键技术问题和解决方案的提出，为加快煤矿智能单轨吊发展提供了一种新思路。

(四) 矿用智能单轨吊信息传输技术

智能单轨吊通信与信息系统具有数据量大、多元化、高冗余等特点，研究受限空间高速单轨吊通信系统构建和多源数据高效计算、保真传输，已成为智能单轨吊多源信息实时、可靠传输的关键技术。

基于 5G/4G/Wi-Fi 无线通信系统，实现井下单轨吊的精确定位、安全探测、信号灯闭锁、道岔联锁、语音广播、视频监测、数据监测、防掉道预警并自动停车等核心功能，最终实现井下辅助运输系统单轨吊的无人驾驶功能。

（五）矿用智能单轨吊无人驾驶技术

国内外对不同类型的矿山运输系统进行了无人驾驶技术研究。德国 Scharf 公司、捷克 Ferrit 公司等实现了自动化单轨吊运输；德国 Siemens Mobility 公司、法国 Alstom SA 公司实现了电机车自动驾驶。在露天矿运输方面，瑞典 Sandvik 公司、美国 Caterpillar 公司、日本小松公司利用 GPS 定位系统、二维激光雷达等技术，实现了无人自动驾驶；瑞典 Volvo 公司研发的矿卡在矿井进行自主行驶试验。徐州江煤科技有限公司、中国矿业大学等单位相继开展了煤矿运输系统无人驾驶技术研究。

信息传输技术主要包括以下方面：

（1）基于多源感知环境状态信息获取单轨吊运输机器人有效行驶区间，采用视觉识别技术实时提取运行轨迹和沿线障碍物位置信息，设计单轨吊运输机器人自主防撞避障控制策略。

（2）考虑变坡、弯道、道岔轨道变形、变负载等因素，设计不同工况下单轨吊运输机器人最佳运行速度，建立兼顾运输效率及运行安全性的综合性能评估模型，结合全状态监测数据，构建单轨吊运输机器人分级报警、自动减速、安全停车等自主运行智能决策技术。

（3）结合感知定位、智能驱动、安全制动和自主运行技术，研制单轨吊运输机器人无人驾驶软硬件系统，开发无人驾驶远程智能监控平台。

（六）矿用智能单轨吊安全制动技术

安全制动作为智能化单轨吊安全可靠运行的保障，随着制动需求的动态管理技术，在制动能量回收、制动风险动态评估预测、不同制动策略动态控制以及不同制动状况下应急处置等方面进行优化：

（1）设计基于四象限变频器/交流变频电机的制动能量回收系统，分析大坡度重载下行摩擦—再生耦合制动能量回收规律，优化制动能量回收系统元件参数，实现大坡度重载下行制动能量高效回收。

（2）通过实时采集制动系统传感状态信息，结合运行环境感知数据，制定单轨吊运行环境风险和制动系统风险评价准则，优化轻度、中度及重度不同等级下阈值区间，构建制动风险动态评估预测技术。

（3）确定不同制动工况下单轨吊最佳制动能量控制策略，采用无缝切换技术抑制多重制动模式切换冲击，设计多制动单元间制动力矩分配策略，构建基于动态控制分配的分布式多点协同制动控制技术。

（4）设计不同制动风险等级下应急处置策略，构建坡道起步防溜车制动、超速快速泄压制动、安全冗余制动等技术,实现不同风险下单轨吊运输机器人快速安全停车制动。

(七) 矿用智能单轨吊车辆车载子系统

矿用智能单轨吊系统如图 2-85 所示,系统主要包括车辆车载子系统、运输网络子系统和远程遥控子系统三个部分。

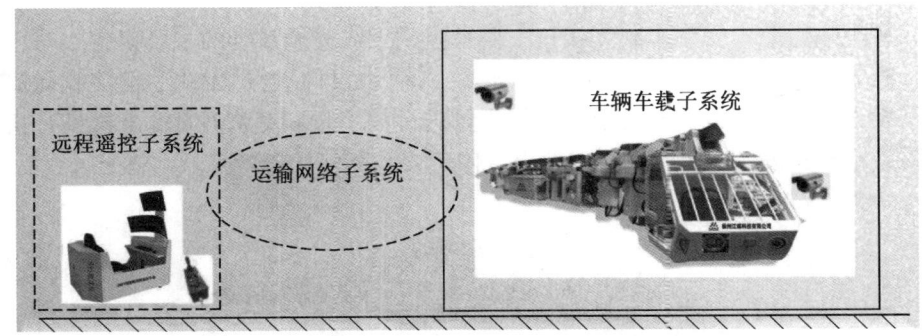

图 2-85　矿用智能单轨吊系统

车辆车载子系统是指安装在车辆上的所有控制器、传感器、电源、高清网络摄像头、网络交换机等,如图 2-86 所示。运输网络子系统主要包括运输轨道过程中的信号灯控制器、道岔控制器、车辆定位设备以及实现车辆车载子系统和远程遥控子系统之间的网络通信,包括有线和无线通信网络。远程遥控子系统主要包括视距遥控器、矿用井下遥控平台和地面远程遥控平台等,实现对掘进机的近距离或者远程控制。

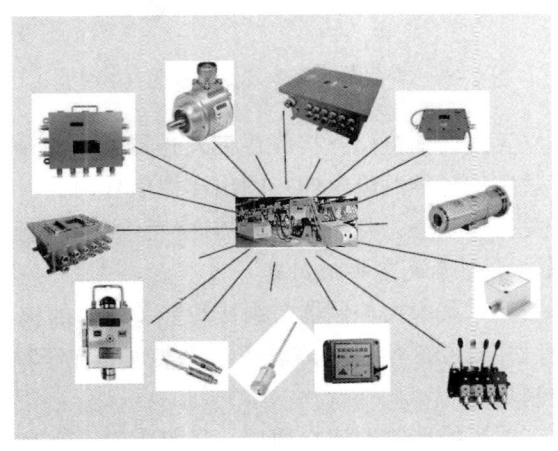

图 2-86　车辆车载子系统

车辆车载子系统主要包括：矿用隔爆兼本安型车载无线接收器 1 个；矿用隔爆兼本安型车载中央控制器 1 个；矿用本安型拾音器 1 个；矿用本安型车载无线摄像仪 4 个；参数监测传感器（压力、温度、油位、瓦斯等）；车辆位置传感器（绝对值编码器、UWB 定位设备等）；矿用隔爆兼本安型网络交换机 1 个；矿用隔爆兼本安型电源 2 个等。

1. 矿用隔爆兼本安型车载无线接收器

矿用隔爆兼本安型车载无线接收器是组成无线遥控系统的主要设备之一，防爆标志为 Ex [ib] I Mb，如图 2-87 所示。该设备可以通过无线通信接收遥控发送器发送来的数据包，并且根据功能逻辑进行数字量和 PWM 的输出；具有实时性强、结构紧凑、接线简单、功耗小、便于安装和使用等特点。

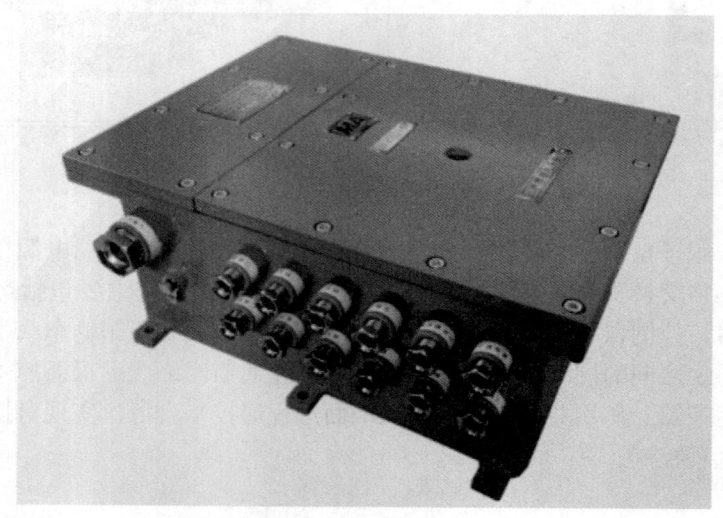

图 2-87　矿用隔爆兼本安型车载无线接收器

主要功能：建立无线通信链路；接收遥控发送器控制指令；输出 PWM 信号控制电磁阀；输出数字信号控制继电器；输出模拟信号调节工作参数；采集车辆工作参数；采集开关工作状态；与中央控制器通信，交换信息。

2. 矿用隔爆兼本安型车载中央控制器

矿用隔爆兼本安型车载中央控制器是组成智能单轨吊的核心设备之一，防爆标志 Ex[ib] I Mb，如图 2-88 所示。该设备主要实现运输车辆数据采集、定位、道岔控制等核心控制功能。

主要功能：与车载遥控接收器建立通信；采集车辆工作参数；采集开关工作状态；机车高精度定位；报警提示；道岔控制；车载控制器状态指示。

图 2-88　矿用隔爆兼本安型车载中央控制器

3. 矿用本安型拾音器

矿用本安型拾音器（图 2-89）在井下使用，其可以实现井下到井上音频数据的采集，把井下设备的音频数据发送到井上，再通过其音频还原井下声音到地面，让地面控制中心更形象地体会到井下设备的控制方式。

图 2-89　矿用本安型拾音器

4. 矿用本安型车载无线摄像仪

在车辆前后安装基于 5G/4G 的矿用无线摄像仪（图 2-90），实时获取车辆行驶区域内的视频图像，并通过无线通信网络传输到井下远程监控中心和地面监控中心。

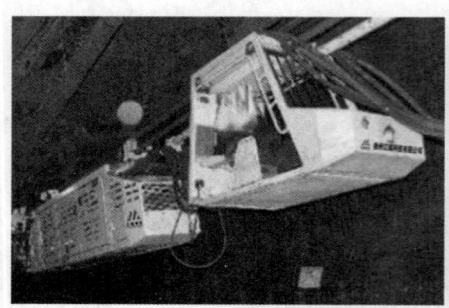

图 2-90　矿用本安型车载无线摄像仪

5. 压力传感器

压力传感器（图 2-91）是能感受油路压力信号，并能按照一定的规律将压力信号转换成可用的输出的电信号的器件。其用于检测液压系统的系统、制动、夹紧压力。

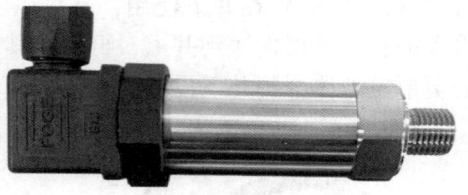

图 2-91　压力传感器

6. 绝对值编码器

绝对值编码器（图 2-92）是用于测量煤矿井下旋转设备的转速、转角等参数，将旋转的机械位移量转换为电气信号，对该信号进行处理后检测位置、速度等的传感器。

图 2-92　绝对值编码器

7. 矿用隔爆兼本安型网络交换机

矿用隔爆兼本安型网络交换机（图 2-93）是一种专为煤矿易燃易爆环境设计的网络设备，其独特的设计和性能特点使其能够满足煤矿工业实时控制要求和对恶劣环境的适应性。

图 2-93　矿用隔爆兼本安型网络交换机

8. 矿用隔爆兼本安型电源

矿用隔爆兼本安型电源（图 2-94）是一种允许在瓦斯、煤尘爆炸危险环境中使用的通用本质安全型不间断电源，适用于向矿用本质安全型设备提供电源。

图 2-94　矿用隔爆兼本安型电源

二、轨道系统智能化

轨道系统智能化主要体现在轨道的可视化技术，以及轨道沿线的配套传感器的精确定位技术。轨道系统的可视化技术是合理调配车辆、根据生产需求自动计算车辆运输任务的关键，是实现无人驾驶的基础。

（一）轨道系统的可视化与精确定位技术

轨道系统的可视化与精确定位技术可实现单轨吊的精确定位，定位误差小于 30 cm，为实现车辆的无人驾驶提供基础数据。可视化及精确定位系统如图 2-95 所示。

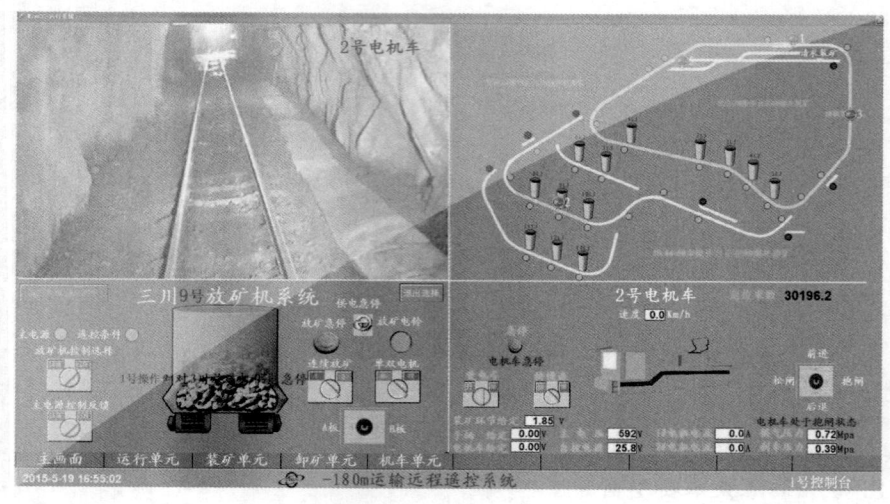

图 2-95 可视化及精确定位系统

为了实现辅助车辆的精确定位，系统设计采用机身绝对值编码器结合 UWB 定位技术，实现 30 cm 内的高精度定位。核心精确定位方法，即利用机身驱动轴安装的绝对值编码器，计算车辆长距离行驶位置，同时在一定距离（例如 500 m），以及关键定位位置，例如在轨道的道岔、红绿灯、交叉口等安装 UWB 定位标签，通过轨道系统的定位标签，从而精确判断机车位置，进行相应自动控制。车辆调度指挥系统采用了该定位技术，如图 2-96 所示。

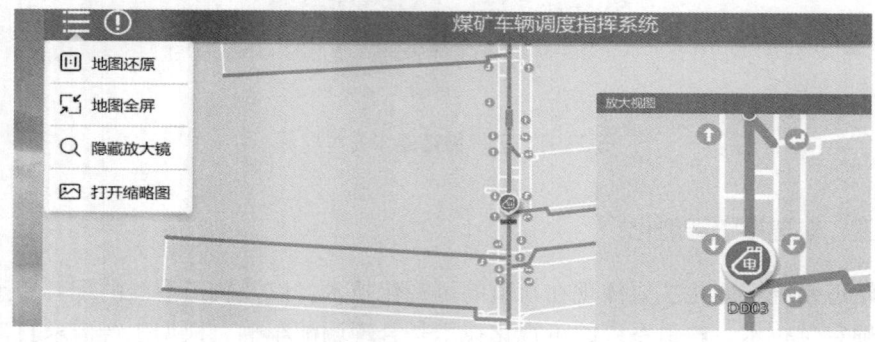

图 2-96 车辆调度指挥系统

车辆运输路线如图 2-97 所示,实时显示井下运输路线、道岔、红绿灯以及井下各个车辆位置,从而为无人驾驶系统提供基础保障。

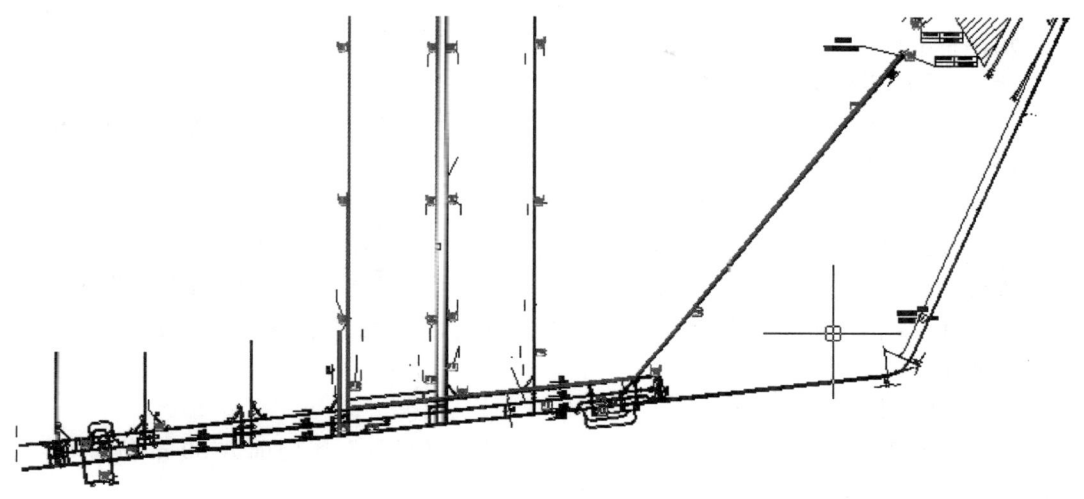

图 2-97 车辆运输路线

(二) 轨道路径记忆及自规划技术

轨道路径记忆及自动规划技术指基于运输系统数字地图,输入车辆出发点和目的位置,系统自动规划运输路经,实现最优化车辆运输和调度功能;系统各个车辆的运行轨迹通过沿线轨道铺设的通信系统传输到控制平台中,实现运输系统轨道的实时记录;通过轨道系统中各通信节点的运行数据,分析车辆的运行状态,以及轨道系统的使用、维护情况。

(三) 轨道系统中速度控制技术

轨道系统中速度控制技术指机车按照预设路线速度要求运行,上位机根据机车运行位置、当前坡度情况进行机车加减速操作。

三、沿线设备智能化

沿线设备智能化指实现整个单轨吊运输系统精确定位,以及通过与沿线设备的互联互通,实现对车辆的无人化驾驶和远程操控。沿线设备与车辆之间的安全探测、信号传输和设备信号的动作,以及车辆信息的精准传递是实现车辆智能化的重要保障。

(一) 信号灯闭锁功能

基于车辆精确定位和车辆路径规划,监测车辆运行状态,经综合运算后,自动控制变换红绿信号灯。

(二) 道岔联锁功能

基于车辆精确定位和车辆路径规划，当车辆行驶至道岔前方 30 m 位置时，道岔自动扳动到要求位置，并发出道岔位置确认信号。

(三) 移动视频监测功能

车辆前后安装多个无线视频摄像头，实时传输视频监测画面到远程监控中心，从而实时观察车辆运行状况。

(四) 道岔到位确认功能

在距离道岔 20 m 处安装特殊信标，机车经过特殊标签时，读取道岔状态，如道岔到位，语音喇叭提示前方有道岔；如道岔未到位，触发司机室的报警器报警，在 9 s 内，机车得不到司机的按键确认信息，车载智能控制终端自动控制机车停车。

(五) 风门联锁功能

基于车辆精确定位和车辆路径规划，当车辆行驶至风门前方 30 m 位置时，风门开关到要求位置，并发出确认信号。

(六) 瓦斯联锁功能

机车运行过程中实时检测瓦斯浓度，并将信息发送至上位机。当瓦斯浓度超限时应自动停车并上报至上位机，由上位机判断机车是否熄火。

(七) 视距/远程遥控切换功能

基于 5G/4G/Wi-Fi 无线通信系统，实现井下单轨吊的精确定位、安全探测、信号灯闭锁、道岔联锁、语音广播、视频监测、数据监测、防掉道预警并自动停车等核心功能，最终实现井下辅助运输系统单轨吊的无人驾驶功能。

(八) 运输网络通信子系统

运输网络通信子系统主要包括运输轨道过程中的信号灯控制器、道岔控制器、车辆定位设备以及实现车辆车载子系统和远程遥控子系统之间的网络通信，包括有线和无线通信网络，如图 2-98 所示。

1. 兼容 5G 通信系统

5G 网络在煤矿井下的应用，充分考虑了 5G 技术高带宽（单用户速率可达 1.7Gbps）、低延时（空口延时可低至 1 ms）、大连接（每平方千米 100 K）的特性，结合网络切片、移动边缘计算等优势可完全满足综采工作面等区域信号覆盖及语音、视频、数据监测及控制等实际需求。为了运输网络通信子系统无线通信网络的应用，无线通信网络优选 5G 系统，在 5G 系统安标认证和防爆检测时限无法满足要求时，可以考虑 4G 无线通信网络或者 Wi-Fi 无线通信系统。无线通信系统如图 2-99 所示。

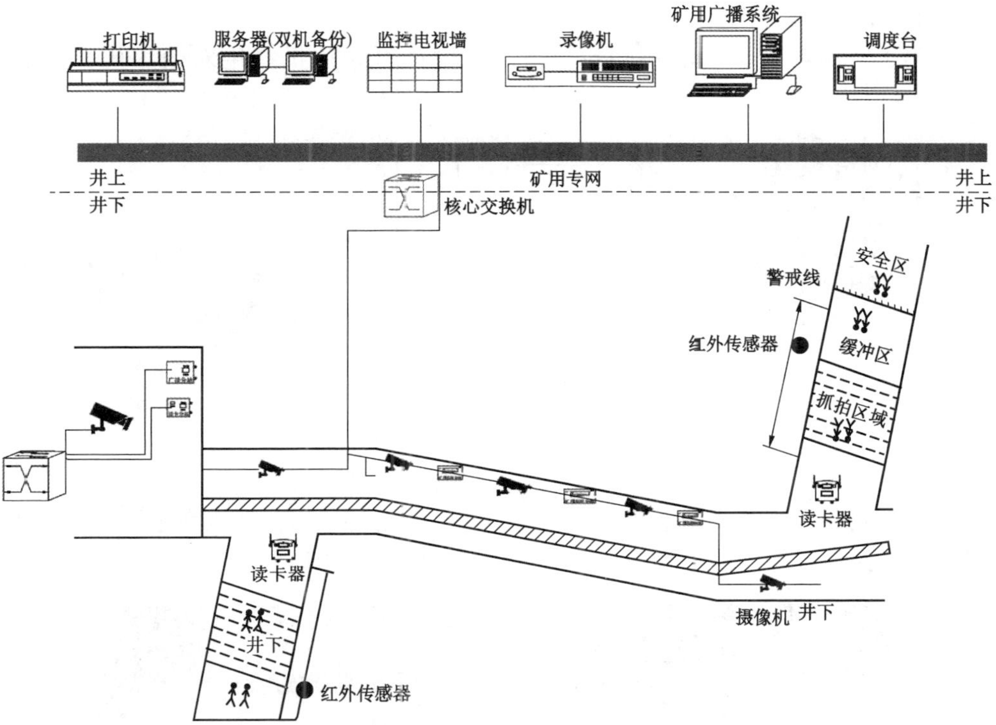

第二章　矿用单轨吊运输系统的基本结构与组成

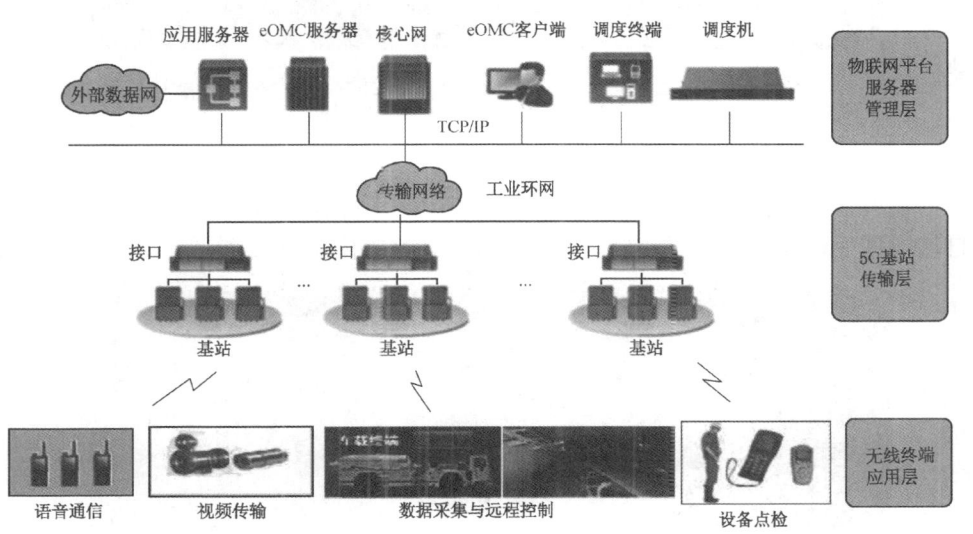

图 2-98　运输网络通信子系统

图 2-99　无线通信系统

2. 精确定位单元

为了实现辅助车辆的精确定位，系统设计可采用机身绝对值编码器结合 UWB 定位技术，实现 30 cm 内的高精度定位。精确定位器如图 2-100 所示。

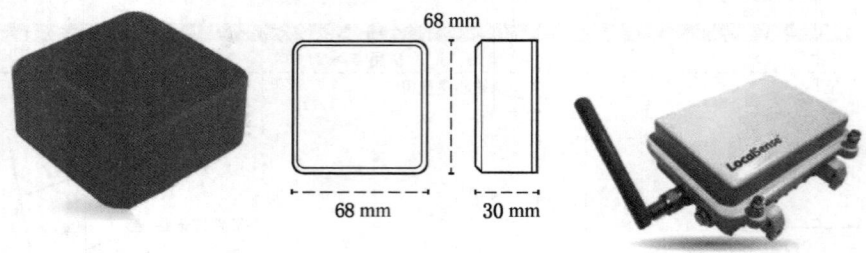

图 2-100　精确定位器

3. 红绿灯指示

无人驾驶系统基于井下车辆位置，监测车辆运行状态，经综合运算后，自动控制运行路线红绿信号灯变换。红绿灯指示如图 2-101 所示。

图 2-101　红绿灯指示

4. 道岔自动控制

在道岔安装自动执行器和控制器，基于机车路径规划路线和机车精确定位，自动或者手动远程控制扳动道岔。远程控制道岔如图 2-102 所示。

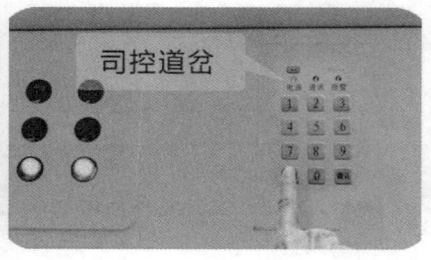

图 2-102　远程控制道岔

5. 防掉道预警

在距离道岔或轨道末端 20 m 处安装特殊 UWB 定位装置和控制器，当机车经过道岔时，读取道岔状态，如道岔到位，语音喇叭提示前方有道岔；如道岔未到位，触发司机室的报警器报警，在规定时间内，机车得不到司机的按键确认信息，车载智能控制终端自动控制机车停车。当机车到达轨道末端 20 m 时，语音喇叭提示到达轨道末端 20 m，触发司机室的报警器报警，在规定时间内，若机车得不到司机的按键确认信息，车载智能控制终端将自动控制机车停车。防掉道预警如图 2-103 所示。

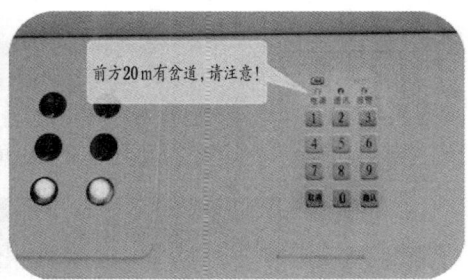

图 2-103 防掉道预警

6. 接近报警

当车辆附近有其他车辆、行人或者障碍物时，系统软件报警并弹出报警车辆信息，提示附近有障碍物靠近，防止发生车辆碰撞事故发生。接近报警如图 2-104 所示。

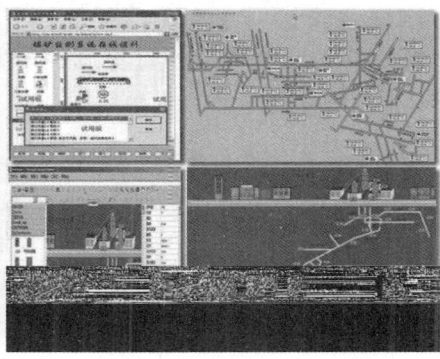

图 2-104 接近报警

四、平台智能化

(一) 智能调度技术

澳大利亚工业研究所利用虚拟建模提出"矿井数据四维可视化"概念；美国 Modular Mining 公司和加拿大 Wenco 采矿公司开发了 Dispatch 智能调度系统，实现了露天矿井运输车辆的动态调度。国内厂家的实现方式有：通过主站和分站的相互通信来实现管理系统对井下的实时监控调度；基于无线宽带的矿用辅助运输调度管理系统，实现车辆定位、语音视频通话和运输线路规划。徐州江煤科技有限公司、中煤科工集团常州研究院等单位研制了煤矿井下移动目标定位及调度系统。

(二) 运行数据实时监测控制技术

安装在机车上的数据采集装置从机车控制中心获取机车主要运行参数，通过无线网络上传至远程控制中心。运行数据实时监测系统如图 2-105 所示。

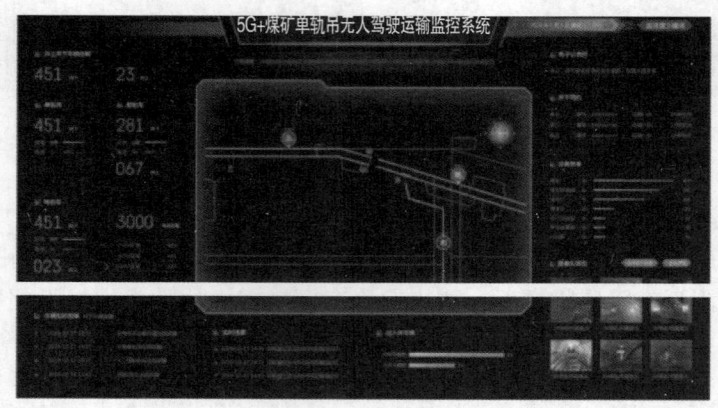

图 2-105 运行数据实时监测系统

(三) 智能系统

1. 远程遥控子系统

远程遥控子系统（图 2-106）主要包括：矿用本安型遥控发送器 1 个；井下无人驾驶遥控平台 1 套；地面远程控制平台 1 套；井下单轨吊机车集控中心 1 套；矿用隔爆兼本安电脑 2 套；矿用网络交换机 1 个；地面网络交换机 1 个；矿用隔爆兼本安电源 2 台。

1) 矿用本安型遥控发送器

矿用本安型遥控发送器（图 2-107），实时采集开关和手柄状态，通过无线网络将控制指令发送给矿用隔爆兼本安型车载无线接收器。

第二章 矿用单轨吊运输系统的基本结构与组成 · 167 ·

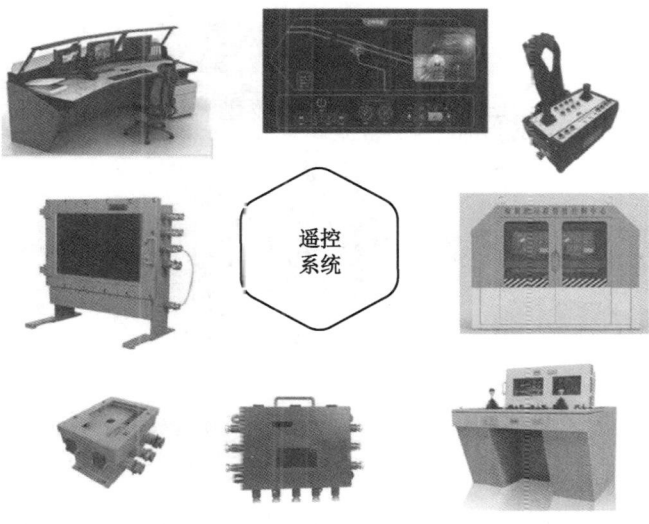

图 2-106 远程遥控子系统

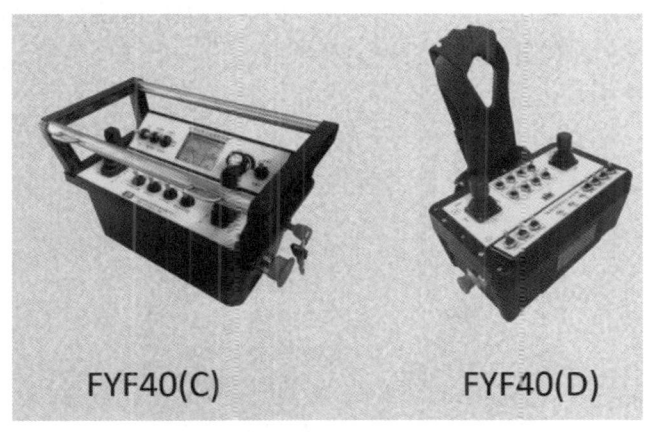

图 2-107 本安型遥控发送器

2) 井下无人驾驶遥控平台

井下无人驾驶遥控平台（图 2-108）是根据煤矿特点设计的通用操作终端，具有丰富的开关量、模拟量输入输出接口、RS-485 通信接口，可与各类控制箱、显示器、传感器、变频器等配套使用，实现对煤矿辅助运输系统的控制和保护。

图 2-108 JMWR-1 井下无人驾驶遥控平台

3）地面远程遥控平台

地面远程遥控平台专为煤矿井下辅助运输系统定制，基于人机工程原理，根据机器型号和控制要求，布置拨动开关、旋钮、操作手柄、按钮等，通过无线/有线网络将控制指令发送给矿用隔爆兼本安型车载无线接收器，实时控制车辆的前进、后退、加速、减速、停车、喇叭、车灯等。远程遥控平台上配置有高性能双屏计算机，一个屏幕显示多路视频监测画面，另一个屏幕显示无人驾驶系统软件，如图 2-109 所示。

图 2-109 地面远程遥控平台

4）井下单轨吊机车集控中心

井下单轨吊机车集控中心可布置于专用硐室、服务车或者平板车上，主要用于实现对多个单轨吊的智能驾驶和集中控制。井下单轨吊集控中心配置有专用控制台和井下隔爆兼本安电脑,既可实现对独立单个单轨吊的智能驾驶控制,也可以实现对多个单轨吊的智能驾驶,实现一对多功能。井下单轨吊机车集控中心如图 2-110 所示。

图 2-110　井下单轨吊机车集控中心

2. 车辆调度

在地面远程控制中心和井下控制台,人工调度车辆从 A 地运输车辆到 B 地,系统自动计算最优路线,并完成自动驾驶运输任务。车辆自动调度系统如图 2-111 所示。

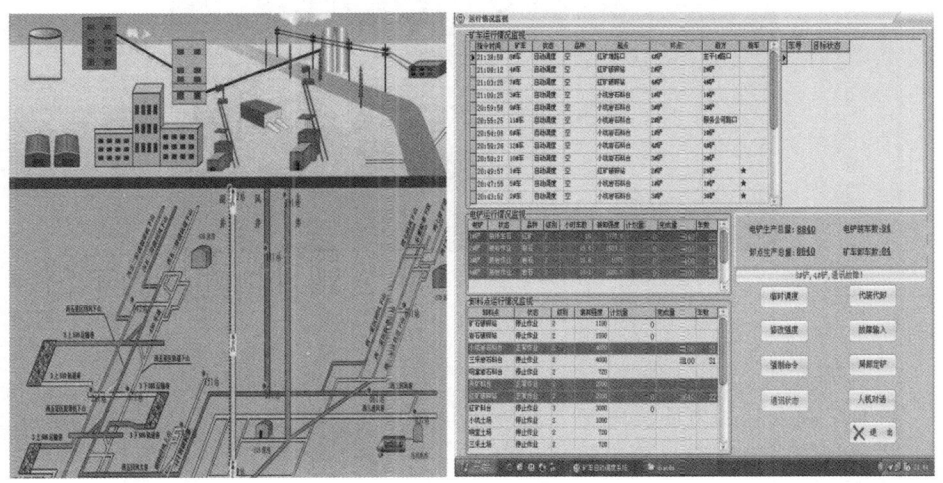

图 2-111　车辆自动调度系统

3. 运行轨迹回放

运行轨迹回放指展示指定车辆在指定时间内的运行轨迹。运行轨迹回放如图 2-112 所示。

图 2-112　运行轨迹回放

4. 现场可视化

机身安装高清网络摄像机，实时采集工作现场关键视角的视频图像信息，通过无线网络传输到远端监控中心系统软件，实现工作面现场的可视化。现场可视化监测系统如图 2-113 所示。

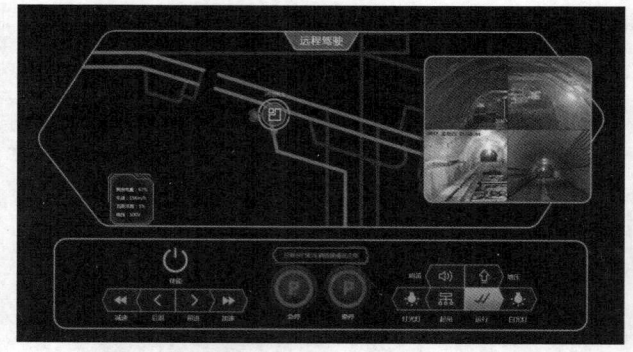

图 2-113　现场可视化监测系统

5. 工况监测

基于车辆安装的电压、电流、温度、加速度等传感器，实时监测车辆工况参数，当数据超过限值时，发出声光报警。

6. 系统软件

煤矿井下辅助运输无人驾驶系统服务器软件适用于煤矿井下的通用单轨吊和

齿轨车。该软件安装于上位机服务器上,基于 Win7 以上操作系统,C/S 架构,服务器端软件主要功能模块如图 2-114 所示。

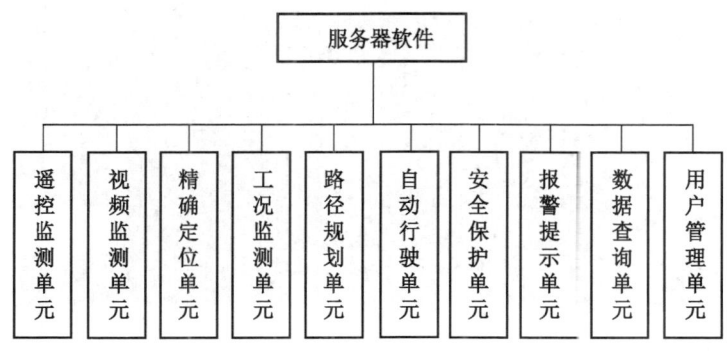

图 2-114 服务器软件功能模块组成

单轨吊智能驾驶系统主界面实时动态显示单轨吊在运输巷道中的实时位置、工作参数、定位校准标签位置等信息,对运行轨迹和运行参数进行轨迹记忆,并可以根据实际需要进行回放。单轨吊远程控制系统软件主界面如图 2-115 所示。

智能化单轨吊随着煤矿智能化需求建设,由于单轨吊具有明确轨道运行路线,相比其他矿用设备,更容易实现智能化。由于煤矿井下环境复杂,单轨吊智能辅助系统在驱动技术、定位技术、控制技术、信息传输技术等方面仍存在诸多难题。要实现单轨吊智能化的可靠应用,在智能化技术研究的同时,必须加强设备及配套设施的可靠性研究。

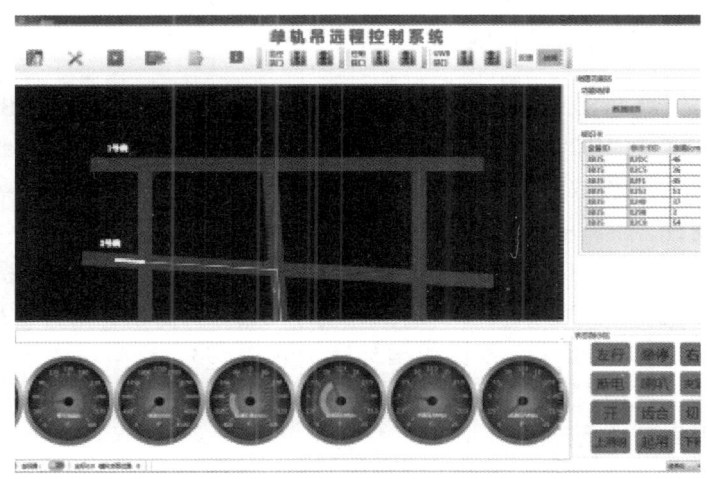

(a) 实时位置状态

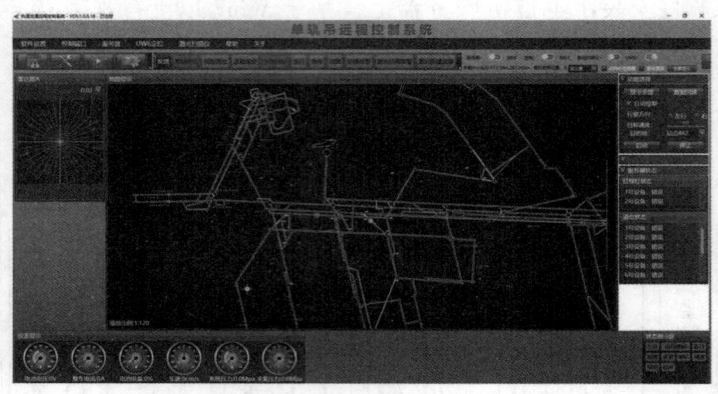

(b) 实时运行状态

图 2-115 软件主界面

第七节 典型矿用单轨吊技术性能及特点

目前，相比其他类型的单轨吊，防爆柴油机单轨吊机车和防爆特殊型铅酸蓄电池单轨吊机车由于各自均具有不同的优势，在市场上占有较大比重，应用比较广泛。近年来，随着锂离子蓄电池电源的广泛应用，矿用锂离子蓄电池单轨吊呈现上升趋势。针对目前的使用现状，本节通过介绍不同单轨吊机车的整机具体组成，便于读者能更好地了解单轨吊。

一、防爆柴油机单轨吊机车

以徐州江煤科技有限公司设计制造的 DCR200/130Y、DCR175/130Y、DCR150/130Y、DCR125/130Y 系列防爆柴油机单轨吊机车为例，介绍防爆柴油机单轨吊机车主要参数、组成结构以及使用过程中注意事项。

（一）简介

DCR200/130Y、DCR175/130Y、DCR150/130Y、DCR125/130Y 系列防爆柴油机单轨吊机车是一种在有可燃性粉尘、矿井气体等具有潜在爆炸性危险区域运送人员、物资的牵引机车。根据德国标准 DIN 20593，机车仅限于在 I140E 和 I140V 型轨道上使用。

（二）适用条件及范围

防爆柴油机单轨吊机车适用于煤矿井下长距离、大坡度、重载工况下的物料运输作业，也可用于人员运输作业。防爆柴油机单轨吊机车主要在贵州、云南、安徽、山东等地的各大煤矿应用。

（三）主要技术参数

DCR200/130Y、DCR175/130Y、DCR150/130Y、DCR125/130Y 系列防爆柴油机单轨吊机车通用技术参数见表 2-30，各车型机车技术参数见表 2-31，坡道运载能力见表 2-32。

表 2-30 DCR 系列通用技术参数

序号	名称	技术参数			
1	型号	DCR200/130Y	DCR175/130Y	DCR150/130Y	DCR125/130Y
2	牵引力	200 kN	175 kN	150 kN	125 kN
3	通过最小曲率半径	水平 4 m/垂直 10 m			
4	适用轨型	I140E、I140V			
5	驱动部数量	8 组	7 组	6 组	5 组
6	制动闸数量	16 组	14 组	12 组	10 组
7	单组驱动部牵引力	25 kN			
8	防爆柴油机型号	KC6107DZLYFB			
9	防爆柴油机额定功率/转速	130 kW/2200 rpm			
10	柱塞泵型号	A4VG250HD3DM2/32R-NZD10F021D-S			
11	驱动马达型号	MS05-2			
12	液压系统额定工作压力	32MPa			
13	制动系统工作压力	15 MPa			
14	矿用隔爆兼本安型主控箱	KXJ24			
15	适应坡度	≤25°			
16	额定夹紧压力	11 MPa			

表 2-31 DCR 系列各车型机车技术参数

序号	机车型号	全驱最大运行速度/($m \cdot s^{-1}$)	5 驱最大速度/($m \cdot s^{-1}$)	限定速度/($m \cdot s^{-1}$)	牵引人车数/辆	乘人数/(人/辆)	外形尺寸/(m×m×m)	设备质量/t
1	DCR200/130Y	1.2	1.7	1.955	1~2	12	35.66×1×1.83	12.906
2	DCR175/130Y	1.4	1.7	1.955	1~2	12	34.06×1×1.83	12.209
3	DCR150/130Y	1.6	1.7	1.955	1~2	12	32.46×1×1.83	11.513
4	DCR125/130Y	1.7	—	1.955	1~2	12	30.86×1×1.83	10.816

表 2-32 DCR 系列各车型机车坡道运载能力　　　　　　　　　　t

型号	坡度						
	≤6°	10°	15°	18°	20°	22°	25°
DCR200/130Y	42	42	38	32	28	25	22
DCR175/130Y	36	36	32	26	23	21	18
DCR150/130Y	32	32	26	22	20	18	15
DCR125/130Y	30	30	22	18	16	14	11

（四）主要组成结构

1. 驾驶室

DCR200/130Y、DCR175/130Y、DCR150/130Y、DCR125/130Y 系列防爆柴油机单轨吊机车配备的驾驶室如图 2-116 所示。

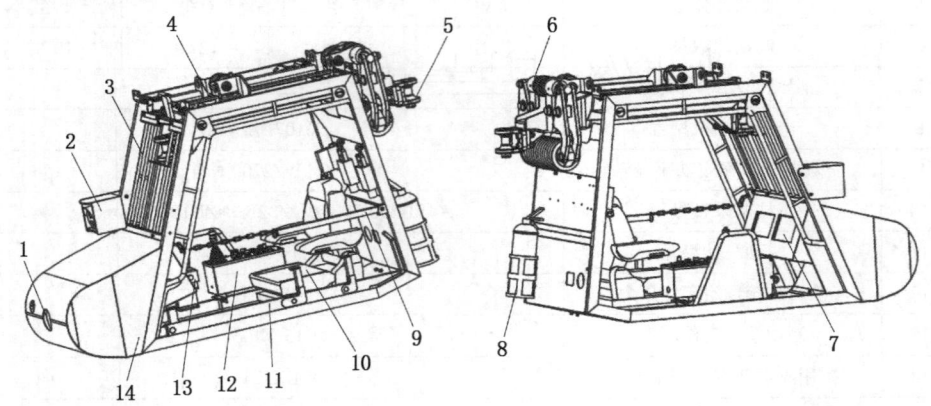

1—照明设备；2—摄像仪；3—护栏；4—吊架；5—铰接座；6—制动装置；7—显示器；
8—手动灭火器；9—防护装置；10—驾驶座椅；11—进出司机室辅助装置（备选）；
12—操作箱；13—卸荷阀；14—驾驶室框架

图 2-116 防爆柴油机单轨吊机车驾驶室

机车由两个司机室组成。当需要改变机车运行方向时，除了在调车工况下，司机都应该进入司机室，且面向机车运行的方向。用户在机车上直接使用的所有部件都必须符合柴油机单轨吊机车运行的技术和安全要求。只能从一个司机室发出操作指令。如果一个司机室里面的点火开关被开启，那么另一个司机室的控制指令将被锁定而不能发出。司机室与其他单元之间的电子通信通过一系列的数据总线来完成。紧急制动管线贯穿于整部机车中。紧急停车按钮设于司机室内。司机室是由钢板制成的轻型结构，顶部配有刚性底架。司机室的底部通过一阻尼减振装置与顶部相连。

头灯用于机车地下行驶过程中的照明。它有两个白色 LED 灯和一个红色 LED 灯。白色的 LED 灯用作行车灯和近光灯。红色 LED 灯为尾灯。运行状态中，近光灯的灯强度约减少 50%。另外两个 LED 头灯可用于照明。

进出司机室辅助装置固定于驾驶室一侧，根据需要可折叠，如图 2-117 所示。通过进出司机室辅助装置，操作人员可以安全地进出高悬的司机室。司机室把手也可用作辅助设备。

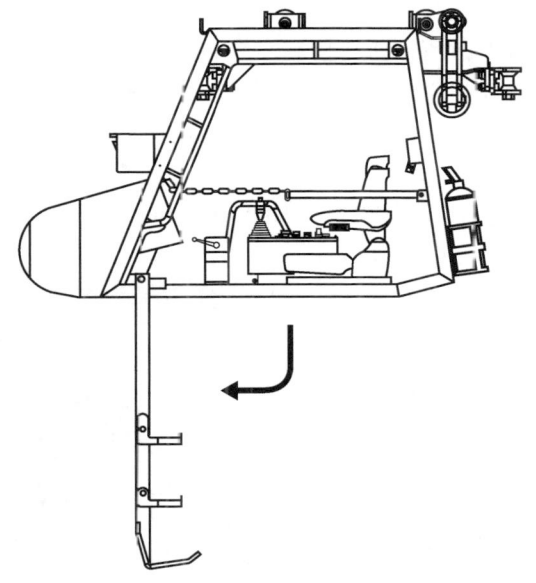

图 2-117　进出司机室辅助装置

操作台主要有操纵杆、紧急制动按钮、点火开关等，如图 2-118 所示。机车司机室与其他部分的电子通信通过串行数据总线来完成。

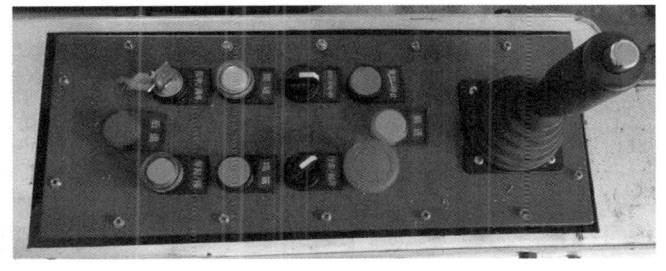

图 2-118　操作台

锁定刹车和方向选择通过操纵杆进行调节。如有需要驱动模式的转换,通过"驱动模式转换"按钮来实现。另外,操纵杆上的按钮用于启动声讯信号传感器。

紧急制动按钮"S1"位于驱动传感器上,驱动传感器上有两个断开触点。断开触点上的信号通过CAN数据总线直接连接到驱动传感器上的输入线路。紧急制动线路贯穿于整个机车。

驾驶室的启用通过点火钥匙来实现。钥匙插入驱动传感器上的驱动开关内才能激活并启用驾驶室。只有当驾驶室处于激活状态下,驱动控制命令才有效。如果第二个驾驶室同时被激活,所有控制命令将被锁定,从而启动刹车,机车将停止运行。司机室因而被联锁。显示装置可显示不同的运行和机械参数。参数显示功能可通过启动多功能驱动传感器上的信号传输按钮来实现。

2. 驱动部

DCR200/130Y、DCR175/130Y、DCR150/130Y、DCR125/130Y 系列防爆柴油机单轨吊机车驱动部如图2-119所示。

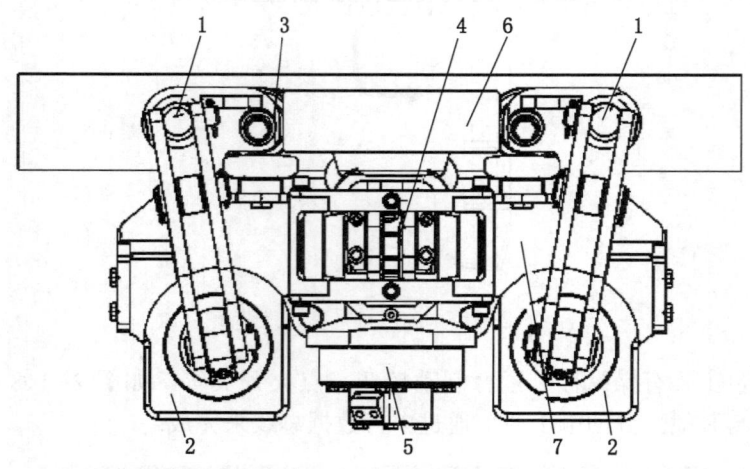

1—制动装置;2—制动弹簧组;3—承载轮;4—夹紧油缸;
5—液压马达;6—驱动轮;7—驱动部支架

图2-119 驱动部

3. 拉杆

机车部件通过拉杆作为连接装置组装成机车机组,如图2-120所示。

拉杆与同等型号滚轴均可用于柴油单轨吊机车所有驱动装置。装配有轴承将有助于改进驱动状况并减少磨损。

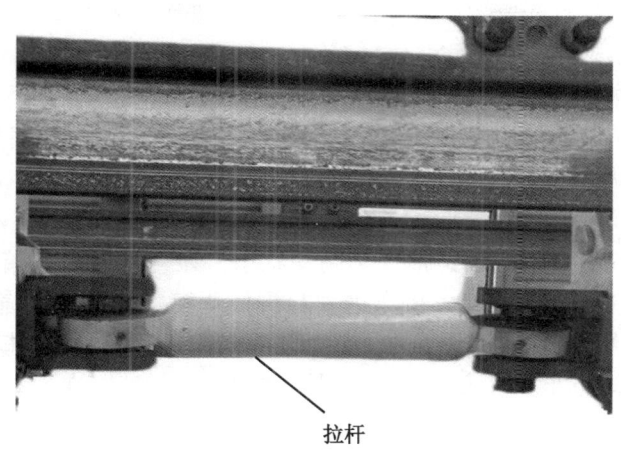

图 2-120 拉杆

4. 液压系统

防爆柴油机单轨吊机车的驱动装置包括液压泵和液压马达。装配有清洗和供给压力阀的液压泵和液压马达形成了一个封闭的液压回路。带综合性供给泵的轴向活塞泵被用作柴油机单轨吊机车液压传动系统的驱动泵,所设置的压力切断功能和高压安全阀可以确保该进水泵的安全性。对于作业的液压装置如制动排气装置、接触压力形成装置,以及起重横梁的压力来源,都可以通过齿轮泵来提供。限压阀限制了所允许的最大泵压为 200 bar。液压系统装配有安装座阀门来减少系统的压力损失,并且保证即使在柴油机停机状态下也同样可以保持蓄力器的压力。压力过滤器和回流过滤器可以确保对液体进行过滤,因此可以保证液压系统的安全运行。液压系统主要用于柴油机启动、驱动作业、制动、起重作业、关闭发动机、开启手动泵等。

1)柴油机启动

柴油机是靠液压启动的。释放阀启动时,通过激活启动阀,蓄能器的液压油将对启动装置加压,从而启动柴油机。

2)驱动作业

定量阀启动后通过改变泵的排量来增加柴油机的转速。这些阀门在每个走行方向都配有相应的磁铁、装配有速度控制模块的轴向活塞泵,可以防止柴油机出现过载的情况。另外装配的功率阀可以根据泵的工作压力来限制其位移角度和液压泵吸入量。液压泵通过蓄能控制阀将蓄能器充满液压油。如果达到所设定的蓄力压力,阀门将开启液流循环,以降低系统压力。液压油流经冷却器冷却后,再通过回流过滤器回到液压箱,这样就可以保证液压油的永久循环和冷却。蓄压器安全模块可以确保蓄能器按照规定使用压力限制模块和排水阀。

3）制动

液压驱动作用等同于行车制动器。当减小操作杆的位移时，机器将会相应减速。另外，弹簧制动闸作为紧急制动闸对机车进行保护。制动阀被置入主控制块内，来控制制动弹簧装配液压缸。节流阀确保制动器缓慢关闭。

4）起重作业

防爆柴油机单轨吊机车正常停车制动状态，在驾驶室操作箱上将机车"行走"状态调到"起吊"状态，机车进入起重作业模式。从起重横梁回流的液压油将通过冷却器和回流过滤器，再回到液压箱。限压阀确保起重横梁回路的压力不超过 120 bar。机车在"起吊"模式下不可以"行走"，在"行走"模式下不可以"起吊"作业。

5）关闭发动机

通过操作主机两侧的任一手动阀门，都可使柴油机停机。第 5 个和第 6 个驱动部的关闭会降低牵引力，加快运行速度。只有在发动机运转、制动闸打开的情况下，才能关闭第 5 个和第 6 个驱动部。因为甩驱阀的作用，不工作状态的驱动部为独立状态，液压马达不工作，摩擦轮为不工作状态。未被关闭的驱动的抱闸仍处于激活状态。发动机被关闭后，发动机自动恢复到"3+3"的驱动模式。

6）开启手动泵

手动泵可以将蓄能器充满。当松开制动闸时，通过移动球阀，可以将制动缸与制动控制模块之间的连接中断，制动闸可以通过手动泵打开。通过球阀，可以用手压泵将蓄能器压力充满。

5. 消防系统

消防系统是发生火灾时才启用，主要由热感气动触发装置、定向阀、主机部分的手动触发按钮、灭火器喷嘴、灭火剂罐、可移式手动灭火器等组成，如图 2-121 所示。其中定向阀主要用于柴油机停机。

6. 离心启动装置

离心启动装置包括启动杆、安全阀和启动器轴颈的机械结构单元，如图 2-122 所示。该机械离心启动装置被置入主机部分的小车内部，与之形成一个整体。达到在工厂内设定的启动速度时，起动轴颈将碰撞起动杆然后启动安全阀，启动制动程序。

7. 柴油机发动机

柴油机发动机是动力部件，是柴油单轨吊机车重要组成部分，主要由燃油系统、进气系统、排气系统、冷却系统等组成，具体部件组成如图 2-123 所示。

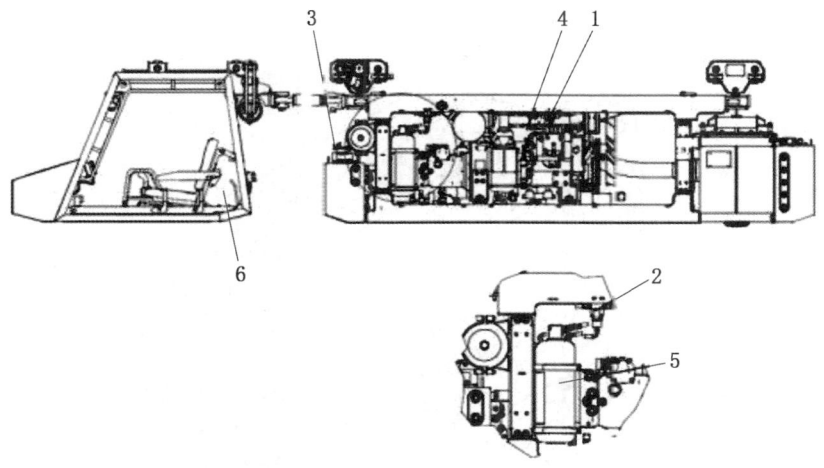

1—热感气动触发装置；2—定向阀；3—主机部分的手动触发按钮；
4—灭火器喷嘴（2个）；5—灭火剂罐；6—可移式手动灭火器

图 2-121　消防系统

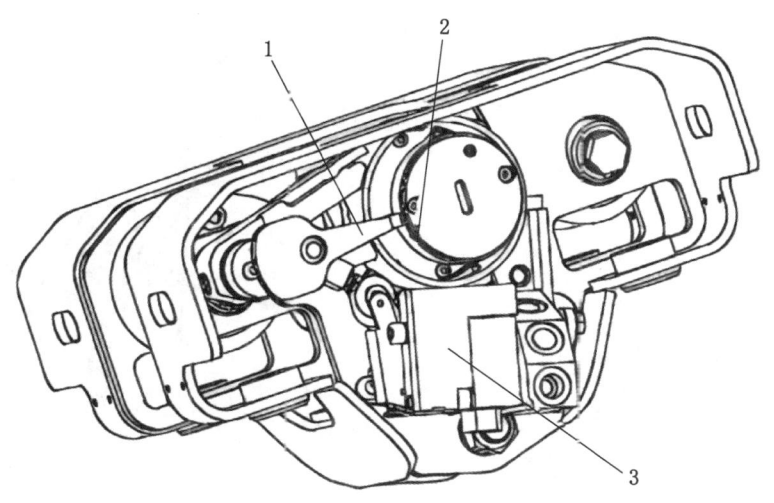

1—启动杆；2—启动器轴颈；3—安全阀

图 2-122　离心启动装置

1）燃油系统

燃油系统主要由喷油泵、过滤器（燃油粗滤器、燃油精滤器）、截止阀、油位指示管、连接管路、手动输送泵等组成，如图 2-124 所示。该燃油箱使用快

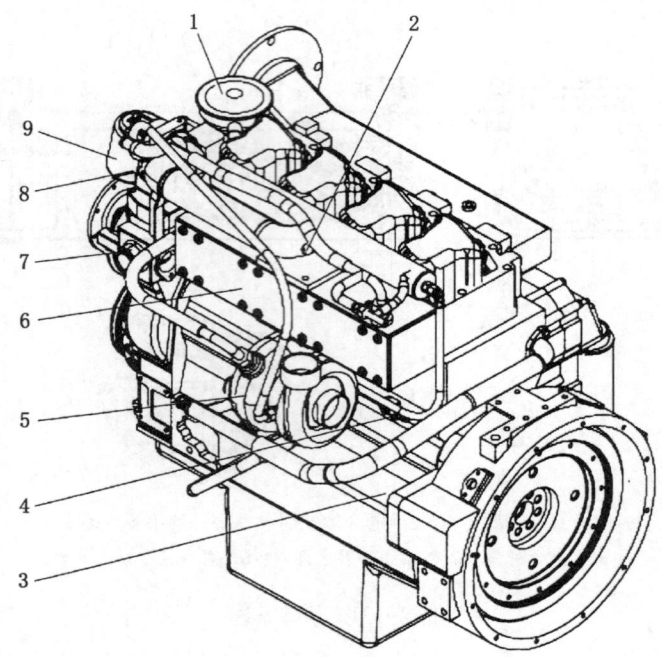

1—油分离器；2—冷却剂温度传感器；3—启动器；4—油压传感器；
5—水冷涡轮增压器；6—水冷排气管；7—水泵；8—冷却恒温槽；9—水冷排气管

图 2-123　柴油机发动机

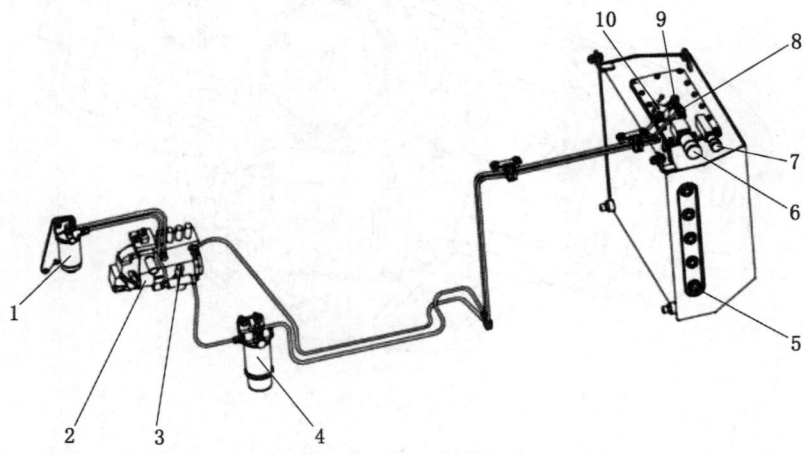

1—燃油精滤器；2—喷油泵；3—手动输送泵；4—燃油粗滤器；5—油位指示管；
6—加油连接部；7—补偿管路连接部；8—回油管线；9—进气口连接部；10—截止阀

图 2-124　燃油系统

速释放耦合器以自由落体式进行燃油加注。燃油箱与蓄能器之间的油-气混合物可以通过连接二级管路来进行补偿。可以通过油位指示玻璃管来观察燃油的油位高度。燃油粗滤器和燃油精滤器可以清除燃油中的异物。安装在燃油箱和燃油过滤器之间的截止阀可以在进行维修和保养时关闭燃油管路。

2）进气系统

进气系统由涡轮增压器、压力控制管路、截止阀、进气火焰消除器、充气连接管路、充气过滤器等组成，如图2-125所示。柴油机燃烧所用的新鲜空气在被吸入柴油机时，将通过二级空气过滤器来清除所含异物；经过涡轮增压器增压后，空气将通过软管以及进气火焰清除器进入柴油机进气区域。

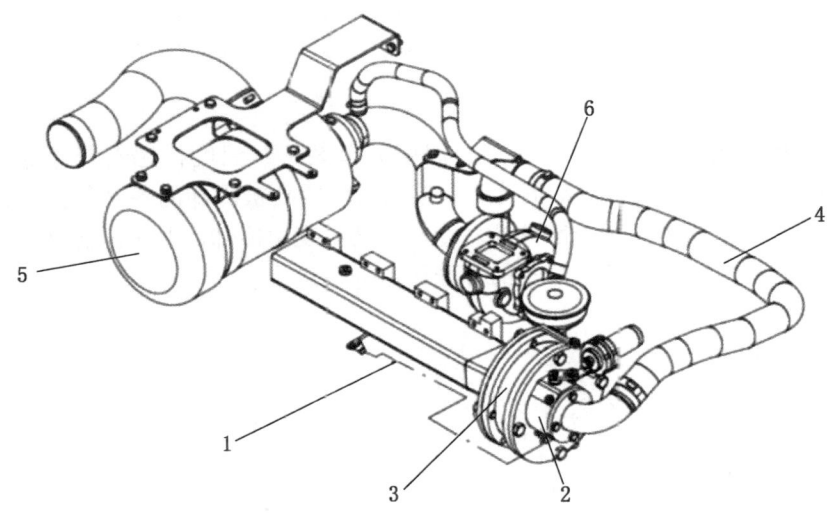

1—压力控制管路；2—截止阀；3—进气火焰清除器；
4—充气连接管路；5—空气过滤器；6—涡轮增压器

图2-125 进气系统

3）排气系统

排气系统主要由废气冷却箱、排气管路、水冷软管、法兰、温度传感器等组成，如图2-126所示。柴油机排出的废气经过水冷废气涡轮增压器后，将进入水冷排气管路和双层软管，这样废气将被进一步排放。双层软管终止于废气冷却箱。在冷却箱里面，废气被引导通过水箱进行冷却。通过冷却箱冷却后，废气将从废气系统中排出。板式防护外壳可防燃烧性排放的发生。当废气温度超过柴油机单轨吊机车安全线路所规定的废气温度范围时，温度传感器将被触动，柴油机将自动停机，进气火焰清除器前面的截止阀也将关闭。

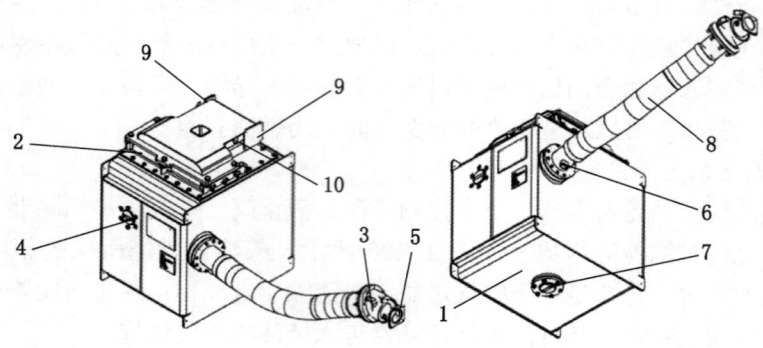

1—废气冷却箱；2—板式防护外壳；3—排气管路；4—注水塞；5—废气入口；
6—冷却水连接；7—排水塞；8—水冷软管；9—法兰；10—温度传感器

图 2-126 排气系统

水冷却系统由水冷却器、风扇、温度调节装置、温度传感器等组成，如图 2-127 所示。冷却水泵将冷却剂传送到柴油机中需要被冷却的各个部件以及其他需要冷却水冷却的排气系统部件处。冷却剂的温度由冷却回路中的温度调节装置控制。每个缸单元由曲轴箱分布的分配渠道分别供应。

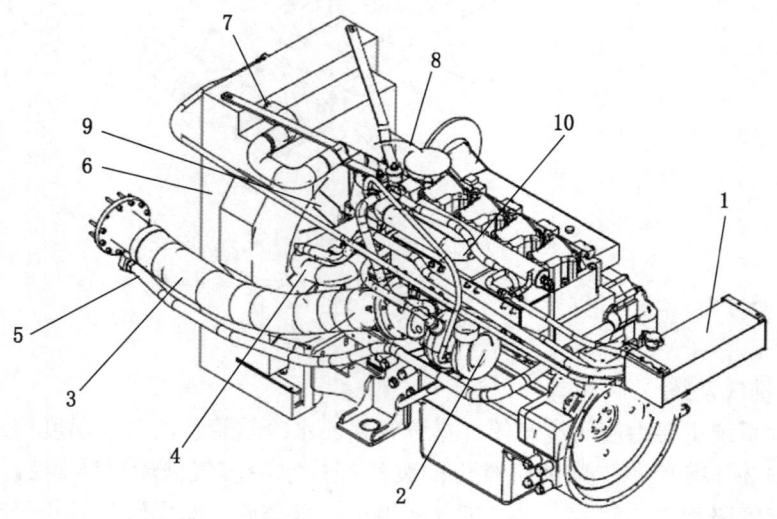

1—均衡风缸；2—涡轮增压器；3—水冷双层软管；4—水冷器的冷却水；
5—从冷却器出来的冷却水双层软管；6—水冷却器；7—冷却水进入冷却器的通道；
8—温度调节装置；9—风扇；10—冷却水温度测量点（温度传感器）

图 2-127 冷却水系统

8. 专用人车

专用人车由连接装置、车厢、座椅、防护链、折叠梯、承载小车等组成，如图 2-128 所示。

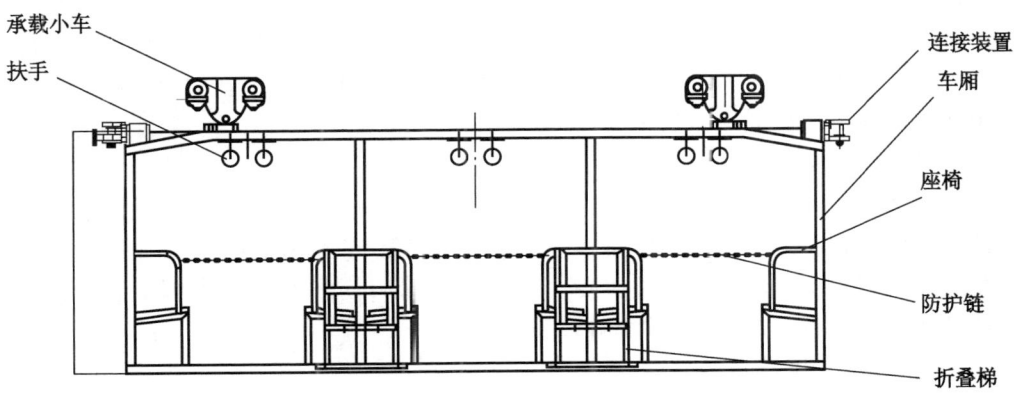

图 2-128 专用人车

机车配备 12 座等规格人车，可完成井下不同需求的人员运输工作；配置有承载小车，可通过承载小车直接装入整机中，也可将乘人车吊挂在起吊梁上；另配置了折叠梯，可适应高度较高的巷道。

9. 电气系统

防爆柴油机单轨吊机车的电气设备包括耐压发电机和车辆安全装置。所有独立装置都安装在司机室，主机部分和冷却装置里面都设计带有在可能发生爆炸的地下区域操作所使用的自推装置。在柴油发动机的两个模组内，线路都带机械防护装置，通过遍布四周的防护板进行防护。机械防护的附近防护，冷却单元跟主机部分处在边缘部分的所有线路都用电缆夹固定以防绝缘层磨穿。连接线被固定在冷却单元出口，在主机接入口部分则用软管夹，这可以防止连接线移动式损伤绝缘层。

1）本质安全控制系统

本质安全控制系统能够安全地传输并显示车辆的运行情况及信号，监测与运行和维修操作相关的所有参数。运行状态通过七段显示装置中的 LED 灯来显示，这对司机和服务人员提供了非常有效的帮助。所有电气设备都具有防震防撞功能，其防护等级为 IP54。所有传感器的输入信号线路都被监控。一个独立附设的安全环具有安全关闭机器功能。

2）电源箱

耐压电源箱包括车辆设备的控制系统核心和四个安全电源，每个电源的电压为 12 V，最大电流为 2 A。

3）三相发电机

耐压密封三相发电机是自励式，具有短路保护的三相发电机，可控的负载独立的输出电压。发电机具有防短路保护功能，可以在电流为 9A 恒定的运行状态下加载。如果出现短路故障，控制系统可以将短路电流限制到 3A。在一般运行状态下，发电机对机车的非本安电路进行供给。保险丝为安装在输入线路的安全电源微型组件上提供短路保护。

10. 机车装置

机车装置主要包括驱动传感器、电源装置、控制面板、工作电压电流状态监测器、配电箱，以及信号传感器（声讯信号传感器）、驾驶转换器（操纵杆、紧急制动、驾驶室启动键、驾驶切换）、车灯、冷却单元部件、甲烷测量装置、系统插头（终端插头）、水平柱塞等。

1）驱动传感器

驱动传感器被用于向机车装置发送控制指令；其与机车装置间的通信是通过数据总线完成的。

2）电源装置

电源装置置于冷却装置内，由一个耐压外壳和一个模块架构成。

3）控制面板

控制面板包括光耦合器的输入线路以及控制面板（带输出线路的本质安全控制板）上的 CAN 数据总线模块。该板有七条输出线路用于驱动外部反应器，以及两条 PWM 输出线路。

4）工作电压电流状态监测器

工作电压监测板监测来自发电机的输入电压，监测板与前盖的接线端相连。当电流达到用户软件所规定的界限值时，柴油机将立刻停机。电路板的非本质安全部分经过 CAN 数据总线，本质安全光耦合器接口与控制系统中心相连。控制面板上的一浮动继电器触点可用于与外部本质安全电路相通，当车辆装置显示超速状态时，该触点开启。

5）配电箱

主机部分装配有两个配电箱。安装于主机部分的反应器和传感器都与这两个配电箱相连。通过系统线路，配电箱被连接到位于电源装置上的车辆装置控制系统中心。

11. 增量测量传感器

增量测量传感器如图 2-129 所示，用于记录运行距离、操作速度和超速情况。该传感器有两个通道：通道 A 与通道 B。

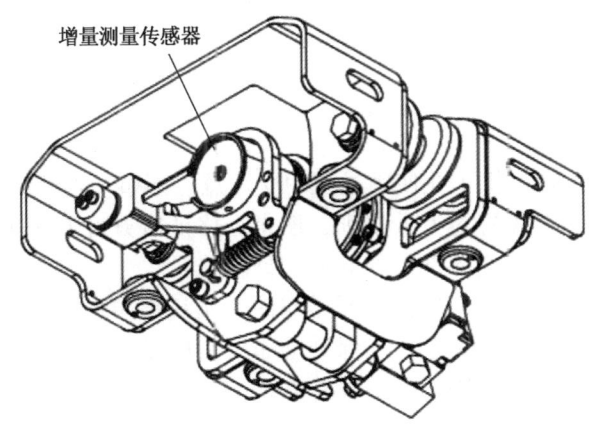

图 2-129 增量测量传感器

当速度超过超速启动器的预警限定值时,两个司机室的声音信号传送器都被激活,给司机时间进行减速,可以在运用软件中设定报警值。超速起动装置由增量测量传感器的信号起动,可以在运用软件中设定该起动限定值。

12. 温度测量传感器

温度测量传感器用于监测防爆安全温度,以及柴油机单轨吊机车的操作温度。当超过或低于应用软件中的设定值时,显示装置将向司机显示故障信息或报警。

13. 水平测量传感器

可以使用水平测量传感器来监测液压箱的液面高度。当液面高度低于所规定的最小值时,柴油机将停机。

14. 紧急供电装置

紧急供电装置 DXJ24B,用于瓦斯高危区本安操作或本安装置的电流供给,即使集成蓄电池的本安输入电压中断,其也能保证所联结负荷不间断。柴油机单轨吊机车上的紧急供电装置是通过一个本安电源进行供旦的,这个本安电源在甲烷浓度达到 0.5% 时自动关闭。如果甲烷浓度增加,紧急供电装置的本安输出线路和与供电装置连接的本安保护装置将继续运行。

15. 继电器耦合卡

继电器耦合卡作为元件,被安装在防爆装置的外罩中。它被用作整合本质安全电路进入非本安电路;整合非本质安全电路进入本安电路;连接不同的本质安全电路。它只允许安装在 d 区域之内或 Ex 区域之外。

(五) 主要技术特点及注意事项

1. 主要技术特点

防爆柴油机单轨吊机车具有以下技术特点:

(1) 续航能力强。
(2) 爬坡能力强。
(3) 牵引能力大。

2. 注意事项

防爆柴油机单轨吊机车在使用过程中应注意以下事项：
(1) 操作人员必须经过专业培训，取得合格证后方可上岗操作。
(2) 维修时不得改变零部件的规格和型号。
(3) 未经允许不得随意更换重要零部件，尤其是涉及安全的零部件。
(4) 使用前检查制动装置，确保其动作灵活可靠。
(5) 运输作业时，重物下方不得有人。
(6) 坡道运输时，作业人员应在单轨吊车行进坡度的上坡。
(7) 除日常维修保养外，重大故障排除及修理需由单轨吊机车生产厂家进行。
(8) 检修时，不得改变与安全保护装置本安电路有关的元器件的参数和规格型号。
(9) 不得随意与其他未经关联检验的电气设备连接，不得在井下带电开盖检修。
(10) 在任何情况下，都不得接触制动机构，因为制动机构随时都可能闭合。
(11) 高压液压油可穿透皮肤，造成重伤，严禁带压作业。
(12) 更换制动块时必须拔掉销轴，严禁将手放在制动块与轨道之间。
(13) 矿井甲烷浓度超过 0.5% 时严禁开机。
(14) 严格按照"坡道运载能力"进行运输，严禁超载。
(15) 不可同时载人载物。

二、防爆特殊型铅酸蓄电池单轨吊机车

防爆特殊型铅酸蓄电池单轨吊机车是一种以蓄电池为动力源，电力驱动电机继而带动机车运行的煤矿井下辅助运输设备。其不仅能运输材料、人员和设备，还可以完成井下设备的提升、吊装等工作，是一种投资少、维护方便、多功能、高效率的井下辅助运输设备系统。典型的防爆特殊型铅酸蓄电池单轨吊机车有徐州江煤科技有限公司生产的 DX120/72P 等系列铅酸蓄电池单轨吊机车。

（一）适用条件及范围

防爆特殊型铅酸蓄电池单轨吊机车适用于煤矿井下小坡度（±15°）巷道内物料和人员的整体运输。防爆特殊性铅酸蓄电池单轨吊机车以铅酸蓄电池为动

力，具有启动灵活、受底板变形影响小、运行噪声低、绿色环保等特点。

（二）主要技术参数

徐州江煤科技有限公司生产的 DX120/72P 等系列铅酸蓄电池单轨吊机车主要技术参数表详见表 2-33，载荷-坡度对照表详见表 2-34，工作环境参数表详见表 2-35，充电机参数表详见表 2-36，负载质量与爬坡角度曲线如图 2-130 所示。

表 2-33 DX120/72P 等系列蓄电池单轨吊机车主要技术参数

序号	项目	DX120/72P	DX100/60P	DX80/48P	DX60/36P	DX40/24P
1	驱动电机额定功	6 kW（单台）				
2	最大牵引力	120 kN	100 kN	80 kN	60 kN	40 kN
3	最大运行速度	1.6 m/s				
4	限定速度	1.84 m/s				
5	适应坡度	≤15°				
6	通过最小曲率半径	水平 4 m/垂直 10 m				
7	设备质量	14 t	13 t	12 t	11 t	10 t
8	外形尺寸	26.88 m× 0.93 m× 1.51 m	5.5 m× 0.93 m× 1.51 m	24.12 m× 0.93 m× 1.51 m	2.74 m× 0.93 m× 1.51 m	21.36 m× 0.93 m× 1.51 m
9	紧急制动力	180 kN	150 kN	120 kN	90 kN	60 kN
10	驱动部数量	6 组	5 组	4 组	3 组	2 组
11	制动部数量	8 组	7 组	6 组	5 组	4 组
12	单制动部制动力	30 kN				
13	蓄电池型号	2~3 驱配备 DXT252/350 电池；4~6 驱配备 DXT252/560 电池				
14	蓄电池额定容量	350 Ah；560 Ah				
15	泵站电机功率	12 kW				
16	液压泵型号	KNF10P0				
17	液压系统额定工作压力	15 MPa				
18	液压系统最高工作压力	20 MPa				

表 2-34 DX120/72P 等系列蓄电池单轨机车吊载荷-坡度对照表　　　　t

型号	坡度						
	≤4°	6°	8°	10°	12°	14°	15°
DX120/72P	32	32	31	25	21	17	16
DX100/60P	24	24	22	18	15	13	12

表 2-34（续）

t

型号	坡度						
	≤4°	6°	8°	10°	12°	14°	15°
DX80/48P	20	20	17	15	12.5	10	9
DX60/36P	16	16	12	9	7	5	4
DX40/24P	12	8.5	6	4	2.5	1.5	1

表 2-35　DX120/72P 等系列蓄电池单轨吊机车工作环境参数表

机车型号	DX40、DX60、DX80、DX100、DX120
水平轨道偏移角度	±1°
垂直轨道自水平位置偏移角度	±3.5°
运行轨道	满足 DIN 20593 标准的 I140E、I140V 轨道
工作温度范围	−20~40 ℃
工作高度范围	海拔<1 km
相对湿度	≤98%
甲烷浓度	≤0.5%

表 2-36　DX120/72P 等系列蓄电池单轨吊机车充电机参数表

充电机型号	ZBC-150/400（B）
防爆特殊型标志	隔爆型
最大输出电压	400 V
最大输出电流	150 A
外形尺寸	1470 mm×760 mm×1205 mm

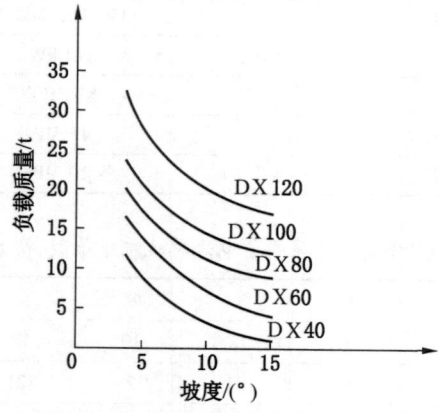

图 2-130　DX120/72P 等系列蓄电池单轨吊机车负载质量与爬坡角度曲线

(三) 主要组成结构

机车基本配置由司机室、驱动部、蓄电池车、电液控制车、限速装置五大部分组成。

1. 司机室

司机室位于机车的前后两端,由折叠梯、显示器、卸荷阀、操作箱、座椅、防护装置、灭火器、制动装置、摄像仪、喇叭、照明信号设备等组成,如图 2-131 所示。机车启动时,语音报警提示自动播音。

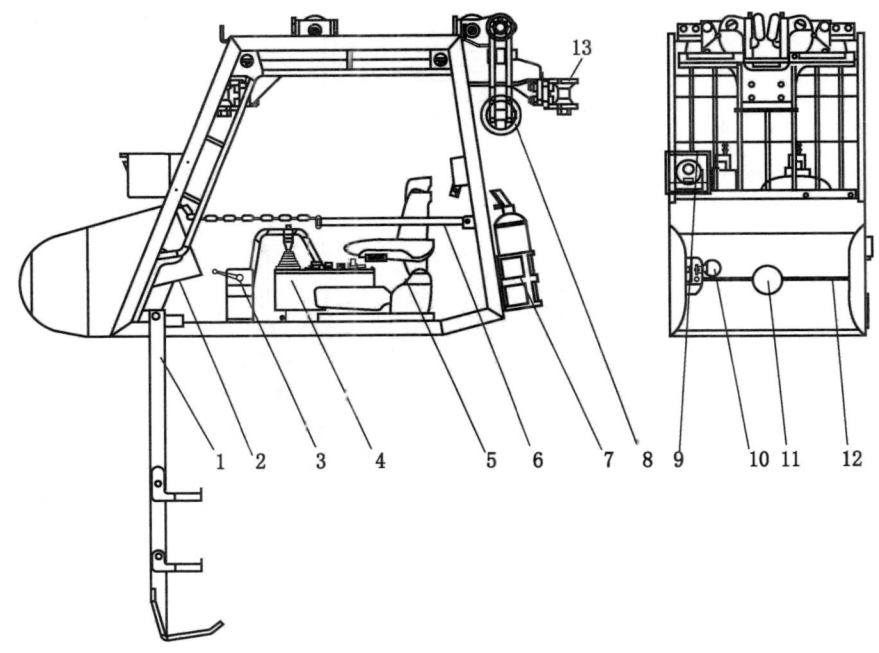

1—折叠梯;2—显示器;3—卸荷阀;4—操作箱;5—座椅;
6—防护装置;7—灭火器;8—制动装置;9—摄像仪;10—喇叭;
11—照明信号设备;12—驾驶室框架;13—铰接座

图 2-131 DX120/72P 等系列蓄电池单轨吊机车司机室结构示意图

司机通过可折叠的梯子安全上下高悬的驾驶室。按下列顺序打开折叠梯:①将梯子推到驾驶室旁边的止动位置;②将梯子牢牢固定后,向下旋转。

2. 驱动部

驱动部由电动机、减速机、制动装置、夹紧装置、支座以及连接头等组成,具体如图 2-132 所示。它独立悬挂于轨道上,靠摩擦轮与轨道所产生的摩擦力牵引机车行走。机车下坡时，利用电动机的动能进行能量转换，实现能量回馈，反向给蓄电池充电。

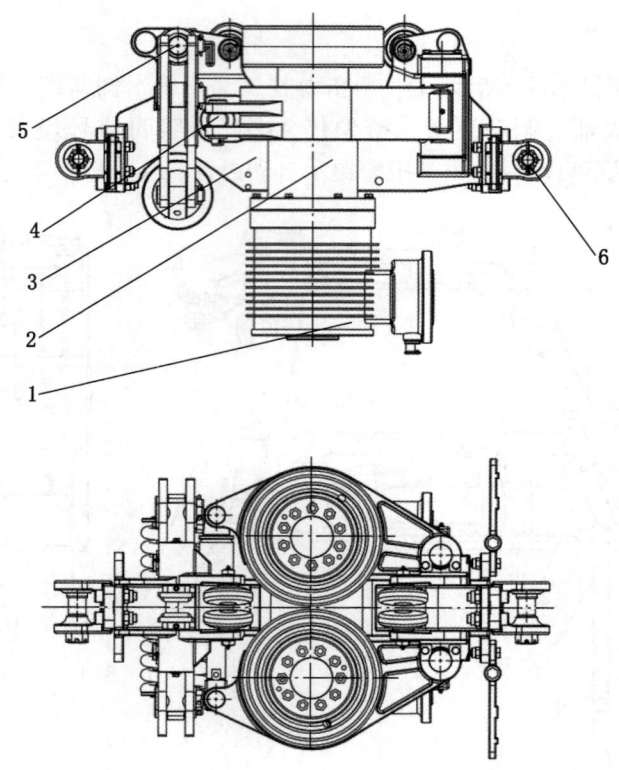

1—电动机；2—减速机；3—主吊架；4—夹紧油缸；5—制动装置；6—铰接座

图 2-132 驱动部结构示意图

夹紧油缸将驱动轮紧压在轨道辐板上，由驱动电机经减速机减速，驱动轮转动，来实现机车前进与后退。制动油缸泄油使制动弹簧伸长，通过杠杆机构将制动闸抱紧轨道，实现机车的紧急制动和驻车制动。驱动部通过拉杆销轴与相邻部件连接。连接销轴磨损10%后，必须更换。开口销不全严禁使用。

3. 蓄电池车

蓄电池车分无起吊梁电池车和带起吊梁电池车两种，可根据用户需求选配。

1）无起吊梁电池车

无起吊梁电池车主要由承载车、充电插销、隔离开关、电池、无动力电池梁等组成，如图 2-133 所示。

第二章 矿用单轨吊运输系统的基本结构与组成

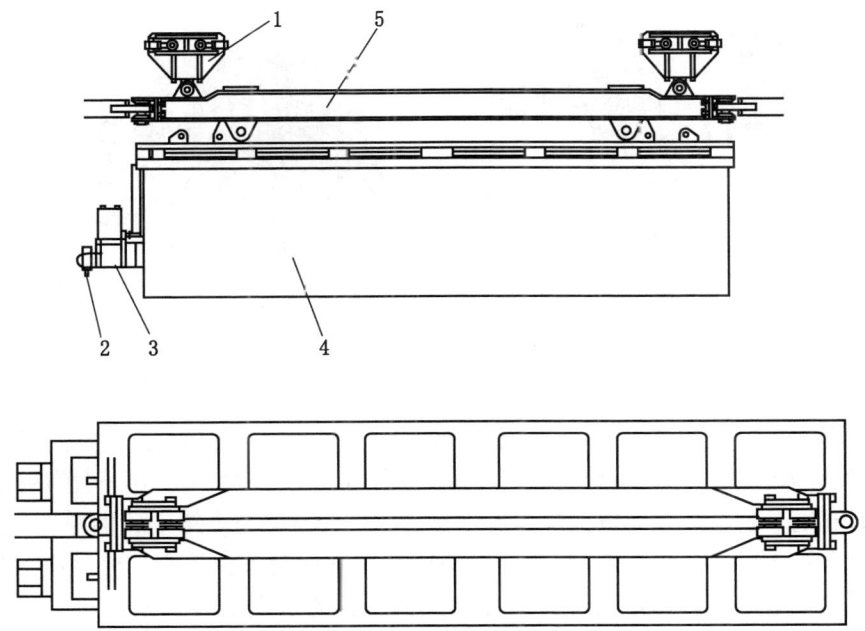

1—承载车;2—充电插销;3—隔离开关;4—电池;5—无动力电池梁

图 2-133 无起吊梁电池车示意图

2) 起吊梁电池车

起吊梁电池车主要由承载车、充电插销、隔离开关、电池、电动力电池梁等组成,如图 2-134 所示。充电插销如图 2-135 所示,隔离开关如图 2-136 所示。

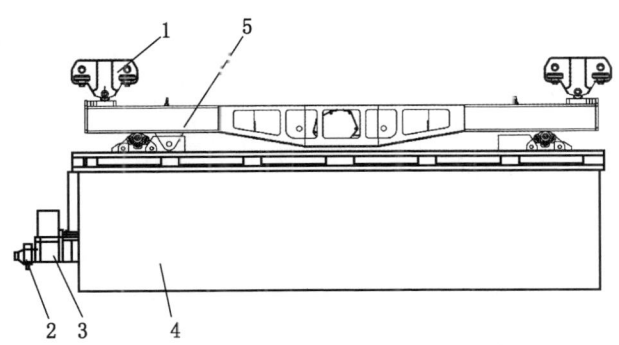

1—承载车;2—充电插销;3—隔离开关;4—电池;5—电动力电池梁

图 2-134 起吊梁电池车示意图

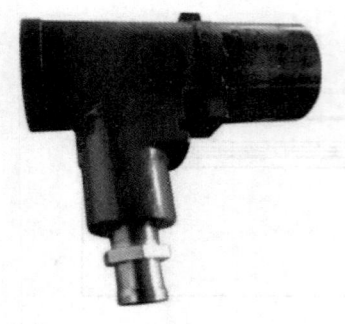 

图 2-135　充电插销　　　　图 2-136　隔离开关

蓄电池应尽量避免过充电、过放电和充电不足，因为过充电、过放电和充电不足将会缩短电池寿命。蓄电池在使用时，若电压低于 200 V，则不能使用，必须及时充电。蓄电池在充电前应先拧下特殊排气栓，等充电结束后再拧上。蓄电池在充电结束后，静置 1 h，将蓄电池的特殊排气栓旋上并拧紧。充足电后搁置未使用的蓄电池，每月要进行一次补充充电。蓄电池充电时充电机的"+""-"分别与蓄电池组的"+""-"相连接，绝对不能接错，以免损坏蓄电池和充电设备。

4. 电液控制车

电液控制车主要由承载小车、限速装置、架体、液压站、矿用隔爆兼本质安全型调速控制箱等组成，如图 2-137 所示。电液控制车是防爆特殊型铅酸蓄电池单轨吊机车的主要核心部件，主要由矿用隔爆兼本质安全型调速控制箱和液压站两大部分组成，矿用隔爆兼本质安全型调速控制箱用来完成牵引电机的变频驱动、液压站油泵电机的变频驱动以及机车检测、控制信号的处理，执行指令任务的发送；液压站的任务是为机车的驱动夹紧、制动器以及起吊梁提供液压动力来源。

1）电液控制车电气原理

蓄电池提供的电能，通过行走电机逆变器和油泵电机逆变器，将直流电逆变成三相交流电，供给行走电机和液压站油泵电机；同时，在机车下坡时，行走电机逆变器将单轨吊机车动能（或势能）转变成电能，向蓄电池组反充电。控制中心是单轨吊车操作、检测、显示、控制、执行的中枢环节，设置于防爆电控箱内的快开门上，通过航空插头与外部连接，分别完成对外部操作信号、液压站压力信号、逆变器的工作运行信号等的采集、检测和逻辑处理，并发出对行走逆变器、液压站逆变器、液压站电磁换向阀以及状态显示信号的输出控制指令。

第二章　矿用单轨吊运输系统的基本结构与组成　　·193·

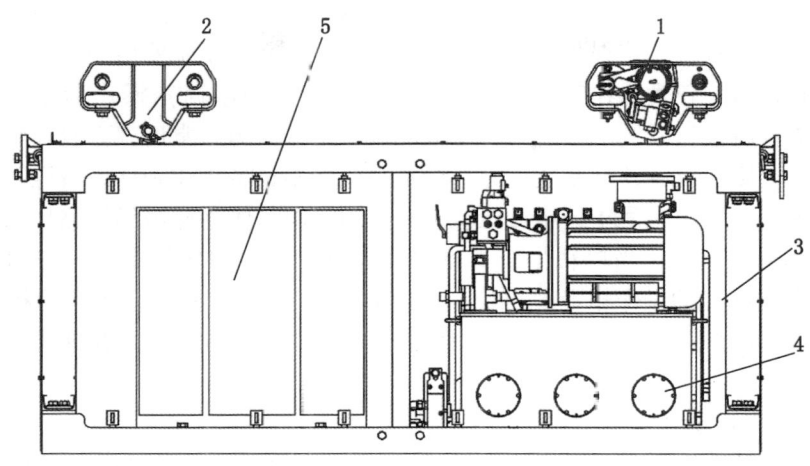

1—限速装置；2—承载小车；3—架体；4—液压站；5—矿用隔爆兼本质安全型调速控制箱

图 2-137　电液控制车示意图

2）电液控制车液压原理

单轨吊机车液压系统完成驱动轮与轨道之间的夹紧和克服制动器弹簧的弹力等工作，同时为起吊梁马达提供液压动力，完成货物的起吊。压力表工作状态如图 2-138 所示。

图 2-138　压力表工作状态显示图

当单轨吊车行走工作时，首先要求液压系统建立起系统工作压力，由控制中心发出指令，启动油泵电机，使油泵向系统提供压力；待液压系统压力达到设定最低值（6 MPa）时，发出系统压力正常信号，单轨吊车正常工作；待系统压力达到最高设定压力值（15 MPa）时，油泵停止工作，系统保压。当系统压力降到补压检测值时，系统自动启动油泵电机，进行补压；当系统压力再次达到最高设定压力值时，油泵电机停止工作，完成一次补压循环。当液压系统发生故障，不能正常进行补压，系统压力降到设定最低值时，液压系统发出警报并使单轨吊机车停止运行。正常操作时，单轨吊车接到加速（或减速）操作命令后，控制中心首先检测液压系统工作压力，待液压系统工作压力正常后，方允许牵引逆变器工作，否则，没有建立系统压力，行走逆变器不具备工作条件。液压系统设有起吊电磁阀，当单轨吊车处于行走状态时，起吊电磁阀将起吊梁油路切断，货物起吊马达不会工作；当单轨吊车处于停车状态，并且将司机室（1号司机室/2号司机室均可）的操作箱上"行走"模式调到"起吊"模式，观察司机室显示器上允许指示灯闪烁时，起吊电磁阀可给起吊梁马达供油，起吊减速机工作，升降重物。

3）功能显示

指示灯功能显示状态对应功能详见表 2-37，指示灯控制状态实物图如图 2-139 所示。

表 2-37 指示灯功能显示状态对应功能表

指示灯名称	状态	显示功能
速度 1	绿灯	正向行驶
速度 2	绿灯	反向行驶
前进 y	绿灯	可向前行驶
后退 y	绿灯	可向后行驶
控制箱 A	红灯	变频器 I 故障
控制箱 B	绿灯	变频器 II 正常
停止 A	红灯	驾驶室 1 停止
急停 A	红灯	驾驶室 1 停止
停止 B	绿灯	驾驶室 2 正常
急停 B	绿灯	驾驶室 2 正常
瓦斯超限	红灯	瓦斯传感器故障或瓦斯超限
油泵启	绿灯	油泵运行
爬坡	红灯	爬坡电磁阀得电
行走起吊	绿灯	正常行驶

5. 限速装置

机车配备的限速装置为离心限速装置，如图 2-140 所示。通过编码器测速装置对速度进行监测，编码器测速装置如图 2-141 所示。

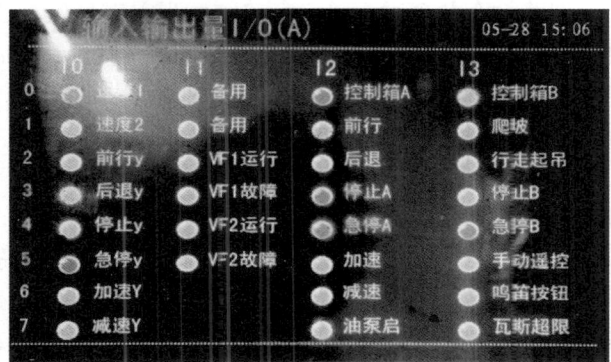

图 2-139　指示灯控制状态实物图

图 2-140　离心限速装置

图 2-141　编码器测速装置

液压系统压力回路设有两个紧急离心释放阀,当单轨吊机车速度超过最高速度 1.05 倍时,机车自动减速;当机车速度超过最高速度 1.15 倍时,机车自动急停;急停时,电控释放阀自动打开,系统卸荷,使制动器油缸失压,制动器紧急制动停车。应时常检查、保养离心释放阀,使之处于正常状态。

(四) 主要技术特点及注意事项

1. 主要技术特点

(1) DX 系列防爆特殊型铅酸蓄电池单轨吊机车的组成结构具有以下特点:

① 研制采用了防爆逆变调速系统,实现了单轨吊车的变频调速驱动。

② 采用先进的直接转矩控制方式,实现了单轨吊车的再生制动。

③ 采用以可编程控制器为核心的控制系统,实现了单轨吊车的过程控制和状态监测。

④ 采用整体结构优化设计技术,简化了传动结构,便于日常维护。

⑤ 研制采用了快速压力释放系统,缩短了制动距离,提高了系统的安全性能。

⑥ 配有 5 t/8 t/16 t/32 t 起吊梁,可完成支护材料、皮带、电缆及小型设备的运输;配有相应集装箱,可完成建筑材料、零散零部件的运输;配有专用起吊梁,可完成液压支架等大型装备的运输、转移。

(2) DX 系列防爆特殊型铅酸蓄电池单轨吊机车的安全保护具有以下特点:

① 具有失效制动功能。

② 具有双重电气制动方式。

③ 具有失速限速保护装置。

④ 遇有紧急情况,可人为操控紧急制动。

(3) DX 系列防爆特殊型铅酸蓄电池单轨吊的运行性能具有以下特点:

① 机车转弯半径小,爬坡能力强,可在多弯道、多岔道、底鼓严重巷道内运行。

② 可以在较窄巷道断面通过、穿行,有效优化现场工作环境。

③ 轨道悬挂于巷道顶端,安装、拆卸方便,不受底板条件限制。

④ 运输环节全过程控制,避免了传统运输方式的断绳、脱钩、翻车、跑车等现象。

⑤ 应用范围广,可运送人员、物料和设备等。

⑥ 采用蓄电池为动力源,噪声低、无污染、牵引力稳定、环保节能。

⑦ 操控简单,维护方便,运行成本低廉。

2. 注意事项

DX 系列防爆特殊型铅酸蓄电池单轨吊机车的使用维护管理应注意以下问题:

(1) 操作人员必须经过专业培训,取得合格证后方可上岗操作。
(2) 维修时不得改变零部件的规格和型号。
(3) 未经允许不得随意更换重要零部件,尤其是涉及安全的零部件。
(4) 使用前检查制动装置是否动作灵活可靠。
(5) 运输作业时,重物下方不得有人。
(6) 坡道运输时,作业人员应在单轨吊车行进坡度的上坡。
(7) 除日常维修保养外,重大故障排除及修理需由单轨吊机车生产厂家进行。
(8) 检修时,不得改变安全保护装置与本安电路有关的元器件的参数和规格型号。
(9) 不得随意与其他未经关联检验的电气设备连接,不得在井下带电开盖检修。
(10) 在任何情况下,都不得接触制动机构,因为制动机构随时都可能闭合。
(11) 更换制动块时必须拔掉销轴,严禁将手放在制动块与轨道之间。
(12) 浓硫酸对人体皮肤有烧伤的危险,严禁向蓄电池内直接加浓硫酸液调整。
(13) 矿井甲烷浓度超过 0.5% 时严禁开机。
(14) 严格按照坡道运载能力进行运输,严禁超载。

三、防爆锂电池单轨吊机车

徐州江煤科技有限公司生产的 DLR 系列(包括 DLR180/90P、DLR150/75P、DLR120/60P、DLR90/45P、DLR60/30P 等)防爆锂电池单轨吊机车,是近年研究开发的具有代表性的典型产品。

(一) 简介

DLR 系列防爆锂电池电单轨吊机车,是一种以锂电池为动力源、电力驱动电机继而带动机车运行的煤矿井下辅助运输设备。其运行轨道采用德国标准 DIN 20593 中的 I140E 型或 I140V 型工字形轨道。轨道由链条柔性地固定于巷道顶部,机车运行时承载轮卡入工字形轨道两侧。制动停车是靠制动器弹簧夹紧轨道腹板实现,动作方式为失效制动,运行安全、可靠。它不仅能运输材料、人员和设备,还可以完成井下设备的提升、吊装等工作,是一种投资少、维护方便、多功能、高效率的井下辅助运输设备系统。

(二) 适用条件及范围

防爆锂电池单轨吊机车用于煤矿井下辅助运输,运输倾角小于等于 15°。配

5t/8t/16t/24t/32t 起吊梁可完成各种物料、小型设备和大型设备的运输；配相应集装箱可完成散装材料、小型设备备件的运输；配人车可完成井下人员的运输，每节人车可乘坐 10~18 人，一次可运输 30~54 人；配专用起吊梁可完成液压支架等大型装备的运输、转移。

（三）主要技术参数

DLR 系列锂电池单轨吊机车主要技术参数详见表 2-38，载荷-坡度对照表详见表 2-39，机车工作环境参数详见表 2-40，充电机参数详见表 2-41，机车负载质量与爬坡角度曲线如图 2-142 所示，机车选型对照表详见表 2-42。

表 2-38 DLR 系列主要技术参数

项目		主要参数				
型号		DLR60/30P	DLR90/45P	DLR120/60P	DLR150/75P	DLR180/90P
自身质量		6.4 t	7.5 t	8.6 t	11 t	12.1 t
驱动功率		30 kW	45 kW	60 kW	75 kW	90 kW
最大牵引力		60 kN	90 kN	120 kN	150 kN	180 kN
制动力		90~120 kN	135~180 kN	180~240 kN	250~300 kN	270~320 kN
最大运行速度		1.6 m/s				
限定速度		1.84 m/s				
转弯半径	垂直	≥4 m				
	水平	≥10 m				
最大运行倾角		≤15°				
锂电池容量		230 Ah	230 Ah	230 Ah	230 Ah	230 Ah
锂电池数量		1 块	1 块	1 块	2 块	2 块
锂电池电压		DC320V				
驱动电动机型号		YBVF-7.5Q（230）				
油泵电机型号		YBVF-12Q（180）				
控制箱型号		KXJT-102/320-2				
外形尺寸	长	20.8 m	22 m	23.3 m	24.8 m	28.4 m
	宽×高	1.0 m×1.26 m				
导轨轨型		I140E/I140V				
液压系统压力		16 MPa				
制动系统压力		16 MPa				
夹紧系统压力		12 MPa				

第二章 矿用单轨吊运输系统的基本结构与组成

表2-39 DLR系列载荷-坡度对照表 t

型号	坡度							
	0°	2°	4°	6°	8°	10°	12°	15°
DLR60/30P	48	48	48	48	48	48	36	32
DLR90/45P	38	38	38	38	38	38	32	26
DLR120/60P	26	26	26	26	26	26	20	16
DLR150/75P	20	20	20	20	20	20	16	14
DLR180/90P	14	14	14	14	14	14	10	8

表2-40 DLR系列机车工作环境参数表

机车型号	DLR60/30P、DLR90/45P、DLR120/60P、DLR150/75P、DLR180/90P
水平轨道偏移角度	±1°
垂直轨道自水平位置偏移角度	±3.5°
运行轨道	满足标准 DIN 20593 的 I140E、I140V 轨道
工作温度范围	温度 0~40 ℃
工作高度范围	海拔 <1 km
相对湿度	≤95%
甲烷浓度	≤0.5%

表2-41 DLR系列充电机参数表

充电机型号	ZBC-200/480
防爆特殊型标志	隔爆型
充电电压	660/1140V
充电电流	74A/43A
输出电压	480V 4 路

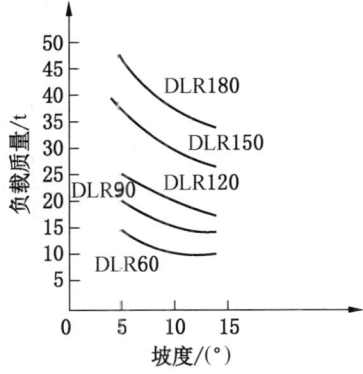

图 2-142 DLR系列机车负载质量与爬坡角度曲线

表 2-42 DLR 系列机车选型对照表　　　　　　　　　　　t

型号	坡度							
	0°	2°	4°	6°	8°	10°	12°	15°
DLR60	14	14	14	14	14	14	10	8
DLR90	20	20	20	20	20	20	16	14
DLR120	26	26	26	26	26	26	20	16
DLR150	38	38	38	38	38	38	32	26
DLR180	48	48	48	48	48	48	36	48

（四）主要组成结构

DLR 系列防爆锂电池单轨吊机车基本配置包括驾驶室、驱动部、电液控制车、锂电池车等四大部分。

1. 驾驶室

驾驶室位于机车的前后两端，主要由启动控制开关、仪表、人梯、灭火器、座椅、制动装置、大灯、显示装置、操作箱、摄像仪、防护支架、操作阀组合件等组成，如图 2-143 所示。司机室通过铰接座与拉杆进行连接，连接示意图如图 2-144 所示。司机可以通过人梯，安全上、下驾驶室。机车启动时，语音报警提示自动播音。

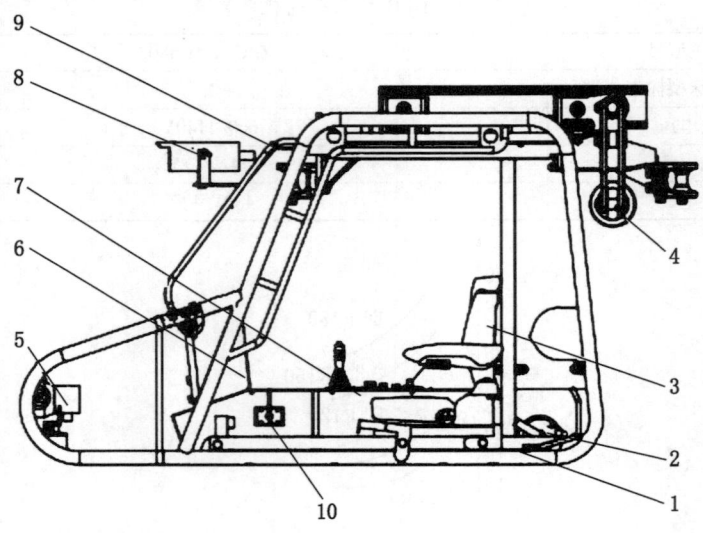

1—人梯；2—灭火器；3—座椅；4—制动装置；5—大灯；6—显示装置；
7—操作箱；8—摄像仪；9—防护支架；10—操作阀组合件

图 2-143 驾驶室示意图

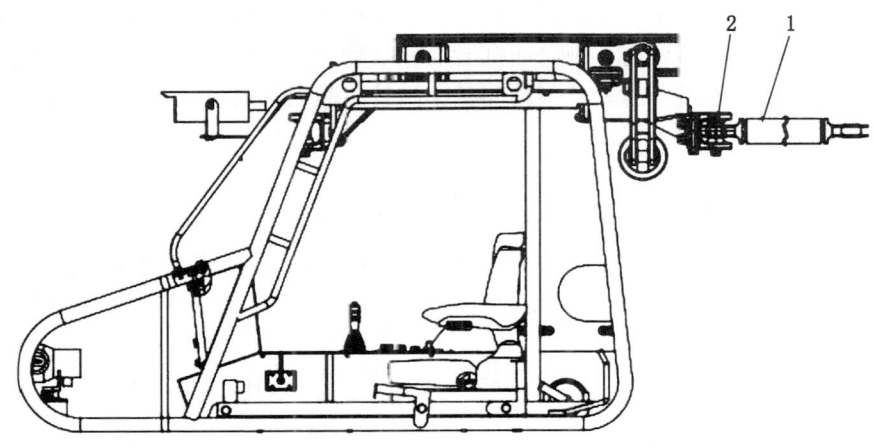

1—拉杆；2—铰接座

图 2-144 驾驶室连接方式示意图

2. 驱动部

驱动部主要由减速机、电机、主吊架、夹紧装置、制动装置、铰接座等组成，如图 2-145 所示。驱动部独立悬挂于轨道上，依靠摩擦轮与轨道所产生的摩擦力牵引机车行走。机车下坡时，利用电动机的动能进行能量转换，实现能量回馈，反向给蓄电池充电。

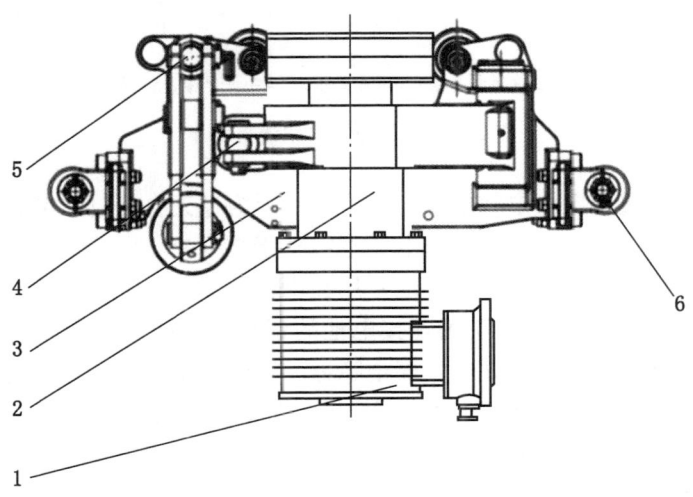

1—电机；2—减速机；3—主吊梁；4—夹紧装置；5—制动装置；6—铰接座

图 2-145 驱动部结构示意图

夹紧油缸将驱动轮紧压在轨道辐板上，由驱动电机经减速机减速，驱动轮转动，来实现机车前进与后退。制动油缸泄油使制动弹簧伸长，通过杠杆机构将制动闸抱紧轨道，实现机车的紧急制动和驻车制动。驱动部通过拉杆销轴与相邻部件连接。

3. 锂电池车

锂电池车由承载小车、充电插销、隔离开关、锂电池、简易电池梁等组成，如图2-146所示。电池车配备DXBL73600/320C（A）型防爆锂电池组，使用320V/230Ah的电芯，电源装置满足防爆要求和煤矿井下恶劣条件的使用要求。

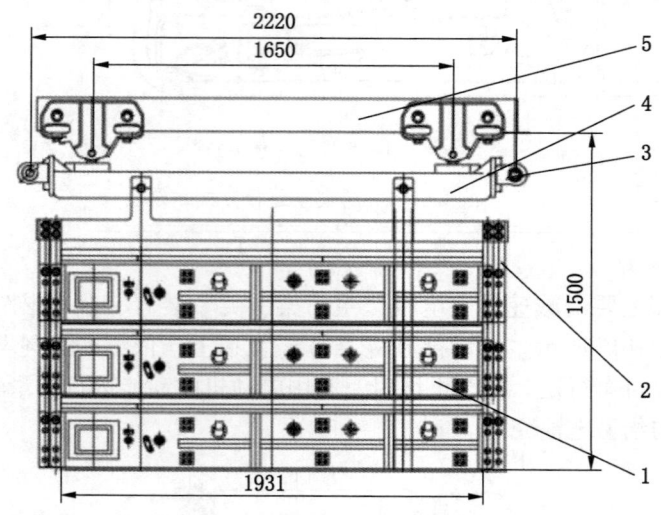

1—承载小车；2—充电插销；3—隔离开关；4—锂电池；5—简易电池梁

图2-146 简易电池梁的电池车

电池应避免过充电、过放电和充电不足，因为过充电、过放电和充电不足将会缩短电池寿命。电源放电终止时电压不应小于290 V，此时应停止使用并进行充电。电源充电须使用锂离子蓄电池专用充电器（机），充电推荐采用恒流充电方式，以0.25 C电流充电。正确连接电池的正负极，严禁反向充电。若电池正负极接反，将导致电池报废并产生安全隐患。需要注意的是，在电池长期未使用期间，它可能会由于其自放电特性而处于某种过放电状态。为防止过放电的发生，电池应在30天内定期充电，让电池处于30%~60%荷电状态。

4. 电液控制车

电液控制车是防爆锂电池单轨吊机车的主要核心部件，主要由矿用隔爆兼本质安全型调速控制箱和液压站两大部分组成。矿用隔爆兼本质安全型调速控制箱用来完成牵引电机的变频驱动、液压站油泵电机的变频驱动以及机车检测、控制信号的处理，执行指令任务的发送；液压站的任务是为机车的驱动夹紧、制动器以及起吊梁提供液压动力来源。电液控制车具体由超速保护小车、承载小车、架体、液压站、矿用隔爆兼本质安全型调速控制箱等组成，如图2-147所示。

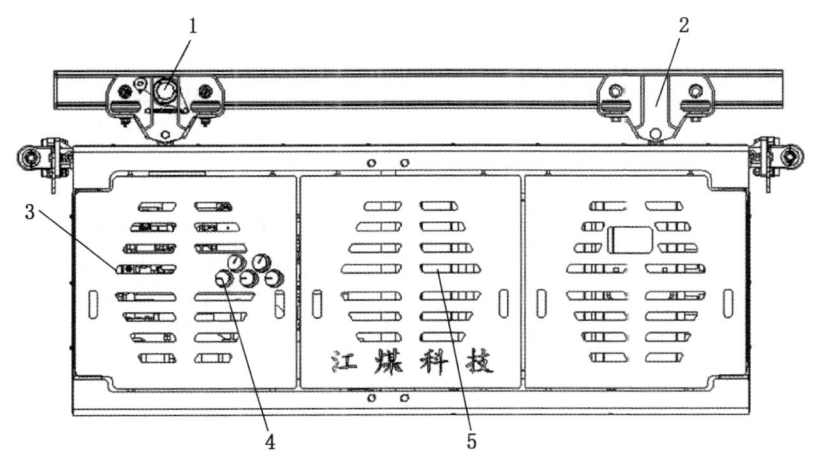

1—超速保护小车；2—承载小车；3—架体；4—液压站；5—矿用隔爆兼本质安全型调速控制箱

图2-147 电液控车示意图

1) 矿用隔爆兼本质安全型调速控制箱

控制中心是单轨吊车操作、检测、显示、控制、执行的中枢环节，设置于防爆电控箱内的快开门上，通过航空插头与外部连接，分别完成对外部操作信号、液压站压力信号、逆变器的工作运行信号等的采集、检测和逻辑处理，并发出对行走逆变器、液压站逆变器、液压站电磁换向阀以及状态显示信号的输出控制指令。矿用隔爆兼本质安全型调速控制箱由IGBT组成三相逆变桥交流输出、ACS800变频器调速、西门子S7-200smart和单轨吊控制系统组成。矿用隔爆兼本质安全型调速控制箱设置了过/欠压、短路、断相、过载、瞬时断电保护；输入电压为DC320V，输出电压为AC220V，控制电压为DC24V；采用恒压频比（V/F）控制策略对电机进行控制。控制电路由PLC通信端、输入端、远程控制端获取运行指令、机车信息、控制命令，对机车控制。

电控系统由KXJT110/320A单轨吊用隔爆兼本安型电控箱、CXH24矿用本安型操作箱、GPD60（B）矿用压力变送器、GJC4（C）煤矿用低浓度甲烷传感器、矿用隔爆型LED照明信号灯、DLEC2-24矿用浇封兼本质安全型电子喇叭、隔爆型变频三相异步电机、液压控制系统等组成。电力驱动的电动机采用双环控制，转矩内环、转速外环，两环PID调节，采用DTC直接转矩控制方式，实时控制和保持单轨吊车的正常牵引出力,四象限变频器保持下运期间再生制动,机车下坡或制动时,驱动电机电磁线圈产生反作用力,向锂电池充电,实现能量回馈制动。

显示器的功能详见表2-43,显示屏显示如图2-148所示。

表2-43 显示器的功能显示表

指示灯名称	显示功能
本机/遥控/起吊	控制模式切换状态显示
行走/起吊	运行模式切换状态显示
速度/位置	显示当前速度值及位置
时间里程	显示累计运行时间及里程
给定频率、电流、电压	控制变频器参数
系统、夹紧、制动压力	液压系统各压力采集显示
角度、液位、油温	显示机车的角度、液位、油温
急停	显示具体急停故障

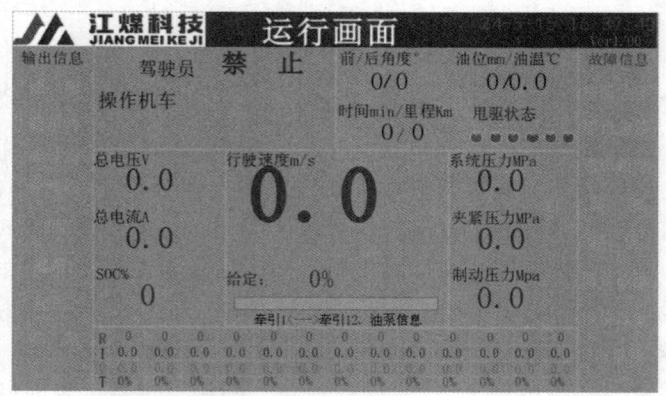

图2-148 机车显示屏的显示

2) 液压站

单轨吊机车液压站完成驱动轮与轨道之间的夹紧和克服制动器弹簧的弹力等工作,同时为起吊梁马达提供液压动力,完成货物的起吊。液压站用于锂电池单轨吊机车的液压制动、夹紧和起吊。液压站包括液压站的箱体、电动机、齿轮泵、集成阀组、蓄能器、控制阀、手动泵和辅件等,由动力供油系统、制动油路、夹紧系统和起吊系统组成。

液压站的主要参数与功能：液压油箱 150 L，泊姆克的 P3100 泵，流量 40 mL/r、25 MPa，电机功率 12 kW（11 kW），电压 AC220 V；液压系统模块化设计，按照系统功能集成阀块结构设计，结构紧凑，站内使用钢管连接，可靠、美观，功能完善；系统最大压力为 17～20 MPa（可调），制动压力为 12～16 MPa，夹紧压力为 9～12 MPa，起吊压力为 10.5～12 MPa。

液压站具有以下特点：①系统、制动、夹紧、起吊的压力独立可调。②制动回路、双电磁阀串联供液，提高制动系统的可靠性，防止电磁阀卡阻溜车；配置双回油制动油路和双电磁安全制动阀，双阀能够实现启动自检。③设计遥控起吊的液压系统，可实现遥控起吊作业。④使用无缝钢管焊接、卡套管接头连接方式，管路布置美观。⑤具有 2 路相对独立回油的制动系统。⑥从夹紧回路设泄压转换阀，长时停机夹紧手动泄压，保证摩擦轮不受力。⑦停车制动时夹紧系统不泄压，防止斜坡停车制动失效时溜车，紧急制动泄压时只是泄制动系统压力。⑧设手动泵紧急处置时的拖车、更换驱动轮、解除制动，具有手动阀转换功能。⑨油箱采用 $\delta 8$ mm、Q345B 钢板焊接油箱，设计满足坡度 20°下运行不溢油。

液压站的三维设计图如图 2-149 所示。正常操作时，单轨吊车接到加速（或减速）操作命令后，控制中心首先检测液压系统工作压力，待液压系统工作压力正常后，方允许牵引逆变器工作，否则，没有建立系统压力，行走逆变器不具备工作条件。液压系统设有起吊电磁阀，当单轨吊车处于行走状态时，起吊电磁阀将起吊梁油路切断，货物起吊马达不会工作；当单轨吊车处于停车状态，并且将驾驶室（1 号驾驶室/2 号驾驶室均可）的操作箱上"行走"模式调到"起

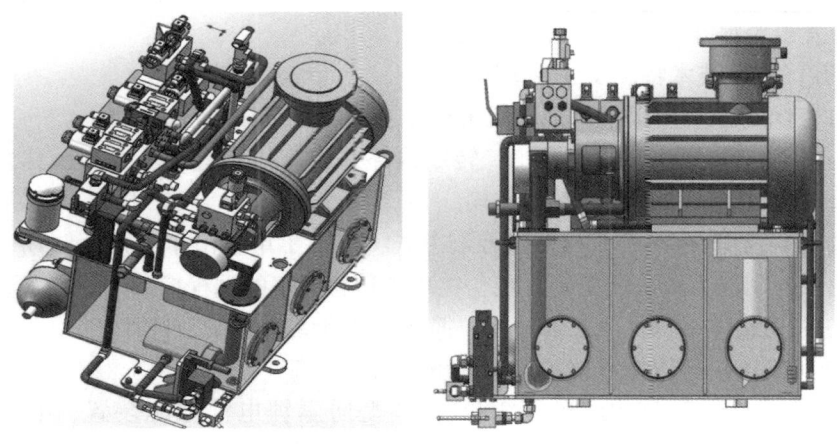

图 2-149　液压站三维设计图

吊"模式，观察驾驶室显示器上允许指示灯闪烁时，起吊电磁阀可给起吊梁马达供油，起吊减速机工作，升降重物。

当单轨吊车行走工作时，首先要求液压系统建立起系统工作压力，由控制中心发出指令，启动油泵电机，使油泵向系统提供压力，待液压系统压力达到设定最低值（16 MPa）时，发出系统压力正常信号，单轨吊车正常工作；待系统压力达到最高设定压力值（20 MPa）时，油泵停止工作，系统保压。当系统压力降到补压检测值时，系统自动启动油泵电机，进行补压；当系统压力再次达到最高设定压力值时，油泵电机停止工作，完成一次补压循环。液压系统压力表如图 2-150 所示。

图 2-150　液压系统压力表

当液压系统发生故障，不能正常进行补压，系统压力降到设定最低值时，液压系统发出警报并使单轨吊机车停止运行。

(五) 主要技术特点及注意事项

(1) DLR 系列防爆锂电池单轨吊机车主要有以下技术特点：

① 采用了防爆逆变调速系统，转矩内环、转速外环的双环控制，具有精准数据处理与控制、快速电气数据传输。

② 采用先进的 DTC 直接转矩控制方式，实现了单轨吊车的再生制动；采用以可编程控制器为核心的控制系统，实现了单轨吊车的过程控制。

③ 采用整体结构优化设计技术，简化了传动结构，便于日常维护。

④ 研制了快速压力释放系统，缩短了制动距离，提高了系统的安全性能。

⑤ 采用大容量 DXBL73600/320C（A）型防爆锂电池电源装置，电池容量 230 Ah，电压 320 V，储能 73.6 kW·h，设计专门的 BMS 电池管理系统，保证充放电的效率与可靠性。

⑥ 充电时间缩短 3/5，与铅酸蓄电池电源比较质量减轻 2/3，解决了电单轨吊续航时间短、起吊能力小和自重大的问题。

⑦ 增大功率、提高能力。采用 7.5 kW 驱动电机和 12 kW 油泵电机，提高电压等级，增大电机扭矩；前后驾驶室增加制动装置，提高驱动的牵引力和整车制动力。

⑧ 设计可靠性集成液压站，研制了集成式液压控制阀组，实现遥控起吊，液压站内管路使用无缝钢管连接，结构紧凑，各系统压力独立可调。

⑨ 整车结构的模块化和轻量化设计，部件通用，维修更换简单。

⑩ 机车转弯半径小，爬坡能力强，可在多弯道、多岔道、底鼓严重巷道内运行。

⑪ 可以在较窄巷道断面通过、穿行，有效优化现场工作环境。

⑫ 轨道悬挂于巷道顶端，安装、拆卸方便，不受底板条件限制。

⑬ 运输环节全过程控制，避免了传统运输方式的断绳、脱钩、翻车、跑车等现象。

⑭ 应用范围广，可运送人员、物料和设备等。

⑮ 采用锂电池为动力源，噪声低、无污染、牵引力稳定、环保节能。

⑯ 操控简单，维护方便，运行成本低廉。

（2）在使用 DLR 系列防爆锂电池单轨吊机车过程中应注意以下事项：

① 每周或充电时，检查锂电池状况。电源充电须使用锂离子蓄电池专用充电器（机），充电推荐采用恒流充电方式，以 0.25 C 电流充电。

② 加/减速操作要做到慢起慢停，起步时缓慢平稳起步，停车时减速缓慢停车，紧急情况要按"复位/停止"按钮或"急停"按钮或"泄压阀"立即停车，在上坡、弯道、下坡、不平的轨道上行驶时要减速慢行。

③ 按"急按钮"、变频器出现故障或者瓦斯报警后，变频器断电，驾驶室显示器上电气故障灯闪烁，控制箱上对应的故障灯也闪烁。只有按控制箱上的牵停按钮将故障复位，对应的故障灯熄灭后，才能按上电按钮给变频器送上电，否则即使按上电按钮也不能送电。

④ 驾驶室爬坡按钮是为增加驱动轮夹紧力而设置的，正常情况下不要使用。当单轨吊车由于轨道打滑或夹紧力不够而不能正常行走和爬坡时，可按下爬坡按钮来增加驱动轮夹紧力。

⑤ 对隔爆型电气设备的检修应符合 GB/T 3836 的有关规定。

⑥ 电池组及单体电池的更换必须采用原厂相同规格型号的电池。

⑦ 电源出厂时蓄电池处于充电良好状态可直接使用。

⑧ 电源放电终止时电压不应小于 290 V，此时应停止使用并进行充电。若电池长时间在过放电状态下工作，不仅会缩短蓄电池的使用寿命，还可能会引发安

全问题。

⑨ 电源的工作环境温度在 5～40 ℃ 为最佳，在此温度范围之外电池性能可能有所变化，如容量变小或者设备运行时间变短；温度回到此范围时电源运行状态应可恢复。

⑩ 日常应保持表面清洁，定期检查隔爆接合面并涂抹防锈油。

⑪ 充电电流不得超过使用电池组的充电过流保护值。使用高于推荐值电流充电将可能引起电池的充放电性能、机械性能和安全性能的问题，并可能会导致发热或漏液。

⑫ 充电电压不得超过使用电池组规定的绝对充电电压 350 V。电池电压高于绝对充电电压值时，将可能引起电池的充放电性能、机械性能和安全性能的问题，并可能会导致发热或漏液。

⑬ 电池适应充电温度为 0～55 ℃。

⑭ 正确连接电池的正负极，严禁反向充电。若电池正负极接反，将导致电池报废并产生安全隐患。

⑮ 放电电流不得超过使用电池组规定的最大放电电流。大电流放电会导致电池容量快速衰减并可能导致过热，甚至会出现电池冒烟并喷出黑色物质等极端情况。

⑯ 电池适应放电温度为 -20～55 ℃。

⑰ 在电池正常使用过程中，应安装电池管理系统，防止电池过放电的发生。若电池过放电，将导致电池报废并产生事故隐患。

⑱ 在电池长期未使用期间，它可能会由于其自放电特性而处于某种过放电状态。为防止过放电的发生，电池应在 30 天内定期充电，让电池处于 30%～60% 荷电状态。

四、煤矿井下钢丝绳牵引单轨吊车

煤矿井下钢丝绳牵引单轨吊车，是煤矿井下巷道以钢丝绳牵引的一种悬吊在单轨上运行的运输设备。某企业生产的 DS160/160P 等型号的 DS 系列钢丝绳牵引单轨吊具有代表性。

（一）适用条件及范围

DS 系列钢丝绳牵引单轨吊车适用于长距离、多变坡、大吨位工况条件下的工作面顺槽、采区上（下）山和集中轨道巷等材料、设备的安装区段内运输；单轨吊车的运行巷道坡度不大于 25°。

（二）主要技术参数

某企业生产的 DS160/160P 等型号的 DS 系列钢丝绳牵引单轨吊车主要技术参数见表 2-44。

第二章 矿用单轨吊运输系统的基本结构与组成

表 2-44 DS 系列钢丝绳牵引单轨吊车主要技术参数表

序号	型号	运人允许最大牵引力/kN	运物最大牵引力/kN	钢丝绳最大允许静张力/kN	牵引速度/(m·s⁻¹)	电动机功率/kW	最大爬坡角度/(°)	最小轨道拐弯半径/m 水平	最小轨道拐弯半径/m 垂直	牵引距离/m	钢丝绳 最大公称直径/mm	钢丝绳 结构	钢丝绳 最小破断拉力/kN	滚筒直径/mm	轨型	运人车厢数/节	最大载人数/人	运人最大承载质量/kg	运人车厢尺寸/(mm×mm×mm)
1	DS60/55P	30	60	76	0~0.7	55	18	6	10	1000~1500	φ22		267	1200		2	16	1520	
2	DS80/75P	37	80	90.5	0~0.7	75	18	6	10	1050~1500	φ24		317	1200		3	24	2280	
3	DS80/110P	37	80	90.5	0~0.7	110	18	6	10	1050~1500	φ24	6×19S+FC1670MPa	317	1200	1140E	3	24	2280	3460×1160×1360
4	DS90/132P	60	90	106	0~0.7	132	18	6	10	1000~1500	φ26		373	1400		4	32	3040	
5	DS120/132P	70	120	123	0~0.7	132	18	6	10	1400~1500	φ28		432	1400		4	32	3040	
6	DS160/160P	90	160	161	0~0.7	160	18	6	10	14/5~1500	φ28		432	1400		6	48	4560	

注：
1. 钢丝安全系数最低值：运物时为 5-0.001L（L 为由驱动轮到尾部绳轮的长度），但不得小于 3.5，运人时钢丝安全系数不得小于 6。
2. 连接装置的安全系数：运物时不小于 10，运人时不小于 13。
3. 钢丝绳选型时，钢丝绳最小破断拉力在 1670~1770 MPa 之间。
4. 此表中"最小破断拉力""钢丝绳最大允许静张力"和"牵引距离"是按钢丝绳最小破断拉力为 1670 MPa 时的数值，若按钢丝绳最小破断拉力为 1770 MPa 时，作相应变化。
5. 运输距离下限为以牵引力运行时应满足的钢丝绳安全系数要求的距离。

（三）主要组成结构

设备主要由主机部分和辅助配套电器（材料）两部分构成。主机部分由绞车、电控装置、张紧装置、牵引车、悬挂轨道、起吊梁、连接装置、列车安全制动装置、人车、集装箱、回绳轮、压绳轮组等组成；辅助配套部分由阻车器（轨道起始端各安装一个）、电控装置两大部分（包括漏泄通信信号系统、矿用无极绳绞车控制装置、钢丝绳等）构成。

1. 绞车

绞车是整个系统的动力源，采用机械传动，主要组成包括电机、底座、减速机或变速箱、滚筒部分、制动装置、防护罩、绞车配套件等。

1）电机

电机为无极绳绞车提供动力。

2）底座

底座由结构件焊接成整体，通过地脚螺栓与基础固定。

3）减速机或变速箱

减速机或变速箱采用硬齿面齿轮结构，起调速作用。

4）滚筒部分

滚筒由大齿轮、主轴、滚筒及绳衬等组成。

5）联轴器

联轴器用于连接电机和变速箱。

6）制动装置

制动装置分为安全制动和工作制动。

（1）安全制动。

安全制动主要由电力液压推动器、调整螺钉、弹簧刻度板、腿杆、弹簧拉杆、拉杆1、拉杆2、制动臂、制动瓦、制动瓦调整螺钉、推距调整装置、底座等组成，如图2-151所示。

（2）工作制动。

工作制动由手动带式刹车、底座、侧板、车闸、闸瓦、调节螺杆1、手柄、连接板、调节螺杆2等组成，如图2-152所示。

7）防护罩

防护罩由薄钢板制成，固定于底座上，用以保护大小齿轮和防护。

8）绞车配套件

绞车传动结构原理图如图2-153所示。

绞车装配示意图如图2-154所示。

钢丝绳牵引单轨吊机车安装布置示意图如图2-155所示。

第二章 矿用单轨吊运输系统的基本结构与组成

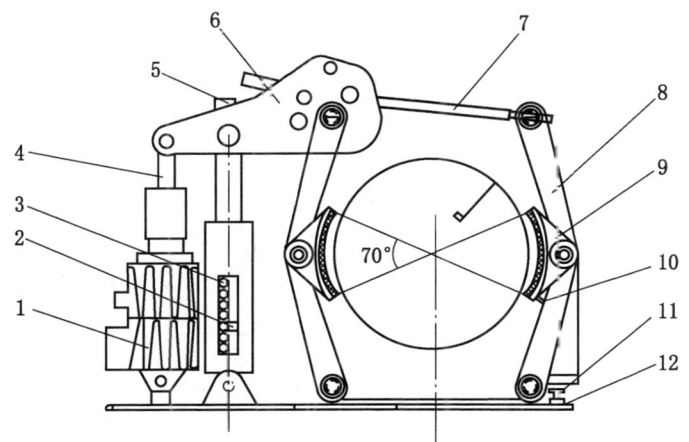

1—电力液压推动器；2—调整螺钉；3—弹簧刻度板；4—腿杆；5—弹簧拉杆；
6—拉杆1；7—拉杆2；8—制动臂；9—制动瓦；10—制动瓦调整螺钉；
11—推距调整装置；12—底座

图2-151 绞车安全制动器示意图

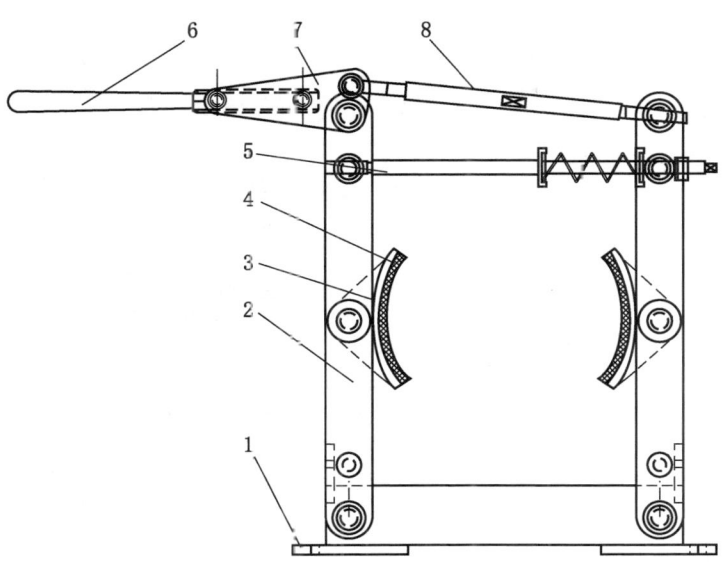

1—底座；2—侧板；3—车闸；4—闸瓦；5—调节螺杆1；5—手柄；
7—连接板；8—调节螺杆2

图2-152 绞车手动制动器示意图

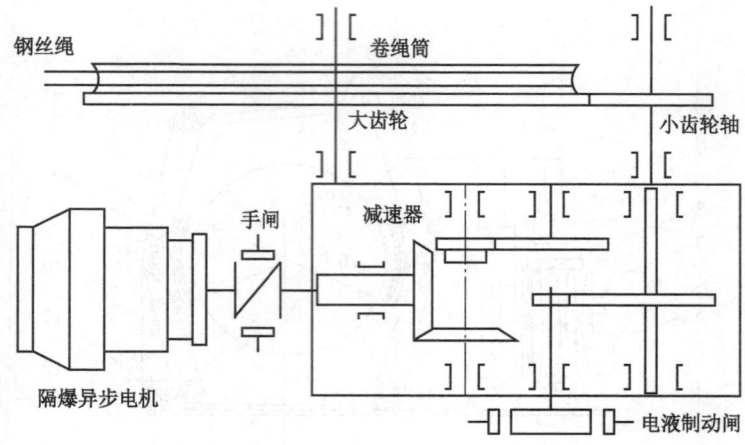

图 2-153　绞车传动结构原理图

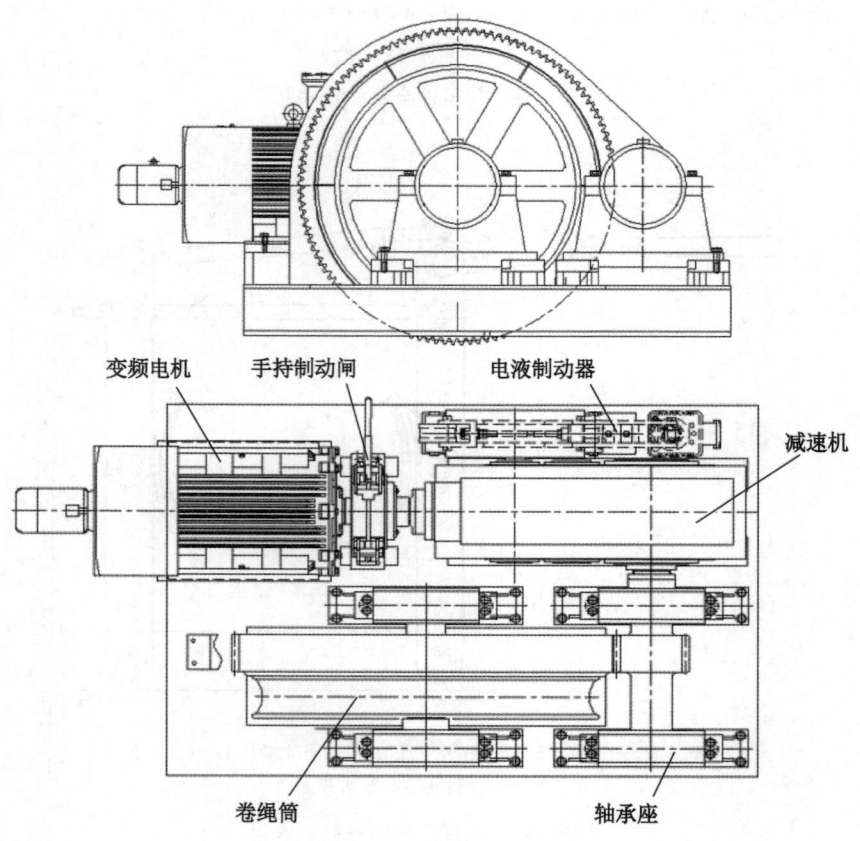

图 2-154　绞车装配示意图

第二章 矿用单轨吊运输系统的基本结构与组成

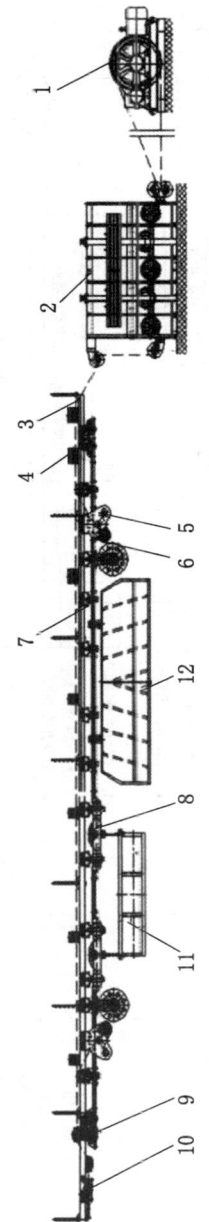

1—无极绳绞车；2—张紧装置；3—钢丝绳；4—导绳轮组装置；5—牵引车；6—储存绳桶；7—承载小车；8—16t起吊梁；9—安全制动小车；10—回绳轮；11—集装货箱；12—人车

图2-155 钢丝绳牵引单轨吊车安装布置示意图

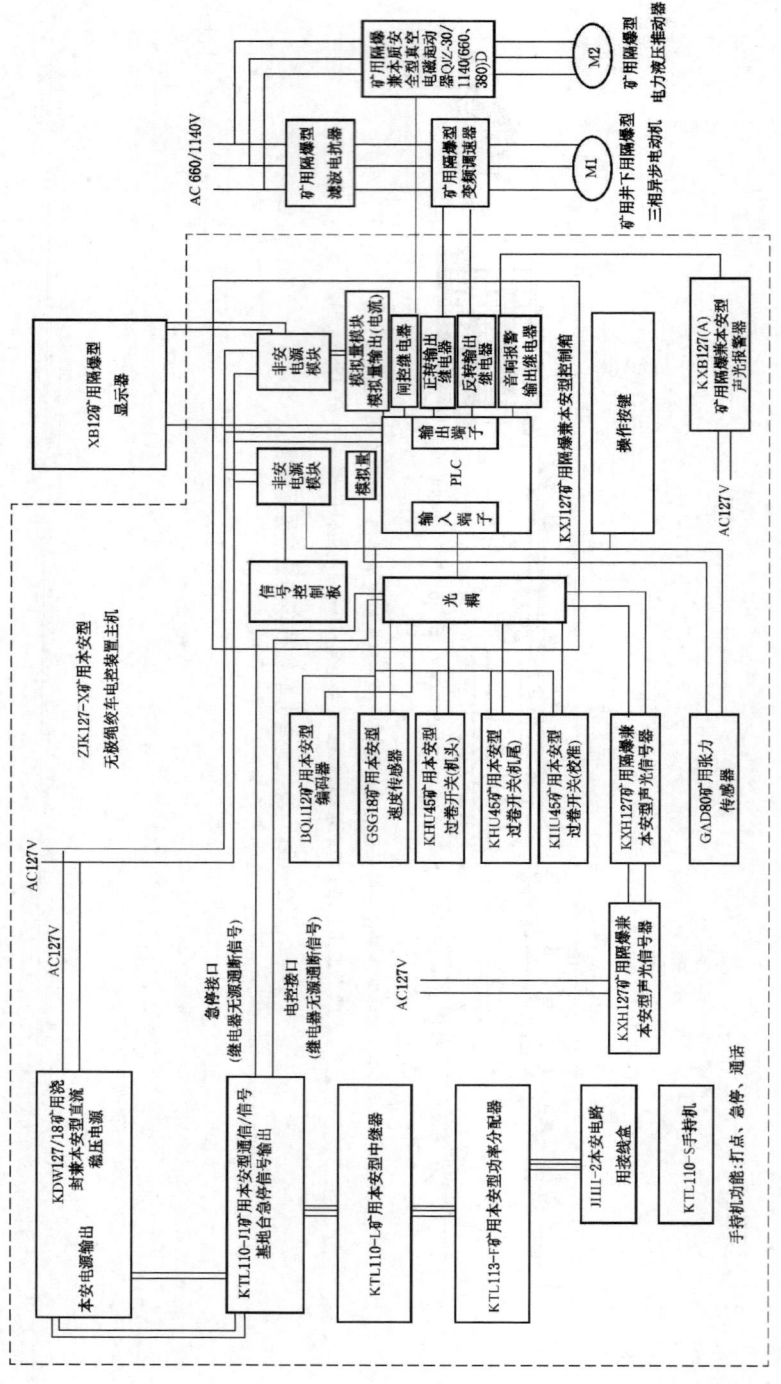

图 2-156 变频电控装置工作原理图

2. 电控装置

电控装置主要由电控装置主机、显示器、直流稳压电源、控制箱、电抗器、变频调速器、电力液压推动器、速度传感器、编码器、机头机尾过卷开关、声光信号器、张力传感器、信号基地台、中继器、功率分配器、手持机等组成，其工作原理图如图 2-156 所示。

3. 张紧装置

为保证单轨吊车钢丝绳有一定的初张力，必须配置张紧装置。DS 系列钢丝绳牵引单轨吊张紧装置为重锤式，如图 2-157 所示，主要由框架、张紧绳轮、动轮组、转向轮、配重块和防护网等组成。

重锤张紧装置可吸收钢丝绳系统由于弹性变形而伸长的部分；同时，可为绞车提供尾张力，保证钢丝绳在卷绳筒绳衬上有较稳定的正压力，而不致在卷绳筒上打滑，使绞车可以正常牵引。由于系统用于双向运输，所以系统中设有两组张紧装置。五轮张紧装置布置图如图 2-158 所示。

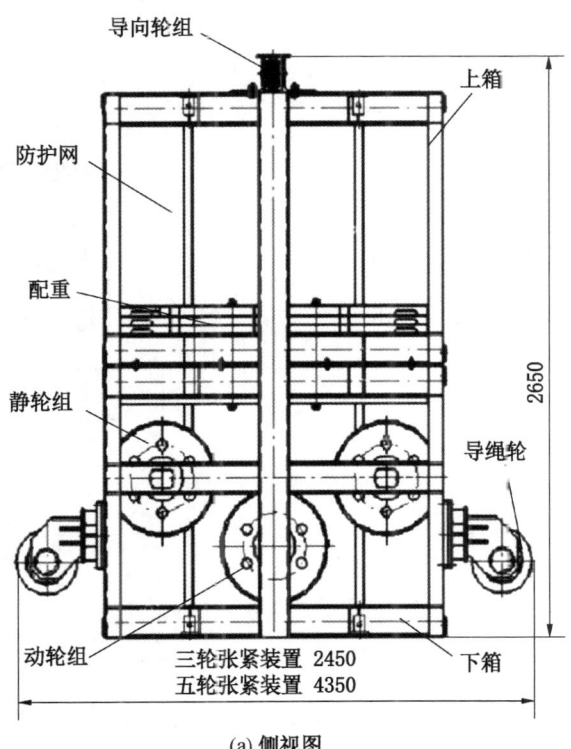

(a) 侧视图

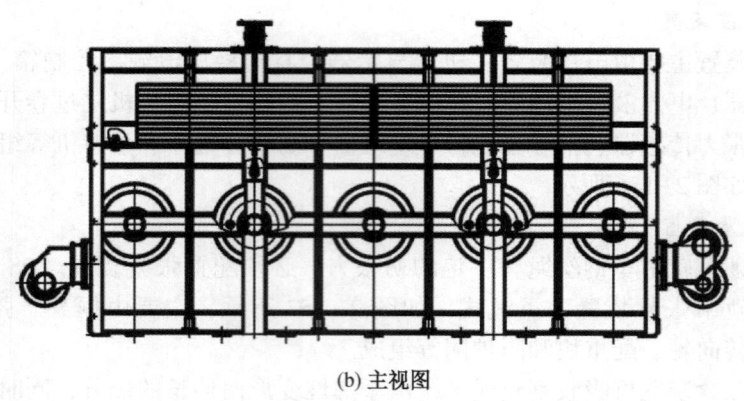

(b) 主视图

图 2-157 重锤张紧装置结构示意图

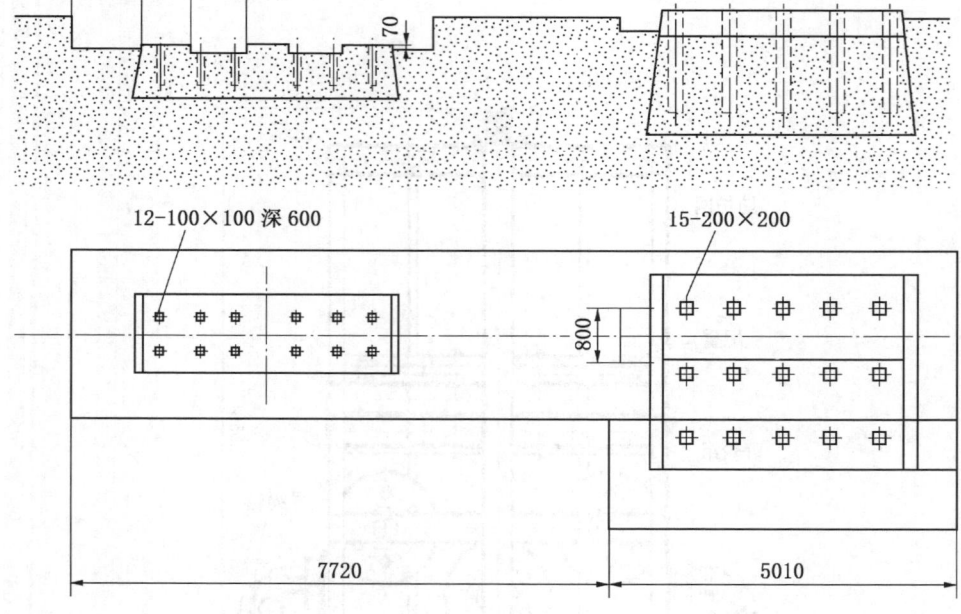

图 2-158 五轮张紧装置布置图

4. 牵引车

牵引车用于连接集装箱、起吊梁等，具有固定和储存钢丝绳的功能。前后两端是牵引座，用连杆连接车组。牵引车主要由牵引车架、驾驶室、平衡梁、滑轮座、牵引板、储绳筒等构成，如图 2-159 所示。

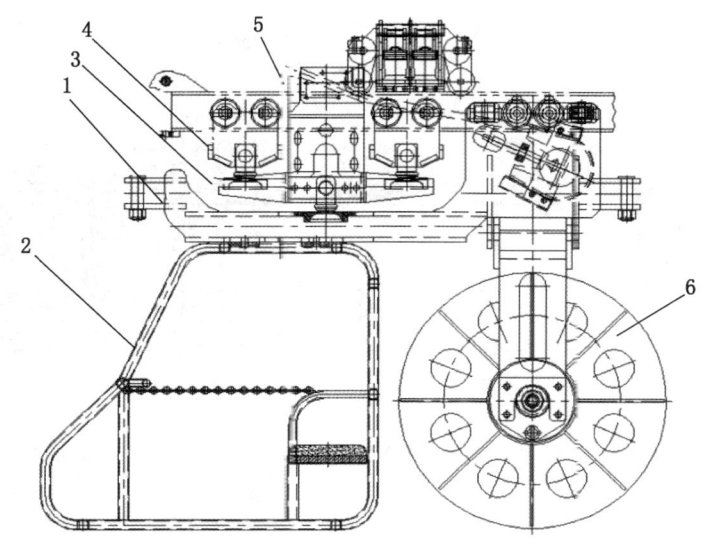

1—牵引车架；2—驾驶室；3—平衡梁；4—滑轮座；5—牵引板；6—储绳筒

图 2-159 牵引车（梭车）结构示意图

1）牵引车架

牵引车车架主要由车架体、牵引板组成。车架两端是牵引座，滑轮座组件安装在车架体上，共同组成行走机构，起行走和承重作用。

2）储绳筒

牵引车安装有一个储绳筒，可储存钢丝绳，以备巷道延伸开采或缩短运距之用。收绳时先拔出固定插销，再压手把摇转储绳筒，钢丝绳逐渐缠绕于储绳筒上，最后插入固定插销。

5. 悬挂轨道

悬挂轨道可直接安装在隧道的拱形钢架上，利用原有资源，节约了成本，提高了安全性能。

6. 起吊梁

起吊梁主要由起吊梁架、滑轮座、平衡梁、连杆、过渡座、气动葫芦等组成，如图 2-160 所示。

起吊梁内部安装有气动葫芦，气动葫芦旋转带动链条升降，实现货箱升降运动。气动葫芦技术参数详见表 2-45，气动葫芦结构如图 2-161 所示。

可以根据客户需求安装手拉葫芦，降低投入成本。手拉葫芦通过拉动手链条带动起重链轮旋转，从而带动起重链升降，实现货箱升降运动。

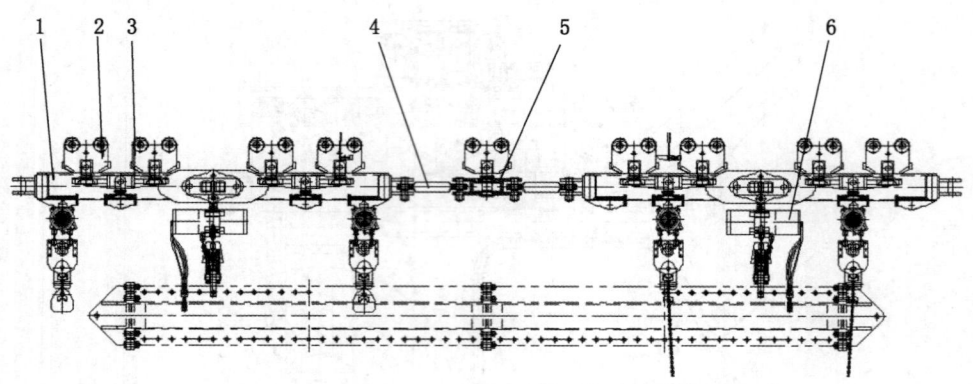

1—起吊梁架；2—滑轮座；3—平衡梁；4—连杆；5—过渡座；6—气动葫芦

图 2-160 起吊梁装置

表 2-45 气动葫芦技术参数表

名　　称	气动葫芦
规格型号	QDH10.0
起重质量/t	10
标准起重高度/m	3
马达输出功率/kW	3.6
额载升速/(m·min^{-1})	1.1
额载降速/(m·min^{-1})	1.2
起重链行数	2
工作气压/MPa	≥0.55
备注	—

7. 连接装置

连接装置主要由铰接座、连接销、拉杆等组成，如图 2-162 所示。牵引座和连杆将列车的各个部件连接起来，组成列车系统。锁定装置可以防止联轴节断开。

连接装置主要技术参数：插销材质为 40Cr，直径（φ）为 60 mm，破断力为 1600 kN。

8. 列车安全制动装置

列车安全制动装置是由车体、制动液压缸、液压油箱、手动液压泵、制动弹

第二章 矿用单轨吊运输系统的基本结构与组成

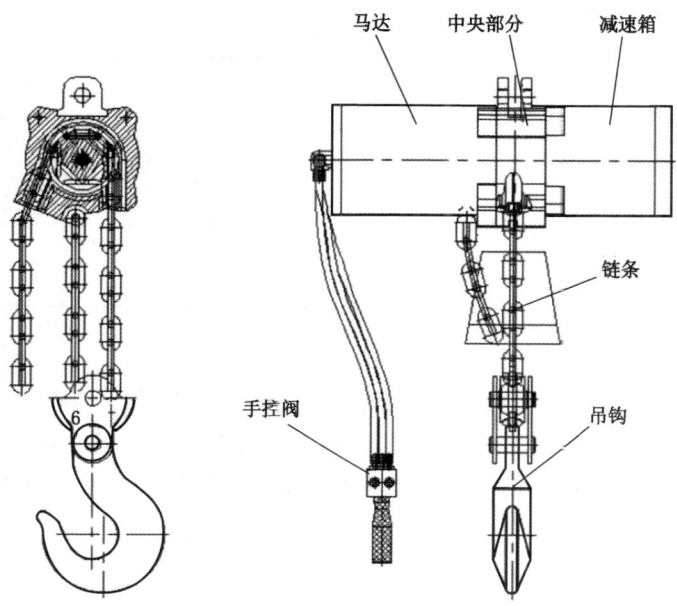

图 2-161 气动葫芦结构

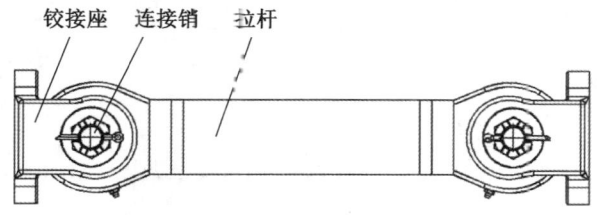

图 2-162 连接装置

簧控制阀、制动闸块等组成的。制动原理是，制动杆端部装有制动闸块，车组运行时，制动缸内充有压力油，闸块弯开轨道腹板而处于松闸状态，需要制动时，制动液压缸内压力释放，在弹簧力作用下，闸块压紧轨道腹板，实现停车制动。列车安全制动装置技术参数见表 2-46。

表 2-46 列车安全制动装置技术参数表

名 称	列车安全制动装置
规格型号	DS-04
最小静制动力	125 kN
最小运转静制动力	80 kN

表 2-46（续）

名　称	列车安全制动装置
包括负载最长制动距离	4.2 m
液压系统工作压力	(6±1) MPa
工作液体	46 号
工作环境温度	5~40 ℃
备注	

9. 人车

人车由车厢体、吊挂连接装置、座椅、扶手、扶手栏、防护链、折叠梯等组成，如图 2-163 所示。人车安装于靠近列车的安全制动装置之间，通过吊挂组件连接于轨道上滑轮座，通过连杆连接于列车。该车自身质量为 800 kg，每节车厢限坐 8 人。

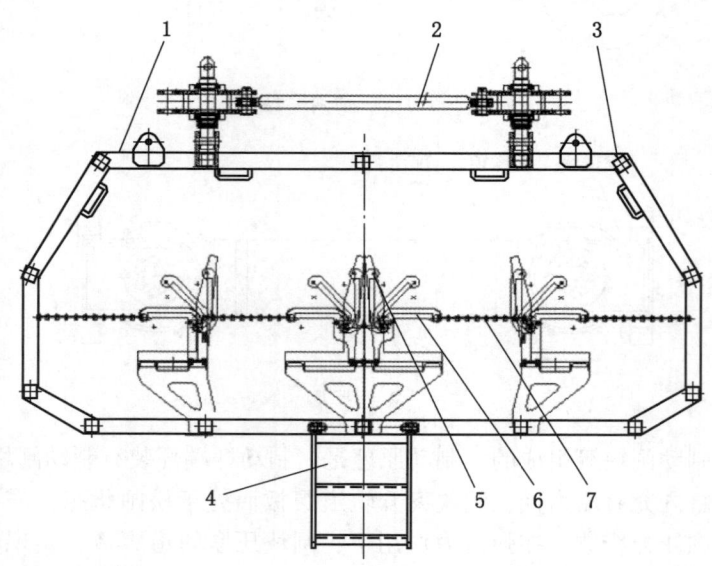

1—车厢体；2—吊挂连接装置；3—扶手；4—折叠梯；5—座椅；6—扶手栏；7—防护链

图 2-163　人车结构示意图

乘车上车时，通过折叠梯登上人车，手拉扶手走到座椅就座，放下扶手栏并扣好防护链，戴上安全带，在车辆运行过程中保持扶好扶手；下车时，等车停平稳后解开安全带、松开防护链，并把扶手栏打开，手拉扶手，通过折叠梯下车。如遇到突发紧急情况，按要求操作做到先停车后下车；如车辆失控，直接手动操纵列车安全制动装置，待车辆停稳后方可下车。如运送载有伤员的担架时，先卸掉座椅，后把担架平放在座椅平台上，并绑好（固定好）担架方可运输。

利用人车运送人员时，如图 2-164a 所示；运送担架时，如图 2-164b 所示。

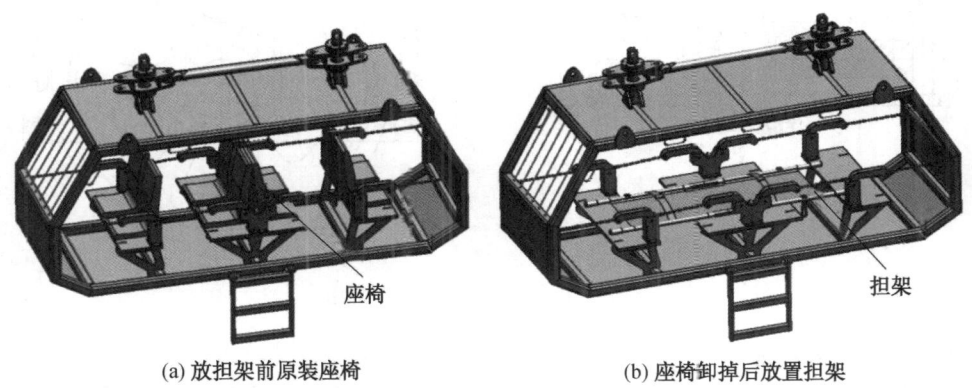

(a) 放担架前原装座椅　　　　　　(b) 座椅卸掉后放置担架

图 2-164　人车运送人员和担架

10. 集装箱

集装箱由箱体、侧门、吊耳组成，如图 2-165 所示。采用链条将其吊挂于起吊梁下方，主要用于物料集中运输。集装箱外形尺寸为长 3 m、宽 1 m、高 0.7 m，集装箱自身质量为 334 kg，每车承载质量为 2.5 t。

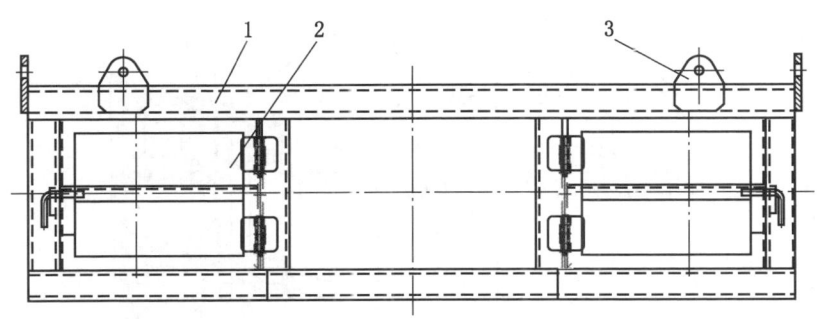

1—车厢体；2—侧门；3—吊耳

图 2-165　集装箱结构图

11. 回绳轮

回绳轮结构示意图如图 2-166 所示。其被固定在运距的终端，支承整个系统的反力，并可随工作面的推进方便地移动，以实现运输距离的变化。在运输时回绳轮用压板固定在悬挂轨道上或悬挂轨道下部，也可用锚杆固定在巷道地面上或巷道壁上。

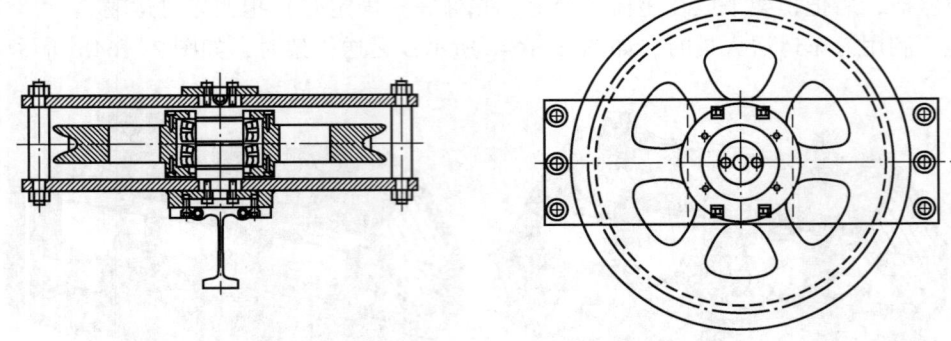

图 2-166　回绳轮结构示意图

12. 压绳轮组

压绳轮组包括普通型压绳轮组、加强型压绳轮组、弯道轮组、上下导绳轮组等。为适应起伏变化的坡道以及巷道拐弯段，沿途应配置有轮组，轮组既可防止钢丝绳抬高时车辆掉道，又可安全通过拐弯（将钢丝绳限制在悬挂轨道的四周，在运行中保持不掉下）。压绳轮组安装示意图、弯道轮组安装示意图、上下导绳轮组安装示意图分别如图 2-167、图 2-168、图 2-169 所示。

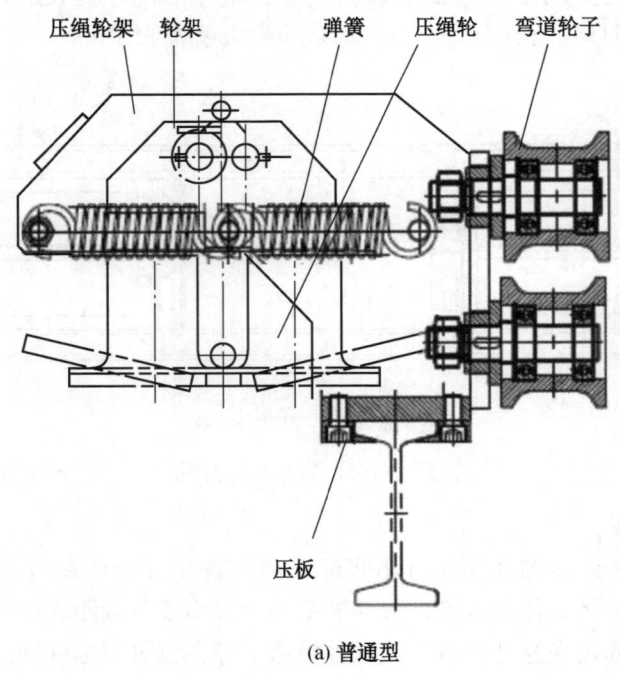

(a) 普通型

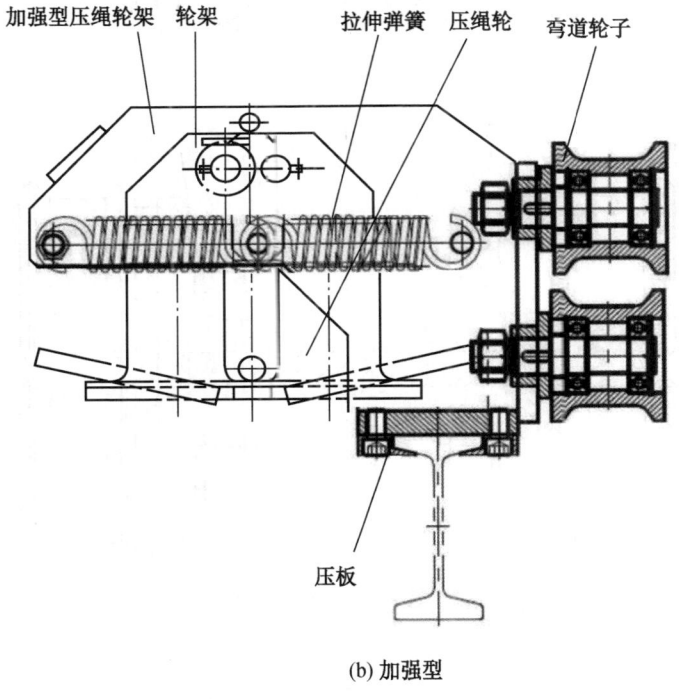

(b) 加强型

图 2-167 压绳轮组安装示意图

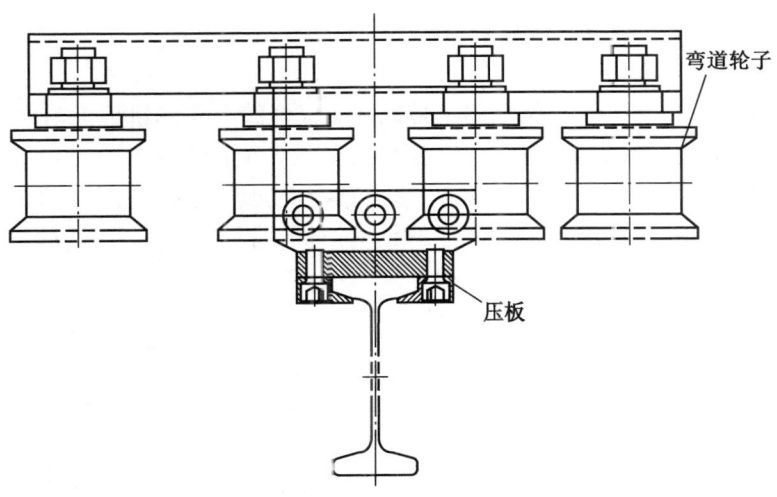

图 2-168 弯道轮组安装示意图

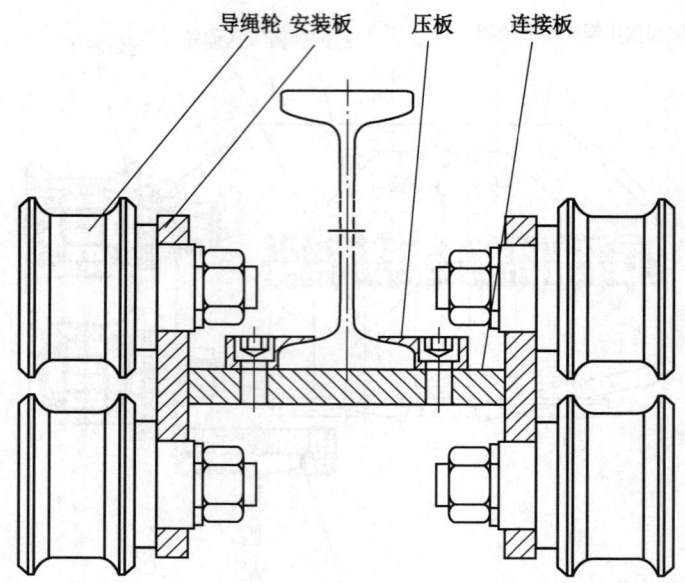

图 2-169　上下导绳轮组安装示意图

13. 钢丝绳

钢丝绳可选用满足 GB/T 8918—2006《重要用途钢丝绳》的 6×19S+FC1670 规格的钢丝绳，直径应满足《煤矿安全规程》中安全系数的要求，钢丝绳根据巷道具体长度确定，应满足 2 倍巷道长度加插接长度。

（四）主要技术特点及注意事项

1. 主要技术特点

钢丝绳牵引单轨吊车，是采用一种地面无极绳绞车与单轨吊机车相结合的煤矿用无极绳驱动单轨吊运输系统，综合起来有如下性能特点：

（1）根据不同条件，选用不同方案，采用不同轮组配置方式，可适应起伏变化坡道的不同运输需求；采用灵活的结构形式，拆装便利；回绳轮固定简单，适应运输距离的变化，可快捷地移动。

（2）采用机械式张紧装置张紧钢丝绳，钢丝绳张力随牵引工况而变化；采用导向轮分绳，避免钢丝绳咬绳，减少钢丝绳磨损，钢丝绳使用寿命长；牵引车采用储绳结构，可减少由于运距变化导致钢丝绳浪费；部件采用可靠的机械结构，故障率低，维护工作量小。

（3）安装区段内直达运输，减少人力倒车次数，减轻作业人员的劳动强度；可极大降低管理人员的管理难度及设备使用事故率。

（4）有自动保护制动刹车机构，从而起到安全自动防护作用，实现矿井物料和运人吊挂运输。

2. 注意事项

在使用钢丝绳牵引单轨吊车过程中,应该注意以下事项:

(1) 钢丝绳牵引单轨吊车运行时严禁在下面行走,严禁超载运行,严禁超速运行,严禁溜放。

(2) 钢丝绳牵引单轨吊车所配套的电气产品,必须要有在有效期内的安全标志。

(3) 最大坡度不得大于 25°。

(4) 不得随意变更涉及本安关联的电气元部件。

(5) 必须由一名专职跟车司机跟车,运行时能保证跟车司机与绞车司机联络通畅。跟车司机与绞车司机必须经过培训,考核合格,持证上岗。跟车司机紧急停车操作时应先按手持机,然后手拉制动小车制动开关,严禁车辆运行中先手拉制动小车的制动开关。

(6) 单轨吊车必须与手持机配合使用,运行时跟车工可与牵引车司机联络。

(7) 列车安全制动装置必须由一名专职跟车工坐在人车内控制,随时注意车列的运行情况,当发生失常状况时,跟车工可手动拉动离心限速器制动。

(8) 列车安全制动装置每周至少进行一次抱闸试验。

(9) 每车厢乘坐 8 人,不得超载。进入车厢后抓紧防护扶手。车厢损坏不得进入。定期对人车进行检修。

(10) 运物时禁止乘人,运人时禁止运输物料。

(11) 运物时连接装置安全系数不小于 10,运人时不小于 13。

(12) 轨道端部装设阻车器。

(13) 载物车厢和乘人车厢不能同时安装到轨道上。

五、气动单轨吊车

气动单轨吊车是在悬空轨道上,以气马达经减速机构减速后、带动行走轮沿轨道腹板摩擦行走的设备,是井下短距离调度用起重运输设备之一。其操作简便,自动化程度较高,可大大降低劳动强度,提高生产效率;可沿 I140E 轨前进、后退、转弯、爬坡,能随时停车,实现工作面的进入和退出功能;可在水平、弯道、俯仰等多种复杂环境中自如工作。

(一) 适用条件及范围

气动单轨吊车适用于在巷道倾斜角 15°之间的牵引悬吊单轨上,其使用承载剖面为 I140V 或相容剖面。气动单轨吊车通过驱动轮压紧在 I140E 型轨道的腹板上靠摩擦力牵引机车运行,主要用于煤矿井下采、掘工作面巷道超前支护的物料及设备的运输,也可用在井下其他需要短距离运输的地点。

(二) 主要技术参数

DQ60/0.5系列气动单轨吊车的主要技术参数见表2-47,坡道载荷表(载荷包括设备、起吊梁及运输重物)见表2-48。

表2-47 DQ60/0.5系列主要技术参数表

项目			主要技术参数			备注
			DQ60/0.5	DQ50/0.5	DQ40/0.5	
轨道型号			I140E			
工作压力/MPa			0.4-0.63			
最大运行速度/(m·s^{-1})			0.4±0.05			
额定牵引力/kN	压力	0.4 MPa	50	45	35	
		0.5 MPa	60	50	40	
		0.63 MPa	65	57	45	
额定起吊质量/t			20	18	18	
爬坡能力			20°(-20°~+20°)			
控制方式			手动操作			
整备质量/kg			1510±20			
手柄控制线长度/m			2			
整车(长×高×宽)/(mm×mm×mm)			(6350±100)×(860±50)×(790±50)			
水平最小转弯半径/m			4			
垂直最小转弯半径/m			8			
工作介质			压缩空气			
方式			手动操作			
气动马达		型号	TMC5.5			共两台
		功率	5.5 kW×2			
		耗气量	4.88 m^3/min×2			
气动葫芦		型号	HQ10(3-16)			共两台
		起吊最大质量	10.0 t×2			

表2-48 DQ60/0.5系列坡道载荷表　　　　t

型号	坡度				
	0°	5°	10°	15°	20°
DQ40/0.5	18	16	12	8	4
DQ50/0.5	18	16	14	10	6
DQ60/0.5	20	18	16	12	8

(三) 主要组成结构

DQ60/0.5 系列气动单轨吊车由驱动单元、轨道、制动车、承载小车、拉杆、气动葫芦等部分组成,如图 2-170 所示。每节轨道由 I140E 工字钢及链条、卸扣组成。主牵引装置由气马达、减速箱等部分组成。减速箱的输出端与驱动轮连接,行走轮与轨道腹板贴合,靠摩擦传动。气动葫芦安装在承载车下方。整机用高度可调节的吊挂装置吊挂于巷道顶板上的十字梁或锚杆、U 型棚上等。

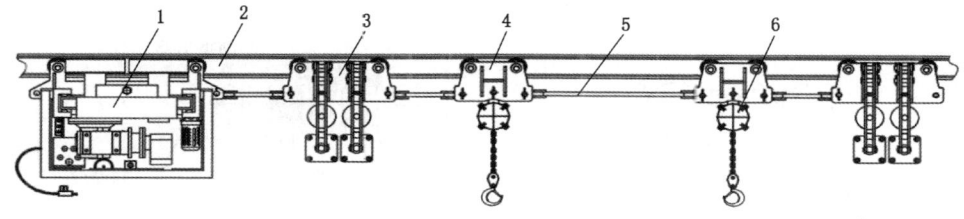

1—驱动单元;2—轨道;3—制动车;4—承载小车;5—拉杆;6—气动葫芦

图 2-170 DQ 系列气动单轨吊车结构示意图

1. 驱动单元

驱动单元是拖动整个气动单轨吊车前后运行的动力机构。驱动单元由两个气动马达通过法兰连接到齿轮变速箱所构成。齿轮变速箱和驱动轮靠传动轴连接传动。驱动轮是靠夹紧螺杆的夹紧螺母压紧在单轨运输系统的 I140E 型轨道上。驱动轮通过滚动轴承安装在力臂末端的安装孔中,与之相对立的力臂的另一端,通过连接轴将力臂与行走小车连接在一块,如图 2-171 所示。通过气动马达驱动齿轮箱,从而带动驱动轮在轨道上运动。气动系统由一个关断阀、一个带有油雾器的空气滤清器、一个不带油雾器的空气滤清器、一个三通阀、一个控制按钮和

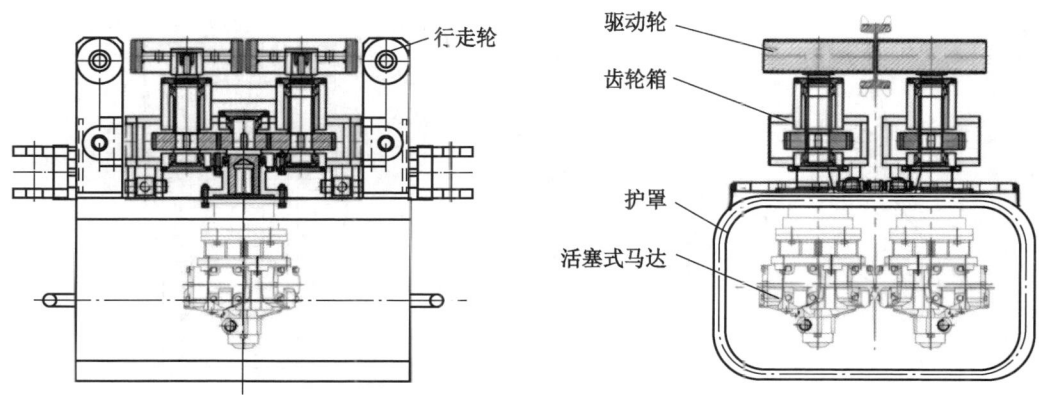

图 2-171 驱动单元示意图

软管分布系统组成。

2. 轨道

轨道是承载重物与设备的载体。

3. 制动车

制动车是气动单轨吊车运行中除马达内部主刹车以外的一种补充刹车装置，与驱动车一起连接在行走小车架上。其作用是当前进与后退时制动打开，停止时工作制动。制动车结构示意图如图 2-172 所示。

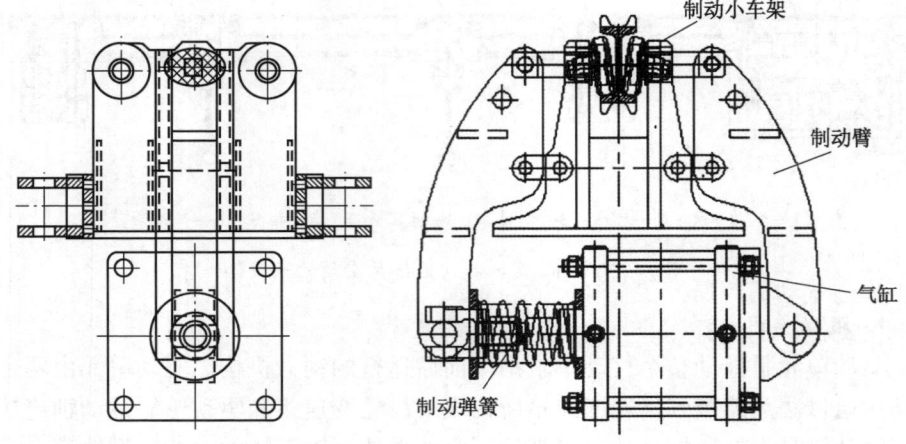

图 2-172 制动车结构示意图

4. 承载小车

承载小车是承载重量且随轨道运动的一种小车，是挂载气动葫芦沿轨道运行的承载机构。承载小车结构示意图如图 2-173 所示。

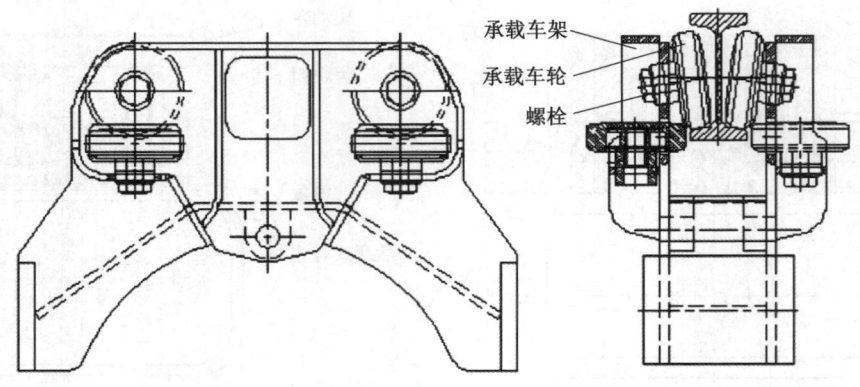

图 2-173 承载小车结构示意图

第二章 矿用单轨吊运输系统的基本结构与组成

5. 拉杆

拉杆是保证牵引车、承载小车、连杆的有效柔性连接关键部件。连杆是控制滑车、牵引车之间距离长短的连接件，连接驱动车与气动葫芦、气动葫芦与气动葫芦、气动葫芦与制动小车。拉杆示意图如图 2-174 所示。

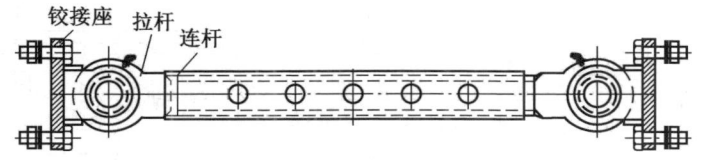

图 2-174 拉杆示意图

6. 气动葫芦

气动葫芦是吊起重物的一种执行机构。气动葫芦通过气动葫芦控制单元控制提升与下降，数量及吨位按用户要求配置，气路连接如图 2-175 所示。气动葫芦工作由气动葫芦操控装置来完成，推动气动葫芦的操控手柄朝正方向移动可以控制气动葫芦的提升作业，推动气动葫芦的操控手柄朝反方向移动可以控制气动葫芦的下降作业。当气动葫芦作业时机车是不能行驶的，当机车行驶时气动葫芦也是不能工作的。

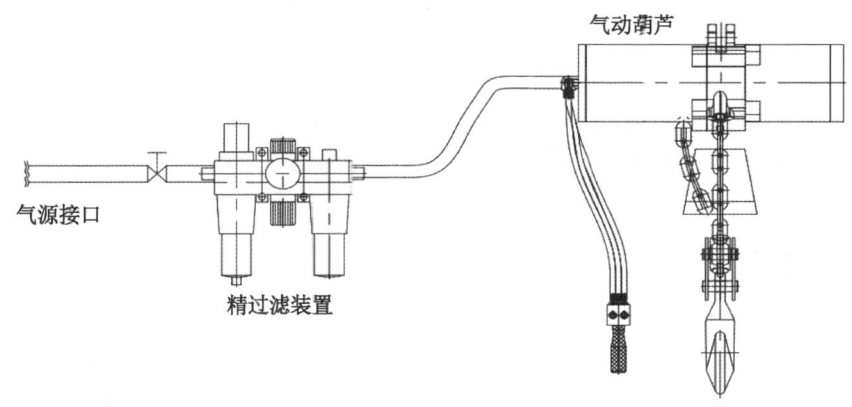

图 2-175 气动葫芦气路连接示意图

7. 气路控制系统

气路控制系统是实现牵引车机构前进、后退、刹车的控制系统。单轨吊车的行走起吊及制动原理如图 2-176 所示。

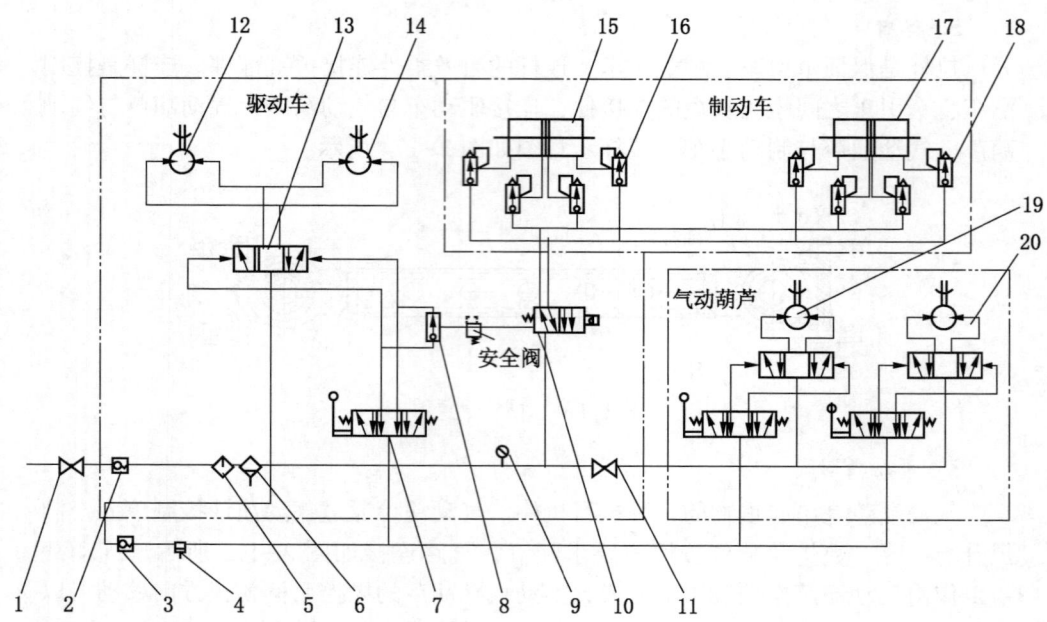

1—截止阀；2、3—单向阀；4—自动排水阀；5—空气滤芯；6—雾化器；7—三位五通阀；
8—梭阀；9—压力表；10—二位五通阀；11—截止阀；12—气动马达；13—气控三位五通阀；
14—气动马达；15—制动缸；16—快速排气阀；17—制动缸；
18—快速排气阀；19—气动葫芦；20—液压支架软管

图 2-176 单轨吊车的行走起吊及制动原理图

(四) 主要技术特点及注意事项

DQ 系列气动单轨吊车在使用过程中，应注意以下事项：

（1）严禁不按操作说明书使用驱动单元。

（2）严禁任何工作过程中干预驱动单元的行为。

（3）严禁没有防护罩的情况下操作驱动单元。

（4）严禁在技术条件或者保证安全操作与操作说明书安全条例不符合的情况下操作驱动单元。

（5）严禁在驱动单元运行或者未关闭压缩空气输送阀门的情况下转变运行方向。

（6）当不能保证矿山巷道安全时，严禁在单轨吊运输线上使用驱动单元进行装卸工作。

（7）不得在驱动单元运行的情况下在其前方或者下方走动。

（8）操作人员必须经过专业培训，取得合格证后方可上岗操作。

（9）使用单轨吊前检查制动装置是否灵活可靠。
（10）运输作业时，重物下方不得有人。
（11）坡道作业时，操作人员应在单轨吊车行进坡道的上坡位置。
（12）单轨吊车必须严格按照坡道载荷表要求执行。
（13）未采取防护措施的情况下严禁使用驱动单元。
（14）维修时不得改变零部件的规格和型号。
（15）未经允许不得随意更换重要零部件，尤其是涉及安全的零部件。
（16）运行时严禁在下面行走，严禁超载运行，严禁超速运行，严禁溜放。
（17）运行最大坡度不得大于 15°。
（18）连接装置安全系数不小于 10。

第三章　矿用单轨吊的选型与设计

矿用单轨吊涉及机械、电气、液压、智能化、信息化等多种技术，并需与矿井地质条件、开拓开采方式、井巷特征、辅助运输条件与工况等有机结合，其选型与设计、建设与运维是一个复杂的系统工程。科学合理地进行矿用单轨吊的选型与设计，是保证矿用单轨吊运输系统安全、可靠、经济运行的基础，对矿山安全高效生产具有重大意义。

第一节　矿用单轨吊选型与设计的目的与原则

矿用单轨吊的选型与设计，是根据矿山开拓开采布局、井巷条件和特征、运输物料和运能需要，结合矿用单轨吊的技术特点和技术参数，选择并确定矿用单轨吊的类型与技术规格、吊轨类型与连接方式、井巷辅助设备与配套设施，进行牵引力、制动力等的设计验证计算与吊轨轨道设计，并明确与矿井辅助系统运输联动联控、信息化、智能化紧密配合的技术路径和方法。合理进行矿用单轨吊的选型与设计，必须明确其目的、意义，以及应当坚持的基本原则。

一、矿用单轨吊选型与设计的主要目的

矿用单轨吊属于机电液一体化装备，组件较多，技术运用相对复杂，其选型设计与井巷特征、矿山生产技术条件、运输工况和需求密切相关，且应与矿井辅助运输系统有机统一，与矿山信息化、智能化工作有机融合。科学合理地进行矿用单轨吊的选型与设计，才能选择出先进、适用、符合矿山实际需要的设备设施，为矿山安全生产奠定基础。

矿用单轨吊选型与设计的主要目的有以下方面：

（1）保证矿用单轨吊的合法合规性。国家对矿用单轨吊的设计、制造、安装、使用、维护等提出了具体要求，出台了相应的标准和规范，如《煤矿安全规程》、GB 50533—2009《煤矿井下辅助运输设计规范》以及国家矿山安全监察局的有关文件规定等。只有具体、有针对性地进行选型与设计，才能保证所选择的矿用单轨吊系统的设备设施符合国家的相关规定和要求。

（2）保证矿用单轨吊的适用性。目前矿用单轨吊生产制造厂家较多，产品

的技术特点、性能和主要技术参数差异较大，适应条件也有差异，必须根据矿井具体的开拓开采布局、井巷基础条件，以及矿井辅助运输系统的整体布局，信息化、智能化的整体方案等进行有针对性的选型与设计，开展具备针对性的牵引力、制动力等的设计验证计算与吊轨轨道的具体设计，这样才能保证所选择的矿用单轨吊产品能够适应矿井的实际需要，才能保证建成投用后矿用单轨吊运输系统的安全可靠运行。

（3）保证矿用单轨吊运输系统的合理性。矿用单轨吊运输系统的合理性不仅要求所选择的设备设施技术应用合理和总投资合理，还应保证其在使用过程中能耗低、维修费用低、互换性高、使用寿命长。矿用单轨吊的选型和设计应与矿井运输系统建设规模、设计和工艺方案相适应，与其他设备之间相互配套，保证智能化和连续化工作程度，降低劳动强度，提高生产效率。

（4）为安全管理奠定基础。矿用单轨吊运输系统对使用维护管理的要求较高，需要定期进行维护、保养或者零（元）部件更换；应用于采掘工作面的单轨吊还需适应其处于移动变化之中的客观需要，应有更加有效的现场管理；自动化、智能化单轨吊具有较高的技术含量，对管理的科学性具有更高要求。

二、矿用单轨吊选型与设计的重要意义

根据矿山实际生产条件和运输需求，对矿用单轨吊运输系统进行具体、有针对性的选型与设计，对其安全、稳定、可靠、经济运行均有十分重要的意义，具体体现在以下方面：

（1）保证矿用单轨吊满足矿山实际生产需求和安全需求。矿用单轨吊运输系统肩负设备、材料、人员运输的重任，通过选型与设计过程中系统全面的标准规范分析、技术性能比对，并结合矿井实际条件和需求进行适用性分析、关键技术参数设计计算与验证、安全可靠性分析等，可以保证所选择的矿用单轨吊设备设施功能完备、技术性能和安全参数满足矿山的实际需要和安全需求。

（2）保证矿用单轨吊产品的技术先进性。选择使用三流技术、符合技术发展方向的矿用单轨吊产品，保证其在使用周期内技术不落后，并能随着技术发展，及时进行升级、性能扩展或者扩容。建设一个符合标准的、高科技的、运行安全可靠的矿用单轨吊运输系统，并具备强大生命力，从而为矿山高产高效安全生产奠定基础。

（3）保证矿用单轨吊产品的质量、售后服务和技术升级。矿用单轨吊技术运用复杂，科技含量较高，通过选型设计，对其生产制造单位进行全面评估，优先选用技术力量雄厚、历史底蕴厚重、产品线齐全、质量过硬、市场占有率高、信誉度好、售后服务及时的生产制造单位的产品，其产品经过更多用户的检验，

产品成熟度高，而且这些生产制造单位出货频繁、生产量大、质保体系完备，更具备优质的质量保障和售后服务，可以有效保证产品质量及全生命周期的安全。

（4）最大限度用好投资，发挥出投资的最大作用。通过对矿山的整体要求进行研究，选型设计出先进合理的矿用单轨吊运输系统，同时要考虑矿井的近、远期发展，产品的技术升级与更新，避免粗放式设计和管理，以减少不必要的重复投资而造成的投资浪费。

三、矿用单轨吊选型与设计的基本原则

矿用单轨吊的选型与设计具有较强的技术性、规范性，其结果对建成投用后单轨吊运输系统的安全稳定运行及矿山安全生产具有重要影响。在矿用单轨吊选型与设计中，要紧密结合矿井实际条件与需求，从经济性、安全性和技术先进性等方面出发，进行有针对性的分析和设计计算，保证设备合法合规，构建安全、科学、高效的单轨吊运输系统。

（一）合法合规原则

合法合规是矿用单轨吊选型与设计应当遵循的首要原则。所选用的矿用单轨吊产品应满足国家标准、行业标准和《煤矿安全规程》等的规定。矿用单轨吊运输系统的设计应符合 GB 50533—2009《煤矿井下辅助运输设计规范》等的要求。应按照国家和行业相关标准规范的规定，进行矿用单轨吊的安装、验收、使用、运维管理、检测检验等方面工作。

2022 年 9 月 15 日，国家矿山安全监察局发布了《国家矿山安全监察局关于印发执行安全标志管理的矿用产品目录的通知》（矿安〔2022〕123 号），明确将单轨吊产品纳入执行安全标志管理的煤矿矿用产品目录，将"轨道运输设备（人车、平板车、电机车及控制装置，牵引电机）"纳入执行安全标志管理的非煤地下矿山矿用产品目录，即矿山井下使用的单轨吊产品应取得矿用产品安全标志，包括煤矿和非煤矿山。

（二）紧密结合矿井实际原则

矿用单轨吊是矿山井下重要的辅助运输设备，在进行矿用单轨吊设备设施的选型、配套和具体设计时，必须从本矿井实际情况和需求出发，采用先进科学的设备选型、配套、设计技术方法，科学、合理地选用设备、布设运输系统，以确保在安全生产的前提下，实现矿用单轨吊运输的安全性、高效性。

矿用单轨吊的选型与设计应满足矿井实际要求，主要应体现在以下方面：

（1）矿用单轨吊运输系统应能够满足矿山要求的运输能力，包括运输物料、设备、人员等的能力。

（2）矿用单轨吊运输系统的悬挂方式、断面布置等的设计，应基于矿井运

输巷道的实际条件,并符合《煤矿安全规程》《金属非金属矿山安全规程》等的规定。

(3) 矿用单轨吊运输系统应满足矿井生产的使用要求,符合矿井需要的物料、设备、人员等的运输工况条件。

(4) 矿用单轨吊的选型与设计应方便运维管理,便于操控使用、日常检查、维护和设备管理,以及零部件的更换。

(5) 矿用单轨吊的选型和设计应符合矿山环保要求,运送人员的单轨吊应符合人体工程学原则。

(6) 矿用单轨吊的选型和设计应满足矿山信息化、智能化的整体布局要求,便于设备的联动联控、远控集控、监测预警、故障诊断与健康监测,创造无人驾驶条件。

(三) 技术先进原则

矿用单轨吊是集机械、电气、液压等多学科技术于一体的综合性设备,应采用现代化设计思想,围绕新技术、新材料、新工艺的应用,按照切合实际、技术先进、安全适用三者兼备的原则进行综合考量,不能一味地选用最先进的技术、最大的生产能力。

近年来,数字化、智能化技术,无人驾驶技术,物联网技术等新技术逐渐在矿用单轨吊运输系统中得到应用。采用自动控制、精确定位、全信息感知、远程视频监控和集中调度控制等技术,可实现矿用单轨吊的"智能管理、无人驾驶",有效减少人员投入,降低劳动强度,提高运输效率。锂离子蓄电池等新能源动力电源已经成功应用于矿用单轨吊运输系统,可有效解决柴油机的空气污染以及驱动能力不足、爬坡性能不够等问题。永磁驱动、变频调速等新技术在矿用单轨吊中的使用,可有效提升矿用单轨吊的技术性能。在矿用单轨吊的选型和设计中,应注重这些先进适用的新技术的应用,尽可能选用技术先进、性能优良、质量可靠的产品。

(四) 经济性原则

选择矿用单轨吊及配套设备时应考虑经济性要求,综合分析初期投资、生产效率、耐久性、能耗及原材料消耗、设备维修和管理费用、劳动力成本等因素。

矿用单轨吊的初期投资包括设备购置费、运输费、巷道设计与改造费、安装费、辅助设施费等。结合矿山实际需求,合理制定初期投资计划,在保证矿用单轨吊实用性和安全性的前提下,尽可能降低初期投资费用。

耐久性是指零件、部件在使用过程中物质磨损允许的自然寿命,自然寿命越长,生产成本越低。矿用单轨吊属于矿用大型装备,初期投资比较大,且与巷道布局和设计的关联性强,因此所选择的矿用单轨吊的自然寿命越长,经济效果就越好。

能耗是设备使用过程中一个重要指标。进行能耗评价时，不仅要看消耗量的大小，还要看使用什么样的能源，因为不同能源的经济效果不同。

设备维修和管理是矿山企业设备管理中一个非常重要的环节，控制好设备维修和管理费用，可以有效地降低企业的生产成本，提高经济效益。

上述经济性因素有些相互影响，有些相互矛盾、相互制约。当一个指标的经济性好时，必然使另一项指标的经济性变差，不可能保证各项指标同时都是最优、最经济的，但可以根据企业具体情况，以某几个因素为主，参考其他因素来进行分析计算，综合平衡这些指标要求。

（五）可维修性原则

维修性是指通过修理和维护保养手段，来预防和排除系统、设备、零（元）部件等故障的难易程度。影响维修性的因素有易接近性、易检查性、坚固性、易装拆性、零（元）部件标准化和互换性、零（元）部件的材料和工艺方法、维修人员的安全、特殊工具和仪器、备件供应、制造商的服务质量等。

在矿用单轨吊的选型与设计中，应最大限度地采用通用零（元）部件，尽量减少零（元）部件的数量和种类，紧固件、连接件、线缆等应实行完全标准化；对于故障率高、容易损坏、关键性的零（元）部件，要增强这些零（元）部件的互换性和通用程度；对于重要零（元）部件，其结构应尽量采用模块化设计。通过采用上述手段，来提高矿用单轨吊及配套设备的可维护度。

（六）环境保护性原则

环境保护性是指设备的噪声和排放的有害物质对环境污染的影响程度。环境保护在地下矿山越来越受到重视，在选择矿用设备时，要尽量选择低噪声和低排放的产品，努力将设备运行产生的噪声和有害物质控制在保护井下工作人员健康和环境的标准范围之内，以保证工作人员的健康安全。

矿用单轨吊运行时，可能产生的污染环境的因素主要有噪声、振动、有毒有害气体、柴油机尾气、粉尘等。在矿用单轨吊的设备选型和设计时，可以从选用环保型设备及零（元）部件、改进机械结构、增加尾气后处理装置、加强设备状态检测和及时维修、合理使用等方面综合考虑，提高矿用单轨吊的环保性，如选用蓄电池电源替代柴油机、提高柴油机排放要求等。根据国家有关规定，在煤矿井下必须使用排放标准不低于国Ⅲ的防爆柴油机。

（七）投入产出最大化原则

在保证矿用单轨吊符合国家相关标准规范规定、满足矿山安全生产要求的前提下，能以较低的成本、较少的人员投入来维持矿用单轨吊运输系统的正常运转，减少不必要的支出或者不切实际功能产生的支出，力争资金的投入产出最大化。

以上七项原则是矿用单轨吊选型与设计时应当遵循的准则，涉及的相关方面是矿用单轨吊选型与设计时应考虑的主要因素。除此之外，还应考虑制造厂的产品质量、售后服务体系、承诺等因素。矿用单轨吊运输系统与矿井地质及开拓开采条件、井巷布局及特征、运输物品及工况等密切相关，要根据矿井具体条件，从技术先进性、安全可靠性、经济性等方面出发，着力构建安全高效的矿用单轨吊运输系统。

第二节 矿用单轨吊选型与设计的主要依据与内容

矿用单轨吊的选型与设计，应在充分研究自身的特点与需求的基础上，以国家和行业相关规定、标准规范为准绳，系统地吸纳、借鉴国内外的成功经验和做法，以提高选型与设计的科学性、规范性，保证设计内容的全面性、系统性、实用性和可操作性。

一、矿用单轨吊选型与设计的主要依据

矿用单轨吊选型与设计的主要依据，包括国家和行业的相关规定、标准规范，矿山的具体条件和辅助运输布局与需求，国内外的成功经验和做法等中的涉及悬挂轨道的选型与设计、矿用单轨吊及配套设备设施选型与设计等方面的内容。

（一）悬挂轨道的选型与设计

悬挂轨道选型与设计的主要依据有《煤矿安全规程》、GB 50533—2009《煤矿井下辅助运输设计规范》、MT/T 468—1995《煤矿用机车单轨吊运系统轨道及相关设施》、井巷布局、条件及特征等。

《煤矿安全规程》第三百九十一条规定，必须根据起吊重物的最大载荷设计起吊梁和吊挂轨道，其安装与铺设应当保证单轨吊车的安全运行；应有防止淋水侵蚀轨道的措施。

（1）根据 GB 50533—2009《煤矿井下辅助运输设计规范》，单轨吊车运输的悬挂吊轨必须安全可靠，并应符合下列规定：

① 采用锚喷支护时每个吊轨悬挂点应采用双锚杆吊挂。

② 采用矿用工字钢梯形棚支护时可用顶梁或在顶梁间加小短梁悬挂轨道，支架间应设纵向拉杆。

③ U 型可缩性金属支护时可采用支架顶梁悬挂轨道，支架间应设纵向拉杆。

④ 料石或混凝土墙金属横梁支护时可采用横梁悬挂吊轨。

⑤ 以上悬挂吊轨必须满足对锚杆锚固力或对悬挂点进行预定集中载荷试验的要求。

⑥ 吊轨及悬挂点应按车列运行中的最大负载进行设计，需要时可增设悬挂点。

(2) 根据 GB 50533—2009《煤矿井下辅助运输设计规范》中的 13.3.3，单轨吊车吊轨设置应符合下列规定：

① 直轨每段长度不得大于 3 m。

② 水平弯轨曲率半径不得小于 4 m，每节弧长不得大于 2 m，弧长超过 1.6 m 时，应在其中点设一吊耳。

③ 垂直弯轨曲率半径不得小于 10 m，每节弧长不得大于 3 m，弧长超过 1.6 m 的凸轨，应在其中点设一吊耳。

④ 当采用 I140 型轨道时，其垂直弯轨的弧长不得大于 2 m。

(二) 矿用单轨吊机车的选型与设计

矿用单轨吊机车选型与设计的主要依据有《煤矿安全规程》、GB 50533—2009《煤矿井下辅助运输设计规范》、MT/T 883—2000《柴油机单轨吊车》、MT/T 886—2000《煤矿井下钢丝绳牵引单轨吊车》、MT/T 887—2000《DX25J 防爆特殊型蓄电池单轨吊车》、相关行业标准、《矿用产品安全标志审核发放实施规则 单轨吊机车》(ABGZ-MA-CMA-2017-01)、《矿用产品安全标志审核发放实施规则 矿用单轨吊类产品》(ABGZ-MA-CMB-2017-01)、地方规定、用户现场安装条件和使用要求等。

《煤矿安全规程》第三百九十条规定，使用的单轨吊车应当符合以下要求：

(1) 运行坡度、速度和载重，不得超过设计规定值。

(2) 安全制动和停车制动装置必须为失效安全型，制动力应当为额定牵引力的 1.5~2 倍。

(3) 必须设置既可手动又能自动的安全闸。安全闸应当具备下列性能：绳牵引式运输设备运行速度超过额定速度 30% 时，其他设备运行速度超过额定速度 15% 时，能自动施闸，施闸时的空动时间不大于 0.7 s；在最大载荷最大坡度上以最大设计速度向下运行时，制动距离应当不超过相当于在这一速度下 6 s 的行程；在最小载荷最大坡度上向上运行时，制动减速度不大于 5 m/s²。

《煤矿安全规程》第三百九十一条规定，柴油机单轨吊车运行巷道坡度不大于 25°，蓄电池单轨吊车不大于 15°，钢丝绳单轨吊车不大于 25°。

部分技术优势生产制造单位制定了高于国家或者行业标准要求的产品企业标准，并编制了相关产品使用说明书，明确了产品适用条件与范围，产品组成与工作原理，安装、使用、运维要求等，选型和计算校验中应系统考虑。

二、矿用单轨吊机车配套设备设施的选型与设计

矿用单轨吊的车场、硐室、照明、应急广播、安全监控、通信联络、调度系统、同巷布置等配套设备设施应符合《煤矿安全规程》的规定。

《煤矿安全规程》第九十条规定，单轨吊运输设备最突出部分与运输巷道（包括管、线、电缆）之间的最小间距，距顶部不小于0.5 m，距两侧不小于0.85 m。曲线巷道段应当在直线巷道允许安全间隙的基础上，内侧加宽不小于0.1 m，外侧加宽不小于0.2 m。巷道内外侧加宽要从曲线巷道段两侧直线段开始，加宽段的长度不小于5.0 m。

《煤矿安全规程》第九十二条规定，单轨吊车运输双向对开时，两车最突出部分之间的距离不得小于0.8 m。

《煤矿安全规程》第三百九十条规定，柴油机和蓄电池单轨吊车的牵引机车或者头车上，必须设置车灯和喇叭，列车的尾部必须设置红灯。柴油机和蓄电池单轨吊车，必须具备2路以上相对独立回油的制动系统，必须设置超速保护装置，司机应当配备通信装置。绳牵引单轨吊车必须设置越位、超速、张紧力下降等保护装置；必须设置司机与相关岗位工之间的信号联络装置；设有跟车工时，必须设置跟车工与牵引绞车司机联络用的信号和通信装置；在驱动部、各车场，应当设置行车报警和信号装置；运送人员时，必须设置卡轨或者护轨装置。

《煤矿安全规程》第三百九十一条规定，采用单轨吊车运输时，必须根据起吊重物的最大载荷设计起吊梁和吊挂轨道，其安装与铺设应当保证单轨吊车的安全运行；应有防止淋水侵蚀轨道的措施。采用柴油机、蓄电池单轨吊车运送人员时，必须使用人车车厢；两端必须设置制动装置，两侧必须设置防护装置。采用钢丝绳牵引单轨吊车运输时，严禁在巷道弯道内侧设置人行道。单轨吊车的检修工作应当在平巷内进行。若必须在斜巷内处理故障时，应当制定安全措施。

《煤矿安全规程》第四百九十条规定，安全监控设备必须具有故障闭锁功能。当与闭锁控制有关的设备未投入正常运行或者故障时，必须切断该监控设备所监控区域的全部非本质安全型电气设备的电源并闭锁；当与闭锁控制有关的设备工作正常并稳定运行后，自动解锁。安全监控系统必须具备甲烷电闭锁和风电闭锁功能。当主机或者系统线缆发生故障时，必须保证实现甲烷电闭锁和风电闭锁的全部功能。系统必须具有断电、馈电状态监测和报警功能。

《煤矿安全规程》第四百九十一条规定，安全监控设备的供电电源必须取自被控开关的电源侧或者专用电源，严禁接在被控开关的负荷侧。

《煤矿安全规程》第四百六十九条规定，矿用单轨吊井底车场及其附近，机电设备硐室、机车库、候车室、信号站，矿用单轨吊的主要运输巷道等地点，必

须有足够的照明。

《煤矿安全规程》第六百八十五条规定，矿井应当设置井下应急广播系统，保证井下人员能够清晰听见应急指令。

矿用单轨吊与带式输送机、地面轨道等设备同巷布置时，虽然规程没有针对这种情况作出具体要求，但在设计时可以参考《煤矿安全规程》第三百八十三条关于架空乘人装置与其他设备同巷布置的要求，即倾斜巷道中矿用单轨吊与轨道提升系统同巷布置时，必须设置电气闭锁，2种设备不得同时运行；倾斜巷道中矿用单轨吊与带式输送机同巷布置时，必须采取可靠的隔离措施。

三、矿用单轨吊选型与设计应收集的基础资料

在对矿用单轨吊进行选型与设计时，应收集以下基础资料，并进行系统整理和深入分析：

（1）矿井相关技术资料，包含矿井开拓方式和现状、大巷布置情况、矿井安全条件、运输巷地质水文基本情况等。

（2）矿井辅助运输系统基础资料，包括整体布局、运输量及运输方式、不同运输方式的关联关系等。

（3）采（盘）区相关技术资料，包含采（盘）区类型及开采方法、采（盘）区巷道布置图、采（盘）区日运输量、煤层顶板条件等。

（4）采煤工作面相关资料，包括工作面、停采线外巷道、工作面运输巷、联络巷等布置图，图中应明确使用单轨吊运输的巷道断面形式、长度、断面尺寸、各巷道最小曲率半径、坡度、顶底板条件等基本特征和参数，以及巷道中的设备设施布置等。

（5）掘进工作面相关资料，包括掘进巷道及相连巷道等布置图，图中应明确使用单轨吊运输的巷道断面形式、长度、断面尺寸、最小曲率半径、坡度、顶底板条件等基本特征和参数，以及掘进巷道中的设备设施布置和随工作面推进移动的关联关系等。

（6）使用单轨吊运输巷道的资料，包括巷道断面形式、长度、断面尺寸、最小曲率半径、坡度、顶底板条件等基本特征和参数。

（7）单轨吊运输物料及人员的基本资料，包括运输物料类型、基本尺寸、最大质量、运量，人员运输要求等。

四、矿用单轨吊选型与设计的主要内容

矿用单轨吊的选型与设计应有明确的设计理念、目标、依据和原则，内容应全面具体，具备指导性和可操作性，应包括以下基本内容：

(1）总体说明。对选型与设计进行概括性描述，主要包括项目背景，主要依据，指导思想、理念和目标，矿山现状分析和运输需求分析，设计的矿用单轨吊运输系统整体布局及主要技术特点和内容，存在问题与建议等。

(2）矿井基本情况。重点是与矿用单轨吊运输系统相关的信息，包括矿井相关技术资料、矿井辅助运输系统基础资料、采（盘）区相关技术资料、采煤工作面相关资料、掘进工作面相关资料、使用单轨吊运输其他巷道的资料、单轨吊运输物料及人员的基本资料等。

(3）单轨吊运输系统的整体布局设计。包括单轨吊运输系统与其他运输方式的关联关系、悬挂轨道布局设计、运输线路布局设计、运输人员安全设计、系统巷道和断面布局设计等。

(4）悬挂轨道线路选型与设计。包括轨道系统布局设计、轨道选型和悬挂方式设计、轨道起伏弯道布局设计、轨道悬挂强度校核等。

(5）矿用单轨吊机车及配套设备的选型与设计。包括单轨吊动力单元、驱动单元、制动单元、制动轮组、吊运单元、驾驶单元、行走单元、液压系统、电控系统等的选型与设计。

(6）整体设备选型与计算校核。包括悬挂轨道的强度校核、起吊梁的载重校核、人车和物料车的运输能力计算、制动车的制动能力计算、牵引力计算、驱动功率计算、系统效率计算等。

(7）井巷配套设备设施的选型与设计。包括车场、硐室、照明、应急广播、安全监控、通信联络、调度系统等配套设备设施的选型与设计，以及与带式输送机、地轨等设备同巷布置的设计和布局。

(8）设备安装与竣工验收。包括设备进矿验收、下井前检查和安装要求、安装完成后的测试与联合试运行、竣工验收条件与方法等。

(9）使用、维护与管理。主要包括矿用单轨吊运输系统日常管理、维护保养、检测检验要求，物品、配件更换要求，管理体系、管理机构和人员的确定及职责范围，规章制度、操作规程等。

(10）安全培训。对矿用单轨吊运输系统相关安全培训进行设计，保证入井人员具备使用矿用单轨吊运输的基本知识，掌握矿用单轨吊使用方法，是提高人员整体素质的技术途径及条件。

(11）建设进度与工期。设计施工进度，估算建设的总工期。

(12）投资概算与资金筹措。对总体投资进行概算，说明资金筹措渠道。

(13）存在问题的分析及其他相关内容。分析选型与设计存在的问题，提出相关意见建议，并对其他需要说明的问题进行阐述。

第三节　矿用单轨吊选型与设计的基本程序与方法

矿用单轨吊的选型与设计，应根据矿井的具体条件和生产需求，按照国家有关标准规范的规定有针对性地进行，并力求系统全面、具备指导性和可操作性。

一、矿用单轨吊选型与设计的基本程序

矿用单轨吊的选型与设计，应根据国家相关标准规范的规定，结合矿井具体情况和生产需求有针对性地进行，一般执行以下程序：

(1) 矿井基本条件、生产需求和国家相关法规标准要求分析。分析矿井生产和辅助运输系统整体布局、单轨吊运输线路的井巷条件及特征、单轨吊运输物料及人员的能力需求等，为矿用单轨吊的选型与设计奠定基础；分析《煤矿安全规程》及相关标准规范的规定，为矿用单轨吊的选型与设计提供依据；分析矿用单轨吊的技术发展和产品现状，为矿用单轨吊的选型与设计提供目标对象。

(2) 确定矿用单轨吊运输系统设计的理念、原则和目标。明确选型与设计的理念及坚持的原则，为选型与设计提供指导及决策的准绳；明晰选型与设计的目标定位，为选型设计提供目标方向。

(3) 矿用单轨吊运输安全风险分析。辨识矿用单轨吊运输系统建设及运维过程中可能存在的安全风险因素、发生概率及其导致事故或者损失的严重程度和影响范围，确定安全风险等级，以便在选型与设计中预先采取有针对性的风险防控措施。

(4) 线路勘测。对矿井拟采用单轨吊运输的井巷进行现场勘测，测定线路上井巷纵断面及横断面、顶板（或者顶棚）距离底板的高度，考察地质条件、顶板岩层稳定性以及支护状况，绘制线路纵断面图和平面图，为合理确定单轨吊运输线路方案及布局奠定基础。

(5) 设计方案初选。根据线路基本条件和井巷状况，初步确定矿用单轨吊的类型和主要技术参数、悬挂轨道的形式和悬挂方式、配套井巷设备设施及硐室的布局；初步计算单台单轨吊机车的日运输能力，确定采区或全矿所需单轨吊机车的台数。

(6) 单轨吊运输系统的整体布局设计。包括单轨吊运输系统与其他运输方式的关联关系、悬挂轨道布局设计、运输线路布局设计、运输人员安全设计、系统巷道和断面布局设计等。

(7) 方案设计与优化。在方案比对、技术经济分析等的基础上，进行悬挂轨道选型与设计，包括轨道系统布局设计、轨道选型和悬挂方式设计、轨道起伏

弯道布局设计、轨道悬挂强度校核等内容；遵守"以坡定配重，以配重定牵引"的原则，进行矿用单轨吊的选型与设计，包括单轨吊动力单元、驱动单元、制动单元、制动轮组、吊运单元、驾驭单元、行走单元、液压系统、电控系统等的选型与设计；进行整体设备选型与计算校核，包括悬挂轨道的强度校核、起吊梁的载重校核、人车和物料车的运输能力计算、制动车的制动能力计算、牵引力计算、驱动功率计算、系统效率计算等内容；实施配套设备设施的选型与设计，包括各类配套车场、硐室、照明、通信、调度系统等的设计。在设计及校核过程中，对设计方案不断优化完善。

（8）专家论证。召开不同形式的专家讨论会、论证会，充分吸纳相关领域的专家意见建议，对设计方案进一步优化完善，对重要技术措施进行论证，以确保设计方案的系统性、全面性、完整性，并保证其技术先进性、适用性、可靠性、安全性、环保性和经济合理性。

（9）技术负责人批准。根据矿山管理体制和管理制度等的规定，履行企业审批程序。一般应由技术负责人组织评审，通过后由技术负责人签批。

（10）施工设计与实施。对通过审批的选型与设计方案，按规定要求编制施工组织设计，并按计划组织实施。

二、矿用单轨吊选型与设计的主要技术方法

矿用单轨吊的选型与设计，应采用科学、合理、先进、实用的技术方法，如方案比较法、专家分析法、设计计算法等，以保证设计方案的科学合理性和实用性。可以根据具体情况和实际需要，有针对性、有目标地选择使用相应的技术方法。

（一）方案比较法

方案比较法是借助于一组能从各方面说明方案技术经济效果的指标体系，对实现同一目标的多个不同方案进行计算、分析和比较，从中评选出最优方案的一种分析方法。采用这种方法时，首先要正确选择对比方案，并确定对比方案的指标体系，然后把对比方案的有用成果等同化，对各方案进行计算、分析和比较，得出定量和定性的分析结果，再通过对整个指标体系进行定量和定性的综合比较和分析，最后选出最优方案。方案比较法的最大特点是：首先，有既定的可供分析和比较的若干个方案，最终方案是比较后确定的；其次，各种方案各自的指标体系既具有独立性，相互之间又具有交互性，而且各指标体系的组成是科学合理的。方案比较法简单、易于掌握，在实际工作中应用得比较广泛。简单概括方案比较法的步骤：确定目标→寻找预选方案→选定判断指标→进行对比→决策。

在矿用单轨吊运输系统的选型与设计过程中，采用方案比较法时应注意以下

问题：

（1）方案的质量问题。备选方案的质量是整个设计质量的基础。为保证入选方案的质量，可提出应遵循"技术上可行和先进"的原则。"可行"就是方案或某一项技术决定能行得通、能够实施，这个方案或技术决定是"适合于本设计具体条件"的；"先进"就是方案或某项技术决定水平先进。

（2）方案的遗漏问题。在保证方案质量的前提下，尽可能防止漏掉较好的备选方案。

（3）方案比较法是综合决策的过程，不仅要做到技术优越、经济合理，还要符合国家政策规定。同时，方案比较法是重点比较的过程，费用相同或相近的项目可不参与比较。

（4）方案比较法应从实际出发，具体问题具体分析。要注意备选方案的可比性，条件、范围、单价及指标应具有一致性。

（二）专家分析法

专家分析法又称专家调查法，是以专家为索取信息的对象，组织各领域的专家运用专业方面的知识和经验，通过直观地分析、归纳，对设计方案进行研究、判断、优化的技术方法。在矿用单轨吊运输系统选型与设计及建设中采用专家分析法，可以充分发挥专家的重要作用。专家分析法主要有个人判断法、专家会议法、头脑风暴法和德尔菲法等。

个人判断法又称专家个人判断法，是指依靠专家的微观智能结构对政策问题及其所处环境的现状和发展趋势、政策方案及其可能结果等作出自己判断的一种创造性政策研究方法。这种方法一般先征求专家个人的意见、看法和建议，然后对这些意见、看法和建议加以归纳、整理而得出一般结论。

专家会议法又称专家座谈法，是指对预测对象由具有较丰富知识和经验的人员组成专家小组进行座谈讨论，专家互相启发、集思广益，最终形成预测结果的方法。

头脑风暴法是通过专家间的相互交流，引起"思维共振"，产生组合效应，形成宏观智能结构，进行创造性思维。

德尔菲法本质上是一种反馈匿名函询法。其大致流程是：对所要预测的问题在征得专家的意见之后，进行整理、归纳、统计，再匿名反馈给各专家，再次征求意见，再集中，再反馈，直至得到一致的意见。

专家分析法具有以下优点：能够紧密结合矿井具体情况进行具体的分析、判断，使专家意见具有较强的针对性；采用本领域的专家进行方案评估且实行少数服从多数的原则，具有一定的科学性；程序相对固定，可操作性强，容易推广使用。但这种方法的缺陷也是非常明显的，表现为：主要依靠评审专家的知识和经验进行判断，主观性有余，客观性不足；定性方法和定量方法结合得不够紧密。

（三）设计计算法

设计计算法就是根据矿井实际条件和生产需求，依据相关标准规范的规定，对矿用单轨吊的主要技术性能和指标进行计算、确认或者验算，为矿用单轨吊的最终选型提供依据。

在矿用单轨吊运输系统的选型与设计中，应该进行的设计计算主要包括以下方面：

（1）牵引力。选择单轨吊机车的牵引机构类型和技术性能时，应根据设备自重、最大载重、运行最大坡度、线路阻力等计算所需要的实际牵引力，据此确定驱动单元的类型、驱动轮组个数、总驱动力及单轨吊机车总功率等。

（2）制动力。矿用单轨吊的制动单元选型时，需要计算或者验算矿用单轨吊所需的制动力，据此确定制动单元的类型、制动力、制动轮组的个数等。根据《煤矿安全规程》等的规定，矿用单轨吊的制动单元，其安全制动和停车制动必须为失效安全型，制动力应当为额定牵引力的 1.5~2 倍。同时要进行制动距离和制动减速度校核，确保在最小载荷最大坡度上向上运行时，制动减速度不大于 5 m/s^2；最大坡度上以最大设计速度向下运行时，制动距离应当不超过相当于在这一速度下 6 s 的行程。

（3）起吊力。起吊梁选型与设计时，一般应遵循"先满足载重需求，其次考虑牵引设备类型，最后考虑现场条件"的原则。载重需求，也就是需要装载的最大件质量。选择起吊梁额定载重时，必须保证额定载重不小于载重需求。

（4）轨道承载力。悬挂轨道选型时，需要考虑两个方面：悬挂轨道的锚杆的受力情况；轨道自身受力情况。锚杆受力情况是主要的参考因素，一般情况下轨道工字钢承重能力最多会产生弯曲，不会发生事故，而锚杆受力不均会导致载荷过大，造成锚杆拔出，导致事故发生。

（5）锚固力。吊挂方式选型与设计时，一般要预留 2 倍安全系数，根据轨道的承载力计算需要采用什么样的锚杆方式，采用多少根锚杆进行锚固，以确定每根锚杆的锚固力。

（6）运输能力。根据矿用单轨吊的运行速度、运输长度等，计算单台单轨吊车的日运输能力，确定采区或全矿所需单轨吊车的台数。

三、矿用单轨吊选型与设计的注意事项

矿用单轨吊的选型与设计，是在对矿井井下辅助运输进行整体规划和布局的基础上，进行悬挂轨道系统的设计，选择技术先进、功能齐备、性能优良、质量上乘、售后保障到位的矿用单轨吊机车，设计配套硐室及线路配套设施设备。矿

用单轨吊的选型与设计涉及面广，技术应用相对复杂，且必须与井巷条件、运输需求紧密结合，是一个较为复杂的系统工程。

为了保证矿用单轨吊选型与设计的有效实施，保证设计质量，充分发挥选型与设计的重要作用，在矿用单轨吊运输系统选型与设计中应注意以下事项：

(1) 每条（套）矿用单轨吊运输系统均必须有具体的选型与设计。矿用单轨吊选型与设计应由具备煤炭行业专业（矿井）设计资质的机构实施，应要素齐全、依据充分，技术要求和性能应符合国家的相关规定要求。

(2) 矿用单轨吊的选型与设计应注重针对性和适应性。应根据矿用单轨吊运行井巷的具体条件和生产的具体需求，在系统分析、比对，详细计算、校验基础上，选择并确定最优运输线路、最佳单轨吊设备及其配套设施设备。

(3) 矿用单轨吊的选型与设计应坚持先进性和安全性。在具体设计过程中，应优先采用先进、成熟的技术装备，保证系统具有较强的生命力，既满足当前现实需求，又符合未来的发展趋势；还应综合考虑矿山信息化、自动化、智能化等的现状以及其现实要求与发展需求，吸纳、借鉴国内外的成功经验和做法，确保选型与设计的先进性、安全性和经济合理性。

(4) 矿用单轨吊的选型与设计应经系统全面的分析比对和充分的技术论证后，经企业技术负责人批准后实施。

(5) 矿用单轨吊的选型与设计应注重设备的配套性。其配套性包括电气控制系统的本安关联关系、液压控制系统耐压等级的匹配性等方面。

(6) 矿用单轨吊的选型与设计应方便系统使用、维护及保养。选购时要考虑使用的便捷性、安全性、可维护性、维护及保养等成本，确保设备稳定性和可持续性运行。

(7) 矿用单轨吊的选型与设计应注重生产厂家的信誉度。要考虑生产厂家的信誉度和售后服务，选择正规的厂家以保证质量和售后服务。

第四节　悬挂轨道系统的选型与设计

单轨机车在悬挂于巷道之中的轨道上运行，悬挂轨道系统设计的合理性、敷设安装的质量及可靠性直接决定了整个单轨吊运输系统的安全和效率。为此，必须合理进行悬挂轨道系统的布局设计、正确确定轨道在井巷中的悬吊位置、合理选择轨道类型及其悬挂方式。

一、单轨吊运输系统布局设计

单轨吊运输系统布局设计主要是考虑单轨吊运输路线的走向，在既不影响现有井巷及设备运行，又能充分发挥出矿用单轨吊技术优势的前提下，对单轨吊运输系统在井巷中的运行线路进行设计。弯道（垂直弯道、水平弯道）、道岔、维修车场、错车场以及转运站等部分的布置，是单轨吊运输系统布局设计应当关注的重点。

（一）单轨吊运输系统布局设计应注意的重要问题

一般来说，单轨吊路线设计比较简单，即根据井下井巷布置、条件、辅助运输需求，结合井巷通风、工作面布置情况、供电系统等进行设计。

单轨吊运输系统布局设计过程中，应注意以下方面问题：

（1）充分听取使用单位的意见。因为使用单位对其巷道走向以及设备的布置等情况最为了解，对井巷状况及运输需求最为掌握。

（2）轨道线路的布置应根据矿区内的地形地貌和物料运输线路的要求来确定。一般来说，轨道线路应避开巷道起伏较大的区域，同时考虑到运输线路的通畅性和安全性。

（3）布局设计应在线路实际勘测的基础上进行。应对拟悬挂轨道的井巷进行现场勘测，测定线路上井巷纵断面及横断面、顶板（或者顶棚）距离底板的高度；考察地质条件、顶板岩层稳定性以及支护状况，绘制出线路纵断面图和平面图。这些可以作为确定单轨吊运输线路方案的基础。

（4）运输线路上弯道和道岔的布置、维修车场和错车场的布置等是线路设计的重点。应根据井巷具体情况、运输量及运行单轨吊车列的数量进行选址和具体设计。

（5）尽量将轨道线路布设在地质条件、顶板岩层稳定性以及支护状况良好的井巷中，尽可能不受采动应力的影响；井巷断面满足单轨吊安全运行要求；坡度满足单轨吊安全使用要求，即柴油机单轨吊适用坡度一般不应大于25°，防爆蓄电池单轨吊适用坡度一般不应大于15°，钢丝绳牵引单轨吊适用坡度一般不应大于25°，气动单轨吊适用坡度一般不应大于15°。

（6）尽量将轨道线路布设在直线井巷中。需要将其布设在有变坡或者水平转弯的井巷中时，竖直曲线半径不得小于10 m，水平曲线半径不得小于4 m；运输质量超过15 t的液压支架等大型设备时，水平曲线半径不得小于9 m。

（7）应将轨道线路布设在进风的井巷中。除采煤工作面回风巷、掘进中的巷道外，原则上不得将轨道线路布设在回风井巷之中。锂离子蓄电池单轨吊机车运输线路不允许布置在煤与瓦斯突出矿井的回风巷。高、低瓦斯矿井采盘区回风巷布置时，应制定专门的安全措施。

（8）尽量避免将轨道线路布设在有淋水的巷道。不可避免时，根据《煤矿安全规程》第三百九十一条的规定，应当采取防止淋水侵蚀轨道的措施。

(9) 单轨吊运输系统布局设计还需考虑到系统的灵活性和扩展性，需要在布置设计中预留足够的空间和接口，以便进行后续的改造和升级。

(10) 单轨吊运输系统布局设计应优先考虑与现有的辅助运输系统有效衔接，形成便捷、高效的矿井辅助运输运行体系。

某矿井下进风主要巷道布置示意图如图 3-1 所示。由于该矿井巷道底部多处有变形或积水，巷道底鼓变形严重，如果使用地轨运输，需要经常进行巷道修复以及轨道整修，且轨道质量难以保证。考虑到巷道顶板为砂岩，岩层的普氏硬度系数在 f4 以上，巷道断面均在 8 m^2 以上，巷道局部地点起伏变化不大，最大倾角 18°，最大运输长度 3400 m，完全满足单轨吊运输系统使用条件的要求，因此设计采用单轨吊运输系统。突出的优点有以下方面：①单轨吊的轨道悬吊于顶板，基本不受巷道底鼓变形和积水等不利条件的影响；②不影响跨越带式输送机和刮板输送机；③可以实现多弯道、多岔道的连续一站式运输；④运输能力完全满足运输设备、材料和人员的需要，且具备增能潜力。

根据目前矿用单轨吊的技术性能特点和适用条件，结合矿井巷道实际走向、条件，运输物料类型和能力需求，以及设备的布置等情况，设计选用矿用防爆柴油机单轨吊。

根据井下巷道的布置特点，设计了单轨吊运输系统的总体布局（图 3-1 中粗线表示单轨吊运行路线），以及转载站、检修硐室等附属设施。在副斜井下方的进风大巷中设单轨吊梁起点、换装站，在二联巷中设单轨吊检修硐室，在进风大巷、二采区轨道大巷、9 号煤轨道下山、16 号煤暗斜井、16 号煤皮带下山、16 号煤轨道下山中设单轨吊吊轨线路，总运行距离 3400 m，共安装 6 组道岔。单轨吊运输线路的基本走向：单轨吊起点→换装站→二采轨道绞车房道岔→沿 9 号煤轨道下山向下→经其中道岔，分别通往 16 号煤皮带下山、16 号煤轨道下山、16 号煤暗斜井、检修硐室。该单轨吊运输线路布局具有以下优点：①有利于单轨吊运输系统效率的提高和能力的发挥；②根据现有巷道的条件和断面尺寸，以及顶板支护条件，不需要进行较大规模的工程改造施工，仅对原有系统和巷道进行局部改造就可满足单轨吊车运输要求；③能够实现从大巷车场至工作面的一站式连续运输，中途不需要转载与换装；④依据巷道实际通风条件，满足使用防爆柴油机的要求；⑤可以与副斜井等辅助运输有效衔接，便于形成便捷高效的矿井辅助运输系统。

(二) 维修车场的布置

单轨吊运行过程中，经常性的维护保养、零部件的更换等维修工作是必不可少的。为了保证运输的正常进行，正常情况下应在合适位置设置维修车场。

维修车场的选址和设置，应满足以下要求：

第三章 矿用单轨吊的选型与设计

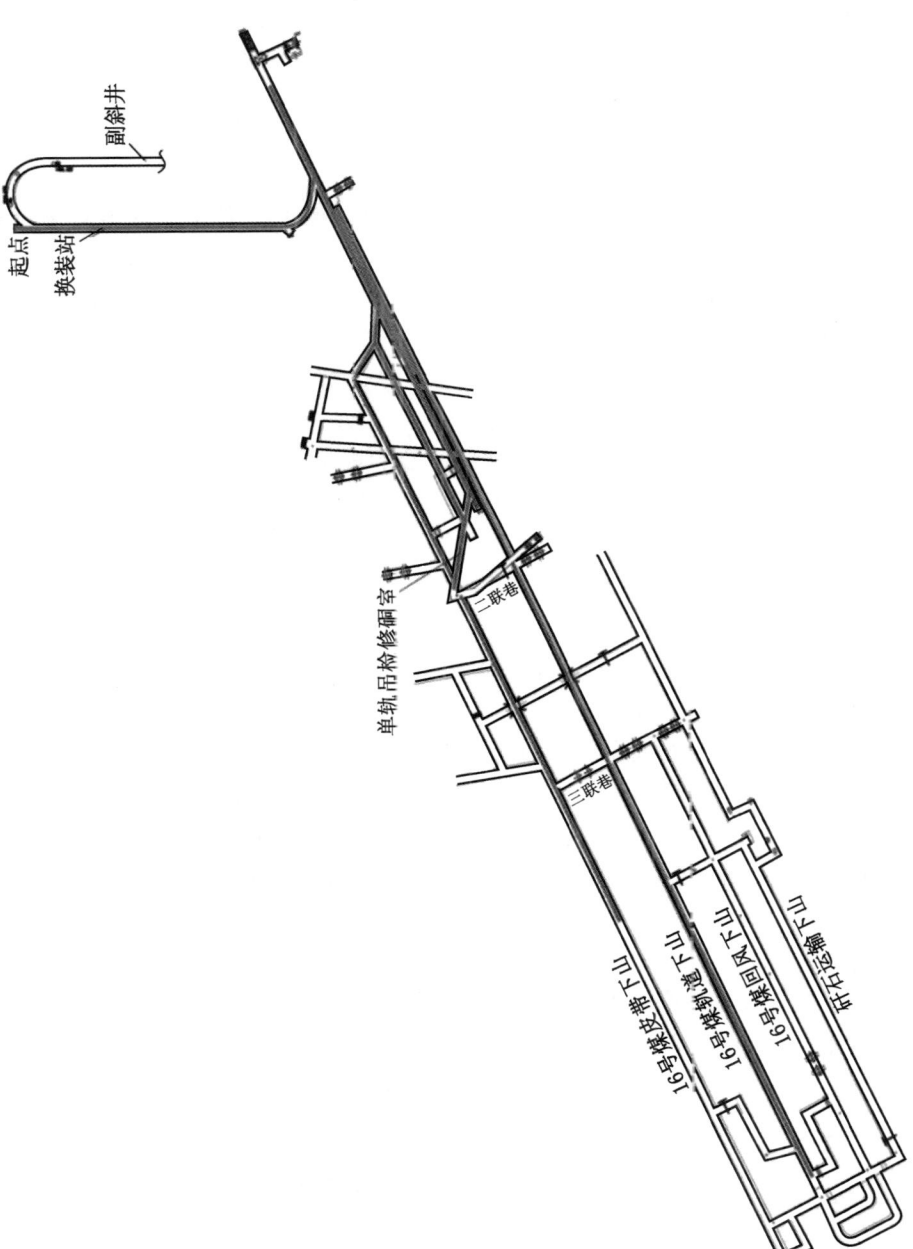

图 3-1 某矿井下进风主要巷道布置示意图

（1）维修车场的位置与单轨吊运输路线尽量不要重合，最好选择通风良好的水平独立巷道。

（2）需根据现场实际情况和维修需求，确定维修车场的数量，可以设置一个或者多个。

（3）维修车场的高度不能太高，以方便维修人员攀爬，一般为 2 m 左右为佳。

（4）维修车场必须拥有足够宽度空间，方便人员走动以及工具等必需设备的摆放，安全距离必须符合《煤矿安全规程》和相关标准规范的规定。

（5）维修车场最好设为双车道及以上，可以用于存放单轨吊机车、人车、起吊梁等设备。

（6）对于使用防爆柴油机单轨吊的矿井，大多数维修车场兼顾加油的功能。对有加油功能的维修车场，必须设有消防沙池、灭火器等消防设备和监控传感器，燃油存放量必须符合《煤矿安全规程》等的规定。

（7）维修车场需保证负压通风，风量符合《煤矿安全规程》等的规定，且不可与采掘工作面串联通风。

（8）维修车场必须采用不燃性材料支护，存放的其他材料也必须符合阻燃抗静电要求。

（9）在维修车场的入口处和周围应设置明显的警示标识，设置灭火、消防措施、烟雾传感器等，宜增设视频监控。

某矿东翼采区单轨吊维修车场采用单轨方式，如图 3-2 所示。为了保证维修工作安全，在大巷口选取一条闲置巷道作为维修车场使用，巷道宽 3.8 m，高 3.0 m；机车总长 24.5 m，储材料配件硐室宽 3.8 m，长 40 m；轨道悬挂高度可适当调节，以适应不同规格单轨吊机车。机车宽 0.8 m，采用双车道布置，用于存放单轨吊车、人车、起吊梁等设备。双车道布置时充分考虑安全间隙，机车与侧帮间安全距离不低于 0.7 m，机车间安全距离不低于 0.8 m。维修车场保持负压通风，且不与采煤工作面串联通风；维修车场两端及中间位置设置容量不低于 1 m³ 的灭火沙箱及灭火器。

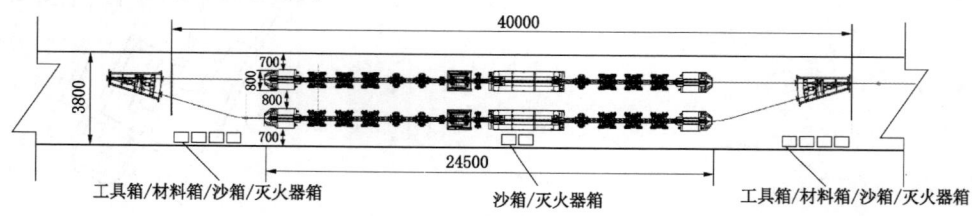

图 3-2 某矿东翼采区单轨吊维修车场布置示意图

维修车场的双轨布置如图 3-3 所示。维修车场的双轨布置除了应满足双轨线路布置的安全距离要求外，还应保证单轨吊设备之外设有至少宽 0.8 m、高 1.8 m 的人员活动空间。

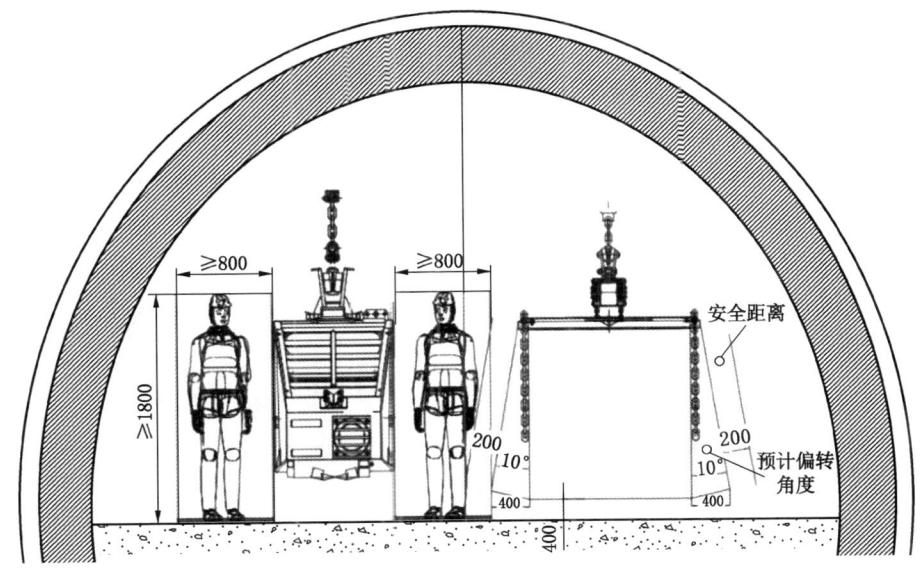

图 3-3　维修车场的双轨布置

(三) 错车场的布置

在单条运输路线上同时运行 2 台以上单轨吊机车的场景，需设立错车场。错车场的布置需要考虑井巷空间条件、顶板条件以及单轨吊车列的等待时间。

错车场的选址与设计，应满足以下要求：

（1）应选择在地质条件稳定、顶板条件良好、井巷空间条件满足错车场设置要求的地点设置错车场，错车场的位置以尽量减少所有单轨吊车列的等待时间为佳。错车长度一般不应小于 40 m，宽度应保证安全错车且符合《煤矿安全规程》中关于安全间隙的规定。

（2）错车场出现单轨吊双轨运输情况，在轨道布设时除应考虑双轨运行的单轨吊车列和货物之间的安全间距外，还必须考虑单轨吊车列及货物在运输过程中可能呈现的摆动。在可能出现的最大摆动幅度情况下两车列及货物间必须留有足够的安全距离。

（3）错车场应尽量布置在水平巷道。

（4）如果路线中不方便布设单独的维修车场，在巷道空间允许的情况下，可以设计错车场为维修车场，但应同时满足维修车场的相关要求。

(5) 错车场的选址与设计应充分听取使用单位的意见，因使用单位对其巷道走向、空间尺寸、顶板管理状况以及设备的布置等情况最为了解。

(6) 错车场周围应设置适当的警示标志以提醒人员注意安全，标识上可以标出错车场的位置和其他安全要求，如禁止进入、穿越或停留等，宜增加视频监控。

某矿西一采区的错车场设计平面图如图 3-4 所示、断面图如图 3-5 所示。单轨吊车列在运输过程中可能出现的最大摆动幅度按±10°考虑，在最大摆动幅度下，车列两边的最外侧还应各留有不小于 200 mm 的安全距离。设备及货物的底面与巷道底面留有至少 400 mm 的安全距离。

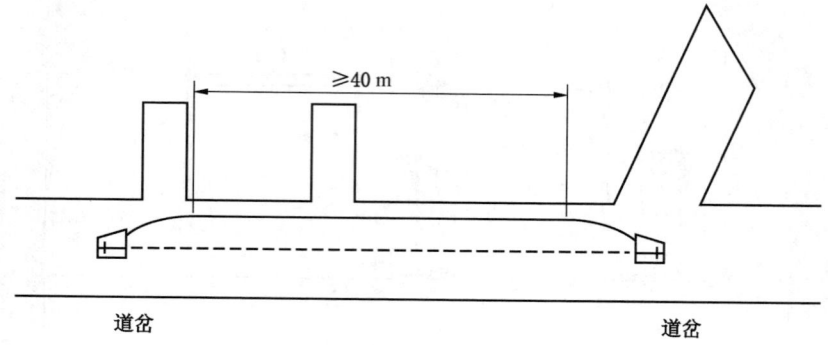

图 3-4　某矿西一采区的错车场设计平面图

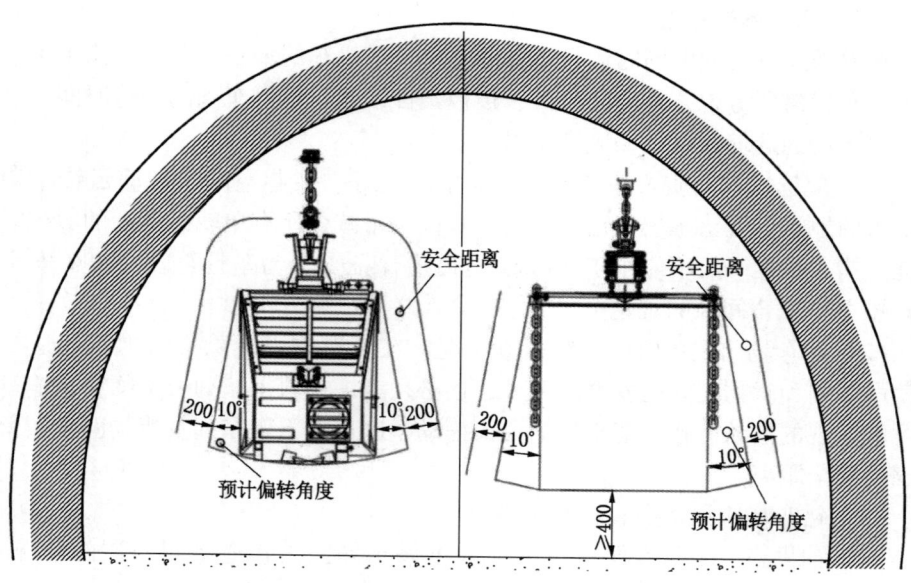

图 3-5　某矿西一采区的错车场设计断面图

二、悬挂轨道在井巷断面的布置设计

单轨吊悬挂轨道在井巷断面中的合理布置,直接影响到单轨吊运输系统使用的可行性,决定着单轨吊系统运行的安全性与可靠性,必须根据井巷的具体条件有针对性地进行具体设计。

(一) 井巷断面布置设计应考虑的主要因素

悬挂轨道在井巷断面中布置比较复杂,受制因素较多,布置设计中需要考虑的因素,主要应包括以下方面:

(1) 井巷的断面形状。井下巷道常见的断面形状有拱形、矩形、梯形等,为了保证单轨吊运输系统的安全距离以及充分利用巷道空间,对每一种断面形状,均应有具体的布置设计。

(2) 井下巷道中管线的布置。井巷中布置水管、气管或线缆时,一般应将其布置在巷道侧壁。单轨吊运输时,单轨吊机车以及运输货物或人的车不可避免地会发生摆动,因此,单轨吊运行过程中,必须保证单轨吊机车以及运输货物或人的车与井巷中管线有足够的安全距离。

(3) 单轨或多轨运行。根据单轨或多轨运行的布局,合理设计巷道的尺寸。单轨运行时,巷道宽度应满足单轨吊系统和相关设备的运行需要;多轨运行时,巷道宽度应能容纳多条轨道,并根据矿用单轨吊车列的尺寸预留安全间距,对开时两车最突出部分之间距离不得小于 0.8 m,以保证车辆的安全通行。

(4) 多设备共巷运行。井下运输巷道会出现单轨吊与带式输送机共巷布置、单轨吊与地轨运输共巷布置等情形。为了保证安全,原则上应尽量避免多种运输方式共巷布置,不可避免时,带式输送机与单轨吊系统间应有足够的安全距离和可靠的隔离措施;单轨吊与架空乘人装置间、单轨吊与地轨运输间应设安全闭锁,两种运输方式不可同时运行,在此基础上还必须保证有足够的安全距离。

(5) 运输货物最大外形尺寸。一般说来,运输货物的宽度要大于单轨吊机车的宽度,因此,应当考虑货物的断面情况对单轨吊运行安全的影响。

(6) 是否设置人行通道。采用钢丝绳牵引单轨吊机车运输时,严禁在巷道弯道内侧设置人行道。

(二) 单轨吊井巷断面布置原则

单轨吊系统在巷道中的布置,从安全和运输需求等方面考虑,必须遵循以下布置原则:

(1) 单轨吊运行的巷道主要有拱形、矩形、梯形等形状,以拱形圆弧巷道居多,断面面积一般不应小于 7 m^2。

(2) 单线单轨吊系统,在不影响其他设备设施布置的情况下,运输路线一般布置在运输巷道中心线上。

（3）双线单轨吊系统，在不影响其他设备设施布置的情况下，运输路线一般以运输巷道的中心线为轴，对称布置。

（4）单轨吊与巷道顶部的距离不得小于 0.5 m，与直线段巷道两侧的距离不得小于 0.85 m。对于曲线段巷道，应当在直线段巷道允许安全间隙的基础上内侧加宽的长度不小于 0.1 m，外侧加宽的长度不小于 0.2 m。曲线段巷道内外侧加宽，要从曲线段巷道两侧的直线段开始，加宽段的长度不小于 5.0 m。

（5）在布设单轨吊运输系统的过程中，必须考虑单轨吊运行过程中可能出现的晃动等情况，无论是单轨吊机车还是运输的物料，都需要考虑机车左右摆动 ±10°的最大摆动幅度。

（6）在单轨吊机车和运输物料的最大摆动幅度之外，需要设至少 200 mm 的安全距离。如果不考虑单轨吊机车和运输物料的摆动幅度，则需要在设备边缘之外设置至少 400 mm 的安全距离。

（7）如果巷道里有人员走动穿行，则必须保证单轨吊设备之外设有至少宽 800 mm、高 1800 mm 的活动空间。

（8）运输货物时，不允许在同一巷道里运输人员且不允许有任何行人穿行，因此行人的安全空间和设备及货物的摆动幅度可以重叠。

（9）无论是运输人员还是运输货物，都需要保证设备及货物的底面与巷道底面留有至少 400 mm 的安全距离。

（10）对于转载点的安全距离，在满足所述要求的基础上，物料离平板车之间的安全距离至少为 400 mm。由于转载点不可避免地会有人员进行操作，物料与巷道侧帮之间的安全空间应与行人安全空间一致。

（11）巷道中存在其他设备时，其最小安全距离一般至少为 400 mm；单轨吊系统吊运的最宽的设备（一般是支架）在必须满足最大摆动幅度之外，需再另加至少 200 mm 的安全距离。以上两个安全距离可以重叠计算。

（12）对转载点、维修车场、错车场等的布置空间应有具体设计，应满足《煤矿安全规程》《金属非金属矿山安全规程》和相关标准规范的规定。

（三）单轨线路的巷道布置

单轨线路指在巷道中只有一条悬挂轨道的线路。悬挂轨道在巷道中的布置有中心布置和偏心布置两种主要方式。不同的布置方式会呈现出不同效果，应根据具体情况和需求，按上述布置原则进行选择。

1. 中心布置

运输线路（悬挂轨道）布置在运输巷道中心线上，半圆拱巷道的悬挂轨道中心布置如图 3-6 所示。矩形巷道、梯形巷道与此类似。

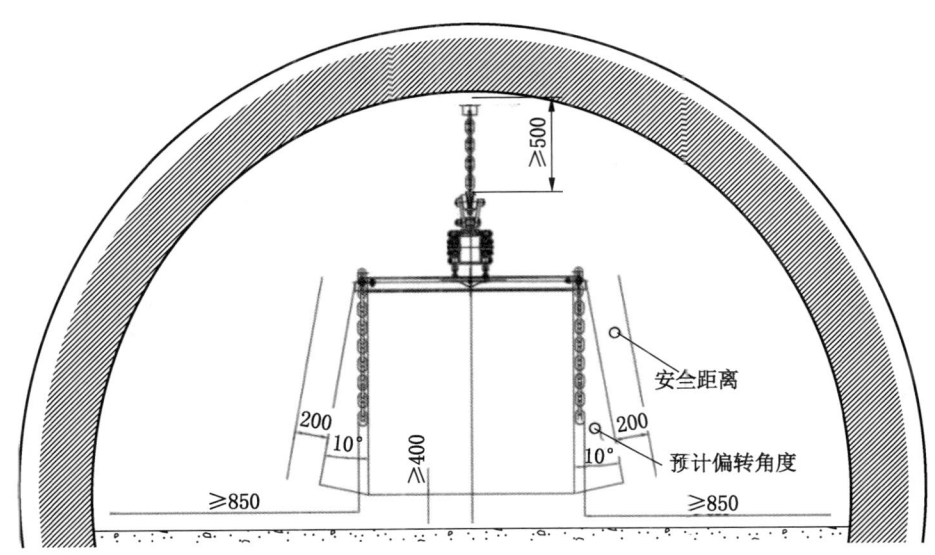

图 3-6 半圆拱巷道的悬挂轨道中心布置

图 3-6 中，在不影响其他设施的情况下，单轨运输线路一般布置在中心线上。在轨道布置过程中应考虑单轨吊机车与巷道的安全距离，单轨吊机车在运输过程中会发生摆动，最大的摆动幅度为 ±10°，在摆动幅度两边的最外侧还要各保留 0.2 m 的安全距离；若不考虑摆动幅度，单轨吊机车最突出部分与巷道顶部不得小于 0.5 m，两侧距离不得小于 0.85 m，曲线巷道段应当在直线巷道允许安全间隙的基础上，内侧加宽不小于 0.1 m，外侧加宽不小于 0.2 m。巷道内外两侧加宽要从曲线巷道段两侧直线段开始，加宽段的长度不小于 5.0 m，设备及货物的底面与巷道底面留有至少 0.4 m 的安全距离。

2. 偏心布置

单线单轨吊系统在运输巷道中，行人和机车共用一个巷道，在巷道宽度不充裕，机车双轨道运行，机车运行巷道旁边需要堆放物料、材料或其他小型设备时，一般采用偏心布置，如图 3-7 所示。

在单轨轨道偏心布置时，应考虑单轨吊机车与巷道的安全距离，相关安全距离要求可参照中心布置的安全距离要求：单轨吊机车在运输过程中会发生摆动，最大的摆动幅度为 ±10°，在摆动幅度两边的最外侧还要各保留 200 mm 的安全距离；若不考虑摆动幅度，单轨吊机车最突出部分与巷道顶部不得小于 500 mm，两侧距离不得小于 850 mm，设备及货物的底面与巷道底面留有至少 400 mm 的安全距离。

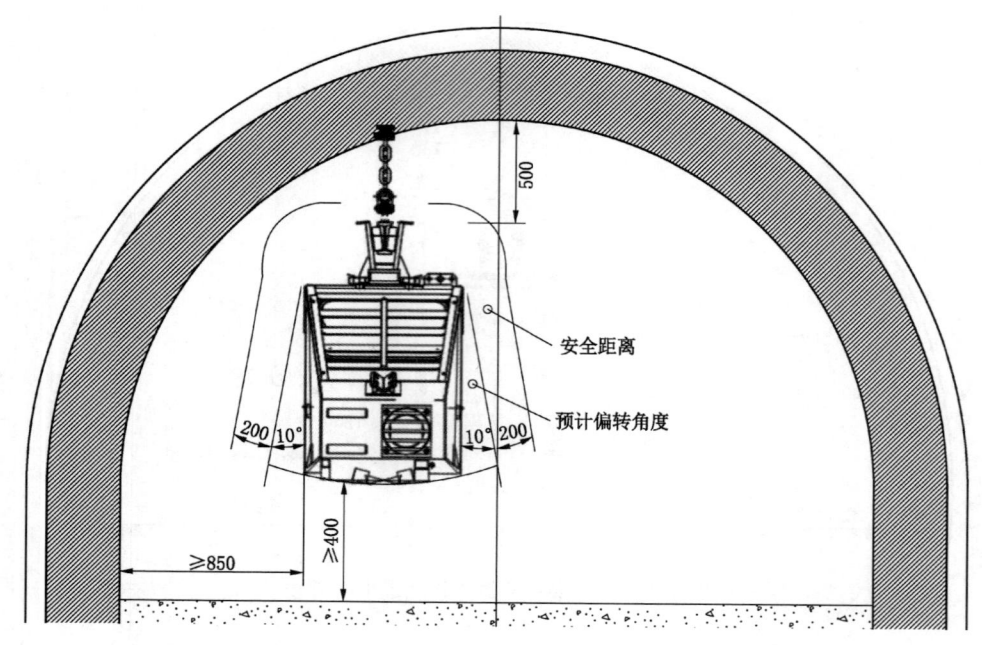

图 3-7 单轨悬挂轨道偏心布置

大多数情况下,悬挂轨道的偏心布置是为了腾出空间,方便行人或者放置其他设备,有时候也可能是为后续双轨运行预留空间。

(四)双轨线路的巷道布置

双轨线路指在巷道中有两条悬挂轨道的线路。在单轨运输路线中也经常会出现双轨的情况,如错车场、维修车场等。

布置双轨线路时,应保证双轨运行的单轨吊机车及物料之间保持足够的安全距离,双轨线路常见布置方式如图 3-8 所示。双轨线路的布置除应满足单轨线路在运输巷道中偏心布置的相关安全距离要求外,依据《煤矿安全规程》要求,对开时两车最突出部分之间距离不得小于 800 mm。

(五)转载点的断面布置

转载点,即物料运输过程中由普通地轨运输(如电机车、绞车牵引等运输方式)转变成单轨吊运输的地点,或者单轨吊运输转变成普通地轨运输的地点。由于转载点不可避免地会有人员进行操作,还可能会临时性存放设备、材料,应当在满足物料与巷道侧帮之间的安全空间、行人安全空间的要求的同时,保证作业人员操作空间的宽度不小于 800 mm、高度不小于 1800 mm。典型的单轨吊转载点的巷道断面布置如图 3-9 所示。

第三章 矿用单轨吊的选型与设计

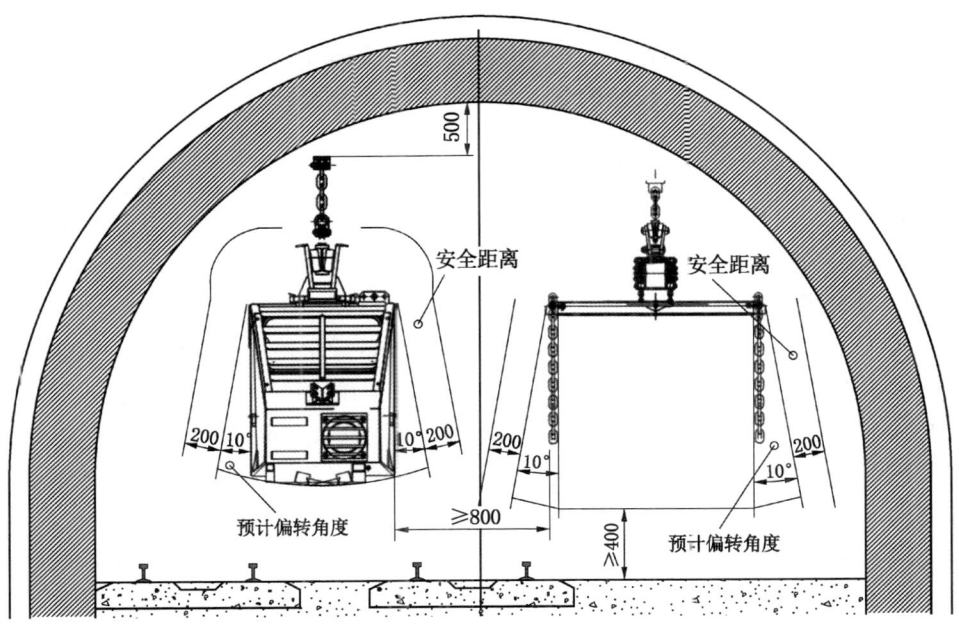

图 3-8 双轨线路布置

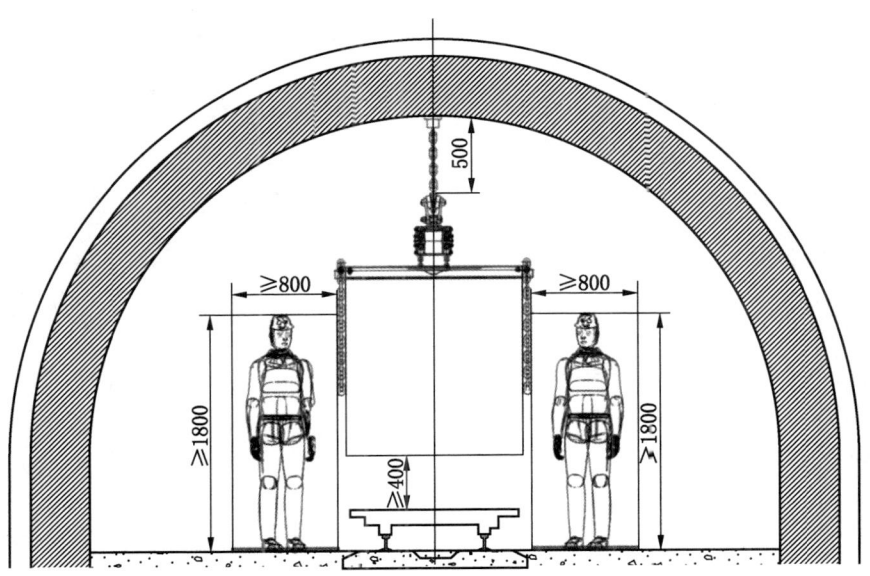

图 3-9 单轨吊转载点的巷道断面布置

转载点巷道断面布置安全距离要求可参照中心布置的安全距离要求和双轨线路的巷道布置的安全距离要求，转载点断面偏心布置安全距离要求可参照偏心布置的安全距离要求和双轨线路的巷道布置的安全距离要求。

（六）多种运输设备同巷布置

在单轨吊运输系统设计中，应当尽量避免单轨吊与其他运输设备的同巷布置。确因实际困难无法避免时，与带式输送机的同巷布置应该满足上述布置原则中规定的安全距离要求，并有可靠的隔离措施。

1. 单轨吊与带式输送机同巷布置

为了保证单轨吊的安全运行和降低人员、设备异常接近的风险，一般要求带式输送机两侧各留 500 mm 的安全距离；单轨吊运输系统中最宽的设备的安全距离必须在满足最大摆动幅度之外再增加至少 200 mm。单轨吊与带式输送机同巷布置时，以上两个安全距离可以重叠，单轨吊与带式输送机同巷布置时的巷道布置如图 3-10 所示。

单轨吊与带式输送机同巷布设时，带式输送机与巷道侧壁及单轨吊侧间应保持不小于 500 mm 的安全距离，其他安全距离参照单轨线路偏心布置的安全距离要求。

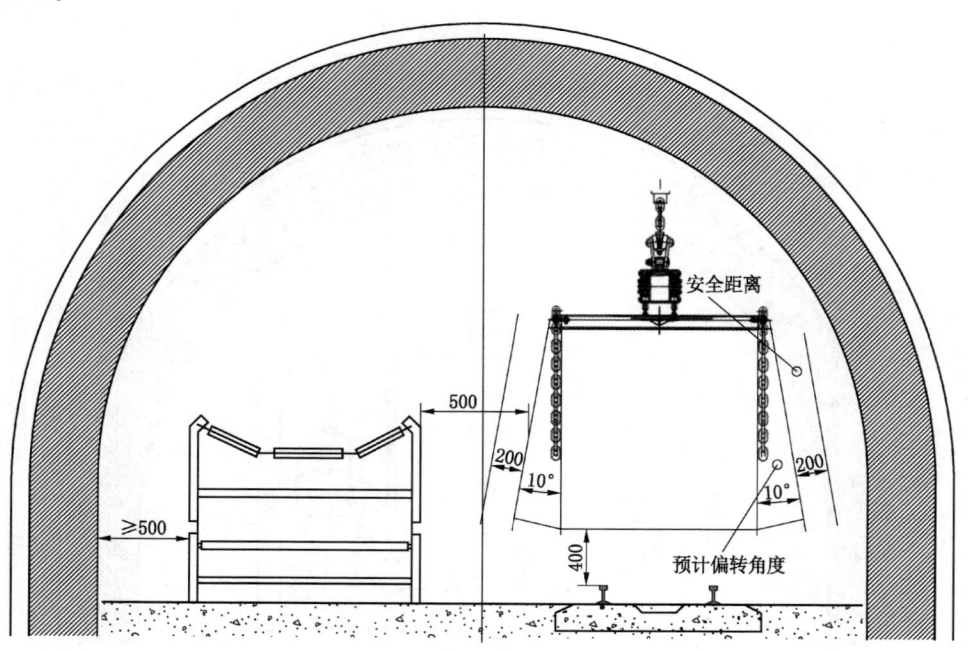

图 3-10　单轨吊与带式输送机同巷布置时的巷道布置

2. 单轨吊与地轨同巷布置

为了保证单轨吊的安全运行和降低人员、设备异常接近的风险,一般要求地轨两侧各留 300 mm 的安全距离;单轨吊运输系统中最宽的设备的安全距离必须在满足最大摆动幅度之外再增加至少 200 mm。单轨吊与地轨同巷布置时,以上两个安全距离可以重叠,单轨吊与地轨同巷布置时的巷道布置如图 3-11 所示。

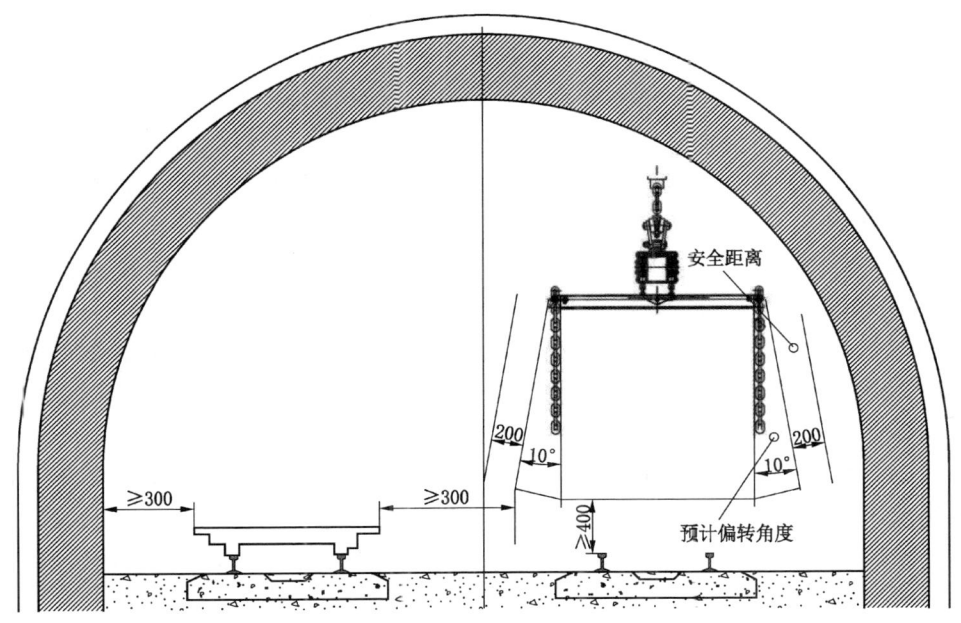

图 3-11 单轨吊与地轨同巷布置时的巷道布置

单轨吊与地轨同巷布设时,地轨与巷道侧壁及单轨吊侧间应当保持不小于 300 mm 的安全距离,其他安全距离可参照单轨线路偏心布置的安全距离要求。同时需要注意的是,与地轨运输同巷布置不仅应满足安全距离要求,还应设置安全闭锁,两者不能同时运行。

(七) 井巷断面布置设计应注意的问题

井巷断面布置设计过程中,应该注意以下问题:

(1) 在一些情况下,使用单位在进行单轨吊方案设计时,巷道还没有形成,所以还无法形成断面图,需要设计人员给出最小的需求断面。

(2) 应针对可能运载货物的最大规格尺寸,进行运行安全距离校验,或者以可能运载货物的最大规格尺寸为样板来设计并计算最小断面尺寸。

(3) 单轨吊通过弯道时,由于车体与线路中线不吻合,使车体的四角外伸或者内移,应保持车体外缘与巷道之间有足够的安全间隙。

三、悬挂轨道的选型与设计

悬挂轨道是矿用单轨吊的承载体和运行的导轨，起主要承载作用，其选型与设计的正确与否直接决定着单轨吊驱动、制动单元的夹紧制动范围和摩擦条件。应根据矿山井巷的具体情况和生产需求，依据相关标准规范的规定，进行具体的、有针对性的悬挂轨道选型与设计，并按规定进行校验。

（一）悬挂轨道的基本组成

矿山井下使用的单轨吊悬挂轨道有轻轨和重轨两种，从悬挂轨道的组成来看，二者几乎没有区别。悬挂轨道的基本组件有：

（1）轨道。单轨吊的承载载体和运行的导轨有直轨、弯轨（垂直弯曲、弯曲）之分。

（2）悬挂装置。悬挂轨道的装置主要包括悬挂螺栓、悬挂板、摇板、连接板、吊链、锚杆、架棚等。

（3）道岔。道岔是指用于悬挂轨道的分道、变道的装置。根据动作原理的不同，道岔有手动、电动、液压、气动之分，目前井下使用的以气动道岔为主；根据开合方向的不同，道岔有左开、右开、双开之分。

（4）阻车器。阻车器是指防止单轨吊机车在轨道上溜车等危险情况发生而起制动作用的装置，包括手动阻车器、尾端阻车器、活动阻车器等。

悬挂轨道选型与设计时，应对轨道、悬挂装置及其悬挂方式等进行具体的、有针对性的选型与设计。

（二）悬挂轨道的基本类型及选型与设计要求

矿用单轨吊的悬挂轨道是在基本轨型的基础上，根据使用地点和位置的不同，加工成不同形状，以适应不同的安设要求。

1. 矿用单轨吊悬挂轨道的基本轨型

矿用单轨吊轨道截面形状为工字形，目前常用的两种轨道型号分别为 I140E 和 I140V，其轨道截面特性见表3-1。

表3-1 单轨吊悬挂轨道截面特性

型号	高度/mm	宽度/mm	腰厚/mm	翼缘/mm	理论质量/(kg·m^{-1})	抗弯模量/cm^3	抗弯模量/cm^3
I140E	155	69	7.0	16.2	22.8	152.6	23.5
I140V	155	69	8.0	16.2	32.4	217.86	49.39

轨型应根据运输角度、线路拐弯变坡情况、运输对象、载重以及轨道承载受

力情况等进行合理的选取。一般情况下，运输轻型物料的单轨吊使用 I140E 轨道，运输重型物料及设备的单轨吊使用 I140V 轨道，并且与单轨吊机车相匹配。

2. 单轨吊悬挂轨道的基本类型

长距离连续运输时，以选用直轨为主。按照用途和位置不同，直轨又分为普通直轨、固定直轨、法兰直轨。同时为适应单轨吊运输线路上井巷起伏、拐弯等的需要，也配备有弯轨、过渡轨等。

3. 悬挂轨道的选型与设计要点

不同的轨道类型适用于不同形式的井巷及不同类型的运输工况，在井巷中不同位置对轨道类型及规格要求也不尽一致。轨道的选型与设计应符合以下要求：

（1）一般将担负综采综掘设备、液压支架运输任务，或者 20 t 以上货物运输的线路定义为重载运输线路，采用重轨 I140V。

（2）将担负除综采综掘设备、液压支架等之外的运输任务，或 20 t 以下货物运输的线路定义为轻载运输线路，采用轻轨 I140E。

（3）大坡度的斜巷运输，或者变坡、拐弯等特殊地段比较多的运输线路的轨道选型，按高一级标准执行。

（4）应与单轨吊机车型号配套选用。

（5）原则上轻轨、重轨不能混合使用。特殊情况下，轻轨线路在变坡、拐弯等特殊地段需要加强悬挂时，可以选用重轨，但轻、重轨之间必须有过渡措施。

（6）悬挂轨道的直轨，每段长度不得大于 3 m；水平弯轨曲率半径不得小于 4 m，每节弧长不得大于 2 m，弧长超过 1.6 m 时，应在其中点设一吊耳，轨道连接应采用法兰连接；垂直弯轨曲率半径不得小于 8 m，每节弧长不得大于 2 m，弧长超过 1.6 m 的凸轨，应在其中点设一吊耳。

（7）在轨道安装完成后，吊轨接头间隙不得大于 3 mm，高低和左右允许偏差分别为 2 mm 和 1 mm，接头摆角垂直不得大于 7°，水平不得大于 3°。

（8）道岔的轨型应与悬挂轨道的轨型一致。

4. 悬挂轨道选型与设计的注意事项

矿用单轨吊悬挂轨道选型与设计时，应注意以下事项：

（1）选择轨道时，应当遵循由简单到复杂的原则，在满足要求的前提下，尽可能选较长的单节轨道，单节轨道越长，悬挂轨道安装工作量越小，成本也越低。

（2）在满足安全运行要求的前提下，优先采用轻轨。

（3）在轨道选型之前，应同时考虑起吊梁的规格和型式。在整个运输车列中，起吊梁这段的质量最大，因此，只需要考虑起吊梁对轨道的受力，就可以确定轨道的型式。

(4) 悬挂轨道选型与设计完成之后,应进行抗弯、抗剪和刚度校核。抗弯强度和抗剪强度应小于轨道许用值,刚度校核主要计算轨道的挠度。对于轨道的挠度,采用挠度和单根轨道长度之比作为标准。

(三) 悬挂轨道选型与设计的技术方法

矿用单轨吊悬挂轨道系统选型设计,可以采用的技术方法包括图法和计算法等。

1. 图法

根据标准规定,I140E 型轨道每个吊挂点的最大静拉力为 50 kN;I140V 型轨道每个吊挂点的最大静拉力为 100 kN;8 t、16 t、22 t 起吊梁承载小车的间距为 1810 mm,32 t 起吊梁承载小车的间距为 1460 mm。根据以上参数,设计单位制定了轨道选型计算依据图,图 3-12 为其中的一种。可根据轨道选型计算依据图,进行悬挂轨道的选型。

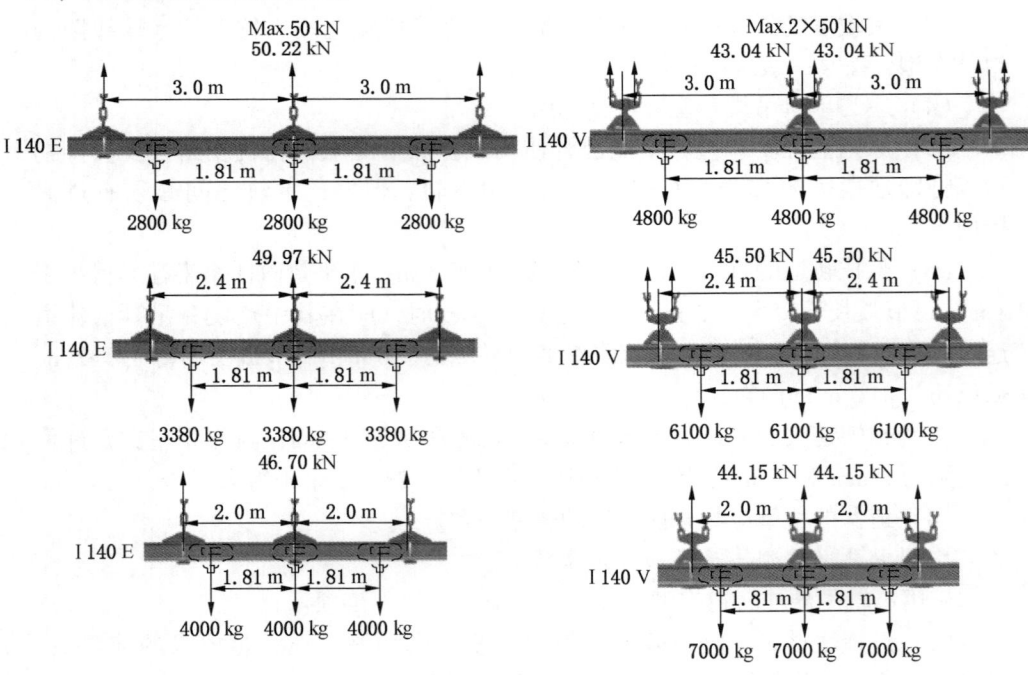

图 3-12 一种轨道选型计算依据图

图 3-12 中,左侧为轻轨选型图,自上而下分别为轨道长度是 3 m、2.4 m、2 m 的轨道对应的相关参数。其中 2800 kg、3380 kg、4000 kg 分别为相应长度轨道单个承载小车的最大承载质量;1.81 m 为两个承载小车的间距;50.22 kN、

49.97 kN、46.70 kN 分别为相应条件下吊挂点的载荷。右侧为重轨选型图，轨道长度、单个承载小车的最大承载质量、两个承载小车的间距与 I140E 相同，但吊挂点的载荷发生了变化，由于重轨的吊挂点一般采用双链悬挂，故不同长度的轨道吊挂点的载荷分别为（43.04×2）kN、（45.50×2）kN、（44.15×2）kN。

(1) 对于轻轨 I140E，从图 3-12 左图中可以得出承载小车在不同的最大承载质量下，轨道长度的选择如下：

① 承载小车最大承载质量小于 2800 kg 时，选用每节长度为 3 m 的轨道。
② 承载小车最大承载质量为 2800~3380 kg 时，选用每节长度为 2.4 m 的轨道。
③ 承载小车最大承载质量为 3380~4000 kg 时，选用每节长度为 2 m 的轨道。
④ 承载小车最大承载质量超过 4000 kg 时，不应选择轻轨。

(2) 对于轻轨 I140E，若选用 16 t 起吊梁，自身质量为 1490 kg，其 4 个承载小车均匀分布在 3 节轨道上。根据图 3-12，可以计算出选用不同长度轻轨时，起吊梁的最大起吊质量，具体如下：

① 选用每节长度为 3 m 的轨道，能够起吊的最大质量为 4×2800-1490 = 9710（kg）。
② 选用每节长度为 2.4 m 的轨道，能够起吊的最大质量为 4×3380-1490 = 12030（kg）。
③ 选用每节长度为 2 m 的轨道，能够起吊的最大质量为 4×4000-1490 = 14510（kg）。

(3) 对于重轨 I140V，从图 3-12 右图中可以得出承载小车在不同最大承载质量下，轨道长度的选择如下：

① 承载小车最大承载质量小于 4800 kg 时，选用每节长度为 3 m 的轨道。
② 承载小车最大承载质量为 4800~6100 kg 时，选用每节长度为 2.4 m 的轨道。
③ 承载小车最大承载质量为 6100~7000 kg 时，选用每节长度为 2 m 的轨道。

(4) 对于重轨 I140V，若选用 16 t 起吊梁，自身质量为 1490 kg，其 4 个承载小车均匀分布在 3 节轨道上。根据图 3-12，可以计算出选用不同长度重轨时，起吊梁最大起吊质量，具体如下：

① 选用每节长度为 3 m 的轨道，能够起吊的最大质量为 4×4800-1490 = 17710（kg）。
② 选用每节长度为 2.4 m 的轨道，能够起吊的最大质量为 4×6100-1490 = 22910（kg）。
③ 选用每节长度为 2 m 的轨道，能够起吊的最大质量为 4×7000-1490 = 26510（kg）。

2. 计算法

悬挂轨道的选型，可按照不同载重下不同轨道的受力计算及常用的选型表进行初选，然后再对轨道吊点进行受力计算，最后进行轨道的受力校核。

1）轨道初步选型

在进行轨道吊点的受力计算时，需要考虑轨道吊点所承受的重力、附加载荷（如悬挂物的质量）等因素。而在进行轨道的计算时，需要考虑轨道的类型、材料的强度等因素，以确保轨道的稳定性和安全性。

轨道初选时，可以依据起吊梁的载重和自重进行初步计算。16 t 起吊梁在运输最大载荷重物时的受力分布图如图 3-13 所示，受力分析时，按照重物位于两个承载小车之间的中心位置计算。当分配到 2 根轨道，4 个承载小车上时，单根轨道的受力为 8000 kg 的重力，每个承载小车的受力为 4000 kg 的重力；起吊梁自身质量为 1400 kg，平均分配到每个小车的质量是 350 kg；2 个承载小车的间距为 1860 mm，承重小车自身质量为 58 kg，4 个承载小车平均每个受力为 4408 kg 的重力。

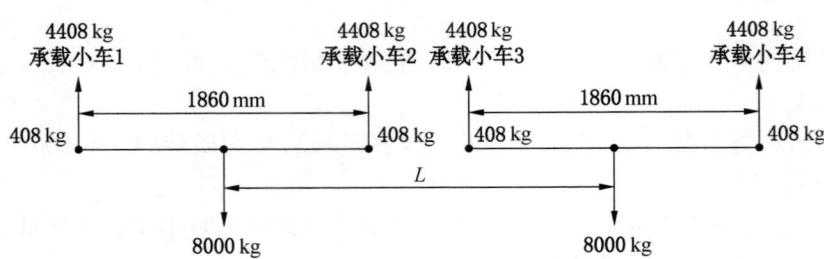

图 3-13　16 t 起吊梁在运输最大载荷重物时的受力分布图

常用吊轨轨道选型对照表见表 3-2，给出的数值为不同轨道在不同坡度条件下能够承受的最大净载荷（有效载荷）值。例如，当采用 2.4 m 的 I140V 型轨道时，在坡度为 10°~20°条件下，单根轨道能承受的最大净载荷为 333.2 kN，表示在此坡度下，轨道本体能承受的最大净载荷为 333.2 kN。

表 3-2　常用吊轨轨道选型对照表

轨道参数		不同条件下的净载荷（有效载荷）/kN		
轨道型号	轨道长度/m	直线/水平弯曲 坡度为 0°~10°	坡度为 10°~20°	坡度为 20°~30°
I140V	2.4	401.8	333.2	294.0
	3.0	313.6	264.6	245.0

表 3-2（续）

轨道参数		不同条件下的净载荷（有效载荷）/kN		
轨道型号	轨道长度/m	直线/水平弯曲 坡度为 0°~10°	坡度为 10°~20°	坡度为 20°~30°
I140E	1.5	294.0	245.0	215.6
	2.0	264.6	225.4	196.0
	2.4	225.4	196.0	176.4
	3.0	186.2	156.8	137.2

结合图 3-13 和表 3-2 进行初选，由于悬挂轨道的长度最大为 3 m，起吊梁的承载小车有一定间距，因此在同一根轨道上可能会出现 1 个承载点、2 个承载点甚至 3 个承载点的情况。以常见的 2 个承载小车在同一根轨道上运行为例，即单根轨道需要承受 2 个承载小车的负载。根据图 3-13，单个承载小车的最大承载质量为 4408 kg，2 个小车的最大承载质量为 8816 kg，即最大负载为 86 kN。根据表 3-2，初步选型在坡度为 20°~30°条件下，长度为 3 m 的 I140E 轨道适用此负载。但在实际使用中，轨道接头载荷和轨道吊点强度对轨道受力影响较大，需要对轨道接头载荷和轨道吊点强度进行校核选型。

轨道接头的允许载荷是影响轨道选型的主要参数。表 3-3 给出了常见的 I140E 轨道和 I140V 轨道吊挂板式连接和法兰式连接的接头允许载荷，从表中可以得出：垂直方向上，I140E 轨道接头允许载荷为 50 kN，I140V 轨道接头允许载荷为 100 kN；水平方向上，I140E 轨道接头允许载荷为 60 kN，I140V 轨道接头允许载荷为 90 kN。可依据表 3-3 中不同类型接头的允许载荷，初选不同的轨

表 3-3 常用轨道接头允许载荷

轨道型号	轨道长度/m	吊挂板式连接的接头允许载荷/kN		法兰式连接的接头允许载荷/kN	
		水平	垂直	水平	垂直
I140E 轨道	2.0	≤60	≤50	≤60	≤50
	2.4				
	3.0				
I140V 轨道	2.0	≤90	≤100	≤90	≤100
	2.4				
	3.0				

道和接头型式。例如,在单个轨道吊点垂直受力为 80 kN 条件下,参考表 3-3,接头的型式可选吊挂板式或者法兰式连接,轨道初步选择 I140V 轨道,单根轨道的长度 2 m、2.4 m 或者 3 m 均可。

2) 轨道吊点受力分析

轨道吊点受力的大小直接影响轨道的选型。如果轨道吊点受力较大,则需要依据受力的情况,选择承载能力更高的轨道,以确保安全和可靠的运行。

悬挂轨道的选型需要考虑轨道吊点锚杆的受力情况和轨道自身受力情况,而锚杆受力情况为主要参考因素。一般情况下,轨道的承重能力能够满足要求,而悬挂锚杆一旦受力载荷过大,则会造成轨道吊点锚杆拔出,从而导致事故的发生。因此,在悬挂轨道的选型过程中必须对轨道吊点进行受力分析和计算。以下以双承载小车和多承载小车起吊梁轨道的轨道吊点为例,阐述轨道吊点受力分析和计算的方法。

(1) 双承载小车起吊梁轨道的轨道吊点受力分析。

对于双承载小车起吊梁,两个承载小车的间距设为 d,单根轨道的长度为 L。起吊梁在运行过程中会出现两种情况:其一是起吊梁的两个承载小车都在单根轨道之上;其二是起吊梁的两个承载小车同时压在两根轨道上。

① 两个承载小车都在单根轨道上的受力分析。

两个承载小车都在单根轨道上,这种情形只会出现在单根轨道长度 L 大于两个承载小车间距 d 时。两个承载小车都在单根轨道上的受力图如图 3-14 所示。

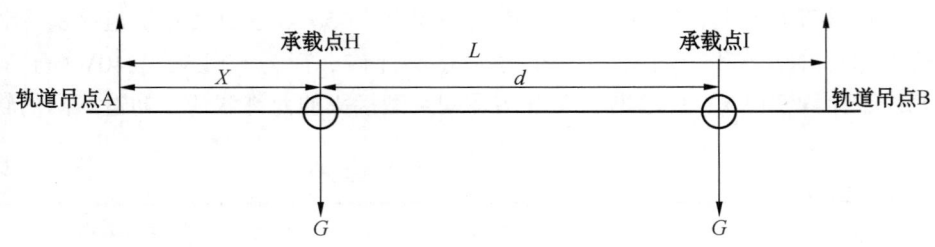

图 3-14 两个承载小车都在单根轨道上的受力图

两个承载小车的承载点 H 和承载点 I 在悬挂轨道的轨道吊点 A、轨道吊点 B 之间运行,两个承载点均受到来自货物重力 ($G_{货}$) 及起吊梁重力 ($G_{梁}$) 的共同作用,共同作用力 $G=(G_{货}+G_{梁})/2$。具体的受力分析如下:

承载点 H、承载点 I 在轨道上运行时,最大弯矩必然发生在承载处,两个承载点受力相同且都为 G,承载点 H 距轨道吊点 A 为任一距离 X ($0 \leqslant X \leqslant L-d$),由平衡方程 $\sum M_B = 0$,可得出在轨道吊点 A 的力 F_A 为

$$F_A = \frac{G(L-X) + G(L-X-d)}{L}$$

$$= \frac{G(2L-2X-d)}{L}$$

可知 $X=0$ 时，F_A 最大，即

$$F_{Amax} = \frac{G(2L-d)}{L}$$

同样的方法可以得出 F_B 为

$$F_B = \frac{GX + G(X+d)}{L}$$

当 $X=L-d$ 时，F_B 最大，即

$$F_{Bmax} = \frac{G(2L-d)}{L}$$

轨道吊点使用双锚杆悬挂，则 F_A 和 F_B 为最大值时，必须保证不得超过单根锚杆的锚固力。例如，双车起吊梁的自身质量 $M_{梁}$ 为 0.6 t，双车距离 2.2 m，载货自身质量 $M_{货}$ 为 8 t，选用双锚杆悬挂，锚杆锚固力 $F_{锚固}$ 平均为 100 kN，如果选用 3 m 轨道（自身质量为 0.075 t），则

$$F_{Amax} = F_{Bmax} = \frac{(G_{梁}+G_{货})(2L-d)}{L}$$

$$= \frac{(0.6+8) \times 1000 \times 9.8 \times (2\times 3 - 2.2)}{3}$$

$$\approx 107 \text{ (kN)} > F_{锚固}$$

因此，选用 3 m 轨道不符合要求。建议选用单根短一点的轨道，比如 2.4 m 或者 2 m 轨道，在此不再详细验算。

② 两个承载小车同时压在两根轨道上的受力分析。

两个承载小车在两根相邻的轨道上，每根轨道上只有一个承载小车。此种情况在起吊梁运行过程中也是比较常见的，尤其在单根轨道长度小于起吊梁两个承载小车间距的情况下。两个承载小车同时压在两根轨道上的受力图如图 3-15 所示。

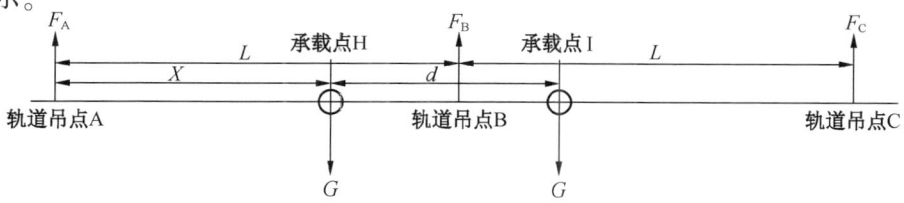

图 3-15 两个承载小车同时压在两根轨道上的受力图

一个承载点在轨道上运行时,轨道吊点 B 同时受到相邻两根轨道的力,因此 B 点的受力最大。假设承载点 H 距左端点为任一距离 X($0 \leqslant X \leqslant L$),由平衡方程 $\sum M_A = 0$,$\sum M_C = 0$ 可得轨道吊点 B 在 AB 段的力为 F_{BA},则

$$F_{BA} = \frac{GX}{L}$$

轨道吊点 B 在 BC 段的力为 F_{BC},则

$$F_{BC} = \frac{G(2L-X-d)}{L}$$

轨道吊点 B 受力和为

$$F_B = F_{BA} + F_{BC}$$
$$= \frac{GX}{L} + \frac{G(2L-X-d)}{L}$$
$$= \frac{G(2L-d)}{L}$$

(2)多承载小车起吊梁轨道的轨道吊点受力分析。

针对 4 个承载小车或 8 个承载小车的起吊梁,受力情况大体类似,以下以较为复杂的 8 个承载小车起吊梁为例进行说明。

由于 8 个承载小车起吊梁必须设有平衡梁,所以承载小车的间距不一定完全相同,这里设两个值 d_1 和 d_2。

由于悬挂轨道的长度最大为 3 m,而 8 个承载小车起吊梁中承载小车的间距相对较短,因此在同一根轨道上可能会出现 1 个承载点、2 个承载点甚至 3 个承载点的情况。

为方便进行受力分析,将 8 个承载小车起吊梁受力分析图进行简化,如图 3-16 所示。假设 $G_1 = G_2 = G_3 = G_4 = G = \dfrac{G_{货} + G_{梁}}{8}$。

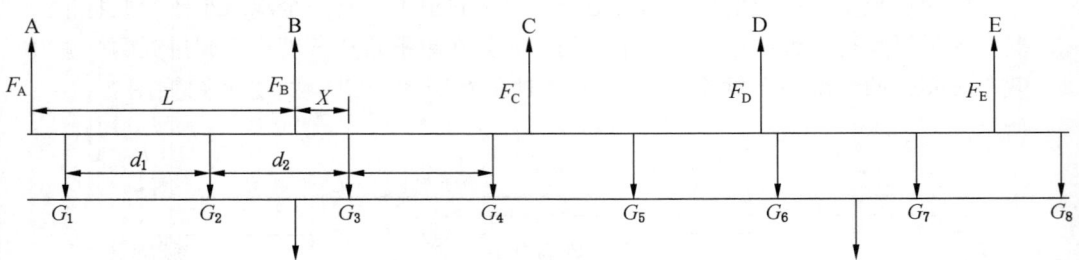

图 3-16 简化的 8 车起吊梁受力分析图

① 单根轨道上最多存在 2 个承载小车的受力分析。

如图 3-16 所示，假设单根轨道上最多存在 2 个承载小车，则轨道长度 $L \leq d_1 + d_2$，轨道吊点 B 的承重力最大，此时仅需考虑轨道吊点 B 的受力是否满足要求。

设到任意点的距离为 X，且 $0 \leq X \leq (d_1 + d_2 - L)$，则 F_B 为

$$F_B = F_{BA} + F_{BC}$$

由平衡方程 $\sum M_A = 0$，$\sum M_C = 0$，可得轨道吊点 B 在 AB 段的力 F_{BA} 为

$$F_{BA} = \frac{G(L+X-d_1-d_2)}{L} + \frac{G(L+X-d_2)}{L}$$

$$= \frac{G(2L+2X-d_1-2d_2)}{L}$$

轨道吊点 B 在 BC 段的力 F_{BC} 为

$$F_{BC} = \frac{G(L-X-d_1)}{L} + \frac{G(L-X)}{L} = \frac{G(2L-2X-d_1)}{L}$$

轨道吊点 B 所受合力 F_B 为

$$F_B = F_{BA} - F_{BC} = \frac{G(4L-2d_1-2d_2)}{L}$$

② 单根轨道上存在 3 个承载小车的受力分析。

3 个承载小车均在 AB 段轨道上，即轨道长度 $L > d_1 + d_2$。在此种条件下，轨道吊点 A、轨道吊点 B 的受力状况不是很明确，需要对 2 个点都进行分析。简化的 3 个承载小车均在同一根轨道上的受力图如图 3-17 所示，假设 $G_1 = G_2 = G_3 = G_4 = G = \dfrac{G_{货} + G_{梁}}{8}$。

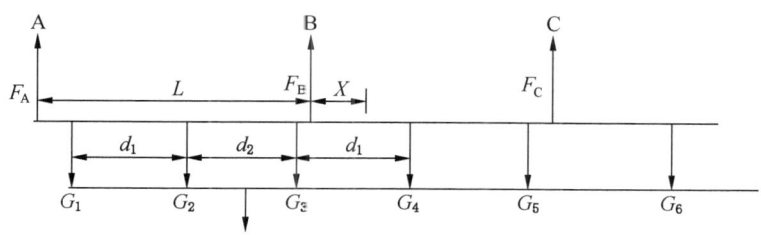

图 3-17 简化的 3 个承载小车均在同一根轨道上的受力图

先分析轨道吊点 B 的受力情况。设到任意点的距离为 X，且 $0 \leq X \leq (L-d_1-$

d_2），则 F_B 为

$$F_B = F_{BA} + F_{BC}$$

由平衡方程 $\sum M_A = 0$，$\sum M_C = 0$，可得轨道吊点 B 在 AB 段的力 F_{BA} 为

$$F_{BA} = \frac{GX}{L} + \frac{G(X+d_1)}{L} + \frac{G(X+d_1+d_2)}{L} = \frac{G(3X+2d_1+d_2)}{L}$$

轨道吊点 B 在 BC 段的力 F_{BC} 为

$$F_{BC} = \frac{G[L-(X+2d_1+d_2-L)]}{L} = \frac{G(2L-X-2d_1-d_2)}{L}$$

轨道吊点 B 所受合力 F_B 为

$$F_B = F_{BA} + F_{BC} = \frac{G(2L+2X)}{L}$$

当 X 最大时，则 F_B 最大，因此，$X_{max} = L - d_1 - d_2$，则

$$F_{Bmax} = \frac{G[2L+2(L-d_1-d_2)]}{L} = \frac{G(4L-2d_1-2d_2)}{L}$$

再分析轨道吊点 A 的受力情况。设到任意点的距离为 X，且 $0 \le X \le (L-d_1-d_2)$，则 F_A 为

$$F_A = \frac{G(L-X)}{L} + \frac{G(L-X-d_1)}{L} + \frac{G(L-X-d_1-d_2)}{L} = \frac{G(3L-3X-2d_1-d_2)}{L}$$

当 X 最小时，F_A 最大，因此，$X_{min} = 0$，则

$$F_{Amax} = \frac{G(3L-2d_1-d_2)}{L}$$

3）轨道校核

对单轨吊轨道进行受力计算，需要确定轨道结构的设计参数，如轨道截面尺寸、材料强度等，这有助于确保轨道在承受负载时不会产生过大的应力或变形。先校核悬挂轨道的抗弯强度、抗剪强度、挠度等，再进行稳定性验算。

（1）抗弯强度校核。

单轨吊轨道受力可按简支梁进行简化，单轨吊轨道梁简化受力图如图 3-18 所示。显然，当载荷移动到轨道吊点中间时，轨道承受最大弯矩及挠度。轨道抗弯强度按式（3-1）进行校核：

$$\sigma = \frac{K \cdot M_x}{\mu \cdot W_x} = \frac{K \times 1000 \times \left(1.4 \times \frac{1}{4} Fl + 1.2 \times \frac{1}{8} q l^2\right)}{\mu W_x} \le [\sigma] \quad (3-1)$$

式中 M_x——在竖向载荷作用下沿 x 轴的弯矩设计值，kN·m；

μ——考虑截面磨损的折减系数，可取 0.9；

K——附加安全系数,由于井下情况复杂,并考虑动力因素,可取 1.1~1.4;

W_x——抗弯模量,m^3;

l——轨道常用跨度,m;

q——轨道自重均布载荷值,kN/m;

F——轨道所受最大集中载荷,kN;

$[\sigma]$——轨道抗弯强度许用值,其数据在工具书中可查得。

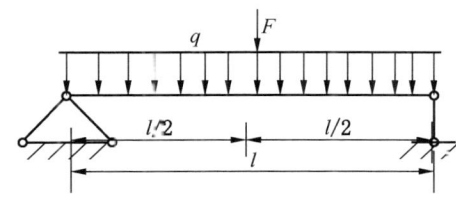

图 3-18 单轨吊轨道梁简化受力图

(2) 抗剪强度校核。

轨道抗剪强度按式 (3-2) 进行校核:

$$\tau = \frac{1000 \times V}{h_w t} \leqslant [\tau] \tag{3-2}$$

式中　τ——抗剪强度,MPa;

V——剪力设计值,kN;

h_w——腹板高度,mm;

t——腹板厚度,mm;

$[\tau]$——钢材抗剪强度许用值,其数据在工具书中可查得。

当梁的翼缘有削弱时应适当加大,可将 V 乘以系数,系数为 1.2~1.5。

(3) 挠度校核。

悬挂轨道除满足强度要求之外,还要满足挠度要求。挠度包括两部分:集中力产生的挠度;自重产生的挠度。轨道挠度按式 (3-3) 进行校核:

$$v = \frac{Fl^3}{48 \times 1000 \times EI_x} + \frac{5ql^4}{384 \times 1000 \times EI_x} \leqslant [v] \tag{3-3}$$

$$I_x = W_x \times h/2$$

式中　v——集中力挠度和自重挠度之和,mm;

E——弹性模量,GPa;

$[v]$——许用挠度,$[v] = l/400$ mm;

I_x——轨道截面的惯性矩，mm^4；

h——轨道的高度，mm；

q——轨道自重均布载荷值，N/m。

当 $v \leqslant [v]$ 时，说明挠度值符合要求，即轨道挠度满足要求。

当 $v > [v]$ 时，说明挠度值不符合要求，即轨道挠度不满足要求。

（4）悬挂轨道选型示例。

为了便于使用上述公式进行轨道选型计算，以下述设计作为示例。

已知载重为 60 kN，起吊时，需要 2 个承载小车，最大坡度为 15°，可知单个小车的载重为 30 kN。按照表 3-2，可以初选轨道采用 I140E 型轨道，轨道长度 l 为 3.0 m，轨道自重均布载荷标准值 $q = 0.228$ kN/m，轨道所受最大集中载荷 F 为 30 kN，弹性模量 E 为 200 GPa，轨道所受最大剪力标准值 $V_{标准}$ 为 30 kN（两个最大集中载荷位于同一轨道），剪力设计值 $V = 1.5 \times V_{标准} = 45$（kN），抗弯模量见表 3-1，$W_x$ 为 152.6 cm^3，查询资料可得 $[\sigma]$ 为 325 MPa，$[\tau]$ 为 190 MPa。附加安全系数 K 取 1.1。

① 抗弯强度校核。

将所选取参数代入式（3-1），则

$$\sigma = \frac{K \cdot M_x}{\mu \cdot W_x} = \frac{K\left(1.4 \times \frac{1}{4}Fl + 1.2 \times \frac{1}{8}ql^2\right)}{\mu W_x}$$

$$= \frac{1.1 \times \left(1.4 \times \frac{1}{4} \times 30000 \times 3.0 + 1.2 \times \frac{1}{8} \times 228 \times 3.0^2\right)}{0.9 \times 152.6}$$

$$\approx 254.8 \text{ (MPa)}$$

$\sigma < [\sigma]$，故满足要求。

② 抗剪强度校核。

将所选取参数代入式（3-2），则

$$\tau = \frac{V}{h_w t} = \frac{1.5 \times 30000}{(155 - 16.2 \times 2) \times 7} \approx 52.4 \text{ (MPa)}$$

$\tau < [\tau]$，故满足要求。

③ 刚度校核。

将所选取参数代入式（3-3），则

$$v = \frac{Fl^3}{48EI_x} + \frac{5ql^4}{384EI_x} = \frac{30000 \times 3000^3}{48 \times 200 \times 10^3 \times \left(152600 \times \frac{155}{2}\right)} +$$

$$\frac{5\times\dfrac{228}{1000}\times 3000^4}{384\times 200\times 10^3 \times \left(152600\times \dfrac{155}{2}\right)} \approx 7.2\ (\text{mm})$$

$v<[v]=3000/400=7.5$（mm），故满足要求。

上述计算结果表明，轨道跨度为 3 m 时，选用 I140E 型轨道能够满足载荷的要求。

四、悬挂轨道吊挂方式的选型与设计

悬挂轨道需要通过悬挂装置，利用锚杆（索）固定于顶板进行吊挂，或者吊挂在 U 形（梯形）支架上。选择合理的轨道吊挂方式，也是单轨吊悬挂轨道系统选型与设计的重要内容，对单轨吊的安全稳定运行具有直接影响。

（一）悬挂轨道吊挂方式的基本类型及特点

悬挂轨道常见的吊挂方法，是以将锚杆（索）直接打入巷道顶板内并固定的方式实施悬挂，即顶板悬挂。在巷道顶板条件不佳时，就需采用架棚悬挂，即使用圆环链配合在梯形工字钢架棚顶部的工字钢，或者 U 型钢架棚顶部的 U 型钢上，通过卡扣等设立吊挂点。顶板悬挂和架棚悬挂的悬挂方式基本相同，主要有单链吊挂、双链吊挂、三链吊挂、特殊地段的加强吊挂等。

1. 单链吊挂方式

单链吊挂方式是由两根锚杆（每根锚杆配双螺帽）固定一个专用吊挂板，连接一根吊链进行吊挂。此种吊挂方式适于在坡度为 10°以下的一般运输巷中使用，如采煤工作面机巷、风巷，掘进巷道等。

2. 双链吊挂方式

双链吊挂方式一般包括双链双锚杆吊挂方式和双链四锚杆吊挂方式。

双链双锚杆吊挂方式是用两根锚杆分别连接一根吊链，两根吊链通过 U 型环吊挂轨道。此种吊挂方式适于在坡度为 10°以上的一般运输巷中使用，如采煤工作面机巷、风巷，掘进巷道等。

双链四锚杆吊挂方式是用两根锚杆固定一个专用吊挂板，连接一根吊链，然后将两根吊链通过 U 型环吊挂轨道。此种吊挂方式适于在集中运输斜巷、集中运输水平巷道中使用。

3. 三链吊挂方式

三链吊挂方式是用锚杆分别连接 3 根吊链，通过 U 型环吊挂轨道。此种吊挂方式适于在坡度为 10°以上的主要运输巷中使用。

4. 其他吊挂方式

为了防偏摆，以及适应变坡、拐弯等的需要，在一些特殊地段应采取加强吊挂的措施，主要有长输线路防偏摆、斜巷段特殊吊挂、水平弯道加强吊挂和垂直弯道加强吊挂等情况。

（二）悬挂轨道吊挂方式选型与设计的技术方法

悬挂轨道吊挂方式选型与设计时，应当首先明确选型与设计中的关键参数，按照一定的技术方法，在顶板条件分析及试验的基础上，参照经验进行具体的选型与设计。

1. 选型与设计应考虑的重要问题

吊挂轨道在起吊运输重载荷时，承受的应力状况与受载点、轨道长度、轨道悬挂点等密切相关。吊挂方式的选型与设计，需要考虑轨道悬挂锚杆（或 U 型钢架棚、梯形工字钢架棚）的受力情况。一般情况下，U 型钢架棚、梯形工字钢架棚的承重能力都是可以满足要求的，而锚杆一旦受力不均，就会导致载荷过大，可能造成锚杆拔出，从而导致事故的发生。因此，锚杆受力情况应为悬挂轨道吊挂方式选型与设计的主要考虑因素，必须对锚杆进行分析校核。

2. 悬挂轨道吊挂方式选型与设计的技术要求

悬挂轨道吊挂方式选型与设计的主要依据是每个轨道吊点的受力不大于锚杆的锚固力。由于锚杆锚固点处存在较大应力，故在设计时应充分考虑留有必要的安全系数。一般说来，锚杆锚固力的安全系数不得低于 2。

除此之外，还应考虑锚杆间受力不均衡问题，锚杆间受力不均衡系数一般应按照 1.2 考虑。某些矿山为确保安全可靠，整体安全系数按照不低于 3 进行设计。

3. 顶板条件分析及试验

顶板悬挂主要以锚杆（索）直接打入巷道顶板内并固定的方式，为轨道提供悬挂点，因而对悬挂点处的顶板提出一定要求。用于悬挂单轨吊轨道系统的巷道顶板，顶板岩层内的岩石 f 值一般应大于等于 6。

为保证锚杆有足够的锚固力，一般应首先根据矿方现有地质勘测结果，选取在悬挂区域顶板岩层最薄弱处做锚杆拉拔力试验。轻载运输时，拉拔力一般不应低于 50 kN；重载运输时，拉拔力一般不应低于 100 kN。具体情况也可根据矿方的实际情况进行设计。

4. 典型的选型与设计经验

在长期的工程实践中，人们积累的丰富的经验，在悬挂轨道吊挂方式选型与设计时可供借鉴参考。

（1）选择轻轨直轨的吊挂方式时，以下经验可供参考：

① 当运载单件质量小于等于 12 t，且锚杆拉拔试验的拔脱力超过 50 kN、达不到 100 kN 时，宜采用单链双锚杆悬挂板悬吊方式。

② 当运载单件质量大于 12 t，且锚杆拉拔试验的拔脱力达到 100 kN 时，宜采用双链双锚杆悬挂板悬吊方式。

③ 当运载单件质量大于 12 t，但锚杆拉拔试验的拔脱力达不到 100 kN 时，需经具体计算后确定悬吊方式。

（2）选择重轨的吊挂方式时，以下经验可供参考：

① 当运载单件质量小于等于 25 t，且锚杆拉拔试验的拔脱力达到 100 kN 时，宜采用双锚杆锁件悬吊方式。

② 当运载单件质量小于等于 25 t，且锚杆拉拔试验的拔脱力达到 50 kN、达不到 100 kN 时，宜采用四锚杆悬挂板悬吊方式。

③ 当运载单件质量大于 25 t，且锚杆拉拔试验的拔脱力达到 100 kN 时，宜采用四锚杆悬挂板悬吊方式。

④ 当运载单件质量大于 25 t，但锚杆拉拔试验的拔脱力达不到 100 kN 时，需对吊挂点受力进行计算后确定悬吊方式。

（三）悬挂轨道吊挂方式选型与设计的注意事项

悬挂轨道吊挂方式的选型与设计过程中，应注意以下事项：

（1）悬挂轨道吊挂方式的选型与设计应逐段、逐点进行，在地质条件或者井巷特征（断面、坡度、走向等）及支护情况发生变化的地段，应加以特别关注。

（2）轻轨轨道与重轨轨道的吊挂方式及要求存在较大差异，选择设计轨道吊挂方式，应在选择确定轨道轨型的基础上进行。

（3）采用顶板悬挂时，用于悬挂单轨吊轨道系统的锚杆与锚索，不可与巷道内原有用于支护的锚杆及锚索混用，需单独进行锚固后再吊挂轨道系统。

（4）采用架棚悬挂时，无论是梯形工字钢架棚还是 U 型钢架棚，架棚只能用于悬挂单轨吊轨道，不得用于巷道支护。还需根据现场实际情况，确定架棚安装间距，以及在架棚之间设置纵向拉杆等以防止架棚倒伏的措施，并在选型与设计中明确。一般情况下，重轨悬挂叉适用于 U 型钢架棚，即梯形工字钢架棚不适用重轨悬挂。

（5）慎重选用锚索方式的顶板悬挂。锚索悬挂一般用于特殊地段的加强悬挂，当单独使用锚索悬挂单轨吊轨道时，由于锚具是采用摩擦方式进行固定，且锚索相对锚杆来说存在螺距大、材料硬而脆、锁具易脱落等问题，应尽量避免全部采用锚索吊挂的方式；且根据经验，当连续使用锚索悬挂轨道的吊点超过 10 个时，可能存在重大事故隐患，应该引起高度重视。

(6) 使用的高强度圆环链应为 φ18 mm×64 mm 及以上规格，且采用双吊链吊挂时，吊链铅垂偏角不得大于 60°。

(7) 应对巷道淋水采取有效的防控措施，避免将淋水引到悬挂轨道上。

五、矿用单轨吊道岔的选型与设计

道岔是单轨吊运输轨道线路的重要部件，主要用于悬挂轨道的分道、变道，是线路转换的关键设施，也是轨道线路常见的薄弱环节之一。在单轨吊轨道系统选型与设计中，应高度重视道岔选型的合理性、安全性。

（一）道岔的主要类型

道岔一般应为整体框架式设计，以便于安装和保证使用中的整体性。框架设计后，把轨道固定到框架上。按移动方式不同，道岔一般可分为摆轨式道岔、平移式道岔。摆轨式道岔适用于水平线路或倾角不超过 5°的倾斜线路，平移式道岔主要适用于水平和倾斜线路。

按照工作方式不同，道岔主要有手动、电动、液压、气动等工作方式，常用气动道岔和手动道岔。

（二）道岔的主要布置形式

道岔是用在巷道的三岔门、四岔门或车场内，一般有左开、右开、对称等 3 种布置形式，也有单开道岔和三开道岔之分，目的是确保布置合理、线路顺畅，尽量缩短道岔的长度。

1. 道岔的基本要求

道岔及其悬挂、连接，应满足以下基本要求：

(1) 道岔一般采用不低于 Q235 标准的材质制造。

(2) 道岔活动轨的摆角应不大于 11°，极限情况下应不大于 15°。

(3) 道岔框架悬挂点受力要均衡，每个悬挂点应使用 2 根锚杆悬吊，每个轨道吊点应预先进行载荷试验，抗拔力应不小于 90 kN。

(4) 道岔摆动轨与其他连接轨的接头必须设置机械闭锁装置，以确保单轨吊车列稳定和安全运行。闭锁装置是在摆动道岔动作到位后的防脱防退的保险装置。

(5) 道岔连接轨断开部位必须装设轨端阻车器。

(6) 轨道接头处的转角必须小于 30°。

(7) 轨道接头轨缝间隙必须小于 3 mm。

(8) 道岔吊链垂角必须小于 60°。

(9) 轨道连接螺栓必须采用高强螺栓，紧固要牢靠，需配弹簧平垫圈。

(10) 道岔吊挂与线路中前后的轨道类型应一致。道岔吊挂的高低、受力及悬吊锚杆的特征等应与线路中前后的轨道保持一致性，防止使用过程中出现道岔或轨道下沉而引起变形，造成轨道线路质量下降。

2. 道岔的选型与设计要求

（1）轻型道岔的选型与设计，应满足以下要求：

① 道岔轨道类型应与吊轨的轨道型号一致。

② 一般布置在倾角不大于5°的单轨线路段。

③ 道岔活动轨的最大摆角不超过14°。

④ 道岔框架应设不少于4个悬挂点，每个悬挂点由锚杆锁件悬挂，道岔与外接轨道连接点用法兰连接。

⑤ 道岔悬吊完毕后，道岔倾角应小于3°。

（2）重型道岔的选型与设计，应满足以下要求：

① 一般布置在倾角不大于5°的单轨线路段。

② 道岔活动轨的摆角不大于11°，极限摆角不大于15°。

③ 道岔框架应设不少于7个悬挂点，7个悬挂点受力要均衡，每个悬挂点使用2根锚杆悬吊，每个轨道吊点进行不小于100 kN预定集中载荷试验。

④ 如果需在倾角大于5°的轨道线路安装敷设道岔，应进行专门设计，应使用整体结构的道岔。

⑤ 在倾角不小于15°的线路安装敷设道岔，应使用整体平移式道岔。

六、阻车器的选型与设计

阻车器是安装在悬挂轨道上和轨道端头的安全保护装置，起阻车作用，以防止单轨吊机车在轨道上溜车、越线等危险情况的发生。轨道的端头必须设置阻车器。矿用单轨吊常用的阻车器分为手动阻车器、尾端阻车器、活动阻车器等。

阻车器是单轨吊悬挂轨道上的重要安全设施，应根据吊挂轨道类型、吊运物料及使用地点等进行具体选型，所选择的阻车器应满足以下基本安全要求：

（1）轨道端头是单吊点受力，要求承受的安全载荷不低于50 kN（轻轨）/100 kN（重轨）。

（2）轨道端头安装使用专门设计的吊挂装置，轨道的吊挂应使用"锚杆+吊板+圆环链"的方式。

（3）轨道的端头使用专门设计的端头吊挂夹板，宜采用Q235、δ16 mm钢板制造，用2条M20×140 mm、10.9级螺栓对穿夹紧，圆环链与夹板上部M20×140 mm连接，增强轨道端头的吊挂强度，防止普通轨道连接装置焊接强度达不到要求而出现断裂的情况。

第五节 矿用单轨吊机车的选型与设计

单轨吊车列是在悬挂轨道上运行、用于起吊和运输物料的列车组,通常由动力单元、驱动(牵引)单元、制动单元、驾驶单元、行走单元、安全保护装置及其他辅助装置等组成。单轨吊机车属于机电液一体化装备,一般包含有机械系统、电气系统、液压(气动)系统等。矿用单轨吊机车的选型与设计,应根据矿井具体条件、吊运需求及工况,通过分析、计算,确定各组成部分的类型、技术性能及数量等,进而选择单轨吊机车的规格型号及套台数。

一、动力单元的选型与设计

动力单元为单轨吊机车的起吊、行走、制动等提供动力源,是单轨吊机车的"心脏",所有的液压动力、电力等都由其产生。动力单元选型首先应选择动力的类型,如选择绳牵引式还是自驱式,选择自驱式时,是选择防爆柴油机、防爆特殊型铅酸蓄电池、防爆锂离子蓄电池,还是气动方式;然后再设计选择动力的功率等技术参数,这与单轨吊机车所需的牵引力等密切相关。

(一)单轨吊机车动力类型

按照驱动方式,矿用单轨吊可以分为牵引式和自行式。牵引式单轨吊是采用无极绳绞车牵引单轨吊的运行,即钢丝绳牵引单轨吊。自行式单轨吊通过自身动力实现起吊和运行,自身动力包括防爆柴油机、防爆特殊型铅酸蓄电池、防爆锂离子蓄电池、压缩空气(气动)等。单轨吊所使用的动力类型不同,单轨吊机车驱动方式、起吊方式及组成设备也不一致,性能特点和适用范围存在较大差异,需要在单轨吊机车选型与设计时综合考量。

1. 钢丝绳牵引单轨吊

钢丝绳牵引单轨吊以卡轨车或小绞车为动力,利用钢丝绳牵引单轨吊机车运送设备物料。

钢丝绳牵引单轨吊具有无污染、低能耗、投入相对较小、价格低廉且运营成本低等诸多优点,但一套单轨吊只能适应一个地点,不能移动使用,主要适用于掘进工作面及上、下山长距离的材料和人员运输,一台运距一般不超过1500 m。

2. 防爆柴油机单轨吊

防爆柴油机单轨吊以防爆柴油机为动力,采用液压驱动和起吊。

防爆柴油机单轨吊续航能力强,燃料可以随时添加、随时使用;巷道运行受限少,能轻松实现变道、变坡和转弯;动力大,速度和载重强于其他单轨吊。其缺点是尾气污染严重,对人体健康造成危害。防爆柴油机单轨吊几乎可适用于通风良好的各类巷道。

3. 防爆特殊型铅酸蓄电池单轨吊

防爆特殊型铅酸蓄电池单轨吊以防爆特殊型铅酸蓄电池为动力，采用电驱动和液压起吊。

防爆特殊型铅酸蓄电池单轨吊的优点是噪声低、无污染、运转发热量小、动力单一、操作方便；巷道运行受限少，能轻松实现变道、变坡和转弯；故障率相对较低，维护工作量小；无尾气排放和燃料存放安全问题等。但其自重大，爬坡能力不足，续航能力差，充放电时易产生易爆气体。防爆特殊型铅酸蓄电池单轨吊受蓄电池容量和爬坡能力限制，多用于巷道平缓、载荷较小、作业不频繁的短途运输，运行最大坡度不应超过15°。

4. 防爆锂离子蓄电池单轨吊

防爆锂离子蓄电池单轨吊以防爆锂离子蓄电池为动力，采用电驱动（异步电机或者永磁电机）和液压起吊。

防爆锂离子蓄电池单轨吊具有能重比高、续航能力强、性能稳定、噪声低、节能环保、运输效率高、操作维护方便、保护齐全、运行成本低等诸多优点。但锂电池内部热失控风险一直备受关注，如何实现井下受限空间安全充电也一直在探索之中。防爆锂离子蓄电池单轨吊可以适用于各类进风巷道，已有研究认为其最大适应坡度可达到25°。

5. 气动单轨吊

气动单轨吊以压缩空气（矿井压风管路或者高压气瓶）为动力，采用气动驱动和起吊，主要由驱动单元、起吊梁、制动单元等组成。

气动单轨吊的载重小，适应坡度也不大，由于自身系统设计特点，一般不能作为运输人员的牵引设备。一般适用于运输距离在 200~300 m 范围内的采掘工作面辅助运输，用以解决采掘工作面"最后一公里"的运输难题。

不同类型单轨吊动力单元、驱动单元类型、技术性能、适用条件和范围等的对比见表 3-4，在选型与设计时可供借鉴参考。

表 3-4 不同类型单轨吊技术性能对比

性能指标	防爆柴油机单轨吊	防爆特殊型铅酸蓄电池单轨吊	防爆锂离子蓄电池单轨吊	钢丝绳牵引单轨吊	气动单轨吊
动力源	柴油机	铅酸蓄电池	锂离子蓄电池	牵引绞车	高压空气
行走驱动	液压驱动	电驱动	电驱动	绳牵引	气动
起吊驱动	液压驱动	液压驱动	液压驱动	气动	气动

表3-4（续）

性能指标	防爆柴油机单轨吊	防爆特殊型铅酸蓄电池单轨吊	防爆锂离子蓄电池单轨吊	钢丝绳牵引单轨吊	气动单轨吊
适用运输距离/m	较长	≤1500	较长	≤2000	200~300
适用巷道坡度/(°)	25	15	15	25	15
最大牵引力/kN	400	260	392	160	120
适用转弯半径/m	垂直10/水平4	垂直8/水平4	垂直8/水平4	垂直10/水平4	垂直10/水平4
最大运行速度/(m·s^{-1})	2.4	1.6	1.8	0.7	无
是否可运送人员	是	是	是	否	否
污染性	有	无	无	无	无

（二）动力单元选型与设计的主要依据

在选择单轨吊的动力单元类型，掌握单轨吊运输井巷条件、工况和主要技术参数后，采用相应技术方法，计算单轨吊机车所需的牵引力、功率等，并考虑必要的不均衡系数，经相应的验算后，最终选择单轨吊动力单元的额定功率。

选择单轨吊动力单元时，主要应依据以下方面的条件或者参数，结合各类单轨吊的技术特点和适用范围分析确定：

（1）单轨吊的运输距离。

（2）单轨吊运行巷道的断面形状、大小、支护方式，坡度大小、最小垂直转弯半径，连续纵坡的最大长度。

（3）单轨吊机车的运行轨道有无分支，水平拐弯及最小水平转弯半径。

（4）单轨吊机车需运送单件的最大质量，计算得出所需的牵引力、起吊力等。

（5）单轨吊运输巷道的通风情况。

（6）单轨吊机车是否运送人员。

（三）自驱式单轨吊动力单元选型计算方法

防爆柴油机单轨吊、防爆特殊型铅酸蓄电池单轨吊、防爆锂离子蓄电池单轨吊、气动单轨吊等均属自驱动式单轨吊，其动力单位的选型计算方法基本相同或者相近，均应按照载重、坡度、运行速度等参数，确定单轨吊机车所需的最大牵引力，据此进行动力单元的选型。以下以防爆柴油机单轨吊为例，阐述其动力单元选型计算的技术方法。

1. 单轨吊机车牵引力计算

单轨吊机车牵引力的计算，可采用图表法和计算法。

1) 图表法

为了方便单轨吊机车的选型计算，不同厂家针对所生产的不同单轨吊机车，编制了柴油机单轨吊机车速度、总重、倾角关系图，只要明确单轨吊质量、起吊梁质量、载重物质量及运行巷道最大坡度，即可根据关系图，得出需要的单轨吊机车驱动力及运行速度。徐州江煤科技公司生产的 DCR200/130Y 防爆柴油机单轨吊机车速度、总重、倾角关系图如图 3-19 所示。

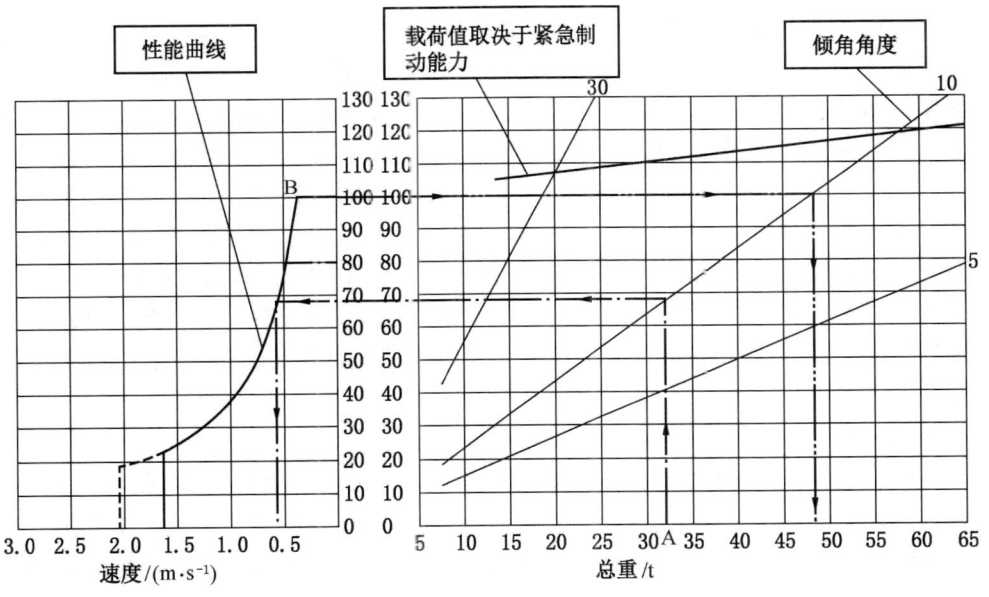

(a) 功率曲线关系图　　　　　　(b) 牵引载重关系图

图 3-19　DCR200/130Y 防爆柴油机单轨吊机车速度、总重、倾角关系图

图 3-19a 为功率曲线关系图，横轴对应速度，纵轴对应牵引力，P（功率）= F（牵引力）×V（速度）。图 3-19b 为牵引载重关系图，横轴数值对应除机车自重外其他设备、物料（包括起吊梁、重物和其他设备）的质量之和，纵轴对应牵引力，斜线对应单轨吊轨道倾角。

利用图 3-19 计算机车牵引力，按以下步骤进行：

（1）计算总载重。图 3-19b 中的横轴为总重，指的是货物运输的总载重，即运输物料的质量、起吊梁质量、连杆质量、安全制动单元质量之和，但机车自重不在计算范围之内。

（2）明确坡度值。选型时必须明确单轨吊运行路线中最大的运行坡度。

(3) 得出牵引力。在运输最大载重且坡度最大工况时，机车所需的牵引力最大。由图 3-19b 中横轴总重的位置引一条垂直线与最大坡度的斜直线相交，再通过相交点引一条水平线与图 3-19a 中的性能曲线相交，根据这一相交点，就可得出需要的牵引力值。选型时，只要选择的单轨吊机车的额定牵引力大于所需的牵引力就可以满足要求。

(4) 得出速度。根据图 3-19a 中相交点的坐标，就可得出速度值，即为在最大坡度、最大载重的情况下，机车的速度。

例如，选型的单轨吊机车最大承载质量为 30 t，起吊梁、连杆、安全制动单元等质量为 2 t，单轨吊的最大运行坡度为 10°，计算得到总承载质量为 32 t。在图 3-19b 中横轴 32 t 处，引一条垂直线与标有 10°的斜直线相交点，根据相交点的坐标，可以得到所需要的牵引力约为 68 kN，即单轨吊机车在最大坡度为 10°、最大承载质量为 30 t 时，所需牵引力为 68 kN。再通过该交点，作一条水平线与图 3-19a 中的性能曲线相交，根据这一相交点，可得出速度值约为 0.58 m/s，即在最大坡度为 10°、最大承载质量为 30 t 时，机车的速度为 0.58 m/s。

工程实践表明，利用上述图表法得出的结果，往往比计数法得到的结果更加接近实际值，因此，也是目前在自驱动式单轨吊机车选型与设计中比较常用的方法。

2) 计算法

根据《采矿工程设计手册》第七篇第四章"井下辅助运输"的相关描述，单轨吊机车的牵引力等于下滑力、惯性力、摩擦力、驱动阻力之和。单轨吊机车所需要最大牵引力，是单轨吊机车在最大坡度上向上牵引时，此时机车的受力分析如图 3-20 所示。

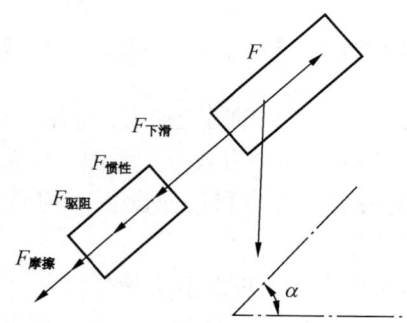

图 3-20 单轨吊上坡牵引时的受力分析

由图 3-20，可以得出：

$$F = F_{下滑} + F_{惯性} + F_{驱阻} + F_{摩擦}$$

$$F_{下滑} = (G_{机车} + G_{负载}) g\sin\alpha$$

$$F_{惯性} = (G_{机车} + G_{负载}) g\gamma a_{加} \qquad (3-4)$$

$$F_{驱阻} = 2f_z F_{hm} i_d$$

$$F_{摩擦} = (G_{机车} + G_{负载}) g\cos\alpha\mu_N$$

式中 F——单轨吊机车所需要的牵引力，kN；

$F_{下滑}$——单轨吊机车和负载共同受到的下滑力，kN；

g——重力加速度，m/s^2；

α——机车运行过程中的最大坡度，(°)；

$G_{机车}$——单轨吊机车自身质量，kg；

$G_{负载}$——单轨吊机车总负载质量，kg；

$F_{惯性}$——单轨吊机车和负载共同受到的下滑力，kN；

$a_{加}$——运行加速度，重载时取 0.015 m/s^2，空载时取 0.3 m/s^2；

γ——惯性系数，矿山机械通常取 1.075；

$F_{驱阻}$——单轨吊机车和负载驱动时驱动轮自身驱动阻力，kN；

f_z——阻力系数；

F_{hm}——液压马达传动阻力，为常量；

i_d——驱动组数量，个；

$F_{摩擦}$——单轨吊机车和负载受到的摩擦阻力，kN；

μ_N——摩擦系数，为常量，取 0.032~0.05。

由此可以得出：

$$F = (G_{机车} + G_{负载}) g\sin\alpha + (G_{机车} + G_{负载}) g\gamma a_{加} + 2f_z F_{hm} i_d + (G_{机车} + G_{负载}) g\cos\alpha f_N \qquad (3-5)$$

简化后得出：

$$F = (G_{机车} + G_{负载}) g (\sin\alpha + \gamma a_{加} + \cos\alpha\mu_N) + 2f_z F_{hm} i_d \qquad (3-6)$$

由式（3-6）即可得出，单轨吊机车在 $G_{负载}$ 的作用下，只要驱动马达、整机自重、摩擦轮直径及驱动组数量确定，大部分参数均可确定。假定驱动马达输出没有损失，即 $F_{驱阻} = 0$，那么

$$F = (G_{机车} + G_{负载}) g (\sin\alpha + \gamma a_{加} + \cos\alpha\mu_N) \qquad (3-7)$$

选型时，只需要单轨吊牵引机车的额定牵引力大于 F 即可。

2. 单轨吊动力单元功率计算

通过计算动力单元功率，可以确定单轨吊所需的驱动力大小，以保证单轨吊在运行过程中有足够的动力，同时确保单轨吊运行的安全性。单轨吊动力单元功

率计算包含对电动机功率和柴油机功率的计算。

（1）采用电动机驱动时，所需电动机的功率，按式（3-8）计算：

$$P = Fv/\eta_d \tag{3-8}$$

式中　P——单轨吊机车所需电动机的功率，kW；

　　　v——列车的运行速度，依据不同的坡度和载重确定，m/s；

　　　η_d——电动机效率，一般取 0.8。

同时，功率需求也要设有一定的富余系数，一般取 1.18。

（2）采用柴油机驱动时，所需柴油机的功率，按式（3-9）计算：

$$N = kFv/\eta \tag{3-9}$$

式中　k——柴油机的富裕系数，一般取 1.1~1.3；

　　　η——柴油机效率，一般取 0.7~0.75。

（四）钢丝绳牵引单轨吊动力单元选型与设计技术方法

钢丝绳牵引单轨吊的选型计算方式可以参考无极绳连续牵引车的计算方法。根据设备自重、载重、坡度、线路阻力等参数计算钢丝绳牵引单轨吊在满足工况条件所需的牵引力和牵引功率，计算钢丝绳张力，然后完成钢丝绳、牵引绞车、张紧机构等设备的选型。

1. 钢丝绳牵引单轨吊运行的牵引力计算

钢丝绳牵引单轨吊实际运行条件和工况比较复杂，为方便起见，可对其进行简化，参照无极绳连续牵引车的选型方法进行选型与设计，因为驱动（牵引）设备本身基本一致。

钢丝绳牵引单轨吊运行简化图如图 3-21 所示，其中，S_1、S_2、S_3、S_4 分别为不同地点钢丝绳的张力，v 为运输速度，$\beta_{\max}$ 为单轨吊运行线路上的最大坡度。

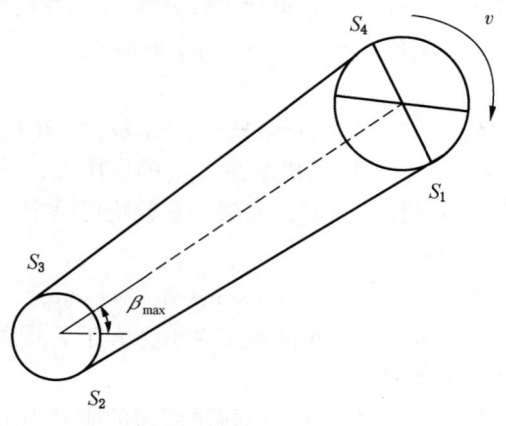

图 3-21　钢丝绳牵引单轨吊运行简化图

在满足工况要求的条件下,钢丝绳牵引单轨吊所需牵引力可按式(3-10)计算:

$$F = (Q_{总}+Q)(\omega\cos\alpha+\sin\alpha)g + 2\mu_2 q_R g L \tag{3-10}$$

式中　F——钢丝绳牵引单轨吊所需牵引力,kN;

　　　$Q_{总}$——牵引车、吊装设备、储绳梭车、制动小车等总质量,kg;

　　　Q——运输物料的质量,kg;

　　　ω——单轨吊运行阻力系数,一般取 0.03~0.055;

　　　μ_2——钢丝绳摩擦阻力系数,一般为 0.25;

　　　q_R——单位长度钢丝绳的质量,kg/m;

　　　L——运输距离,m。

按式(3-10)计算出钢丝绳牵引单轨吊所需牵引力后,通常还需要设有一定富余系数,即

$$F_0 = F k_f$$

式中　F_0——钢丝绳牵引单轨吊实际所需牵引力,kN;

　　　k_f——牵引力富余系数,一般为 1.2。

2. 钢丝绳选型和强度验算

依据 MT/T 988—2006《无极绳连续牵引车》的规定,选择钢丝绳的型号规格。根据 GB 8918—2006《重要用途钢丝绳》,部分适宜钢丝绳的技术参数见表3-5。

表3-5　部分 6×19S 钢丝绳技术参数

公称直径/mm	近似质量(纤维芯)/(kg·m⁻¹)	最小破断拉力(纤维芯)/kN	
		公称抗拉强度 1670 MPa	公称抗拉强度 1770 MPa
16	0.92	141	150
18	1.17	179	189
20	1.44	220	234
22	1.74	266	282
24	2.07	317	336
26	2.43	372	394

此外,绞车滚筒上绳衬直径应满足以下要求:

(1)抛物线滚筒绳衬直径至少应为牵引钢丝绳直径的 50 倍。

(2)绳槽式主滚筒绳衬直径至少应为牵引钢丝绳直径的 40 倍,副滚筒直径

至少应为牵引钢丝绳直径的 28 倍。

在选定钢丝绳后,需对其进行安全系数验算,计算公式为

$$n = S_z / (S_{max} + S_c)$$

式中　　n——钢丝绳安全系数,《煤矿安全规程》规定钢丝绳安全系数不得小于 3.5;

S_z——钢丝绳破断拉力总和,kN;

S_{max}——钢丝绳最大牵引力,kN;

S_c——钢丝绳张力初选值,kN。

3. 绞车电机功率验算

绞车电机功率的计算可以确保无极绳连续牵引车具备足够的牵引能力。通过计算电机功率,可以确定电机的输出能力是否足以提供所需的牵引力,可以保护电机和驱动系统免受过载和损坏的风险。如果电机功率过小,电机可能无法提供足够的动力,导致过载和故障;而功率过大则可能造成电机烧坏或设备损坏。绞车电机功率可按式(3-11)计算:

$$P_j = F_0 v / \eta_{总}$$
$$\eta_{总} = \eta_1 \eta_2 \tag{3-11}$$

式中　　P_j——绞车电机功率,kW;

F_0——钢丝绳牵引单轨吊实际需要牵引力,kN;

$\eta_{总}$——绞车总效率;

η_1——电机效率;

η_2——机械传动效率;

v——牵引速度,m/s。

绞车电机功率校核时,分别以最大速度和最小速度代入式(3-12)进行验算:

$$F_{max} = P_j \eta_{总} / v \tag{3-12}$$

式中　　F_{max}——最大牵引力,kN。

必须保证 $F_{max}/\lambda > F_0$(λ 为过载倍数,取 1.1),才能满足要求。

确定功率需求之后,即可选择牵引力大于 F_{max} 的无极绳绞车即可。

4. 钢丝绳张力计算

钢丝绳张力的计算可以确保牵引过程中钢丝绳受力处于安全范围内。如果钢丝绳的张力过高,可能导致钢丝绳断裂或损坏,引发事故和伤害;如果张力过低,可能导致牵引力不足,无法正常移动或提升货物。钢丝绳的张力与单轨吊车的牵引力、摩擦系数等有关,可按照式(3-13)计算:

$$F = S_4 - S_1 = S_1(e^{\mu\alpha_1}-1)/n_1$$
$$S_1 = F \times n_1/(e^{\mu\alpha_1}-1) \tag{3-13}$$
$$S_4 = F + S_1$$

式中 F——单轨吊车牵引力,kN;

n_1——摩擦力备用系数,可取 1.15~1.2;

μ——钢丝绳与驱动轮摩擦阻力系数,一般取 0.14;

α_1——钢丝绳在驱动轮上的总围抱角,取 7π;

e——欧拉公式常数,设为 2.71828;

S_4——钢丝绳在上升侧位置的张力,即重载侧张力(参考图 3-21),kN;

S_1——钢丝绳在下放侧位置的张力,即轻载侧张力(参考图 3-21),kN。

5. 张紧装置选型

绳索的过松或过紧都会影响牵引车的工作效果和安全性。过松的绳索可能会导致牵引力不足、绳索抖动或打滑等问题,影响牵引车的操作和控制;过紧的绳索可能会增加绳索的磨损和损坏风险,甚至损坏张紧器本身。张紧装置的选型,主要是确定其配重块数量,即

$$n = S_1/mg \tag{3-14}$$

式中 n——配重块数量,个;

m——每块配重块质量,kg。

需指出的是,配重块的数量必须为偶数,且大于利用式(3-14)计算出的数值。

(五)动力单元选型与设计的注意事项

在矿用单轨吊动力单元的选型与设计过程中,应注意以下事项:

(1)防爆柴油机单轨吊机车的运行坡度不大于 25°;防爆特殊型铅酸蓄电池单轨吊机车的运行坡度不大于 15°;防爆锂离子蓄电池单轨吊机车的运行坡度一般不大于 15°,在采用新技术新工艺并经批准后运行坡度不大于 25°;钢丝绳牵引单轨吊机车的运行坡度不大于 25°;气动单轨吊机车的运行坡度不大于 15°。

(2)钢丝绳牵引单轨吊机车在弯道上需装设大量绳轮,而且不能进分支岔道,运距一般为 1~2 km,最大不超过 3 km。因为运距过长,列车运行阻力、牵引绳的阻力、轨道和支架的承载能力等都要增加,单轨的支承、导向钢丝绳及钢丝绳的拉紧都将趋于复杂化。

(3)防爆柴油机单轨吊机车的尾气排放可能造成气体污染和异味,因此,要求使用防爆柴油机单轨吊机车的巷道要有足够的风量以稀释有害气体。按照《煤矿安全规程》的规定,使用防爆柴油机单轨吊机车的巷道,要依据同时使用

的柴油机功率，按照每千瓦增配4 m³/min 的标准增加配风量。在进行车列选型与设计中，应对配风量的可行性进行分析。

（4）防爆特殊型铅酸蓄电池单轨吊机车的最大优点是没有空气污染，但受蓄电池蓄电能力的限制，蓄电池单轨吊机车的功率偏小，自重较大，适用于所需牵引力和倾角较小、通风较差的掘进巷道运送材料和人员，运输距离一般不超过1500 m。

（5）防爆锂离子蓄电池单轨吊机车具有能重比高、续航能力强、节能环保等诸多优点，在采用新技术新工艺并经批准后，运输坡度可提高到25°。但锂电池内部热失控风险一直备受关注，如何实现在井下受限空间内安全充放电一直备受重视。用于采掘作业区域时，一旦停风或者瓦斯超限，需要切断一切非本质安全电源时，如何保证安全，应有针对性的措施。

（6）气动单轨吊机车可利用井下气压作为动力源，无须建造充电硐室和变电站。但气动单轨吊机车的载重小，适应坡度也不大，适用于在200~300 m距离的区间内吊运操作。

（7）根据已知条件和上述各类单轨吊机车的适用范围，选择动力单元类型后，还应经牵引力等的设计计算，确定动力单元额定功率，并应通过机车整体验算。

二、驱动（牵引）单元的选型与设计

依据矿山实际条件，在进行牵引力选型后，需要对驱动单元进行选型计算。驱动单元是驱动单轨吊行走的动力输出部分，又称牵引单元或者行走单元，目前基本依靠多组驱动轮的夹式摩擦驱动方式提供的摩擦力，驱动单轨吊运行。驱动单元一般采用集中控制、分布式布置、模块化结构和可扩展的结构形式，通过驱动轮的不同组合和增减，满足实际工作需要。驱动单元选型计算主要是选择驱动装置类型，计算单轨吊实际需要的牵引力以及单个驱动轮组能够提供的牵引力，确定单轨吊需要的驱动轮组数量。

（一）驱动单元的类型和基本组成

矿用单轨吊分为牵引式和自行式两种类型。牵引式单轨吊是采用无极绳绞车牵引方式的单轨吊，即钢丝绳牵引单轨吊。自行式单轨吊依靠自身动力实现起吊和运行，自身动力包括防爆柴油发动机、防爆铅酸蓄电池、锂离子蓄电池、气动等。驱动单元的选型与设计主要涉及自行式单轨吊。

自行式单轨吊的驱动单元，按照驱动方式不同，分为摩擦驱动、齿轨驱动、混合驱动。摩擦驱动是依靠被液压缸压在轨道腹板上的驱动轮组与轨道腹板产生的摩擦力，驱动单轨吊运行。齿轨驱动是通过驱动轮组上齿轮与轨道上的齿条咬合传动,实现单轨吊的移动。混合驱动是摩擦传动、齿轮传动二者兼备的传动方式。

齿轮驱动具备牵引力大、运行可靠,在大倾角坡度上能够有效防止下滑等特点,曾在国外矿用单轨吊中得到成功应用。但其运行速度不高、噪声大、传动效率低等缺点也比较突出。目前,国内矿山使用的单轨吊基本采用摩擦驱动方式。

依据产品种类不同,摩擦驱动方式一般采用液压马达、气动马达或者电机拖动驱动轮组,所需动力分别来自液压泵、气动泵或者电动机。一般驱动轮组夹紧控制所需的作用力通过液压油缸或者气缸进行控制。

(二)驱动单元的选型与设计

驱动单元选型与设计主要是驱动轮组牵引力的计算、驱动轮包胶轮强度校核,在此基础上对驱动轮组数量、驱动单元控制中的马达或者电机、液压(气动)部件等分别进行选型计算。

1. 液压驱动型单轨吊驱动单元的选型与设计

防爆柴油机单轨吊采用液压驱动,属于液压驱动型单轨吊,其驱动单元选型与设计包含对液压马达、驱动轮组、夹紧油缸和液压泵的选型。

1)单一驱动单元受力分析

驱动轮的工作原理是一对驱动轮被液压油缸(或者气缸)压在轨道腹板上,液压马达(或者电动机、气动马达)拖动驱动轮,使驱动轮与轨道腹板之间产生摩擦力,依靠这种摩擦力牵引单轨吊运行。

驱动轮组是依靠摩擦力产生动力的。为了分析简化,假定驱动轮在运动时不发生滑动和偏移,不产生变形及磨损,仅从平行和垂直于运动方向对驱动轮组在平直轨道上的关键受力进行分析。机车正向运行时,驱动轮组在垂直轨道腹板方向上的受力分析如图3-22所示。

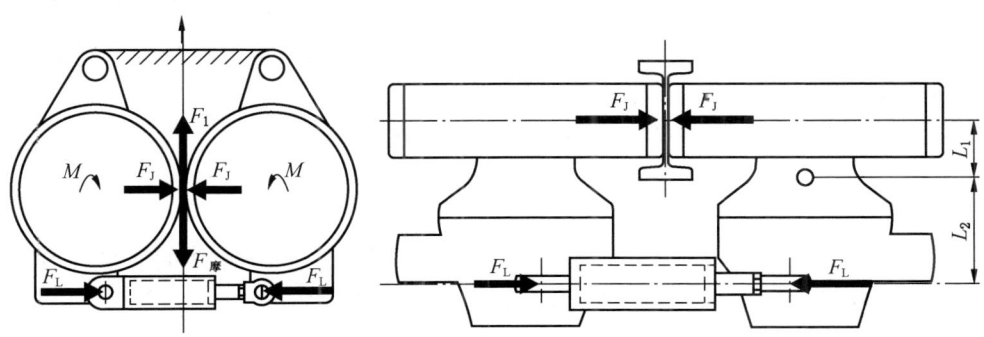

图3-22 液压驱动的驱动轮组受力分析

由静摩擦公式和力平衡原理可知，摩擦力与驱动（牵引）力大小相等，方向相反，且一对轮组具备两轮同时摩擦，故

$$\frac{F_1}{2} = \frac{F_{摩}}{2} = \mu F_J \tag{3-15}$$

式中　F_1——单一驱动轮组的牵引力，kN；

　　　$F_{摩}$——单一驱动轮组的摩擦力，kN；

　　　μ——摩擦轮与轨道间的摩擦系数，一般为 0.4；

　　　F_J——单一驱动轮作用在轨道腹板上的夹紧力，kN。

同时，可知机车正向运行时，驱动部在垂直轨道腹板方向上一旦结构参数及重心确定，夹紧时单轨吊驱动部摩擦轮所受到的夹紧力和夹紧油缸活塞杆所提供的拉力之间可通过比例关系进行转换，故

$$F_J L_1 = F_L L_2 \tag{3-16}$$

式中　F_L——夹紧油缸输出力，kN；

　　　L_1——驱动轮作用在轨道腹板上的夹紧力传递力臂，m；

　　　L_2——夹紧油缸输出力的力臂，m。

单一驱动单元设计时，可依据夹紧传递力臂和牵引力的大小，计算出所需的摩擦轮作用在轨道腹板上的夹紧力 F_J、夹紧油缸输出力 F_L。单轨吊机车的牵引力与驱动轮组数量有关，按照前述计算得出单一驱动单元的牵引力后，乘以驱动轮组数量 N，即获得单轨吊机车的牵引力。

2）单一驱动轮组夹紧力的计算

驱动轮组夹紧力的计算，需要确定摩擦轮和轨道之间的摩擦系数，然后通过式（3-16）进行计算。由于摩擦系数 μ 取决于摩擦轮和轨道的材质，而摩擦轮的材质多为聚氨酯材料，轨道的材质为钢，所以在双方材质已经确定的情况下，μ 即为恒定值。因此，单一驱动单元牵引力 F_1 的大小就取决于夹紧力 F_J。同时，摩擦力在数值上等于牵引力，依据式（3-6）牵引力的计算可以得到夹紧力 F_J 的计算公式为

$$F_J = \frac{(G_{机车} + G_{负载}) \cdot g \cdot (\sin\alpha + \gamma a + \mu\cos\alpha) + 2\mu_z F_m i_q}{2N\mu} \tag{3-17}$$

式中　N——驱动轮组数量，个。

从式（3-17）可以看出，驱动轮组夹紧力与负载、机车本体的质量等参数有关，结合式（3-15）可知，要增加牵引力，就需要增加 F_J。

需注意的是，根据《煤矿安全规程》的规定，单轨吊机车制动力是驱动力的 1.5~2.0 倍，依据表 3-3 可知，I140E 直轨纵向受力不超过 60 kN，当这个力为制动时的制动力时，即每根轨道上最大驱动力应 30~40 kN，由于 I140V 直轨

纵向受力不超过 90 kN，同样每根轨道上最大驱动力应为 45~60 kN。单轨吊机车在使用过程中，轨道的长度规格常选用 2 m/根、2.4 m/根、3 m/根。目前市面上常见的单轨吊驱动部宽度约为 900 mm，拉杆长度为 500 mm，故使用 2.4 m/根、3 m/根的轨道时，机车两个驱动部在 1 根起吊梁上，也就是说此时每根轨道上最少有 2 个驱动部。因为每根轨道有两个驱动部，则对于 I140E 轨道，每个驱动部允许的最大牵引力为 15~20 kN；对于 I140V 轨道，则每个驱动部允许的最大牵引力为 22.5~30 kN。在单轨吊的使用选型时，应注意按照起吊梁的种类选取不同牵引力的驱动部。

3）驱动轮组夹紧油缸的选型

根据夹紧系统工作原理可知，夹紧油缸是夹紧系统的关键元件。夹紧油缸输出夹紧力的大小决定了驱动轮驱动力的大小。通过调节夹紧油缸输出的压力可以调节驱动轮压紧悬轨的压紧力，根据单轨吊的主要设计参数来计算确定夹紧缸的结构参数。

(1) 驱动轮组夹紧油缸夹紧力的计算。

驱动轮组的受力是夹紧液压油缸的压力 F_L，联立式（3-15）、式（3-16）、式（3-17），可得

$$F_L = \frac{L_1}{L_2} \times \frac{(G_{机车}+G_{负载}) \cdot g \cdot (\sin\alpha+\gamma a+\mu\cos\alpha) + 2\mu_z F_m i_q}{2N\mu}$$

不考虑驱动轮组本身阻力的损伤，即 $\mu_z F_m i_q = 0$，F_L 可简化为

$$F_L = \frac{L_1}{L_2} \times \frac{(G_{机车}+G_{负载}) \cdot g \cdot (\sin\alpha+\gamma a+\mu\cos\alpha)}{2N\mu}$$

(2) 夹紧油缸的选型。

夹紧油缸的选型应该能够满足上述所计算的夹紧力的要求，结合设计手册进行夹紧油缸内径、壁厚、缸体材料、活塞杆直径等选型计算。

① 夹紧油缸内径计算。

为保证夹紧系统有足够高的效率，夹紧系统所需压力应按低于泵的额定压力的 2/3 估算。夹紧油缸内径的计算公式为

$$D_g = \sqrt{\frac{4F_L}{\pi p_g}}$$

式中 D_g——夹紧油缸内径，mm；

p_g——夹紧油缸工作压力，MPa。

可根据 GB/T 2348—2018《流体传动系统及元件 缸径及活塞杆直径》中规定的油缸内径尺寸系列，将计算得出的夹紧油缸内径就近圆整。

② 夹紧油缸壁厚计算。

夹紧油缸壁厚的校核公式为

$$\delta \geqslant \frac{p_{gm}D_g}{2.3[\sigma]-3p_{gm}}$$

式中　　δ——夹紧油缸壁厚，可根据经圆整的夹紧油缸内径，从GB/T 2348—2018中规定的油缸内径尺寸系列查取，mm；

　　　　p_{gm}——缸内最高工作压力，MPa；

　　　　$[\sigma]$——缸筒材料许用应力，MPa。

对于无缝钢管，$[\sigma]=100$ MPa。

③ 计算夹紧油缸外径。

夹紧油缸外径的计算公式为

$$D_w = D_g + 2\delta$$

式中　　D_w——夹紧油缸外径，mm。

可根据GB/T 2348—2018中规定的油缸外径尺寸系列，将计算得出的夹紧油缸外径就近圆整为标准值。

④ 计算夹紧油缸活塞杆直径。

根据夹紧油缸工作压力，从表3-6中选取速度系数φ，则夹紧油缸活塞杆直径的计算公式为

$$d = D_w \sqrt{\frac{\varphi-1}{\varphi}}$$

式中　　d——夹紧油缸活塞杆直径，mm；

　　　　φ——速度系数。

表3-6　速度系数表

工作压力 P/MPa	≤10	12.5~20	>20
速度系数	1.33	1.46~2	2

依据夹紧油缸内径、壁厚、外径、活塞杆直径，选取合适的油缸。

4）液压马达和液压泵选型与设计

液压泵是液压系统中的动力源，其将机械能转变成液压能，提供动力给液压系统中的执行元件，是液压系统中的核心和重要组成部分之一。液压泵种类和型号多，在选用液压泵时，应满足泵的压力和排量要求。

单轨吊机车液压泵不仅要满足驱动系统中液压油缸的需求，而且要满足吊运单元中液压葫芦或者液压缸的需求。当单轨吊机车起吊重物时，液压泵只需给吊运液压葫芦或液压缸供油；在起吊结束后的行走过程中，则液压泵只需给驱动夹

紧缸和制动缸供油。所以液压泵工作压力选型时只要满足液压缸和液压葫芦中的最大工作压力即可。

液压马达的选型与单轨吊机车的牵引力有关。在驱动轮组的结构设计中，每对驱动轮组配有 2 个液压马达。单轨吊机车控制液压马达的转动方向，带动驱动轮组实现单轨吊机车的行走。机车驱动轮组提供的最大转矩的计算公式为

$$T_{max} = F_{max}D/2N$$

式中　T_{max}——机车驱动轮组提供的最大转矩，N·m；

　　　F_{max}——机车最大牵引力，kN；

　　　D——驱动轮直径，mm。

每个液压马达所需输出最大转矩 T_q 的计算公式为

$$T_q = \frac{T_{max}}{2}$$

液压马达所需排量的计算公式为

$$V_p = \frac{2\pi T_q}{p\eta_1}$$

式中　V_p——液压马达所需排量，mL/r；

　　　p——液压马达工作压力，MPa；

　　　η_1——液压马达机械效率，齿轮及柱塞马达取 0.9~0.95。

选择液压主泵时，其最高供油压力的计算公式为

$$p_z \geqslant p + \sum p_m$$

式中　p_z——主泵最高工作压力，一般为 35 MPa。

　　　$\sum p_m$——主泵出口到执行元件入口的压力损失，复杂系统一般取 0.5~1.5 MPa。

液压马达最大转速的计算公式为

$$r_{gmax} = \frac{v_{max} \times 60}{\pi d_q}$$

式中　r_{gmax}——液压马达的最大转速，r/min；

　　　v_{max}——单轨吊车最大运行速度，m/s；

　　　d_q——驱动轮半径，m。

计算液压马达最大工作流量的计算公式为

$$q_{max} = V_p \frac{r_{gmax}}{1000}$$

式中　q_{max}——马达的最大工作流量，L/min。

液压主泵最大供油流量的计算公式为

$$q_{\mathrm{p}} \geqslant k_{\mathrm{xl}} \sum q_{\max}$$

式中　　q_{p}——液压主泵的最大供油流量，L/min；

k_{xl}——驱动系统泄漏修正系数，取 1.1；

$\sum q_{\max}$——各执行元件同时动作时的最大所需流量和，m³/s。

一般来说，根据单轨吊机车运输的特点，选用低转速大扭矩液压马达，常见的选型为液压马达为波克兰 MS05 型液压马达和力士乐 A4VG280HP 变量泵型液控轴向柱塞泵。某型号防爆柴油机单轨吊液压马达和主变量泵的主要参数见表 3-7。

表 3-7　某型号防爆柴油机单轨吊液压马达和主变量泵的主要参数表

发动机转速	主泵排量	主泵输出流量	液压马达排量	马达最大转速	马达回路中最大压力
2200 r/min	280 mL/r	600 L/min	560 mL/r	230 r/min	34 MPa

需要说明的是，对于辅助泵（也称副泵）选型同样按照上述的公式进行，但需注意的是，辅助泵按照用途，常用于给夹紧和制动/起吊两个回路供油，在选型计算时，应按照夹紧和制动/起吊两个回路的相关参数进行计算。

5）蓄能器的选型

单轨吊机车液压系统蓄能器与普通的蓄能器作用一样，它在适当的时机将系统中的能量转变为压缩能或位能储存起来，当系统需要时，又将压缩能或位能转变为液压能而释放出来，重新补供给系统。当系统瞬间压力增大时，它可以吸收这部分的能量，以保证整个系统压力正常。单轨吊机车蓄能器一般有两个作用，一是为夹紧油缸提供压力，二是为制动器提供压力油。一般采用隔离式蓄能器，蓄能器选型时，主要对公称压力和容积进行选型。

一般来说，蓄能器公称压力不低于蓄能器接入的系统的最大工作压力。容积选型时，应分别考虑为制动器提供压力和为夹紧油缸提供压力的情况。

(1) 为制动器提供压力时蓄能器容积的计算。

当蓄能器作为制动系统的能源时，其排油速度较迅速，此时气体压力和体积变化可按绝热状态来考虑。气体的定容比热容与定压比热容的比率为 1.41，则蓄能器的总容积的计算公式为

$$V_{总} = \frac{n_{\mathrm{x}} V_0}{\sqrt[1.41]{p_{\mathrm{p}}/p_{\mathrm{L}}} - \sqrt[1.41]{p_{\mathrm{p}}/p_{\mathrm{H}}}}$$

式中　　$V_{总}$——蓄能器总容积，即供油前充气压力为 p_{p} 时的容积，L；

p_p——供油气的充气压力，一般 $p_\text{p} = (0.7 \sim 0.8) p_\text{B}$，$p_\text{B}$ 为制动时系统最大制动压力，MPa；

n_x——制动次数，一般为 3~5；

V_0——制动时每一次所需油量，一般由生产厂家给出，L；

p_L——充液阀的最低下限工作压力，MPa；

p_H——充液阀的最高上限工作压力，MPa。

（2）为夹紧油缸提供压力时容积的计算。

当蓄能器作为动力源时，为夹紧油缸提供压力，排油速度较缓慢，蓄能器内气体压力和体积变化是在恒定的温度下变化的，即按等温状态计算：

$$V_\text{总} = \frac{p_\text{L} p_\text{H} n_\text{x} V_0}{p_\text{p}(p_\text{H} - p_\text{L})}$$

最后选取容积较大值。

常见的液压站配备蓄能器技术参数表见表 3-8，主要技术参数为：工作压力 ≥16 MPa、容积 ≥0.025 m³、内直径 ≥150 mm、圆形截面结构、囊式、介质为 N_2。

表 3-8 常见的液压站配备蓄能器技术参数表

序号	型号	公称容积/L	公称压力/MPa	外形尺/mm	安装接口/mm
1	NXQA-6.3/20-F-A	6.3×1	20	Φ152×H1560	M42×2
2	CNXQ-2.5/20-F-A	2.5×2	20	Φ152×H1280	M42×2

6）驱动轮组数量计算

实际计算和设计单轨吊机车的总牵引力与所选型设备单一驱动轮组能够产生的牵引力的比值，即为单轨吊机车应该配备的驱动轮组数量。

选型与设计中，应该考虑一定的备用系数，通常按 1.1~1.3 考虑，也可按增加 1 组驱动轮数量计算。

2. 电驱动型单轨吊驱动单元的选型与设计

蓄电池单轨吊与柴油机单轨吊驱动部最主要的区别是，采用电动机作为驱动装置，通过电能转化为机械能，实现单轨吊的运动。其驱动轮组数量的计算、夹紧力的计算、夹紧油缸的选型、液压泵的选型均与液压驱动型单轨吊驱动单元类似，主要区别是蓄电池单轨吊驱动电机的选型计算。

蓄电池单轨吊驱动轮的转速和提供的最大扭矩的计算公式为

$$n_\text{z} = \frac{60 v_\text{max}}{\pi D}$$

$$T = F_J \times \frac{D}{2}$$

式中 n_z——驱动轮的转速，r/min；
　　T——驱动轮的最大扭矩，kN·m；
　　D——驱动轮的直径，m；
　　F_J——驱动轮夹紧力，kN。

则电机功率计算公式为

$$P = \frac{T \times n_z}{9550 \times k}$$

式中 P——电机的功率，kW；
　　k——电动机起动力矩系数，$k = 2.2$。

3. 气动单轨吊驱动单元的选型与设计

气动单轨吊驱动单元的计算包含了对气动马达和减速器的选型，根据气动单轨吊行走系统主要参数，驱动轮在机车最高速行驶时转速的计算公式为

$$n_{\max} = \frac{60 v_{\max}}{\pi D}$$

式中 $n_{\max}$——驱动轮最高转速，r/min。

单个驱动轮组一般配备 2 个气动马达，则单个气动马达所能提供最大牵引力为 $F_{\max}$，根据回转机构转矩计算公式，单个气动马达所能提供最大转矩的计算公式为

$$T_{\max} = \frac{F_{\max} D}{2}$$

式中 $T_{\max}$——马达最大转矩，N·m；
　　$F_{\max}$——单个马达提供最大牵引力，N。

由于驱动轮与减速器连接，则可由所得数据得减速器输出功率 P_0 的计算公式为

$$P_0 = \frac{T_{\max} n_{\max}}{9550}$$

减速器效率一般为 70%~85%，初拟减速器效率为 75%，则减速器的输入功率 P_i 的计算公式为

$$P_i = \frac{P_0}{\eta}$$

式中 η——减速器效率。

减速器与气动马达连接，则气动马达的输出功率即为减速器的输入功率。根

据气动马达的输出功率，驱动轮转速、转矩，以及参数表可预选气动马达型号。某企业气动马达的主要技术性能参数见表3-9。

表3-9　某企业气动马达的主要技术性能参数

型号	最大功率/kW	最大功率时转速/(r·min^{-1})	自由转速/(r·min^{-1})	启动转矩/(N·m)	堵转转矩/(N·m)	耗气量/(m^3·min^{-1})	质量/kg
1AM	0.37	6000	12500	0.6	0.81	1.2	0.8
2AM	0.69	3000	8070	2.3	3.1	1.4	3.4
4AM	1.1	3000	7900	3.5	5.6	1.9	3.7
6AMM	3	3000	7900	7.2	11.8	3.4	7.4
8AM	3.9	2500	7000	13.6	19	4.3	10.2
10AM	5.4	3000	7000	15	22	6.8	10.2
16AM	7	2000	5000	34	53	7.9	33

以常见的机车提供最大牵引力为20 kN，最大速度为0.37 m/s的气动单轨吊为例，驱动部配备两个气动马达，则单个气动马达所能提供最大牵引力为10 kN，驱动轮的直径为355 mm。按照上述计算可得，马达最大转矩为1775 N·m，驱动轮最高转速为19.7 r/min，则减速器输入功率为4.9 kW。综合考虑工况，转速、转矩要求，以及减速器连接问题，可选用10AM型叶片式气动马达，其主要技术性能参数见表3-10。

表3-10　10AM气动马达主要技术性能参数

型号	最大功率/kW	最大功率时转速/(r·min^{-1})	自由转速/(r·min^{-1})	启动转矩/(N·m)	堵转转矩/(N·m)	耗气量/(m^3·min^{-1})	质量/kg
10AM	5.4	3000	7000	15	22	6.8	10.2

根据所选的10AM型叶片式气动马达的主要技术性能参数，进行气动马达减速器计算选型。前面已经计算出驱动轮在机车最高行驶速度时的转速，依据表3-10，最大功率时转速为3000 r/min，则马达减速器减速比的计算公式为

$$i = \frac{n_1}{n_{\max}} = \frac{3000}{19.7} \approx 152.2$$

式中　　i——马达减速器的减速比；

　　　　n_1——最大功率时的转速，r/min；

　　　　n_{max}——驱动轮最高转速，r/min。

根据减速器减速比系列，选用减速比为 150 的马达减速器，对所选减速器的输出转速、输出转矩进行验证，确认其能否符合驱动部要求。

气动马达在最大功率时转速为 3000 r/min，则经减速器减速比为 150 的减速后，驱动轮的转速为 20 r/min，符合驱动轮转速要求，能达到行走速度要求，不会造成超速现象。

在初步选型结束后，行走系统气动马达需要经减速器带动驱动轮行走，根据所选用马达及减速器参数，以及启动转矩为 15 N·m，减速比为 150，驱动轮直径为 355 mm，对单个驱动轮所能提供最大牵引力进行验证：

$$F_{max} = \frac{2iT_c}{D} = \frac{2 \times 150 \times 15}{0.355} \approx 12676 \ (N)$$

式中　T_c——马达启动转矩，N·m。

此时的整个行走系统所能提供的牵引力为 12676×2 = 25352（N），牵引力大于所需的 20 kN，即当气动马达启动转矩为 15 N·m，经减速器减速比 150 的减速后，输出到驱动轮的最大转矩 $T_{驱动}$ 为

$$T_{驱动} = T_c \cdot i = 15 \times 150 = 2250 \ (N \cdot m)$$

根据气动单轨吊工况要求，机车可带载启动，在设计时，考虑了一定的余量，即行走系统启动转矩要大于驱动部技术要求，其启动转矩能达到 2250 N·m，此转矩大于 1775 N·m，所以所选用减速器在转速、转矩、牵引力等方面均符合要求。

三、起吊梁的选型与设计

起吊梁是单轨吊运输系统中的起吊和载重设备，所有的货物都由其装载。大多数起吊梁自身没有动力源，一般要求外部提供动力，如液压泵站、高压空气等。起吊梁的选型与设计除需满足自身功能要求外，还必须与单轨吊机车整体协调配合。

（一）起吊梁的基本类型及结构特点

按照所使用的动力类型，起吊梁主要分为手动、电动、液压、气动 4 种类型。

不同动力类型的起吊梁，虽然结构不同，但执行原理和机构组成大多相同或者相似。总而言之，现有矿用单轨吊的起吊梁一般具备以下结构特点：

（1）起吊梁一般为双体对称结构，即每组起吊梁由对称的起吊装置组成。

因此，起吊梁的额定载重一般应为双数。

（2）起吊梁载重时，必须是两点悬挂受力，货物的重心必须位于两点的正中间，以保证受力均匀，不发生偏载。因此，起吊梁的载重一般是成倍增加。

（3）起吊梁的承载设备为行驶在悬挂轨道上的承载单元（承载小车），承载小车的数量一般为双数。

（4）为保证吊运安全，必须考虑起吊梁重力分散及受力均匀分布，目前每个承载小车的额定承载质量一般不能超过6 t。

（5）起吊梁采用的是圆环链、链轮组合。

（二）起吊梁的选型与设计方法

起吊梁的选型一般遵循的原则是首先满足载重需求，其次考虑驱动设备类型，最后考虑现场条件。具体选型与设计时，通常是首先以起吊重物的最大质量为依据，其次综合考虑动力单元的具体形态，最后兼顾现场具体情况及环境条件。

1. 承载质量需求

承载质量需求指的是需要装载的最大件的质量。这也是起吊梁选型最基本的标准。选择起吊梁的额定承载质量时，必须保证额定承载质量不小于承载质量需求。常用不同类型起吊梁额定承载质量见表3-11。

表3-11 常用不同类型起吊梁的额定承载质量

起吊梁类型	承载小车数量及其额定承载质量			
	2 车	4 车	8 车	16 车
手动起吊梁	3 t, 4 t, 6 t	8 t	—	—
气动起吊梁	3 t, 4 t, 6 t	8 t	—	—
电动起吊梁	3 t, 4 t, 6 t	—	—	—
液压马达起吊梁	6 t	8 t, 12 t, 16 t	20 t, 24 t, 28 t, 32 t, 36 t	48 t
液压油缸起吊梁	—	8 t, 12 t, 16 t	20 t, 24 t, 28 t, 32 t, 36 t	48 t, 60 t

目前矿山多采用液压马达起吊梁运送散件及小型器材，液压油缸起吊梁主要用于起吊和运送大型设备（如液压支架）。其中起吊梁符合 MT/T 888—2000《单轨吊车起吊梁》的要求，液压系统额定工作压力不大于 12 MPa。

按照起吊质量，液压马达起吊梁主要有6 t、8~16 t、20~32 t 和32 t 以上等类型。6 t 起吊梁采用单梁单马达结构，主要用于蓄电池的起吊梁和与集装箱等配套使用的轻型起吊梁；8~16 t 起吊梁采用双梁双马达结构，8 t 起吊梁使用单链双吊钩，16 t 起吊梁使用双链双吊钩；20~32 t 起吊梁采用四梁四马达结构，属于重型起吊梁；32 t 以上的重型起吊梁用于起吊超大型设备。

液压油缸起吊梁对比液压马达起吊梁来说，对巷道高度要求较低，一般用来运输支架。

对于目前常用的液压马达起吊梁，可根据其主要技术性能进行选择，其具体参数见表 2-24。

例如，某矿井某巷道单轨吊需要运输采煤工作面液压支架，单台液压支架的最大质量为 24 t。如果要选择液压型起吊梁，考虑到额定载重必须不小于载重需求，且留有一定富余系数，选择 28 t 液压式起吊梁。查看表 2-24 可以得出，选用 8 个承载小车。因此，最终选择 8 个承载小车、28 t 液压式起吊梁。

2. 动力单元类型

选择起吊梁时，应该考虑的第二个因素是动力单元的类型，因为不同的动力单元可以提供不同的动力源。起吊梁选型表见表 3-12。

表 3-12 起吊梁选型表

单轨吊类型	起吊梁类型		
	手动起吊梁	气动起吊梁	液压起吊梁
绳牵引单轨吊	可选	可选	不可选
柴油机单轨吊	可选，但一般不选	可选，但一般不选	可选
蓄电池单轨吊	可选，但一般不选	可选，但一般不选	可选
气动式单轨吊	可选	可选	不可选

由表 3-12 可以看出，柴油机单轨吊、蓄电池单轨吊的选择范围最广，其他形式的单轨吊，由于动力源的问题，可选的余地较小。一般情况下，柴油机单轨吊和蓄电池单轨吊可以选择手动、气动和液压式起吊梁；绳牵引单轨吊和气动单轨吊可以选择手动和气动起吊梁。对于蓄电池单轨吊和柴油机单轨吊，虽然可以选择手动和气动，但因为这两种单轨吊均配备有辅助液压系统，所以应选择更加方便、可靠的液压起吊梁。

3. 现场条件

当载重需求和动力单元类型都已经确定后，还有一个因素需要考虑，即现场条件。在所有类型的起吊梁中，只有气动和电动起吊梁需要考虑现场条件能否满足要求，其他形式的起吊梁则无须考虑。

对于气动起吊梁，需要考虑现场有无压风源、风压是否大于 0.35 MPa 以及压气管路布置等。

对于电动起吊梁,一般很少选用。如果选用时需要考虑现场的电源、防爆开关、变压器、电缆布置等。

4. 起吊液压缸的选型与设计

起吊液压缸是液压起吊梁中最重要的动力单元,对其选型主要是分析起吊时液压缸受力时应注意的问题和对液压缸的选型计算,起重液压缸的选型计算与夹紧油缸类似。

1) 起吊液压缸设计中应注意的问题

液压缸作为执行元件,其与核心工作机构有着十分密切的联系。然而对于不同的机构,液压缸所实现的功能以及液压缸的工作要求都不尽相同,一般情况下在设计选用液压缸之前,必须明确以下应该注意的问题:

(1) 从稳定性角度考虑,要尽可能地使液压缸活塞承受最大负载时是处于受拉的状态,如果液压缸活塞是在受压状态下承受最大负载,必须保证活塞杆的稳定性。

(2) 考虑液压缸行程终止处活塞的制动问题和排气问题,设置一定的缸内缓冲装置和排气装置。

(3) 在保证能够满足起吊所需要的运动行程和负载的前提下,尽可能地缩小液压缸的轮廓尺寸。

(4) 考虑液压缸的泄漏问题。由于加工制造和装配中的误差,泄漏是不可避免的,因此要保证液压缸密封可靠,否则会影响液压缸的工作效率,更有甚者会致使液压缸无法正常工作。

2) 起吊液压缸的选型计算

起吊液压缸的选型计算与夹紧油缸、制动油缸类似,主要是计算液压缸的参数。以 16 t 起吊液压缸为例,根据 MT/T 888—2000《单轨吊车起吊梁》的要求,液压系统工作压力 $p \leqslant 12$ MPa;16 t 起吊梁的最大起吊重物的质量为 16 t,即 G 为 160 kN,故液压缸推力 F_t 为 160 kN。

(1) 液压缸缸筒内径。

液压缸缸筒内径的计算公式为

$$D = \sqrt{\frac{4F_t}{p\pi}}$$

式中 D——油缸内径,mm;

F_t——油缸推力,kN;

p——油缸工作压力,MPa。

根据 GB/T 2348—2018 中规定的油缸内径尺寸系列,将计算所得内径值就近圆整为标准值。

(2) 液压缸壁厚。

液压缸壁厚的计算公式为

$$\delta \geqslant \frac{p_y D}{2[\sigma]}$$

式中　　δ——液压缸壁厚，mm；

　　　　p_y——试验压力，为最大工作压力的 1.5 倍；

　　　　$[\sigma]$——缸体材料许用应力，MPa，对于无缝钢管，$[\sigma]=100$ MPa。

(3) 液压缸外径。

液压缸外径 D_1 的计算公式为

$$D_1 = D + 2\delta$$

(4) 活塞杆直径。

活塞杆直径的计算公式为

$$d = D\sqrt{\frac{\varphi-1}{\varphi}}$$

式中　　d——活塞杆直径，mm；

　　　　φ——速度系数，根据工作压力，依据表 3-6 选取。

根据 GB/T 2348—2018 中规定的油缸内径尺寸系列，将计算所得活塞杆直径值就近圆整为标准值。

四、制动单元的选型与设计

单轨吊机车制动单元是单轨吊运输系统中非常重要的安全装置，起到超速保护和驻车制动作用。一旦单轨吊运行速度超过预定值或者需驻车时，制动单元会将整个单轨吊机车安全制动在轨道上。正确进行单轨吊制动单元的选型与设计，对单轨吊车列的安全运行具有十分重要的作用。

(一) 制动单元选型应考虑的因素

单轨吊制动单元的选型，应考虑的主要因素包括以下方面：

(1) 必须考虑单轨吊的最大载荷以及悬挂轨道系统的最大坡度，这是最重要的制约因素。

(2) 运输人员时还应考虑到最小载荷。根据相关规定，运输人员时最大制动减速度应不大于 9.8 m/s²，最小制动减速度应不小于 1.0 m/s²。因制动减速度 $a=F/M$（F 为制动合力，M 为车列总质量），而单轨吊车列的最大制动合力 F 是固定值，车列总质量 $M = M_车 + M_人$，当单轨吊的规格型号确定之后，$M_人$ 为唯一变量。

(3) 应重视多个制动轮组的有机组合和合理布设。为了保证车列有足够的制动力，往往需要由多个制动轮组组合形成单轨吊车列的制动单元。但不能简单地将多个制动轮组连接在一起，亦即多个制动轮组的连接体不能替代制动单元的组合使用，而必须合理布设并利用控制系统进行整体控制。

（二）制动单元选型应满足的基本要求

单轨吊制动单元的选型，应遵循《煤矿安全规程》及相关标准规范的规定，满足以下基本要求：

（1）车列安全制动的制动力应为最大牵引力的 1.5~2 倍。

（2）安全制动施闸的空动时间应不大于 0.7 s。

（3）在最大坡道上，以相应的最大载荷和最大速度向下运行时，制动距离应不超过相当于在这一速度运行 6 s 的行程。

（4）以最小载荷在最大坡度上行驶时，制动时减速度应不超过 5 m/s²。

（5）行驶速度超过额定速度的 15% 时，应自动紧急抱闸；当不高于额定速度时，允许手动施闸进行紧急制动，制动装置应灵活可靠。

（6）遇有紧急情况，可人为操控紧急制动。

（7）制动系统必须是相对独立的液压系统。

（8）制动系统的触发机构要求能够自动触发，即单轨吊机车在出现故障时具有自动保护机制，且至少有失压保护制动和超速保护制动。

（9）单轨吊机车必须安装安全制动装置，在出现紧急情况时，可以人为快速地实现制动。紧急制动的启动装置（按钮或阀门）必须安装在驾驶舱内。

（三）制动单元的基本组成及要求

制动单元通常由多个制动轮组及其控制系统等组成，控制系统包括触发机构（自动、手动）、执行机构及液压（气动）系统等。为了保证安全，制动单元的液压系统不应与其他设备的液压系统共用，以防止制动单元性能受到其他设备的影响，这样可以有效实现对单轨吊机车的二次保护。

1. 制动轮组及其结构原理

为确保安全，单轨吊使用的制动轮组必须为失效安全型，按照使用的动力类型，主要有液压式和气动式两种。液压式制动轮组的传动介质为液压油，气动式制动轮组的传动介质为高压空气。

无论是液压式还是气动式制动轮组，结构原理基本相同，均采用抱轨制动，由制动弹簧提供制动力，使制动器从两侧抱住轨道。

2. 制动轮组的技术要求

根据有关规定，单轨吊车列所选用的制动轮组应满足以下技术要求：

（1）制动轮组所用的材料，应在制动时不会产生可能引爆瓦斯煤尘的危险温度和火花。非金属材料应符合 MT/T 113—1995《煤矿井下用聚合物制品阻燃抗静电性通用试验方法和判定规则》的规定，具有阻燃和抗静电性。

（2）制动轮组与悬挂轨道的摩擦系数应不低于 0.28。

（3）具有失速限速保护装置，常用的超速离心释放器应能可靠工作。

（4）具有失效制动功能。

（5）具有防掉道功能。

（6）液压或气动元件密封良好，无泄漏。

（7）制动装置强度满足要求。

3. 制动轮组的布置要求

制动轮组应在单轨吊车列中合理布设，单轨吊车列的两端应设置有制动轮组，这样不仅可以保护整个车列的安全，而且还可以保证车列中的任何组件在出现中间连接件断开的情况时，仍可实现及时制动，避免跑车等事故的发生。

MT/T 883—2000《柴油机单轨吊车》对运输人员时单轨吊制动单元的布置提出了要求，即在车列最后一节运人车厢后应挂一辆制动车（制动轮组），并在单轨吊车尾部挂红色信号灯。国外相关标准明确要求，无论是运人还是运货，必须在单轨吊车列的最远端安装有制动轮组（制动车），其中绳牵引单轨吊必须在运输队列的两端都安装有制动轮组（制动车）。

根据单轨吊载重的不同，需要选择不同的制动轮组组合，如双组组合、3 组组合、4 组组合等，以满足整车安全制动力的要求。单轨吊整车制动力随制动轮组数量的变化而变化，双制动轮组的制动力为单制动轮组制动力的 2 倍，3 组制动轮组的制动力则为单制动轮组制动力的 3 倍，依此类推。

制动轮组组合的触发与执行装置彼此关联，一旦其中一组触发制动后，其他轮组便会立刻响应，立刻实施制动。

控制系统的手动触发机构必须设置在驾驶室内，遇有紧急情况，方便人为操控实施紧急制动。

此外，还应强调的是，运输人员时不可使用 3 组或者更多制动轮组组合构成制动单元。因为制动轮组的组合越多，其制动减速度越大，容易导致制动过程中人员撞击车辆甚至摔落，造成人员伤亡。

4. 制动轮组材料的选型

单轨吊车列的整车制动力取决于制动轮组正压力、制动轮组与轨道之间的摩擦系数以及制动轮组的数量。其中，正压力大小与制动弹簧有关。要增加制动正压力，制动弹簧需提供更大的弹簧力，解除制动时也需更大的制动油缸工作压力。相对应地，管路中油液压力增加会导致泄漏量变多，且过大的正压力也将加剧闸块磨损，影响使用寿命。因此，在设计制动装置时，应选择适用于矿井条件的制动轮组材料，确定合理的制动正压力。

单轨吊制动轮组与轨道之间的摩擦是干式摩擦,在进行材料选型时还应考虑井下环境的防爆安全要求。MT/T 591—1996《煤矿井下用紧急制动装置》中明确规定制动轮组不得选用塑性或树脂压制而成的材料制作,须选用不易燃爆的材料。同时,制动装置在最大工况下制动后,制动轮组及其摩擦片不能产生永久变形。现有的成熟大型单轨吊产品中,SCHARF 公司一般采用 jurid735 作为制动材料,Ferrit 公司常用 seda-litina,国内厂家则多选用价格相对便宜的青铜合金,目前也出现了其他合金材料。

(四) 制动轮组制动力的计算与强度校验

为设计计算方便,可对制动轮组制动过程中受力情况进行合理简化,先计算出单个制动轮组的制动力,再对制动轮组及制动杆连接的销轴等的强度进行校核。

1. 制动轮组制动力计算

《煤矿安全规程》规定,单轨吊机车在实施紧急制动时,制动装置中制动闸片压紧单轨腹板所需的制动力为机车最大牵引力的 1.5~2 倍。故在一般的选型计算时,首先考虑的是制动力应为牵引力的 1.5~2 倍,以此为基础进行制动单元的计算。

经适当简化,制动轮组实施制动时轨道的平面受力分析如图 3-23 所示。

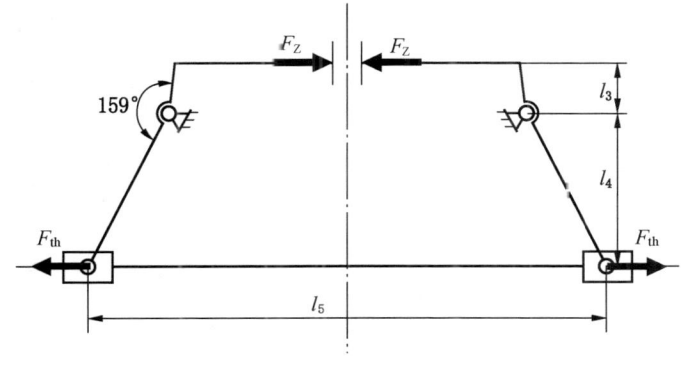

图 3-23 制动轮组制动时轨道的平面受力分析

图 3-23 中,F_Z 为制动力,F_{th} 为制动弹簧力,l_3 为制动阻力臂长度,l_4 为制动动力臂长度,l_5 为制动弹簧的长度。

由于整车制动力为全部制动轮组制动力之和,故制动轮组作用在轨道腹板的正压力的计算公式为

$$F_{N1} = \frac{F_Z}{n_Z f_Z}$$

式中 F_{N1}——制动轮组作用在轨道腹板的正压力，kN；

n_Z——制动轮组数量的双倍，单制动轮组为 2，双制动轮组为 4，以此类推；

f_Z——制动轮组与轨道腹板的摩擦系数，一般取 0.4。

制动力主要与制动弹簧的弹性力有关，根据杠杆原理，制动弹簧力的计算公式为

$$F_{th} = \frac{F_Z}{n_Z f_Z} \times \frac{l_3}{l_4}$$

2. 制动弹簧的选型与设计

制动弹簧的选取直接影响着单轨吊的制动性能，决定了制动系统是否能够完成单轨吊机车制动工作。制动弹簧的结构参数主要有弹簧的旋绕比、中径、弹簧丝的直径、有效圈数、节距以及自由高度。

结构方面，制动弹簧的设计参数主要有弹簧中径、弹簧丝直径、节距以及自由高度，如图 3-24 所示。

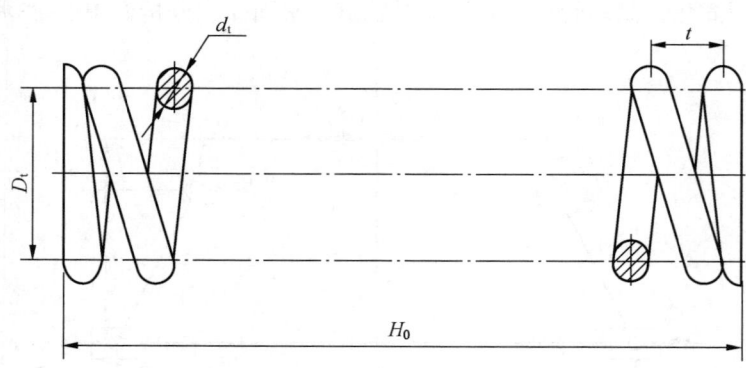

图 3-24 弹簧设计结构参数

1）确定旋绕比

旋绕比是指弹簧的中径与弹簧钢丝直径的比值，其大小影响着弹簧的刚度。若旋绕比太大，就会很大程度地降低弹簧的刚度；若旋绕比过小，弹簧丝在旋绕时，就会受到强大的弯曲，其内外侧应力相差很大，就会降低弹簧的使用寿命，故旋绕比应该适当选取，一般可取旋绕比为 5。

2）确定弹簧中径及材料直径

弹簧材料直径是指螺旋弹簧内径和外径的平均值，其计算公式为

$$d_\mathrm{t} = 1.6\sqrt{\frac{kF_\mathrm{th}C}{\pi[\tau]}}$$

式中 d_t——弹簧材料的直径，mm；

C——弹簧的旋绕比，一般取 5；

k——曲率系数，$k=\dfrac{4C-1}{4C-4}+\dfrac{0.615}{C}=1.311$；

$[\tau]$——材料许用剪切应力，MPa。

查询《机械设计手册》，将材料直径 d_t、弹簧中径 D_t，就近圆整为标准值。根据 $C=D_\mathrm{t}/d_\mathrm{t}$，将 d_t 代入得 D_t 值。

3）制动弹簧有效圈数

制动弹簧的有效圈数是指弹簧等节距的圈数，即弹簧在未受外力作用下，保持相等节距的圈数，其计算公式为

$$n=\frac{Gd_\mathrm{t}^4}{8D_\mathrm{t}^3 k} \tag{3-18}$$

式中 n——制动弹簧的有效圈数；

G——弹簧材料的切变模量，MPa。

查询《机械设计手册》，选取 G 值后代入式（3-18）进行计算，并将计算值就近圆整为标准值。

4）自由高度、节距

自由高度是指当弹簧处于未受载荷的状态下，其顶部到最低点的距离。节距是指除支撑圈外，弹簧相邻两圈对应点在中径上的轴向距离。取制动弹簧的节距 $t\approx d_\mathrm{t}$，则制动弹簧自由高度 H_0 的计算公式为

$$H_0 = n \cdot d_\mathrm{t} + 2D_\mathrm{t}$$

3. 制动液压缸选型

单轨吊制动回路中采用的是液压缸。制动缸活塞杆端进液实现收缩，回程依靠弹簧力伸展，制动缸的工作载荷为制动弹簧压缩到极限位置时所需的弹簧力，即 F_th。

1）确定制动缸内径

根据工作载荷及工作压力，制动缸内径的计算公式为

$$D=\sqrt{\frac{4F_\mathrm{th}}{\pi p}}$$

式中 D——制动缸内径，mm；

F_th——制动缸推力，即弹簧力，N；

p——选定的工作压力,取 12~15 MPa。

依据 GB/T 2348—2018 中规定的油缸内径尺寸系列,选取制动缸内径。

2) 确定制动缸外径

制动缸缸筒壁厚,按照薄壁圆筒公式进行计算,即

$$\delta \geqslant \frac{P_y D}{2[\sigma]}$$

式中　　δ——液压缸壁厚,mm;

　　　　p_y——试验压力,根据选定的工作压力 p = 15 MPa,取 P_y 为 1.5p(当工作压力 $p \geqslant$ 16 MPa 时,p_y = 1.25p),MPa;

　　　　$[\sigma]$——缸筒材料许用应力,MPa。

缸筒材料选用 Q345 无缝钢管时,取 $[\sigma]$ = 100 MPa。

将制动缸壁厚就近圆整,则制动缸外径 D_1 为

$$D_1 = D + 2\delta$$

3) 确定制动缸活塞杆直径

根据速度系数 φ,活塞杆直径的计算公式为

$$d = D\sqrt{\frac{\varphi - 1}{\varphi}}$$

式中　　d——活塞杆直径,mm;

　　　　φ——速度系数,工作压力一般为 15 MPa,故选择 φ = 1.46。

依据 GB/T 2348—2018 中规定的油缸内径尺寸系列,将计算所得活塞杆直径就近圆整为标准值。

4) 校核制动缸活塞杆直径

校核公式为

$$d \geqslant \sqrt{\frac{4F_{th}}{\pi[\sigma]}}$$

式中　$[\sigma]$——钢管的许用应力,$[\sigma] = \sigma_b/n$,σ_b = 500 MPa,n = 5。

4. 制动气缸选型

根据制动缸受力,制动缸有杆腔面积的计算公式为

$$S = \frac{F_{th}}{\Delta p}$$

式中　　S——制动缸有杆腔面积,mm^2;

　　　　F_{th}——制动气缸最大压力,即弹簧力,kN;

　　　　Δp——制动系统的工作压力,MPa。

根据强度条件进行活塞杆直径的选择。一般来说制动气缸材料选用 45 钢,

查询《机械设计师手册》得到 45 钢许用应力 $[\sigma]$，所选活塞杆许用直径要大于活塞杆直径，活塞杆直径计算公式为

$$d_{min} \geqslant \sqrt{\frac{4F_{th}}{\pi[\sigma]}}$$

式中　d_{min}——活塞杆直径，mm；

　　　$[\sigma]$——45 钢许用应力，MPa。

根据《机械设计师手册》查取制动缸内径数列表，可以进行活塞杆许用直径 d 的初选，$d > d_{min}$ 即可。同时依据计算的制动缸有杆腔面积进行缸体内径的初选，则此时制动缸有杆腔环形面积 S_a 的计算公式为

$$S_a = \frac{\pi}{4}(D^2 - d^2)$$

对所选制动缸进行参数验证：$S_a > S$。

5. 制动轮组强度校核

制动力确定后，需要对制动轮组的强度进行校核。假设制动轮组的耐压强度为 σ_{MAX}，单个制动轮组与轨道的接触面积为 C，材料有效体积为 V，则压强 P 为

$$P = \frac{F_{th}}{C}$$

制动轮组所受应力 σ 为

$$\sigma = \frac{P}{V} \leqslant [\sigma_{MAX}]$$

$[\sigma_{MAX}]$ 可参考厂家提供的技术参数，也可通过实验获得相应的数值。

6. 制动杆销轴强度校核

制动杆销轴包括销轴 1 和销轴 2，应分别进行强度校核。

1）销轴 1 强度校核

简化的制动轮组杠杆组的平面受力分析如图 3-25 所示。在制动状态下销轴 1 的受力最大。

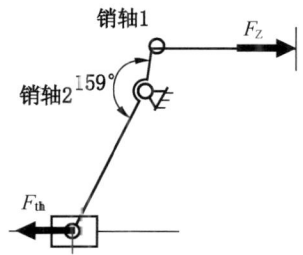

图 3-25　简化的制动轮组杠杆组平面受力分析

制动杆连接销轴的常用材料为42CrMo，许用剪切应力为 $[\tau]$，销轴1的横截面积为 S_1，所受剪切力为 $F_1=F_{th}$，所以销轴受到的剪切应力 τ 为

$$\tau=\frac{F_{th}}{2\times S_1}$$

$\tau<0.5[\tau]$ 时方能满足要求。

2）销轴2强度校核

制动臂连接销轴的材料一般为42CrMo，许用剪切应力为 $[\tau]$，横截面积为 S_2，在制动状态下制动臂连接销轴的这个销轴处受力最大，所受剪切力 F_2 为

$$F_2=F_{th}\times\frac{l_3+l_4}{l_3}$$

销轴受到的剪切应力 τ_0 为

$$\tau_0=F_2/(2\times S_2)<0.5[\tau]$$

$\tau_0<0.5[\tau]$ 时方能满足要求。

（五）安全制动车的选型与设计

对于安全制动车的选型，一般根据每种制动车的实际制动效果来进行。徐州江煤科技有限公司生产的BTS系列单轨吊安全制动车基本技术参数见表3-13。其中，BTS单组表示该型号安全制动车仅有单制动轮组，BTS-DUO双组表示安全制动车有双制动轮组，BTS-TRIO三组表示安全制动车有三组制动轮组。以下以该系列安全制动车为例，阐述安全制动车选型与设计的基本方法及注意事项。

表3-13 BTS系列单轨吊安全制动车基本技术参数

项　　目	BTS 单组	BTS-DUO 双组	BTS-TRIO 三组
适应坡度/(°)	≤25		
运行速度/(m·s^{-1})	0~2.5		
制动释放速度范围/(m·s^{-1})	2.8~3.2		
最长制动距离/m	≤5		
最小运转制动力/kN	68	136	204
最大制动时间/s	≤0.3		
最小水平转弯半径/m	≤4		
最小垂直转弯半径/m	≤8		
液压系统工作压力/MPa	15		
制动轮组的摩擦系数	0.35~0.45		

单制动轮组安全制动车的坡度与承载质量关系曲线图如图3-26所示。图

中，横轴为坡度，纵轴为制动车所能允许的最大承载质量。可以看出，在坡度小于5°时，适应的最大承载质量没有变化，为15 t；一旦超过5°，随着坡度的增大，适应的最大承载质量逐渐递减；最终在25°时，适应的最大承载质量达到极值4 t。

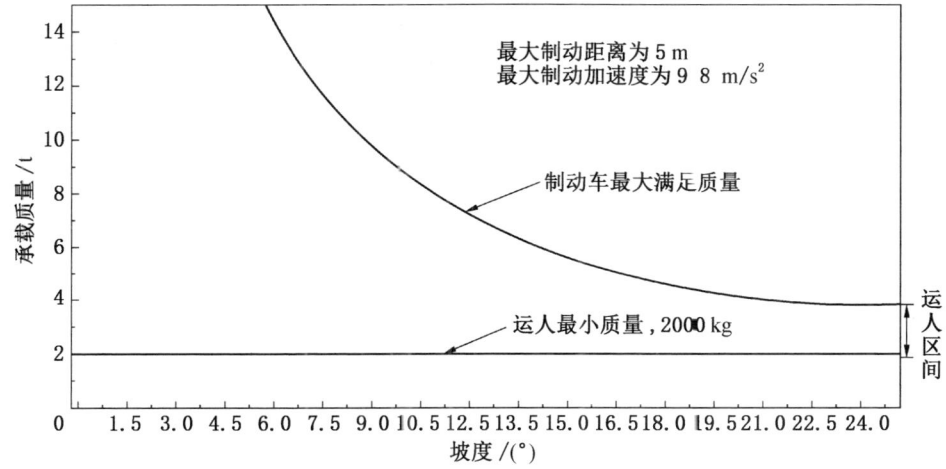

图3-26　单制动轮组安全制动车的坡度与承载质量关系曲线图

需要注意的是，针对单制动轮组安全制动车用于运输人员时，有一个最小承载质量，目的就是使制动减速度不能过大，也就是说制动车最大满足质量和运人最小质量之间为运人区间。

双制动轮组安全制动车的坡度和承载质量关系曲线图如图3-27所示。

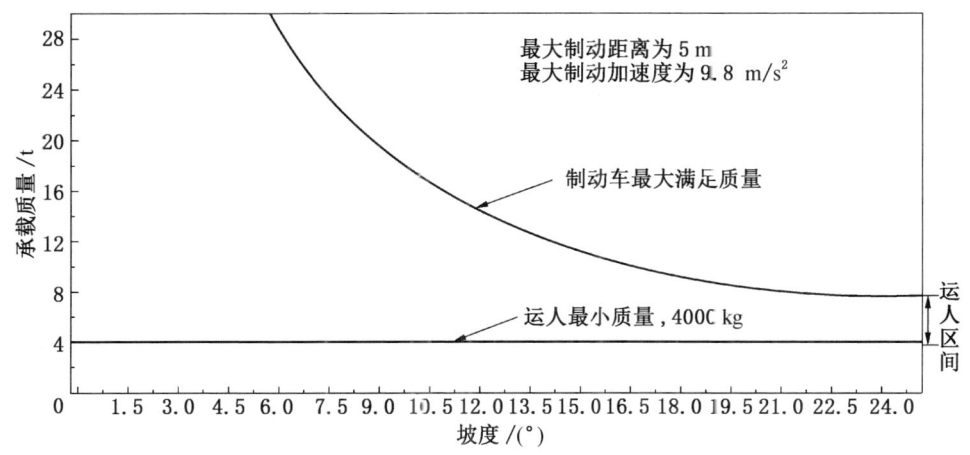

图3-27　双制动轮组安全制动车的坡度与承载质量关系曲线图

三制动轮组安全制动车的坡度和承载质量关系曲线图如图3-28所示。三制动轮组安全制动车制动力过大导致制动加速度过大,因此不能用于运输人员,所以没有运人区间。

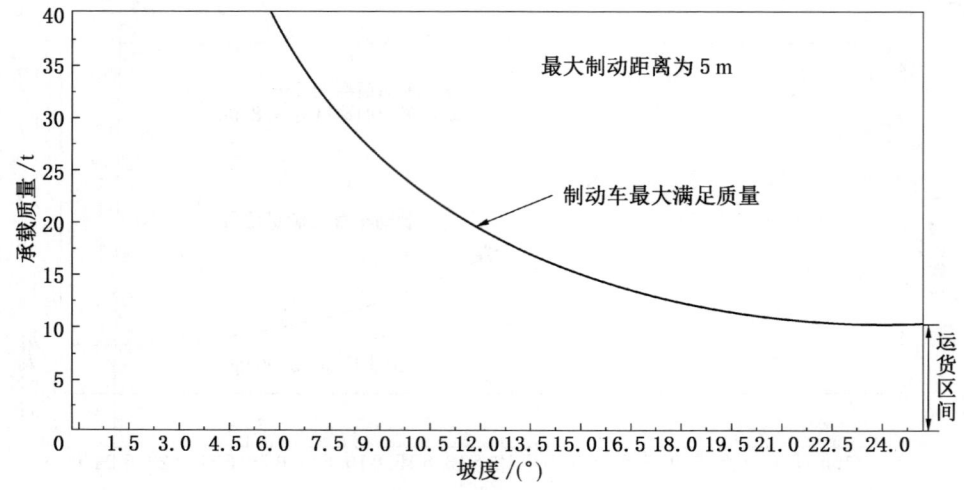

图3-28　三制动轮组安全制动车的坡度与承载质量关系曲线图

单轨吊制动单元选型时,根据单轨吊的最大载荷、悬挂轨道系统的最大坡度,依据图3-26、图3-27、图3-28,以及初步选定的制动轮组个数,确定最小制动力。

应该注意的是,在安全制动车选型时,多个单制动轮组安全制动车连接体不能替代多制动轮组安全制动车进行使用。

五、拉杆部件的校核

单轨吊车列中,拉杆、拉杆销轴、拉杆座等受力结构件为车列的主要受力件,为确保安全,需对其强度进行校核。

(一) 拉杆强度校核

驱动部与承载小车之间使用拉杆进行连接,连杆结构为两端带有耳环的圆柱体,每个耳环都与关节轴承相配合。关节轴承既能承受较大的载荷,又可以完成调心运动,耳环内的关节轴承使各连接部分之间形成柔性连接,在机车行进过程中避免因坡度变化以及转弯等工况发生运行受阻现象,在保证机车正常运行的同时,避免零部件出现不必要的损坏。

只有当杆件所受的应力小于其许用应力时,杆件才具有足够的强度,不会发生失效。从理论上讲,应取屈服极限 σ_s 或抗拉极限 σ_b 为许用应力 $[\sigma]$ 的值。

《煤矿安全规程》中对材料的安全系数进行了规定,即运输人员时,应满足13倍破断力安全系数的要求;运输物料时,应满足10倍破断力安全系数的要求。对于气动单轨吊,安全系数满足6倍破断力安全系数的要求。

拉杆所受拉应力 σ 的计算公式为

$$\sigma = \frac{F \times 1000}{S_A}$$

式中 S_A——拉杆截面积,mm²;
F——单轨吊机车牵引力,kN。

拉杆的强度安全系数 n 应满足以下要求:

$$n = \frac{\sigma_b}{\sigma} \geqslant 13$$

式中 σ_b——拉杆材料的强度极限,MPa。

(二)拉杆销轴校核

各模块之间通过拉杆传递动力,拉杆两端与各模块之间通过销轴和销轴座连接,这种连接使得单轨吊能够适应井下各种复杂环境,在转弯和变坡地段具有良好的适应性。销轴通常被认为是受到了一种剪切力的作用,因为销的一端的剪切力是与轴线垂直的。但实际上,在销轴受载荷时,作用于销上的力有两个,一个是轴向力,另一个是切向力。这意味着销轴既受到轴向载荷的作用,也受到切向载荷的作用。所以说,销轴受到的力是既有剪切力又有扭转力的综合作用力。销轴的受力与单轨吊的牵引力有关,销轴所受剪切应力 τ 的计算公式为

$$\tau = \frac{F \times 1000}{2 \times S_A}$$

式中 S_A——销轴剪切面积,mm²。

利用工程计算法,可得许用切应力 $[\tau]$ 的计算公式为

$$[\tau] = 0.7[\sigma]$$

拉杆材料的安全系数 n 的计算公式为

$$n = \frac{[\tau]}{\tau}$$

拉杆材料的安全系数 n 应满足相关要求。

另外,也可以根据材料性能,查表获得材料的许用切应力,进行验算。

(三)转弯能力的校核

为了保证单轨吊机车在轨道上平稳行驶,并避免出现转弯时的过度应力和不合理的摩擦,需要保证单轨吊机车的竖直曲率半径和水平曲率半径。曲率半径越大,弯道越平缓。较大的曲率半径可以减小机车在转弯时的侧向力和侧向压力,

降低机车与轨道之间的摩擦，从而减小能耗和磨损。

按照 MT/T 883—2000《柴油机单轨吊车》和 MT/T 887—2000《DX25J 防爆特殊型蓄电池单轨吊车》等的规定，单轨吊机车水平方向的弯道通过能力是最小曲率半径为 4 m。运输大型设备时，考虑设备的通过能力，即单轨吊机车的全部车长通过最小曲率半径，在转弯时，车长变成圆弧的弦长。水平方向每节曲轨弯曲不超过 15°；竖直曲率半径不小于 8 m，水平曲率半径不小于 4 m，转弯圆弧角不小于 120°，尽量避免直角或者锐角，凹轨和凸轨的弯曲角度不小于 120°，轨道挂吊连接点垂直倾斜角不大于 ±10°。

需要说明的是，拉杆在选型时，除了满足强度的要求外，还应注意长度对单轨吊机车曲率半径的影响，在进行转弯能力的校核时，需要对拉杆的长度进行设计，一般通过在软件上模拟转弯曲线的方式，进行水平曲率半径和竖直曲率半径的校核。

六、专用车辆的选型与设计

单轨吊机车专用车辆包括人车、平板车、集装箱等，不同种类的专用车辆适用不同的用途。专用车辆用来提高人员和货物运输的效率和安全性。专用车辆的选型需要确保专用车辆的尺寸和悬挂系统与整机相匹配，确保实现协调和协同的运作。同时在选型与设计时，考虑专用车辆的安全性和保护装置，如护栏、防滑垫、吊环等。这有助于确保人员和货物在运输过程中的安全和稳定，减少意外事故的发生。

（一）专用人车的选型与设计

根据《煤矿安全规程》等的规定，运送人员的车辆必须为专用运人车辆，两端必须设置制动装置，两侧必须设置防护装置。专用运人车辆一般应满足以下基本要求：①乘人车厢应有安全扶手或可依托物；②人均占有座椅宽度应不小于 420 mm，人均占有面积应不小于 0.3 m^2；③车厢非金属材料应满足 MT/T 113—1995 的要求；④车体外形尺寸应能保证人车顺利通过设计的最小曲率半径。

运输矿下人员时，相应的单轨吊机车系统必须配备运人车辆，并且还需要在车体上做好防护，确保运输人员的安全。目前井下运人车辆一般包括 8~20 座不等。

井下的运人车辆工作环境复杂多变，还需要结合负载、巷道设计与设计厂家一起研究设计，从而确定最终符合各自矿井的运行参数。人车的选型主要有两方面：用途和人数。

（1）用途。对于目前国内单轨吊的使用来说，人车仅用来运输人员。

（2）人数。人数是指运输人车的额定载员数。目前市面上的运输人车的序列为 8 座、10 座、12 座、16 座、20 座等,可以根据实际一次性运输人员的数量需求来选择。

正常情况下,大多数项目设计中的一次性的人员运输数量都会远大于 20,所以必须选择多辆人车组成的人车车列。

当单轨吊机车一端挂有人车时,可依据标准 MT/T 883 中的计算方法进行人车数量的计算。根据道路坡度、车列制动力大小,人车数量 $n_人$ 的计算公式为

$$n_人 = \frac{2sF_c}{m(V_0+gt\sin\alpha)^2+mg\sin\alpha\times 2s}$$

式中　　s——实际制动距离,m;

　　　　m——单个人车和人员的总质量,kg;

　　　　α——轨道坡度,(°);

　　　　t——制动闸空动时间,$t=0.7$ s;

　　　　V_0——离心释放器动作时的瞬时车速,$V_0=1.15 V_{max}$,m/s;

　　　　V_{max}——单轨吊车最大运行速度,m/s;

　　　　g——重力加速度,$g=9.8$ m/s^2;

　　　　F_c——制动车制动力,kN。

需要指出的是,在进行人车的选型与设计中,一般会增加配套的安全制动车,从而确保人车在最大载荷以及轨道最大坡度运输人员时,最大制动减速度不大于 9.8 m/s^2。

(二) 专用平板车的选型与设计

由于专用平板车的使用条件复杂,与有关的设备联系多,因此,要求在其设计时必须满足一系列特殊而又互相影响的要求。

首先,在外形尺寸的选择上,必须从装载、起吊、运输等多方面通盘考虑,以满足吊运货物需要;其次,在保证外形尺寸的基础上,要求结构简单、安全适用、坚固耐久。只有达到这些条件,才能在技术上和经济上做到既可行又合理。

(1) 专用平板车的选型与设计,一般应坚持以下原则:

① 在一定的容量下,平板车外形尺寸应尽量设计得紧凑。因为只有这样才能占据最小的空间而加大平板车的有效载重,减小巷道断面和车场的长度。

② 在一定的载重下,应尽量使得平板车的自重和平板车的载重之比愈小愈好。在保证平板车使用强度的前提下,比值越小,代表着运输单位质量的货物所需要的平板车自重越轻。一方面,可以节约制造平板车的材料,另一方面,在运输过程中可以增加有效的运输质量。比值的大小与平板车的结构复杂程度有直接关系。

③ 如果还需要平板车在轨道上运行时,除了承受载重及牵拉力等固定负荷

外，还经常受到震动、冲击等冲击负荷。这些冲击负荷的产生，主要是由于车轮行经钢轨接头、道岔以及在高速运行中所产生的垂直和横向的震动和摇动。因此，平板车必须具有高度的坚固性和刚性，以保证在使用过程中不被破坏或引起变形，从而使维修工作量得以减少。

④ 平板车必须具有较大的稳定性才能保证正常运转，尤其当平板车在轨道上运行时。平板车的重心越低，轨距、轴距越大，稳定性也就越好。但很明显，轨距加宽会导致平板车外形尺寸的加大，轴距的增加又会使平板车只能在较大的弯道上才能运行。因此这些互相关联又互相影响的问题也必须综合加以考虑，以便进行比较合理的安排。

(2) 专用平板车选型与设计时，应注意以下问题：

① 需要确保平板车满足额定载重和额定牵引力。

② 应根据巷道尺寸，确定平板车外形尺寸。

③ 结构强度应符合《煤矿安全规程》中6倍安全系数的要求。

④ 单轨吊吊运平板车时，应采用2个吊钩起吊，确保起吊后的重心平稳，物料严禁超出平板车上沿。

表3-14给出了常见的10 t平板车的技术参数，可据此进行选型。

表3-14 常见平板车技术参数表

型号	装载量/t	轨距/mm	外形尺寸			轴距/mm	轮径/mm	牵引高/mm	牵引力/kN	自身质量/kg
			长度/mm	宽度/mm	高度/mm					
MPC2-6	2	600	2000	880	410	550	300	320	60	490
MPC3-6	3	600	2400	1050	415	750	300	320	60	≤530
MPC5-6	5	600	3450	1200	480	1100	350	320	60	≤900
MPC5-9	5	900	3450	1320	480	1100	350	320	60	≤910
MPC5-9A	5	900	2100	1150	480	600	350	320	60	≤780
MPC13-6	13	600	3350	1400	342	1000	220	270	60	≤1015
MPC18-6	18	600	3350	1400	346	1000	220	272	60	≤1132
MPC26-6	26	600	2400	1462	390	1100	240	280	60	≤1133

(三) 专用集装箱的选型与设计

集装箱有带挂钩的侧开式集装箱、底卸式集装箱和翻转式集装箱等类型，其结构和适用范围各有不同，应根据需要进行选择。

1. 侧开式集装箱

侧开式集装箱的箱体侧面设有装卸门，装卸门与集装箱车体用销轴连接，装卸门上设有插销。卸车时，拔下插销，装卸门将会绕着销轴向外自动打开，将物料卸下。

侧开式集装箱适用于井下混合料、小料、设备、电缆及其他材料的运输。

2. 底卸式集装箱

底卸式集装箱由自卸机构和集装箱组成，如图 3-29 所示。自卸机构对于箱体呈前后、左右对称布置，装运时，将自卸机构的锁止器锁住，此时箱体处于合拢的稳定集装箱箱体状态；卸料时，打开锁止器，当箱体随起吊链上升时，此时向中倾斜的料车受货物自重影响，推动两个滑动轴分别沿滑道的滑槽向左右两侧滑动，两个半箱体绕承载轴转动，两个半箱体的下部分开，从而实现箱体底部卸料的功能。

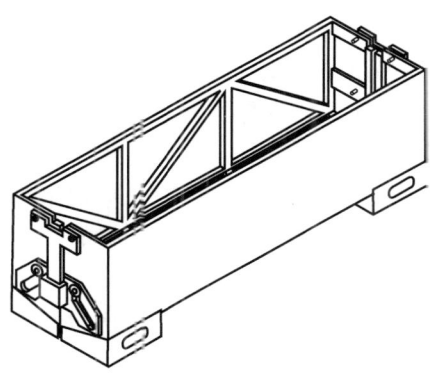

图 3-29　底卸式集装箱结构示意图

底卸式集装箱适用于井下水泥、砂石等散料的运输，能够实现自行卸料。

3. 翻转式集装箱

翻转式集装箱由本体和旋转吊具组成。在运输时保持稳定，当运输至目标位置时，拉动定位机构使得箱体可以在转轴上转动，从而使箱体倾倒，将物料倾倒至目标位置。

翻转式集装箱适用于装运散件物料。

4. 集装箱选型时的注意事项

(1) 依据所承载的物料类型，确定集装箱的类别。

(2) 确定额定载重。

(3) 根据巷道尺寸，确定集装箱外形尺寸。

七、单轨吊机车的组列设计

自驱式单轨吊牵引机车多为模块化组装模式。各个模块位置布局的不同，将会影响到单轨吊机车的性能以及整个系统的运行质量和效率。单轨吊机车的组列设计主要涉及单轨吊机车及驱动轮组的相对位置、不同驱动单元配置优化设计、制动单元的布置、驾驶室的布置等。

（一）单轨吊机车及驱动轮组的相对位置

在不同的条件及运输工况下，单轨吊机车及驱动轮组在车列中的不同位置，会造成整个车列的运行状态和效果有所不同。例如，单轨吊车列在上坡运行时，单轨吊机车在物料（吊运的设备）的前方要优于在其后方。这与运输路线的具体情况密切相关。

1. 单一坡度的运输路线

单一坡度运输路线，指单轨吊的运输路线为重载单调上坡或者重载单调下坡。在此类情况下，尽可能保证单轨吊机车及驱动轮组在物料的上方，即重载单调上坡运输时，应将单轨吊机车及驱动轮组布置在物料的前方（上方）；单调下坡运输时，则应将单轨吊机车及驱动轮组布置在物料的后方（上方）。如此布置有利于降低对悬挂轨道的作用力，防止悬挂轨道出现扭曲和顶弯等现象。

因此，在一般情况下，采煤工作面安装时，单轨吊机车及驱动轮组一般布置在吊运设备的后方而非前方；采煤工作面设备回撤时，则相反。

2. 起伏的运输路线

起伏的运输路线，指运输路线上出现多次起伏、运输过程中可能上坡与下坡交替出现。针对此类运输路线，一般应采用驱动轮组的分布式布置，部分驱动轮组设置在物料的前方，部分驱动轮组设置在物料后方，保证无论上坡或者下坡，都有驱动轮组在物料的上方牵引物料车运行。起伏巷中单轨吊车列布置如图3-30所示。

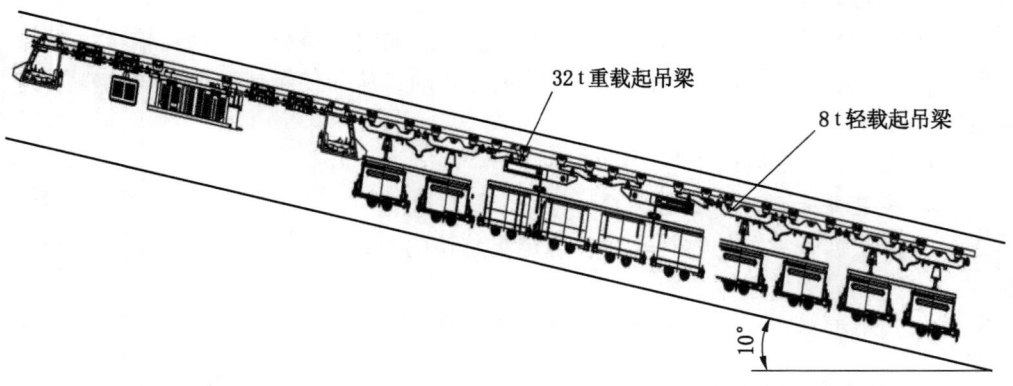

图3-30　起伏巷中单轨吊车列布置

3. 运输人员单轨吊的成列布置

运输人员的单轨吊，在组列时应注意防止驾驶员的视线被人车挡住而无法了解运输前方情况。所以，针对固定用于运输人员的单轨吊车列，一般采用的布置方式如图 3-31 所示。

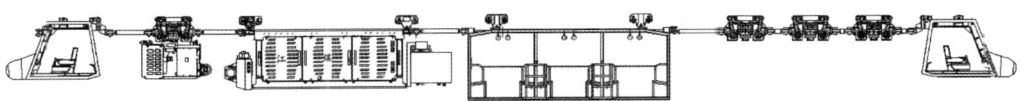

图 3-31 运送人员单轨吊车列布置

4. 运输物料单轨吊的成列布置

一般情况下，运输物料的单轨吊车列的布置方式如图 3-32 所示。但为避免出现驾驶员的视线将被货物挡住的情况，一般针对固定用于运输轻型物料的单轨吊，也采取类似运输人员单轨吊的组列方式。

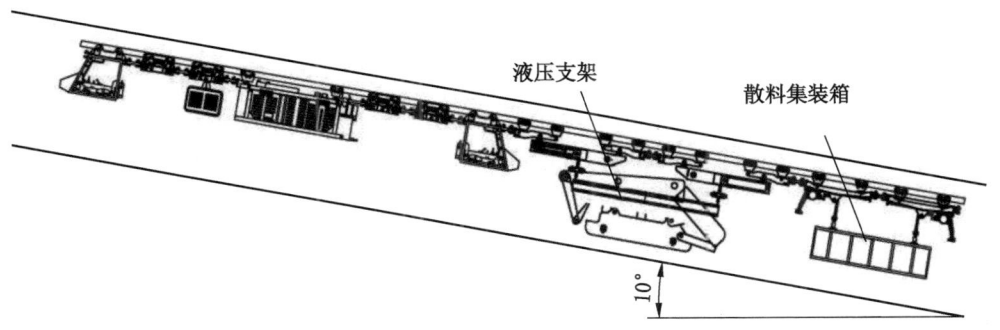

图 3-32 运送物料单轨吊车列布置

(二) 不同驱动单元配置优化设计

单轨吊在上坡时，由于驱动力需要驱动单轨吊机车向上爬升，所以驱动力沿行进方向向上，起阻碍作用的力有重力沿行进方向的分力和摩擦力；下坡时则不同，由于单轨吊机车在重力沿行进方向的分力的作用下有向下滑行的趋势，所以驱动力要限制单轨吊机车不能过快下滑，即驱动力和摩擦力均沿行进方向向上。据此，可以得到：

上坡：$F \geqslant G(\sin\theta_1 + \mu\cos\theta_1)$

下坡：$F \geqslant G(\sin\theta_2 + \mu\cos\theta_2)$

式中　F——总驱动力，N；

G——单轨吊机车和货物的总重力,N;

μ——动摩擦因数;

θ_1——上坡最大角度,(°);

θ_2——下坡最大角度,(°)。

结合单轨吊机车的实际使用场景,可把单轨吊机车的驱动方式分为2大类:一是驱动部只产生拉力,不产生推力;二是驱动部既产生拉力,又产生推力。

1. 驱动部只产生拉力,不产生推力

此种情况下,若只在单轨吊机车前后两侧布置驱动部,即可得到如下布局方案:驾驶室1+驱动部P1+负载(含起吊梁)+主机+驱动部P3+驾驶室2。

上坡时,前端驱动部P1工作,拉动单轨吊机车向上爬升;下坡时,后端驱动部P3工作,拉动单轨吊机车保持稳定下滑。设前端驱动部P1所需要的驱动单元数量为x_1,后端驱动部P3所需要的驱动单元数量为x_3,则上坡时有

$$fx_1 \geq (2G_1 + G_2x_1 + G_3 + G_4 + G_2x_3)(\sin\theta_1 + \mu\cos\theta_1)$$

式中　　f——单个驱动单元驱动力,N;

G_1——驾驶室的重力,N;

G_2——驱动单元的重力,N;

G_3——起吊梁和货物的总重力,N;

G_4——主机和冷却的总重力,N。

下坡时,由于液压系统的动力特性,液压系统的阻尼及效率损失变成了对工作有益的制动力,所以制动效果与牵引效果相比会偏大,可用系数k_1表示,其取值范围为1.1~1.3,则

$$fk_1x_3 \geq (2G_1 + G_2x_1 + G_3 + G_4 + G_2x_3)(\sin\theta_2 + \mu\cos\theta_2)$$

求解,可得

$$\begin{cases} x_1 \geq mx_3 \\ x_3 \geq nx_1 \end{cases}$$

其中,m、n为常数,依据不同的质量进行取值。

如果仅考虑驱动部只产生拉力的情况,将货物、主机等分为A和B两部分,在A、B之间安装驱动部,就可得到如下方案:驾驶室1+驱动部P1+负载A(含起吊梁)+驱动部P2+负载A(含起吊梁)+主机+驱动部P3+驾驶室2。这样既可以提高驱动单元的使用率,也能减少驱动单元的使用数量。

同样,在上坡时,P1、P2驱动部工作,拉动单轨吊机车向上爬升;下坡时,P2、P3驱动部工作,拉动单吊机车保持稳定下滑。设前端驱动部P1所需要的驱动单元数量为x_1,中间驱动部P2所需要的驱动单元数量为x_2,后端驱动部P3所需要的驱动单元数量为x_3。

在上坡时：

$$fx_1 \geq \left(G_1 + G_2 x_1 + \frac{1}{2}G_3\right)(\sin\theta_1 + \mu\cos\theta_1)$$

$$fx_2 \geq \left(G_1 + G_2 x_2 + \frac{1}{2}G_3 + G_4 + G_2 x_3\right)(\sin\theta_1 + \mu\cos\theta_1)$$

下坡时：

$$fk_1 x_2 \geq \left(G_1 + G_2 x_1 + \frac{1}{2}G_3 + G_2 x_2\right)(\sin\theta_2 - \mu\cos\theta_2)$$

$$fk_1 x_3 \geq \left(G_1 + \frac{1}{2}G_3 + G_4 + G_2 x_3\right)(\sin\theta_2 - \mu\cos\theta_2)$$

同样，可求解出 x_1、x_2、x_3。

2. 驱动部既产生拉力，又产生推力

上述计算都是建立在驱动部只产生拉力的前提下，但是在实际工作中，为了能够充分利用所有驱动部，在一部分驱动部进行拉动作业时，其他无法对单轨吊机车产生拉力的驱动部也会工作，产生推力推动单轨吊机车继续行进。在这种情况下无论是上坡还是下坡，所有的驱动部都会参与工作，这样会进一步提升工作效率，减少驱动单元布置数量。

但推力并非越大越好，根据受力分析，一方面，由于在单轨吊机车后端存在推力，那么不可避免地，单轨吊机车在工作过程中会出现左右摆动的情况，从而使推力产生分力，消耗掉一部分力，因此定义推力比例系数 k_2，其取值范围为 $0.7 \sim 0.9$，一般取 0.8，在计算时要在理论推力前乘以该系数。另一方面，在采用前推后拉的驱动方案时，产生推力的驱动部的受力侧的拉杆，所承受的载荷是最大的，过大的载荷可能会使得拉杆翻转，产生"拧拉杆"的现象，容易损坏轨道，这是非常危险的。为防止这种现象的产生，需要对拉力与推力的差值作出一定的限制，根据拉杆长度及轨道拐弯半径测算平均推力的取值范围为 $60000 \sim 100000\ \text{N}$，初步选定为 $80000\ \text{N}$。根据以上分析可得方案三，即对于单轨吊机车整体，假定驱动部完全布置在单轨吊机车两侧，前端的驱动单元数量为 x_1，后端的驱动单元数量为 x_3。则在上坡时，前端的驱动单元产生拉力，后端的驱动单元产生推力；在下坡时，情况就会相反，产生拉力的驱动单元会产生推力，产生推力的驱动单元会产生拉力。

上坡时：

$$(2G_1 + G_2 x_1 + G_2 x_3 + G_3 + G_4)(\sin\theta_1 + \mu\cos\theta_1) \leq fx_1 + fk_2 x_3$$

$$fk_2 x_3 - fx_1 \leq 80000$$

下坡时：

$$(2G_1+G_2x_1+G_2x_3+G_3+G_4)(\sin\theta_2-\mu\cos\theta_2) \leqslant fk_2x_1+fk_1x_3$$
$$fk_1k_2x_1-fk_1x_3 \leqslant 80000$$

同样，可求解出 x_1、x_2、x_3。

单轨吊机车的驱动布局方案既要考虑驱动部拉力，又要考虑驱动部推力，在驱动单元数量一定的情况下，驱动布局方案应在上坡时优先保障整机牵引力以前端驱动部的拉力为主，下坡时优先保障整机牵引力以后端驱动部的拉力为主。在货物和坡度一定的情况下，驱动单元数量的选择要充分考虑驱动布局的合理性。

（三）制动单元的布置

制动轮组作为重要的安全设备，一般在单轨吊车列的两端均应有布设，这样不仅可以保护整个车列的安全，而且还可以保证车列中的任何部件在出现中间连接件断开的情况时，仍可实现监测和及时制动，避免跑车等事故的发生。

轻型单轨吊在单一坡度运输时，为简化车列布置，在制动力满足规定要求的前提下，原则上可不设上方远端的制动轮组，但下方远端的制动轮组的制动力应该满足全车列的制动力的要求。在起伏巷运输时，单轨吊车列的两端均应布设制动轮组。

（四）驾驶室的布置

矿用单轨吊驾驶室的布置是基于安全和效率考虑的。通常情况下，驾驶室被安置在单轨吊的两端，以实现对物料或载荷的精确控制。然而，在某些特定的条件下，驾驶室也可以被设置在单轨吊的中间位置。大型、运输频繁的矿用单轨吊两端均应有驾驶室，包括无人驾驶；运送人员时两端均应有驾驶室；小型及遥控、运输速度低的单轨吊两端可不设驾驶室。

矿用单轨吊通常设有两个驾驶室。一方面，这种设计能够保证在物料装载和卸载的过程中保持平衡，从而提高操作的稳定性。另一方面，设有两个驾驶室还可以增加操作员的视野范围，使其能够更清楚地观察和控制吊钩与载荷之间的距离和方向。这对于在矿山等复杂环境中操作单轨吊是至关重要的。

然而，在某些情况下，由于矿井或工地的地形限制或从经济因素方面考虑，将驾驶室设置在单轨吊的中间位置可能是可行的选择。例如，在较窄的工作区域中，一台单轨吊可能需要通过隧道或在矿井的梁柱之间移动，此时在中间设置驾驶室，可以更好地控制吊钩和货物的位置，提高工作效率。

另外，需要注意以下事项：

（1）列车或单独机车都必须前有照明、后有红灯。

（2）列车通过的风门，必须设有当列车通过时能够发出在风门两侧都能接收到的声光信号的装置。

（3）单轨吊机车巷道运送物料时编组顺序应该是：司机室—制动车—物料

运输车—机体—司机室。

(4) 单轨吊运送人员时，允许人车挂在单轨吊机车的一端（即司机室的外端），此时应注意的是，运行时单轨吊机车必须在前方；最后一辆人车后应挂一辆制动车，并在单轨吊车尾部挂红色信号灯。

第六节 矿用单轨吊系统的验算校验

在悬挂轨道系统、单轨吊机车及组列选型与设计完成后，应对系统的重要技术性能进行验算及校验，以综合分析各单元、各组成系统的协调配合问题，以及选型与设计中的分析调整对单轨吊运输系统的影响，保证整个单轨吊运输系统满足国家相关规定和现场使用要求，提高系统的整体安全性。

一、单轨吊车运输能力校核

单轨吊车运输能力的校核是为了确保单轨吊在运输过程中能够安全、稳定地承载和运输物体，以满足设计要求和操作需求。校核单轨吊车的运输能力可以确保其在运输过程中不会超载或超过其承载能力，从而降低事故风险，有助于避免物体的滑落、倾覆或其他运输事故，保护人员和设备的安全。运输能力主要与机车额定牵引力、运行阻力系数、线路效率等参数有关。

（一）绳牵引单轨吊车运输能力校核

绳牵引单轨吊车不能在有分支的线路运输，所以它的运输距离是定值。

1. 单轨吊车运行一个循环所需的时间

单轨吊车运行一个循环所需的时间 t_1 的计算公式为

$$t_1 = \frac{2L}{k \times 60 \times v} + \theta$$

式中　L——运输距离，m；

　　　v——运行速度，m/s；

　　　k——速度影响系数，一般取 0.8；

　　　θ——装卸载及休止时间，按 10~15 min 计算。

2. 单轨吊车日工作循环数

单轨吊车日工作循环数 Z_1 应向上取整，其计算公式为

$$Z_1 = \frac{t_R}{t_1}$$

式中　t_R——单轨吊车每天的工作时间，一天按两班运输，每班工作按 300~420 min (5~7 h) 计算，采区运输取下限，大巷运输取上限。

3. 单轨吊车要完成日计划任务应运行的循环数

单轨吊车要完成日计划任务应运行的循环数 Z_2 应向上取整,其计算公式为

$$Z_2 = \frac{1.2A}{B}$$

式中　A——各生产作业点日需运输单元数量总和,包括单轨吊车所服务的各生产作业点需要的材料、设备;

　　　B——单轨吊车一次运送的运输单元数;

　　　1.2——备用能力系数。

如果 $Z_1 > Z_2$,说明单轨吊车的运输能力满足要求;反之,则不能满足要求,需要重新进行选型与设计。

(二) 柴油机车牵引单轨吊车运输能力校核

柴油机车牵引单轨吊车可以在有分支的线路上运输,各生产作业点的运输距离不同,可采用加权平均距离计算。

设有 n 个生产作业点,每个生产作业点日需运输单元数量分别为 $A_1, A_2, \cdots, A_n$,各生产作业点的运输距离分别为 $L_1, L_2, \cdots, L_n$。

加权平均距离 L_j 的计算公式为

$$L_j = \frac{L_1 A_1 + L_2 A_2 + \cdots + L_n A_n}{A_1 + A_2 + \cdots + A_n}$$

一台柴油机单轨吊车运行一个循环所需的时间 t_1 的计算公式为

$$t_1 = \frac{2L_j}{0.75 \times 60 \times v} + \theta$$

一台柴油机单轨吊车日工作循环数 Z_1 的计算公式为

$$Z_1 = \frac{t_R}{t_1}$$

一台柴油机单轨吊车要完成日计划任务应运行的循环数 Z_2 的计算公式为

$$Z_2 = \frac{1.2A}{B}$$

如果 $Z_1 > Z_2$,说明一台柴油机单轨吊车的运输能力满足要求。反之,需要重新计算所需柴油机单轨吊车的台数。

各生产作业点(全采区或全矿井)共需柴油机单轨吊车台数的初算值 N 应向上取整,其计算公式为

$$N = \frac{Z_2}{Z_1}$$

考虑到检修和备用的需要,检修和备用台数为运行台数的 20%,则所需的

柴油机单轨吊车的总台数 $N_{总}$ 为

$$N_{总} = 1.2N$$

(三) 单轨吊车运输能力的校核

确定好单轨吊车的额定牵引力后,可进行机车牵引单轨吊车运输能力的校核。有效载荷质量的计算公式为

$$Q = \frac{1000F\eta_B}{g(\mu\cos\alpha + \sin\alpha)} - G$$

式中 Q——有效载荷,kg;
  G——单轨吊列车自身总质量,kg;
  F——机车额定牵引力,kN;
  α——线路最大坡度,(°);
  g——重力加速度,$g = 9.8 \text{ m/s}^2$;
  μ——单轨吊列车运行阻力系数,取 0.03;
  η_B——线路效率(线路为直线时,η_B 取 0.8;巷道为弯道时,线路效率平均每 15°降低 0.01,按巷道最大转弯角度为 90°计,线路效率降低 0.06,此时 η_B 取 0.74)。

二、驱动装置效率校核

电机效率的计算公式为

$$\eta_A = \frac{P_q}{F \cdot v}$$

式中 η_A——驱动装置效率,其值不小于 0.65;
  F——机车牵引力,kN;
  P_q——牵引车功率,kW;
  v——单轨吊额定运行速度,m/s。

三、柴油机单轨吊车列防滑系数校核

单轨吊车防滑计算是单轨吊车牵引系统中的一个重要环节,用于确保机车在牵引过程中不发生滑移或滑行过度,以提高牵引效率和安全性。需要说明的是,防滑系数的校核一般是在下坡情况下进行。机车下坡时防滑系数的计算公式为

$$K = \frac{F_Z}{F_x} = \frac{F_Z}{(G+Q)(\sin\alpha - \omega\cos\alpha)g}$$

式中 K——防滑系数,规定 $K \geqslant 2$;
  F_x——机车下滑力,kN;

F_Z——机车制动力，规定 $F_Z = (1.5 \sim 2.0)F$，kN；

G——单轨吊列车自身总质量，kg；

ω——运行阻力参数，一般取 0.02。

四、制动减速度和制动距离校核

由于单轨吊机车在下坡时牵引力方向向下，而在牵引力方向上还作用有自重产生的分力，故从牵引角度考虑，机车在下坡时所能吊挂的负载要大于平路行驶及上坡行驶时的负载，这样在下坡时的载重就可以满足机车的技术要求。但在下坡时由于重力平行轨道向下方向上分力较大，因此在制动时能否满足机车的制动要求需要进行验证。

制动时动力单元处于关闭状态，制动装置提供的制动力相当于给单轨吊整机施加一个包括基本运行阻力 F_K、坡道阻力 F_P 和静阻力 F_B 在内的外加运行阻力。

$$F_K = (G+Q) g \omega_Z$$
$$F_P = \pm (G+Q) g \sin \alpha$$
$$F_B = (G+Q) g (\omega_Z \pm \sin \alpha) \tag{3-19}$$

式中 $(G+Q)$——单轨吊车列总质量，kg；

ω_Z——运行阻力系数，参考同类值取 0.02。

制动状态时，牵引电机断电，牵引力为 0。此时的力平衡方程为

$$F_Z - F_B + F_a = 0$$
$$F_a = 1.075 (G+Q) a_Z \tag{3-20}$$

式中 F_a——减速时的惯性阻力，kN；

a_Z——制动减速度，m/s²。

联立式（3-19）和式（3-20）可得

$$F_Z = (G+Q) [1.075 a_Z - (\omega_Z \pm \sin \alpha) g]$$
$$a_Z = \frac{F_Z / (G+Q) + (\omega_Z \pm \sin \alpha) g}{1.075}$$

代入数据，求出在最大坡度的悬挂轨道上以最大负载和速度下坡行驶时的制动减速度。此时的整机制动距离 s_Z 的计算公式为

$$s_Z = \frac{v_d^2}{2 a_Z}$$

式中 v_d——单轨吊机车运行速度，m/s。

根据相关规定，单轨吊机车运行在最大坡道上，以相应的最大载荷和最大速度向下运行时，制动距离应不超过相当于这一速度运行 6 s 的行程。依据计算结果，确定制动距离是否满足要求。

同时，可代入相应的参数，计算出在最大轨道坡度上以最小载荷上坡运行时，整机所受的制动减速度，确定其是否小于规定的 5 m/s²。

五、蓄电池单轨吊驱动轮防打滑校核

对蓄电池单轨吊在上坡运行时驱动轮不打滑的条件进行校核。

加在每个驱动轮上的夹紧力 F_J 的计算公式为

$$F_J = \frac{F}{2N\mu}$$

式中　F——单轨吊驱动轮牵引力，kN；
　　　N——成对驱动轮的数量，即机车驱动轮组数量；
　　　μ——驱动轮与轨道接触面的摩擦系数，一般取 0.4。

根据电动机计算其驱动力 F_Q：

$$F_Q = \frac{M_D i\eta}{NR} = \frac{9550 \times \dfrac{P_e}{n} i\eta_d}{N \times \dfrac{D}{2}}$$

式中　M_D——转矩，N·m；
　　　P_e——功率，kW；
　　　n——转速，r/min；
　　　i——减速比；
　　　η_d——电机效率系数，一般取 0.85；
　　　R——驱动轮半径，mm；
　　　D——驱动轮直径，mm。

驱动轮不打滑时应满足 $F_Q < F_J$，依据计算结果确定其是否满足要求。

六、功率校核

各类单轨吊均应进行功率校核，包括防爆蓄电池单轨吊的电机功率、防爆柴油机单轨吊的柴油机功率、绳牵引单轨吊的牵引绞车功率等。

（一）电动机功率校核

电动机功率富余系数 k 的计算公式为

$$k = \frac{Fv\eta_d}{P_d}$$

式中　P_d——电动机功率，kW；
　　　v_d——单轨吊向上运输最大载重时的速度，m/s；

η_d——电动机效率,一般取 0.85;

F——单轨吊机车牵引力,kN;

通过计算得出电动机功率的富余系数,其值应大于 1.18。

(二) 柴油机功率校核

柴油机功率富余系数 k 的计算公式为

$$k = \frac{F v_c \eta_c}{P_c}$$

式中 v_c——列车的运行速度,依据不同的坡度和载重确定,m/s;

η_c——柴油机的效率,一般取 0.7~0.75;

P_c——柴油机功率,kW。

通过计算得出柴油机功率的富余系数,其值一般不低于 1.1~1.3。

(三) 牵引绞车功率校核

牵引绞车功率的计算公式为

$$P_j = \frac{F v_j}{\eta_j}$$

式中 P_j——牵引绞车功率,kW;

v_j——运行速度,最大载重时的速度,m/s;

η_j——牵引绞车效率,一般取 0.75~0.8;

同时,牵引绞车功率也要设有一定的富余系数,一般取 1.15。校核时,需要将富余系数乘以牵引绞车效率后再代入公式中进行校核。

七、机车运行时间及台数校核

在计算柴油机单轨吊车往返一次运行时间、每台机车每班往返次数的基础上,计算每班需要的机车数量。

(一) 柴油机单轨吊车往返一次运行时间

柴油机单轨吊车往返一次运行时间的计算公式为

$$t_y = \frac{2L}{60 k v_s}$$

式中 t_y——柴油机单轨吊车往返一次运行时间,s;

L——运输距离,m;

v_s——机车运行速度,m/s;

k——速度影响系数,一般取 0.8。

(二) 每台机车每班往返次数

每台机车每班往返次数的计算公式为

$$n = \frac{T}{t_y + t_d}$$

式中 n——每台机车每班往返次数，次；

t_d——装载和调车辅助时间，一般取 3~5 min；

T——每班工作时间，根据 GB 50215—2015《煤炭工业矿井设计规范》中的规定，辅助提升作业时间为每班 4.5 h。

（三）每班需用车列数

每班需用车列数的计算公式为

$$N_n = \frac{kZ_b}{Z}$$

式中 N_n——每班需要车列数，向上取整；

Z_b——每班需要运行的平板车数量；

Z——每辆机车牵引的平板车数量。

（四）单轨吊车机车总台数

单轨吊车机车总台数的计算公式为

$$N_总 = n \times N_n$$

式中 $N_总$——所需单轨吊车机车总台数；

n——检修和备用系数，取 1.2。

根据计算结果，即可确定选择的单轨吊机车型号及所需机车数量是否满足矿方需求。

第七节 矿用单轨吊选型与设计示例

矿用单轨吊的选型与设计较为复杂，其技术性、规范性需要按照有关标准和要求，在系统、深入的分析的基础上，逐项进行计算、选型和验证，以确保选型与设计技术经济合理，具有足够的安全水平。为了进一步阐述矿用单轨吊选型与设计技术方法的综合应用，以目前矿山使用最为广泛的柴油机单轨吊和蓄电池单轨吊选型与设计的典型范例作为示例进行详细介绍。

一、柴油机单轨吊设计案例

某大型矿井煤矿采用立-斜井联合开拓方式，综合机械化开采工艺，通过系统全面的技术经济比较，拟在新准备的南三采区的辅助运输采用单轨吊运输方式，初步选用柴油机单轨吊，需对其进行选型与设计。

（一）矿井单轨吊运输巷道基本情况

拟采用单轨吊运输的巷道基本为锚杆/索的锚网喷浆支护方式，巷道顶板多数为砂质泥岩和砂岩，岩层的普氏硬度系数在 f4 以上。

巷道最大坡度为 18°，巷道净宽为 4500 mm，净高为 3850 mm，断面面积为 15.51 m^2，净断面面积为 14.09 m^2。

单轨吊运输主要用于输送设备及物料，运输的最大液压支架为 ZY7000/17/35D 两柱掩护式液压支架，其长×宽×高的规格为 6630 mm×1430 mm×1700 mm，质量为 30 t，其外形结构尺寸如图 3-33 所示。

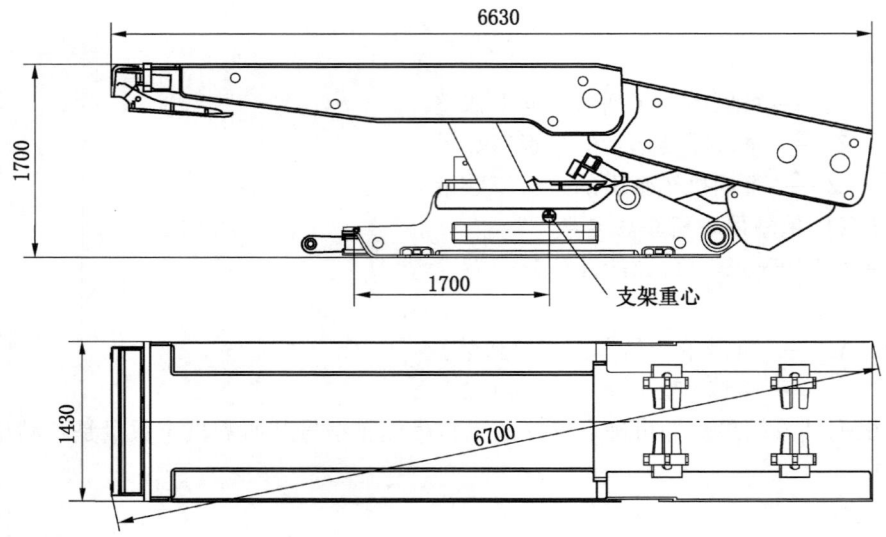

图 3-33　ZY7000/17/35D 两柱掩护式液压支架外形

运输巷道内拟采用单轨吊与带式输送机同巷布置方式。布置一条带式输送机用于原煤运输，另一帮安装单轨吊轨道用于液压支架等采煤工作面设备和材料的运输。

（二）单轨吊吊轨系统巷道布局设计

根据《煤矿安全规程》的规定，单轨吊运输巷到顶板的安全距离不小于 0.5 m，到两帮的安全距离不小于 0.85 m，曲线巷道段应当在直线巷道允许安全间隙的基础上内侧加宽的长度不小于 0.1 m，外侧加宽的长度不小于 0.2 m。巷道内外侧加宽要从曲线巷道段两侧直线段开始，加宽段的长度不小于 5.0 m。采用单轨吊车的双向运输巷道，其对开时的中间安全距离不得小于 0.8 m。运输物料距离底板的安全距离一般不小于 0.2 m，任何时间、地点不得拖地运输。根据上述基本要求，分别进行各运输巷道内的吊轨轨道的布局设计。

1. 运输巷吊轨轨道布局设计

带式输送机靠巷道的左侧布置，单轨吊轨道安装在巷道右侧，两中心线间距为 2025 mm，轨道中心线与巷道中心线间距为 1125 mm。运输道内带式输送机与单轨吊布置方案图如图 3-34 所示。

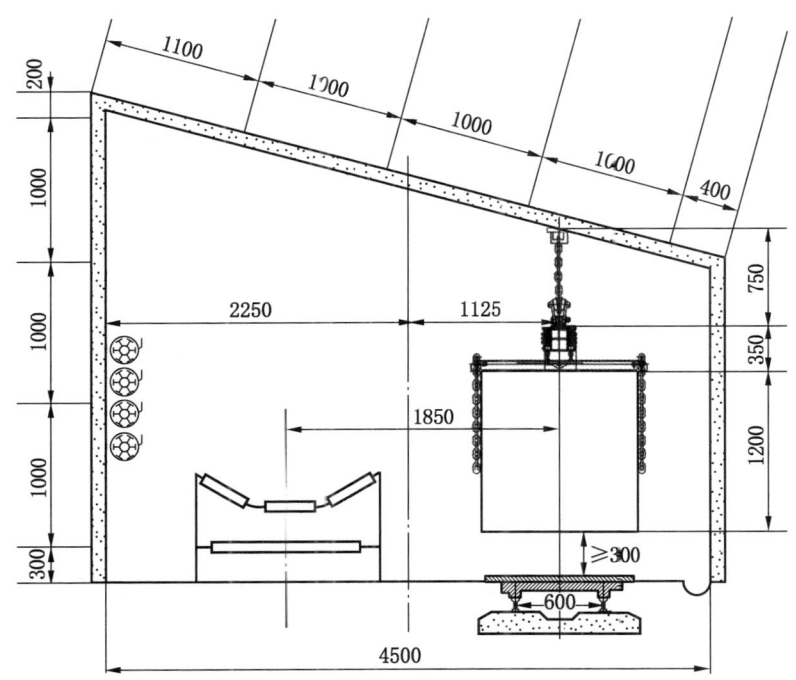

图 3-34 运输道内带式输送机与单轨吊布置方案图

2. 检修硐室设计

图 3-35 是单轨吊检修硐室的断面布置图，巷道宽度为 3600 mm，高度为 3000 mm 即可满足单轨吊车的检修要求。轨道底面高度为 1800~2000 mm，机车悬挂后便于检修人员操作即可，机车总长度为 35 m，储料配件硐室宽度为 5 m，长度 50 m 左右较为适当。轨道悬挂高度可适当调节，以适应不同机车。

3. 换装硐室

单轨吊的换装硐室，即为地轨运输车辆与吊轨运输车辆在该区段进行换装的地点，也可作为物料、设备存放点。吊轨安装满足单轨吊机车空载时，普通矿车、平板车、材料车可以通过的要求。设置在工作面运输道的外口，利用已有巷道进行改造后使用，目的是有利于工作面的安装和生产期间物料、设备的运输，同时节省投资。单轨吊换装硐室设计方案如图 3-36 所示。

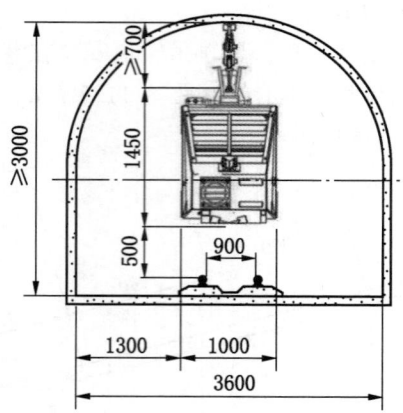

图 3-35 单轨吊检修硐室断面布置图

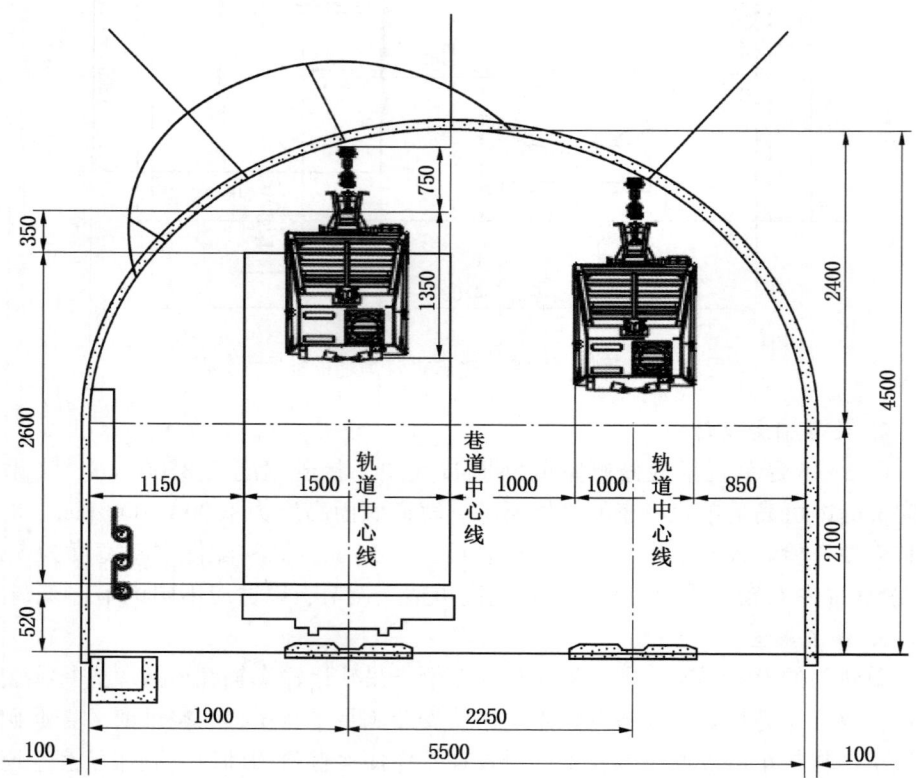

图 3-36 单轨吊换装硐室设计方案

(三) 单轨吊轨道的选型与设计

1. 轨道初选

由于单轨吊担负综采设备、支架等的运输任务,最大支架质量 30 t,故初选重轨 I140V。

2. 轨道吊点受力分析和轨道选择

鉴于当前顶板破碎,使用锚索固定的情况,尽量延长轨道的长度,减少轨道吊点数量,以重型轨道 I140V 为例进行计算,起吊最大件是 ZY7000/17/35D 型液压支架,质量 30 t。按照起吊梁的选型原则,至少选择 32 t 起吊梁,之后进行设计轨道和受力分析。起吊梁与轨道的受力分析图如图 3-37 所示。

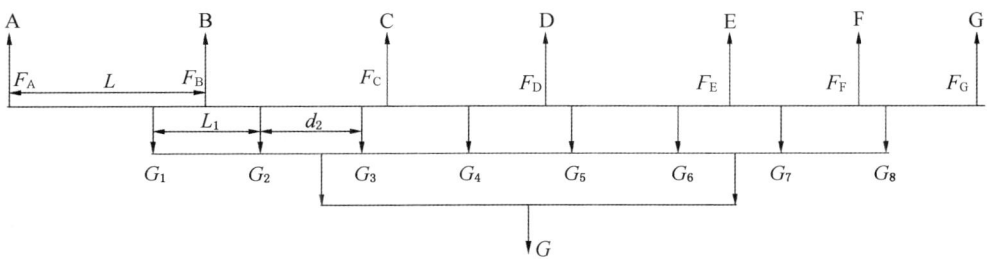

图 3-37 起吊梁与轨道的受力分析图

32 t 起吊梁自身质量 P_2 为 5520 kg,载重 P_3 为液压支架质量 30000 kg,图 3-37 中承载小车间距 L_1 为 1860 mm,承载小车自身质量 $P_{小车}$ 为 408 kg,共 8 个承载点,因轨道质量较其他部件相比较小,此处轨道质量忽略不计,则每个承载点所承载的质量 ($G_1 = G_2 = G_3 = G_4 = \cdots = G_8$) 应为

$$G_1 = G_2 = G_3 = G_4 = \cdots = G_8 = \frac{P_2 + P_3}{8} + P_{小车} = \frac{5520 + 30000}{8} + 408 = 4848 \text{ (kg)}$$

故需要选择 I140V 中 2.4 m 的轨道。按照起吊梁的尺寸计算,分布在 6 节轨道上,7 个轨道吊点受力,每个轨道吊点采用 4 锚杆的受力方式,共计 28 根锚杆,每根锚杆受力 ($F_A = F_B = \cdots = F_G$) 应为

$$F_A = F_B = \cdots = F_G = \frac{P_2 + P_3 + (P_{小车} \times 8)}{4 \times 7} = \frac{5520 + 30000 + (408 \times 8)}{28} \approx 1385 \text{ (kg)}$$

计算结果约为 13.5 kN。按照经验,初选 $\phi 22$ mm 锚杆,锚固力和杆体抗拉力不小于 100 kN。

轨道选用 I140V 型,每节长度为 2400 mm,每米轨道自身质量为 34.5 kg,进行轨道受力计算,其受力分析图如图 3-38 所示。

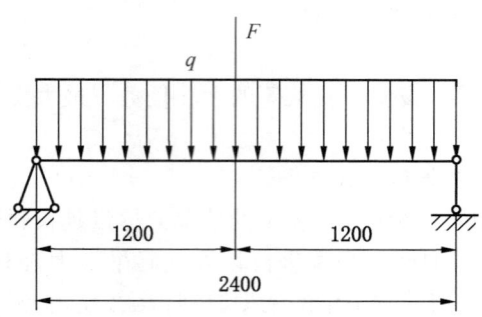

图 3-38 I140V 轨道受力分析图

3. 轨道的校核

轨道自重均布载荷标准值 q 为 34.5 kg/m，即 0.338 kN/m，轨道所受最大集中载荷 F 约为 48 kN，弹性模量 E 为 200 GPa，轨道所受最大剪力标准值 $V_{标准}$ 为 48 kN（两个最大集中载荷位于同一轨道），剪力设计值 $V = 1.5V_{标准} = 1.5 \times 48 = 72$ kN，轨道长度 l 为 2400 mm，抗弯模量 W_x 为 217.86 cm³，即 217860 mm³，腹板高度 h_w 为 198 mm，轨道截面惯性矩 $I_x = W_x \times \dfrac{h_w}{2} = 217860 \times \dfrac{198}{2}$，承载小车（每个承载小车均 4 个轮子）最大轮压 $P_{max} = 48/4 = 12$ (kN)，附加安全系数 K 为 1.1，考虑截面磨损，折减系数 μ 取 0.9，查询资料可得轨道抗弯强度 $[\sigma]$ 为 350 MPa，轨道抗剪强度 $[\tau]$ 为 190 MPa。

(1) 抗弯强度校核：

$$\sigma = \frac{K \cdot M_x}{\mu \cdot W_x} = \frac{K\left(1.4 \times \dfrac{1}{4}Fl + 1.2 \times \dfrac{1}{8}ql^2\right)}{\mu W_x}$$

$$= \frac{1.1 \times \left(1.4 \times \dfrac{1}{4} \times 48000 \times 2.4 + 1.2 \times \dfrac{1}{8} \times 338 \times 2.4^2\right)}{0.9 \times 217.86}$$

$$\approx 227.8 \ (\text{MPa}) < 350 \ (\text{MPa}) \ (\text{满足要求})$$

(2) 抗剪强度校核：

$$\tau = \frac{V}{h_w t_w} = \frac{1.5 \times 48000}{(198 - 16.2 \times 2) \times 8}$$

$$\approx 54.35 \ (\text{MPa}) < 190 \ (\text{MPa}) \ (\text{满足要求})$$

(3) 刚度校核：

$$v = \frac{Fl^3}{48EI_x} + \frac{5ql^4}{384EI_x} = \frac{48000 \times 2400^3}{48 \times 200 \times 10^3 \times \left(217860 \times \frac{198}{2}\right)} +$$

$$\frac{5 \times \frac{338}{1000} \times 2400^4}{384 \times 200 \times 10^3 \times \left(217860 \times \frac{198}{2}\right)}$$

$$\approx 3.23 \text{ (mm)}$$

$[v] = l/400 = 2400/400 = 6$ (mm),故 $v<[v]$,满足要求。

(4) 轨道选型确定:依据上述计算的结果,轨道跨度为 2.4 m 时,I140V 能承受 30 kN 的载荷要求。

由于运输巷倾角为 18°,遇到紧急制动等情况时,轨道集中受力较大,容易出现弯曲变形,因此必须保证轨道的悬吊质量。安装前进行悬吊锚杆的拉拔力检测,拉拔力的最小值不小于 800 kN;要加强日常检查、维护保养,确保悬吊锚杆的有效性。

4. 弯道设计

单轨吊机车水平方向的弯道通过能力是最小曲率半径为 4 m,运输大型设备时要考虑设备的通过能力,主要考虑长度方向,此时长度变成圆弧的弦长。水平方向每节曲轨弯曲不超过 15°,曲率半径不小于 8 m,转弯圆弧角不小于 120°,尽量避免直角或者锐角,凹轨和凸轨的弯曲角度不小于 120°,轨道挂吊连接点垂直倾斜角不大于±10°。单轨吊车经过水平弯道的示意图如图 3-39 所示。

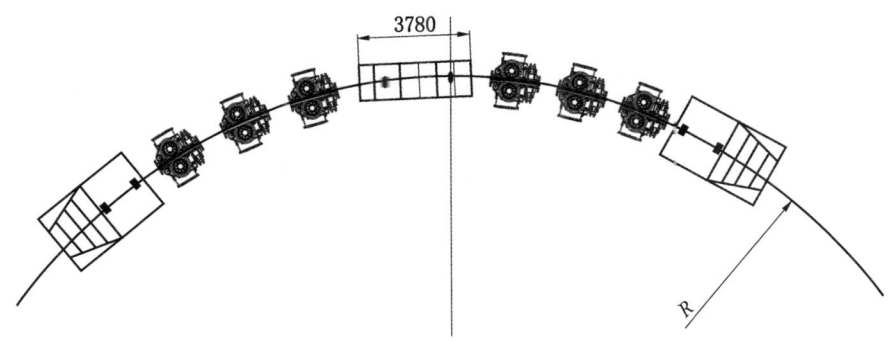

图 3-39 单轨吊车经过水平弯道的示意图

单轨吊吊运物料经过半径为 10 m 的垂直凹弧时的示意图如图 3-40 所示。
单轨吊吊运物料经过半径为 10 m 的垂直凸弧时的示意图如图 3-41 所示。

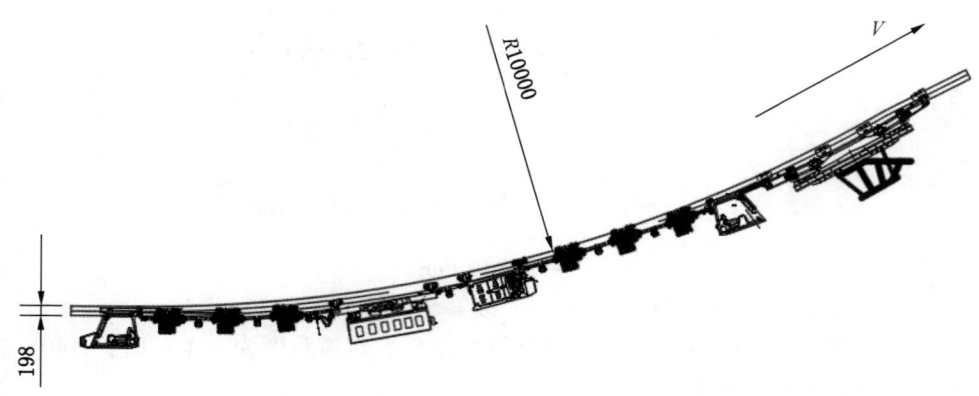

图 3-40 单轨吊吊运物料经过半径为 10 m 的垂直凹弧时的示意图

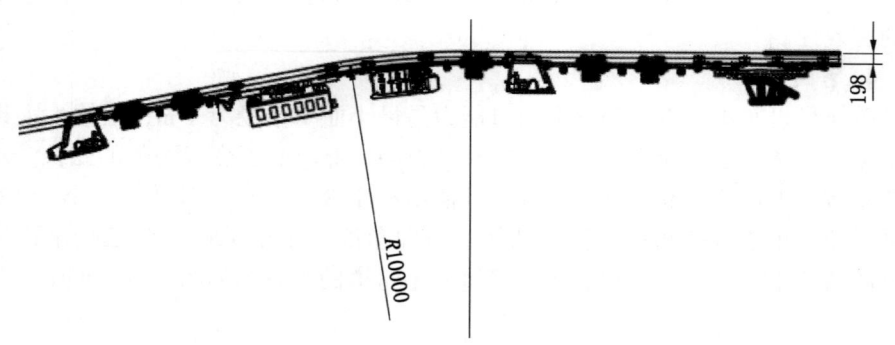

图 3-41 单轨吊吊运物料经过半径为 10 m 的垂直凸弧时的示意图

(四)轨道悬挂设计

根据煤矿条件,顶板均为砂质泥岩或砂岩,应使用锚杆/锚索联合的锚网支护形式。顶板的岩性较好,满足锚杆悬吊吊轨的要求,使用 $\phi 22$ mm×2400 mm 的锚杆悬吊轨道。

1. 直轨轨道的悬吊设计

使用 $\phi 22$ mm×2400mm 的锚杆悬吊轨道,每个轨道吊点使用 4 根 $\phi 22$ mm×2400 mm 锚杆和专用悬挂件。轨道悬挂负荷不小于 100 kN,连接负荷不小于 90 kN,直轨轨道的悬吊设计方案图如图 3-42 所示。

轨道连接使用搭扣式和法兰螺栓式连接,轨道下嵌槽式结构和 M18 螺栓连接,2.4 m 的直轨两端焊接扣板与嵌槽/销,弯轨两端焊接法兰板。过渡轨采用一端接扣板与嵌槽/销,另一端焊接法兰板的形式。

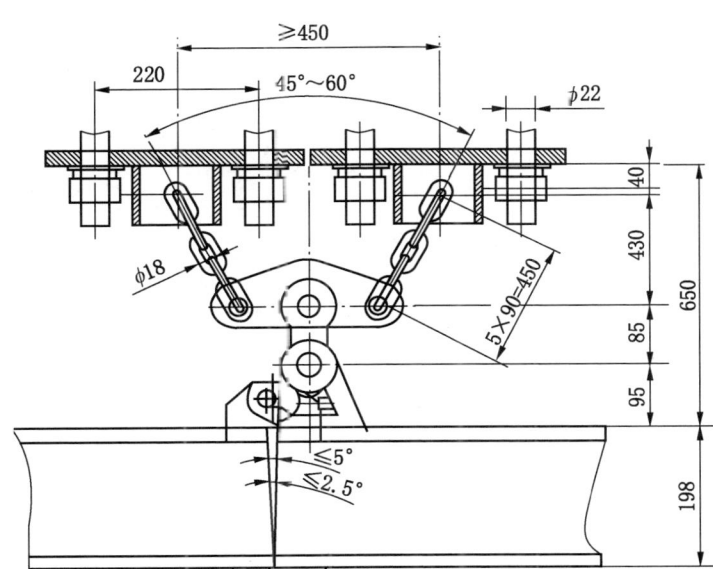

图 3-42 直轨轨道的悬吊设计方案图

2. 特殊轨道的悬吊设计

倾斜巷道的吊轨安装方案:上山方向安装一组斜拉链,防止轨道运行中受力下滑引起积聚折弯,一组斜拉链对应一组悬挂轨道;坡度超过 15°的轨道铺设时,应设置斜拉防滑。倾斜段轨道防滑设计方案图如图 3-43 所示。

弯轨、道岔等带有法兰连接的轨道悬吊设计图如图 3-44 所示。

I140V 轨道悬吊与连接方案图如图 3-45 所示。

3. 轨道的防偏摆设计

平巷中按照每 5~10 节直轨中安装 1 节带固定板的轨道,如巷道条件较差,固定板轨道数量需增加到 2 根、3 根,进行斜拉固定。轨道的斜拉防偏摆固定设计图如图 3-46 所示。

防偏摆斜拉索使用 $\phi 18$ mm×64 mm×25 mm 的圆环链和开口螺旋扣,固定于巷道的帮上,把螺旋扣紧固,使轨道预紧,机车运行时限制轨道的偏摆。

4. 弯道防偏摆设计

转弯轨道安装时保持水平,侧向需要拉索保持稳定,拉索在开始拐弯处、每个转弯节点直至结束转弯处均需要进行布置,侧面使用拉索和吊耳稳定的时候需要根据稳定标准使用扣锁固定,弯道防偏摆设计图如图 3-47 所示。

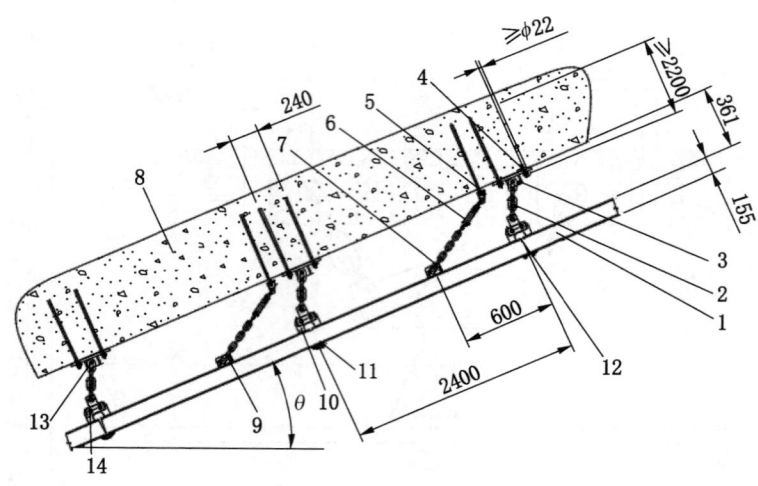

1—轨道 I140V；2—悬吊圆环链 $\phi18\ mm\times64\ mm\times25\ mm$；3—双孔悬挂板；4—锚杆 D22×2400 mm；
5—U 形套环 6.5 t；6—KUUD24-P 螺旋扣、M24/45 kN；7—防滑圆环链 $\phi18\ mm\times64\ mm\times25\ mm$；
8—顶板；9—防滑固定板；10—悬吊件（吊耳、舌板、8 字吊板、圆柱销等）；
11—下槽板；12—连接销；13—悬吊圆柱销；14—平衡板

图 3-43 倾斜段轨道防滑设计方案图

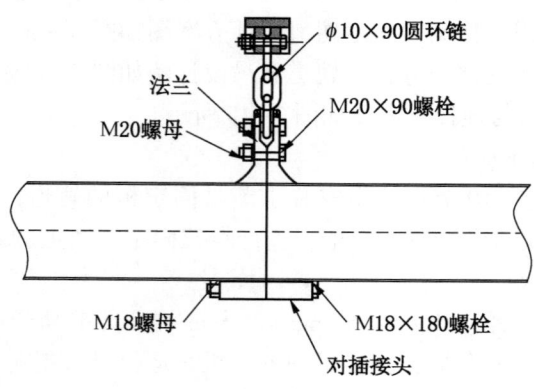

图 3-44 弯轨、道岔等带有法兰连接的轨道悬吊设计图

第三章 矿用单轨吊的选型与设计

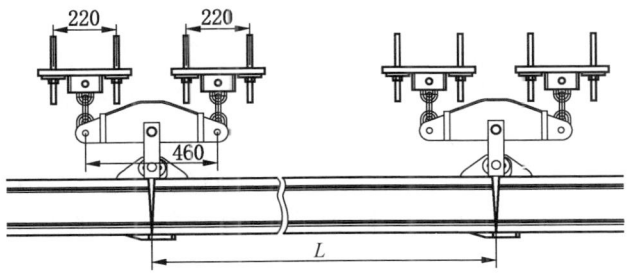

图 3-45 I140V 轨道悬吊与连接方案图

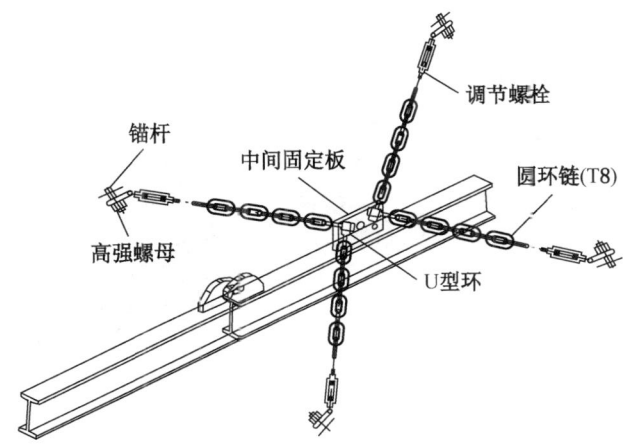

图 3-46 轨道的斜拉防偏摆固定设计图

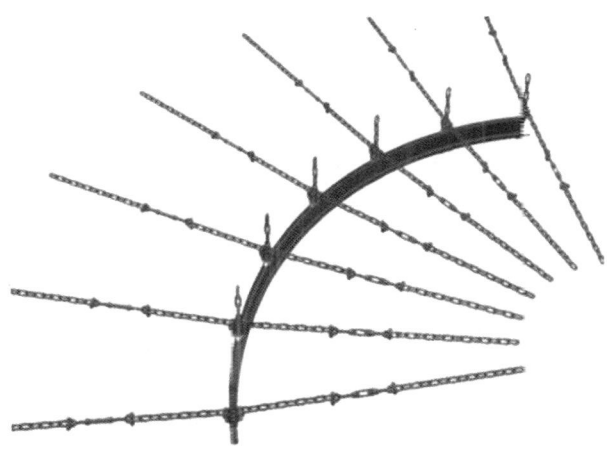

图 3-47 弯道防偏摆设计图

(五) 道岔的设计与悬吊

结合井下风动设备用风情况，设计采用整体框架式气动道岔，额定风压为 0.6 MPa。道岔吊挂与前后的轨道线路一致，高低、受力和锚杆吊挂方式等保持一致性，道岔安装悬吊设计图如图 3-48 所示。每副道岔设计轨道吊点 7 个，图 3-48 中的 1、2、3、4、5、6、7 号，每个都是轨道吊点，悬吊链铅垂偏角不大于 60°，轨道接头转角不大于 3°，下接头缝不大于 2 mm。图 3-48 中 a、b、c、d 是 4 个斜拉点，1、3、4、7 是框架的轨道吊点，2、5、6 是道岔法兰轨道吊点。

道岔活动轨的摆角为 11°~16°，道岔安装在水平或坡度不大于 5°的线路上。

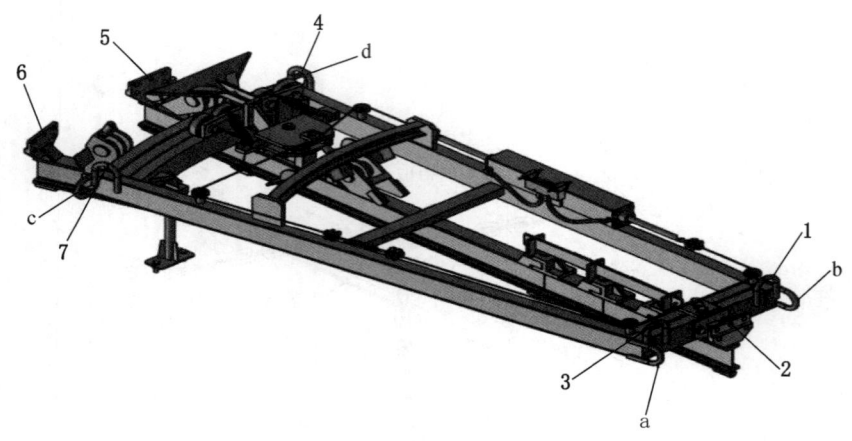

1、3、4、7—框架轨道吊点；2、5、6—道岔法兰轨道吊点；a、b、c、d—斜拉点

图 3-48 道岔安装悬吊设计图

(六) 轨道端头安全阻车设计

轨道端头是单吊点受力，要求承受的安全载荷不低于 50 kN，轨道端头安装使用专门设计的吊挂阻车装置，其结构示意图如图 3-49 所示。轨道的吊挂使用"锚杆+吊板+圆环链"的方式，轨道的端头使用专门设计的端头吊挂夹板装置，增强了轨道端头的吊挂强度，防止普通轨道连接装置焊接强度达不到要求而出现断裂的情况。

轨道末端安装阻车装置，防止单轨吊机车或运输的物料车在行车时脱出轨道。I140V 轨道阻车器结构示意图如图 3-50 所示。

轨道阻车器阻挡住驱动轮和行驶车轮，防止列车继续前行，阻车器的前方设置橡胶弹簧类缓冲装置，在阻车碰撞时起到缓冲作用，防止损坏驱动轮的聚氨酯外套。

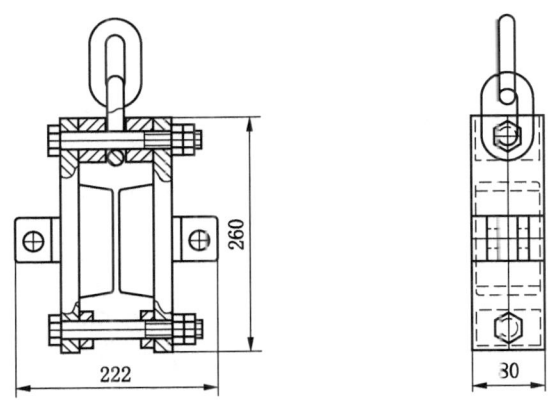

图 3-49 轨道端头吊挂阻车示意图

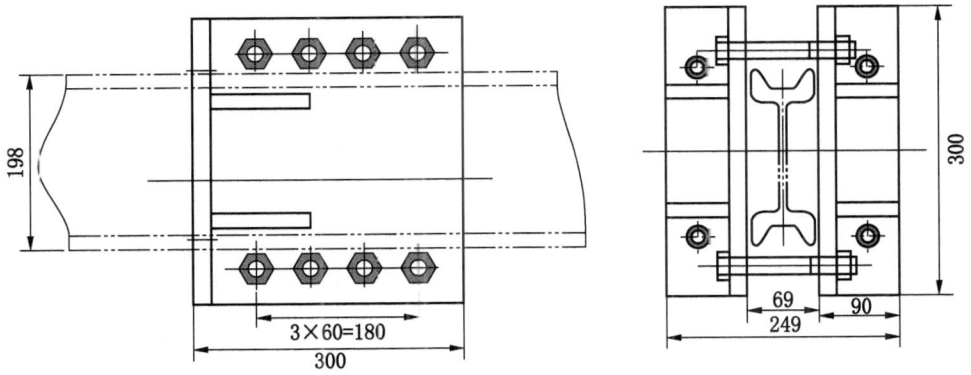

图 3-50 I140V 轨道阻车器结构示意图

(七) 单轨吊机车选型与设计

1. 机车牵引力计算

液压支架质量为 30000 kg，配置 1 套 32 t 液压起吊梁，最大坡度为 18°。已知机车自身质量 P_1 为 10.8 t，起吊梁自身质量 P_2 为 5.5 t，最大承载质量 P_3 为 30 t，司机质量 P_4 为 0.15 t，机车运行最大坡度 α 为 18°，运行加速度 $a_{加}$ 重载时取 0.015 m/s²，惯性系数 γ 取 1.075，摩擦系数 f_N 取 0.032。假定驱动马达输出没有损失，f_n 和 F_{hm} 取 0，牵引力 $F_牵$ 为

$$F_{牵} = (G_{机车}+G_{负载}) \cdot (\sin\alpha+\gamma \cdot a_{加}+\cos\alpha \cdot f_N) \cdot g+2 \cdot f_n \cdot F_{hm}$$
$$= (10.8+5.5+30+0.15)\times(0.31+1.075\times0.015+0.95\times0.032)\times9.8+0$$
$$\approx 162 \text{ (kN)}$$

式中　$(G_{机车}+G_{负载})$——机车总承载质量，$G_{机车}+G_{负载}=P_1+P_2+P_3+P_4$，t。

计算得出牵引力后，应该考虑一定的备用系数，通常按 1.1~1.3 考虑，则需要的机车牵引力为 178~210 kN。可选择常见的 200 kN 的机车，按照单驱动轮组 25 kN 计算，考虑采用 8 驱动轮组。

2. 功率计算

运输 30000 kg 液压支架重载上坡运输速度 v 为 0.6 m/s，柴油机的富余系数 k 取 1.2，柴油机的效率 η 取 0.75，则功率 $N=kF_{牵}v\eta$。

运输中间支架时需要的功率 $N=kF_{牵}v\eta=1.2\times162\times0.6\times0.75\approx87.5$ (kW)。

依据上述对牵引力、功率的计算，选用 DCR200/130Y 型防爆柴油机单轨吊机车，配备 32 t 液压起吊梁，运输 30 t 液压支架可满足要求。

3. 单轨吊机车初选

初选徐州江煤科技有限公司生产的 DCR200/130Y 型防爆柴油机单轨吊，其主要技术参数见表 3-15。

表 3-15　DCR200/130Y 型防爆柴油机单轨吊主要技术参数

类别	项目		参数
机车	主机型号		DCR200/130Y
	总功率		130 kW
	最大牵引力		200 kN
	制动力		300~400 kN
	驱动部数量		8
	最大速度		1.7 m/s
	限定速度		1.955 m/s
	适应坡度		≤25°
	适用轨道类型		I140E/I140V
	最小水平转弯半径		4 m
	最小垂直转弯半径		10 m
	外形尺寸	长度	35.66 m
		宽×高	1 m×1.83 m

表 3-15（续）

类别	项目	参数
柴油机	柴油机型号	KC6102DZLYFB
	输出功率	130 kW
	额定转速	2200 r/min
	启动模式	液压启动
	柴油箱容积	160 L
	废气冷却水箱容积	160 L（含补水箱）
	尾气排放温度	< 70 ℃
	工作压力	200 kN 牵引力时，32 MPa
	液压马达型号	径向柱塞马达
驱动系统	驱动轮对数	8
	驱动轮直径	340 mm
	摩擦系数	>0.4
	制动工作模式	弹簧制动，失效安全型
	制动时间	< 0.7 s（紧急制动）
	制动力（紧急和停车）	300~400 kN
	设备质量	10.8 t（机车自身质量）

4. 最大运输质量校核

该单轨吊在倾角 α 为 18°工况条件下工作，单轨吊列车自身总质量 $G=P_1+P_2+P_4$，即 $(10.8+5.5+0.15)\times 1000=16450$ kg，机车额定牵引力 F 为 200 kN，单轨吊列车运行阻力系数 μ 取 0.03，线路效率 η_B 取 0.8，即

$$Q=\frac{1000F\eta_B}{g(\mu\cos\alpha+\sin\alpha)}-G=\frac{1000\times 200\times 0.8}{9.8\times(0.03\times\cos 18°+\sin 18°)}-16450$$
$$\approx 31918\text{（kg）}>30000\text{（kg）}$$

满足最大载荷 30000 kg 的要求。

5. 机车防滑校核

DCR200/130Y 型防爆柴油机单轨吊的紧急制动和停车制动装置为失效安全型，当机车出现故障时，制动装置自动抱闸制动。

运送物料时下滑力 $F_x=(P_1+P_2+P_3+P_4)\times(\sin\alpha-\omega\cos\alpha)\cdot g=(10.8+5.5+30+0.15)\times(\sin 18°-0.03\times\cos 18°)\times 9.8\approx 127.7$（kN）。

机车制动力 F_Z 按照 300 kN 计算，则防滑系数 $K=\dfrac{F_Z}{F_x}=\dfrac{300}{127.7}\approx 2.35$。

防滑系数 K 应不小于 2，2.35>2，则满足要求。

6. 制动减速度和制动距离验算

单轨吊机车在下坡制动时，若不考虑单轨吊运行过程中的变形阻力、空气阻力等因素，以机车在最大工作坡度 θ 为 18° 的轨道上行驶时为例，机车在高速度下坡行驶时突然制动，运行坡度 θ 为 18°，总质量 $m=10.8+5.5+30+0.15=46.45$ t，即 46450 kg，摩擦系数 μ 取 0.03，重力加速度 g 为 9.8 m/s²，机车制动力 F_z 为 300 kN，则在制动时机车的减速度 $a=\dfrac{1000F_z-mg(\sin\theta-\mu\cos\theta)}{m}=\dfrac{1000\times300-46450\times9.8\times(\sin18°-0.03\times\cos18°)}{46450}\approx 3.7\ (\text{m/s}^2)$。

由于在制动过程中各项力学参数恒定不变，机车最高速度 v 为 1.7 m/s，可以将制动过程看作一个匀减速运动，则机车的制动距离 $L=\dfrac{v^2}{2a}=\dfrac{1.7^2}{2\times3.7}\approx 0.39\ (\text{m})$。

单轨吊机车的制动距离和制动减速满足《煤矿安全规程》和相关标准的要求。

（八）起吊梁的选型与设计

起吊梁是单轨吊车吊运物料的主要配套设施。起吊梁的选型与设计依据为 MT/T 888—2000《单轨吊车起吊梁》，同时应满足《煤矿安全规程》和现场使用要求。

起吊梁的模块化设计组合是根据每节 I140V 轨道承受载荷进行设计，考虑到轨道不同长度和不同间距的吊点设计和计算，根据起吊梁选型与设计要求，选用 32 t 起吊梁，其技术参数见表 3-16。

表 3-16 32 t 起吊梁技术参数

项　　目	参　　数
起吊形式	液压马达
起吊速度	1.5 m/min
外形尺寸（长×宽×高）	13300 mm×1970 mm×980 mm
最大起吊能力	32 t
自身质量	5.5 t
额定起吊压力	12 MPa
提升高度	1.0 m
转弯半径	水平 4 m/垂直 10 m
运行小车数量	8

表 3-16（续）

项　　目	参　　数
行走轮数量	32
行走轮直径	118 mm
运行速度	≤2.0 m/s

32 t 起吊梁结构示意图如图 3-51 所示。

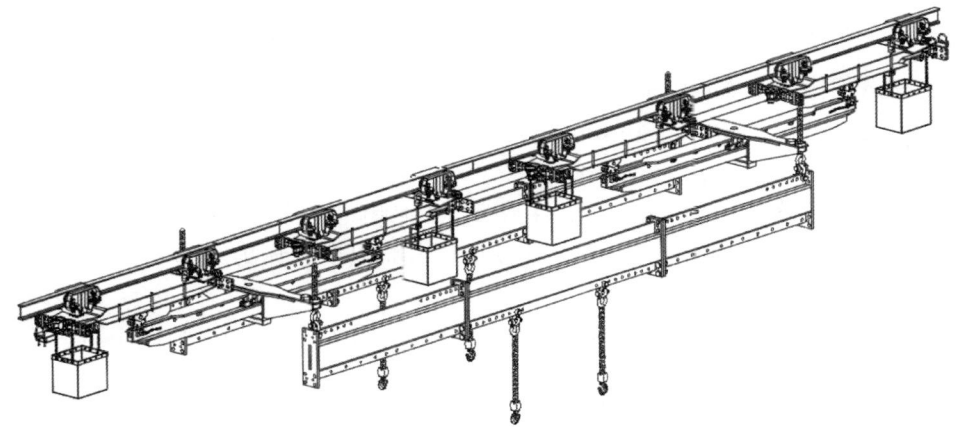

图 3-51　32 t 起吊梁结构示意图

32 t 起吊梁吊运液压支架示意图如图 3-52 所示。

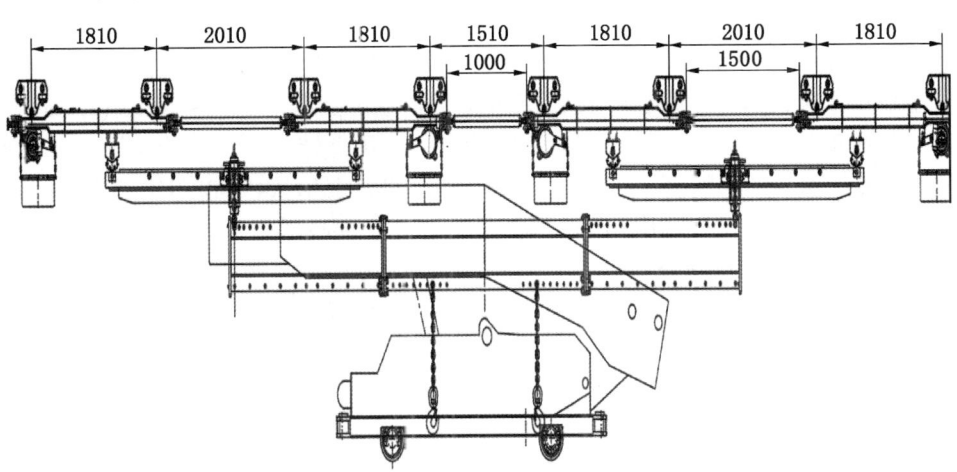

图 3-52　32 t 起吊梁吊运液压支架示意图

(九) 单轨吊机车部件的选型与设计

1. 驱动马达的选型与设计

驱动系统的执行元件为驱动马达，根据运输机械的常用系统工作压力范围，初选额定工作压力为 30 MPa，最大工作压力为 34 MPa。驱动部提供的最大牵引力 F_{qm} 为 25 kN，摩擦轮半径 R_m 为 177.5 mm，一般来说单个驱动部配有一对驱动马达，按照最大需提供 25 kN 的牵引力，则单个驱动部需提供的最大转矩 $T_{max} = F_{qm}R_m = 25 \times 177.5 = 4437.5$ (N·m)。

每个驱动马达所需输出转矩 $T_q = \dfrac{T_{max}}{2} = \dfrac{4437.5}{2} = 2218.75$ (N·m)。

初选工作压力 Δp 为 30 MPa，驱动马达机械效率 η_{mm} 按照 0.9 计算，则驱动马达所需排量 $V_p = \dfrac{2\pi T_q}{\Delta p \eta_{mm}} = \dfrac{2 \times 3.14 \times 2218.75}{30 \times 0.9} \approx 516.06$ (mL/r)。

驱动马达最大工作压力 p_m 为 34 MPa，主泵出口到执行元件入口的压力损失 $\sum p_m$ 按照 1.0 MPa 计算，选择液压主泵时，其最高供油压力 $P_p \geqslant p_m + \sum p_m = 34 + 1 = 35$ (MPa)。

最大运行速度 v 为 1.7 m/s，摩擦轮半径 R_m 为 177.5 mm，则液压马达的最大转速 $r_{gmax} = \dfrac{v}{\pi R_m} = \dfrac{1.7 \times 60}{3.14 \times 0.1775} \approx 183.01$ (r/min)。

根据液压马达的排量 V_p 为 516.06 mL/r，液压马达的最大转速 r_{gmax} 为 183.01 r/min，则液压马达的最大工作流量 $q_{max} = V_p \cdot \dfrac{r_{gmax}}{1000} = 516.06 \times \dfrac{183.01}{1000} \approx 94.4$ (L/min)。

当驱动系统泄漏修正系数 k_{xl} 取 1.1，液压马达的最大工作流量 q_{max} 为 94.4 L/min 时，液压主泵的最大供油流量 $q_p \geqslant k_{xl} \sum q_{max} = 1.1 \times 94.4 \approx 103.8$ (L/min)。

一般来说，根据单轨吊机车运输的特点，选用低转速大扭矩液压马达，常见的选型为驱动马达为波克兰 MS05 型液压马达和力士乐 A4VG280HP 变量泵型液控轴向柱塞泵。本设计选用 MS05 型液压马达，主要技术指标见表 3-17。

2. 夹紧油缸的选型与设计

已知通过调节驱动部夹紧油缸输出拉力的大小就可以调节摩擦轮压紧悬轨的夹紧力，故夹紧油缸是夹紧系统最为关键的液压元件。

夹紧缸输出拉力 F_L 与夹紧力 F_J 存在下述比例关系：

$$F_L = \dfrac{L_1}{L_2} \times F_J$$

大致确定驱动部的机械结构重心 L_1 为 74.3 mm，L_2 为 139.8 mm，即

$$F_L = 0.53147 \times F_J$$

驱动部的夹紧油缸分别为缓冲式单进单出活塞缸和普通单杆活塞缸。最大坡度 α 为 18°，驱动轮与轨道的摩擦系数 μ 为 0.4，上坡时，单个驱动部的牵引力 F_{qm} 为 25 kN，则所需的最大夹紧力 $F_J = \dfrac{F_{qm}}{2\mu\sin\alpha} = \dfrac{25}{2\times 0.4\times\sin 18°} \approx 101$（kN）。

计算时保留一定余量，取最大夹紧力为 105 kN。

此时，夹紧油缸所需提供的最大拉力为 $F_L = 0.53147\times 105 \approx 55.8$（kN）。

为保证夹紧系统有足够高的效率，夹紧系统所需压力应按低于额定压力的 2/3 估算，此处选定系统压力 P_g 为 16 MPa，夹紧油缸输出力 F_L 为 55.8 kN，则夹紧油缸内径 $D_g = \sqrt{\dfrac{4\times 1000\times F_L}{\pi P_g}} = \sqrt{\dfrac{4\times 1000\times 55.8}{3.14\times 16}} \approx 66.65$（mm）。

根据 GB/T 2348—2018 中规定的油缸内径尺寸系列，可将其内径就近圆整为 80 mm。缸内最高工作压力 P_{gm} 为 21.5 MPa，对于无缝钢管，缸筒材料的许用应力 $[\sigma]$ 为 100 MPa，夹紧油缸采用铸造缸筒，壁厚由铸造工艺确定，则壁厚 $\delta = \dfrac{P_{gm}D_g}{2.3[\sigma]-3P_{gm}} = \dfrac{21.5\times 80}{2.3\times 100-3\times 21.5}\approx 10.39$（mm），$\delta$ 取 10.5 mm，则夹紧油缸外径 $D_w = D_g+2\delta = 80+21 = 101$（mm），符合液压缸外径尺寸系列标准。取往复速度系数 φ 为 1.46，则夹紧油缸活塞杆直径 $d_g = D_g\sqrt{\dfrac{\varphi-1}{\varphi}} = 80\times 0.5613 \approx 44.9$（mm）。

参照 GB/T 2348—2018 中活塞杆直径尺寸系列，将其圆整为标准值，即 45 mm。

3. 制动弹簧的选型与设计

根据《煤矿安全规程》，制动力为额定牵引力的 1.5~2 倍制动力能满足单轨吊机车的制动要求。据此对制动弹簧力进行分析，以便后续进行制动装置的结构及系统设计。单个驱动轮组只包含一组制动装置，最大牵引力 F 为 25 kN，故按设计要求计算所需制动力 F_Z 为 37.5~50 kN。

单制动轮组制动闸块数量 n_Z 为 2，制动闸块与轨道腹板的摩擦系数 f_Z 取 0.16，则制动闸块作用在轨道腹板的正压力 $F_{N1} = \dfrac{F_Z}{n_Z f_Z}$，计算得 F_{N1} 为 117.2~156.25 kN。

制动力主要与制动弹簧的弹性力有关。制动闸片较短段距离 l_3 为 100 mm，制动闸片较长段距离 l_4 为 166 mm，为便于计算取所需制动力 F_Z 为 50 kN。根据杠杆原理，正常制动状态时，制动弹簧力 $F_{th} = \dfrac{2F_Z}{n_Z f_Z}\times\dfrac{l_3}{l_4} = \dfrac{2\times 50}{2\times 0.16}\times\dfrac{100}{166}\approx 188.25$（kN）。

制动力确定后，选取制动弹簧，制动弹簧主要设计参数有弹簧中径、弹簧丝直径、节距以及自由高度。选用制作简单、安全可靠的圆柱螺旋形压缩弹簧，又由于制动时制动弹簧将承受较大载荷，所以选择高强度、耐高温的热轧弹簧钢60CrMnA作为弹簧材料。查得其许用剪切应力 $[\tau]$ 为740 MPa，切变模量 G 为78 GPa，弹簧刚度 K_z 为245.641 N/mm²。

1) 确定旋绕比 C

取旋绕比 $C=D/d=5$。

2) 确定弹簧中径及材料直径

曲率系数 $k=\dfrac{4C-1}{4C-4}+\dfrac{0.615}{C}=1.31$。代入数据计算材料直径 $d=1.6\sqrt{\dfrac{1000kF_{th}C}{\pi[\tau]}}=$

$1.6\times\sqrt{\dfrac{1.31\times188250\times5}{3.14\times740}}\approx36.86$（mm），$d$ 取整为37 mm，此时弹簧中径 $D=5\times37=185$（mm）。

3) 制动弹簧有效圈数

制动弹簧的切变模量 G 为78 GPa，有效圈数 $n=\dfrac{Gd^4}{8D^3K_z}=\dfrac{78\times1000\times37^4}{8\times185^3\times245.641}\approx11.7$（圈），圆整后取为12圈。

4) 自由高度、节距

取制动弹簧的节距 $t\approx d$，则制动弹簧的自由高度 $H_0=n\cdot d+2D=12\times37+2\times185=814$（mm）。

4. 拉杆部件校验

1) 拉杆强度校核

对拉杆的计算，主要是通过安全系数进行校核，选取的拉杆外径 D_1 为120 mm，内径 d_1 为80 mm，驱动力 F 为200 kN，拉杆截面积 $S_A=[(D_1^2-d_1^2)/4]\times3.14$，则拉杆所受拉应力 $\sigma=\dfrac{F\times1000}{S_A}=\dfrac{200\times1000}{S_A}\approx31.85$（MPa）。

拉杆材料为27SiMn，查表得拉杆材料的强度极限 σ_b 为980 MPa。可知 $n=\dfrac{\sigma_b}{\sigma}\approx31$，满足13倍破断力要求。

2) 销轴校验

销轴直径 d_x 为60 mm，则销轴剪切面积 $S_A=(d_x/2)^2\times3.14$，驱动力为 F 为200 kN，销轴所受剪切应力 $\tau=\dfrac{F\times1000}{2\times S_A}=\dfrac{200\times1000}{2\times2826}\approx35.4$（MPa）。

销轴材料为42CrMo，查表得屈服极限为 σ_s 为930 MPa，则许用切应力 $[\tau]=$

$0.7[\sigma] = 0.7 \times \dfrac{\sigma_s}{1.5} = 434$ MPa。

则安全系数 $n = \dfrac{[\tau]}{\tau} = \dfrac{434}{35.4} \approx 12.3$，满足要求。

5. 人车的选型与设计

根据矿方需求，乘车人数为 24 人，选用 24 座人车。人车必须满足乘坐人员的安全与舒适要求，适合采区上下山和工作面运输。人车强度满足运输人员的要求，连接部分的强度安全系数不小于 13 倍。设计坚固密封的顶盖和底座，上下人侧设置方便开关的防护门或者可靠防护链，防止运输途中人员出入。

如果人车安装在单轨吊机车 2 个制动单元之间，则不需要配备安全制动车。如果人车安装在运输队列最后一节，需要在单轨吊车尾部挂红色信号灯。同时需要按照人车的载重选择安全制动车，通过对制动力的分析，选择单组制动的安全制动车，其参数见表 3-17。

表 3-17 单组制动的安全制动车参数

项　目	BTS 单组参数
适应坡度/(°)	≤25
运行速度/(m·s⁻¹)	0~2.5
制动释放速度范围/(m·s⁻¹)	2.8~3.2
最长制动距离/m	≤5
最小运转制动力/kN	68
最大制动时间/s	≤0.3
最小水平转弯半径/m	≤4
最小垂直转弯半径/m	≤8
液压系统工作压力/MPa	15
制动轮组的摩擦系数	0.35~0.45

（十）单轨吊机车的组列设计

单轨吊运载组列示意图如图 3-53 所示。按照之前不同驱动单元配置优化设计方法，充分利用所有驱动部，提升工作效率。根据运输线路情况布置单轨吊的驱动部，推力和拉力结合，采用运输重载物料前拉 4 驱+后推 4 驱，或者前拉 5 驱+后推 3 驱的方式，发挥机车最大效力。

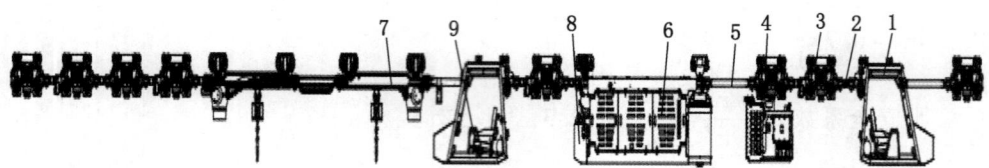

1—驾驶室；2—短连杆；3—驱动部；4—冷却电控辅机；5—长连杆；
6—柴油机主机；7—起吊梁（即重物位置）；8—液压站；9—操控箱

图 3-53 单轨吊运载组列示意图

二、蓄电池单轨吊案例

某大型煤矿为高瓦斯矿井，采用综合机械化采煤工艺，拟在新准备二水平北三采区综采工作面的辅助运输采用单轨吊运输方式，计划选用防爆蓄电池单轨吊，并进行初步选型与设计。

（一）运输巷道基本条件

已知巷道倾角与轨道线路最大角度为 12°，采煤工作面安装、生产和回撤期间使用防爆蓄电池单轨吊运物。

单轨吊运输巷道为半圆拱形断面，巷道长 2400 m，巷道倾角为 0°~12°，平均为 8°，最大为 12°。运输最大件为液压支架，最大质量为 20000 kg。

（二）初选单轨吊设备

1. 运输物料的质量

机车质量 P_1 为 12850 kg，20 t 起吊梁质量 P_2 为 2900 kg，司机质量 P_3 为 150 kg，运送物料的最大件质量 P_4 为 20000 kg，则生产过程中运送最大件物料时的总质量 $G = G_{机车} + G_{负载} = P_1 + P_2 + P_3 + P_4 = 35900$（kg）。

2. 牵引力计算

机车运行最大坡度 α 为 12°，阻力系数 f_N 为 0.032，运行加速度为 $a_{加}$，重载时取 0.015 m/s²，惯性系数 γ 取 1.075，摩擦系数 μ 取 0.032。简化计算，假定驱动马达输出没有损失，那么阻力系数 f_n 和液压马达传动阻力 F_{hm} 取 0。则运送物料所需牵引力 $F_{牵引} = (G_{机车} + G_{负载}) \cdot (\sin\alpha + \gamma \cdot a + \cos\alpha \cdot \mu) \cdot g + 2 \cdot f_n \cdot F_{hm} = 35900 \times (\sin 12° + 1.075 \times 0.015 + \cos 12° \times 0.032) \times 9.8/1000 \approx 89.8$（kN）。

根据以上计算结果，所选驱动轮组数量产生的牵引力应大于 $F_{牵引}$，同时考虑一定的备用系数，通常备用系数按 1.2 考虑，则牵引力 F 为 107.8 kN，驱动轮组按照 20 kN 一组，选用蓄电池单轨吊 6 驱即可满足要求。

3. 功率计算

运输最大件物料——液压支架时需要的牵引力最大，重载上坡运输速度 v 为

0.6 m/s，η_d 为电机效率，一般取 0.8，则功率 $P = Fv/\eta_d = 107.8 \times 0.6/0.8 = 80.85$ (kW)。

蓄电池单轨吊的富余系数取 1.1，则此时所需要的功率为 $80.85 \times 1.1 = 88.935$ (kW)。按照常见电机的功率布置，6 个驱动部则需要 12 部牵引电机，即每个牵引电机的最小功率为 $88.935 \div 12 \approx 7.4$ (kW)，可选用 12 部 6 kW 电机，按照常见电机选型，可选用单个功率为 7.5 kW，总功率为 90 kW 的电机。

4. 结论

通过以上计算，单轨吊满足倾角为 12°工况条件的运输要求。

5. 机车防滑验算

单轨吊车紧急制动和停车制动装置为失效安全型，当机车出现故障时，制动装置自动抱闸制动。

运行阻力系数 ω 取 0.03，此时运送液压支架大件物时下滑力 $F_2 = (G_{机车} + G_{负载}) \times (\sin\alpha - \omega\cos\alpha) \cdot g = 35900 \times (\sin 12° - 0.03 \times \cos 12°) \times 9.8/1000 \approx 62.8$ (kN)。机车额定牵引力为 120 kN，按照 1.5~2 倍的关系确定制动力为 180~240 kN，按照制动力 F_Z 为 180 kN 计算防滑系数，则防滑系数 $K = \dfrac{F_Z}{F_2} = \dfrac{180}{62.8} \approx 2.9 > 2$，满足要求。

6. 驱动轮防打滑验证

在单轨吊重载上坡运行条件下，计算驱动轮不打滑的条件。

单轨吊驱动轮牵引力 F 为 120 kN，N 为机车驱动轮组数量，此处按 6 计算，驱动轮与轨道接触面的摩擦系数 μ 取 0.4。加在每个驱动轮上的夹紧力 $F_J = \dfrac{F}{2N\mu} = \dfrac{120}{2 \times 6 \times 0.4} = 25$ (kN)。

按照配备的电机功率 P 为 90 kW，转速 n 为 1230 r/min，减速比 i 为 37，电机效率系数 η 取 0.82，驱动轮直径 D 为 355 mm，根据电动机计算其驱动力 F_Q

$$\dfrac{9550 \times \dfrac{P}{n} i\eta}{\dfrac{D}{2} \times N} = \dfrac{9550 \times \dfrac{90}{1230} \times 37 \times 0.82}{\dfrac{355 \times 6}{2}} \approx 19.9 \text{ (kN)} < 25 \text{ (kN)}$$

即满足驱动轮不打滑。

(三) 驱动单元的结构设计与计算

1. 结构设计

驱动部包括电动机、减速器、驱动轮、承载车轮和制动装置，通过主吊架安装组合成一体，发挥其驱动和制动功能，电动机、减速器、驱动轮上下布置一直线上,每一组驱动部由2个驱动单元组成。

单轨吊车选取6组驱动部,牵引力为120 kN,则每组驱动单元的牵引力为20 kN,合计6组驱动装置,每组电动机、减速器、驱动轮组成一组驱动单元。制动装置采用两杆钳式结构,每一组驱动部配备一组制动装置。

2. 夹紧油缸计算

1) 夹紧油缸内径计算

为保证夹紧系统有足够高的效率,夹紧系统所需压力应按低于额定压力的2/3估算。选定的工作压力 P 为12 Ma,夹紧油缸推力 F_t 为25 kN,则夹紧油缸内径 $D = \sqrt{\dfrac{4 \times 1000 \times F_t}{\pi P}} = \sqrt{\dfrac{4000 \times 25}{3.14 \times 12}} \approx 51.5$(mm)。

根据夹紧油缸内径手册,选取内径为63 mm。

2) 夹紧油缸壁厚和外径计算

根据夹紧油缸的强度条件一般使用无缝钢管材料,属于薄壁圆筒结构。试验压力 P_y 为最大工作压力的1.5倍,即 $P_y = 12 \times 1.5 = 18$(MPa),无缝钢管的许用应力 $[\sigma]$ 为100 MPa,则壁厚 $\delta \geq \dfrac{P_y D}{2[\sigma]} = \dfrac{18 \times 63}{2 \times 100} = 5.67$(mm)。

查表,按照系列 δ 取6.5 mm。

故缸体外径 $D_1 \geq D + 2\delta = 63 + 2 \times 6.5 = 76$(mm)。

3) 活塞杆外径计算

往复速度系数 φ 为1.32,则活塞杆直径 $d = D\sqrt{\dfrac{\varphi-1}{\varphi}} = 63 \times \sqrt{\dfrac{1.32-1}{1.32}} \approx 31$(mm)。

查询夹紧油缸手册,活塞杆直径 d 取40 mm。

(四) 制动单元选型与设计

1. 制动分析

1) 制动方式

制动系统分为工作制动、紧急制动两种方式。工作制动包括正常运行中司机实施工作完成的正常停车制动;紧急制动是出现意外情况需要紧急停车和速度超过限定值时自动实施的制动,一般采用分散式冗余制动方式。

2) 制动装置的受力分析与计算

采用分散式冗余制动方式,按照标准和规程要求,制动力 F_{ZD} 为牵引力 F 的1.5~2倍,当牵引力 F 为20 kN时,F_{ZD} 为30~40 kN。

制动油缸伸缩与弹簧配合使刹车块与轨道夹持,在摩擦力作用下制动停车。每组制动装置提供的最小和最大制动力分别为15 kN和20 kN,制动块的动摩擦

系数 μ 为 0.25，则轨道腹板需要的最小正压力 $F_{Z\min} \geqslant \dfrac{F_{ZD}}{\mu} = \dfrac{15}{0.25} = 60$ (kN)；最大正压力 $F_{Z\max} \geqslant \dfrac{F_{ZD}}{\mu} = \dfrac{20}{0.25} = 80$ (kN)。

制动块作用于轨道腹板上的正压力最小为 60 kN、最大为 80 kN，制动弹簧按照此正压力进行设计计算。

2. 制动弹簧的选型

1）弹簧力的计算

按照载荷性质，选用螺旋压缩式制动弹簧，其优点是特性呈线性、刚度稳定、结构简单、制造方便。弹簧材料选择承受变载荷、冲击载荷或工作温度较高的合金弹簧钢 $60Si_2Mn$。

每组制动装置配有两组制动闸块，制动力 $F_{Z\min}$ 为 60 kN，制动长臂 L_1 为 247 mm，制动短臂 L_2 为 121 mm，力矩相等，则弹簧力 $F_{弹} = \dfrac{F_{Z\min} \cdot L_2}{L_1} = \dfrac{60 \times 121}{247} \approx 29.4$ (kN)。

2）弹簧选型计算

先选取钢丝直径 d 为 27 mm，中径 D 为 145 mm，则旋绕比 $C = \dfrac{D}{d} = \dfrac{145}{27} \approx 5.4$。

插值计算曲度系数 $K = \dfrac{4C-1}{4C-4} + \dfrac{0.615}{C} = \dfrac{4 \times 5.4 - 1}{4 \times 5.4 - 4} + \dfrac{0.615}{5.4} \approx 1.28$。

材料为 $60Si_2Mn$ 型弹簧钢的弹簧，其切应力 τ_p 为 796 MPa，其切变模量 G 为 7.9×10^4 MPa，则弹簧钢丝直径 $d > 1.6\sqrt{\dfrac{KCF_{弹}}{\tau_p}} = 1.6 \times \sqrt{\dfrac{1.28 \times 5.4 \times 29400}{796}} \approx 25.6$ (mm)。

故选取的弹簧钢丝直径为 27 mm，弹簧中径为 145 mm，满足要求。此时弹簧刚度 K_Z 为 143.5 N/mm，则其有效圈数 $N = \dfrac{Gd^4}{8D^3 K_Z} = \dfrac{7.9 \times 10^4 \times 27^4}{8 \times 145^3 \times 143.5} \approx 12$ （圈）。

弹簧自由高度 $H_0 = n \cdot d + 2D = 12 \times 27 + 2 \times 145 = 614$ (mm)。

3. 制动缸选型

根据制动要求，初步确定制动缸为单活塞、双作用、杆端进油的结构型式，制动缸内设置卸载阀，便于在弹簧作用下快速回油，弹簧回程。根据制动力 F_{ZD} 和额定工作压力 P_e，确定活塞外径 D 和活塞杆直径 d。

1）制动缸内径的计算

制动缸提供拉力 F 为 60~80 kN，最小行程为 280 mm，外套弹簧最大心轴直径为 105 mm，采用双作用单活塞结构的油缸。制动缸推力即制动力 F 最小为 60 kN，选定的工作压力 P 为 12 MPa，则制动缸内径 $D = \sqrt{\dfrac{4F}{\pi P}} = \sqrt{\dfrac{4 \times 60000}{3.14 \times 12}} \approx 79.8$（mm）。

工作压力为 12 MPa，根据制动缸内径系列，选取内径为 80 mm 的制动缸。

2）制动缸外径的计算

制动缸缸筒壁使用无缝钢管材料，属于薄壁圆筒结构。无缝钢管的许用应力 $[\sigma]$ 为 100 MPa，制动缸内径 D 为 80 mm，试验压力 P_y 为最大工作压力的 1.5 倍，即 $P_y = 1.5P = 1.5 \times 12 = 18$（MPa），则圆筒壁厚 $\delta \geqslant \dfrac{P_y D}{2[\sigma]} = \dfrac{18 \times 80}{2 \times 100} = 7.2$（mm）。

按照标准，δ 取 8 mm。

故缸体外径 $D_1 \geqslant D + 2\delta = 80 + 2 \times 8 = 96$（mm），取外径为 96 mm。

3）活塞杆设计和计算

按照单作用油缸两腔面积比，查表选取往复速度系数 φ 为 1.25，则活塞杆直径 $d = D\sqrt{\dfrac{\varphi - 1}{\varphi}} = 80 \times \sqrt{\dfrac{1.25 - 1}{1.25}} \approx 35.8$（mm）。

按照标准，d 取 40 mm。

4. 制动闸块

制动闸块是单轨吊机车制动的直接执行部件，其工作成效直接关系到制动效果。制动闸块应具有优良的耐磨耐热性，保持制动力和制动效果。制动闸块不得用塑料或树脂制成，必须用制动时不会引爆也不会燃烧的材料制成。

制动闸块至轨道腹板的距离必须合理，过小会对单轨吊车的安装和安全运行要求较高，容易剐蹭，增大摩擦力；过大会造成下端弹簧和制动缸动作过大，制动器的结构尺寸增大。考虑到轨道接头的偏差，制动闸块到轨道腹板的每次间隙保持 10 mm。

（五）液压系统设计

1. 设计总体要求

液压系统是单轨吊车的重要系统之一，其担负制动、紧急制动、夹紧和起吊工作，主要由泵组、控制、储能、储油、温控、油路构成，泵组供给单轨吊夹紧、制动、起吊与紧急制动四路液压回路。

2. 系统参数确定

系统最大压力为 20 MPa，制动压力为 12~16 MPa，夹紧压力为 9~12 MPa，起吊压力为 10.5~12 MPa。

3. 油泵的计算与选型

初选泵功率为 12 kW，额定工作压力为 16 MPa，连续工作时间为 6 h，具有防爆性能的油泵。泵功率 P_e 为 12 kW，工作压力 P 为 16 MPa，系统泄漏系数 K 取 1.2，则同时动作执行元件流量的最大值 $\sum q_{max} = \dfrac{P_e}{P} = \dfrac{12}{16} \times 60 = 45$ (L/min)。

齿轮泵的流量 $Q \geqslant K(\sum q_{max}) = 1.2 \times 45 = 54$ (L/min)。

4. 蓄能器

液压站配备蓄能器，其工作压力不小于 16 MPa，容积不小于 0.03 m³，内直径不小于 150 mm，为圆形截面结构，充气气体为 N_2。蓄能器按照标准选用气囊式 2 件，用于制动液压系统和夹紧系统的稳压。

第四章　矿用单轨吊的安装与调试

矿用单轨吊作为机、电、液一体化成套技术装备，其运行安全可靠性和运行效率，不仅取决于选用设备的质量、技术性能和选型与设计的合理性，还受制于设备设施是否正确安装与调试，是技术装备与工程实践的有机结合与统一。为了保证单轨吊安装与调试各项工作到位和质量效果，还应加强设备到矿、下井前的查验和安装完成、正式投运前的验收工作。任何环节的差错、疏漏都可能对单轨吊运输系统后期的正常使用和安全稳定运行带来隐患。矿用单轨吊运输系统的入矿查验、安装、调试、试运行以及验收工作，是矿山辅助运输安全管理的重要内容。

第一节　矿用单轨吊的入矿查验

矿用单轨吊作为大型成套技术装备，包含防爆电气、机械组件、液压管路、非金属材料、悬挂轨道及其配件等多种组件，部分组件还包含有易损零元部件。为保证各组件的质量和矿用单轨吊运输系统的完整性、配套性、整体技术性能和安全可靠性，防止不合格品、残次品、不具备安全保障的物品进入矿山井下和生产过程，应加强设备物品入矿查验工作，包括入矿检查、入库存放、入井前查验等。

一、入矿查验的基本要求

设备安全是安全生产的基础，是创造本质安全化作业条件和作业环境的关键内容，而入矿查验是设备安全的重要性前置手段，也是重要设备全生命周期管理的重要环节。《煤矿安全规程》第四条明确规定，煤矿企业必须制定重要设备材料的查验制度，做好检查验收和记录，防爆、阻燃抗静电、保护等安全性能不合格的不得入井使用。

矿用单轨吊的入矿查验工作，应满足以下基本要求：
（1）完善并落实入矿查验工作制度。必须严格按照《煤矿安全规程》的要求，结合矿山实际，制定入矿查验工作制度。以制度规范行为，以制度规范管理，以制度落实责任。制度必须具备针对性、可操作性，适应本矿辅助运输安全管理的需要。同时，应有保证制度严格落实的具体措施。

（2）制定完善的查验流程，编制查验工作表单。对于重点关键性设备、材料或者重要查验项目，应编制查验操作规程或者作业指导书；对于需通过检测、试验或者试运行查验的项目，应当明确检测试验的条件、方法、判别准则、遵循的标准或者合同的约定。对于矿用单轨吊，矿方应参照矿方通用的机电设备查验流程，结合单轨吊的特点和标准要求，编制作业指导书和查验工作单。入矿查验时首先依据合同或技术协议的要求对设备的外观、组件的完整性、设备的重要资料开展查验。矿用单轨吊涉及的电气部件较多，如防爆电气动力单元类的防爆特殊型铅酸蓄电池电源、防爆锂离子蓄电池电源，电控系统单元类的调速控制箱，驱动单元类的驱动电机等，如有必要应现场开展防爆参数、绝缘电阻等测试。

（3）明确责任单位、责任人以及其责任制。应通过文件明确查验人员、复核人员、批准人员的责任范围和责任边界。对于矿用单轨吊，矿方入矿查验时应有明确的组织机构，一般应包括现场查验人员、复核人员及批准人员等。现场查验人员应至少具备机电类相关专业的能力，现场查验时一般不少于2人。查验方应严格按照合同或技术协议约定范围开展查验，现场确认产品的完整性和合格性，对入矿设备查验完毕后，必须有查验、复核及批准入库的签字确认信息。

（4）做好查验记录，保证查验工作可追溯。应建立相应的信息管理系统，对于矿用单轨吊，查验完毕后的签字确认单、设备的防爆合格证、安全标志证书（以下简称安标证书）、第三方的检验报告及设备的重要技术资料等，必须及时收录到信息管理系统并做好存档记录。

（5）注重查验设备唯一性标识。应注意安标证书编号、出厂编号、设备编号以及电子标签等的相互关联性，为重要设备全生命周期管理奠定基础。对于矿用单轨吊，必须核实其安标证书、防爆合格证书、产品合格证、产品铭牌等信息。通过登录相关网站，核实证书的合法性；通过对比，核实证书号、铭牌或者电子标签的一致性。

（6）注重设备的配套性、完整性。矿用单轨吊组成设备较多，运输时需要拆分，现场查验时一定要对规格型号认真核对。驱动单元的数量、配套的电动机、液压马达型号、防爆柴油机型号、防爆电源的型号和数量、液压管路的数量和规格等涉及重要安全性能的组件的信息，必须核实清楚并记录到位。

（7）重视产品使用说明书和合同的约定。产品使用说明书界定了制造方、使用方各自的责任、使用条件、范围、安装使用要求、维护保养要求等。合同规定了当事方的权利义务，标的的质量、数量、规格型号等，交货验收的基本条件与要求等重要内容，均具备法律约束力，应该高度重视，认真执行、履行。

（8）保存产品的技术文件及其合法合规性材料。产品执行标准、技术图纸、使用说明书、主要零元部件一览表、MA 证书、出厂检验报告及出厂合格证等，均为产品重要的技术资料，应当作为产品技术档案的重要内容妥善保存。

二、矿用单轨吊的入矿检查

矿用单轨吊的入矿检查，是在收到制造厂家的货物后，对单轨吊组成设备实施的检查。检查的重点是设备的配套性、完整性、合法合规性，各组件的质量，安全性能的证明文件等。检查的依据主要是合同、产品使用说明书、主要零元部件一览表等。入矿检查一般包括资料检查和设备检查两个方面。

（一）资料检查

《煤矿安全规程》第十条规定，煤矿使用的纳入安全标志管理的产品，必须取得煤矿矿用产品安全标志。未取得煤矿矿用产品安全标志的，不得使用。第四百四十八条规定，防爆电气设备到矿验收时，应当检查产品合格证、煤矿矿用产品安全标志，并核查与安全标志审核的一致性。入井前，应当进行防爆检查，签发合格证后方准入井。

单轨吊配套用的防爆电气均属于纳入安全标志管理目录的产品，应首先查验整机和部件的"两证一标志"，即产品合格证、安标证书和安全标志标识（MA），必要时应核查产品防爆合格证。单轨吊机车应有安标证书和产品合格证。按照矿用产品安全标志管理要求，整机在取得安全标志时，所有纳入安全标志管理范围的整机组件也必须取得安全标志；其他未纳入安全标志管理范围的整机组件，如涉及重要安全性能，应提供相关证明文件。比如，非金属驱动轮包覆层、机车连接拉杆等重要部件，制造厂家应提供第三方检验报告；纳入特种设备管理的蓄能器、高压气瓶等，制造厂家应提供特种设备生产许可证书和型式试验报告。

查验过程中，还应检查机车的产品合格证、安标证书、使用说明书、受控主要零（元）部件明细表等文件资料所载信息的正确性和一致性；检查铭牌及标志（安全标志和防爆标志），保证安全标志在有效期内；检查安全标志标识和防爆标识是否清晰完整；检查铭牌所载信息与上述文件资料的一致性，包括产品名称、型号规格、生产厂家、安全标志编号等。

（二）设备检查

矿用单轨吊的设备检查包括设备清单和技术资料检查、零部件检查、组件外观检查、重要部件资料检查、资料归档等内容。

1. 设备清单和技术资料检查

矿用单轨吊组成设备运输到矿后，应根据制造厂家提供的设备清单（合同清单、主要零元部件一览表）开展检查，必要时应结合机车的图纸对重要零（元）部件进行核对。按照矿用产品安全标志的管理要求，单轨吊机车属于辅助运输类产品，除整机应取得安全标志外，整机的重要组件也纳入了安全标志管理范畴。因此，设备查验时应结合单轨吊配套资料要求对整机实物对照检查。

2. 零部件检查

检查整机的受控主要零（元）部件明细表时，应注意所有零元部件的受控类别。标注为 A 类的受控部件，属于安全关联部件，不仅本身被纳入安全标志管理目录，应按规定取得安全标志，还与其他部（组）件及整机有直接的安全关联关系，在安装、使用时不得随意更换，确需变更时，应进行整体变更，并履行安全标志变更程序。标注为 B 类的受控部件，本身属于纳入安全标志管理目录的产品，必须按规定取得安全标志，确需变更时，无须履行安全标志变更程序，但应选择技术参数基本一致、与整机匹配且具有有效安全标志的产品。标注为 C 类的受控部件，虽未被纳入安全标志管理目录范畴，但直接决定着整机的安全性能，如驱动轮、制动闸片等，在安装、使用时不得随意更换，确需变更时，材料的性能应满足整机的使用需求，不得随意降低产品的性能，并应履行安全标志变更程序。

3. 组件外观检查

开展设备查验，各种设备、部件的表面应满足清洁干净、漆膜均匀的要求，不得有起皮脱落现象；外壳不得有磕碰、裂纹、永久性变形；高压油管接头不得松动，无明显损伤、开裂、变形；制动单元应配置完整，制动闸片应光滑平整，制动弹簧无裂纹、变形或锈蚀；液压站涂层、标识、管路、螺栓等应完整无损，无锈蚀、腐蚀现象，液压油箱、油管、油泵、油缸等无漏油、气泡；机车外部已固定的管路、电缆应整齐、牢固。

设备外体明显位置应有安全标志标识、防爆设备的防爆标志以及产品铭牌，其所载信息应与技术文件、合法文件等中所载相关信息一致。

4. 重要部件资料检查

重要防爆设备（如防爆柴油机、电源、电气控制箱、电动机等）的防爆性能和安全保护性能，驱动轮、液压管路等的阻燃抗静电性能，以及连接拉杆的拉力、探伤检测等，应是检测重点。对其他纳入其他强制性管理的部件，应核对证明文件与实物的一致性。

5. 资料归档

入矿检查应做好记录并存档。经查验及一致性检查合格的产品，应张贴合格标记。

三、矿用单轨吊的入库存放

对于入矿查验合格的设备、材料、备品备件,应当建立妥善的保管制度,防止因长时间不使用造成设备的损坏或者锈蚀,影响后期设备的安全可靠性和使用寿命。

(一)入库存放的注意事项

设备的入库存放应严格执行产品使用说明书的要求,并注意以下主要事项:

(1)对于悬挂轨道及所有附件的存放,应选择平坦、干燥、排水良好的场地,确保长期不受潮。轨道及附件应按照长度、型号等分类堆放,防止安装时选择混淆。

(2)机车的所有组件,应尽可能放置在干燥、干净、无尘、无震动且不结霜的环境中。通常选择卸放在具有足够承载力的平整地面上,不规则部件应有固定措施以防翻倒。

(3)存放组件的环境应注意防止地面潮气对机车各部件造成的不利影响。其中防爆电气最好存放在室内;其他机械部件在室外存放时,应使用帆布篷遮盖设备,避免组件长期存放引起腐蚀。

(4)防爆柴油机运输前须排尽全部燃油,牢固地密封所有软管和螺栓开口,防止出现燃油残余物泄漏。入库存放时应打开放水开关,将冷却水箱及废水箱的水放掉,特别是冬季停车后应及时放水,严防缸体、缸盖冻裂。存放时应关闭电池箱总开关,断开电池接线柱。如搁置时间过长未安装,可将电池拆下,定期进行充放电保护,以延长电池使用寿命。存放时应检查空气滤清器内滤网、滤盘和机油反射盘,如污物较多应及时清洗,使用前必须更换机油。

(5)防爆特殊型电源装置应贮存在空气流通、干燥的地点,避免日光直接照射,不能存放在有腐蚀金属和破坏绝缘气体的仓库中,并注意蓄电池贮存期一般不得超过出厂日期2年。电源装置存放时,上盖严禁放置任何物件遮盖排气间隙;在日常保管时,对掉落上面的异物应及时清除。

(6)防爆电动机应存放在干燥、通风良好、阳光不直接照射、尘埃少、无腐蚀性气体及不易淹水的地点,且必须无湿气、不过热或过冷。放置在地面时,不应受外界影响而振动,且应考虑搬运的方便性;放置时宜将脚底垫高,以防湿气及地面污染。电动机周围及上部一般应采用防尘罩遮住,但须保持通气良好。水冷式电动机或安装有水冷式轴承的电动机,必须确认水道内的水已经排除干净,以避免长期存放时水道被腐蚀或因结冻造成损坏。

(7)非金属部件,如液压胶管、驱动轮包覆层等,在储存和运输过程中,储存温度应在-40~45 ℃范围,堆放高度一般不高于2.5 m。如储存时间过长,每半年需翻垛一次。在储存过程中,应避免阳光暴晒和雨淋,禁止与酸、碱、油或其他有机溶剂接触。

(二)起吊的注意事项

设备转运需起吊时,应严格按照产品使用说明书规定的方法和要求操作,并注意以下主要事项:

(1)吊运机车各部件前,须排尽全部燃油,牢固地密封所有软管和螺栓开口,防止出现燃油残余物泄漏。

(2)存放吊装时,应选用合适的起重设备,其最低承载力须至少为装载总质量。吊装过程中,应检查钢丝绳和链条是否完好无损。钢丝绳或链条吊装时,需注意可以吊装的起吊点,不得放置在尖锐的边角上,也不得打结和扭转。吊装时,不得钩挂在突出的主机车部分或加装部件的吊耳上。

(3)吊装过程中,一定要注意起吊工具的牢固性。勾挂起重机挂钩时,使其位于重心上方,小心提升运输货物,吊装时注意重物是否倾斜。必要时安装辅助控制钢丝绳并将运输货物保持在适当的位置,安全地将运输货物卸放在平整表面上。

(4)轨道、悬挂件等机械部件起吊时,应确保吊装流程符合操作规程的要求。吊装前,应首先评估吊装现场环境,包括空间限制、地面条件、周围设备的影响等因素,确保在调转过程中的稳定性和安全性,必要时应有应急救援保障措施;检查所使用的吊装设备和工具的适用性、正确性;确保操作人员经过相关的技术培训,具备规定的资质。吊装时,需要准确计算设备的质量、尺寸,确保吊装机具的额定负载能够满足设备的要求,不得超载吊装。

(5)加强吊装的现场管理,提前宣贯现场吊装的安全保护措施。吊装时,应确保操作人员和工作人员之间具有有效沟通和协调的能力,如配备对讲机或其他通信设施等,以便及时传达指令和提供安全指导。吊装过程中,应进行实时监测和监控,确保设备的稳定和安全。使用吊装角度传感器、称重装置等监测设备,能够及时发现异常情况并采取对应措施。

四、矿用单轨吊的入井前查验

矿用单轨吊是机、电、液(气)一体化设备。机械部分主要部件包括机车司机室、机车连接拉杆、轨道及附件;电气部分主要包括动力系统、电控系统、监测保护系统等,如防爆柴油机、防爆特殊型铅酸蓄电池、电动机、控制箱、安全保护装置等;液压部分主要包括液压站、液压胶管等;气动部分主要包括蓄能器、气动阀等;非金属部分主要包括刹车闸块、高压管路等。每个部分在入井前都需要进行查验。

(一) 机械部分

机械部分的查验主要是针对外观和基本功能的核对，入井前检查应包括以下内容：

(1) 机械部件无开焊裂纹、明显变形和严重锈蚀，所有部件应表面清洁，连接件紧固良好。

(2) 承载轮、导向轮转向灵活，不得有卡滞现象，各部分螺栓紧固有效。

(3) 部件外壳所有金属部分均应该进行喷漆等防腐处理。

(4) 涉及转动的轴承等部分均应有润滑油或润滑措施。

(5) 机械部件的螺栓紧固可靠，如有使用高清螺栓的地方，有必要使用扭力扳手验证其力矩是否到位。

(6) 应检查单轨吊使用的机械式离心限速器是否动作正常。

(7) 驾驶单元的司机室前后必须有照明和喇叭，司机室内座椅、灭火器齐全，操作杆灵活可靠，仪器仪表清晰无磨损。驾驶室上方警示灯、警示语齐全醒目。

(8) 机械结构等外露部件应检查是否有轻金属材料。

(二) 电气部分

电气部分作为单轨吊的重要组成部分，应严格遵照《煤矿安全规程》第四百四十八条的规定，进行入井前的防爆检查和安全性能抽查。新到的、修理过的、库房存放的防爆电气设备均应纳入入井前查验范围。查验工作应由防爆检查员进行检查，合格后签发合格证。防爆检查应包括以下内容：

(1) 设备上应有"MA"安全标志、防爆标志且标志内容完整、清晰；应有"严禁带电开盖"等永久性警告和警示标志。

(2) 铭牌上应有产品名称及型号、产品额定参数、防爆标志号、防爆合格证书、生产许可证号、安全标志号、出厂编号、出厂序列号、出厂日期及制造厂商等与产品有关的内容。

(3) 电气设备上的接地部位应有清晰的接地标识和接线柱。

(4) 如有必要，应进行绝缘复检，如电动机等。

(5) 电气控制箱等如果有多余的电缆引入口，应使用相匹配的封堵件进行封堵，密封圈和压紧元件之间应该有一个金属垫圈，密封圈观察后不应有老化、破损等现象。

(6) 紧固件应完整，不得缺失、松动。

(7) 隔爆壳体内应有喷涂耐弧漆等抗电弧措施。

(8) 设备门或盖采用快开门结构时，应检查机械连锁是否正常、可靠，保证门或盖打开后隔离开关不能合闸。

（9）配置的接线盒内如有电源与负荷同腔时，应有隔离措施并有安全标识。

（10）可以打开的电气控制箱的门、盖等易磨损的隔爆面应完好、进行过防锈处理、无破损或锈蚀；隔爆间隙应符合标准的规定。

（11）电气设备接线盒内或直接引入的接线端子，电气间隙和爬电距离应符合表4-1的规定。其中，材料级别Ⅰ代表煤矿瓦斯爆炸性环境，Ⅱ代表除瓦斯以外的爆炸性气体环境，Ⅲ代表爆炸性粉尘环境。

表4-1 电气间隙和爬电距离

工作电压/V	最小爬电距离/mm			最小电气间隙/mm
	材料级别			
	Ⅰ	Ⅱ	Ⅲ	
$U \leqslant 15$	1.6	1.6	1.6	1.6
$15 < U \leqslant 30$	1.8	1.8	1.8	1.8
$30 < U \leqslant 60$	2.1	2.6	3.4	2.1
$60 < U \leqslant 110$	2.5	3.2	4	2.5
$110 < U \leqslant 175$	3.2	4	5	3.2
$175 < U \leqslant 275$	5	6.3	8	5
$275 < U \leqslant 420$	8	10	12.5	6
$420 < U \leqslant 550$	10	12.5	16	8
$550 < U \leqslant 750$	12	16	20	10
$750 < U \leqslant 1100$	20	25	32	14
$1100 < U \leqslant 2200$	32	36	40	30
$2200 < U \leqslant 3300$	40	45	50	36
$3300 < U \leqslant 4200$	50	56	63	44
$4200 < U \leqslant 5500$	63	71	80	50
$5500 < U \leqslant 6600$	80	90	100	60
$6600 < U \leqslant 8300$	100	110	125	80
$8300 < U \leqslant 11000$	125	140	160	100
$U = 1140$	24	28	35	18

(三) 液压部分

液压部分的查验主要是对外观及完整性的核对，入井前检查应包括以下内容：

（1）液压油管接头无变形、管路布置排列整齐、无滴漏渗油现象。

（2）液压站的液压油泵、油箱、阀体、电磁阀、蓄能器布置合理，油箱液位显示正常，油箱过滤网或滤芯均正常配置。液压站涉及高压管路的地方应有安全防护，尤其是卸荷阀、安全阀等检查必须齐备。液压站的压力表显示正常。

（3）液压系统中的蓄能器、高压气瓶等应有明显标识，且压力显示正常。安装在液压站旁边时应装有防护装置或配套防护措施，保障设备高压异常时不会对人员造成伤害。

（4）液压系统中的防爆电磁阀外观无异常，标准参数、型号等的铭牌清晰牢固。

（5）制动油缸不漏油、伸缩灵活，油缸表面镀铬层光滑，无任何划伤、腐蚀现象。

（6）固定管路的管控牢固可靠，保证在下井运输安装时不随意松落。

（7）液压系统的油液应严格按照设备需求添加，在液压系统注油部位应张贴明显标识，添加的油液应有产品合格报告或相关证明文件，加注时还应目测油液确保无任何杂质。

（四）气动部分

气动单轨吊使用诸多气动部件，如过滤器、蓄能器、供气管路、气动阀、压力表、制动气缸等。气动部分的查验主要是对外观及完整性的核对，入井前检查应包括以下内容：

（1）空气过滤装置完好，并按规定及时清理。

（2）气动马达和气动阀门应牢固可靠。

（3）制动气缸的所有接头和软管固定应牢固。

（4）供气管路连接牢固，长度满足使用要求，无损伤、变形、折弯、蹩卡和漏气现象。

（五）非金属部分

单轨吊使用诸多非金属部件，如驱动轮包覆层、刹车闸块、高压管路等。非金属部分的查验主要是对其阻燃抗静电性能、外观及完整性的核对，入井前检查应包括以下内容：

（1）驱动轮包覆层一般为非金属材料，入井下应检查非金属材料的阻燃抗静电性能检验报告，同时检查驱动轮保护层有无裂纹、磕碰等情况。

（2）刹车闸块如果使用非金属材料也需要检查阻燃抗静电性能检验报告和外观完整性。

（3）检查单轨吊机车的人车车厢内部是否有非金属包覆层的座位，如果存在应检查材料和阻燃报告的一致性。

(4) 对液压管、气管,应检查其阻燃抗静电性能检测报告、外观完整性,以及压力等级是否与整机相匹配等。

第二节 矿用单轨吊的安装施工

矿用单轨吊的安装施工是保证单轨吊系统安全、稳定、可靠运行的重要工程。随着单轨吊技术水平的提升、功能的增强、能力的加大,对施工精度和安全性的要求也越来越高,安装施工的难度越来越大,加强对安装施工的全过程管控愈加重要。单轨吊安装主要包括悬挂轨道系统的安装和车列的组装吊装两大部分,前者更为重要。为保证矿用单轨吊安装施工的有效进行,应明晰安装施工工艺流程,编制施工组织设计,严格按照产品使用说明书、操作规程等的规定安装施工,并切实加强施工现场管理。

一、矿用单轨吊安装施工工作流程

工作流程是指各工作事项的活动流向顺序,包括实际工作过程中的工作环节、步骤和程序,反映组织系统中各项工作之间的动态的逻辑关系。建设施工工程的工作流程是指企业内部发生的某项建设施工工程从起始到完成,由多个部门、多个岗位、经多个环节协调及顺序工作共同完成的完整过程。为了保证单轨吊系统安装施工的顺利有序进行,应根据安装工作时间情况编制工作流程,力求"项目有流程、凡事有依据"。

(一) 工作流程编制的基本要求

工作流程是工作效率的源泉。管理学界认为,流程决定效率,流程影响效益。好的工作流程能够使企业各项业务管理工作良性开展,从而保证企业的高效运转,相反地,差的工作流程则会问题频出,出现部门间、人员间职责不清相互推诿等现象,从而造成资源的浪费和效率的低下。因此,设计、建立科学、严谨的工作流程,并保持这些流程得到有效执行、控制和管理,对一个企业、一个单位或部门、一项工程都至关重要。

1. 工作流程的"三要素"

编制工作流程,必须明确以下"三要素":

(1) 任务流向。指明任务的传递方向和次序。

(2) 任务交接。指明任务交接标准与过程。

(3) 推动力量。指明流程内在协调与控制机制。

2. 编制工作流程应开展的工作分析

工作分析是编制工作流程的重点。工作分析就是分析某项工作的性质、类型、工作要求、质量标准等，并且考虑这个工作适合什么样类型的人或者什么样的队伍来担任，在什么条件下完成以及可采用的技术方法等。

为了消除工作过程中多余的工作环节，合并同类活动，使工作流程更为经济、合理和简便，从而提高工作效率，编制工作流程过程中应进行以下分析：

（1）任务分析。这一步是安装施工工作开展的基础，明确具体的工作任务、工作要求和工作时限等，其中应重点分析以下方面：安装何种设备设施？在什么地点安装？在哪一时间段安装？安装的质量标准是什么？有哪些特殊的要求？

（2）目的分析。这一步是消除工作中不必要的环节，其中应分析以下方面：实际做了什么？为什么要做？该环节是否真的有必要？应该做什么？

（3）地点分析。尽可能合并相关的工作活动，其中应分析以下方面：在什么地方做这项活动？为何在该处做？可否在别处做？应当在何处做？

（4）顺序分析。尽可能使工作活动的顺序更为合理有效，其中应分析以下方面：何时做？为何在此时做？可否在其他时间做？应当何时做？

（5）人员分析。目的是分析人员匹配的合理性，其中应分析以下方面：谁做？为何由此人做？可否让其他人做？应当由谁来做？

（6）方法分析。目的在于简化操作，需要分析以下方面：如何做？为何这样做？可否用其他方法做？应当用什么方法来做？

3. 工作流程的结构

工作流程主要由元素、过程及流程的表示构成。

（1）元素。元素包括属性、方法和事件。属性用来描述元素的特征，如元素的名称，职位等；方法用来描述元素的业务处理，不同的业务及业务数据都通过方法来处理；事件描述操作情况，通过方法处理的结果总要递交给下一个节点或者进行其他操作，这个操作通过事件来完成，事件实际上是订阅了某一具体的过程（也有可能是多个过程）。

（2）过程。过程包括属性和目标。属性用来描述过程的特征，比如过程的名称等；目标是过程的目的地，实际内容是某一个具体的元素，目标就像快递员手中的地址。

（3）流程的表示。采用与数据流图类似的图形表示方法来表示流程，以全面、直观地显示流程，方便流程的宣贯与执行。

4. 工作流程管理

工作流程管理包括流程规划、流程执行、流程监控、流程评估、流程优化等5个要点，具体如下：

（1）流程规划。流程规划是整个流程管理的基础，它是确定流程的目标和步骤，以及流程所需资源和时间的过程。流程规划需要清晰、明确地定义每一个环节的具体任务和责任，并考虑不同流程之间的关联性。

（2）流程执行。流程执行是将制定好的流程计划落实到实际工作中的过程。在流程执行中，需要严格按照制定的流程标准和规范进行操作。

（3）流程监控。流程监控是指对流程执行情况进行持续的跟踪和监测，以及时解决流程中出现的问题。在流程监控中，需要采用科学的方法和工具对流程执行过程进行监控和诊断，并及时采取措施加以改进。

（4）流程评估。流程评估是对流程实施效果进行评估和分析的过程。在流程评估中，需要确定合理的评估指标，采用科学的方法过行评估，发现问题并采取相应的措施进行改进。

（5）流程优化。流程优化是指改善和简化流程。在流程优化过程中，需要采取科学的方法，如流程再造、精益生产等，对流程进行全面而深入的改进。

为了切实加强工作流程管理，应当通过流程信息化提高工作效率。通过对现有工作流程的梳理和工作流程网络信息化，实现工作条理的规范性，增加现有相关工作流程的透明度，提高工作效率，完善管理体制。白流程的书面化、电子信息化，实现知识经验的沉淀和传承，为企业持续健康发展奠定基础保障。

5. 工作流程的标准化

任何一家公司、任何一项工程都有不同的工作、不同的岗位，并且需要相应的人员来完成。然而，不同的工作流程就会有不同的效率，进而就会对整个公司、整个工程产生不同的影响。

对于人员配置来说，工作流程的标准化，就是要在进行工作分析的基础上对相应的工作设立对应的岗位，并且安排具体的工作者来承担，即"一个萝卜一个坑"。无论何时，在某个岗位上出现了工作的失误，都能迅速且准确地找到责任人，这样可以有效地防止相关工作的不同岗位间的"互相扯皮、踢皮球"的现象。

对于工程实践来说，工作流程标准化指将工作流程固定化、规范化。通过定义和分析过程执行流程，树立标准过程，建立过程控制体系，优化和改善进程等一系列步骤，将规范的流程融入组织的流程运行之中，提供一个标准的、可重复的、精准的生产手段。

（二）工作流程图

要全面了解和执行工作流程，就应编制工作流程图。工作流程图可以帮助管理者了解实际工作活动，消除工作过程中多余的工作环节，合并同类活动，使工作流程更为经济、合理和简便，从而提高工作效率。

工作流程图是通过适当的符号记录全部工作事项，用以描述工作活动流向顺序。工作流程图由一个开始点、一个结束点及若干中间环节组成，中间环节的每个分支也都要求有明确的分支判断条件。所以，工作流程图对于工作标准化有着很大的帮助。

工作流程图制作过程中应把握以下3个规律：

（1）先难后易。流程图一般最下面的部分比较复杂，做起来困难一些，那就先从它着手，这样，整个图的框架便搭了起来，剩下的就非常容易了。

（2）先框后线。先设置框式图形，待整个图的框架定位后，再进行连线，这样减少了调整的工作量。

（3）先图后文。先将所有的图形及其格式设置好，定位之后再输入文字。当然，标题最好一开始就输入，否则，留到后面比较麻烦。

（三）矿用单轨吊安装施工常见工作流程

矿用单轨吊安装施工常见的工作流程图如图4-1所示。按照工作顺序，一般包括安装施工前准备工作、施工过程各方面工作、施工结束工作3个方面。

1. 安装施工前准备工作

安装施工前准备工作是保证安全施工顺利安全开展的基础，主要包括以下事项：

（1）单轨吊系统安装施工前，应进行有针对性的任务分析。应根据甲方工程的施工通知要求，首先开展现场勘查工作，应根据现场巷道的实际情况制定详细的安装施工方案，包括轨道系统的长度、安装位置、确认顶底板条件及基本的悬挂点等。同时，需要考虑到现场实际情况，如地面是否平整、有无障碍物等。安装施工方案应同时确认轨道系统安装后的机车悬挂及调试地点。

（2）安装施工方案制定完毕后，应根据工程的专业性确定对应的项目经理及技术人员，项目经理组织相关人员根据勘查情况和施工方案准备好所需的材料和工具，如轨道、悬吊具、手拉葫芦、阻车器等。同时，需要确保所使用的材料和工具符合相关标准和要求。

（3）施工人员依据现场勘查的实际情况，编制详细的施工进度计划表，并提交开工报告。施工方案、计划表及人员均准备完毕后提交开工报告。

（4）开工经程序审批合格后，根据工程派遣单开始编制单轨吊系统的施工组织设计和施工图纸。施工组织设计是单轨吊系统最重要的工程依据，编制合理可行的施工组织设计是保证整个项目安全、科学、有效推进的重要手段，所以必须保证编制的施工组织设计方案是经过项目相关人员签字审批确认的，这样才可报批实施。

2. 施工过程各方面工作

单轨吊安装施工时，严格按照施工组织设计方案开展工作。安装施工时，应定期召开现场会议，并同步向上级主管部门报送工程进展情况。在安装过程中，

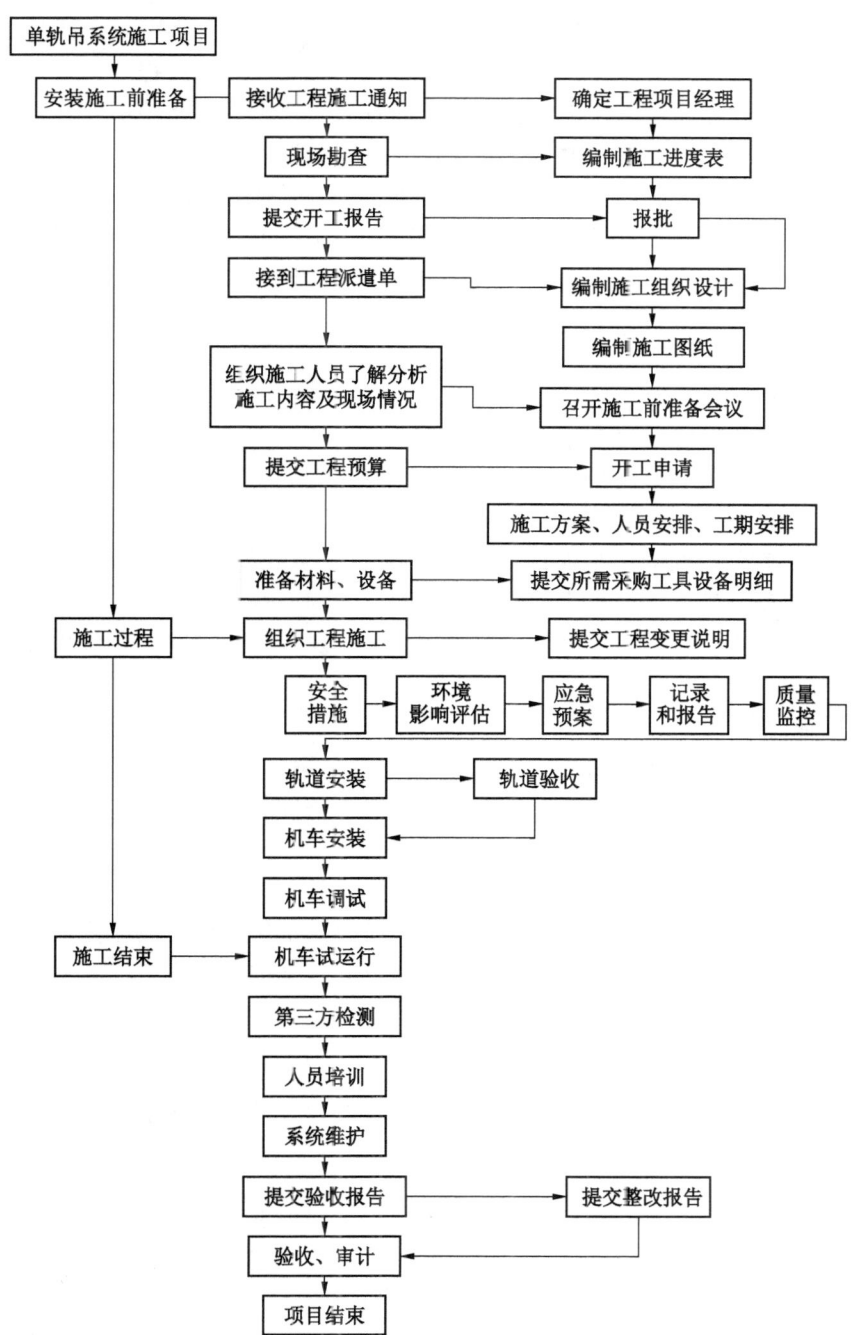

图 4-1 矿用单轨吊安装施工常见的工作流程图

需要采取相应的安全措施，如设置安全警示标志、搭建安全围栏等。同时，需要确保安装人员都经过专业培训，熟悉安装过程中的安全操作规程。

单轨吊轨道系统施工一般比较复杂。因各煤矿井下巷道条件不同，轨道悬挂的要求也有所不同。严格按照施工组织设计方案开展工作也可能随时出现异常状况，如悬挂轨道的巷道硬度不满足设计要求，或者悬挂后的轨道角度出现了偏差等情况。同时，单轨吊系统安装位置一般都处于主巷道内，难免与生产作业的其他设备发生冲突。以上情况会直接影响单轨吊系统安装的安全可靠性和施工进度。所以，如果在过程中有施工变更的情况，一定要及时提交变更说明。在施工变更审批合格后，才能继续进行安装施工。

1）安全措施

在单轨吊安装施工过程中，需要采取一系列的安全措施。例如，需要设置安全警示标志、配备安全防护设备等。此外，操作人员需要佩戴个人防护用品，如安全帽、防护服、防护鞋等。

2）环境影响评估

在单轨吊安装施工过程中，需要考虑对环境的影响。例如，需要评估施工噪声、振动、尘土等方面对周围环境的影响。一旦发现任何问题，需要及时采取措施进行解决。

3）应急预案

在单轨吊安装施工过程中，需要制定应急预案，以应对可能出现的突发事件。例如，可以制定在轨道安装过程中遇到恶劣条件时的应对措施、在机车调试过程中出现故障时的处理方案等。

4）记录和报告

在单轨吊安装施工过程中，需要对每个阶段的工作进行记录和报告。这些记录和报告可以作为项目资料进行保存，并为日后的维护和保养工作提供参考。

5）质量监控

在单轨吊安装施工过程中，需要对每个阶段的工作进行质量监控。通过质量监控，可以及时发现并解决可能出现的质量问题，确保整个项目的质量符合要求。

6）安装施工

悬挂轨道安装时，应按照确定轨道安装位置，根据施工现场情况，合理安排轨道线路；对轨道基础进行清理，确保基础平整、稳固；按照施工方案进行轨道组装，确保轨道直线度、平行度符合要求。轨道安装时应对轨道进行固定，防止轨道移位。

单轨吊机车安装时，应根据现场情况，选择合适的安装位置，确保机车吊装安全。按照说明书要求进行机车组装，确保机车正常运行。检查机车的防爆电气、液压系统、电缆、驱动制动单元等关键部件，确保安全可靠。

3. 施工结束工作

单轨吊安装施工完毕后，应提交工程竣工文件并申请甲方进行验收工作。单轨吊验收工作，按照安装部分可分成轨道系统和整机系统两部分。对于轨道系统，要严格依据设计方案对照检查，重点查验悬挂方式和悬挂质量。对于整机验收，重点查验验收记录。甲方依据相关要求开展验收，并对不满足验收标准的提出整改要求。施工队伍应按照整改要求，完成整改并最终提交验收报告。之后，再开展机车调试、机车试运行、第三方检测、操作人员培训、系统维护和保养等工作。

1）机车调试

机车安装完毕后，应开展机车的调试工作。检查机车各部件无明显异常后，对机车进行通电，检查电源、控制器等是否正常工作。按照试验大纲进行机车空载试验，检查机车的运行情况、制动性能等。空载运行正常后，进行机车负载试验，检查机车的承载能力、运行稳定性等。

2）机车试运行

单轨吊机车调试完毕后，应按照施工方案选定的地点开展试运行。在轨道上设置标志，确保机车按指定路线行驶，进行机车的空载试运行，检查机车的运行情况、制动性能等。空载试运行完成后，进行机车的负载试运行，检查机车的承载能力、运行稳定性等。

3）第三方检测

按照相关标准规范的要求，矿山重要机电装备在首次投入使用前应进行安全检测检验。所以，在以上工作完毕后，应邀请专业的检测机构对单轨吊系统进行安全检测，确保系统安全可靠。检测内容包括轨道安装质量、机车运行性能、安全装置有效性等。根据检测报告，对不符合要求的部分进行整改，直至合格为止。

4）操作人员培训

矿用单轨吊在投入使用前，需要对操作人员进行培训，确保其掌握矿用单轨吊的基本组成、工作原理、主要安全风险及其管控措施、安全操作规程、突发事件处置措施等内容。

5）系统维护和保养

为了确保单轨吊的正常运行，需要定期对系统进行检查和维护。例如，需要定期检查轨道的磨损情况、机车的运行情况等。如果发现任何问题，需要及时进行维修或更换。此外，还需要定期对系统进行保养，例如涂抹润滑油、更换滤清器等。

二、矿用单轨吊施工组织设计

施工组织设计是以施工项目为对象编制的用以指导施工的技术、经济和管理的综合性文件。施工组织设计是对施工活动实行科学管理的重要手段，通过编制施工组织设计，可以明确各阶段的施工准备工作内容，有效协调施工过程中各施工工种、各项资源之间的相互关系，保证工程开工后施工活动安全、有序、高效、科学合理地进行。矿用单轨吊系统在井下安装过程中，由于空间狭小、战线较长，既有地面运输搬移，又有高空起吊、安装作业，存在较大的安全风险，因此，应确保所编制的施工组织设计的针对性和可操作性。

（一）施工组织设计的编制原则

施工组织设计的基本任务是根据国家相关技术政策、标准规范、施工组织原则和项目设计，结合工程的具体条件，确定经济合理的施工方案，对安装施工工程在人力和物力、时间和空间、技术和组织等方面进行统筹安排，以保证按照既定目标，优质、低耗、高速、安全地完成安装施工任务。编制施工组织设计，应坚持以下基本原则：

（1）符合国家相关法律法规、标准规范，符合行业标准、地方规定的要求，坚持依法依规组织生产作业。

（2）满足相关文件关于安装施工进度、质量、安全生产、文明施工、环境保护、职业健康、工程造价等工程项目管理的要求，重视工程施工的目标控制，合理部署施工现场，实现文明施工。

（3）积极采用新技术、新工艺、新装备、新材料，重视管理创新和技术创新，提高施工效率，保证施工质量。

（4）坚持科学的施工程序和合理的施工顺序，力求资源的优化组合和合理配置，采用流水施工和网络计划的方法，充分利用时间和空间，合理安排施工顺序，提高施工的连续性和均衡性，努力实现科学合理的技术经济指标。

（5）与质量、环境、职业安全健康管理体系和安全生产质量标准化工作有机结合，贯彻落实国家的相关规范要求。

（6）积极响应国家关于低碳、节能、环保等方面的方针、政策，优先采用先进的技术和管理措施，推广节能和绿色施工。

（二）施工组织设计的编制依据

施工组织设计是对施工活动实行科学管理的重要手段。编制单轨吊安装施工组织设计，主要应依据以下方面：

（1）国家相关技术政策、标准规范、行业标准和地方有关规定，矿山企业的相关规章制度。

(2) 矿山井下施工的组织原则。

(3) 经考察确定的工程具体条件、矿井瓦斯等级等安全条件、井巷环境条件、施工井巷与其他巷道的关联关系。

(4) 矿用单轨吊安装施工合同及招、投标文件,已经签约的施工相关协议要求。

(5) 经批准的与单轨吊安装施工设计有关的图纸和技术资料。

(6) 矿用单轨吊选型与设计、项目总概算或修正总概算及根据概算核算的总工程量。

(7) 矿用单轨吊实际安装调试的设备清单和主要配套材料。

(8) 主要设备的技术文件,如产品使用说明书等。如果涉及新产品、新工艺,还需参考经过批准的工业性安装、试验方案。

(9) 矿用单轨吊现场安装环境的调查资料。

(三) 施工组织设计的主要内容

施工组织设计的作用是通过施工组织设计的编制,统筹安排和协调施工中各种关系,明确工程的施工方案、施工顺序、劳动组织措施、施工进度计划及资源需用量与供应计划,明确临时设施、材料和机具的具体位置,有效地使用施工场地,提高经济效益。施工组织设计的主要内容包括但不限于编制依据及原则、工程概况、施工部署及施工方案、施工平面图、主要施工方法、确保工程质量的技术组织措施、确保工期的技术组织措施、安全生产的技术组织措施、文明施工的技术组织措施、施工进度计划、主要技术经济指标等。

(1) 编制依据及原则。主要包括技术规范、设计文件、施工现场勘测结果等方面的依据及所遵循的基本原则。

(2) 工程概况。主要说明工程的基本情况、工程性质和作用、工程类型、使用功能、建设目的、建成投用后的地位和作用。

(3) 施工部署及施工方案。主要说明施工安排及施工前的准备工作,各个分部分项工程的施工方法、施工工艺、施工实施流程。

(4) 施工平面图。包括使用的各种机械设备的数量、位置及运行路线;设备、材料、预加工场所的布局;设备、材料、工具等的运输方式及运行路线等。

(5) 主要施工方法。

(6) 确保工程质量的技术组织措施。

(7) 确保工期的技术组织措施。

(8) 安全生产的技术组织措施。

(9) 文明施工的技术组织措施。

（10）施工进度计划。一般采用分级网络计划控制，一级为总进度，二级为月进度，三级为周进度，四级为日进度。

（11）主要技术经济指标。主要包括施工工期、施工质量、施工成本、施工环境、施工效率，以及其他技术经济指标。

（四）编制施工组织设计的注意事项

施工组织设计是指在工程实施过程中，为了保证工程的质量、安全、进度和经济效益，制定的施工组织方案和施工技术措施的详细设计。编制施工组织设计，除了内容合理完整外，还应该重点注意以下问题：

（1）充分了解工程情况。在编制施工组织设计前，需要对工程的基本情况、设计要求、施工条件等进行充分了解，确保设计方案符合实际情况。矿山井下巷道条件复杂，受自然条件影响大，用以指导施工的施工组织设计不应简单套用招标用施工组织设计。由于不同工程的客观实际不同，应有针对性地进行编制，杜绝照抄照搬。

（2）合理选取施工方法。根据工程特点和施工条件，选取合理的施工方法和技术措施，确保施工质量和安全。矿井机电安装不同于地面施工，条件复杂，一定要选择有经验的施工队伍和合理的施工方法。

（3）细化施工方案。在编制施工组织设计时，需要对施工方案进行细化，包括施工步骤、施工顺序、施工周期、施工人员配备等方面的详细设计。编制实施的施工组织设计，应有严格的审批程序，审批内容包括施工工种、重点、难点的施工方案，是否有分包工程等。审批必须有承包施工单位的项目经理、技术负责人的签字确认。

（4）考虑环保要求。在编制施工组织设计时，需要考虑环保要求，制定相应的环保措施，确保在施工过程中不会对环境造成污染。

（5）考虑安全要求。在编制施工组织设计时，需要考虑安全要求，制定相应的安全措施，确保在施工过程中不会发生安全事故。单轨吊安装施工属于井下机电设备安装，要考虑矿井客观条件的限制，如照明不够、施工空间受限等，同时还要预防与其他设备交叉作业的可能性。所以，必须严格按照《煤矿安全规程》和井下作业的相关管理规定，制定专项施工方案。

（6）考虑经济效益。在编制施工组织设计时，需要考虑经济效益，制定相应的节约措施，确保在施工过程中能够控制成本、提高效益。

（7）编制完整的设计文件。在编制施工组织设计时，需要编制完整的设计文件，包括设计说明、图纸、技术规范等，确保设计方案的可行性和实用性。单位工程、分部工程和分项工程开工前，项目技术负责人对承担施工的负责人或分方全体人员进行书面技术交底。技术交底资料应办理签字手续并归档。施工管理人员在每个分项工程（工序）施工前应对作业人员进行书面技术交底。

（五）单轨吊施工组织设计范例

某矿中央采区 2011 综采工作面已进入回撤阶段。按照煤矿要求，在综采工作面重新安装一套单轨吊运输系统，用于液压支架等综采设备的回撤、运输。本项工程包括单轨吊安装和综采设备的吊运等。为保证该项工作安全、有序、高效开展，根据有关规定要求，编制了施工组织设计。

某矿工作面单轨吊施工组织设计

1. 施工组织

（1）施工负责人：×××。

（2）安全负责人：×××。

（3）技术负责人：×××。

（4）使用地点：中央采区轨道上山、×××工作面运料联巷、×××工作面运煤联巷、×××工作面机巷、×××工作面切眼。

2. 工程量及人员

工程量：负责对单轨吊轨道运输系统的安装、拆除、操作和维护。

人员安排：本项目安排监护人 1 名、专职安全员 1 名、钳工 8 名、焊工 2 名、起重工 2 名，共计人员投入 14 人，其主要工作职责见表 4-2。本项目由区域负责人负责，保证施工质量。在施工时由焊工负责钢梁和轨道的制作及焊接固定，起重工负责钢梁和轨道的吊装就位，钳工主要配合焊工与起重工完成相关任务。

表 4-2 施工人员安排及其主要工作职责

序号	工种	数量	主要工作职责	备注
1	监护人	1	组织和指导施工	
2	专职安全员	1	监督施工过程	
3	焊工	2	焊接等安装工作	
4	钳工	8	安装工作	
5	起重工	2	起吊工作	

3. 施工流程

项目施工流程如图 4-2 所示。

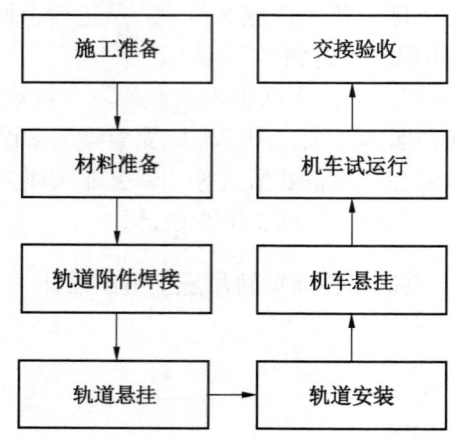

图 4-2 项目施工流程

1）施工准备阶段

（1）技术准备。务必对项目设计文件和图纸进行细致的审核，同时对施工组织和专项方案进行严谨编制。

（2）施工现场准备。首先确定合理的施工场地，然后在此搭建临时设施，合理安排施工设备。

（3）人员准备。确保有足够的施工人员和技术人员，同时设立安全管理人员岗位。

（4）其他准备。确保施工许可证和安全许可证等证明文件齐备。

2）材料准备阶段

根据实际施工需求，应提前购置各种所需材料，包括钢材、焊材、涂料等。

3）轨道附件焊接阶段

依照设计规定，必须将轨道附件牢靠地焊接在钢轨上。

4）单轨吊轨道悬挂和安装阶段

将轨道正确悬挂在支架上，精细调整轨道位置，以确保其平直度。根据设计要求正确安装轨道附件，包括道岔、轨距杆等。

5）单轨吊机车悬挂和试运行阶段

在机车安装完毕后，应进行试运行以检查其运行状态。

6）单轨吊机车交接验收阶段

在试运行合格后，将单轨吊机车正式移交给使用单位，并完成交接验收环节。

在上述各环节操作过程中，尤其需要强调安全问题，必须严格遵守相关安全规定以确保施工安全。

4. 技术参数

本次安装的单轨吊是防爆柴油机单轨吊机车,型号是 DCR150/130Y,具体技术参数见表 4-3。×××工作面综采设备运输明细表见表 4-4,综采设备分解后质量明细表见表 4-5。

表 4-3 单轨吊技术参数

项目	参数
设备名称	DCR150/130Y 型柴油机单轨吊
型号	DCR150/130Y
额定牵引力	150 kN
额定制动力	225~300 kN
抱闸数量	12
转弯半径	≥4 m(水平方向),≥8 m(垂直方向)
最大爬坡能力	25°
最大速度	2.15 m/s
最大起吊质量	32 t
发动机功率	130 kW
总排量	6640 cm^3
发动机冷却系统	水冷
发动机运转的温度范围	-10~40 ℃
瓦斯报警值、断电值	≥0.5%
复电值	<0.5%

表 4-4 ×××工作面综采设备运输明细表

设备名称	型号	单位	参数	具体位置
工作面运输机	SGZ1000/3×1000	台(套)	1	工作面
普通液压支架	ZZ13000/27/60D	台	144	工作面
特殊端头支架	ZT13800/29/55	台	1	工作面
特殊支架	ZT14500/21/40Z	台	4	工作面
采煤机	SL500	台	1	工作面
转载机	SZZ1200/700	台	1	胶带机顺槽
破碎机	PLM3500	台	1	胶带机顺槽

表 4-4（续）

设备名称	型号	单位	参数	具体位置
自移皮带机尾	DY1400	台	1	胶带机顺槽
皮带机	DSJ-1400/2×450	部	1	胶带机顺槽
乳化泵站	BRW550/31.5 MPa	套	3泵2箱	供电供液硐室
喷雾泵站	BPW400/16 MPa	套	2泵1箱	供电供液硐室
支架电液控	PM32	套	149	工作面
移变	—	台	4	供电供液硐室
组合开关	四组合 KE3004，KE1008	台	4	胶带机顺槽
悬挂电缆单轨吊	—	套/m	1/120	胶带机顺槽
电缆	采煤机、运输机、破碎机电缆	m	2600	工作面、胶带机顺槽
远距离供液钢管	φ132 mm、φ122 mm、φ67 mm	m	210	胶带机顺槽

表 4-5 综采设备分解后质量明细表

设备名称	支架底座	支架顶梁	支架掩护梁	采煤机摇臂	立柱	采煤机滚筒	运输机传动部
质量/t	14.3	13.4	15.2	17	2	9.7	15
设备名称	运输机机头壳	运输机机尾壳	破碎机	采煤机底托架	转载机传动部	转载机机头壳	
质量/t	16	17	19	2×8.5	7.5	10	

5. 安装施工方案

单轨吊安装施工方案包括运输、安装、施工作业等步骤，本项目具体实施过程需根据实际情况进行调整和完善。

（1）×××工作面刷扩期间，由矿安排施工单位安装起吊锚杆、起吊锚索吊梁、单轨吊卡爪等作为起吊点，提前安装好单轨吊轨道、道岔、弯道及过渡道，保证单轨吊辅助运输线路完好。首次运输前，矿应组织相关职能部门、施工单位对单轨吊辅助运输系统、巷道断面尺寸等进行验收，验收合格后，方可进行运输作业。

（2）运输前，由施工单位负责按照厂家及矿制定的设计方案对机车进行组装，并对机车进行全方位的检修维护，确保运输期间机车能够正常运行。

（3）按照施工计划安排工期，将地面的单轨吊按照一定顺序进行编号，之后将其由运输区运至中央采区下部车场。施工单位按照设计方案进行安装、调试,安装完成后开至切眼用于运输整体支架。

(4) 将目前使用单轨吊机车开至车场起吊位置做好运输准备工作,单轨吊回撤期间用于运输工作面三机解体件、刷扩用设备及支护料等。

(5) 运输前,对机车进行全方位的检修、保养,进行牵引力、制动力以及超速保护试验并做好记录,确保运输期间机车能够正常运行。待机车及单轨吊轨道系统验收通过后,综安队将拆除后的支架或其他综采设备准备好,施工单位将单轨吊机车开至指定的起吊位置,由综安队安排人员挂好起吊梁钩头,施工单位将起吊梁升至适当高度(距离底板不低于 200 mm),经安全确认后将机车开至指定的卸车位置。

(6) 安装队将封车锚链进行拆卸,并集中回收放好后,配合施工单位将液压支架解体件等综采设备使用单轨吊悬挂钩头挂好,确认安全后,开始进行起吊,起吊时必须设置专人指挥,两头设置好警戒。

(7) ×××工作面机巷及切眼进料使用单轨吊机车从中央采区上部车场直接运输至使用地点。工作面拆除后的整体支架使用十驱机车运输至吊装间,综安队提前在吊装间卸车点准备好装车的平板车,并使用阻车器、木楔或锚链将平板车固定牢靠,机车开至平板车上方,使用起吊梁将运输的支架缓慢地放置在平板车上,由综安队进行解体。将解体后的液压支架及其他件直接运输至中央采区上部车场进行装车。

(8) 运至中央采区上部车场的液压支架解体件及其他件待综安队封车后,由运输区运输至指定地点或升井。

(9) 运输结束后,由施工单位将单轨吊机车进行拆除,综安队将单轨吊轨道进行拆除,拆除装车后由运输区运输至指定的安装地点或升井。

6. 施工质量要求

施工质量主要包括对锚杆安装、轨道安装、道岔安装 3 个方面的要求。

1) 锚杆安装要求

(1) 巷道顶板与锚杆悬挂头配合必须良好(可采用垫板进行调节、拧紧),不得有空隙;锚杆外露 100~200 mm。

(2) 所有锚杆必须沿铅垂方向安装。锚深不小于 2.0 m,锚固长度不小于 1.2 m,锚固力满足设计要求。

(3) 每根锚杆须与轨道中心线重合,左右误差不应超过 100 mm。每组锚杆的间距应在 600~800 mm 之间。

(4) 特殊情况处理如下:

① 若现场的悬挂点在巷道原有支护锚杆、锚索垫板处,可采用在原有锚杆、锚索垫板两侧的合适位置设置悬挂点,然后利用两点悬挂链条取中点的方法进行

悬挂。

② 若遇到顶板破碎的地方，可以采用打锚索的方式进行悬挂，然后使用加工好的吊梁固定，再用悬挂勾固定安装，悬挂勾的螺帽至少要上平扣。

2）轨道安装要求

（1）在安装前需要对轨道的外观进行视觉检查，如果轨道上面有明显的损坏或缺陷，严禁投入使用。粘连在轨道上的东西必须剔除，轨道面及其左右的铁丝、锚链等中的杂物要进行处理。

（2）单轨吊轨道悬挂固定有锚链、锚杆、锚索及索具等，选用的悬挂固定方式、锚固力及锚杆、锚索、索具等的强度计算按每点最大受力进行计算，安全系数必须保证不低于 2.5 倍。

（3）轨道线路的安装由矿指定的安装单位负责，并确保安装的轨道达到合格标准。安装轨道时一定要注意使凸块面向着安装方向，在倾斜的巷道中，安装方向应为上坡方向。一段直轨末端的防脱落部分必须和另一段直轨前端的引导部分相连接组成整体的轨道，轨道安装需采取边打眼边安装的方式往前延伸。

（4）单轨吊轨道线路悬挂方式，根据巷道支护方式不同，主要采用锚杆悬挂、锚索悬挂、U型棚梁悬挂及工字钢短梁悬挂等方式。原则上采用单吊链悬挂方式，由两根锚杆配合单轨吊锚链固定一个专用吊板，然后将吊板和轨道连接起来。条件困难时，可以采用以下两种悬挂方式：

① 双吊链悬挂方式。由两根锚杆固定两根吊链，吊链再悬挂轨道，对锚杆的要求同上，锚杆悬挂连接头要高出锚杆 1~3 个螺距，连接螺栓的螺帽至少要上平扣。

② 矿用工字钢吊链固定方式。将加工的矿用工字钢（不小于 1.2 m）制作的短梁沿巷道方向固定在锚杆（锚索）上，再安装悬挂勾进行轨道安装。

（5）单轨吊的吊链采用 $\Phi18$ mm×90 mm 及以上的圆环链，重轨采用双吊链悬挂时，吊链铅垂方向偏角不得大于 30°，安装的轨道悬挂点不得形成正"八"字形。轨道线路每个悬挂点的连接螺栓必须使用厂家配备的 $\Phi24$ mm、$\Phi30$ mm 专用销，不得用其他材料代替，同时要配齐专用销的闭锁环，不得使用其他材料代替闭锁环，保证轨道连接销不至于脱落。

（6）单轨吊轨道接头平整，水平、垂直偏差要求如下：

① 直轨线路：轨道悬挂时不能使角度剪切合死，即使车行驶时也不应没缝，在打开时也不能一下开到挡块的位置；目视直顺，轨道无明显变形，接头摆角允许偏差水平不超过 3°，垂直不超过 7°；下轨面接头轨缝不大于 3 mm。

② 弯轨线路：安装弯道时，必须保持水平，弯轨开始处直到弯轨结束处等部位，要有横向张拉装置；使用 SLG16.5 起吊梁曲率半径不得小于 9 m。

(7) 悬挂验算。对悬挂锚杆的拉力进行抗拔力校验，锚杆抗拔力应符合设计要求。对于锚喷支护巷道，采用锚杆悬挂时，用两根锚杆固定吊链，由吊链悬挂轨道。锚杆直径不小于 20 mm，全螺纹锚杆长度不小于 2.5 m，锚深不小于 2.0 m，锚固长度不小于 1.2 m，锚固力不小于 100 kN/根。上侧通过挂板、凸耳、叉形片、摇臂等与 ϕ18 mm×90 mm 矿用圆环链连接，锚杆悬挂头要高出锚杆 1~3 个螺距。

(8) 调节轨道或弯道梁与道岔配合底边用 M20×180 mm 防松螺栓（8.8 级）组合套装进行紧固，顶侧除用 M20×75 mm 螺栓（8.8 级）与 ϕ18mm ×90 mm 矿用圆环链连接外，还要进行紧固。

(9) 当连续多根链条环数大于 7 环或巷道的坡度大于 6°以上时，其安装的轨道每间隔 20 m（平巷根据现场情况确定）左右（前后）要安装一组"X"形防摆动的斜拉，斜拉夹角为 60°~90°，每组斜拉要固定在一个水平上。运输整体支架时，尽量多安装"X"形防摆动的斜拉，形成一个面，具体位置可根据现场情况而定。

(10) 在斜巷安装单轨吊轨道时，在起坡点处要安装凹道，在变平坡点处要安装凸道。同时，无论在起坡点还是变坡点都要安装至少 3 组的"X"形防摆动的斜拉，保证轨道安装质量。

(11) 对于轨道高度的调节，综合所吊货物的高度、巷道高度等因素进行确认，高度调节用圆环链进行调节（如 3 环、5 环等）；微调时可采用破断拉力不小于 100 kN 的连接件进行调节。根据施工现场的情况允许采用强度不低于 8.8 级的高强度螺栓夹在悬挂链条中间进行调节，螺栓要上螺帽且每个悬挂链只允许加设一个螺栓，不得使用道钉或其他材料来调节悬挂链高度。如现场使用的圆环链较长时，其多余的环数应吊在锚杆吊具处，不得搭在轨道面上。

3) 道岔安装要求

(1) 根据矿建专业提供的岔口数及方向，确定单轨吊轨道道岔铺设方案。

(2) 单轨吊道岔应符合单轨吊轨道线路质量标准，质量应合格。道岔安装固定方式同轨道线路，道岔框架 4 个悬挂点的受力应均匀，每组道岔固定悬挂点数不少于 7 处，道岔两边安装横拉不少于 4 处。道岔控制采用风动远控，道岔活动轨与连接轨接头处必须设置机械闭锁装置，道岔连接轨断开处应装设轨端阻车器，以防发生机车脱轨坠车事故。轨道接头处转角不大于 3°，下轨面接头轨缝不大于 3 mm。道岔轨道无变形，活动轨应动作灵敏、准确到位、锁定可靠。

(3) 道岔在施工处巷道组装好以后，各个连接的螺栓需要用扳手拧紧。

(4) 利用打好的起吊锚杆将其吊至合适的位置，与单轨吊轨道的过渡轨进行连接，再采用 ϕ18 mm×90 mm 的圆环链进行吊链固定。

（5）过渡轨与弯道连接，过渡轨与道岔连接，以及弯道与弯道连接均采用的方式为：底侧用 M20×180 mm 防松螺栓（8.8级）组合套装进行连接，顶侧除用 M20×75 mm 螺栓（8.8级）与 $\phi 18$ mm×90 mm 单轨吊链条连接外，还须进行紧固。

（6）道岔过渡轨要安装好闭锁装置并能够实现气动，有条件的要能实现遥控操作并要安装道岔指示箱。

（7）悬挂结束后将各个阻车器的油管及操作按钮的气管连接，之后再进行调试。

7. 安全技术措施

施工期间的安全技术措施包括单轨吊安装施工安全技术措施，单轨吊轨道、道岔安装施工安全技术措施，单轨吊运输液压支架等综采设备安全技术措施，单轨吊轨道、道岔拆除施工安全技术措施，单轨吊拆除安全技术措施，手拉葫芦使用安全技术措施，顶板管理安全技术措施及其他安全技术措施。

1）单轨吊安装施工安全技术措施

（1）施工地点两边设警戒牌、阻车器，并设专人警戒。

（2）安装前，联系运输区将装有单轨吊各组件的平板车、矿车运输到指定的安装地点。

（3）安装前，将安装地点的杂物清理干净，确保退路畅通，现场施工环境安全。

（4）将安装区域的单轨吊轨道一端使用吨位合适的手拉葫芦进行起吊，带上劲，断开单轨吊轨道的三角板与卡爪之间的连接销子，按照实际需要拆除 3~8 节，每节单轨吊轨道均要使用吨位合适的手拉葫芦（1 t、2 t、3 t、5 t）进行辅助牵引，断开的单轨吊轨道另一端采用锚链进行连接，保证手拉葫芦的起吊载荷要超过起吊总质量。依次松手拉葫芦，将单轨吊轨道落至适合安装的位置。

（5）使用平板车将单轨吊各组件，即驾驶室（490 kg）、驱动部（641 kg）、主机部分（3700 kg）、冷却单元（340 kg）、起吊梁（1110 kg、1500 kg、8000 kg），按照安装顺序依次平稳地将各组件穿到落好的单轨吊轨道上。单轨吊轨道一端使用单轨吊阻车器，防止单轨吊组件下窜，使用手拉葫芦将单轨吊轨道起吊至合适角度，将单轨吊组件使用专用牵引器具或绳索以人工或单轨吊作为动力牵引至平行轨道处。按照以上步骤依次将单轨吊各组件进行安装。

（6）将单轨吊各组件连接的拉杆、液压部件、电气部件、管路一一进行安装，加油并调试运行。

（7）安装工作必须由专人指挥，停止、升降物料需按信号进行，其他人员不得乱发升降信号，所有人员要精神集中、互相配合。

(8) 起吊时，起吊人员要远离起吊重物的受力方向。

(9) 物件吊起后，后续工作期间人员应在重物侧面操作，需人员进入下方安装时，要使用锚链进行二次保护，经检查确认安全后，方可进行作业。

(10) 安装顺序必须严格按照矿用单轨吊厂家制定的安装方案进行，以确保单轨吊运输支架顺利完成。

(11) 安装完成后，将安装段的单轨吊轨道恢复完好，保证运输安全。

2) 单轨吊轨道、道岔安装施工安全技术措施

(1) 施工地点两边设警戒牌、阻车器，并设专人警戒。

(2) 一次组装 2~8 节单轨吊轨道，再使用吨位合适的手拉葫芦（1 t、2 t、3 t）将组装好的单轨吊轨道平稳地吊至安装位置。单轨吊道岔使用规格为 2 t 以上的手拉葫芦进行起吊，保证平稳地吊至安装位置，之后再连接单轨吊轨道。

(3) 对接单轨吊轨道接头，插入连接板、连接销，及时使用闭锁环进行闭锁。

(4) 将单轨吊链条生根在 U 型棚或专用起吊锚杆、锚索上。

(5) 依次向前安装各单轨吊轨道，直至满足需要。

(6) 安装的单轨吊轨道必须满足轨道安装质量要求。

(7) 起吊作业时重物下方及重物摆动范围内严禁有人。

3) 单轨吊运输液压支架等综采设备安全技术措施

(1) 前期准备工作。

① 首次运输前，矿应组织相关职能部门、施工单位对单轨吊辅助运输系统、巷道运输路线等进行验收，验收合格并收到验收报告后，开始进行运输。

② 提前把需吊运的液压支架、采煤机、运输机等大型设备运至提升梁正下方。提升梁链条应垂直悬挂，不得斜拉重物，链环不得错扭和打结。

③ 运输大型物料时，必须使用机车的专用重型提升梁，其余低于 8 t 的设备或配备件可以用机车的轻型提升梁进行运输。

④ 运输整体支架时，必须保证巷道尺寸满足运输要求，沿途不得有影响设备运行的任何障碍物。运行前，根据设备最大件的外形尺寸，加工模型支架进行试运行，对影响运行的地点，根据现场情况制定措施，由生产技术办安排队伍进行处理，验收合格后方可运行，确保路线运行正常。

⑤ 单轨吊机车要保证各部件完好、性能可靠，特别是防冻液的更换、冷却室的清理、制动缸和夹紧缸的完好等，要实现日检，并有记录。

⑥ 在每次运输前对沿途所有单轨吊梁都要进行全覆盖巡查，对所有的轨道连接啮合处、螺栓、起吊点和受力锚杆等进行检查，发现有锚杆失力、螺丝松动、单轨吊梁变形、轨道连接啮合处断裂等现象要及时处理，确保路线的安全。

⑦ 单轨吊加油站要准备足够的油，检修地点处要准备足够的配备件和工具，以便于机车加油及发生故障后能及时维修投入使用。

⑧ 运输时，必须确保有可靠的通信联络装置。

⑨ 十驱机车工作面运输整体支架等大件时，司机可使用遥控装置进行开车。起吊人员应尽量站在顶板较好的安全地点操作起吊阀，以保证人员安全。

⑩ 运输部门负责单轨吊机车的操作及维护，与安装区、运输区等相关单位做好协调工作，并确定运输顺序，具体运输顺序按照安装区要求执行。

（2）单轨吊运输大件安全技术措施。

① 单轨吊机车使用前，由检修人员对其所有部件进行全面检查，确保无异常情况方可作业。

② 升降大件时，必须在起吊点巷道前后 5 m 范围设置警戒，工作人员要设专人负责起吊，必须各负其责、按章操作。

③ 单轨吊钩头与设备之间要用相配套等级的马镫连接，且连接要紧固、可靠，物料全部采用 40 T 及以上锚链连接，散状物料必须捆扎牢固后方允许起吊。

④ 升降大型物件时，速度要控制均匀，大件两头的液压马达同时开启。先进行缓慢提升，在物件升至巷道底板上方 100 mm 处时，停止上升，然后大件两头的液压马达同时启动，大件缓慢下落至巷道底板，在此过程中无异常现象，再次同时启动两头的液压马达，把大件升至合适位置。

⑤ 待单轨吊所有物料全部起吊完毕并确认无误后，巷道内所有闲杂人员需撤离，经跟车工安全确认、发出信号，方可开启车辆运送。

⑥ 单轨吊运行时，必须设置好警戒。111305 工作面单轨吊安装时的警戒示意图如图 4-3 所示，机车运行至中央（13-1）采区轨道上山时，在上下口各设置一处警戒；机车运行至中央（13-1）采区轨道上山上部车场起吊位置时，下口警戒撤离，在前后各设置一处警戒；机车运行至提料联巷时，在提料联巷入口设置一处警戒，在工作面运煤联巷口两侧各设置一处警戒；机车运行至运煤联巷、111305 机巷时，两头各设置一处警戒。中央（13-1）采区轨道上山警戒由运输区负责，其他均由各施工单位负责。

⑦ 单轨吊在运输大件期间，非紧急情况严禁使用紧急制动。当发现机车摆动较大时，应立即停车检查，发现问题及时处理。两列及以上机车同向运行时，间距不得低于 100 m；两列机车相向运行时，一列车必须就近进入车场避让，防止发生撞车事故。会车时，不得压道岔，应在指定停车位置停车，任何人不得站在机车正下方。

⑧ 运送大件前，先进行试运行，首班试运行时，现场必须有副队长以上人员带班。先使用一组重型起吊梁起吊大型物件，运至机巷提料斜巷下口，安全无

第四章 矿用单轨吊的安装与调试 ·385·

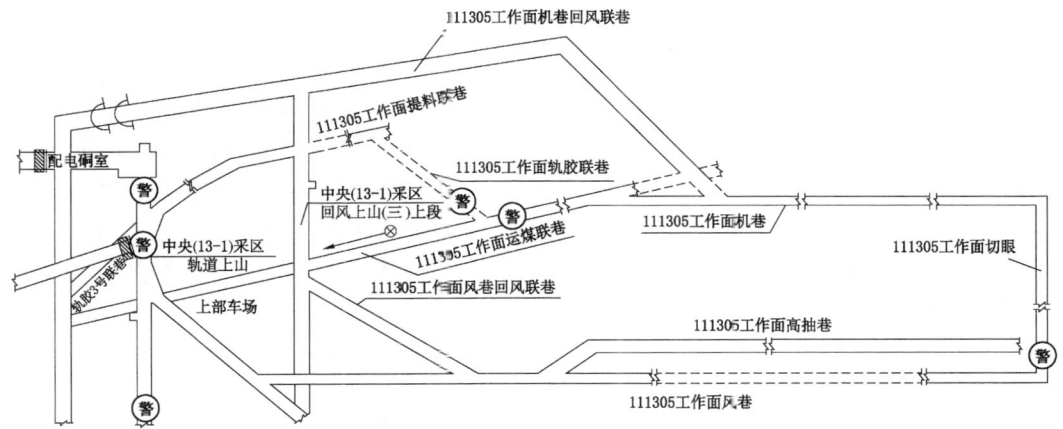

图 4-3 111305 工作面单轨吊安装时的警戒示意图

事故后，沿原路返回，再使用全部起吊梁起吊大型物件，确认达到正常的运输要求。在此过程中，仔细检查轨道及机车运行情况，发现问题及时整改。

⑨ 运输大件时，必须要有现场安全负责人、单轨吊维修人员、轨道巡道人员、检修人员和跟车工。

⑩ 大件斜巷运输时，单轨吊机车速度不得大于 0.6 m/s；平巷运输时，单轨吊机车速度不得大于 1.0 m/s。

⑪ 行驶过程中，遇有障碍物等影响单轨吊运行时，单轨吊司机应立即停车，等处理好后，方可继续运行。

⑫ 单轨吊机车运行时，人员必须处在单轨吊的上山方向，不得站在单轨吊下方及两侧。

⑬ 单轨吊机车在上、下山运行时，必须保证所有夹紧缸、制动等齐全完好。

⑭ 轨道巡道人员要保证单轨吊沿途轨道通畅，特别是切眼和机巷内部，轨道连接应可靠并结实，悬挂点结实有劲，发现问题及时向矿调度汇报。

⑮ 矿指定跟班人员负责现场指挥和协调有关事项。

⑯ 单轨吊司机必须持证上岗，并严格执行"手指口述"安全确认。

⑰ 使用人字梯登高作业时必须正确佩戴好保险带。机车运行时，单轨吊司机必须佩戴保险带。

⑱ 运输时，出现锚杆和锚索等起吊点被拔出、巷道安全运行空间不足等情况时，应按照以下安全技术措施进行处理：立即停止机车，并向矿调度汇报；由跟车工站在安全位置操作起吊梁，将运输的大件缓慢地放置在巷道中；确认大件放置牢靠后，摘掉钩头，操作起吊梁将空钩头起吊至适当高度；司机将机车开至

安全位置的后面;由矿安排的施工单位将事故处理完毕后,将机车开至原先位置,悬挂钩头,进行起吊,继续运行机车。

⑲ 斜巷单轨吊发生故障时的安全技术措施包括:立即安排人员在机车上方及斜巷下口进行警戒,下口警戒人员严禁站在机车或重物可能下滑及滚落的方向;检查机车抱闸是否可靠,确定可靠后,在机车下方设置单轨吊轨道阻车器;如果机车起吊梁挂有重物,必须使用钢丝绳或 8 号铁丝等有效工具将重物固定,防止重物滚落伤人;待检修人员检修完成且机车测试正常后,方可去除阻车器,开始运行机车。

⑳ 运输过程中,应加强瓦斯探头等通风设施的保护。

4) 单轨吊轨道、道岔拆除施工安全技术措施

(1) 从轨道起始端开始施工,以 2~8 节单轨吊轨道为单位进行拆除(也可以逐节进行拆除)。用吨位合适的手拉葫芦(1 t、2 t、3 t)将轨道两端吊紧,带上劲,拆除一端固定在 U 型棚上的卡爪后,拉动手拉葫芦,使吊起的轨道和其他轨道分离,缓慢松下手拉葫芦,使轨道平稳地落到底板上,将其分解成单根轨道,拆除悬挂单轨吊轨道的锚链、连接板、连接销等,按照相同方法依次拆除其他剩余轨道。

(2) 用规格为 2 t 以上的手拉葫芦将单轨吊道岔吊紧,带上劲,拆除与单轨吊道岔连接的轨道和固定在 U 型棚上的卡爪后,拉动手拉葫芦,缓慢松下手拉葫芦,使道岔平稳地落到底板上。

(3) 将分解后的道岔、轨道和其他部件装车,装车时要保证重心居中、牢靠、稳定,不得出现超重、超高、超宽、超长现象。

(4) 由拆除单位将拆除轨道的销子、闭锁环等连接件分类放好,避免丢失。

5) 单轨吊拆除安全技术措施

(1) 施工地点两边设警戒牌、阻车器,并设专人警戒。

(2) 拆除前,将需要拆除地点的杂物清理干净,确保退路畅通,现场施工环境安全。

(3) 拆除前,联系运输区将数量一定的平板车运输到拆除的指定位置。

(4) 拆除前,在停止的单轨吊机车前段设置阻车器(或其他有效的二次保护)。在前方 3~8 节单轨吊处使用一台规格为 5 t 或 5 t 以上的手拉葫芦进行起吊,将单轨吊轨道断开,中间设置 1 台或多台(1 t、2 t、3 t、5 t)手拉葫芦进行辅助牵引,在最前方轨道断头位置设置阻车器(或其他有效的二次保护)。

(5) 将单轨吊各组件连接的液压部件、电气部件、管路一一拆除,拆除后的小件要分类放好。

(6) 将单轨吊拉杆拆除,分解为驾驶室(490 kg)、驱动部(641 kg)、主机

部分（3700 kg）、冷却单元（340 kg）、起吊梁（1110 kg、1500 kg、8000 kg），使用专用牵引器具或绳索以人工或单轨吊作为动力将各组件牵引至轨道一端，将运输区预先准备好的平板车推至单轨吊组件下方，使用 5 t 手拉葫芦配合辅助牵引平稳地将各组件依次放置在下方预先准备好的平板车上。

（7）将拆除后的各个组件封车并分类编号，按照安装顺序分别运输至需要安装的位置或升井。

（8）拆除工作必须由专人指挥，停止、升降物料需按信号进行，其他人员不得乱发升降信号，所有人员要精神集中、互相配合。

（9）起吊时，起吊人员要远离起吊重物的受力方向。

（10）物件吊起后，后续工作期间人员应在重物侧面操作，需人员进入下方安装时，要使用锚链采取二次保护措施，经检查确认安全后，方可进行作业。

（11）拆除作业完成后，将作业地点单轨吊轨道恢复完好，保证线路通畅。

6）手拉葫芦使用安全技术措施

（1）所起吊的重物必须在额定载荷之内，严禁超载使用。严禁超负荷起吊或斜吊，禁止吊拔埋在地下或凝结在地面上的重物。

（2）使用前，应对机件（钩头、闭锁机构、制动器、链条等）及其润滑情况进行仔细检查，确认完好无损后方可使用。

（3）起重前，检查上下吊钩是否挂牢，不得有吊钩歪斜及重物吊在吊钩尖端等不良现象，起重链条应垂直悬挂，不得斜拉重物，链环不得错扭和打结，双行链更应注意，下钩切勿翻转。

（4）悬挂手拉葫芦的支承点必须牢固稳定，悬挂捆绑用钢丝绳和链条的安全系数应不小于6。

（5）吊钩应在重物重心的铅垂线上，严防重物倾斜翻转。操作手拉葫芦时应首先试吊，当重物离地后，如运转正常、制动可靠，方可继续起吊。

（6）操作者应站在与手链轮同一平面内拽动手链条，手链轮沿逆时针方向旋转，放松棘轮，重物即可缓慢下降。

（7）严禁人员在吊起的重物下方经过或做任何动作，以免发生意外。

（8）严禁使用 2 台或 2 台以上手拉葫芦对同一重物进行起吊。

（9）在起重或下降重物过程中，拽动手链条应用力均匀和缓，不得用力过猛，以免手链条跳动或卡环，重物的升降切勿超过上下行程的极限。

（10）起吊时，人员应站在安全的地方，注意避开一旦链条绷断弹回及重物下滑、滚落的方向。

（11）操作者如发现拉不动时不可猛拉，更不能增加人员强行硬拽，应立即停止操作，进行下列检查：重物是否与其他物体连接；手拉葫芦机件有无损坏；重物是否超出了手拉葫芦的额定载荷。

（12）不得将重物吊起后使其停留在空中而离开现场。

7）顶板管理安全技术措施

（1）加强顶板管理。每次进入工作前，班长或跟班队长必须对工作地点顶、帮安全情况进行一次全面检查，确认无安全隐患后方可入内施工。

（2）必须建立健全"敲帮问顶"制度。施工前，必须用长度不小于巷道高度1.2倍的长柄工具找尽顶帮及山墙浮矸、危岩，排除隐患，对找不掉的危岩必须进行处理。

（3）找顶工作必须遵守下列规定：

① 找顶工作应由2名有经验的人员担任，1人找顶、1人观察顶板和退路。找顶人员必须站在安全地点，观察人员应站在找顶人的侧后面，并保持退路畅通，找顶前要看好退路。

② 找顶应从有完好支护的地点开始，找顶要由外向里、先顶后帮依次进行，找顶范围内严禁有其他人员进入。斜巷成巷段找顶时必须从上至下进行。

③ 找顶工具与底板所成的角度不大于45°，找顶人员应戴手套，用长柄工具找顶时，应防止矸石顺杆而下伤人。

④ 顶帮遇有大块煤矸断裂或较大面积离层时，应首先设置临时支护，保证安全后，再由外而里顺着裂隙、层理慢慢找下，不得强挖硬刨。危岩活矸未处理完时，严禁在该地点进行其他工作。

⑤ 禁止两组同时找顶，以防出现险情时躲闪不及而造成事故。

8）其他安全技术措施

（1）人力推车的车距（同向推车时），在坡度小于5‰时，不得小于10 m；在坡度为5‰~7‰时，不得小于30 m；在坡度大于或等于7‰时，严禁人力推车。人力推车时，一次只许推一辆。严禁在车辆两侧推车。推车时必须注意前方，在开始推车、停车、掉道、发现前方有人或有障碍物、从坡度大的地方向下推车以及接近道岔、弯道、巷道口、风门、硐室出口时，推车人必须提前喊号、减速、防止碰人。

（2）登高作业人员必须佩戴保险带并生根牢固，高挂低用。施工人员应正确使用劳保用品。

（3）单轨吊机车运行时严格执行"行车不行人，行人不行车"制度，在通向机车运行线路的各个交岔口处设置警戒，严禁强行闯入和跟车随行。单轨吊运行区段有障碍物时，机车应放慢速度；运行到车场、道岔、弯道、检修站、乘人站、变坡点、卸载点等特殊地点时，应在到达这些地点前50 m时减速运行，速度不得大于 0.5 m/s，并鸣笛通过。通过道岔时，必须提前观察道岔闭合情况，防止机车脱轨造成事故。

（4）单轨吊机车瓦斯报警值、断电值均不小于 0.5%，复电值小于 0.5%；跟班队长、电工及单轨吊司机随身携带便携式瓦斯检测仪，并确保检测仪可正常使用；运输地点和安装地点瓦斯达 0.5%时，必须停止工作。

（5）对电气设备的各种保护要齐全，确保其灵敏可靠。

（6）对齐各部件时手不要接近各接触面间的间隙。对齐部件的时候有挤压危险，要防止挤伤。

（7）柴油机单轨吊在斜巷停车时必须设置单轨吊阻车器或其他有效的二次保护。

（8）在柴油机单轨吊停止运行时，应对其排气口采取防潮措施，防止排气隔爆板受潮及受粉尘影响而堵塞。

（9）在单轨吊刚运行时，应密切关注其发动机情况，发现冒黑烟等异常情况，立即停机，防止一氧化碳超标。

（10）单轨吊在检修时应严格按照设备说明书及操作规程执行，确保设备完好。

（11）使用单轨吊运输的巷道，必须严格按照单轨吊使用运行条件要求设计巷道的坡度、弯道半径和断面，巷道坡度不得大于 20°，巷道的宽度、高度和安全间距必须符合《煤矿安全规程》规定。

（12）机车停止时，应对柴油机车进行外观检查，同时清理主机内部，以及外观上的浮尘、油污。

（13）每天应对单轨吊机车的运行情况、巷道支护、悬挂锚杆、轨道、连接装置等进行检查，发现问题及时处理，连接装置磨损及弯曲变形量超过原尺寸的 10%时必须更换。

8. 避灾路线

（1）发生煤尘、瓦斯、火灾事故时，人员应立即戴上自救器，在跟班队长的带领下按以下避灾线路迅速撤离：事故地点→×××工作面切眼→×××工作面机巷→×××工作面运煤联巷→中央采区胶带机上山→轨胶 2 号联巷→中央采区轨道上山→中央采区下部车场→北翼轨道石门→副井等候硐室→副井→地面。

（2）发生水灾及顶板事故的避灾路线：事故地点→×××工作面切眼→×××工作面机巷→×××工作面运煤联巷→×××工作面提料联巷→中央采区轨道上山→中央采区下部车场→北翼轨道石门→副井等候硐室→副井→地面。

9. 施工工期

工作面单轨吊安装施工工期如图 4-4 所示。

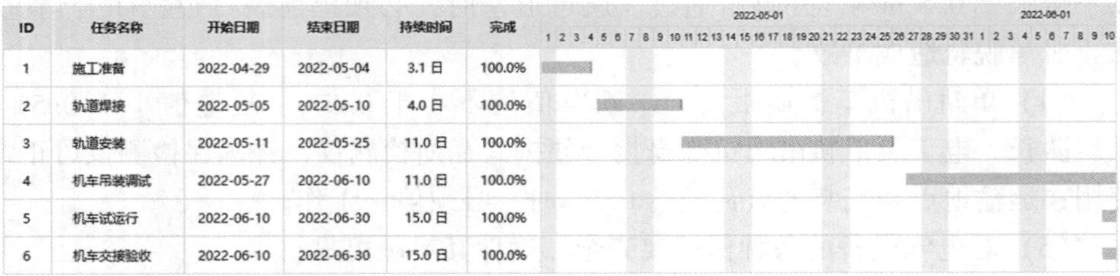
ID
任务名称
开始日期
结束日期
持续时间
完成
2022-05-01
2022-06-01
1 2 3 4 5 6 7 8 9 10 11 12 13 14 15 16 17 18 19 20 21 22 23 24 25 26 27 28 29 30 31 1 2 3 4 5 6 7 8 9 10
1 施工准备 2022-04-29 2022-05-04 3.1 日 100.0%
2 轨道焊接 2022-05-05 2022-05-10 4.0 日 100.0%
3 轨道安装 2022-05-11 2022-05-25 11.0 日 100.0%
4 机车吊装调试 2022-05-27 2022-06-10 11.0 日 100.0%
5 机车试运行 2022-06-10 2022-06-30 15.0 日 100.0%
6 机车交接验收 2022-06-10 2022-06-30 15.0 日 100.0%

图 4-4　工作面单轨吊安装施工工期

三、矿用单轨吊悬挂轨道系统安装

单轨吊悬挂轨道系统是矿用单轨吊机车承载和运行的重要平台，直接关系着整个工程的质量、单轨吊车列能否安全稳定的运行、运行效率以及设备的使用寿命。单轨吊悬挂轨道系统的正确安装施工，可以保证单轨吊的轮压均匀分布，防止单轨吊运行时出现颠簸、卡滞等不良现象，减少设备磨损和损坏，保证运行效率。单轨吊悬挂轨道系统安装施工受制因素较多，安装难度也较大，应该严格执行施工组织设计等的规定要求，并切实加强安装施工全过程的监控和管理。

（一）轨道悬挂方式及悬挂要求

单轨吊悬挂轨道系统悬挂方式主要根据前期的选型与设计来确定，安装施工过程中，应注意不同悬挂方式下的顶板及附件的要求和注意事项。

1. 轨道的悬挂方式

单轨吊轨道系统的悬挂是参照德国标准根据国内巷道的实际情况演化而来，随着国内单轨吊轨道系统的应用推广，各企业均根据安装经验制定了轨道的悬挂要求。根据总结，轨道悬挂方式的通用性要求主要包括对轨道的悬挂方式、悬挂顶板、悬挂零部件等 3 个方面的要求。

1）悬挂方式的要求

（1）顶板直接悬挂。

顶板直接悬挂一般通过将锚杆（索）打入巷道顶板并固定的方式，设置轨道悬挂点，然后通过圆环链将轨道悬挂到位，如图 4-5 所示。

（2）架棚悬挂。

在巷道顶板条件不佳时，就衍生出了架棚悬挂。常见的巷道架棚有梯形架棚和 U 型架棚，悬挂方式基本相同，即在架棚顶部的工字钢或 U 型钢通过卡扣等设立悬挂点，使用圆环链将轨道悬挂到位。常见的架棚悬挂方式如图 4-6、图 4-7 所示。

轨道系统具体的悬挂方式庄其选型与设计明确，安装过程中一般不可擅自更改悬挂方式。遇地质条件、巷道条件变化等特殊情况下需要调整时，应征求制造厂家的意见，并履行规定的程序。

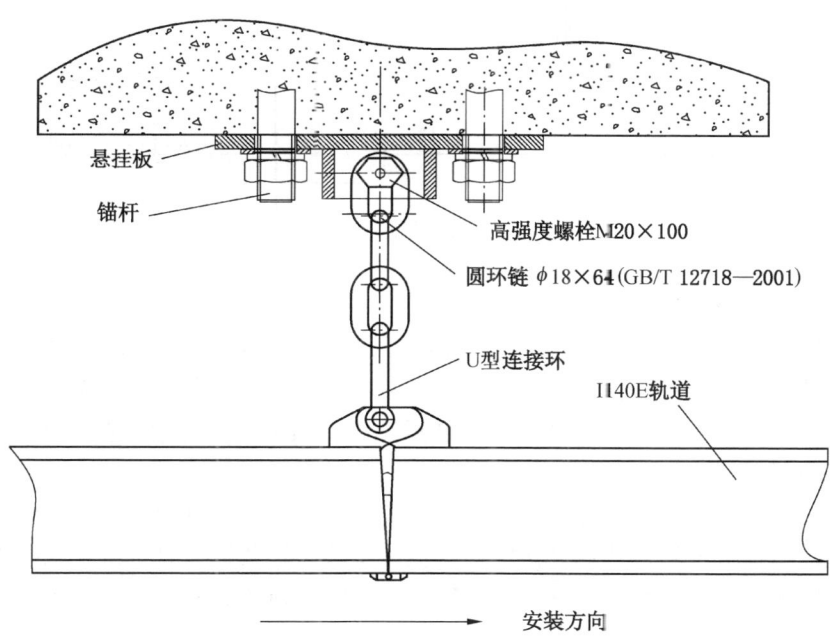

图 4-5 顶板直接悬挂

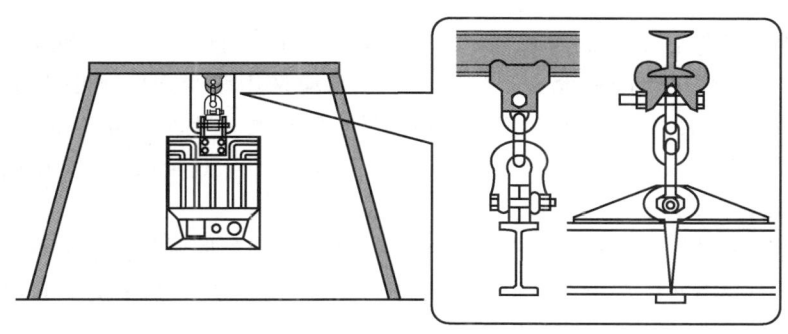

图 4-6 梯形架棚的悬挂

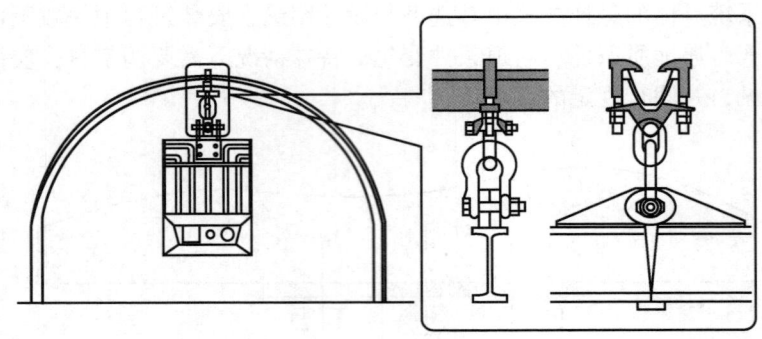

图 4-7 U 型架棚的悬挂

2）悬挂顶板的要求

悬挂顶板主要是以锚杆（索）直接打入巷道顶板内并固定的方式，为轨道提供悬挂点，因而对悬挂点处的顶板提出一定要求，主要有以下方面：

（1）用于悬挂单轨吊轨道系统的巷道顶板，顶板岩层内的岩石硬度系数 f 一般应不小于 6。

（2）为保证锚杆有足够的锚固力，一般首先应根据矿方现有地质勘测结果，在悬挂区域顶板岩层最薄弱处做锚杆拉拔力试验。轻载运输时，每个悬挂点的拉拔力一般不应低于 50 kN；重载运输时，每个悬挂点的拉拔力一般不应低于 100 kN，具体情况也可根据矿方的实际情况进行设计。

（3）用于悬挂单轨吊轨道系统的锚杆与锚索，不可与巷道内原有用于支护的锚杆及锚索混用，需单独进行锚固后再悬挂单轨吊轨道系统。

3）悬挂零部件的要求

悬挂零部件主要包括锚杆、锚索、圆环链及其他附件。用于悬挂单轨吊轨道系统的锚杆，在单轨吊系统选型与设计时要求应采用屈服强度不小于 400 MPa、抗拉强度不小于 570 MPa 的全螺纹等强锚杆，锚杆直径不小于 ϕ20 mm，常见配置一般为 ϕ22~24 mm，锚杆外漏螺纹段长度不大于 150 mm，螺纹规格一般为 M20 和 M24。

选用锚索时，其直径应与锚杆一致，锚索的安装参照锚杆安装要求，但非必要情况下一般不使用锚索，尽量选用锚杆或 U 型棚悬挂。锚索的锁具必须张紧到位，以防止锁具脱落，必要时选用双锁具。

悬挂紧固件、链环、插销、特制卡具及 U 型环等应采用锻造工艺制造，使用前应做集中载荷不小于 150 kN 的抽样试验。

应该注意的是，当单独使用锚索悬挂单轨吊轨道时，由于锚具是采用摩擦方式进行固定,且锚索相对锚杆来说存在螺距大、材料硬而脆、锁具易脱落等问题,应尽量避免全部采用锚索悬挂的方式;且根据经验,当连续使用锚索悬挂轨道的吊点超过 10 个时,可能存在重大事故隐患,应该引起高度重视。

2. 顶板悬挂轨道的要求

悬挂的轨道主要包括 I140E 轻型轨道和 I140V 重型轨道。为了规范轨道铺设作业流程,保证作业安全,许多生产企业均依据安装经验制定了各自轨道安装标准化的作业流程,不同企业的安装要求可能会存在差异,涉及差异的地方应该以现场设计安装方案为准。

1) 常用轨道类型

I140E 轻轨和 I140V 重轨是按照德国 DIN 20593 系列标准所制造的轨道,其轨道断面尺寸分别如图 4-8a、图 4-8b 所示,主要技术参数见表 4-6。轨道轧制时一般应采用材料屈服强度不小于 500 MPa 的合金结构钢或 Q345 号钢。

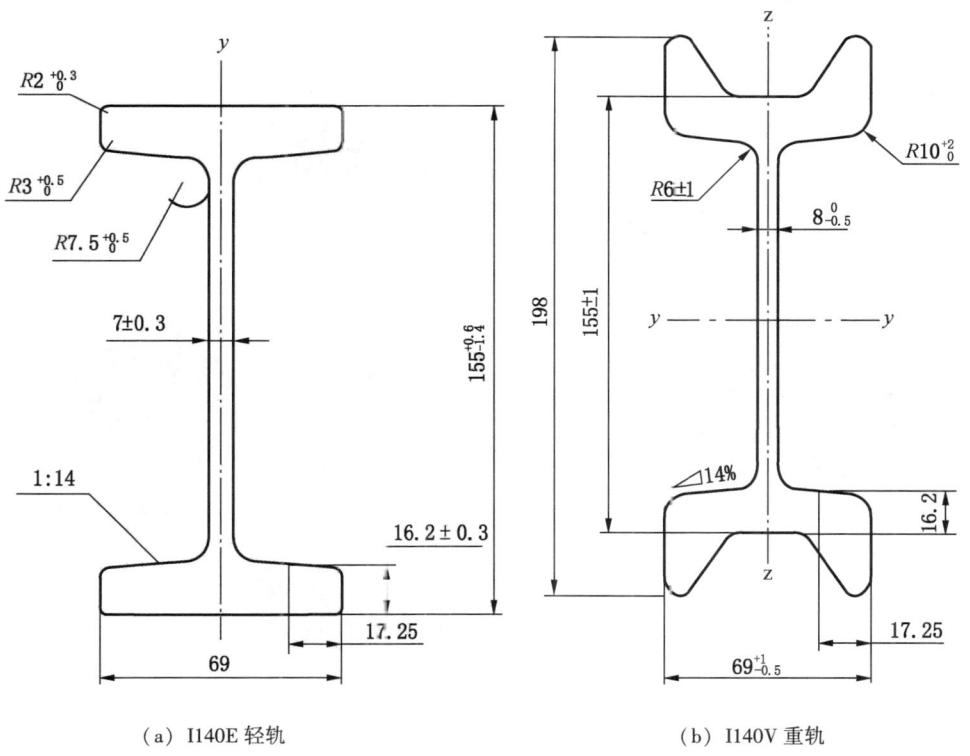

(a) I140E 轻轨　　　　　　　(b) I140V 重轨

图 4-8　轨道断面图

表4-6　I140E轨道和I140V轨道主要技术参数表

序号	轨型	上宽/mm	高度/mm	腹板厚/mm	单位质量/kg	断面面积/cm²	轨道横向截面抗弯模量/cm³	轨道纵向截面抗弯模量/cm³	轨道屈服极限强度/MPa	抗拉强度/MPa
1	I140E	69	155	7	22.8	30.9	152.6	23.5	325	490~630
2	I140V	69	198	8	32.4	40.93	217.86	49.39	350	490~630

（1）轻型轨道。

根据使用的工况条件，I140E轻型轨道分为直轨、弯轨、过渡轨、弓弯轨、底弯轨及道岔6种类型。直轨一般有2 m、2.25 m、2.4 m、3 m等4种常用规格；弯轨一般使用1 m、1.5 m、2 m、2.25 m、2.4 m等5种规格。实际配置的轨道尺寸与负载、坡度相关，生产单位也可根据客户要求定制。

① 轻型直轨。

轻型直轨包含轨道本体、连接板、插销、插座，以上部分通过焊接连接在一起形成直轨，如图4-9所示。

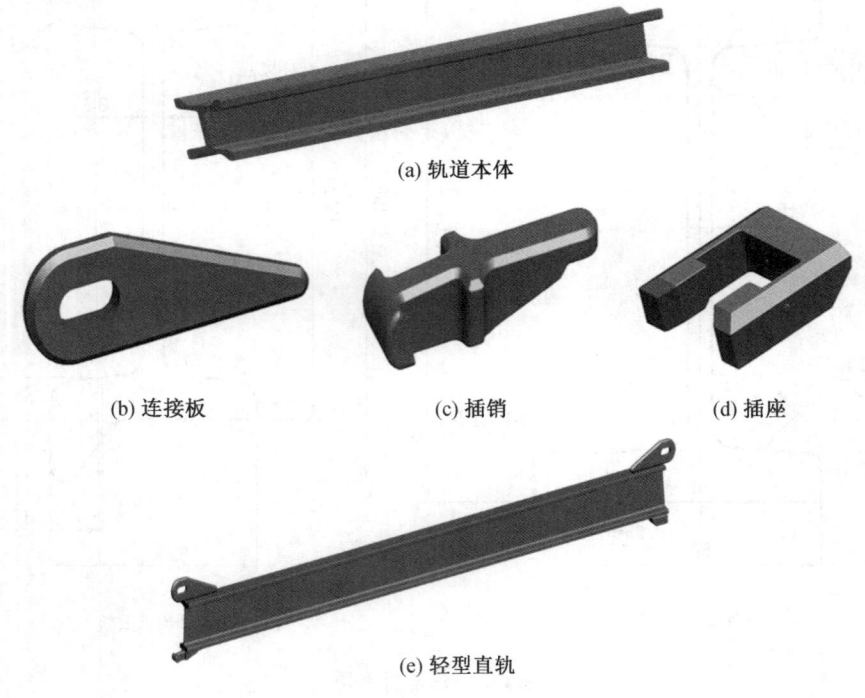

(a) 轨道本体

(b) 连接板　　(c) 插销　　(d) 插座

(e) 轻型直轨

图4-9　轻型直轨及其组成

轻型直轨的本体是单轨吊机车运行的导轨，用于承载机车，一般是工字型钢。当单轨吊机车运行时，腹板与单轨吊机车驱动轮摩擦，单轨吊驱动机车前行；当需要制动时，腹板与制动轮摩擦，机车停止行走。

连接板是焊接在轨道本体两端上侧用于与 U 型环连接悬挂轨道的组件。连接板及其悬挂连接示意图如图 4-10 所示。

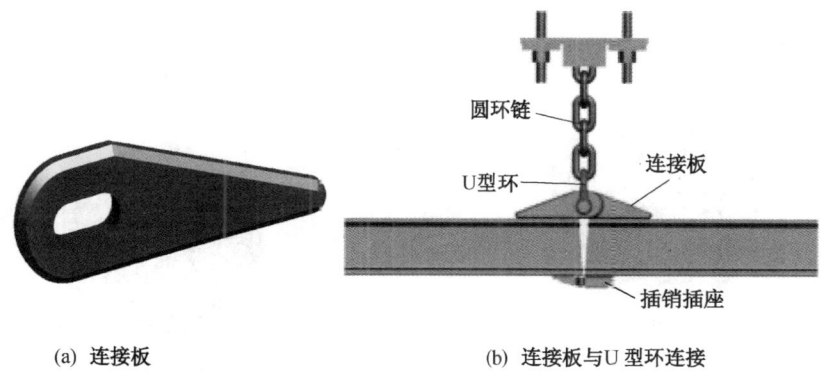

图 4-10　连接板及其悬挂连接示意图

插销和插座是分别焊接在轨道本体下端两侧配合使月的，用于限制轨道位移的部件。二者配套使用时又称卡座，如图 4-11 所示。

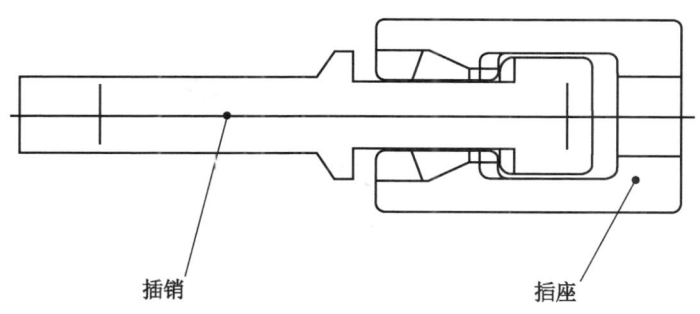

图 4-11　卡座

② 轻型弯轨。

轻型弯轨包含轨道本体、法兰、底部连接块，如图 4-12 所示。其长度一般为 1 m、1.5 m、2 m、2.4 m，轨道半径可根据巷道实际情况进行折弯。弯轨上部连接一般采用法兰连接。法兰可以焊接于轻型弯轨、合岔轨及道岔端部，采用 M20×80 mm 高强连接螺钉连接。

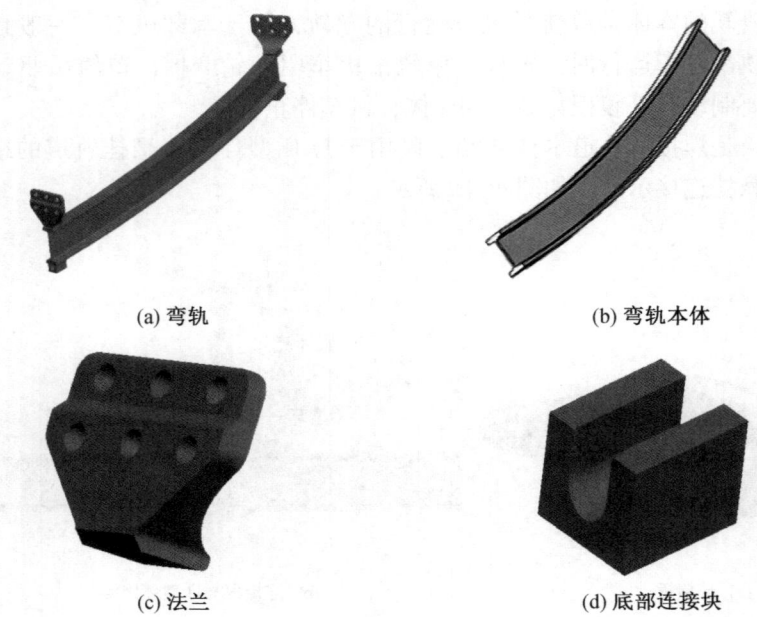

(a) 弯轨　　(b) 弯轨本体　　(c) 法兰　　(d) 底部连接块

图 4-12　轻型弯轨及其组成

底部连接块一般固定于弯轨、合岔轨、道岔端部下端，与 M20×180 mm 底部连接螺钉配合连接轨道。花篮螺栓一般用于轨道的横拉或稳固，如图 4-13 所示。

图 4-13　花篮螺栓

③ 轻型过渡轨。

轻型过渡轨主要是在轻型直轨与轻型弯轨之间、轻型直轨与轻型道岔之间起连接过渡作用。轻型过渡轨一般分为公过渡轨、母过渡轨，如图 4-14 所示。公、母过渡轨包含轨道本体、轻轨法兰、连接板、底部连接块、插销、插座，主要用于弯轨、道岔向普通轨道过渡连接。

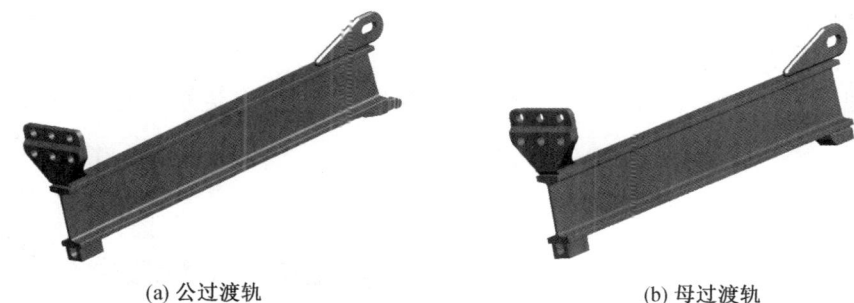

(a) 公过渡轨　　　　　　(b) 母过渡轨

图 4-14　轻型过渡轨分类

轨道在现场施工铺设过程中，直轨、道岔及弯轨的位置可提前确定，最后在过渡轨位置测量长度定制合岔轨。

④ 轻型弓弯轨。

轻型弓弯轨包含轨道本体、连接板、插销、插座，如图 4-15 所示。

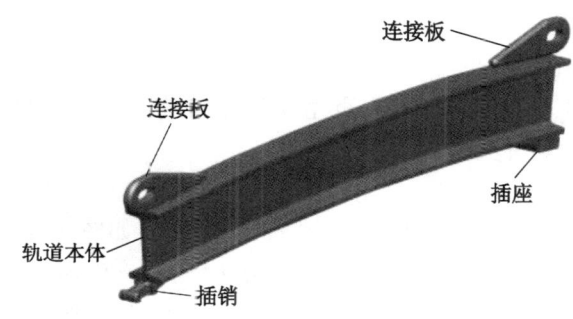

图 4-15　轻型弓弯轨

⑤ 轻型底弯轨。

轻型底弯轨包含轨道本体、连接板、插销、插座，如图 4-16 所示。

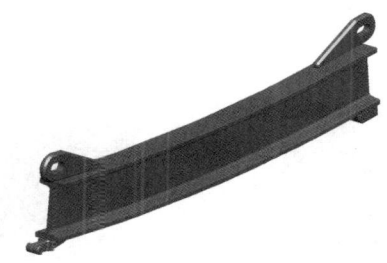

图 4-16　轻型底弯轨

⑥ 轻型道岔。

轻型道岔如图 4-17 所示，一般包括手动、电动、气动及液压等控制方式，气动控制最为常见。控制箱一般安装于巷道一侧帮上，高度为 1.5 m 左右，适宜操作即可。注意安装气缸控制管路需固定在巷道帮上，避免外界锐器损伤。

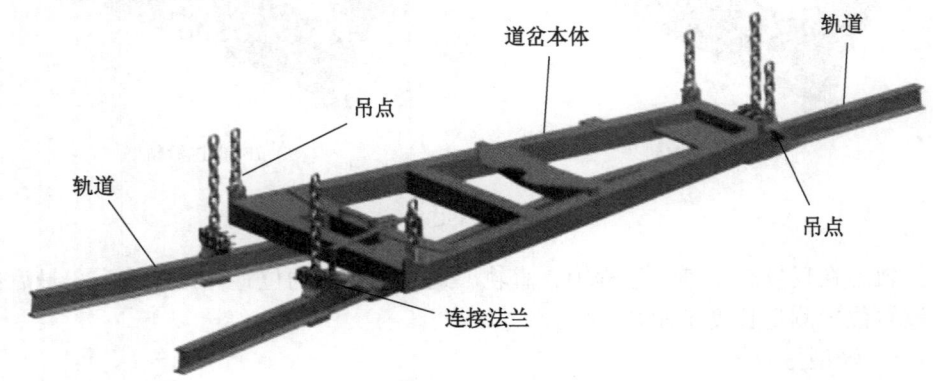

图 4-17　轻型道岔

（2）重型轨道。

根据使用的工况条件，I140V 重型轨道也分为直轨、弯轨、过渡轨、弓弯轨、底弯轨及道岔 6 种类型。

① 重型直轨。

重型直轨包括轨道本体、左右耳、插销和插座，如图 4-18 所示，左右耳是焊接在轨道本体两端上侧的组件，插销和插座是焊接在轨道本体下端两侧配合使用的，用于限制轨道位移的部件，但插座的型式较轻轨有所不同。

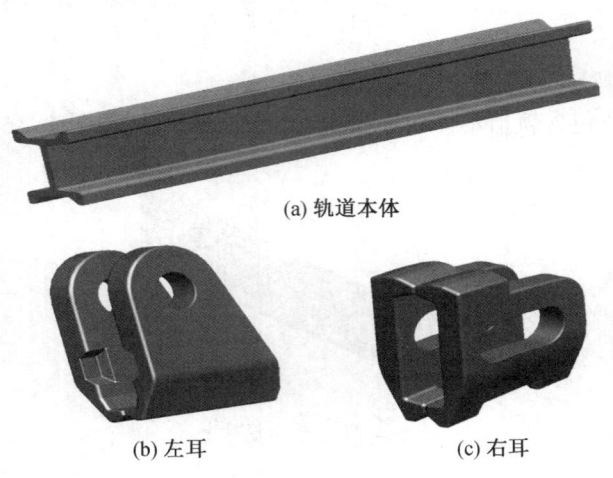

第四章 矿用单轨吊的安装与调试　　　　　　·399·

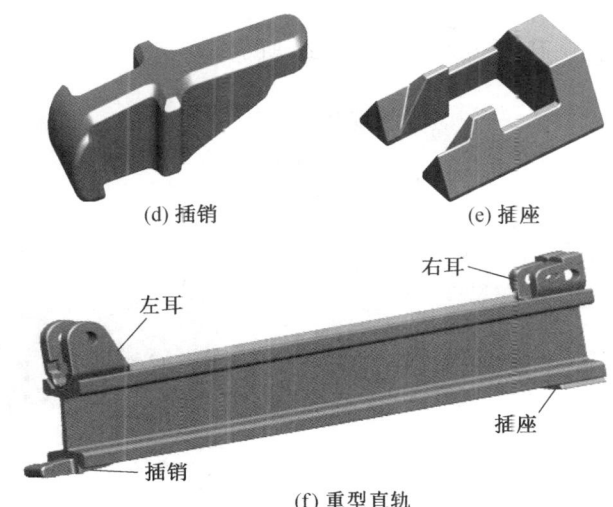

图 4-18　重型直轨及其组成

剩余悬挂组件包括摇臂、"8"字环、连接销、舌簧、安全销等，如图 4-19 所示。

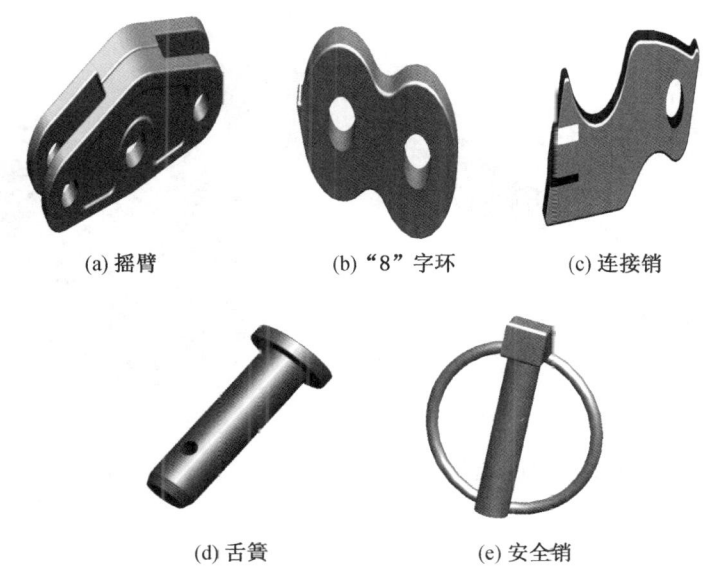

图 4-19　重型直轨悬挂组件

摇臂、"8"字环、舌簧、插销、连接销、安全销、插座是配合左右耳连接用的组件。重型直轨连接示意图如图4-20所示。

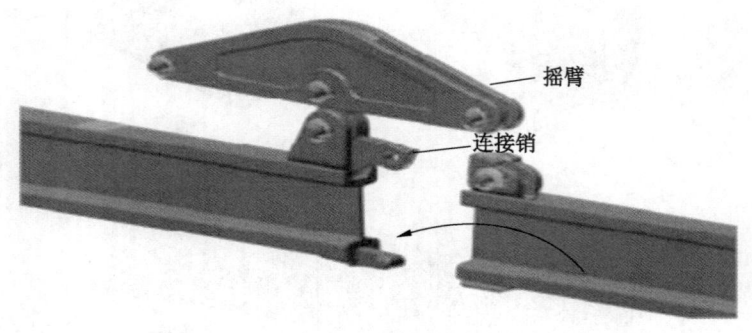

图4-20 重型直轨连接示意图

② 重型弯轨。

重轨弯轨包含轨道本体、重轨法兰、底部连接块,如图4-21所示。其长度一般为1 m、1.5 m、2.4 m、3 m,轨道半径可根据巷道实际情况进行折弯。重轨法兰如图4-22所示,可以焊接于重型弯轨、合岔轨及道岔端部,采用M20×80 mm高强连接螺钉连接。

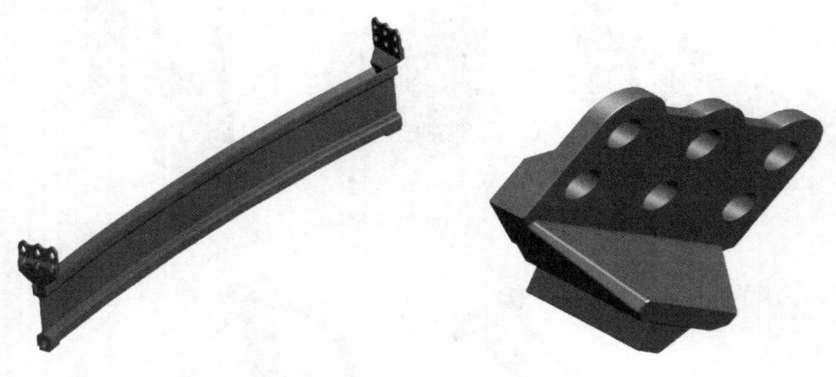

图4-21 重型弯轨　　　　　　　图4-22 重轨法兰

③ 重型过渡轨。

重型过渡轨主要是在重型直轨与重型弯轨之间、重型直轨与重型道岔之间起连接过渡作用。重型过渡轨一般也分为公过渡轨、母过渡轨,如图4-23所示,二者相互连接、配合使用。

第四章 矿用单轨吊的安装与调试

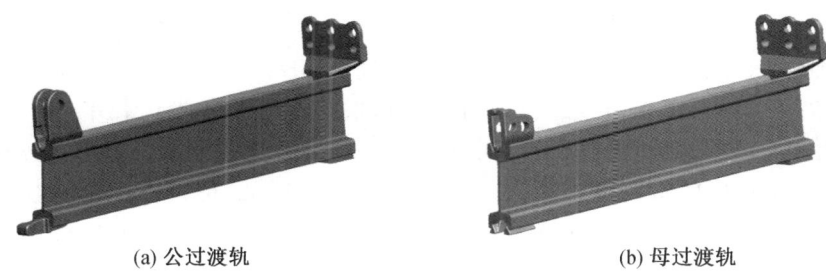

图 4-23 重轨公母过渡轨

④ 重型弓弯轨。

重型弓弯轨包含轨道本体、连接板、插销、插座，如图 4-24 所示，轨道半径可根据巷道实际情况进行折弯。

⑤ 重型底弯轨。

重型底弯轨包含轨道本体、连接板、插销、插座，如图 4-25 所示，轨道半径可根据巷道实际情况进行折弯。

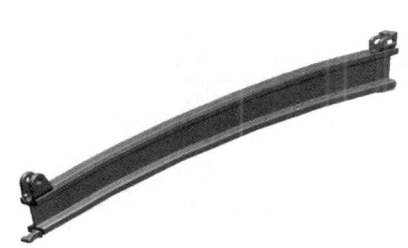

图 4-24 重型弓弯轨

图 4-25 重型底弯轨

⑥ 重型道岔。

重型道岔一般应为整体框架式设计，与轻型道岔基本一样。

2）直轨轨道的悬挂方式及其要求

轨道的悬挂方式与巷道类型、负载、坡度、使用条件等多种因素相关，巷道顶板条件的不同，悬挂方式有所区别，悬挂要求也有差异。轨道悬挂方式与巷道类型、负载、坡度、使用条件等因素相关，具体悬挂方式需由轨道厂家在轨道铺设前根据矿方实际使用情况与矿方进行沟通确定。下述是结合国内外安装经验总结出的轨道悬挂要求。

（1）轻型轨道悬挂及其要求。根据巷道顶板锚固力强度及所运载单件质量，轻型轨道的悬挂一般可分为单链双锚杆悬挂板悬挂、双链双锚杆悬挂、双链四锚杆悬挂板悬挂、三链三锚杆悬挂、锚杆锚索配合悬挂等 5 种悬挂方式。安装时，选型设计时已确定了安装方式,根据经验,对轨道长度选择时,当运载的单件质量不大于 12 t,且锚杆拉拔试验的拔脱力超过 50 kN、达不到 100 kN 时,宜采用单链双锚杆悬挂板悬挂方式,轨道可选择每根 3 m 规格;当运载单件质量大于 12 t,且锚杆拉拔试验的拔脱力达到 100 kN 时,宜采用双链双锚杆悬挂方式,轨道可选择每根 2.25 m 规格;当运载单件质量大于 12 t,但锚杆拉拔试验的拔脱力达不到 100 kN 时,需工程技术人员经计算后确定悬挂方式,并应征求制造单位的意见建议。

① 单链双锚杆悬挂板悬挂方式,如图 4-26 所示。由两根锚杆(每根锚杆配双螺帽)固定一个专用悬挂板,用一根吊链将悬挂板和轨道连接起来,锚杆布设应保证悬挂板与顶板紧贴至最大。

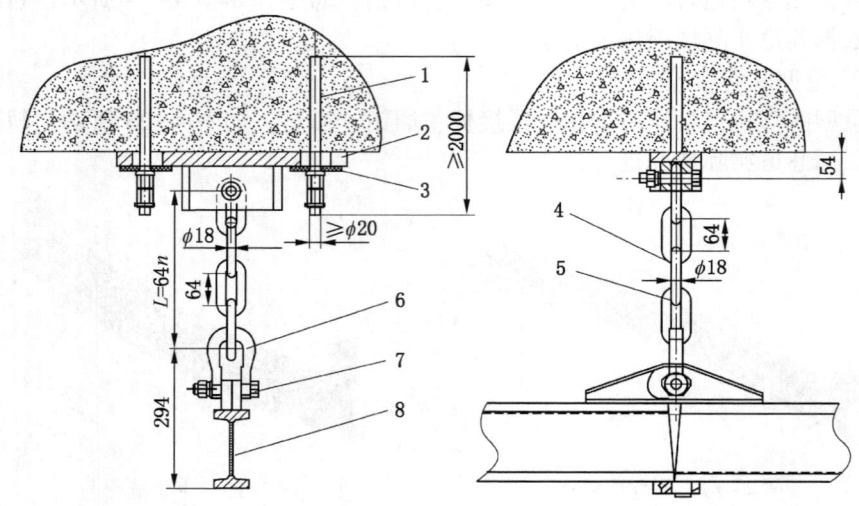

1—全螺纹等强锚杆;2—专用悬挂板;3—专用垫块;4—高强螺栓 M20×100;
5—40 t 链环;6—U 型吊环;7—高强螺栓 M20×120;8—I140E 轨道;
n—链环数

图 4-26 单链悬挂方式

锚杆直径一般不小于 ϕ20 mm,全螺纹等强锚杆长度不小于 2 m,锚深不小于 1.6 m,锚固长度不小于 0.7 m,每根锚杆拉拔力不小于 50 kN。此悬挂方式一般适用于 10°以下的非主要运输巷,如采煤工作面机风巷。

② 双链双锚杆悬挂方式,如图 4-27 所示,由两根圆环链套入两根锚杆固定,圆环链规格一般为 ϕ18 mm×64 mm,吊链铅垂偏角 20°~60°之间。此悬挂方式适用于集中运输斜巷和集中运输水平巷道使用。双链双锚杆悬挂方式一般适用于 10°以上非主要运输巷道。

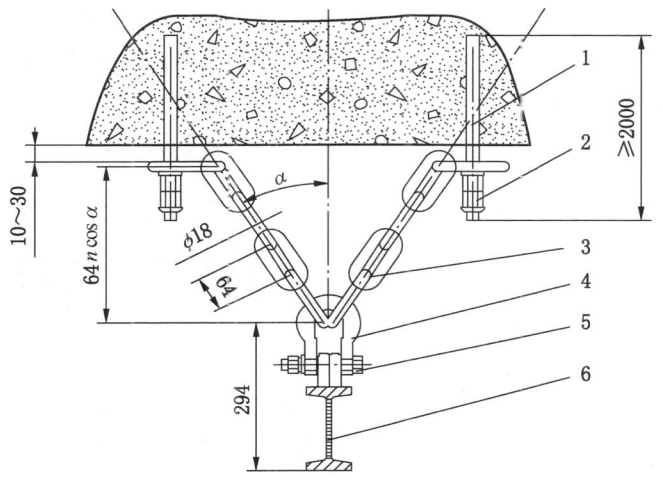

1—全螺纹等强锚杆；2—双螺帽；3—40 t 链环；4—U 型吊环；
5—高强螺栓 M20×120；6—I140E 轨道；n—链环数

图 4-27 双链双锚杆悬挂方式

③ 双链四锚杆悬挂板悬挂方式，如图 4-28 所示，由两根圆环链、两个悬挂板、四根锚杆固定，圆环链规格一般采用 $\phi 18$ mm×64 mm，吊链铅垂偏角 20°~60°之间。此悬挂方式适用于集中运输斜巷和集中运输水平巷道使用。

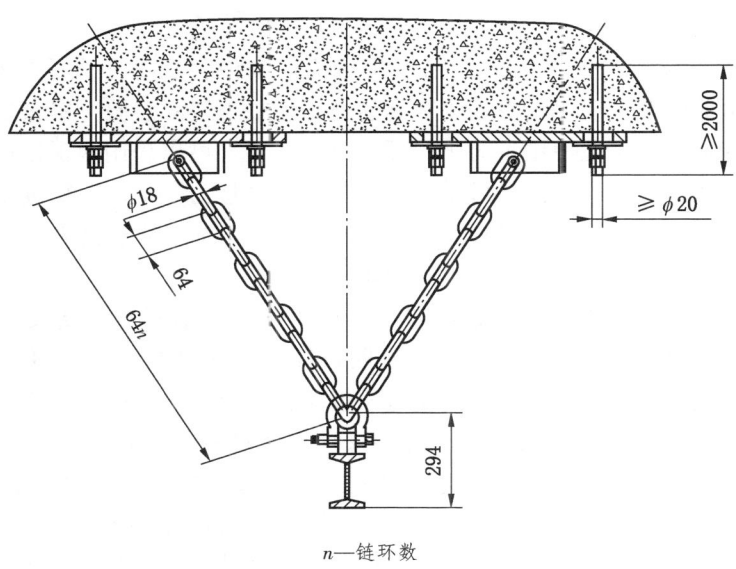

n—链环数

图 4-28 双链四锚杆悬挂板悬挂方式

④ 三链三锚杆悬挂方式,如图 4-29 所示,由三根圆环链套入三根锚杆固定,圆环链规格一般采用 φ18 mm×64 mm,吊链铅垂偏角 α 在 20°~60°之间。此悬挂方式适用于集中运输斜巷和集中运输水平巷道使用。

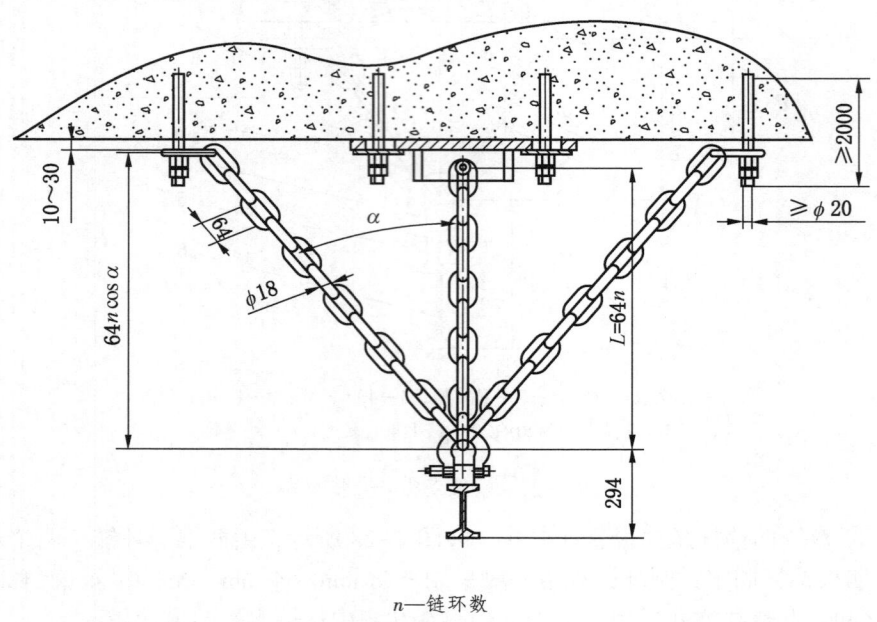

n—链环数

图 4-29 三链三锚杆悬挂方式

⑤ 锚杆锚索配合悬挂方式。锚索相对锚杆来说存在螺距大、材料硬而脆、锁具易脱落等问题,应尽量少采用锚索悬挂。但根据实际经验,锚索配合锚杆的方式在一些条件下可以使用。对于顶板破碎的巷道,可以采用两根锚杆和一根锚索配合使用的方式进行加固,可采用以两根锚杆悬挂为主,加一根锚索悬挂为后备保护的悬挂方式,如图 4-30 所示。正常情况下,锚杆悬挂轨道,万一出现锚杆脱落,锚索受力防止出现轨道掉落现象。

(2) 重型轨道悬挂方式及其要求。根据巷道顶板锚固力强度及所运载单件质量,重型轨道的悬挂一般可分为双链四锚杆悬挂板悬挂、双专用 U 型环悬挂方式。根据设计选型,选择重轨的轨道长度时,当运载单件质量不大于 25 t,且锚杆拉拔试验的拔脱力达到 100 kN,宜采用双锚杆锁件悬挂方式,轨道可选择每根 2.4 m 规格;当单件质量不大于 25 t,且锚杆拉拔试验的拔脱力达到 50 kN、达不到 100 kN 时,宜采用四锚杆悬挂板悬挂方式,轨道可选择每根 2.4 m 规格;当运载单件质量大于 25 t,且锚杆拉拔试验的拔脱力达到 100 kN 时,宜采用四锚杆悬挂板悬挂方式,轨道可选择每根 1.8 m 规格;当运载单件质量大于 25 t,

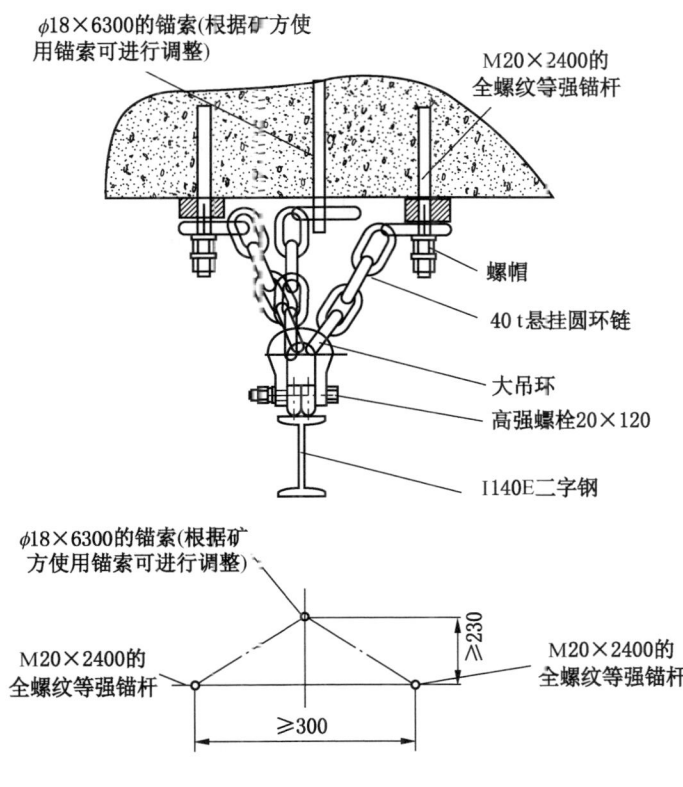

图 4-30 锚杆锚索配合悬挂方式

但锚杆拉拔试验的拔脱力达不到 100 kN 时,需工程技术人员经计算后确定悬挂方式,并应征求制造单位的意见建议。

① 双链四锚杆悬挂板悬挂方式,如图 4-31 所示。其适用范围广,几乎适用于锚杆支护的所有巷道,但施工比较费工,费用较高。

采用双链四锚杆悬挂方式,锚杆应采用全螺纹等强锚杆,锚杆锚固力要求不小于 90 kN,锚杆直径不小于 M20,长度不小于 2000 mm。悬挂偏角 α 角度范围在 10°~30°之间,两条吊链的夹角尽量一样大小,相差不超过 2°,但在斜坡上悬挂时,悬挂偏角 α 的角度值必须大于巷道的坡度 2°以上。悬挂链条应选用 φ18 mm×90 mm 或 φ18 mm×70 mm,悬挂链的破断力不低于 250 kN。

② 双专用 U 型环悬挂方式,如图 4-32 所示,此悬挂方式施工简单,费用较双链四锚杆悬挂方式相比稍低一些。

双专用 U 型环悬挂方式采用的全螺纹等强锚杆的锚固力要求不小于 150 kN,锚杆直径不小于 M22,长度不小于 2200 mm。悬挂偏角 α、悬挂链条规格、强度

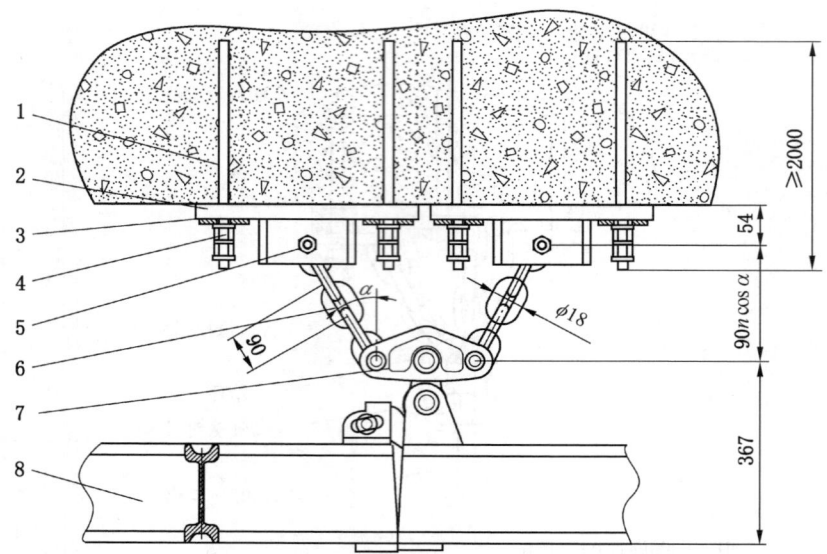

1—全螺纹等强锚杆；2—专用悬挂板；3—专用垫块；4—双螺母；
5—高强螺栓 M20×100；6—悬挂链条；7—U 型吊环；8—I140V 轨道；n—链环数

图 4-31　重型轨道双链四锚杆悬挂方式

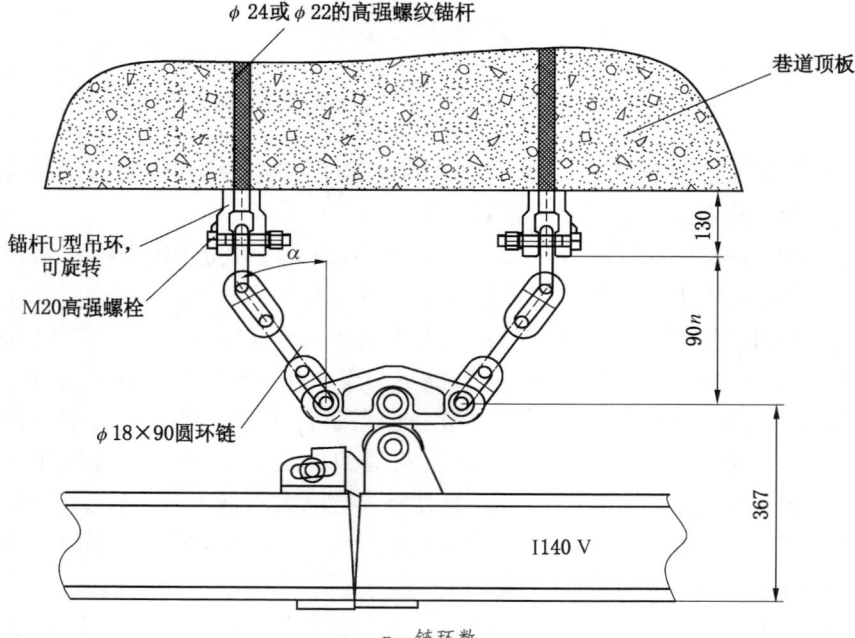

n—链环数

图 4-32　双专用 U 型吊环悬挂

要求与双链四锚杆悬挂方式一致。专用 U 型环和锚杆之间的螺纹的拉拔强度不小于 150 kN。专用 U 型环上的销轴或高强螺栓破断拉力不小于 250 kN。

3) 弯轨轨道的悬挂方式及要求

在顶板使用锚杆固定时，如果是水平弯道，水平弯道应采用双链悬挂方式，如图 4-33 所示。悬挂时斜链与铅垂线的铅垂偏角在 15°~30°之间，下轨道接头轨缝不得超过 3 mm，40 t 链条与顶板空隙为 10~30 mm。

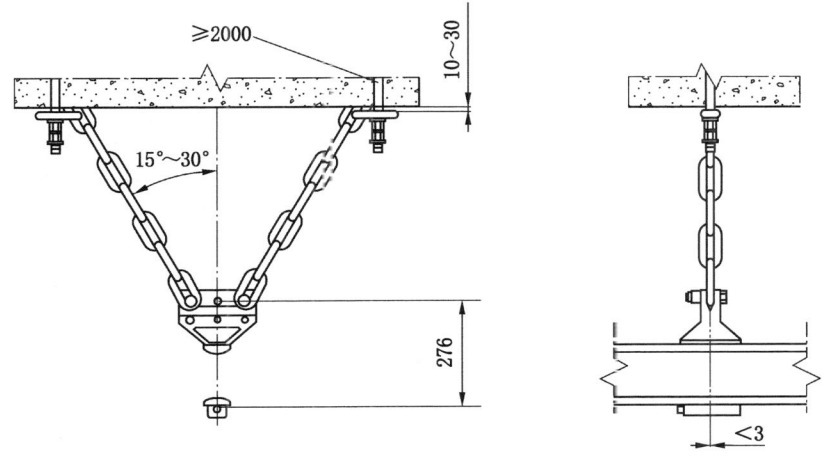

图 4-33 水平弯道双链悬挂方式

弓弯道悬挂时，一般在垂直方向上，两节相邻轨道的摆角最大不得超过 6°，轨道长度一般选取 1 m/根或 1.5 m/根，如图 4-34 所示，轨道接头和水平弯道一样，一般采用双链悬挂方式。

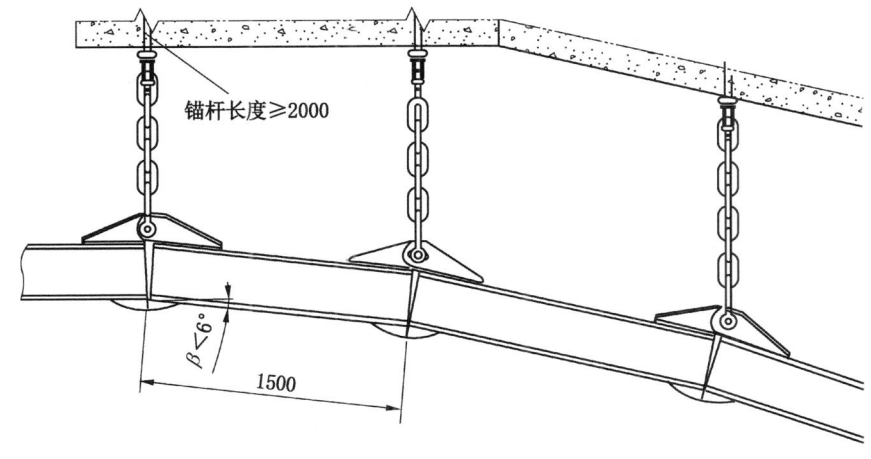

图 4-34 弓弯道双链悬挂方式

底弯道悬挂时,一般注意轨道接头处转角小于 6°,如图 4-35 所示,轨道长度一般选取 1 m/根或 1.5 m/根,轨道接头和水平弯道一样,一般采用双链悬挂方式。

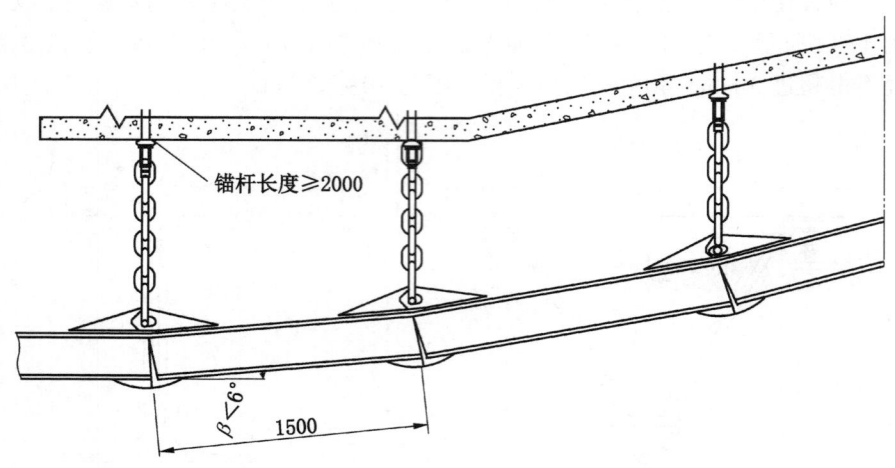

图 4-35 底弯道双链悬挂方式

3. 架棚悬挂轨道的要求

采用架棚支护的巷道,可以使用工字钢或 U 型钢结合吊链的方式,进行单轨吊轨道的悬挂、安装,即架棚悬挂。架棚悬挂的要求包括工字钢或 U 型钢架棚的安装要求、轨道架棚悬挂方式及架棚悬挂要求。

1) 架棚的安装要求

架棚一般包括梯形架棚、U 型架棚两种方式。无论采用哪种方式,架棚只能用于悬挂单轨吊轨道使用,不得用于巷道支护。

悬挂轨道的架棚安装时,应严格按照图纸施工,保证架棚与巷道底板垂直,与顶板及巷帮贴合。安装后,应做 100 kN 预定集中载荷试验,试验过程中架棚不得失去可缩性和产生塑性变形,并应能可靠支撑围岩压力。架棚安装间距一般需根据现场情况确定,在选型设计中明确。架棚之间应设纵向拉杆,以防止架棚倒伏。

2) 轨道架棚悬挂方式

轨道架棚悬挂包括轻轨悬挂和重轨悬挂。轻轨架棚悬挂常见的有单链、双链专用卡悬挂及链条捆绑悬挂 3 种方式,分别如图 4-36 至图 4-38 所示。

重轨架棚悬挂一般使用双链缠绕的方式,如图 4-39 所示。

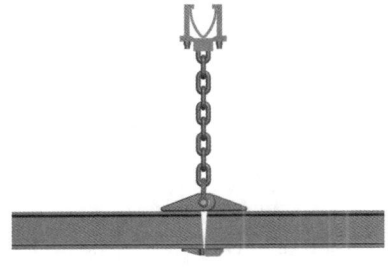

图 4-36 单链专用卡悬挂方式

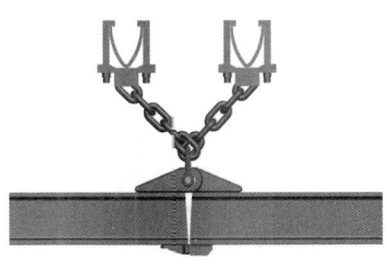

图 4-37 双链专用卡悬挂方式

图 4-38 链条捆绑悬挂方式

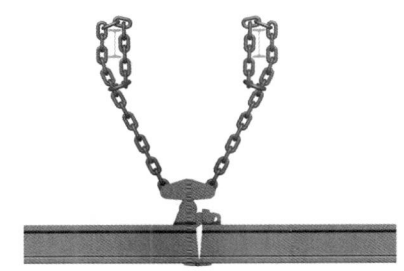

图 4-39 双链缠绕悬挂方式

3) 架棚轨道悬挂及其要求

轻轨、重轨的架棚悬挂方式不同，悬挂要求也不一致。根据现场安装经验总结，对以下几种情况应予以高度重视。

(1) 轻轨架棚悬挂。轻轨 U 型棚的架棚悬挂常用的有单链专用卡、双链专用卡及链条捆绑 3 种悬挂方式，链条捆绑一般是双棚头方式，但也有单棚头的悬挂方式，悬挂时注意悬挂链和铅垂线应满足以下要求：

① 轻轨 U 型架棚双链专用卡悬挂方式的悬挂如图 4-40 所示，悬挂时圆环链与铅垂线的夹角最大不得超过 30°。

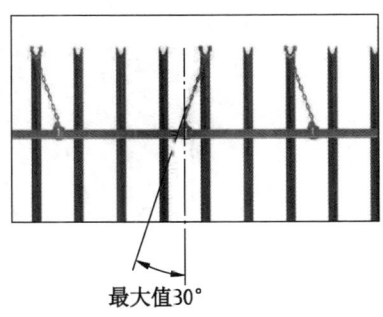

最大值30°

图 4-40 U 型棚双链专用卡悬挂及角度要求

② 轻轨 U 型架棚双链缠绕式悬挂方式如图 4-41 所示，悬挂链与铅垂线的夹角最大不得超过 30°。

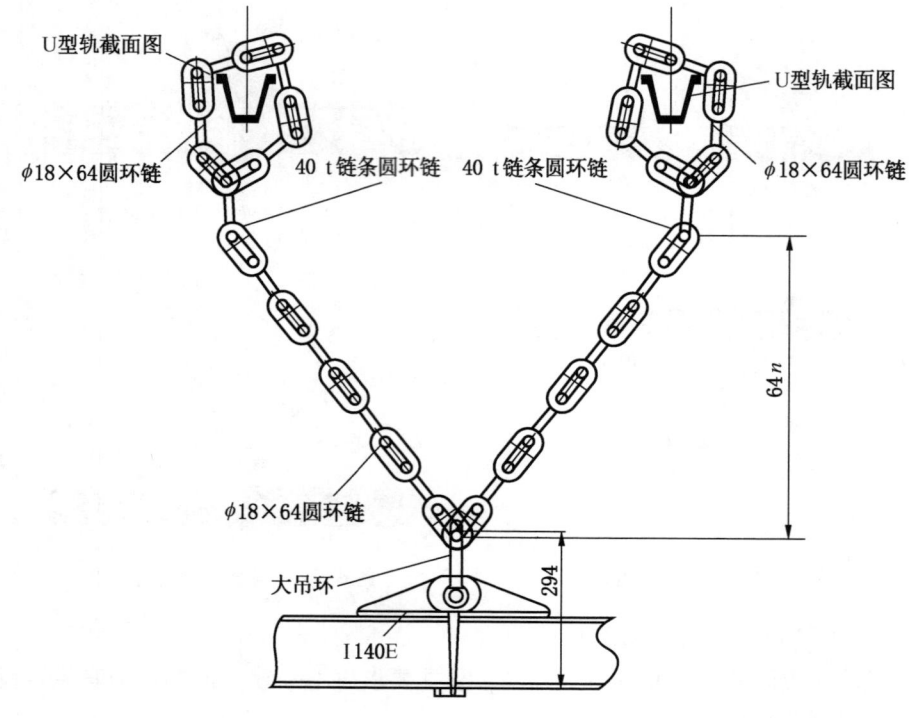

图 4-41　轻轨吊链缠绕式悬挂

③ U 型架棚单棚头双链悬挂方式如图 4-42 所示，悬挂时链条与垂线之间的夹角最大为 60°。

图 4-42　U 型棚单棚头双链悬挂

轻轨梯形架棚悬挂一般采用工字钢、吊链固定方式。具体要求是在工字钢支护巷道中，将采用矿用工字钢（不小于1.2 m）制作的短梁沿巷道方向固定在两棚头之间，采用U型卡子固定在棚头上，吊链固定在短梁上，再用吊链悬挂轨道。当轨道悬挂点正处于棚头下方时，可将吊链直接固定在棚头上，但也应对棚头采用加固措施，防止倒棚。

梯形架棚悬挂时，必须用联棚器把棚腿连在一起，棚头用撑木撑实，每2 m敷设双棚，在棚头顶部穿上11号短工字钢，悬挂链绕过短工字钢悬挂，短工字钢之间用钢丝绳与绳卡连在一起，如图4-43所示。

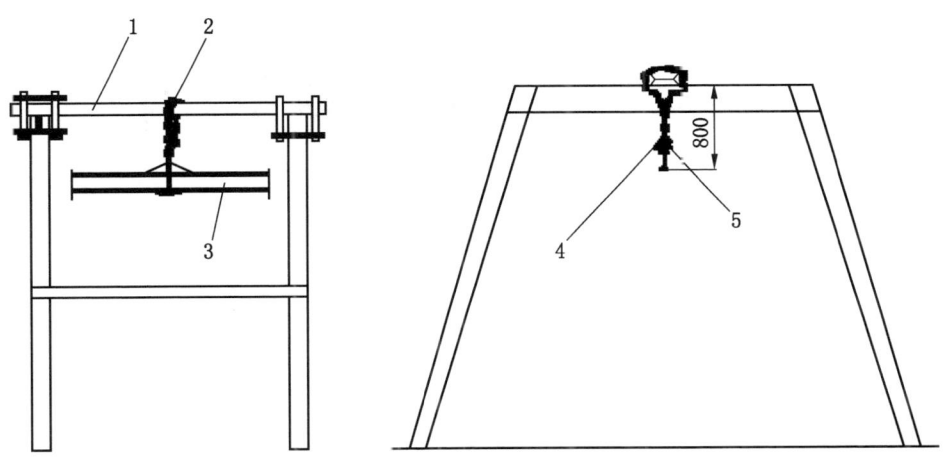

1—梯形棚；2—40 t链条；3—I140E轻型轨道；4—高强螺栓；5—U型吊环

图4-43 梯形棚的悬挂方式

（2）重轨架棚悬挂。重轨架棚悬挂一般仅适用于U型棚。重轨U型棚架棚悬挂有两种方式，即U型棚专用悬吊钩悬挂和链条缠绕式悬挂。

U型棚专用悬吊钩悬挂如图4-44所示，一般用于U型棚支护的巷道。U型棚专用悬吊钩为专用件，需专门制作，破断拉力一般不低于200 kN。悬挂圆环链一般选用φ18 mm×90 mm或φ18 mm×70 mm，强度应不低于250 kN。

链条缠绕式悬挂如图4-45所示，用于U型棚支护的巷道。悬挂圆环链缠绕后用40 t圆环链、U型环连接在一起，螺栓强度最低要求8.8级，规格一般为M20×75 mm。悬挂圆环链一般选用φ18 mm×90 mm或φ18 mm×70 mm，强度不低于250 kN。

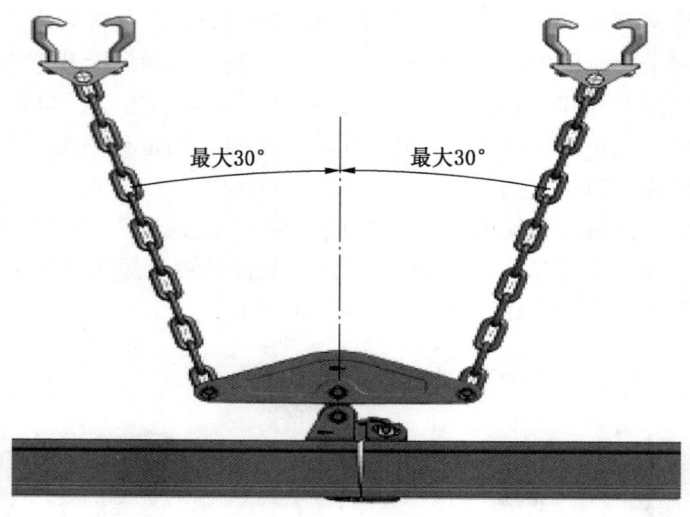

图 4-44　U 型棚专用悬吊钩悬挂

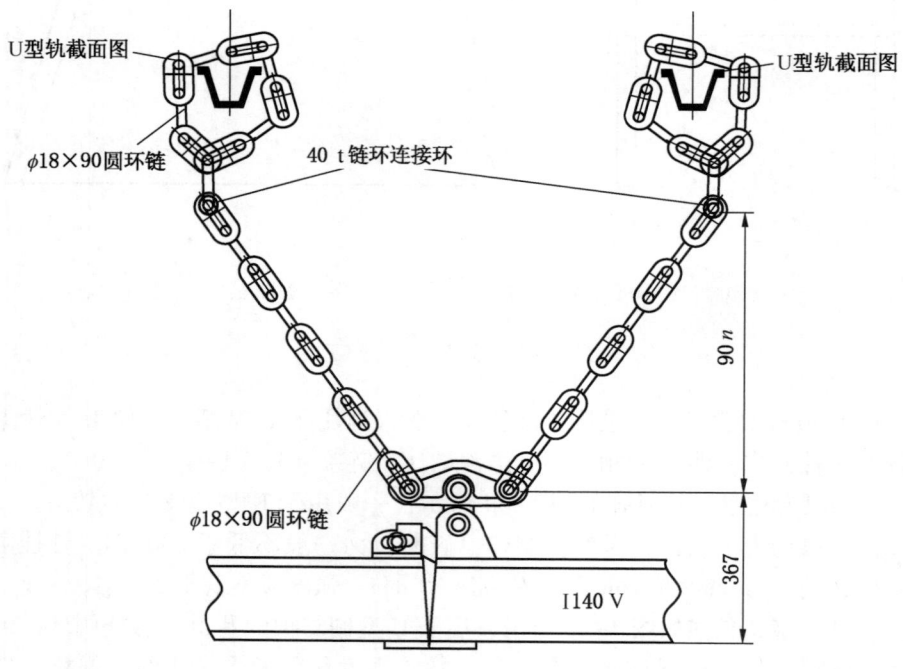

图 4-45　链条缠绕式悬挂

（3）架棚悬挂的其他注意事项。在 U 型架棚悬挂轨道时，为避免出现拐点，必须在轨道纵向中心线上选择悬挂点，偏出中心线敷设则为不合格，如图 4-46 所示。

图 4-46 悬挂点偏离轨道纵向中心线不合格场景

安装轨道时，一定注意使安装方向对着凸块方向，如图 4-47 所示。

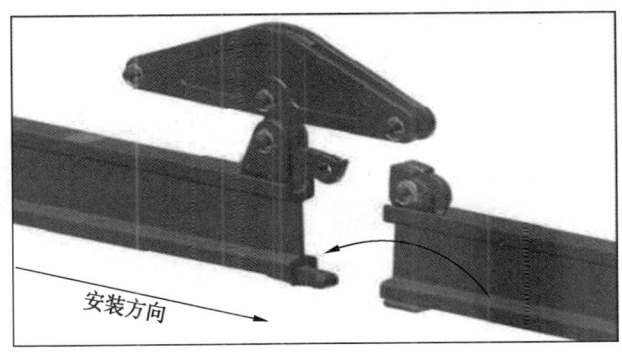

图 4-47 轨道安装方向

在倾斜的巷道中，注意轨道安装方向应对应上坡方向，如图 4-48 所示。

平巷或者斜巷重轨轨道悬挂时，摇臂中轴线与链条的角度一定要保持最大不超过 30°，如图 4-49 所示。且两边的角度一定要保持一致，否则可能导致受载不均。

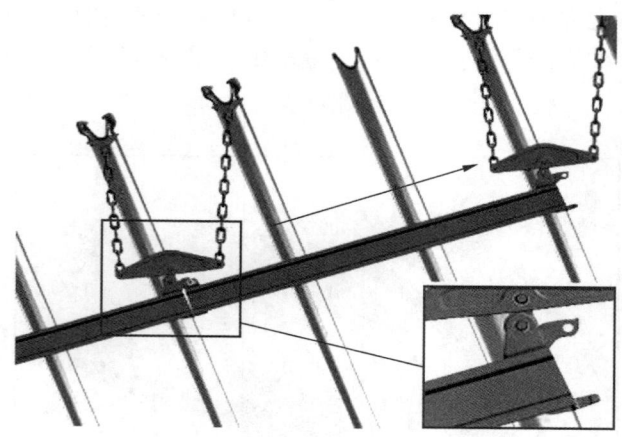

图 4-48 安装方向图

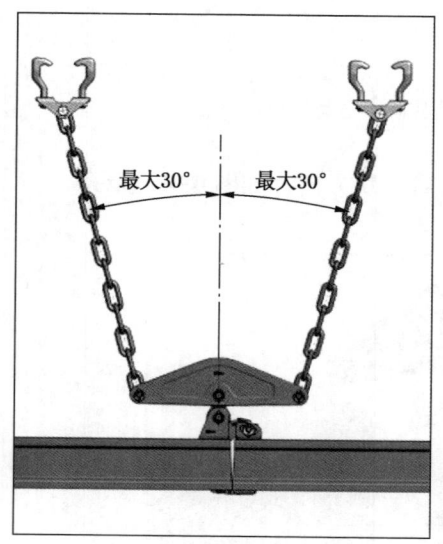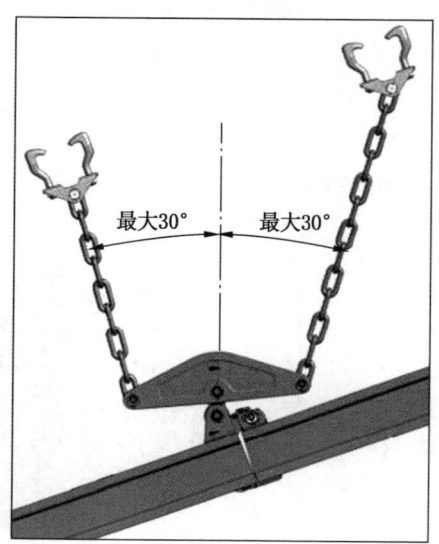

图 4-49 重轨摇臂中轴线与链条的角度

斜巷倾角较大时，轨道悬挂应注意摇臂不能和轨道产生碰撞，悬挂角 β 必须大于 90°，如图 4-50 所示，这样才不会造成摇臂与轨道碰撞的现象。

4. 轨道悬挂的其他特殊要求及注意事项

单轨吊轨道安装施工中，在注重上述常见情况的基础上，还应注意一些特殊情况下的特殊要求及注意事项。

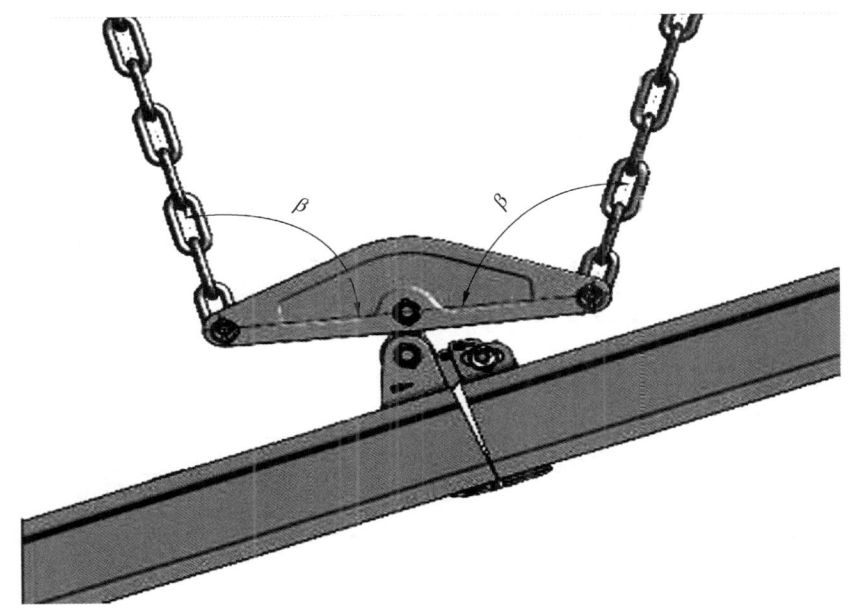

图 4-50 斜巷中防止摇臂与轨道碰撞的悬挂要求

1) 轻轨悬挂

轻轨直轨悬挂时,轨道间垂直方向悬挂夹角一般应在 2°~6° 之间,轨道水平方向偏移角度不得大于 1°,如图 4-51 所示。

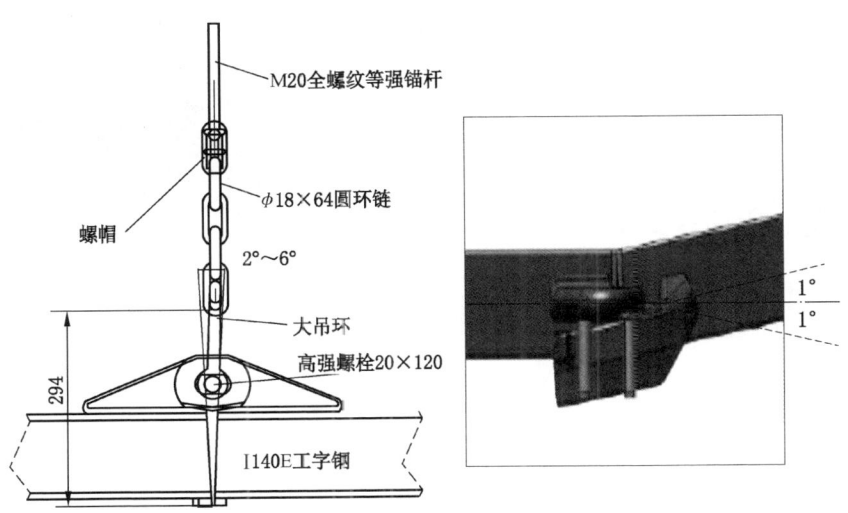

图 4-51 轻轨直轨悬挂弯曲度图

在有坡度的巷道中施工时，悬挂圆环链要沿巷道坡度方向布置，悬挂链条与重力方向夹角应在 4°~10°之间，如图 4-52 所示。

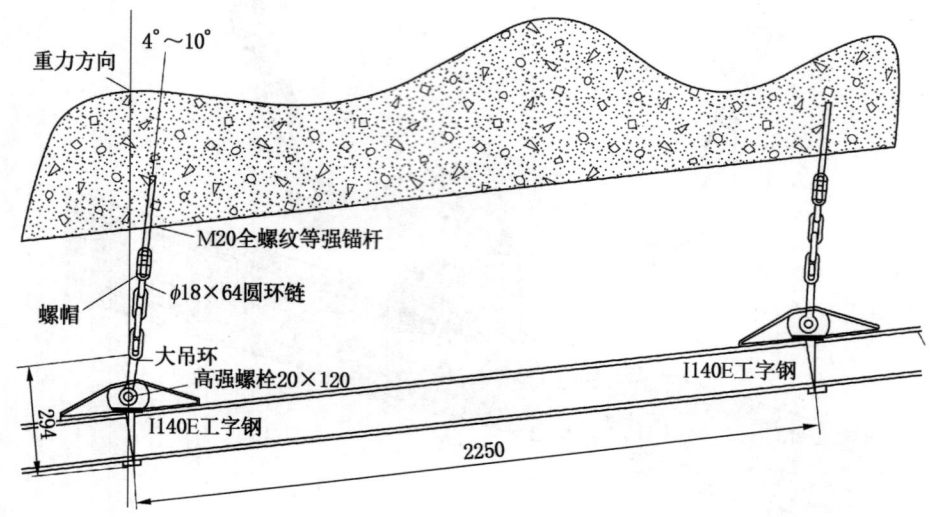

图 4-52　斜巷悬挂链纵向角度示意图

轻轨直轨、弯轨连接时，接头处轨道承受的水平方向力一般不超过 60 kN，垂直方向力一般不超过 50 kN，如图 4-53 所示。

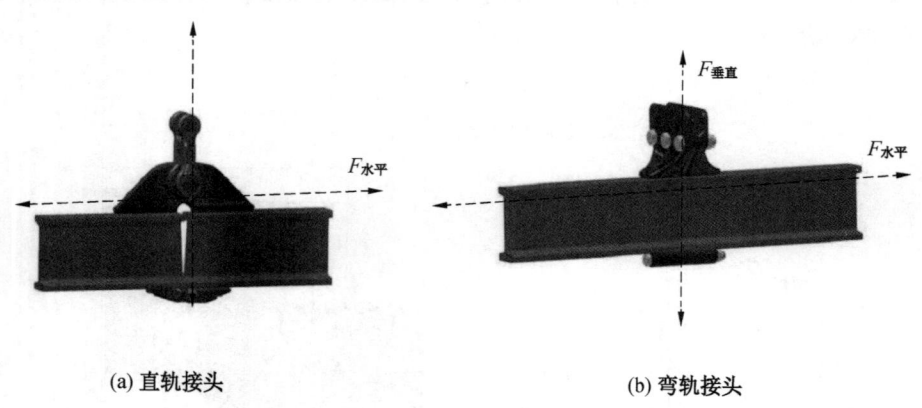

(a) 直轨接头　　　　　　　　(b) 弯轨接头

图 4-53　轻轨接头处轨道受力图

2) 重轨悬挂

重轨直轨、弯轨连接时，接头处轨道承受的垂直方向力最大不超过 100 kN，水平方向力最大不超过 90 kN，如图 4-54 所示。

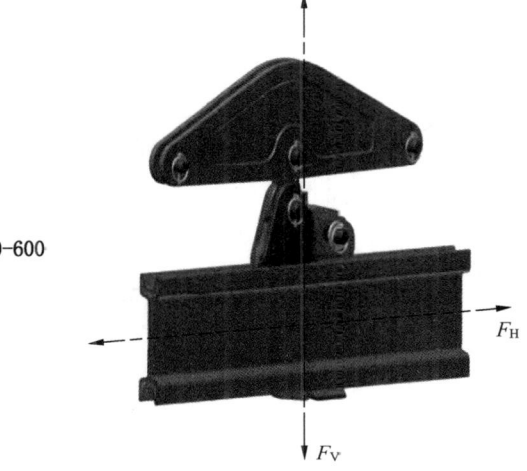

图 4-54 重轨接头受力图

重轨轨道敷设时,垂直方向轨道最大夹角为 5°,水平方向最大夹角为 1°,如图 4-55 所示。

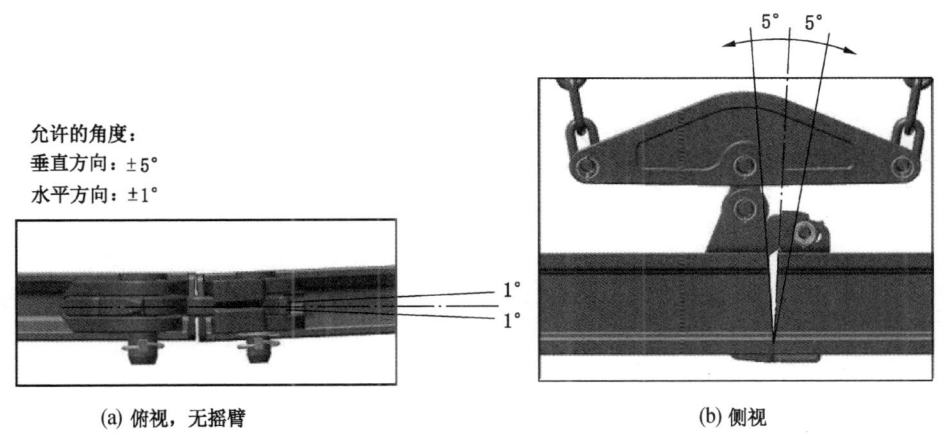

(a) 俯视,无摇臂　　　　　　　　　(b) 侧视

图 4-55 轨道敷设的夹角示意图

3) 其他悬挂的注意事项

轨道悬挂时,斜巷建议轨道每隔 5 根轨道应增加一处 X 型拉链,平巷 10 根轨道增加一处 X 型斜拉链(具体以实际工况为主),或者斜巷轨道每隔 3 根轨道增加一处横拉链,平巷 5 根轨道增加一处横拉链(具体以实际工况为主),在转弯处每根轨道连接处都应设置一处横拉链,横拉、稳固示意图如图 4-56 所示。

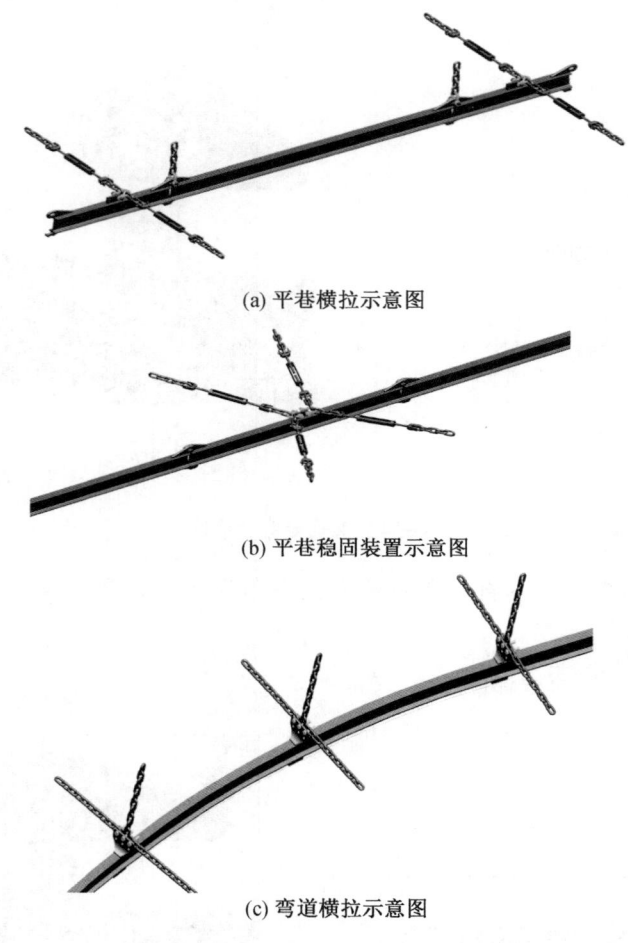

(a) 平巷横拉示意图

(b) 平巷稳固装置示意图

(c) 弯道横拉示意图

图 4-56　轨道横拉、稳固装置示意图

钢丝绳牵引单轨吊安装时，注意托压绳轮每 5 m 安装一组，弯道轮组需连续布置，变坡点前后应增加托压绳轮组的数量，增加的数量以钢丝绳出绳圆顺、不摩擦轨道及顶板为原则。

(二) 轨道系统的安装施工流程

单轨吊轨道系统的安装施工，应参照单轨吊系统选型设计和安装施工组织设计，编制具体的轨道系统安装施工流程，绘制轨道系统安装施工流程图。轨道系统安装施工流程一般包括准备、实施和验收三个阶段，流程图如图 4-57 所示。

1. 施工准备阶段

施工准备阶段的工作，主要包括技术、材料、组织、措施的准备以及技术培

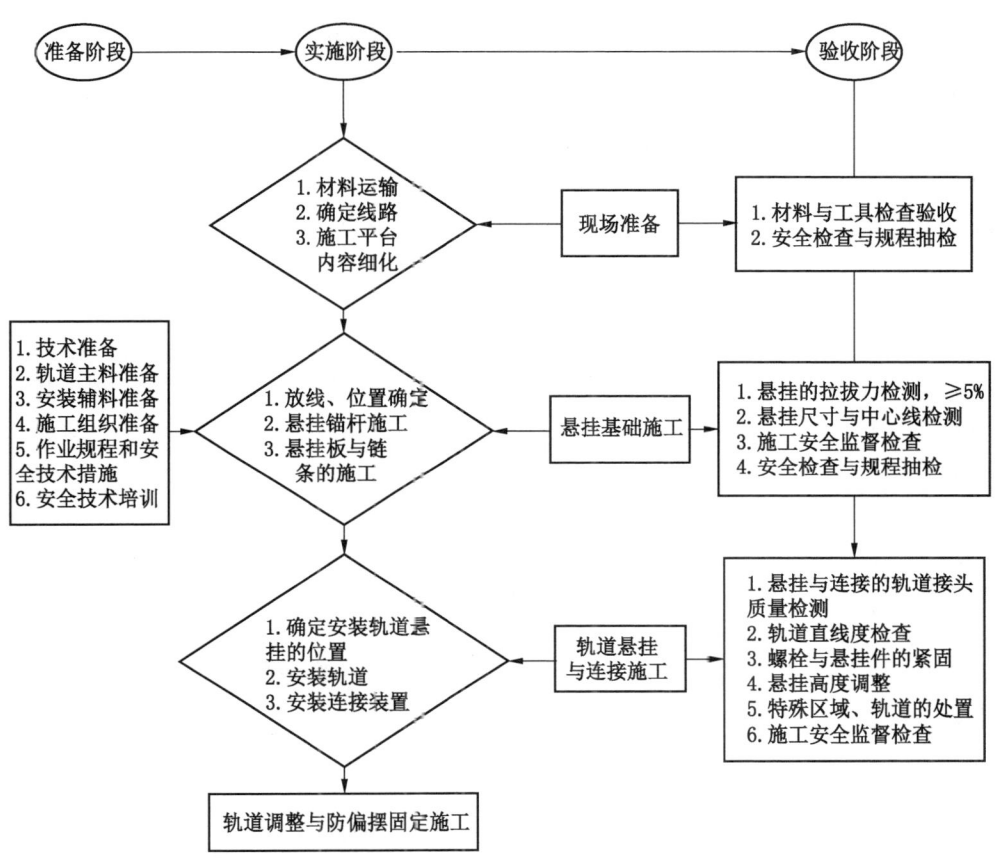

图 4-57 单轨吊轨道系统安装施工流程图

训等。

(1) 技术准备。主要包括各类轨道、悬挂组件等的技术资料，悬挂技术方法、特殊情况下的技术措施等的准备，为轨道悬挂奠定技术基础。在单轨吊施工的筹备阶段，需要深入研究相关的技术标准和规范，确保施工过程符合国家和地方的法规和标准。同时还要明确施工方案和设计图纸，包括轨道布局、吊车选型、供电方案等关键环节。

(2) 轨道主料准备。按照选型设计的要求，对包括各类轨道、道岔、阻车器、锚杆锚索、圆环链等的主料进行准备。轨道主料是单轨吊施工的核心组成部分。根据设计要求需要确认质量合格的轨道梁、轨道支撑、轨道连接件等主要材料。在进场时，应对这些轨道主料进行严格的质量检查和验收，确保它们符合设计要求和施工规范。同时，还要根据施工计划，合理安排轨道主料的进场和储存,以确保施工进度不受任何影响。

(3)安装辅料准备。除了轨道主料外,还需要提前采购和储备施工辅料。这些辅料可能包括螺栓、螺母、垫圈、绝缘材料等。确认材料分类存放并精心管理,以避免混淆和损坏。同时定期检查辅料的库存情况,及时补充消耗品,以确保施工过程不会因材料短缺而受到影响。

(4)施工组织准备。在施工前,应明确施工队伍和人员配备,并制定详细的施工进度计划。通过组织召开技术交底会议可以确保每个参与人员都充分了解施工方案和安全技术措施。

(5)编制施工作业规程和安全技术措施。施工作业规程应对施工现场的施工过程、工艺、方法、安全等方面的要求进行全方位规范,包括施工组织安排,如施工队伍、施工计划、施工方案、工作进度等;安全防护措施,如安全管理、消防安全、通风设施、现场警示、防护装置等方面的安全措施;施工工艺、质量要求,如施工工艺、验收标准、检测方法等;材料、设备的选用,如材料、设备的选用、配合和检验方面的规定;环保要求,如施工现场应遵守的环境保护要求、设备清洁验收等方面的规定。安全技术措施是指运用工程技术手段管控物的不安全因素和环境不安全条件,实现生产工艺和机械设备等生产条件本质安全化的措施,是施工组织设计中的重要组成部分,应根据安装施工的具体条件编制制定。

(6)安全技术培训。必须对所有参加安装施工的人员进行岗前培训,培训主要内容包括轨道安装施工作业规程和安全技术措施、高空作业安全操作规程、手持锚杆钻机安全操作规程及施工工艺流程等。应保证所有参与安装施工的人员应知尽知、应会尽会,严格按规定要求施工作业。

2. 施工实施阶段

在施工实施过程中,一般包括4方面的工作内容,一是现场准备;二是悬挂基础施工;三是轨道悬挂与连接施工;四是轨道调整与防偏摆固定施工。

1)现场准备

(1)材料运输。根据施工计划和需求,将所需的材料和设备运输到施工现场。考虑到施工现场的条件和运输需求,可以选择适当的运输方式(如矿车等)进行材料运输。同时,要确保运输过程中的安全和稳定,避免材料和设备损坏或延误施工进度。

(2)确定线路。在单轨道施工过程中,线路的确定是非常关键的。首先,要对施工地点进行勘测,了解地形、地貌、建筑物和其他障碍物的情况。根据这些信息,制定合理的线路方案,确保轨道的铺设符合工程需求。同时,要考虑到线路的坡度、曲线半径和桥梁等因素,确保运输工具能够安全、稳定地行驶。

(3) 施工平台内容细化。施工平台是单轨道施工过程中的重要组成部分，需要对其进行细化。首先，要确定施工平台的规模和位置，考虑到施工需求和现场条件。其次，要制定合理的施工流程和作业计划，确保施工平台的利用率和施工效率。同时，要注意施工平台的安全措施和环境保护，确保施工过程的安全和环保。

2) 悬挂基础施工

单轨吊轨道安装实施时，需要特别注意轨道安装位置、固定轨道、轨道接头、起重链条和安全措施等方面的事项，以确保安装的质量和安全，轨道安装前应按照技术部门所给定的安装中心标定悬挂轨道的悬挂点，安装悬吊具。然后安装轨道的作业人员戴上保险带站在工作台上，由外向里逐节安装，并保证轨道的直线度和水平度。在安装轨道组件的时候，把各个部件加以适当固定，以防滑脱。安装前应确定起吊点的平稳情况，确保人员站立在设备摆动范围外，使用专用合格紧固件，检查起吊用具安全系数。

(1) 放线、位置确定。确定单轨吊轨道的位置和方向。根据设计图纸和现场情况，使用测量工具和标记工具确定轨道的起点和终点，并标记出轨道的位置。根据放线标记，确定单轨吊轨道的位置。如果需要，可以使用模板或标记带进行标记。

(2) 悬挂锚杆施工。在确定的位置上钻孔，并将锚杆插入孔中。确保锚杆与轨道的方向一致，并使用锚固剂等将锚杆固定在孔中。

(3) 悬挂板与链条的施工。将悬挂板安装在锚杆上，并将链条穿过悬挂板。根据设计要求，使用螺栓或其他固定件将悬挂板与锚杆连接在一起。确保链条穿过悬挂板后，使用适当的固定件将其固定在轨道上。

3) 轨道悬挂与连接施工

轨道悬挂与连接施工时，固定轨道时使用专用紧固件将轨道固定在悬挂点上，确保轨道牢固可靠。轨道接头处确保轨道接头平整，水平偏差和垂直偏差均不得大于 3 mm。起重链条应确保起重链条与轨道方向一致，不得扭曲或偏斜。

(1) 确定安装轨道悬挂的位置。在需要进行物料运输的地点，确定悬挂单轨吊轨道的位置。通常需要考虑到运输物料的种类、大小、重量等因素，以及现场的环境和条件。

(2) 安装轨道。根据设计图纸和现场情况，安装单轨吊轨道。轨道的安装需要保证平直、稳固，并且符合设计要求。

(3) 安装连接装置。将单轨吊轨道与连接装置进行连接。连接装置需要按照设计要求进行选择和安装，确保其能够承受足够的载荷并且能够传递足够的牵引力。

此外，在安装过程中还需要注意以下几点：

（1）在安装前需要进行充分的准备工作，包括清理现场、检查零部件是否齐全、工具是否准备好等。

（2）安装过程中需要保证安全，特别是进行高空作业时，需要采取相应的安全措施。

（3）在安装过程中需要保持耐心和细心，特别是在进行精密操作时需要避免出现误差。

（4）在安装完成后需要进行测试和调试，确保单轨吊轨道悬挂能够正常工作。

4）轨道调整与防偏摆固定施工

单轨吊轨道安装时应及时调整，应有轨道防偏摆固定施工措施，尤其是倾斜巷道、拐弯巷道等应严格按照轨道安装的要求增加横拉、稳固等装置来保证轨道的防偏摆。

3. 施工验收阶段

施工过程中和施工结束后，均应该有每一阶段的验收工作。

在材料和设备运输阶段，应及时查验材料和工具是否齐全完备，针对重要的材料应该有安全检查和抽检工作。

在悬挂基础施工过程中，应结合有关悬挂要求和轨道悬挂的要求进行验收，比如锚杆锚索的拉拔力试验，悬挂尺寸的偏差检测，保证及时纠正问题。

在悬挂装置和轨道的安装阶段，主要注意悬挂与连接轨道接头的质量，轨道直线度的检查、链条和锚杆连接板的紧固及一些特殊区域的检查。

轨道调整与防偏摆固定施工阶段，主要应检查调整的效果，防偏摆设施的正确性、有效性。

最后进行整体验收，整体验收应参照轨道安装质量的要求编制手册并进行逐一检查记录，完毕后将所有资料进行归档，完整轨道系统的验收。

（三）轨道安装施工顺序及技术方法

按照轨道施工顺序，采用科学、合理、有效的技术方法进行施工，才能保证工作有序、有效以及工作质量。

1. 施工顺序

轨道安装施工时，首先详细了解单轨吊运行巷道相关资料，清楚顶板岩层分布、岩性、巷道高度、巷道宽度、巷道坡度、岔口角度、转弯半径。结合机车运行所需高度、宽度、转弯半径组织矿方施工单位、使用单位、安全管理单位现场评审确定施工方案，签署轨道安装铺设告知书方可进行施工。

一般应执行以下施工工序：人工转运悬轨或道岔、施工工具、管路等→连接风水管路、施工工具→确定轨道安装中心线→打悬挂锚杆→安设悬挂托盘、螺帽及背帽和链条、螺栓等→安设轨道并加固定螺栓等→紧固各部位扣件→清理并撤除管路、工具等。

安装施工时，严格按照"由外向里"的顺序施工，如条件变化可根据现场情况调整施工方向，但应履行相应的批准程序。禁止多点同时施工，必须保证施工点有畅通的安全出口。

2. 施工人员及工具物料要求

安装人员一般6~8人为一组。安装前应进行岗前培训，认真学习高空作业安全操作规程、手持锚杆钻机及其他重要安装工具的安全操作规程。安装时一般分配2人在安装支架上安装锚杆锚索，4人在地面负责托举轨道，2人组装轨道。

安装工具主要包括细线、脚手架、手拉葫芦、高空作业安全带、20 t锚杆拉力机、气动锚杆钻机、锚杆、锚固剂、钻杆、扳手、轨道及附件。安装前需对轨道及附件检查，保证无质量问题。锚固剂、锚杆应符合相关规范要求，无质量缺陷。脚手架应可靠固定，气动锚杆钻机质量可靠无安全风险，手拉葫芦无质量缺陷。

3. 安装施工流程及注意事项

施工单位确定和学习了施工方案后，由施工单位进行锚杆、轨道安装，轨道安装时需从弯道、道岔处优先安装向两侧延伸。施工流程如图4-58所示。

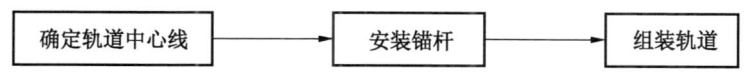

图4-58 轨道安装流程图

1）确定轨道中心线

轨道中心线需根据巷道宽度、高度、转弯半径结合运输要求确定（包含高度方向），确定中心线后安装防爆红外线指向仪（或采用细长线拉线确定）作为安装基准。

2）安装锚杆锚索

根据单轨吊系统选型设计和施工组织设计，确定安装锚杆或者锚索。

（1）锚杆安装。轻轨安装要求使用直径不小于ϕ20 mm的等强锚杆，长度不小于2200 mm。重轨安装要求使用直径不小于ϕ22 mm的等强锚杆，长度不小于2400 mm。

安装前，应核查锚杆厂家提供的锚杆检测报告。第一根锚杆安装后，使用锚杆拉力机做拉拔力测试，满足设计要求可继续安装。否则，应增加锚固剂长度、重新确定位置后安装，再进行重复测试，直到满足要求为止。其后，按照通过测试的方法，进行后续锚杆的安装。

安装过程中，特殊位置（如顶板破碎处）的锚杆都需做拉拔力测试，其余位置的锚杆每 100 根抽样 5 根做拉拔力测试。

根据悬挂方式，确定锚杆打眼位置。所有锚杆必须与顶板垂直，巷道顶板需与悬挂板配合良好（可采用垫板进行调节），悬挂板以下锚杆外露长度应不大于 150 mm，建议在 80~150 mm 之间。

锚杆安装时，需考虑轨道尺寸公差、测量误差、锚杆安装偏差造成的误差累积，建议锚杆安装与轨道组装同步进行，每安装 50 m 校准一次误差。

（2）锚索安装。锚索安装应严格执行前述的锚索安装要求。非必要情况下不要使用锚索，尽量选用锚杆或 U 型棚悬挂。禁止连续使用锚索悬挂，必要时需要与锚杆配合使用。

锚索锁具必须胀紧到位，防止锁具脱落，必要时应选用双锁具。

3）组装轨道

轨道安装包括轨道悬挂与连接，轨道悬挂时，插销应在安装方向，插座背离安装方向。

轻轨安装作业流程如图 4-59 所示，安装作业过程示意图如图 4-60 所示。

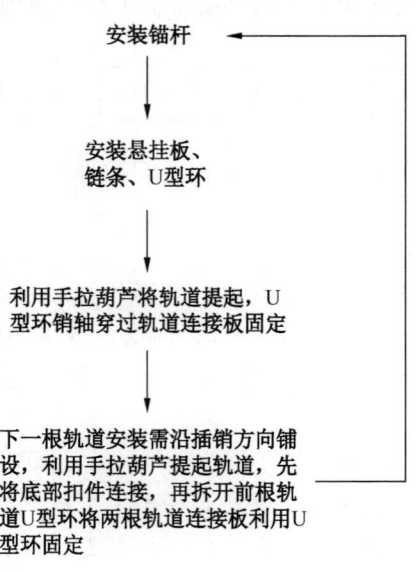

图 4-59 轻轨安装作业流程

(a) 安装锚杆

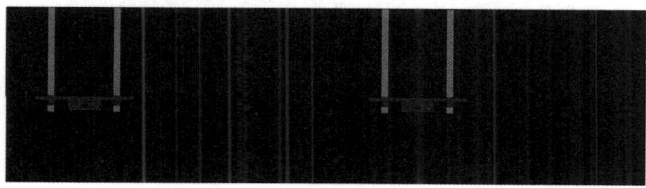

(b) 在锚杆上安装悬挂板

(c) 在悬挂板下安装圆环链

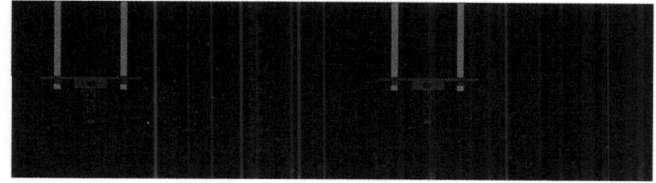

(d) 在链条下安装U型环

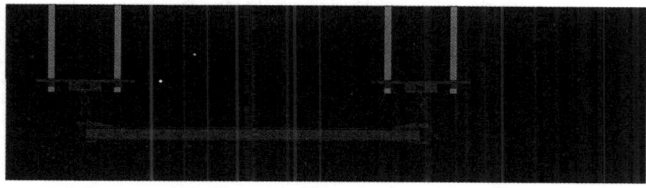

(e) 悬挂轨道

(f) 安装下一组悬挂基础

(g) 悬挂下一根轨道

(h) 连接好轨道

图 4-60 轻轨安装作业过程示意图

重轨安装作业流程如图 4-61 所示，安装作业过程示意图如图 4-62 所示。

安装锚杆

↓

安装悬挂板、
链条、摇臂

↓

轨道在地面上将插销端安装舌簧、"8"字
环，手拉葫芦将轨道提起，"8"字环与摇
臂相连，插座端用链条固定

↓

下一根轨道安装需沿插销方向铺设，在地面上将插销端安
装舌簧、"8"字环，用手拉葫芦将轨道提起，先将底部扣件
连接，再用舌簧销将舌簧与右耳相连，插座端与摇臂相连

图 4-61 重轨安装作业流程

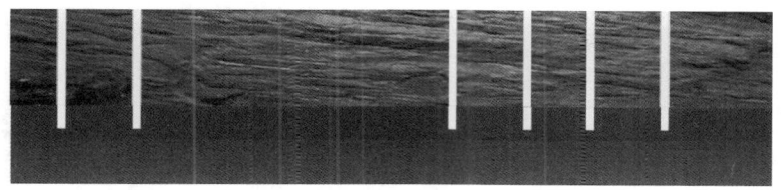

(a) 安装锚杆

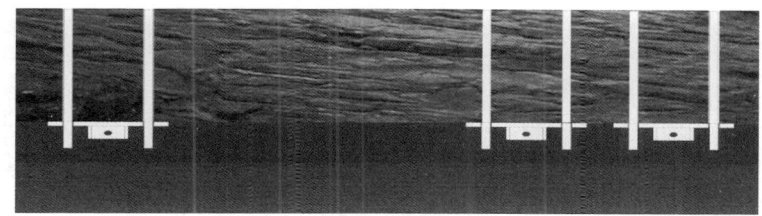

(b) 在锚杆上安装悬挂板

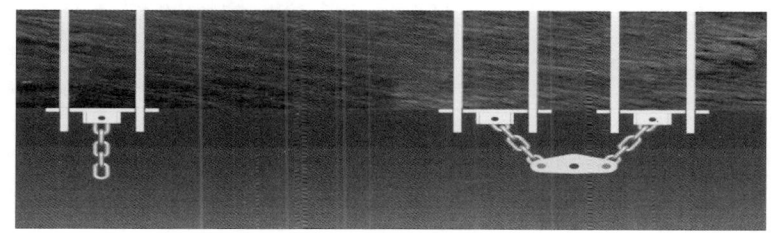

(c) 在悬挂板下安装链条、摇臂

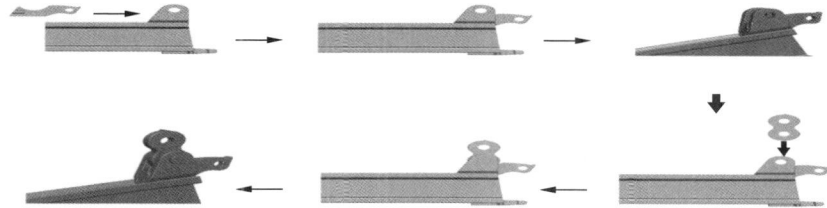

(d) 轨道本体上安装舌簧、"8"字环(地面)

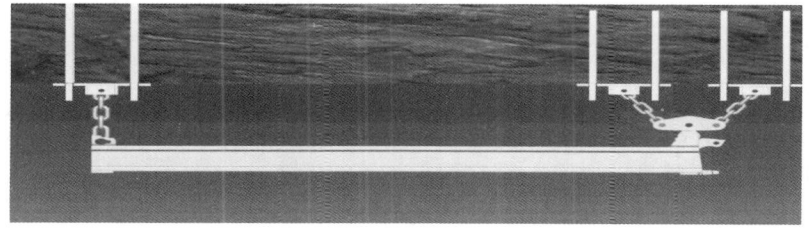

(e) 悬挂轨道

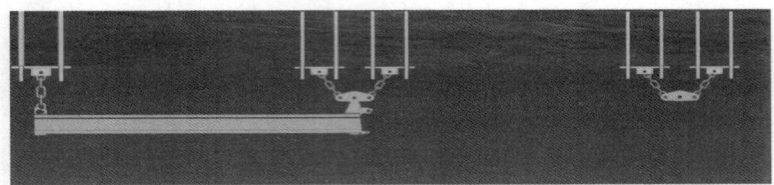

(f) 安装下一组悬挂基础

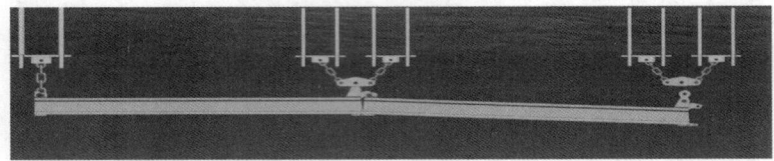

(g) 悬挂下一根轨道

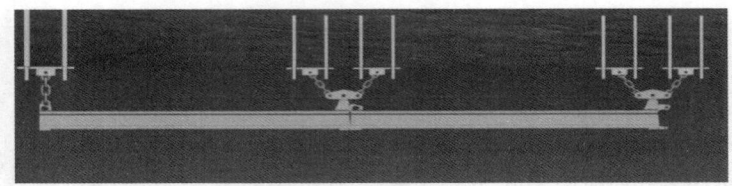

(h) 连接好轨道

图 4-62 重轨安装作业过程示意图

(四) 施工轨道铺设质量要求

轨道系统铺设质量对于系统建成、投运后的安全稳定运行具有基础性影响，必须按照有关质量标准要求，确保轨道铺设质量。

1. 直轨线路

直轨线路的铺设质量，应满足以下基本要求：

(1) 接头平整度。水平、垂直偏差均不得大于 3 mm。

(2) 线路方向。目视直顺，轨道无明显变形。

(3) 接头摆角允许偏差。水平不超过 3°，垂直不超过 5°。

(4) 下轨面接头轨缝不大于 5 mm。

2. 弯轨线路

弯轨线路的铺设质量，应满足以下基本要求：

(1) 接头平整度。水平、垂直偏差均不得大于 3 mm。

(2) 线路方向。目视直顺，轨道无明显变形。

(3) 接头摆角允许偏差。水平不超过 3°，垂直不超过 5°。

(4) 下轨面接头轨缝不大于 3.5 mm。

(5) 弯道曲率半径。由机车性能及巷道实际情况确定,满足设计要求。

3. 道岔线路

道岔线路的铺设质量,应满足以下基本要求:

(1) 接头平整度。水平、垂直偏差均不得大于 3 mm。

(2) 线路方向。目视直顺,轨道无明显变形。

(3) 接头摆角允许偏差。水平不超过 3°,垂直不超过 5°。

(4) 道岔岔尖结合处间隙不得大于 3 mm。

(5) 道岔锁定装置结合处间隙不得大于 3 mm。

4. 其他附件

悬挂轨道其他附件的铺设质量,应满足以下基本要求:

(1) 单根轨道垂直变坡角 α 不超过 3.5°,水平拐弯角 β 不超过 ±1°。

(2) 弯轨最小水平曲率半径 4 m,每节弧长不大于 2.5 m,弧长大于 1.6 m 时,应在其中点增设一吊耳。

(3) 轨道垂直转弯用直轨完成,最小垂直曲率半径 10 m。

(4) 水平弯轨及轨道与道岔连接处应用法兰连接。

(5) 同一线路必须使用同型号单轨,道岔单轨要与线路单轨型号一致,单轨接头间隙不得大于 3 mm,高低和左右允许偏差分别为 2 mm 和 1 mm。

(6) 悬挂紧固件应使用 10.9 级高强度 M20×115 mm 螺栓和 M20×95 mm 螺栓。

(7) 悬挂链环选用符合 GB/T 12718—2009《矿用高强度圆环链》标准的 ϕ18 mm×64 mm 及以上规格的高强度圆环链。

(8) 悬挂 U 型环、工字钢、U 型钢卡应为生产厂家设计制造专用配件,不可用其他产品替代。

(五) 安装验收

单轨吊系统的轨道线路安装完毕后,必须经过验收才可以进行单轨吊主机的安装。轨道质量验收的内容和方法,参照表 4-7 所列。轨道系统验收应注意以下事项:

(1) 在轨道第一次使用之前,要由用户指定的技术人员(单轨吊厂商或矿方专业技术人员)对其进行检验,确认是否符合有关准则及标准。

(2) 轨道铺设要求目视直顺,轨道无明显变形,如有轨道变形应重新打锚杆悬挂。

(3) 严格按照上述轨道敷设质量和表 4-7 中的要求,验收轨道接头间隙,如不满足要求应调整圆环链长度或增加垫板。

表4-7 单轨吊轨道线路质量标准

序号	项目		标准及要求	检查方法
1	总体要求		1. 轨道使用符合德国标准 DIN 20593 的专用钢轨道 I140E、I140V；同一线路使用同型号轨道，道岔轨道与线路轨道型号一致 2. 直轨长度≤3 m，过渡轨长度≤1.5 m；弯轨水平曲率半径≥4 m，每节弧长≤2 m，弧长≥1.5 m 时，应在其中点增设一吊耳；垂直弯轨曲率半径≥10 m，每节弧长≤2 m，弧长≥1.5 m 时，应在其中点增设一吊耳 3. 水平弯轨及轨道与道岔连接处应用法兰连接	查验资料 直尺测量
2	轨道悬挂		1. 轻轨安装要求直径不小于 φ20 mm（对应 M22）的高强锚杆，长度不小于 2200 mm。重轨安装要求直径不小于 φ22 mm（对应 M24）的高强锚杆，长度不小于 2400 mm 2. 安装前锚杆厂家提供锚杆检测报告，锚杆破断力不低于 10 t 3. 第一根锚杆安装后，使用锚杆拉力机做拉拔力测试，满足设计要求（一般不低于 100 kN）可继续安装，否则增加锚固剂长度，重新确定位置安装，重复测试。此后特殊位置（如顶板破碎处）锚杆需都做拉拔力测试，其余位置锚杆每 200 根抽样 5 根做拉拔力测试	目测和卷尺测量 检查检测报告 锚固力检测
3	轨道质量要求	直轨线路	1. 接头平整度。水平、垂直偏差均不得大于 3 mm 2. 线路方向。目视直顺，轨道无明显变形 3. 接头摆角允许偏差。水平不超过 3°，垂直不超过 5° 4. 下轨面接头轨缝不大于 5 mm	直尺测量 目测和角度尺
		弯轨线路	1. 轨道水平曲率半径：行驶单轨吊车时 R≥4 m，运输液压支架等大型设备 R≥6 m；垂直曲率半径≥10 m。方向符合要求，目视圆顺，轨道无明显变形 2. 接头平整度，上下左右偏差均≤2 mm 3. 接头平整度。水平、垂直偏差均不得大于 3 mm 4. 线路方向。目视直顺，轨道无明显变形 5. 接头摆角允许偏差。水平不超过 3°，垂直不超过 5° 6. 下轨面接头轨缝不大于 3.5mm 7. 弯道曲率半径。由机车性能及巷道实际情况确定，满足设计要求	直尺测量 角度尺测量

表 4-7（续）

序号	项目	标准及要求	检查方法
4	道岔质量	1. 每组道岔悬挂点不少于 4 个，均匀分布在道岔的悬挂点上，受力均衡；每个悬挂点应满足 ≥90 kN 预定集中载荷 2. 接头平整度。水平、垂直偏差均不得大于 3 mm 3. 轨道接头处摆角允许水平偏差 ≤3°，垂直偏差 7°；下轨面接头轨缝 ≤3 mm，上轨面接头间隙 ≤6 mm 4. 接头摆角允许偏差。水平不超过 3°，垂直不超过 5° 5. 道岔岔尖结合处间隙不得大于 3 mm 6. 道岔锁定装置结合处间隙不得大于 3 mm 7. 道岔控制宜采用气动控制方式 8. 道岔轨道无变形，活动轨动作灵敏，准确到位，闭锁可靠	目测检查 角度尺测量 直尺测量
5	安全设施与质量	1. 轨道终点应装设轨端阻车器 2. 道岔设置扳道位置闭锁装置 3. 设置安全警示标志 4. 司机经过技术和安全培训，符合规定要求	现场检查
6	悬挂与零部件	1. 悬挂紧固件使用 GB/T 5780—2016《六角头螺栓 C 级》M20×80~120，10.9 级高强度螺栓和 GB/T 6170—2016《2 型六角螺母》M20 螺母 2. 使用合金钢 U 型套环，使用前应进行 ≥150 kN 集中载荷抽样试验，安全系数 $n \geqslant 5$ 3. 工钢梯形棚支护可用顶梁或顶梁间加小短梁等方式悬挂轨道，棚梁防倒加固，其悬挂点 90 kN 预定集中载荷试验时，顶梁无塑性变形，顶梁与小短梁不松脱或变形，支护有力	目测 查验资料

（4）轨道安装结束后，应对每处安装的锚杆悬挂头与锚杆螺纹连接是否上全丝、锚杆悬挂头闭锁销是否松动、悬挂锚链是否拉紧、弯轨连接螺栓是否松动等进行检查，尤其是应对悬挂锚链是否拉紧进行重点检查。

（5）所有斜拉链和 X 型拉链最终以试车运行情况确定是否需要增加相关拉链。

（6）一定要清除不属于轨道上的其他部件、下悬的一些部件一定要在验收前从轨道上清理掉。

（7）单轨吊机车安装、运行前，须在轨道终端安装阻车器及 3 组防纵向张紧链条。

四、单轨吊机车安装施工

单轨吊机车是机电液一体化设备，零部件多，质量重，且涉及高空、起重等多项风险大的作业。正确进行机车的安装施工,既是保证施工安全、有序、有效的客观需要,也是安装投运后正常、稳定、安全运行的基本保证。

(一) 安装施工总体要求

在单轨吊系统的轨道安装过程中,需要根据不同的巷道环境和地形条件进行全面考虑,以确保轨道安装的稳定性和安全性。总体上,应满足以下要求:

(1) 单轨吊机车的安装环境应与轨道安装保持一致。施工作业时,一定保证巷道通风条件良好,甲烷等有毒有害气体不得超过《煤矿安全规程》规定的允许浓度;巷道支护完好,底板应平整;应清除巷道中的杂物,需要使用的设备、设施、材料等应按规定存放有序。

(2) 在安装单轨吊前,应对安装线路进行整体考核,设备安装的路线上应无明显障碍物,以保证设备正常安装施工。

(3) 设备安装时要事先检查轨道的质量,以免影响设备投运后的稳定运行。

(4) 安装过程中,应根据现场实际情况,在平巷段选择顶板完好、无淋水处进行安装。安装时,设备与巷道两侧的墙壁之间的距离应不小于 1.5 m,设备与顶板之间的距离应不小于 0.2 m。同时,设备与设备之间的安全间距也应符合《煤矿安全规程》等的相关规定。

(5) 设备安装前,应预先评估使用电焊、气焊或者喷灯焊接的必要性及其安全风险。必须使用电焊、气焊或者喷灯焊接时,应严格执行《煤矿安全规程》第二百五十四条的规定,必须根据安装的具体实施条件,每次作业前必须制定安全措施,并经矿长批准后方可进行作业。

(6) 蓄电池单轨吊安装时应设置充电硐室,以满足设备充电的需求。如果是锂电池单轨吊,还应该注意充电硐室的充电机是满足锂电池充电的专用充电机的要求。充电硐室的通风要求应符合《煤矿安全规程》的规定,以防止可燃气体和粉尘的积聚。同时,充电硐室内应设置灭火装置和防爆照明设施,以确保设备和人员的安全。

(二) 安装工作流程

安装前应依据施工组织设计编制安装的工作流程,依据单轨吊产品使用说明书的要求和步骤进行单轨吊的现场组装。一般单轨吊机车在出厂前,制造厂家都会依据巷道实际工况,将单轨吊组装后进行出厂前的调试和检验。在现场安装基本同于工厂装配流程,如图 4-63 所示。

1. 明确需要安装的设备

安装前,首先要依据图纸和技术资料核对单轨吊整机的型号是否正确,核实每一个部件是否匹配,核实完成后应对准备安装的每一个组件做好确认和安装标记。

第四章 矿用单轨吊的安装与调试

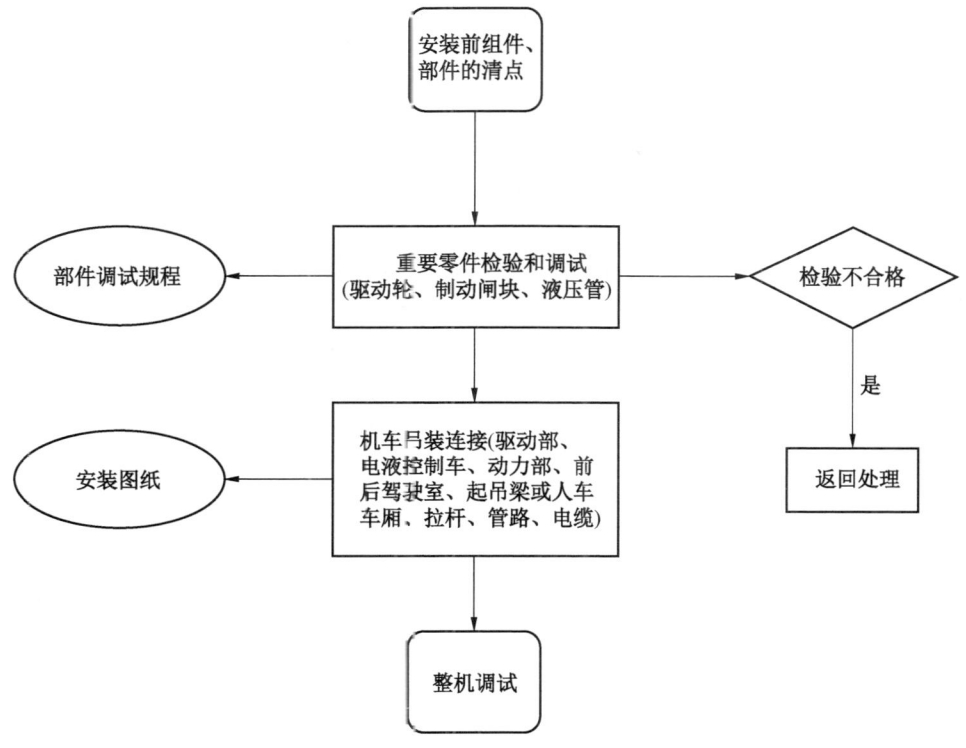

图 4-63 单轨吊机车安装流程图

2. 重要零件检验和调试

确认了现场单轨吊机车的组件后，应依据设计图纸和技术标准对现场零件和组件开展检查，比如驱动轮是否可以正常旋转，制动闸块是否破损或掉落，液压管路是否破损、漏液等，防爆电气有无影响防爆参数的磕碰等，检查后如果没有问题就可以开始安装工作。

3. 设备连接

零部件检验和调试完毕后，就可依据安装图纸开始对组件进行吊装。一般的吊装顺序是驱动车→承载小车及驱动部→电液控制车→驱动单元→司机室→拉杆。

以上所有部件吊装完毕后，开始在各组件之间用连接拉杆连接。应该注意，部分机车不同部位的拉杆长度是不一样的，安装时一定要按照图纸要求进行安装。

拉杆连接完成后，对液压管路进行连接。不同的液压管路可能也会有不同直径，安装时应严格按照图纸和施工组织设计的要求依次安装。

(三) 单轨吊机车安装步骤和技术方法

不同类型的单轨吊机车,工作原理不同,组成结构存在较大差异,安装步骤和技术方法也有差别。防爆柴油机单轨吊机车、防爆特殊型铅酸蓄电池（锂离子蓄电池）单轨吊机车、气动单轨吊车 3 种自驱式机车的安装步骤和技术方法大致相同,钢丝绳牵引单轨吊机车则存在较大差异。

1. 自驱式单轨吊机车的安装步骤和技术方法

防爆柴油机单轨吊机车、防爆特殊型铅酸蓄电池（锂离子蓄电池）单轨吊机车、气动单轨吊车 3 种自驱式单轨吊机车,虽然在驱动力和驱动方式上有所不同,但主要结构组件和防爆结构特征基本相同,安装的步骤和技术方法也大同小异。

以防爆柴油机单轨吊机车为例,其安装的具体流程如图 4-64 所示。安装的步骤和注意事项如下:

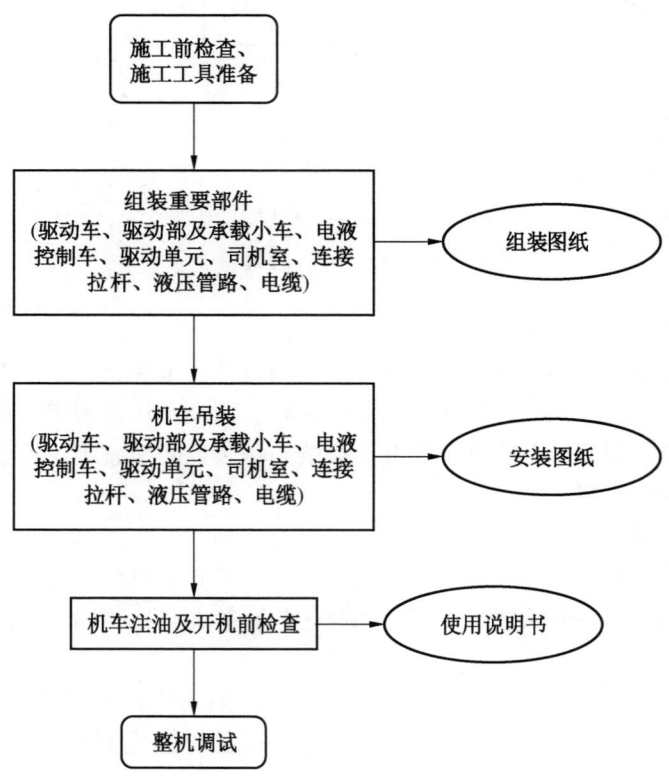

图 4-64 防爆柴油机单轨吊机车安装流程图

(1) 施工前，必须安排对施工现场的状况进行全面检查，将现场需要的工具全部准备妥当。

(2) 单轨吊机车组装的施工工序一般为：组装驱动车（配置为防爆柴油机动力单轨吊）→组装承载小车及驱动部→组装电液控制车→组装驱动单元（配置为防爆特殊型铅酸蓄电池单轨吊或者防爆锂离子蓄电池单轨吊）→组装司机室→组装连接拉杆→根据单轨吊机车的液压系统图、电气系统图接管线。

(3) 安装驱动车、电液控制车、司机室等时，用两个葫芦进行起吊，根据上述的方法进行安装。

(4) 安装起吊梁时，需要把已安装的轨道卸掉两节；把卸掉的轨道用人工搬运的方法穿到起吊梁的行走轮上；然后用两个手拉葫芦进行起吊，并和原接好的轨道进行连接；最后用绳索等工具拴在起吊梁上，用人力进行拉运。

(5) 在安装过程中，应将已连接到轨道上的部分设备与轨道用 40 t 锚链连接，以免该件在轨道上滑行。

(6) 设备组件按照图纸标示的先后顺序安装好后，把各个设备之间的油管根据图纸标示的位置进行连接。

(7) 注入柴油、液压油、机油，并给气包充压，压力达到 6.5~8 MPa，再对单轨吊机车启动。

(8) 单轨吊机车启动后，在开机状态下打开单轨吊上所有驱动装置上的紧急制动闸，并保持打开状态；将安装于制动闸间隙处的限位块去掉，保持制动闸闸片为松开状态；去掉时，注意手不得深入制动闸闸片或弹簧间隙中，以防挤手。

2. 钢丝绳牵引单轨吊机车的安装步骤和技术方法

钢丝绳牵引单轨吊机车因涉及绞车牵引系统，除主体外还涉及绞车、牵引钢丝绳和张紧装置、回绳轮、轮组等附属设施的安装。

1) 绞车房基础施工

根据设计方案和绞车房基础布置图，按照运输轨道中心线进行绞车房基础施工。地基混凝土基础尺寸，应按照绞车房基础布置图施工，基础应独立，不可与其他基础相连，以减少绞车运行时的振动，保证绞车固定可靠、运行稳定。

绞车房基础应与巷道底板连接牢固，如巷道底部的煤层较厚时，应在基础中加打底锚。尽可能选择平巷或坡度较小的巷道处布置绞车房基础，如在坡道上打绞车房基础时，基础上表面应保证水平。

2) 地脚螺栓孔施工

地脚螺栓孔可在浇灌绞车房基础时留出，按布置尺寸准确无误安好设备后，再用二次灌浆法将地脚螺栓灌入。

但需注意，在浇灌绞车房基础时，要预先留出准备二次灌浆的槽子，留足二次灌浆的空间。绞车房基础浇灌 5~6 天、混凝土凝固后，方可安装绞车和张紧装置等。

3）单轨吊机车安装

钢丝绳牵引单轨吊机车，可分部件依次安装，也可几个部件同时安装，主要根据单轨吊机车安装时投入的人力物力而定。但必须在水平的巷道中进行安装，以防受重力自行滑行造成事故。

4）绞车、张紧装置安装

如果绞车、张紧装置为解体下井，在解体时须做好标记，尤其是垫铁的对应标记。应在安装地点先进行组装，再利用手拉葫芦等工具，将其移动到绞车房基础的相应位置上，最后固定地脚螺栓。

张紧装置的配重必须叠加整齐，然后用螺杆或铅丝固定在托板上，之后安装防护网。

5）回绳轮安装

回绳轮安装时，可用压板固定在悬挂轨道上或悬挂轨道下部，也可用锚杆固定在巷道地面上或巷道壁上。

6）轮组安装

需要对牵引钢丝绳导向、控制等位置安装相应的轮组，包括压绳轮组、导绳轮组。轮组的固定方法类似矿用轨枕的安装，通过螺栓、压板固定在悬挂轨道的上沿之上。

（1）压绳轮组一般用压板、螺栓固定在悬挂轨道的上沿之上。在下列地点应考虑安装压绳轮组：

① 巷道的下凹变坡点。当变坡角度较大时，应保证压绳轮组的均匀安装。必要时，采取适当提升或降低悬挂轨道的方法，使变坡处平滑过渡，否则易发生跳绳现象。

② 水平弯道及其前、后。

③ 道岔前、后。

④ 当钢丝绳偏离轨道中心较少时。

（2）导绳轮组一般用压板、螺栓固定在悬挂轨道的下部，在下列地点应考虑安装导绳轮组：

① 张紧装置前端。

② 回绳轮安装在悬挂轨道下沿时。

7）钢丝绳插接、穿绳与预紧

单轨吊运输距离不太长时，尽可能选用一根钢丝绳。当一根钢丝绳不能满足长度要求时，钢丝绳之间要进行插接。插接要由熟练工人完成，插接长度不得小于钢丝绳直径的 1000 倍，插接后钢丝绳的直径误差不得大于绳径的 5%。

所谓穿绳，是将牵引钢丝绳与牵引车、绳轮、张紧装置、绞车滚筒等连接，并将绳头固定。穿钢丝绳时，先把钢丝绳放置在牵引车附近（牵引车尽可能靠近张紧装置），绞车滚筒应放在特制的平板车上或悬挂起来，以便拉绳时易转动；然后拉钢丝绳围绕悬挂轨道至回绳轮，穿过回绳轮后再拉到绞车处；钢丝绳头穿过一组张紧装置，之后按要求在绞车滚筒缠绕三圈半后，再穿过另一组张紧装置；经牵引车牵引板到绳端固定组件固定牢固，在牵引车端头且远离张紧装置的另一个绳头，经牵引车牵引板至储绳筒。布置钢丝绳沿途将钢丝绳放置到相应的压绳轮组当中。

穿绳完成后，应进行钢丝绳的预紧。预紧钢丝绳的预紧力，以运输最大重物时，张紧装置重陀不落地为宜。预紧钢丝绳前，应先检查钢丝绳在各部件中的位置是否正确。按下述方法将钢丝绳预紧：

（1）人工（或使用小绞车）将巷道中多余的钢丝绳存于牵引车处，慢慢将绳头送过牵引车牵引板后，用手摇柄转动储绳筒，将多余的钢丝绳按顺序缠绕到储绳筒上。

（2）5~10 t 手拉、气动葫芦一端固定在牵引车上，另一端固定在牵引车外的钢丝绳上，拉紧钢丝绳。

（3）当达到要求的预紧力时，把钢丝绳在牵引车上的固定装置固定牢固，并锁紧储绳筒。

8）轮系的调整

预紧钢丝绳后，根据钢丝绳的具体走向调整轮系的位置或方向，使轮系起较好的导向作用，但受力又不要太大，以钢丝绳不与轮架、钢轨等发生摩擦为准。

9）轨道的调整

根据牵引钢丝绳的走向调整轨道，不得使钢丝绳跳出各个轮组或摩擦轨道。

10）机车安全制动装置的安装

安全制动装置使用联轴节和连杆串联在牵引车之后，应注意列车前后牵引车各连接一个制动装置。

11）起吊梁的安装

使用气动葫芦或手拉葫芦将起吊梁拉起，连接在牵引座和连杆串联运人车之后。

12）电控系统安装

电控系统及通信的安装与调试，按产品使用说明书进行。将操作台、可逆真空电磁启动器布设在操作硐室内，也可根据实际情况布设在巷道两边。

根据巷道长度，每 150 m 左右设置一台双向中继放大器（钢丝绳牵引的机车一般会配置漏泄通信系统，现以无线通信系统为例进行说明）。

在机头、机尾处均应设置过卷传感器。机头设置在距离张紧装置 5 m 处，机尾设置在距离回绳轮 5 m 处的地点。

根据绞车与操作台、真空磁力起动器的距离，配置电机、制动闸电机电缆，电缆路线应尽量挂在巷道墙壁上，应有防碰、防砸保护措施。

按巷道长度，将漏泄同轴电缆沿运输方向挂在巷道壁上并延伸到回绳轮的位置，控制电缆按实际长度连接操作台和可逆真空磁力起动器，挂在硐室壁上，沿轨道按实际长度布置速度保护、过卷保护传感器电缆线，传感器到巷道壁距离要加保护管。

按照电气原理图、接线图，核实接线图版本是否和实际电控箱一致。注意接线图线号与实际接线柱编号是否一致，正确连接操作台、可逆真空磁力起动器之间控制线并接好操作台的电源。按照接线图正确连接漏泄同轴电缆线、过卷保护传感器线。正确连接速度保护传感器电源线和控制线，注意不要将电源线错接到控制线上。看清电源电压（AC 660V、AC 1140V 等），将电缆线穿过密封橡胶圈，通过喇叭口，正确接到电机、制动闸的接线柱上，并且要将对应的电压等级连接片调过来。可逆真空磁力起动器控制电源是 AC 660V 挡，还是 AC 1140V 挡，要与电源电压一致。

线路接好后，认真检查接线是否正确。将电机、制动闸电缆线喇叭口螺丝压紧，螺丝要露出 2~3 扣，接线盒隔爆面清理干净并涂上防锈油，不得碰伤隔爆面。将操作台隔爆面清理干净并涂上防锈油且不得损伤隔爆面，用螺栓紧固。安好所有电气设备接线盒。

应该注意，上述接线工作应由具备电气安装经验、具备资格、持证上岗的电钳工完成。

第三节　矿用单轨吊机车的调试与试运行

矿用单轨吊系统安装施工完成，必须经过调试满足设计要求、经过试运行满足安全稳定运行要求，并经验收合格后，方可正式投入运行。矿用单轨吊的调试和试运行的目的，是通过整机的全面试运转，检查主要性能参数是否达到设计要求；发现产品在生产制造、检验、安装过程中存在的问题和缺陷，及时纠正、予以完善；调整各组成设备的运行技术参数，以实现最优状态和最佳配合，确保单轨吊系统投入运行后能满足矿山需求并安全稳定运行。

一、调试前的准备

矿用单轨吊车安装完毕后,应编制调试作业规程、试运行方案与验收准则,做好调试前的各项准备工作,确保调试涉及的各项内容均能按质按量按时完成。

(一) 调试环境及条件

安装完毕待调试的单轨吊机车,应符合产品图样及设计要求;轨道系统必须经预验收合格,满足设计要求;测试使用的仪器设备必须符合国家计量相关规定,状态完好,示值清晰;参与单轨吊系统调试的人员应具备相关素质和技术能力,熟知所安装单轨吊的技术特点、安全技术要求和技术关键点、主要风险点,并具体负责调试数据的采集、记录、整理和分析。

进行静态试验的试验场地,应尽量选择在轨道平直悬挂的水平巷道,且巷道断面较大、无其他设备及设施材料,便于开展各种实际测试和模拟测试。

进行动态试验的试验场地,应选择巷道各项参数满足机车运行条件的地点。尽量选择满足单轨吊实际运行工况的爬坡段、150 m 直线段、4 m 半径水平拐弯段、6 m 半径水平拐弯段、8 m 半径水平拐弯段。调试场地应尽量封闭、无障碍物,并应远离高压供配电线路。

(二) 操作规程和作业指导书

操作规程是控制和减少安全事故的重要措施,正确的操作规程可以确保操作标准化,减少设备设施的损坏,防止由于不正确的使用方法导致的人身伤亡、财产损失等生产安全事故。作业指导书作为规定生产作业活动的途径、要求与方法的最细化和具体的操作性文件,可以确保工作或作业活动有章可循,使工作(作业)安全风险评估和过程控制规范化,从而保证全过程的安全和质量。

1. 操作规程

单轨吊机车调试的操作规程,应根据现场实际安装情况以及待调试机车的具体情况制定,一般应包括系统检查、调试步骤、异常处理、安全注意事项等主要内容。

1) 系统检查

检查单轨吊机车的各个部件是否安装正确,连接是否牢固。检查轨道安装是否牢固,轨道接头是否平整,水平偏差和垂直偏差是否符合要求。检查机车液压管路、电路连接是否正确,安全防护措施是否到位。

2) 调试步骤

应按以下步骤进行单轨吊机车的调试:

(1) 通电测试。接通电源,启动单轨吊机车,检查机车电源指示灯是否正常亮起。

（2）静态试验。先测试各功能是否完备，机车部件动作是否正常，司机室的信号灯等是否可以正确显示机车各状态；静态试验完毕后，再将机车运行至附近的动态试验场，开始空载和加载试验。

（3）空载试验。在不加载任何负载的情况下，让单轨吊机车在轨道上运行，检查运行是否平稳，是否有异常声响和震动。

（4）加载试验。逐渐加载试验力，并观察设备反馈信息，检查单轨吊机车是否能够承受设计负荷。

（5）故障排除、调整。在调试过程中，如发现故障，应立即停止试验，并排除故障或者调整设置。排除故障、调整到位后，再次进行加载试验，并记录试验结果。

（6）完成测试。测试结束后，关闭电源，并做好设备维护工作。

3）异常处理

当单轨吊机车出现异常情况时，应立即停止试验，并及时检查故障原因。对于较大的故障，应通知专业维修人员进行维修。在故障未排除之前，不得调试、使用单轨吊机车。

4）安全注意事项

调试过程中，应注意安全防护，佩戴防护用品，遵守设备使用规定，确保人身安全；不得随意拆卸和更改设备部件和线路。在操作单轨吊机车时，应保持平稳，避免急加速和急刹车。

2. 作业指导书

单轨吊机车调试时应根据待调试机车的具体情况，编制作业指导书。一般应包括目的、适用范围、作业准备、作业步骤、安全注意事项、常见故障及排除方法等主要内容。

单轨吊机车调试作业指导书一般应包括以下主要内容。

1）目的

本作业指导书旨在为单轨吊机车调试提供规范和指导，确保设备安全、稳定运行。

2）适用范围

本作业指导书适用于单轨吊机车的调试工作。

3）作业准备

准备工具和材料，主要包括电源线、万用表、扳手、梅花螺丝刀、钢丝绳夹、绳索卡子等。

检查机车，主要检查单轨吊机车的各个部件是否安装正确，连接是否牢固，检查电源连接是否正确，安全防护措施是否到位。

检查轨道系统，主要检查轨道安装是否正确，轨道接头是否平整，水平偏差和垂直偏差是否符合要求；检查起重链条是否与轨道方向一致，不得扭曲或偏斜。

4）作业步骤

作业指导书应明确具体的作业步骤，相关的步骤及要求应包括以下方面：

（1）接通电源。启动单轨吊机车，检查电源指示灯是否正常亮起。

（2）负载测试。逐渐加载试验力，并观察设备反馈信息，检查单轨吊机车是否能够承受设计负荷。

（3）静态试验。在此阶段应检查单轨吊机车的所有部件和系统是否正常工作。这包括电源系统、防爆柴油机系统、调速控制系统、液压系统、驱动部制动部等。静态调试时，保证在没有负载的情况下，设备或信号都能正常运行、显示。

（4）空载试验。单轨吊机车吊装在轨道上后，选择适合空载试验的巷道，一般包括平道、坡道两种巷道。在此阶段，应通过降速测试机车的行驶、制动、爬坡、下坡、吊装等系统是否正常工作。应密切关注每个系统的运行情况，以确保它们在空载条件下能够正常运行。

（5）加载试验。空载试验之后应进行加载试验。机车选择一定负载，然后进行行驶、转向、制动和提升等操作，以检查这些系统在负载条件下的工作性能。观察这些系统在不同负载下的表现，以确保它们能够承受所需的负载并正常运行。

（6）故障排除、调整。在调试过程中，如发现故障，应立即停止试验，并排除故障。排除故障后，再次进行加载试验，并记录试验结果。

（7）完成测试。测试结束后，关闭电源，在完成所有试验并记录了相关数据后应对单轨吊机车进行最后的检查和调整，确保其完全满足设计要求并准备好进行实际操作。

5）安全注意事项

（1）作业指导书中应明确调试过程中的主要安全事项，应包括以下方面，按下述及时排除：

① 检查电源连接是否正确。

② 检查电源电压是否正常。

③ 检查控制模块是否损坏。

（2）发现单轨吊机车运行不平稳时，按下述及时排除：

① 检查轨道安装是否正确。

② 检查轨道接头是否平整。

③ 检查起重链条是否扭曲或偏斜。
（3）发现单轨吊机车牵引力不足时，按下述及时排除：
① 检查电源功率是否足够。
② 检查负载测试是否按照规定进行。
③ 检查设备本身是否能够承受设计负荷。

（三）调试人员及工具

调试过程中应明确人员各自的职责以及操作人和监护人员的配备。调试前，所有参与调试的人员应接受调试安全操作规程的培训合格后方可操作，且在操作机器前必须认真阅读单轨吊调试安全操作规程和单轨吊调试作业指导书。调试常用工具应齐全，常用工具见表4-8。

表4-8 调试工具表

序号	工种	配备工具
1	钳工	内六角扳手、呆头扳手、内外径弹簧钳、铜棒、大锤、撬棍、登高梯
2	电工	平口手钳、尖嘴手钳、剥线钳、万用表、平口螺丝刀、十字花螺丝刀
3	其他人员	压力表、秒表、卷尺、经纬仪、激光测温仪、激光测距仪、激光指向仪、转速测量仪

（四）调试前检查

矿用单轨吊机车的调试应制定相关的安全措施，调试前应对机车及轨道系统进行全面仔细的检查。

1. 防爆柴油机单轨吊机车的检查

防爆柴油机单轨吊机车，主要应检查以下内容：
（1）检查整机装配记录大本，要求完整正确，装配检验记录齐全。
（2）检查隔爆开关箱电源通断手柄位置，应处于断开位置。
（3）检查液压油箱刻度，油缸应处于全缩状态，油面达油标最高刻度线的75%~100%。
（4）检查燃油箱刻度，油面达油标最高刻度线。
（5）检查发动机机油，以厂家说明书要求刻线为准。
（6）检查发动机散热冷却液，以产品使用说明书要求刻线为准。
（7）检查各连接销轴需润滑部位是否加注锂基润滑脂，要求从配合面溢出。
（8）检查液压系统、水系统是否有漏油、漏水现象，确保无污尘。检查管路系统，避免开裂及缠绕的危险。
（9）检查电气线路各线端是否有松动，电气元件是否有损坏。设备运行前，检查所有的连接处，液压接头和螺栓必须紧固牢靠，遗失的或漏装的零部件需装配完全。当有任一部件不在良好的工作状态时，不得启动电机。

（10）调试前，调试人员应分工明确，确保调试过程中指挥统一、人员各司其职、作业有序。

（11）检查发动机燃油系统、冷却系统、尾气处理系统、发动机机体结合面、接头、发动机与主泵、辅助各结合面无漏油。

2. 防爆蓄电池单轨吊机车的检查

对于防爆特殊型铅酸蓄电池单轨吊机车、锂离子蓄电池单轨吊机车，除应检查上述相关内容外，还应检查以下方面：

（1）检查每只蓄电池的电解液密度和电压，电解液密度应小于或等于1.3~1.1。若电解液密度高于规定，应加蓄电池专用水补充，若电解液密度低于规定，可用密度为 1.4 g/cm^3 的硫酸液调整，严禁向蓄电池内直接加浓硫酸液调整。调试前用压缩空气吹扫特殊排气栓一次。蓄电池在使用时，电压接近180 V时，必须及时充电。蓄电池在充电前应先拧下特殊排气栓，等充电结束后再拧上。蓄电池在充电结束后，静置1 h，将蓄电池的特殊排气栓旋上并拧紧。充足电后搁置未使用的蓄电池，每月要进行一次补充充电。蓄电池充电时充电机的"+""-"分别与蓄电池组的"+""-"相连接，绝对不能接错，以免损坏蓄电池和充电设备。

（2）检查连接电线、电缆、插头是否完好，有无破损、松动等情况，检查仪表、指示灯信号是否正常。检查防爆电控箱内，电气元器件紧固螺栓、插头连接及接线螺栓是否有松动及其他异常情况。

（3）检查保险、变频器的温度是否过高。

（4）检测电机线间、相间及对地绝缘电阻是否符合要求。驱动电机轴油封是否漏油，如损坏应及时更换。定期更换电动机内的轴承润滑油。

3. 气动单轨吊机车的检查

对于气动单轨吊机车，除应检查上述相关内容外，还应检查以下方面：

（1）检查各操作手柄及挡位等是否处在停车位置。

（2）检查各滑动小车。各小车车轮必须转动灵活、小车相对导轨不跑偏。

（3）检查各导轨。接头连接部位连接牢靠、无大的变形或错位，各滑轮应可轻松滑过接头部位。

（4）各扎带是否将气管等扎紧，气管在拉、弯过程中不会与扎带发生相对移动。

（5）气管在来回折返时无交错打扭等现象。

（6）检查气动总成。各接头是否连接牢靠、无破皮及硬性划伤，各元件与轨道等无干涉。

4. 钢丝绳牵引单轨吊的检查

对于钢丝绳牵引单轨吊机车，除应检查上述相关内容外，还应检查以下方面：

（1）减速器按规定型号加油，油量高度超过视窗口高度的 2/3。绞车开式齿轮、配重导杆等应加注黄油。

（2）滚筒上和张紧装置的钢丝绳是否缠绕、理顺。

（3）手闸处于松闸状态；挡车器、道岔是否处于打开位置。

（4）电气调试时调整钢丝绳移动方向与操作台指示方向一致，当钢丝绳移动方向与操作台指示方向不一致时，对可逆真空磁力起动器电源或电机进行调相。

（5）通信系统调试时，调整手持机与基地台配合，调整手持机与基地台频道一致，将手持机拨段开关打到工作位置，按下和松开通话按钮，调试与基地台的通话功能，将手持机拨段开关打到打点位置，按下和松开通话按钮，调试与基地台的打点、急停功能。

（6）制动器间隙调整。根据实际情况，旋转调整螺杆调节制动闸块。

二、调试步骤及注意事项

矿用单轨吊车安装完毕后，应编制详细的调试步骤和验收记录，确保调试涉及的各项内容均能按质按量按时完成。

（一）调试流程

为做好单轨吊系统安装完毕后的调试工作，必须明确调试流程，规定主要调试步骤、顺序和要求。单轨吊系统调试的一般流程如图 4-65 所示。

1. 调试前的准备工作

单轨吊机车试运行的调试一般包括调试前的检查、各组件试运行、整机调试、执行机构、机车在固定巷道空载、带载调试等几个方面。

调试前应重点检查机车各转动部位的润滑情况，机械连接情况、驱动马达和驱动电机的驱动轮外观磨损情况、制动闸块的位置，所有指示仪表的电气设备的状态特征，液压管路和电气线路的状态，液压油位、柴油机单轨吊机车的冷却水箱水位及燃油油位的情况，各传感器保护的状态和机械保护的位置。

检查轨道线路，保证沿途轨道状况完好，轨道接头间隙不得大于 3 mm，高低和左右允许偏差分别为 2 mm 和 1 mm，轨道悬挂件完好、无缺失或损坏现象。

2. 调试顺序

准备工作完成后就可以开始对机车调试，一般调试应按照静止状态下通电检

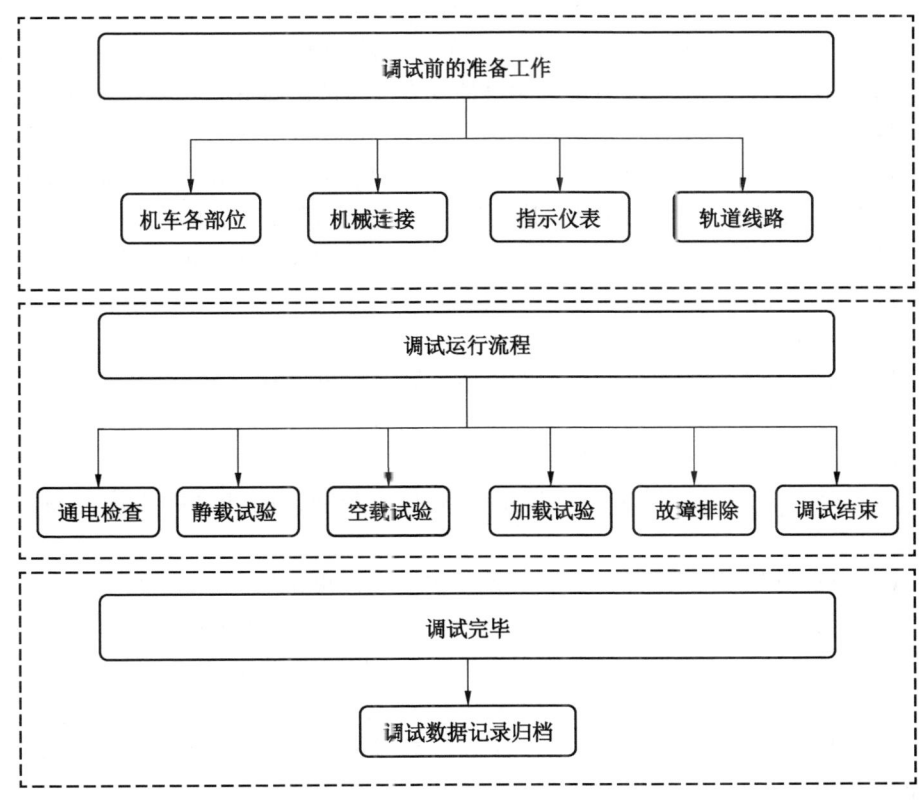

图 4-65　单轨吊系统调试的一般流程图

查、空载运行、重载运行、调试等步骤进行。

(1) 通电检查。操作各操作按钮观察各组件的运行状态并做好记录,观察液压油路和制动闸块是否运行正常,电气控制的状态指示灯是否反馈正常,如果一切状态正常就可以开始整机进行调试。

(2) 静态试验。检查轨道线路是否平行、垂直。启动机车后,检查各运动部件是否可以正常运行,如是否有异响等,并做相应记录。单轨吊机车的动作信号、安全保护信号显示是否正常,并做好相应记录。以上状态一切正常就可以开展空载试验。

(3) 空载试验。按照调试流程图的要求,一般会选择正常区域、上坡、下坡、起伏巷等特殊区域进行空载试运行并做好记录。

(4) 加载试验。空载后应按照单轨吊的配置,选择人车或者起吊梁带载调试,调试过程中重点观察机车的仪表显示状态、安全制动闸的动作、液压管路有无漏液，驱动电机运转振动是否正常，检查各组件的温度是否有异常状态等。

（5）故障排除、调整。单轨吊机车在以上试验过程中出现故障时，一定要及时做好相关记录，并按照机车说明书的要求进行故障排除，如液压系统出现故障应根据实际情况修复或调换重要元件；防爆电气出现故障应严格按照要求断电后再进行开盖检查等。所有的故障记录一定要做好备案并有相关人员签字确认。

（6）结束调试。单轨吊机车调试完毕后应将所有记录做好汇总并移交相关管理部门，对于常见的故障排除方法，应及时对维护和操作人员开展培训，保证人员熟练掌握并能够及时应用。

3. 调试要求

单轨吊机车种类较多，同一类型可能控制原理也会有差异，所以具体的调试要求一定要严格遵循制造商的操作规程进行调试。

（二）调试过程中的安全注意事项

为了保障矿用单轨吊机车调试的安全有效开闸，调试过程中应注意以下事项：

（1）调试过程中，严禁疲劳作业或饮酒后操作单轨吊机车。

（2）进入调试场区前，必须穿好劳保鞋，佩戴好安全帽，不得穿戴戒指、手表、项链及没有扣紧的衣服以防刮伤等。从事电气调试作业时，穿戴高压绝缘靴、高压绝缘手套等劳动保护用品。

（3）检查驾驶室面板、手柄、仪表，确保活动空间无其他与调试无关的物品。

（4）调试前，在待调试单轨吊机车区域支架外侧位置张挂"车辆调试中，请勿靠近上下"的警示标识牌。

（5）禁止从单轨吊机车跳上跳下，上下车时，身体与机器始终保持三点紧密接触。

（6）不得将操纵杆、脚踏及胶管作为把手，因为它们是非固定性支撑，避免拉动引起摔伤。

（7）在上机操作前，先观察单轨吊机车周围环境，开机前检查启动电机并要信号报警，待无关人员撤离到安全区域后，方可开机。

（8）在启动机车前，确定该单轨吊状态良好，完全满足各项安全技术要求。

（9）在启动单轨吊机车前，应将所有的液压操纵杆放置在停止位置。

（10）调试过程中，严禁违规乘坐人员、运送物料。

三、主要调试项目及方法

矿用单轨吊的类型不同，调试项目及使用的技术方法也会有差异。以防爆柴油机单轨吊为例,阐述矿用单轨吊系统的主要调试项目及方法。

(一) 主要部件调试

矿用单轨吊车调试时涉及的组件较多,调试时应按照下列顺序分别进行调试,确保组件的安全和使用性能。

1. 防爆柴油机调试

对于防爆柴油机单轨吊机车,首先应对防爆柴油机进行系统渗漏检查,主要检查柴油机燃油系统、冷却系统、尾气处理系统、柴油机机体结合面、柴油机与液压泵的连接,检查的主要方法是目测,参照表4-9。检查结果应做好记录。

表4-9 发动机系统调试表

序号	检查项目	要求	检查结果	备注
1	发动机燃油系统	无渗漏		
2	冷却系统	无渗漏		
3	尾气处理系统	无渗漏		
4	发动机机体结合面	无渗漏		
5	发动机与主泵	无渗漏		

其后,对发动机进行点火操作。点火操作时,应注意以下问题:

(1) 发动机的初次点火、每次的调试或作业,启动后应怠速运转约3~5 min,方可逐步提高其转速。

(2) 当发动机经1800 r/min以上高速运转后,不宜立即熄火,需要怠速运转3~5 min后方可熄火;然后停机断电。

(3) 液压启动马达切勿持续频繁启动,在每次启动之间间隔2 min,连续3次无法正常启动需进行排查,防止启动故障导致启动马达损坏。

2. 液压系统调试

液压系统的调试,应进行测压、保压、调压3种试验。

1) 测压试验

首先进行液压系统的测压试验。测压时拧开测压接头螺帽,将压力表接头连在测压接头上,读取压力表上所指示的数值。液压系统压力应该根据设备说明书的要求进行判定。

2) 保压试验

完成测压试验后,随即进行保压试验。保压即是憋着压力使压力无法释放且该支路溢流阀处于溢流状态。保压的目的是用来检测系统能够提供某项动作的最大压力，即溢流阀在系统中设定的压力。

保压测试适用于各类液压泵控制的系统，主要有驱动部动作、起吊动作及各动作油缸。保压过程持续时间不可过长（一般 8~10 s 以内），可根据实际情况间歇完成，以免对液压系统造成损伤。

3）调压试验

在完成保压试验后，最后进行调压测试。调压的目的是通过调节溢流阀使系统某项动作压力调到规定值。为防止损坏泵或其他元件，调试时必须从小往大顺序进行。因此，憋压时如发现溢流压力大于设计值，应立即停止憋压，将螺杆拧松，即往小调节。调压时应先进行预调，再微调。

调试过程中不得在执行元件运动状态下调节液压系统各动作的工作压力。调压前请先准备好压力表，并保证压力表读数正确。压力调节大小应按规定的压力值进行调节。调节后应将锁紧螺母拧紧。各项动作压力调定后，再次按顺序完成各项动作，并检测各压力点是否达到规定的设计值。

3. 整机液压系统检查

利用矿用单轨吊机车的液压系统图实施检查，检查的主要内容包括系统的清洁度及渗漏情况、主要技术参数，检查的依据是 GB/T 14039—2002《液压传动 油液固体颗粒污染等级代号》、GB/T 20082—2006《液压传动 液体污染 采用光学显微镜测定颗粒污染度的方法》等国家或者行业标准，以及制造厂家在产品使用说明书中设定的技术参数。

1）液压系统清洁度及渗漏检查

主要检查液压油的清洁度，以及主阀总成、主泵、辅泵、油箱、驱动部马达、驱动轮拉紧油缸、制动闸油缸、起吊葫芦、冷却器总成、滚轮支架总成等处的渗漏情况，见表 4-10。

液压油清洁度检查按 GB/T 20082—2006 的规定执行，应符合 GB/T 14039—2002 中 19/17/14 指标的规定。

表 4-10 液压系统清洁度及渗漏检查

序号	检查项目	合格要求	检查结果
1	液压油清洁度	符合 GB/T 14039—2002 中 19/17/14 指标的规定	
2	主阀总成	元件总成、接头无渗漏	
3	主泵		
4	辅泵		
5	油箱	箱体表面及接头与油箱结合面无渗漏	

表 4-10（续）

序号	检查项目	合格要求	检查结果
6	驱动部马达	元件总成、接头无渗漏	
7	驱动轮拉紧油缸		
8	制动闸油缸		
9	起吊葫芦		
10	冷却器总成		
11	滚轮支架总成	结合面无渗漏	

2) 液压系统参数检查

主要检查闭式主泵的切断压力、补油压力设定值，以及主控制阀组、张紧控制阀组、蓄能器控制阀组、手动泵控制溢流阀、起吊梁换向阀等溢流阀设定值，见表 4-11。

表 4-11 液压系统参数检查

序号	名称	项目	设定值/MPa	检查结果	备注
1	闭式主泵	切断压力	38+0.5		
		补油压力	25±0.5		
2	主控制阀组	溢流阀	20+0.5		
3	张紧控制阀组	溢流阀	12+0.5		
4	蓄能器控制阀组	溢流阀	18+0.5		
5	手动泵控制溢流阀	溢流阀	20+0.5		
6	起吊梁换向阀	溢流阀	15+0.5		

检查的依据是制造单位在使用说明书中规定的设定值，检查的方法主要采用压力表、秒表、流量计等进行测量。

3) 液压系统参数设定方法

对于闭式主泵的切断压力、补油压力，以及主控制阀组溢流阀设定值（表4-11），补油压力可在驾驶室显示器上读取；在驾驶室显示器上读取主泵 A/B 高压侧压力值，此压力与设定值不符时，调节主泵内的高压溢流阀，使该值达到切断压力设定值，切断压力可以用牵引力试验方式（憋压）检测。推动驾驶室手柄，若机车动作，可用 10 MPa 压力表检测 Ps/Yst 油口压力，若该值高于 0.5 MPa，则需调高阀的设定压力（控制 Ps/Yst 油口的压力，进而控制主泵的开关），逆时针调节螺杆，让 Ps/Yst 油口压力低于 0.5 MPa，机车怠速状态下不行走为止。

对于张紧控制阀组（表 4-11）的设定值，用 40 MPa 压力表检测并调定至设定值。

对于蓄能器控制阀组、手动泵控制溢流阀、起吊梁换向阀等溢流阀设定值（表 4-11），压力设定应从高到低调定。首先将散热器顺序阀压力调高至 24 MPa，然后先调定蓄能器控制阀组上溢流阀压力至设定值，再将主溢流阀及手动泵控制溢流阀的压力调至设定值，最后将风扇顺序阀压力调定为设定值。

4. 超速保护调试

超速保护是主要的安全性能，应按照规定正确调试。一般高速速度保护范围为 0.8~3 m/s；低速速度保护范围为 0.4~1.35 m/s。

超速保护，可按以下步骤进行调试：

(1) 首先检查各管路连接正确，检查接头是否处于拧紧状态，液压阀旋钮是否在通路状态。

(2) 车启动，将液压阀块上低速挡和高速挡均扳至打开状态，开始试车（水平为打开），前后行驶 4~5 次（猛加速、快跑），目的是让液压油充满各管路。

(3) 油路充满液压油之后，将高速挡手柄关闭，低速挡手柄打开，开始调试出发速度；在缓慢加速状态下根据初始触发速度微调低速挡旋钮，直至调至所需制动速度；高速挡设置方法同上。

5. 整机电气系统调试

整机电气系统检查调试，包括对电气系统、电气元件、保护功能，以及电气参数的检查和测试。

1) 电气系统检查

电气系统检查，主要应检查整机正常运行有无故障报警，摄像仪、蓄电池电源、显示器、甲烷传感器、电控箱等电气元器件安装是否紧固，所有电气线路的连接是否整齐、连接紧固、无挤压、无腐蚀现象，所有电器件外壳体接地是否正确，电控箱显示屏显示的系统日期是否正确等，见表 4-12。

表4-12 电气系统检查表

序号	检查项目	合格要求	检查结果
1	整机正常运行	空载或负载时，无故障报警	
2	摄像仪、蓄电池电源、显示器、甲烷传感器、车灯、倾角传感器、电喇叭、信号灯、电控箱、操作箱、急停按钮、加速踏板等安装	安装紧固	

表 4-12（续）

序号	检查项目	合格要求	检查结果
3	整车线路连接	所有线路的连接走向整齐、连接紧固、无挤压、无腐蚀隐患；特别是进入接线腔的橡胶密封圈处，要密封紧固	
4	接地检测	所有电器件外壳体接地	
5	电控箱显示屏系统日期显示	显示屏系统日期准确	

以上项目检查的方法是耳听、目测，以及利用万用表等进行检测。

2）电气元件检查

主要检查蓄电池电源的电量及充放电指示是否正常、可正常充放电；监视器的监控是否正常，画面是否清晰、稳定；甲烷传感器报警、断电、复电功能是否正常，声响是否符合规定；驾驶室车灯能否正常工作；操作箱显示屏的显示是否正常、清晰明亮，按键是否灵活等，见表 4-13。

表 4-13 电气系统检查表

序号	检查项目	合格要求	检查结果
1	蓄电池电源	开关正常、电量及充放电指示正常、可正常充放电	
2	监视器	监控正常、画面清晰、稳定	
3	甲烷传感器	显示窗清晰明亮，报警音清脆洪亮，声强 ≥ 80 dB (A)，报警灯光能见度 ≥ 20 m；0.8% 报警、1.0% 断电和 0.8% 以下恢复功能正常	
4	驾驶室车灯	正常工作，灯光明亮，车灯正前方 20 m 处应有 ≥ 4 lx 的照度。可通过手柄进行照明及信号切换	
5	倾角传感器	正常工作，X/Y 轴倾角显示正常	
6	电喇叭	响声洪亮，声强 ≥ 90 dB(A)	
7	急停按钮	功能正常；按钮能锁死	
8	操作箱	显示屏显示正常，清晰明亮；按键灵活 按键功能可以实现，包括发动机停止、复位、手柄使能、驱动增减等；所有显示页面工作正常，故障可以查询，参数可以正常修改	
9	报警灯	单轨吊行走时，红灯闪烁，能见度 ≥ 20 m	

检查方法主要是耳听、目测,以及采用噪声仪、瓦斯检测仪等进行检测。

3) 保护功能检查

主要检查启动预警、行车警示、驾驶室互锁、行车起吊互锁、液压油位过低保护、燃油油位过低保护、液压油温过高保护、机车超速保护、传感器断线保护、发动机故障保护等的功能是否正常,见表 4-14。

表 4-14 保护功能检查表

序号	检查项目	合格要求	检查结果
1	启动预警	系统上电、驾驶室使能触发、驾驶室未使能时喇叭进行鸣响	
2	行车警示	设备行车和遥控行车时报警灯亮	
3	驾驶室互锁	同一时间仅允许单侧驾驶室操作生效,未生效驾驶室无法操作备动作	
4	行车起吊互锁	行车状态无法启动起吊功能,起吊状态无法进行行走功能	
5	液压油位过低保护	液压油位低于 50% 时,显示报警状态;低于 40% 时,停机	
6	燃油油位过低保护	燃油油位低于 20% 时,整机停止工作并显示报警状态	
7	液压油温过高保护	液压油油温超过 70 ℃,进行报警;液压油油温超过 75 ℃,整机制动	
8	机车超速保护	12 驱:达到 0.6 m/s 报警,达到 0.7 m/s 缓冲制动,达到 0.8 m/s 立即制动并熄火。8 驱:达到 1.3 m/s 报警,达到 1.5 m/s 缓冲制动,达到 1.6 m/s 立即制动并熄火。4 驱:达到 2.2 m/s 报警,达到 2.4 m/s 缓冲制动,达到 2.5 m/s 立即制动并熄火	
9	传感器断线保护	各传感器断线时可通过显示屏查看故障	
10	发动机故障保护	可以通过显示屏查看发动机故障代码	

以上项目主要采用耳听、目测,以及使用卷尺、温度仪等测定的方法进行检查。

4) 液压系统参数检查

主要检查液压油位、油温,液压系统压力,燃油油位等的显示值与测量值的误差,检测结果应符合表 4-15 中的相应规定。检查方法是使用温度仪、液压表等进行检测。

表4-15 液压系统参数检查表

序号	检查项目	合格要求	检查结果
1	液压油位	显示值与测量值误差≤±3%	
2	液压油温	显示值与测量值误差≤3 ℃	
3	液压系统压力	显示值与测量值误差≤±3%	
4	燃油油位	显示值与测量值误差≤±3%	

(二) 整机调试

在主要部件调试后，进行整机调试。主要工作包括调试准备、空载荷试车、模拟重载荷试车等。

1. 调试前准备

进行整机调试前，主要应做好以下诸方面准备工作：

(1) 复查并拧紧各部连接螺栓，检查各连接油管是否漏油；并对机车主机的各部位进行检查。

(2) 检查各油箱是否满足要求。

(3) 分别对急停、照明灯、手柄等进行检查，看是否正常运行。

(4) 全面细致检查一遍沿途的单轨吊轨道，对安装后的遗留残渣等物体及时清除。

(5) 对沿途的各种影响试车的设备进行拆除或挪移，并保证畅通。

2. 空载荷试车

应按照以下要求，进行单轨吊系统的空载荷试车：

(1) 机车运行时，必须有一名跟车工在机车的前方，时刻查看机车运行时的轨道是否受顶板上外露的锚杆（索）头影响。如有影响的，应立即停车并处理。

(2) 机车过弯道、道岔、交岔点等各处时，应提前 50 m 减速运行，速度限制在 0.5 m/s 内并鸣笛通过。

(3) 试车时，把沿途闲杂人员撤离或让其进入就近的躲避硐室，并在各个入口处设置警戒。

(4) 空载荷运行不少于两趟，并做好各项试运行记录。

3. 模拟重载荷试车

应按照以下方法和要求，进行单轨吊系统的模拟重载荷试车：

(1) 模拟重载运行时，观察液压管路的状态。

(2) 机车重载过弯道、道岔、交岔点等各处时，应降速通过，提前 50 m 减速运行，速度限制在 0.5 m/s 内并鸣笛通过。

（3）重载试车时，最好把沿途闲杂人员撤离或让其进入就近的躲避硐室，并在各个入口处设置警戒。

（4）重载荷运行不少于两趟，并做好各项试运行记录。

四、矿用单轨吊的试运行

在单轨吊机车检查、调试合格后，应进行矿用单轨吊系统的试运行，以进一步验收单轨吊系统运行的安全可靠性，并为单轨吊系统的最终验收和正式投入运行奠定基础。

（一）试运行的程序及要求

不同行业及设备类型的试运行时间存在较大差异，部分行业规定试运行时间通常为一个月，而电力设备试运行时间则一般为半年至一年不等。具体试运行时间应根据设备的类型、用途、技术特性以及制造厂家的规定等因素来确定。在确定试运行时间的同时，还需注意设备的使用环境。有些环境恶劣的设备可能需要进行更长时间的试运行，以确保设备的确实可靠。

（二）试运行的基本流程

矿用单轨吊试运行的流程图如图 4-66 所示，基本步骤如下：

（1）试运行前的准备工作。主要包括制定试运行方案，制定试运行检查表，准备试验设备和工具，组织和培训参加试运行的人员等。

（2）试运行阶段。一般包括试运行初期、中期和终期。试运行初期主要是对设备进行开机，验收和调试；试运行中期是对设备进行负荷试验和功能试验；试运行终期主要是对设备进行紧急处理和维修。对单轨吊系统而言，应根据实际运行工况选择正常区域和爬坡等特殊区域一次开展以上工作，保证系统能够安全稳定的运行。同时在试运行期间应该同步开展对操作人员、管理人员的现场培训工作，运行期间应做到人与设备同步适应。

（3）试运行后的总结与归档。这包括整理和保存试运行情况总结、试运行检查表、试运行记录、试运行报告等资料。

（三）试运行的主要内容及要求

试运行主要应检查、试验的内容及要求，有以下诸方面：

（1）试运行时每台机车必须配置至少 2 名工作司机，一名司机在前进方向操作室负责观察机车运行情况，防止发生碰撞造成事故，另一名跟车观察，跟车工可以坐在副驾驶位置或行走在机车运行时的安全区域，跟车工与司机之间应有可靠的通信联络装置。

（2）运行前，应至少安排一名巡道人员对单轨吊轨道及其连接装置、巷道

第四章 矿用单轨吊的安装与调试 ·455·

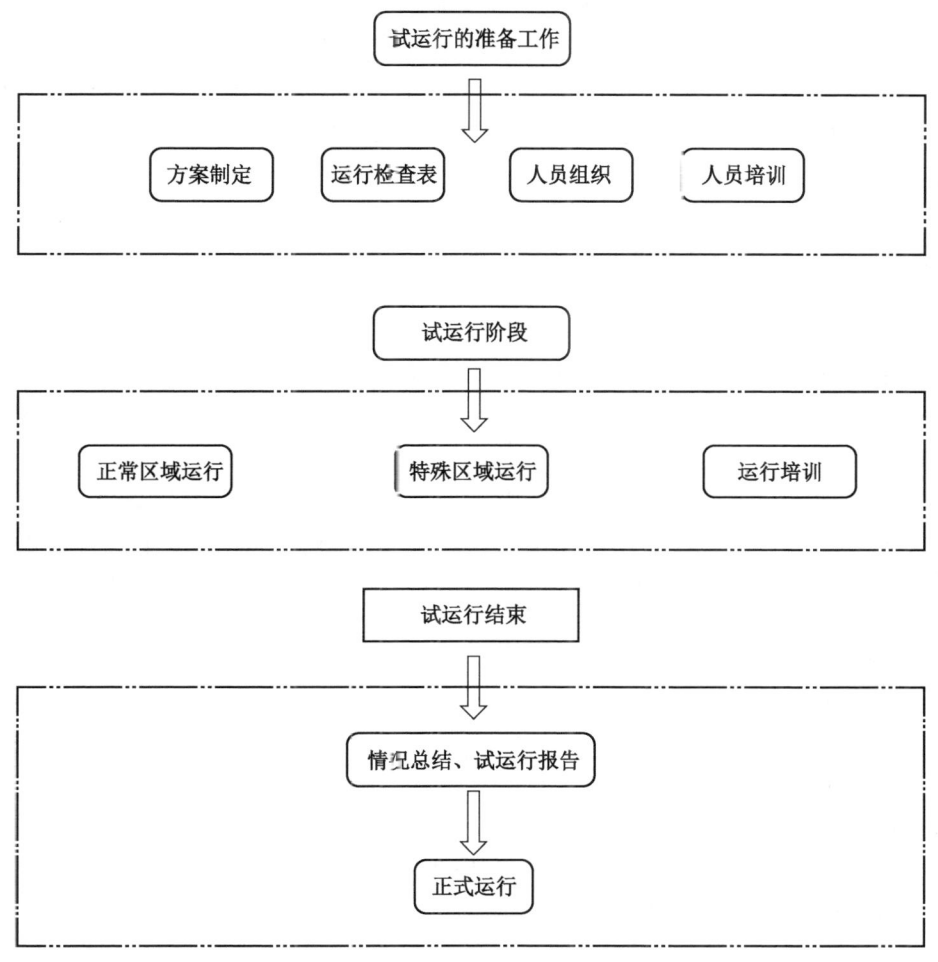

图 4-66 单轨吊试运行流程图

断面尺寸进行全方位的观察测量，发现单轨吊轨道、锚链、连接销子、道岔故障时由先锋机电队或矿安排其他单位人员进行处理，发现起吊锚杆、锚索拉出、变形；巷道断面由于来压或其他原因导致起吊点不合格、巷道断面不够的时候及时联系矿调度，安排其他施工单位处理，处理完毕后，及时通知试验人员，方可继续运行。巡道人员必须每班做好记录，并签字确认。

（3）司机用哨子、机车通信装置或其他可靠联系方式联系开车准备情况，打开机车前灯和尾灯，等到巡道人员哨响或其他可靠方式安全确认后，用电笛鸣号发开车信号。

(4) 推动操作手柄，司机注意观察驾驶室内仪表的指标及显示屏是否正常。

(5) 司机上下车地点高度较高地段，驾驶室专用梯高度不足时，在上下车地点设置人字梯或安设平台供司机上下车使用；机车运行前必须把司机室专用梯收回，人字梯或平台搬运到不影响机车运行的位置，以防机车运行时发生事故。

(6) 机车过弯道、风门、道岔、交岔点、换装站等各处时，应提前 50 m 减速运行，速度限制在 0.5 m/s 内并鸣笛通过。

(7) 在单轨吊车双向运输巷中，两车对开时最突出部分之间的距离不得小于 0.8 m。

(8) 机车在运行中非紧急情况下，严禁使用紧急制动停车。

(9) 机车在巷道里原地不行走、不工作时，超过 20 min 应关闭机车，拔出钥匙，并妥善保管。

(10) 单轨吊机车在潮湿的巷道内运行时，必须根据实际情况降低单轨吊运输负荷及速度，防止机车出现打滑现象。对局部斜巷大倾角机车易打滑的地段，应缓慢通行，同时对淋水段搭设雨布进行防水，雨布必须采用抗静电阻燃材料。

（四）试运行的注意事项

单轨吊机车试运行时，对操作司机应有严格要求：

(1) 单轨吊司机必须经过专门的技术培训，经考试合格，方可上岗作业。

(2) 单轨吊司机必须熟练掌握与业务有关应知应会知识及安全操作规程，确保安全运行。

(3) 杜绝任何违章指挥，杜绝违章作业。

(4) 操作者必须熟知井下环境、单轨吊的运行线路。

(5) 操作者必须有责任心。

(6) 单轨吊司机必须熟练掌握机车的性能、结构、原理，并应会保养和简单的故障处理。

(7) 单轨吊司机应熟悉有关安全规程、作业规程，准确使用信号、通信联络设施。

(8) 操作时，司机保持正常自然姿势，坐在座位上，目视前方，注意观察轨道、道岔及连接情况，严禁将头或身体探出车外。

(9) 司机不得擅自离开工作岗位，严禁在机车行驶中或尚未停稳车前离开司机室。过道岔时注意道岔闭合情况，严格执行"手指口述"、安全确认制度，防止机车脱轨事故。

(10) 试运行开车前要对单轨吊的悬挂情况、制动装置、液压系统、灯、连接螺栓等部件进行认真检查,确认完好后方可试运行。司机在运行中和停车后要经常观察仪表,检查各部压力、温度是否正常,各类保护装置是否灵敏可靠,严禁在制动装置不可靠、悬挂不牢固、超负荷等情况下运行,严禁甩掉超速保护装置和超速保护不完好时开车。运行过程中发现异常情况,应立即停车处理。

(11) 单轨吊车运输巷与运输设备最突出部分之间的最小间距顶部不得小于 0.5 m,两侧不得小于 0.85 m,由线巷道段应在直线巷道允许安全间隙的基础上,内侧加宽不小于 0.1 m,外侧加宽不小于 0.2 m。巷道内外侧加宽要从曲线巷道段两侧直线段开始,加宽段的长度不小于 5.0 m。

第四节 矿用单轨吊运输系统的验收与移交

矿山重要机电装备在使用前,必须经过验收才能投入使用。验收的目的是通过验收验证设备是否符合相关标准和规范,是否满足设计要求,以及是否能够正常运行和使用。同时,验收还可以发现和解决设备存在的问题和隐患,提前预防事故和故障的发生,保障设备的正常运行和使用安全。验收过程包括对设备的外观、功能、性能等方面进行检查和测试,以确保设备的可靠性和稳定性。因此,矿用单轨吊系统的安装验收是保障工程质量、保证设备质量和安全性的重要环节。

一、验收工作的基本要求

机电系统设备的安装工程验收的基本要求,一般应包括以下几个方面:
(1) 设备设施的完整性。确保安装工程所安装、使用的设备设施齐全、完整,并符合设计要求和规范规定。
(2) 设备设施质量。对安装工程所安装、使用的设备进行检查,确保设备质量符合相关标准和规范,能够正常运行和使用。
(3) 施工质量。对安装工程的施工质量进行检查,包括材料、工艺、施工过程等方面,确保施工质量符合相关标准和规范。
(4) 功能性能。对安装工程的功能性能进行测试和验证,确保系统能够按照设计要求正常运行,并满足使用需求。
(5) 安全技术性能。对安装工程的安全性能进行评估和测试,确保系统在正常使用过程中不会对人员和设备造成危害。
(6) 文件资料。对安装工程的相关文件资料进行审核,包括设计文件、施工记录、验收报告等,确保文件资料的完整性和准确性。

二、验收的基本程序和主要内容

机电工程验收的基本程序通常包括以下几个步骤：

（1）验收准备阶段。确定验收的时间、地点、参与人员等，并准备相关的验收文件和资料。

（2）验收申请阶段。由承建方向建设方提出系统工程验收申请，提交相关的验收申请文件和资料。

（3）验收组织阶段。建设方组织验收组成员，包括相关专业人员、监理人员等，制定验收计划和验收方案。矿山机电工程验收，如同其他工程项目，需要精心组织，有序进行。首先，需要确定验收的负责人，确保其具备相应的专业知识和经验，能够全面负责整个验收过程。参与人员方面，不仅需要矿山企业、设计单位和施工单位的代表，还需要工程监理单位的专家。在时间安排上，要合理规划，确保验收过程既不仓促也不拖沓。地点方面，应选择能够充分展示矿山机电工程实际情况和特点的场所。

（4）验收现场检查阶段。验收组成员对系统工程进行现场检查，包括设备完整性、施工质量、功能性能、安全性能等方面的检查。各方代表必须亲临现场，对机电设备的安装情况、轨道线路的铺设、管道的连接、设备的安装等进行实地查看。在这个过程中，需要关注设备的运行状态，并对可能存在的问题进行记录和整理。

（5）功能性能测试阶段。对系统工程的功能性能进行测试和验证，确保系统能够按照设计要求正常运行，并满足使用需求。这包括对设备的运行速度、效率、承载能力等进行测试，确保设备在各种工况下都能正常运行。同时，对设备的安全防护功能进行测试，保证在紧急情况下，设备能够迅速、准确地启动安全防护装置。

（6）安全性能评估阶段。对系统工程的安全性能进行评估和测试，确保系统在正常使用过程中不会对人员和设备造成危害。主要包括对设备的安全防护装置、紧急制动系统、安全警示标识等进行检查，确保其符合相关标准和规范。对于任何可能存在的安全隐患，都需要进行详细记录并上报，以确保能够及时采取措施消除隐患。

（7）文件资料审核阶段。对系统工程的相关文件资料进行审核，包括设计文件、施工记录、验收报告等，确保文件资料的完整性和准确性。通过对这些文件的审查，可以全面了解工程的实际施工情况，并为验收结论提供有力支持。

（8）验收结论阶段。验收组根据现场检查、测试和评估结果，形成验收结论，并向承建方提出验收意见。结论中会对验收过程中发现的问题进行总结，并针对这些问题提出具体的改进意见。这一环节对于确保工程质量至关重要，也为后续的工程改进提供了有力依据。

（9）验收报告编制阶段。验收组根据验收结论，编制系统工程验收报告，记录验收过程和结果。报告中除了包括验收的过程、发现的问题及改进建议等内容外，还将添加专家意见和评估结果，使报告更具参考价值。这份报告将作为重要的工程资料存档，并为未来的工程提供经验借鉴。

（10）验收结算阶段。根据验收结果，进行系统工程的结算工作，包括支付工程款项等。在此阶段，根据合同约定，对验收过程中的费用进行核算并支付。这一环节需要确保所有费用合理且透明，避免任何不必要的花费。同时，这也是对合作双方权益的保障。

三、矿用单轨吊的验收检验

矿用单轨吊系统验收不仅是按照国家标准、行业标准和设计要求进行检验，还需要根据用户需求进行评估。只有通过严格的验收程序和标准，才能保证设备能够满足用户的需求，提高用户的满意度。

（一）机电设备相关验收标准

矿用单轨吊属于矿山井下重要的机电设备，在投入正式使用前必须经过验收才能投入使用。虽然《煤矿安全规程》没有明确规定单轨吊如何验收，但目前发布了许多矿山机电验收规范可以参照执行。

1. GB 50231—2009《机械设备安装工程施工及验收通用规范》

GB 50231—2009针对液压、气动和润滑管路的安装和验收均有明确的安装要求，包括管道的准备、管道的焊接、管道的安装、管道的冲洗和吹扫、管道的压力测试和涂漆等要求；在试运转方面提出了试运转条件、电气和操作控制系统的调试、润滑系统的调试、液压系统、气动系统的调试、机械系统的动作试验，整机的空负荷试运转等内容。防爆柴油机单轨吊机车的驱动系统、防爆蓄电池单轨吊机车的制动系统及液压系统、气动单轨吊车的气动系统均可以参照以上标准制定相关的验收规范。

2. GB 50213—2010《煤矿井巷工程质量验收规范（2022版）》

GB 50213—2010作为矿山井巷工程质量的验收规范，专门有针对井下铺设轨道工程的相关验收规定，单轨吊轨道系统应该参照该标准里有关轨道工程、道岔工程、安全防护工程等方面的要求制定相关的验收规范

3. GB/T 50377—2019《矿山机电设备工程安装及验收标准》

GB/T 50377—2019重点提出了有关电气方面的验收要求和试运转的相关规

定，单轨吊机车作为机电液一体化的设备包含了好多防爆电气，可以参照此标准第16章有关矿山电气设备的检查和外观试验的内容制定相关的验收规范。

（二）矿用单轨吊的验收参考标准

针对单轨吊机车，目前共发布了3项有关验收的标准，包括国家能源局发布的NB/T 10176—2019《煤矿在用单轨吊车安全性能检测检验规范》、安徽省出台的DB34/T 2647—2016《煤矿在用防爆柴油机单轨吊机车安全检测检验规范》，以上规范均对单轨吊机车的安装验收提出了相关检验要求。

1. 国家能源行业标准规定

NB/T 10176—2019《煤矿在用单轨吊车安全性能检测检验规范》由国家能源局在2019年发布并实施。该规范规定了煤矿在用单轨吊车的检测检验条件、检验项目、检验方法及判定规则，在标准范围里明确提出了适用于煤矿新投入和改造大修后的单轨吊机车的定期检验，此标准同时涵盖防爆柴油机单轨吊机车和防爆特殊型铅酸蓄电池单轨吊机车。

应重点提醒的是，在该规范第七项内容中规定了防爆柴油机单轨吊每年均需要取得安全生产检测检验资质的机构进行1次检验，同时规定了新安装的、大修或者改造后、闲置时间超过1年、经过重大自然灾害后可能引起结构件安全的单轨吊机车均需要按照此标准进行检验。

2. 部分省份地方标准规定

单轨吊产品使用较多的省份出台了针对防爆柴油机单轨吊的在用品地方检验标准。

安徽省DB34/T 2647—2016《煤矿在用防爆柴油机单轨吊机车安全检测检验规范》由安徽省煤矿安全监察局在2016年发布并实施。地方标准详细规定了所属省份矿山使用在用防爆柴油机的检验要求，标准涵盖了安全检验条件、检验项目和检验周期等内容，具体内容可以自行下载，这里不再赘述。

应重点提醒的是，在DB34/T 2647—2016中明确规定了防爆柴油机单轨吊每年均需要取得安全生产检测检验资质的机构进行1次检验，同时规定了新安装的、大修或者改造后、闲置时间超过1年、经过重大自然灾害后可能引起结构件安全的防爆柴油机单轨吊机车均需要按照此标准进行检验。

（三）验收检验主要项目和技术方法

矿用单轨吊验收检验的主要检查项目包括基本项目检查及产品性能检测，可借鉴采用上述相关标准规范规定的技术方法。

1. 基本项目检查

主要检查待验收的矿用单轨吊以下基本项目：

（1）单轨吊机车整体结构是否符合备案图纸，主要零部件是否与备案受控明细表一致。

（2）各纳入安全标志管理的组件，是否有有效期内的安全标志证书。

（3）查看主拉杆探伤及相关力学性能试验报告。

（4）防爆柴油机单轨吊机车是否设有 2 个均能独立操纵，且又互为自动闭锁的司机室，两司机室是否都能操作紧急制动装置。

（5）防爆柴油机单轨吊机车是否设有指示仪表，包括冷却液温度表、润滑油压力表、液压传动系统压力表、补油系统压力表、排气温度表、润滑油温度表、气体工作压力表等。

（6）单轨吊机车是否设有工作制动、紧急制动和停车制动。工作制动装置和紧急制动装置必须具有相互独立的控制系统，紧急制动和停车制动装置允许合二为一。

（7）机车所有外露表面是否无飞边、毛刺、锈皮和焊渣等杂物。

（8）检查各连接螺栓、垫片、开口销符合图纸要求．连接销轴转动是否灵活，弹垫压平，开口销是否扳开，旋转部件有无加注润滑油。

（9）检查铭牌和 MA 标牌是否齐全，铭牌内容和 MA 标牌内容是否真实有效。

2. 产品性能检测

（1）通过能力试验。机车在使用场地轨道上以正常的运行速度往返运行，应无卡滞和干涉现象，即具备弯道、爬坡的通过能力。

（2）最大牵引力试验。将一固定装置固定在轨道上，在固定装置与单轨吊机车之间连接一个精度不低于±1%的拉力表或拉力传感器，缓慢启动机车，当驱动轮滑动时，记录拉力表显示的数值，正反方向各试验 3 次，取其平均值。

（3）最大运行速度试验。在不小于 50 m 的平直道上，机车运行达到最大速度后用速度测试仪或秒表、皮尺测量。正反向各测 3 次，取其平均值。

（4）制动力试验。单轨吊车在轨道上施闸后，卸掉驱动轮挤压油缸的油压。在机车和固定装置之间连接拉力器和一个精度不低于±1%的拉力表（或传感器），用拉力器拉动机车，当机车滑动时记录拉力表显示的数值，正反方向各测 3 次，取其平均值。

（5）紧急制动装置施闸时的空动时间。释放紧急制动装置的压力，实施紧急制动。测试从释放瞬间起至制动闸块接触轨道腹板止的时间差，即为空动时间。

（6）安全保护装置。进行以下方面的监测：

① 增加限速保护装置滚轮的转速，使用准确度不低于 0.5 级的转速表测量限速保护装置的速度，或者使用准确度不低于 2.0 级的测量仪器测量限速保护装

置的速度，验证速度超过限值时限速保护装置是否能动作，且使单轨吊车安全制动。

② 在柴油机正常运转条件下，模拟温度超限，验证柴油机单轨吊车的保护装置是否动作，并在 1 min 内停止柴油机工作。

③ 在柴油机正常运转条件下，分别降低润滑油压力、液压系统补油压力，当压力低于规定值时，验证柴油机单轨吊车的保护装置是否动作，并停止柴油机工作。

④ 采用模拟方式，检查钢丝绳牵引单轨吊车的越位、超速、张紧力下降保护装置的可靠性。

（7）照明灯的照度和信号灯能见距离。司机室前端是否装设喇叭、照明灯和红色信号灯。照明灯是否保证机车正前方 20 m 处至少有 4 lx 的照度，照明灯和红色信号灯应能互相转换；喇叭音响在距离司机室 20 m 处是否清晰。在距照明灯 20 m 轨道下 1 m 的黑暗处用照度计测量。在距离司机室 20 m 处听喇叭音响是否清晰。

（8）噪声。单轨吊机车司机室内的最大噪声应小于 90 dB(A)。在单轨吊车正常运行工况下，使用不低于 2 级的声级计在前后司机室司机头部位置处进行检测，检测时司机室内不应多于 1 人。

（9）爬坡能力。在设计要求的最大坡道上，以相应的最大载荷向上运行，看能否顺利通过。

（10）制动距离。在最大坡道上，以相应的最大载荷和最大速度向下运输时，制动距离应不超过相当于在此速度运行 6 s 行程。在最大坡道上，以相应的最大载荷和最大速度向下运行时，人为实现紧急制动，测量制动距离。

（11）液压系统耐压试验。耐压和密封试验时，液压系统总成所有焊缝和结合面应无渗漏，管道应无永久变形。

3. 矿用单轨吊验收检查

按照有关标准和《煤矿安全规程》的相关规定进行验收。为保证验收工作的有效规范进行，应制定验收规范及规范性表单。各矿用单轨吊可参照表 4-16 中所列项目进行移交前的设备验收。

表 4-16 单轨吊系统验收检查表

轨道验收检查表			
序号	项目	要求	备注
1	轨道	轨道安装说明书、轨道安装图纸	
		轨道的验收资料和记录表格	

表 4-16（续）

机车验收检查表

序号	项目	要　　求	备注
2	资质	设备应有"MA"标志，有机车使用说明书、图纸等技术资料	
		设备验收资料和记录表格	
3	车体	机车车体（包括承载车、连接件、驾驶室）无开焊裂纹，无明显变形和严重锈蚀，表面清洁，各连接件紧固良好	
		必须前有照明灯，后有尾灯，灯光照明时距离不得小于40 m，喇叭声音洪亮	
		驾驶室内座椅、灭火器齐全，操作杆操作灵敏可靠	
		瓦斯报警仪齐全灵敏，瓦斯断电功能灵敏可靠	
		仪表齐全，显示灵敏、数值准确	
		驾驶室上方警示灯齐全醒目	
4	防爆柴油机	防爆柴油机符合相关完好标准、不失爆。表面温度不超过150 ℃，排气温度不超过77 ℃，冷却水温度不超过95 ℃	
		主泵组、制动泵组、控制泵组、手压泵组符合完好标准，工作正常；油泵、液压马达运转正常，无异响，压力显示装置显示正常	
		冷却水箱、废气处理箱、油箱等无破损变形，不漏液、不漏气。燃油的闪点应高于70 ℃	
		进气系统空气滤清器、进气栅栏完好无阻塞	
		液压马达、减速器符合相关完好标准，每工作30~40 h，对减速器更换一次润滑油。驱动轮表面光洁平整，无大于10 m的凸凹，磨损量不超过20 mm	
		各部密封良好，不得渗油，压力显示装置显示正常　压力正常，符合要求	
5	驱动部	防爆电动机符合防爆要求，具有防爆标志	
		减速器无裂纹、破损或变形，固定螺栓和油塞齐全，不漏油，油脂符合标准	
		各驱动部工作正常，无卡阻现象	
		驱动轮表面光洁平整，无大于10 m的凸凹，磨损量不超过20 mm	
		夹紧油缸不漏油，伸缩灵活，夹紧力显示正常	

表4-16(续)

序号	项目	要 求	备注
6	蓄电池	电池组箱体吊耳、承载横梁销孔与悬挂装置连接件齐全,连接可靠	
		蓄电池组及隔爆插销符合完好标准	
7	主框架	无裂纹或明显变形,无开焊和严重锈蚀,表面清洁	
8	防爆电控箱	有"MA"标志,检测显示正常,可编程控制器(PLC)及其相关模块、继电器及各种电源工作正常。牵电机逆变器工作正常	
9	电缆	悬挂整齐合理,电缆均有"MA"标志	
10	液压站	液压油管、接头无变形,管路排列整齐,无滴漏、渗油现象	
		液压泵组压力、流量不得低于设计值的10%	
		防爆电机符合完好标准,液压油泵、油箱、阀体、电磁换向阀、蓄能器、单向阀、截止阀均能正常工作	
11	制动装置	制动油不漏油,伸缩灵活	
		制动力不小于牵引力的1.5倍	
		闸块齐全、无裂纹、无破损、无油污,磨损不超过原尺寸的15%,松闸间隙不大于25 mm;限速装置动作准确、可靠	
12	起吊装置	起吊装置的链、钩、重锤无损坏变形,转动灵活	
		起吊马达完好,工作正常	
13	承载装置	承载轮、导向轮转动灵活,无异响,不得有卡阻现象,各部螺栓紧固有效,连接可靠,强度符合设计要求	
		乘人车厢和物料集装箱无破洞、裂纹或明显变形,无开焊和严重锈蚀,连接牢固可靠,表面清洁	
14	液压系统	各部密封良好,不得渗油,压力表齐全,压力显示正常,符合要求。油箱、蓄能器各类阀工作正常	
		液压油泵、马达运转正常,无异响,压力正常。液压泵组压力、流量不得低于设计值的10%	
		各油缸密封良好,活塞动作灵活,划痕深度不大于0.5 mm,长度不大于20 mm。活塞缸镀层无锈蚀	

表 4-16（续）

序号	项目	要　　求	备注
15	通用部分	螺纹连接件和锁紧件齐全，牢固可靠。螺母应露出 1~3 个螺距。主要连接部件或容易松动部位的螺母应采用防松措施，螺栓不得弯曲。螺栓螺纹在连接件光孔内部分不少于 2 个螺距。键不得松动	
		轴无裂纹、损伤或锈蚀，运行时无异常振动。轴承润滑良好，不漏油，转动灵活，无异响，滑动轴承温度不超过 65 ℃，滚动轴承不超过 75 ℃	
		齿轮无断齿，齿面无裂纹或剥落，点蚀坑面积不超过有关规定	
		机壳及外露金属表面均应进行防腐处理	

（四）单轨吊系统标准化验收的方法

煤矿安全质量标准是指煤矿生产过程中各种设施、设备完好可靠程度和安全管理水平的标准，包括产品质量标准、工程质量标准和工作质量标准。安全质量标准化是煤矿安全生产的基础，是建立安全生产长效机制的主要内容和根本途径。为了提高单轨吊的安全运行水平，应该大力推动矿用单轨吊运输系统的安全质量标准化建设。

1. 安全标准化验收的基本要求

根据原国家煤矿安全监察局印发的《煤矿安全生产标准化管理体系考核定级办法（试行）》和《煤矿安全生产标准化管理体系基本要求及评分方法（试行）》相关规定，煤矿安全生产标准化验收应满足以下基本要求：

（1）验收前的准备。确定验收人员、制定验收计划、熟悉相关标准、规范和设计文件，对需要验收的机电设备进行全面检查，确保其符合设计和使用要求。

（2）现场检查。按照验收计划，对机电设备的安装、调试、运行情况进行现场检查，重点关注设备的完好性、安全性、可靠性，以及与相关标准的符合程度。

（3）设备调试。对于需要调试的机电设备，在现场检查完成后，进行设备调试，确保设备的功能和性能符合设计要求。

（4）资料审查。对机电设备的购置合同、安装合同、调试报告、检验合格证明等相关资料进行审查，确保所有资料的真实性和完整性。

（5）验收意见。根据现场检查和资料审查的结果，形成验收意见，指出存在的问题和不足，并提出改进措施和建议。

（6）验收结论。根据验收意见，对机电设备进行综合评价，形成验收结论，决定是否通过验收。

（7）后续工作。对于通过验收的机电工程，进行后续的维护和管理，对于未通过验收的机电设备，进行整改和完善，直至达到设计和使用要求。

2. 矿山机电工程标准化验收的主要步骤

可以根据以下步骤进行矿山机电工程标准化验收：

（1）进场验收。对进场的机电设备品牌、数量及质量进行验收，核对品牌是否符合合同约定，查阅出厂合格证、质量合格证明等文件的原件，确保质量证明文件符合国家有关规定。对进场实物与证明文件逐一对应检查，必要时可向原生产厂家追溯其产品的真实性。检查材料实体质量，包括外观、尺寸、材质、涂层厚度等。核对进场数量，做好进场记录。

（2）抽样送检。根据国家规范要求或监理单位、建设单位对其质量有疑问时，需进行见证取样和送检。见证取样和送样检测是在建设单位或工程监理企业见证人员的见证下，由施工单位的现场取样人员在现场按规范要求进行取样，并送至有资质的质量检测单位进行检测。取样数量及方法应按相关技术标准的规定抽取。

（3）随机抽查。在现场日常检查及验收时，对现场材料进行随机检查。主要针对材料品牌、规格尺寸及外观质量进行检查。

（4）隐蔽工程验收。对矿山机电工程中的隐蔽工程进行验收，如地下管线、地下设施等。在验收过程中要特别注意工程的施工质量和安全性能。

（5）调试和试运行。在机电设备安装完成后，要进行调试和试运行，以确保设备能够正常运行，并符合设计要求。在试运行过程中，要对设备的性能、安全性、稳定性等进行全面检查。

（6）综合评估。在所有验收工作完成后，要对整个矿山机电工程进行综合评估，评估内容包括工程质量、安全性、稳定性、可靠性等方面。根据评估结果提出相应的建议和改进措施。

（7）出具验收报告。根据综合评估结果和实际情况，出具验收报告。报告中要包括验收的基本情况、验收意见和建议等内容。

（8）资料整理和归档。对所有与矿山机电工程相关的资料进行整理和归档，以便日后查阅和管理。

3. 单轨吊安全标准化的内容

根据《煤矿安全生产标准化管理体系基本要求及评分方法（试行）》，单轨吊系统有一套专门的评分标准。安全生产标准化评分是设备投入运行后使用单位开展的工作，单轨吊系统安全生产标准化评分表可参见前述内容。

四、移交与投入使用

在设备运行前，需要对所有安全设施和防护装置进行检查和验证，确保它们能够正常工作并达到预期的保护效果。矿山机电工程验收后、投入使用环节的目的是确保机电设备及系统的安全、可靠、正常运行，符合设计要求和技术规范，满足用户需求。通过验收后的移交与投入使用，可以保证程序的合法合理化，可以评估机电工程的质量，发现并纠正存在的问题，保证工程的可持续运行。程序移交与投入使用主要包括移交的相关程序和设备移交的管理办法。

（一）移交程序

一般重要的机电设备矿方均会制定设备移交验收办法，在组织完现场调试验收工作以后，应参照验收办法完成组织移交工作。

1. 设备移交范围

新投入使用，或者改造、大修过后的重要机电设备，比如单轨吊系统。单轨吊系统的移交范围包括单轨吊轨道的安装和验收记录，单轨吊机车的安装、调试、试运行及验收记录；单轨吊系统的技术培训记录；单轨吊系统的设备维护保养和报废要求。设备移交范围除文字记录以外，还应包括设备用户的责任移交，由安装调试单位移交到业主或使用单位。

2. 设备移交的内容

设备移交的内容，应包括以下方面：

（1）机电设备的安装、调试、试运行记录。涉及单轨吊系统的主要包括单轨吊轨道的安装记录、机车的安装、调试及试运行记录等。

（2）设备的合格证书、使用说明书、维修手册等技术资料。涉及煤矿井下的如单轨吊系统还应有整机的安标证书，配套电气部件的安标证书和防爆证书。

（3）施工图纸、安装报告、验收证书等相关技术文件。

（4）相关部门的验收合格证明。

（5）机电设备的备品备件清单及易损件目录。

（6）操作、维护、保养规程及运行管理方案等。

（7）其他相关资料，如质量保证书、安装验收报告等。

在移交过程中，双方应仔细核对相关资料，并对机电设备进行现场验收，确保设备能够正常运行。同时，移交过程应由相关部门进行监督，确保双方权益得到保障。

（二）设备验收移交管理办法

矿山机电工程制定移交管理办法的目的主要是为了规范设备验收移交的流程

和操作，确保设备在验收移交后能够正常运行，并明确各方的责任和义务。

矿山机电工程移交管理办法一般应包括以下主要内容和要求：

（1）在设备验收移交后，设备使用单位由于生产需要，进行设备更替或裁减时，必须把更替或裁减下来的设备配件等及时出井交给有关部门，以便注销在册，否则，发生丢失、损坏设备，均按有关文件执行处罚。

（2）在设备验收移交后，设备使用单位必须立即着手安排设备的包机工作，定人、定点、定职责5天内把包机合同交给设备组。各有关部门同时要立即开展正常的考核与检查。

（3）在设备停用阶段，闲置、损坏待修期间而未出井移交有关部门的，原使用单位负责维护看管，其设备同属检查考核范围。

（4）凡属批量领用设备或整体领用安装设备时，领用单位和安装单位必须根据图纸制定设备领用计划，交设备管理部门审核批准，并办理临时移交手续，作为领用单位或安装单位以后移交时的核对依据，在此期间，发生丢失、损坏按有关文件执行，安装单位领用没移交前由安装单位负责，移交后由接管单位负责。

（5）设备主管部门，要把所有的设备统一编号，设备无编号者一律不准下井，现井下设备应把编号逐步补齐，做到账、卡、物、图、牌板对口，并做日常的动态跟踪检查。

（三）单轨吊系统移交与投入使用前的管理办法

矿用单轨吊移交与投入使用前的管理办法，应体现以下主要方面的内容及要求：

（1）单轨吊安装调试后，应服从矿方负责组织的现场移交验收。

（2）安装调试完成的单轨吊，由矿方机电科组织使用单位或接收单位，进行现场清点、验收移交。

（3）在调试过程中更替或减缩下来的设备、备件，由矿方机电科或使用单位回收出井进行地面入库。

（4）设备在验收移交时，要详细核实检查并留有记录。对质量问题、项目欠缺等问题，要当时查对，由负责单位限期处理或记载，必要时可由矿组织专题会议裁定。

（5）单轨吊验收移交时，必须按标准要求严格进行检验，各有关部门要进行验收前的严格检查，对设备质量、防爆完好状态，以及是否按技术要求设施安装等问题，实行逐台逐项的检验检查。

（6）验收移交前，机电科或接收单位有关人员进行对账落实，以机电部门掌握的实际数目为准。

（7）设备验收移交后，填写"设备验收移交单"一式三份，由参加验收移交的主要负责人签字。移交单位、使用接收单位、设备管理部门各保存一份，填写验收移交单时，要台台件件分类填写。

第五章 矿用单轨吊的使用与运维管理

矿用单轨吊作为机电液一体化井下辅助运输的重要装备，其安全稳定可靠运行不仅取决于产品的质量与性能、选型设计的合理性与针对性、安装调试的正确性与有效性，还受制于投入运行后的使用与运维管理。矿用单轨吊的技术含量越高、技术性能越先进，对其使用和运维管理的要求也越高、越全面。为此，必须建立健全矿用单轨吊专业化的运维机构和完善的管理制度、操作规程，加强单轨吊的日常检查与维护，定期开展检测、试验，及时排除设备故障，保证矿用单轨吊运行的安全可靠性、稳定性和经济性。

第一节 矿用单轨吊运维管理的机构与制度

有效的管理机构、专业的管理人员和科学的管理制度能够确保设备的正常运行和维护，提高生产效率，降低事故风险，为矿山创造更大的经济效益和社会价值。矿山应依据有关法律法规、标准规范的规定，结合自身实际，建立健全单轨吊运维管理组织机构，完善各项管理制度，明确落实各方职责，奠定矿用单轨吊长期安全、稳定、高效运行的组织和制度基础。

一、矿用单轨吊运维管理机构

矿用单轨吊运维管理机构应按照专业管理、分工负责、协同配合的原则设立，以充分发挥整体效能、保证管理到位、实现安全生产为根本目的。

目前矿山较为通行的做法是，在矿山分管机电负责人的领导下，机电部门负责矿用单轨吊运输系统的安装、使用、运维等的专业管理，设备使用、安监、运输调度等部门按照各自的分工，对矿用单轨吊运输系统负有共同管理的责任。典型的矿用单轨吊运维管理机构组成，如图5-1所示。

矿山分管机电负责人对矿用单轨吊的运维管理进行全面领导，负责贯彻和落实国家安全生产方针、政策、法律法规、规章、规程、标准和技术规范；建立健全矿用单轨吊各级领导和各级管理部门的职能范围和岗位责任；落实矿用单轨吊

第五章　矿用单轨吊的使用与运维管理

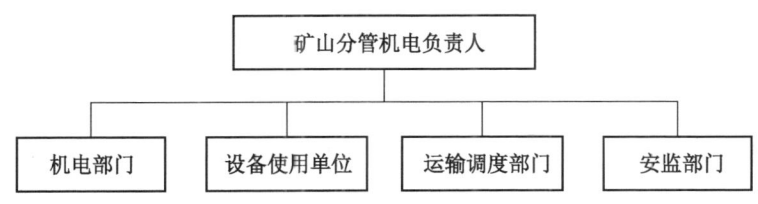

图 5-1　矿用单轨吊运维管理机构组成

管理工作的监督、检查和安全技术措施工作，组织开展、督促矿用单轨吊安全风险辨识分析和隐患排查治理工作；监督和检查矿用单轨吊有关人员基础知识的学习和业务知识的培训工作，提高职工队伍素质；统筹安排各部门之间的工作内容、工作重心及进度，协调各部门间的合作，确保各项工作的顺利开展；发生事故或者重大故障时，第一时间赶赴现场组织处理，事后认真组织查找事故原因，吸取教训，制定防范措施。

机电部门是矿用单轨吊运输系统建设及使用运维管理的专业部门，负责对矿井运输系统进行统一规划、施工、管理；负责矿用单轨吊设备、轨道及安全设施的选型、设计、安装、调试、验收和使用维护管理及监管、考核工作；负责组织开展矿用单轨吊安全风险辨识分析和隐患排查、登记、整改、验收、销号等管理工作；负责建立健全、监督检查及落实单轨吊设备、设施的检修维修及保养计划，并对设备、设施的日常保养及定期保养工作及记录提供技术指导，确保矿用单轨吊运输系统安全稳定、可靠运行。

设备使用单位是矿用单轨吊运输系统设备、轨道及安全设施的责任主体单位，负责矿用单轨吊的使用、保养、检修、维修工作；负责组织实施矿用单轨吊安全风险辨识分析和隐患排查、治理工作；建立健全单轨吊设备责任制度及相应的考核制度，做到单轨吊设备、轨道及安全设施的运行维护责任明确、考核到位；按照制定的维修保养计划，定期对单轨吊设备进行检查，及时更换到期或损坏的部件，并做好记录；及时处理设备设施故障，排查和治理事故隐患；负责填写矿用单轨吊运行维护日志和故障记录，并及时上报。

运输调度部门是矿山运输作业指挥中心，负责矿井辅助运输调度工作，调控矿用单轨吊的实际运行；负责平衡协调各单位之间的作业关系，在确保安全的前提下组织指挥生产；负责矿井日常生产、安全的调度和记录、统计、分析工作，掌握生产、安全动态，并负责对矿领导和上下级单位的信息传递工作；负责向下传达生产任务、生产调度指令、各项通知、通报、命令；负责向有关领导汇报生产情况及主要生产数据。

安监部门是矿山安全监察归口管理部门，负责单轨吊运输系统安装施工全过程的质量监督、检查；组织开展和督促矿用单轨吊安全风险辨识分析和隐患排查治理工作；对单轨吊机车及轨道的安装、使用、维护、运行和管理等实施日常监督。

二、矿用单轨吊运维管理人员能力需求及岗位职责

矿用单轨吊运维管理人员，是指负责矿用单轨吊运输系统设备设施的日常运行、维护、检修、故障排除和管理等工作的专业人员，是矿用单轨吊日常运维的重要力量。正确、合理配置单轨吊运维的各类人员，明晰其岗位职责，是保证矿用单轨吊安全稳定运行和生产效能的重中之重。单轨吊运维管理人员主要应包括管理人员、技术人员、班组长、司机、检修工、充电工等。

（一）单轨吊管理人员

加强单轨吊的管理，是保证矿用单轨吊运输系统始终处于优良状态、确保正常平稳运行的关键环节。管理人员按职履责，能够有效地保证单轨吊的安全运行，提高单轨吊的使用效率，降低运营成本，保障矿山生产的有效有序高效开展。矿山应当根据单轨吊的配置使用情况和工作量大小，配备足够的矿用单轨吊相关管理人员，负责对单轨吊运输系统设备设施进行全面管理和监督。

1. 矿用单轨吊管理人员的能力需求

矿用单轨吊管理人员需要具备扎实的专业知识、较高的技术技能和丰富的管理经验，应该满足以下方面的能力要求：

（1）通常需要领导一个团队，因此需要具备团队管理和领导能力。应具备激励、指导和培养团队成员的能力，建立良好的团队合作和沟通机制，协调工作进展，提高团队的绩效和工作效率。

（2）需要经常与其他部门、供应商和相关人员进行密切的沟通和协调，因此需要具备良好的沟通和协商能力。应能够与他人有效地交流、协调和解决问题，确保工作的顺利进行和目标的有效实现。

（3）安全生产是各项工作的重中之重，因此需要具备较高的安全管理能力。能够制定并执行相关的安全管理制度、操作规程和突发紧急情况下的应急处理预案；应该熟悉相关安全生产法律法规和相关标准规范，能够组织安全培训、隐患排查、安全检查和重大事故隐患分析、事故调查，并采取措施防控安全风险和预防事故。

（4）矿用单轨吊的技术应用较为复杂，因此需要了解矿用单轨吊运输系统的组成与结构，设备的工作原理、工作方式和运行规程。应该熟悉相关的技术标准和操作规程，具备系统深入的专业知识，能够发现和判断设备故障、指导维修和改进工作；具备检查矿用单轨吊运输系统安全状况、及时排查事故隐患、督促

落实安全生产整改措施、制止和纠正违章指挥、组织开展风险辨识和评估等的能力。

（5）单轨吊的安全运行有赖于到位的日常运维管理，因此需要了解设备日常维护和保养的要求，包括定期检查、润滑、更换零部件等。应具备对设备的状态进行评估和判断的能力，能够制定维护计划、管理维修记录和维修预算，确保设备的长期、稳定、平稳运行。

（6）单轨吊的健康监测对预防故障或者事故具有重要作用，因此需要能够分析设备运行数据和维修记录，评估设备的性能和可靠性，并能基于这些数据做出决策和优化措施。应具备良好的数据分析能力和决策思维，能够从海量数据中总结规律、发现问题，找出解决方案并实施改进措施。

2. 矿用单轨吊管理人员的岗位职责

矿用单轨吊管理人员的岗位职责，应包括以下方面：

（1）根据国家有关法律法规、标准规范和有关规定要求，结合矿山实际情况，建立健全安全管理体系，落实安全生产责任制，制定安全操作规范和应急预案等，并组织开展安全教育培训，确保设备的安全操作和生产。

（2）按照生产计划和物料运输需求，制定矿用单轨吊运输系统的使用计划，并保证计划的执行。

（3）根据单轨吊设备设施的使用现状和维护周期，制定单轨吊设备设施的定期检查、保养和维修计划，并保证计划的执行。

（4）负责单轨吊设备设施所需耗材、备品、备件等配件的采购和管理工作，保证配件的质量和供应及时。

（5）坚持以安全为中心，负责对矿用单轨吊安全风险的辨识分析，制定分级防控措施；组织、监督事故隐患排查、登记、治理和效果评估；组织开展对矿用单轨吊运维管理的监督和检查，切实做好事故应急预案的制定及落实工作。

（6）通过科学合理的设备使用管理和技术更新改造，提高单轨吊的运行效率和使用寿命，编制年度设备维修预算和运营成本预算。严格执行成本控制标准，确保企业运营的财务收支平衡。

（7）招聘、培训和管理单轨吊运维的相关操作、维修人员，制定培训计划和工作考核制度，对人员进行绩效评价，提高人员素质和工作能力。

（8）与科研设计单位、设备制造厂家保持密切联系，了解最新技术和产品，提供技术咨询和建议，进行技术合作和协商，推动企业技术创新和发展。

（9）组织制定和执行设备档案管理制度，组织归档和维护设备使用记录、维修记录等资料，确保设备信息准确、完整并及时更新。

（10）与其他部门和相关单位加强沟通与协调，共同推进单轨吊的管理和效能的提升工作。

（二）单轨吊技术人员

矿用单轨吊是机电液一体化专业化装备，专业性强，技术应用复杂。随着科学技术的发展，矿用单轨吊呈现智能化、无人驾驶等的发展态势，对其运维管理的技术要求也越来越高，必须配备专业技术人员，具体负责矿用单轨吊运维的技术支持和维护工作。

1. 矿用单轨吊技术人员的能力需求

矿用单轨吊技术人员的能力需求，主要应包括以下方面：

（1）熟悉国家、行业和企业的有关标准规范，如《煤矿安全规程》等的具体规定，了解有关单轨吊运维的规范要求，以确保设备的安全操作和正常使用。

（2）掌握单轨吊的技术原理、结构组成和主要零部件的功能及作用，了解设备的机械原理、电气控制系统、液压传动系统、传感器和安全装置等组成结构，清楚了解设备的性能参数、适用条件和使用限制。

（3）熟悉单轨吊运行过程中潜在的安全风险、可能出现的主要事故隐患以及造成隐患的常见因素；掌握单轨吊的常见故障类型、故障判断方法和排除技巧；了解单轨吊的易损件明细及相应更换周期，掌握单轨吊维护和检修技巧；在设备故障、事故等紧急情况下，能够迅速有效地启动应急预案，快速组织人员处置，采取有效措施控制事态发展。

（4）具备较强的数据分析和处理能力。熟悉数据采集系统，能够收集、整理和分析设备的运行数据，评估设备的性能指标和运行状态，在出现问题时能够快速追溯原因，并提出优化建议和改进方案，以提高设备效率和可靠性。

2. 矿用单轨吊技术人员的岗位职责

矿用单轨吊技术人员的岗位职责，主要应包括以下方面：

（1）负责监测、诊断及记录单轨吊设备设施的工作状态，及时发现设备设施的故障和隐患，采取措施防止设备出现故障，并根据需要向相关部门报告，以确保其正常运行。

（2）检查设备的操作记录和维护报告，确定是否按照相关管理制度执行设备的维护计划和操作规程，并根据需要推荐改进方法，并提供技术指导。

（3）协助制定设备的操作规程和维护计划，监督设备运维的实施；了解设备的维护情况，并提出合理化建议；参与制定设备设施的更新和升级方案。

（4）在设备的维修、调试和安装时提供技术指导和培训，帮助运维人员正确处理问题，并且加强运维人员的技能培训，提高运维人员的专业水平和技术能力。

（5）对于设备在运行过程中出现的技术问题和故障，根据设备的状况，进行技术分析、诊断，提出解决方案，并协调相关部门同步完成维修任务，确保设备尽快恢复正常运行。

(三) 单轨吊班组长

应当建立专门的单轨吊班组，以便更好地管理和维护单轨吊设备设施。在这个班组里，应当配备经验丰富的班组长来负责设备设施的日常管理、运行和维护等工作，确保设备能得到及时检修和保养，延长其使用寿命，提高工作效率。同时，也能够避免因设备故障带来的潜在安全问题。

1. 矿用单轨吊班组长的能力需求

矿用单轨吊班组长作为现场的直接管理者，承担着保障生产、保证安全和协调资源等重要职责，需具备的能力应包括以下方面：

（1）具备组织和管理能力，能够协调和领导班组成员完成各项工作任务；掌握各项工作的具体进展情况，并进行合理安排和指导，确保工作计划的顺利实施。

（2）了解单轨吊的技术原理、结构组成和主要零部件的功能及作用，清楚设备的性能参数和使用限制，熟悉与机电设备相关的法律法规、安全标准和操作规程，具备矿用单轨吊设备设施的维护、检修、保养和使用方面的技术能力。

（3）熟悉单轨吊运行过程中的安全风险，并建立防范措施和应急响应机制，如定期检查维护设备，实施紧急停机制，加强设备安全培训等，以确保人员和设备的安全。

（4）掌握单轨吊的常见故障类型、故障判断方法和排除技巧，熟悉维护和检修技术方法，在设备故障、事故等紧急情况下，能够迅速有效地启动应急预案，快速组织人员处置，采取有效措施，控制事态发展。

（5）具备敏锐地分析和解决问题的能力，当设备发生故障或出现异常情况时，能够快速定位问题、制定应对策略并指导班组成员与相关部门协作解决问题。

（6）具备良好的沟通和协调能力，能够与其他部门和同事合作，高效地完成各项工作任务。在工作中，还需要与领导及相关方进行有效的沟通和协调，确保信息畅通，促进工作顺利实施。

2. 矿用单轨吊班组长的岗位职责

矿用单轨吊班组长的岗位职责，应包括以下方面：

（1）负责指挥和协调作业班组成员完成作业任务，指导并监督操作人员的安全操作，检查设备的运行情况和维护保养情况，并定期对班组成员进行技术培训，促进技能提高。

（2）负责安排和指导单轨吊设备设施的日常维护、检修和保养工作，及时发现和排除设备故障，确保设备正常运行，提高设备的使用寿命和运行稳定性。

（3）组织班组成员参与设备的大修、维修和改造工作，负责工作任务分配、施工现场管理、质量控制及验收等工作。

（4）制定班组年度工作计划，按照计划实施工作，并对班组的工作表现进行考核和评价。

（5）协调相关部门共同完成生产计划，并积极提出设备更新和技术改进意见，共同推进单轨吊设备设施的管理和效益提升工作，促进团队合作，提高矿山整体效益。

（四）单轨吊司机

矿用单轨吊机车司机是单轨吊的具体操作人员，是设备的直接控制者，对矿用单轨吊的平稳安全运行、确保工作效率具有关键作用。

1. 矿用单轨吊司机的能力需求

矿用单轨吊司机作为国家规定的特种作业人员，肩负重要的安全责任，承担着高效、安全操作矿用单轨吊机车的重要使命，应具备以下知识和能力：

（1）必须经过专门的技术知识和操作技能的培训，考试合格后持证上岗。

（2）必须熟练掌握本业务有关应知应会知识及有关安全规程、安全操作规程和规章制度。

（3）掌握矿用单轨吊工作原理及主要组成，了解设备的安全风险及管控措施、常见故障及处理措施等。

（4）熟练掌握所操控设备的性能和操作要求，具备相关的技术知识和操作技能，做到运行时心中有数，有一定的应变能力。

（5）具备较强的安全意识和应急处理能力，能够迅速反应并采取措施来避免和解决设备故障、危险事件及事故等突发事件，确保设备和人员的安全。

（6）具备较好的身体素质，耐心、细心、责任心强，注意力集中，能够承受较大的工作压力和高强度的工作状态。

2. 矿用单轨吊司机的岗位职责

矿用单轨吊司机的岗位职责，主要应包括以下方面：

（1）遵守相关规章制度和操作规程，严格执行安全措施，确保人身安全和设备运行安全。

（2）开展日常检查和维护工作，定期对设备进行巡视和保养，如对设备进行检查、清洗、润滑、调整等，及时发现并排除设备故障，保证设备正常运行。

（3）负责装卸物料，并根据物料属性和运输要求选择合适的吊具，合理布置物料，确保物料安全运输。

（4）负责矿用单轨吊机车在运行中轨道状况的检查及巷道状况的检查，随时掌握车辆运行情况，发现问题及时汇报。

（5）及时向上级领导和技术人员汇报设备运行情况和作业进展。

（6）协助处理突发事件和应急情况。

（7）配合矿用单轨吊机车的检修、大修和改造工作，协助维修人员进行维修和更换设备零部件，提高设备的可靠性和使用寿命。

（五）单轨吊检修工

矿用单轨吊机车运行过程中，面临着一些较为恶劣的工况和复杂的环境，其健康状态的维持需要依赖于定期的维护管理。如果单轨吊设备出现故障或者未能及时得到维护，不仅容易引发生产安全事故，甚至可能造成严重的人员伤亡和财产损失，也会严重影响生产的正常有序进行。矿山必须配置专业的矿用单轨吊检修工，负责单轨吊设备设施的维修和保养工作。

1. 矿用单轨吊检修工的能力需求

矿用单轨吊检修工作为矿用单轨吊设备设施的检查、维护、保养和修理的专业人员，是提高设备可靠性和利用率、保障企业的生产效益和安全生产不可或缺的重要群体，应具备以下知识和能力：

（1）必须经过专门的技术培训，具备单轨吊检修专业知识，并熟悉、掌握本业务有关的应知应会知识和安全操作规程，涉及动火作业和电气检修作业的人员应具备相应的特种作业资格，分别取得焊工特种作业证、井下电气作业证。

（2）必须掌握设备的工作性能特点、结构组成、工作原理，以及各个部件的故障处理方法，能够正确、全面、系统地进行设备的保养、维修和故障排查。

（3）能够根据设备制造商提供的维护手册和检查计划，对设备的工作状态、性能、维护历史等方面进行有效的追踪和记录，为设备的运行提供重要的数据支持。

（4）具备良好的沟通能力，能够与操作人员、技术人员、管理人员等进行及时沟通和信息交流，全面了解设备的使用状况和维护需求，确保维护和维修工作得以顺利开展。

2. 矿用单轨吊检修工的岗位职责

矿用单轨吊检修工的主要职责，应包括以下方面：

（1）负责对单轨吊设备设施进行定期检查和维护，及时发现和排除故障，确保设备处于正常运行状态，并制定维护计划和工作记录。

（2）针对单轨吊设备出现的故障进行检修和维修，包括更换损坏零部件、液压系统维修、电气系统维修等。

（3）对单轨吊设备设施出现的故障进行分析，找出根本原因，提出解决方案,避免类似故障再次发生。

(4) 积极推动单轨吊设备设施的技术改进和性能提升,提高设备性能和效率,为矿山的发展和创新提供技术支持。

(六) 单轨吊充电工

防爆蓄电池单轨吊在使用过程中需要定期充电维护,以确保蓄电池具有足够的电量供给设备工作,同时需要注意防止蓄电池老化、漏液、短路等安全问题。使用防爆蓄电池单轨吊的矿山应配置单轨吊充电工,负责单轨吊蓄电池的充电、维护和管理。

1. 矿用单轨吊充电工的能力需求

矿用单轨吊充电工是保障防爆蓄电池单轨吊蓄电池安全充电及持续稳定地供应动力的关键工种,应具备以下知识和能力:

(1) 必须经过专门的技术培训,具备单轨吊充电专业知识,并熟悉和掌握本业务有关的应知应会知识和安全操作规程,具有井下电气作业资格证书。

(2) 必须具备一定的电气基础知识,具有较强的电气安全意识和操作技能,了解铅酸蓄电池、锂离子蓄电池等各自的性能、特点、使用方法和安全充电要求。

(3) 具备较强的安全意识,了解可能出现的危险和风险;具备应急处理能力,能够迅速反应并采取措施来避免和解决设备故障、危险事件、事故等突发事件,确保人员和设备的安全。

(4) 能够对单轨吊蓄电池的运行数据进行统计、分析,并制定或改进维护方案、充电策略。

2. 矿用单轨吊充电工的岗位职责

矿用单轨吊充电工的岗位职责,应包括以下方面:

(1) 严格执行充电操作规程,负责单轨吊蓄电池日常充电,做好充电过程的检查和监护。

(2) 掌握蓄电池、充电机的构造、原理、性能技术参数和完好标准,熟悉本岗位应知应会。

(3) 负责单轨吊蓄电池和充电装置的日常维护保养工作,发现异常情况及时报告并采取措施处理。

(4) 记录充电数据,制定蓄电池维护方案,并在实践中不断完善和改进。

(5) 定期检查电气设备的安全性能、安全保护装置、消防器材和工具,对设备的安全状况进行评估,并按规定向上级汇报。

(6) 严格实行《煤矿安全规程》和其他有关规定,尽职尽责、杜绝"三违"现象。

三、矿用单轨吊管理制度

管理制度是对一定的管理机制、原则、方法及管理机构设置的规范。管理制度能够保障企业管理活动的有序化、规范化,防止管理的任意性,充分保护员工的合法权益;同时也可规范员工行为,建立评判对错的价值标准,规范职业道德。建立完善的矿用单轨吊运维管理制度,并保证贯彻落实到位,是矿用单轨吊运输系统安全、稳定运行的基础保障。矿用单轨吊管理制度应包括单轨吊安全运行制度、维护管理制度、安全检查管理制度、设备管理制度、操作规程制度和安全培训制度等。

(一) 矿用单轨吊管理制度的基本要求

科学的管理制度,对矿用单轨吊的使用和运维管理,保证各类设备设施始终处于完好状态,实现安全稳定运行具有重要意义。合理的管理制度可以简化管理流程,提高管理效率。

1. 管理制度的重要作用

管理制度是对一定的管理机制、原则、方法及管理机构设置的规范,是实施一定管理行为的依据,是社会再生产过程顺利进行的保证。合理的管理制度可以简化管理过程,提高管理效率。

"没有规矩,不成方圆"。治理国家离不开"法",管理企业同样也离不开"法"。对于单位、部门、企业来说,"法"就是规章制度。有了规章制度,管理起来就有据可依,处理问题才会有章可循,管理才能够走向规范化、流程化。因此,在矿用单轨吊运输系统运维管理中,必须用制度进行管理,用制度落实责任,用制度规范行为。

把制度制定好,是制度管理的重要前提。好的制度必须科学合理、实事求是,符合客观规律并体现人性化。这就要求在制定制度时,要深入调查研究,多让相关部门和员工参与其中,只有这样才能制定出完善、科学、合理、可行的制度,也才能让员工更好地理解和执行制度。

同样也应深刻认识到"流程管事"的重要性,科学合理的流程能够提高工作效率,降低成本。流程就像人体的血脉,将相关的信息数据根据一定的条件,从一个人输送到其他人员,得到相应的结果后再返回到相关的人。一套科学合理的流程体系有助于员工在正确的时间,按正确的顺序,做正确的事。反之,如果缺乏流程规范,彼此之间职责不清,工作效率就无从谈起。

制度是用来约定管人的规范,流程是用来约定做事的规范。在科学、合理的制度约束下,按照统一标准的流程执行,就是管理的基本要义。所以要制定和落实制度,让员工明白什么事情应该做,什么事情不应该做;规范流程,让员工知道事情按照什么顺序和标准做。

2. 矿用单轨吊管理制度的基本要求

矿用单轨吊的运维管理涉及多主体、多因素、多过程，且运输线路长、环境条件和工况条件变化频繁、制约因素多，管理较为困难，对相应的管理制度提出较高要求。

矿用单轨吊的管理制度，应满足以下方面的基本要求：

（1）依法依规，具备规范性。管理制度的建设应当坚持依照国家相关法律法规、标准规范制定的原则，保证国家法律法规、标准规范的严格执行与落实。制定的制度内容应与国家相关的法律法规保持高度一致性，绝不可以相违背，必须严格遵守《煤矿安全规程》等各项规定。制度制定过程中应做好与国家相关法律法规、标准规范的衔接和协调，企业制定的制度严于国家相关规定时，应在报送、审核中专项说明。

（2）切合实际需求，具备合理性和可操作性。在进行制度建设时，要根据实际发展需要来制定，不能制定一些空洞没有实质内容的规章制度，也不要制定一些根本就没有用处或不可行的规章制度，更不能生搬硬套一些先进单位、先进部门的制度，别人的制度再好，也未必适合。否则，制度只能成为一种摆设，起不到上行下效的作用。在进行制度建设时，一定要进行周密调研，要充分考虑实际状况，采用先进管理理念，宽严适度、逐步提高；同时，一定要充分考虑信息化管理的要求和企业未来发展的需要，但不宜太超前。如果制定的制度具有一定难度系数或不够成熟，可先试行，并在实践中不断总结经验，逐步完善。如果相关管理事项过于超前，没有相关制度或做法可以借鉴，不妨在工作中逐渐总结，以备忘录形式记录相关做法，等到条件成熟时再行决策。保证制度规范具有可行性、适用性，切忌不切合实际，应根据所使用的安全监控系统的特点、规模、使用状况等进行具体、有针对性地制定。

（3）与时俱进，保持先进性。制度是用以规范员工行为，使各项工作有章可循，从而提高管理效率与质量的行为准则。各类组织一直致力于寻求最适合自己的制度，但世界上从来就没有一成不变的东西，好的制度需要跟随时代的发展变化不断进行调整，在不断变化中趋于合理、完善，只有如此才能保持制度持久的生命力。好的制度也需要在变化中寻求和谐，在和谐中谋求发展，在发展中求完善。大到治理国家，小到管理企业，一成不变的制度没有生命力。目前，安全监测监控技术发展日新月异，国家和地方也在不断提出新要求、作出新规定，安全监控系统规章制度必须及时适应这些变化和要求，才能真正发挥出制度的重要作用。

（4）尊重客观规律，保证科学性。制定制度应遵从管理客观规律，制度化的管理必须服从管理学的一般原理和方法，违反了原则只会导致失败。制定制度要合理，一方面要体现制度严谨、公正、高度的制约性、严肃性，同时要考虑人性的特点，避免不近情、不合理等情况的出现。应制定相关规则，明确立项、起草、征求意见、协商、审核、批准、发布、备案、解释、修订等的相关程序及要求。制度制定过程中，必须充分听取相关部门和员工的意见建议，保证畅通的各类信息征集与反馈通道。

（5）强化监督落实，保证制度的落实力和决定的执行力。制度的生命力在于执行。制度一旦建立就必须不折不扣地执行，维护制度的权威性，否则再好的制度也会形同虚设。在一定意义上执行制度比制定制度更为重要。为此，应当建立制度实施评估、反馈制度，对制度执行情况和实施效果等进行检验评估，实施补充、修订、完善或者废止，确保各项制度可实施，管理落到实处。制度评估的信息来源应包括国家相关法律法规、标准规范规定的调整情况，监管监察部门提出的整改意见建议，内部检查、稽查提出的问题，员工提出的制度缺陷及改进建议等。评估内容应包括管理制度的健全性、统一性、完整性和有效性，评估可以采用定期或者不定期的方式开展。为确保管理制度的顺利实施，把监控管理真正落到实处，防止管理制度的执行流于形式，需强化制度落实的考核。考核的目的不仅仅是调整员工的待遇，而是对员工价值的不断开发和再确认，考核是为了不断提高员工的职业能力和改进工作绩效，提高员工在工作执行中的主动性和有效性，为矿用单轨吊运输系统的安全稳定运行保驾护航。

3. 矿用单轨吊管理制度应当明确的重要内容

矿用单轨吊的安全稳定运行，有赖于各项管理制度的健全与发展，形成制度体系与持续改进机制；规定的内容应该全面、系统和配套。矿用单轨吊管理制度应当明确以下方面的重要内容：

（1）矿山主要负责人、分管负责人和安监负责人等矿级领导在矿用单轨吊运输系统建设和运维管理中的职责。矿山主要负责人是矿山安全生产的第一责任人，分管负责人全面负责矿用单轨吊运输系统建设和运维管理，安监负责人负责安全生产监督、检查工作。

（2）机电管理部门、使用单位等的管理职责。应按照《煤矿安全规程》等的规定及上级有关要求，明确机电部门是矿用单轨吊运输系统建设和运维管理的专业部门，负责对矿井主要巷道的运输系统进行统一规划、统一施工、统一管理；设备使用单位是矿用单轨吊设备、轨道及安全设施的责任主体单位，具体负责矿用单轨吊设备的使用、保养、检修、维修工作；运输调度部门是矿山安全生产运输作业指挥中心，负责矿井安全生产辅助运输调度工作，调控矿用单轨吊的实际运行；安监部门是矿山安全生产管理归口管理部门，负责矿用单轨吊安装、调试、使用、维护、维修、保养等全生命周期的安全生产监督管理。

（3）矿用单轨吊的专项管理制度。包括安全运行制度、维护管理制度、安全检查制度、设备管理制度、操作规程制度、安全培训制度等。

（4）矿用单轨吊管理人员、技术人员、司机、维修工、充电工等的能力要求、资质条件及培训工作要求。单轨吊司机、维修工、充电工等纳入国家特殊工种管理的人员必须持证上岗。

（5）突发紧急情况下应急处置工作要求。按照工作职责分级响应、分级处置，防范重特大事故。

（6）建设和运维管理的考核要求。对"三违"等违法违规行为，制定严格的处罚规定；对出现重大事故隐患甚至发生事故的单位和个人加重处罚，直至移交司法机关追究刑事责任。

（二）安全运行制度

为了确保矿用单轨吊的安全稳定运行，必须建立一套完善的安全运行制度，规范操作人员、操作规程、接班交接、应急处置等方面的规定和要求。

1. 操作人员要求

矿用单轨吊是机电液一体化设备，技术应用相对复杂，又涉及高空、起重、人员运输等高风险性作业，要求单轨吊操作人员（司机等）必须具备一定的职业素养、心理素质、技术水平和工作能力，以确保设备的安全运行。

对操作人员的要求主要应包括以下几个方面：

（1）操作资格证书。单轨吊操作人员必须经过专门的培训中心或机车制造商培训并考试合格，取得操作资格证，持证上岗。这是操作人员从事相关工作的必要条件，也是保证设备安全运行的基础条件。

（2）身体健康。单轨吊操作人员需要身体健康，无生理上的缺陷、精神上的障碍以及疾病。因为单轨吊的操作需要进行高空作业，而且负载重量较大，运输速度相对较快，如果操作人员身体不适、存在心理问题或有疾病，会直接影响设备的安全运行。

（3）快速反应能力。单轨吊的操作过程是对单轨吊运行的动态控制，随时可能出现新情况新问题，这就需要操作人员具备快速反应能力，对出现的意外或者突发事件快速做出反应，迅速控制事态，避免发生意外。

（4）过硬的心理素质。单轨吊操作人员需要经常处于高空环境下，客观存在一定的安全风险。因此，操作人员需要有过硬的心理素质、较强的承压能力和风险承受能力，能够沉着稳定地操控设备，保证设备的安全运行。

（5）注意力集中能力。单轨吊的运行环境空间狭小、昏暗潮湿，人员、设备、设施较为集中，车辆、轨道及巷道与环境可能随时出现新情况，需要操作人员时刻保持注意力集中,能够抵制外界干扰、视觉疲劳和其他诱惑,避免因为疏忽而导致意外事件。

(6)头脑清醒。单轨吊操作处于动态运动过程,需要高度的专注度和决策能力,因此需要操作人员保持清醒头脑,避免因为疲劳或者其他原因导致思维迟钝或者决策失误。

2. 操作规程

单轨吊操作人员必须按照标准操作程序和工作标准进行作业,在正确的时间、用正确的方法、做正确的事,严禁违规操作。矿用单轨吊运输系统的操作规程,主要包括以下几方面的内容:

(1)操作前检查。在使用单轨吊之前,必须进行规定的检查,包括检查机车动力单元、制动单元、液压系统及传动装置、电气系统、机械连接、安全保护、安全防护、信号通信等方面,确保各设备设施处于良好状态。

(2)空载试运转。每次正式启用单轨吊前,应进行空载试运转,检查各设备是否正常稳定运转、各种指示仪表及电气设备是否正常、安全保护装置是否正常启动和运行。

(3)负载限制。必须按照规定的载重(人)量对单轨吊的负载进行限制,超过规定载重(人)量可能会导致设备失衡、制动失效或者发生故障。严禁超载运行、人物混运。

(4)坡道、速度、加速度限制。单轨吊在坡道上的操作必须符合规定的坡度下的速度限制,避免因超速或斜坡导致的事故。严格按照规定加减速度实施单轨吊的加速、减速和停车,严防溜车。

(5)现场管理。保证现场人、机(设备、工具)、料(原材料、运输物料)、法(操控方法)、环(环境)、信(信息)等始终处于良好的有机结合状态,实现有序、高效、低耗、均衡、安全、文明作业。

(6)保持清洁。必须定期对单轨吊进行清洁,以确保设备干净卫生,防止污染物对设备产生影响。经常对环境进行整理,洒水降尘,保持清洁整齐,文明操作、文明运转、文明生产。

(7)定期维护保养。为了保证单轨吊的安全正常运作,必须定期对设备设施进行维护保养,包括清洁、润滑、紧固螺栓、更换损坏零部件等。

(8)紧急处理。在发生意外事件或者突发紧急情况时,必须立即采取应急处理措施,并及时向调度室、管理层汇报,防止事态恶化、影响范围扩大,确实保证人员生命安全。

3. 接班交接制度

单轨吊接班交接制度是为了确保设备在不同班次之间的连续安全稳定运行,

避免因操作人员交替导致的事项不明确、操作不规范、设备状况不交底等问题。单轨吊接班交接制度主要应包括以下诸方面内容：

（1）接班人员必须到达工作岗位、接替操作前，先查看前一班次留下的日志记录和运转情况，了解各设备的运行状态，及时掌握设备的异常情况。

（2）接班人员应与离岗人员现场交接，并检查设备的各个部位是否正常，液压油、减速机油、润滑油等是否符合要求，承载轮组、驱动轮组及制动轮组等的磨损是否超限，各种指示仪表的指示是否在正常范围之内，液压系统、电气系统、机械传动系统、制动单元、安全保护装置等各方面的安全状况是否正常。如果发现问题，应及时处理或者向上级汇报，并在交接记录中详细记录。

（3）接班人员要仔细阅读单轨吊的使用说明书、操作规程，确保对设备性能的充分了解、使用操作方法的完全熟悉、注意事项的应知尽知、运行环境和工况条件的全面掌握，奠定安全操作基础。要熟悉设备紧急情况处置措施，以便在意外事件或者突发紧急情况时能够正确快速地应对处置。

（4）在交接班时，离岗人员要详细记录上一班的设备设施的运行情况，包括设备设施故障情况、维修情况、备件情况、安全保护动作情况等的详细信息。接班人员需要核对这些记录，并在交接记录中签字确认。

（5）离岗人员在交班时，必须完成所有工作任务、填写交接记录后方可离开，未完成的任务要及时说明原因并告知接班人员，对重要安全注意事项应重点说明。

（6）接班人员在完成正式接班后，应当第一时间开启设备，进行试运转，并检查设备各项指标是否正常、仪器仪表指示是否正确、安全保护装置是否全面运行，确认设备处于安全状态后方可投入正常工作。

【示例】某煤矿二采区采用防爆柴油机单轨吊机车运输，制定了以下现场交接班制度。

（1）严禁机车在运行时进行交接班，交接班必须在岗位现场交接，接班人必须提前 20 min 到达现场。

（2）交接班人员必须按日常检查制度，日常检查路线进行检查交接。

（3）当班人要如实填写交接班记录。交班时，交班人要详细将在岗时间内设备出现的异常情况和问题，面对面和接班人交接，确认无误后在交接班记录上签名后方可离岗，重大情况及时向当班班组长及跟班副队长汇报。

（4）双方交接班完成后，岗位发生的一切事情，均由接班人负责。

（5）交班人员要交清下列内容：①供电电源、设备、保护装置、仪器仪表等运行情况，完好状态；②岗位备用配件、工具、材料等情况；③设备存在的隐患及应注意事项，事故处理，缺陷处理等情况；④设备检修、试验情况，安全措施的布置等情况；⑤上级指示及其他有关注意事项。

（6）有下列情况之一者，接班人有权拒绝接班：①设备运转情况和检修情况交代不明；②工具、材料、配件、安全设施及各种资料丢失，记录损坏者；③发生事故本应处理而未处理者；④设备和场所卫生整洁。

（7）有下列情况之一者，交班人不得交班，并汇报科队值班领导：①对于不按巡回检查内容规定的检查路线对设备认真检查者，填写记录不完全者，不得交班；②发现接班人喝酒或有病容和精神状态不佳等；③不是本岗位专职人员，又未接到上级领导通知；④处理事故时，不进行交班。

（8）交班人员不得隐瞒事故隐患交班。若隐瞒事故隐患完成交接班，岗位上发生事故由上一班岗位工负责。

4. 应急处置制度

单轨吊在使用过程中难免会出现故障或者意外事件。为保证对突发紧急情况应对处置的及时性、有效性，需要建立完善的应急处置制度，以保障人员和设备设施的安全，防止事态扩大。应急处置制度主要应包括以下几方面内容：

（1）应急预案。针对可能发生的不同类型的故障和意外事件、可能的影响范围和长度，制定相应的应急预案，明确应急处置流程、主要方法和责任分工，并将其公示于矿用单轨吊操作区域内，以便在发生问题时能够及时有效地处理。

（2）应急培训。为了提高应急处置的效率和质量，需要对矿用单轨吊运输系统操作人员、技术人员、管理人员等进行针对性的应急技能培训，使其掌握必要的应急知识和技能，并能够熟练地操作应急处置设备、实施应急处置措施。

（3）应急准备。在矿用单轨吊操作区域内应设置应急箱，存放必备的应急设备、物品，如灭火器材、防毒面具、通信器材、急救箱等，以便在突发紧急情况下迅速控制事态，防止影响扩大。

（4）应急演练。应定期不定期开展应急演练，模拟可能发生的各类故障或者意外情况，测试应急预案、人员培训和应急设备准备的有效性和可靠性，不断提高应急处置的水平和能力。

【示例】某煤矿南三采区采用防爆柴油机单轨吊机车运输，制定了以下应急处置制度。

1. 目的和适用范围

（1）本制度旨在加强单轨吊使用过程中发生的各种突发性安全事故的应急处置能力，最大限度地缩小灾害范围并及时消除事故影响，避免人员伤亡和财产损失。

（2）本制度适用于所有使用单轨吊设备的场所和人员。

2. 应急组织和职责

（1）工区成立事故应急处置工作小组，负责制订单轨吊运输过程中可能发生的各种突发性安全事故应急处置措施和预案，并在事故发生后组织实施事故应急处置工作。

（2）组长负责分析判断事故性质及严重程度，组织制定处理方案，并安排好事故现场救援处置人员、材料、配件。

（3）副组长负责应急方案、应急措施的编制，技术资料的提供。

（4）值班人员负责承接事故报告，请示启动应急预案，召集小组成员协调应急处置工作，同时做好相关记录。

（5）其他成员在工作小组的领导下，根据各自负责的范围各负其责，带领救援处置人员参与现场处置。

3. 应急处置程序

（1）启动预案。突发安全事故后，最先接报的部门或人员要第一时间向事故应急处置工作小组报告，工作小组立即通过各种途径核实事件性质、伤亡情况、事故地点、事故发生的时间等信息，并迅速召集工作小组所有成员，通报事故现场情况，认真分析、研究、评估事故危害程度，在 10 min 内确定是否启动应急救援预案。

（2）先期处置。应急救援预案启动后，迅速指派有关人员赶赴现场，会同相关部门人员，全面核查、查实事件性质、发生时间、发生原因、涉及范围、人员损失等基本情况后，及时向工作小组报告。根据预案要求做好现场救援工作，尤其做好现场人员的自救、互救和现场急救工作，尽可能消灭初期灾害事故，降低造成的损失。

（3）信息发布。事故应急处置工作小组根据事态情况，通过电话发布事件信息，向上级组织和主管部门进行汇报。

（4）现场处置。救援处置人员到达现场后，要协调有关部门及时采取控制、救援、保全等措施，防止事态扩大或次生事故的发生，并安排专人对事故伤亡人员进行登记，包括姓名、年龄、家庭地址、联系电话等。

（5）妥善处理。应急抢险救援行动结束后，由救援指挥部下达解除应急救援的命令，并按照预案要求组建事故善后处理领导小组。

4. 应急准备和演练

（1）在单轨吊操作区域内设置应急箱，存放必备的应急设备、物品，如灭火器材、防毒面具、通信器材、急救箱等，并定期对应急物资装备进行清点、检查，对达不到要求的应急物资装备及时进行更换、维修、保养。

（2）所有应急处置工作人员、单轨吊运输相关工作人员每年必须接受应急培训，重点学习应急预案和对突发事件的应急处置程序和方法，熟悉避灾路线，掌握危险自救和互救知识，培训时间原则上为 1~2 周，一般每年累计不少于 5 天。

（3）根据各种突发性安全事故应急处置预案，每年进行一次应急演练，演练内容包括应急通信、救援与抢险、医疗救护、后勤保障等方面，并做好演练过程的原始记录。

（三）维护管理制度

随着矿用单轨吊运行时间的延续和使用次数的增多，矿用单轨吊不可避免地会因为各种原因出现性能下降甚至故障。如果不能得到及时的维修和保养，就会给其安全稳定运行带来不利影响。为了保证单轨吊的安全正常运行，需要建立完善的维护管理制度，主要包括设备日常检查制度、定期检修制度、故障处理制度和记录管理制度等。

1. 设备日常检查制度

建立设备日常检查制度，是为了保证对设备日常巡检、清洁、维护和保养的制度化、规范化，以保证设备的正常运行和延长其使用寿命。主要包括制定巡检计划，明确巡检内容、清洁保养、巡检记录等方面的规定和要求。

（1）巡检计划。在制定日常检查制度时，需要制定巡检计划，并在日常工作中加以执行和落实。巡检计划一般应包括巡检时间、巡检人员、巡检内容、巡检标准、巡检要求等，以确保设备日常检查工作得以有效、有序、规范地开展。

（2）巡检内容。明确日常巡检的内容及项目。日常巡检过程中应仔细观察悬挂轨道系统、单轨吊机车各个部位及配套设施设备有无异常情况，包括轨道、道岔、阻车器及其悬挂装置的状态，单轨吊设备及配套设施的外观、电气系统、液压系统、传动系统、制动单元、起吊梁、安全保护装置等的检查。

（3）清洁保养。巡检过程中还需要对设备的各个部位进行清洗、加油、加脂等润滑保养工作，确保设备处于良好的工作状态，防止因灰尘、油垢等杂物进入而影响设备正常运行。

（4）巡检记录。在进行日常检查过程中，应将检查结果记录在相应的检查表格上，并及时向上级主管部门汇报。记录和汇报的内容应包含检查时间、检查内容、检查人、发现的问题及处理措施等信息。

【示例】某煤矿 NW05 采区采用防爆柴油机单轨吊机车运输，制定了以下设备日常检查制度。

1. 目的和适用范围

（1）本制度旨在确保单轨吊的日常安全运行，预防事故发生。

(2) 适用于所有使用单轨吊的场所和人员。

2. 巡检计划

(1) 巡检时间。每班次使用前进行常规巡检，定期进行月度巡检和季度巡检。

(2) 巡检人员。由专职或兼职的设备维修人员进行巡检，巡检人员应具备相关知识和技能，熟悉巡检要点和操作规程。

(3) 巡检标准。根据设备的使用要求和相关标准，对各项巡检内容进行判断、评估和归档，并通过巡检内容的反馈数据进行改善和提高，让巡检标准得以不断优化。

(4) 巡检要求。巡检人员需要服从公司的安排和管理，严格按照流程，完成全面巡检，不遗漏、不疏忽工作。

3. 巡检内容

(1) 外观检查。检查设备外观是否完好，主机架、驾驶室架、承载小车、牵引连杆有无明显破损、变形、裂纹等情况，各部件螺栓是否紧固。

(2) 电气系统检查。检查电气线路、接线端子、开关按钮等是否正常运行，有无松动、腐蚀等现象，各仪表是否显示正常。

(3) 液压系统检查。检查所有液压管路、接头是否无滴漏现象，系统各压力表是否显示正常。

(4) 动力系统检查。检查柴油发动机是否工作正常，是否无异常抖动或声响，检查燃油是否充足。

(5) 润滑系统检查。检查润滑系统的润滑油量是否充足，润滑点是否完好，并进行必要的加注和更换。

(6) 驱动系统检查。检查驱动轮、承载轮、传动皮带、齿轮等传动部件的松紧度和磨损情况，必要时进行调整或更换。

(7) 制动系统检查。检查制动轮组的工作情况，包括制动闸块磨损情况、制动力是否正常等。

(8) 配套设施检查。检查轨道、悬挂、巷道配套设施等的磨损和松动情况。

4. 清洁保养

(1) 设备清洁。每班对单轨吊设备进行清洁，清除积尘、灰尘、油污等，保持设备的干净整洁。

(2) 润滑保养。按照设备使用说明书的要求，进行润滑油和液压油的定期更换和加注。

(3) 部件维护。及时修复或更换损坏的部件，保证设备的正常运行。

5. 巡检记录

(1) 巡检记录。每次巡检后，操作人员应填写巡检记录表，记录巡检时间、巡检内容、发现的问题和处理情况。

(2) 数据分析。应对巡检记录进行汇总和分析，剖析发现的问题和隐患，及时采取措施进行修复，提出加强维护保养的改进措施。

6. 责任与处罚

(1) 负责单轨吊设备的操作人员、维修人员、管理人员等，应按照制度要求认真履行巡检职责，发现问题及时报告和处理。

(2) 违反本管理制度，影响设备正常运行，或造成安全事故者，应按照企业相关规定进行相应的处罚，并承担相应的赔偿责任。

2. 定期检修制度

建立设备定期检修制度，对矿用单轨吊进行计划性的大修和小修，以便更彻底地检查设备的各项功能是否正常，及时发现并解决潜在的故障问题，保证设备的平稳运行和延长其使用寿命。设备定期检修制度主要应包括检修计划、检修周期、检修内容、检修记录等方面的规定和要求。

(1) 检修计划。设备定期检修制度中应明确检修计划的要求，以及在日常工作中执行和落实的相关要求。检修计划包括检修时间、检修人员、检修内容、检修标准、检修要求等。

(2) 检修周期。矿用单轨吊通常应每季度或每半年进行一次定期检修。也可以根据设备使用情况、工作环境和工况条件等因素，适当调整检修周期。

(3) 检修内容。大修的检修内容应包括单轨吊的机械结构、电气控制系统、液压传动系统等的全面检修。小修主要针对单轨吊的各部位进行检查，以及更换磨损较大的零部件、处理松动的螺丝等，发现问题及时处理。

(4) 检修记录。每次检修结束后，需对矿用单轨吊进行检查和测试，并对检修内容、结果、问题、维修措施以及测试情况进行详细记录，保存至设备档案中，便于日后追溯、评估设备的运行状况及维修效果等。

【示例】 某煤矿 N08W 采区采用防爆柴油机单轨吊机车运输，制定了以下设备定期检修制度。

1. 目的和适用范围

(1) 本制度旨在确保单轨吊的安全运行和延长使用寿命，预防事故发生。

(2) 本制度适用于所有使用单轨吊的场所和人员。

2. 检修计划

(1) 根据单轨吊的使用情况和厂家要求，确定年度、季度和月度的检修计划，明确检修周期和时间节点。

(2) 指定专门的检修小组或责任人负责检修计划的执行和协调，并提前通知相关人员，确保检修工作的顺利进行。

(3) 在检修计划中注明检修人员的资质要求和培训计划，保证检修人员具备必要的技术能力。

3. 检修内容

(1) 年度检修。每年进行一次全面的大检修，主要包括对设备的各个方面进行彻底检查、清洁、润滑和更换关键零部件等工作。年度检修应由经验丰富的专业人员负责，并根据设备使用情况和制造商要求确定具体操作步骤。

(2) 季度点检。每季度进行一次常规点检，每次点检中重点关注设备的运行状态和关键部件的磨损情况。同时，还需检查设备的润滑状况、电气系统的工作状态、动力系统的运行情况，以及安全装置的可靠性等。

(3) 月度点检。每月进行一次简略点检，每次简略点检主要对设备的基本状况进行检查，包括检查关键部件是否有异常声音、异味或渗漏情况，设备的运转是否平稳等。月度点检可由设备操作人员进行，如果发现问题应及时上报并由专业人员进行处理。

4. 测试验收

(1) 在每次检修完成后，需要由维护人员进行测试验收，以确保设备已经恢复正常工作状态。

(2) 测试应对单轨吊的各项性能进行全面检查，包括静态测试、动态测试和安全测试等。

(3) 根据单轨吊的使用要求和相关标准，对各项检修项目进行验收，确保设备符合要求。

(4) 如果发现设备存在问题，需要及时处理并进行记录。如果无法解决问题，应立即停机进行维修，并确保设备在维修完成之前不再使用。

5. 检修记录

(1) 检修人员应按照规定的格式填写检修记录，包括检修日期、检修人员、检修项目、测试情况、发现问题及处理措施等。

(2) 检修记录应详细、准确，保存至少一年，并做好归档工作，方便随时查阅和管理。

(3) 对于发现的问题和隐患，应及时通知相关责任人，并跟踪整改情况。

6. 监督与评估

(1) 上级主管部门应定期对单轨吊的定期检修情况进行监督和评估。

(2) 定期组织内部审核，评估检修工作的效果和质量，并根据评估结果进行必要的改进和提升。

3. 故障处理制度

建立一套完善的故障处理制度，对于尽快恢复设备和系统的正常运行，避免发生更严重的事故，保障矿井正常有序的生产，具有重要意义。单轨吊故障处理制度主要应包括故障报告与记录、故障分析与诊断、故障处理方案、维修实施和验收、故障分析与改进等方面的规定和要求。

（1）故障报告与记录。当单轨吊出现故障时，操作人员应及时上报，并记录相关信息，主要包括时间、地点、故障现象等。同时，应根据故障情况及时采取紧急处置措施，防止故障扩大。

（2）故障分析与诊断。针对不同类型的故障，需要采取不同的分析及诊断技术方法。故障分析与诊断过程□，应结合单轨吊的构成与技术原理、技术特征及参数、历史使用维护记录等信息进行综合评判，找出故障原因。

（3）故障处理方案。针对不同的故障原因，需要采取不同的处理方案。在制定故障处理方案时，应按照产品使用说明书的要求，综合考虑安全性、经济性和可行性等方面的因素。例如，对于机械故障，可能需要更换某些零部件；对于电气故障，则可能需要重新调整电路或更换配接设备。

（4）维修实施和验收。故障处理方案一旦确定，就需要立即实施。维修人员应按照方案进行维修，并在维修完成后进行检查和测试，确保设备能够安全稳定地运行。验收人员应对维修质量进行评估，确保设备安全技术性能符合有关安全标准和规定。

（5）故障分析与改进。当故障得以解决后，应对故障致因进行深入剖析，查找在设备设计制造、安装、运维、大修中存在的深层次问题，并提出相应的改进措施，以防止类似故障再度发生。同时，还应将故障处理的相关信息纳入维护管理系统，以便于日后工作中借鉴参考。

【示例】 某煤矿 N09W 盘区采用防爆柴油机单轨吊机车运输，制定了以下设备故障处理制度。

1. 目的和适用范围

（1）本制度旨在提高单轨吊的运行效率和安全性，降低维修成本和维修时间。

（2）本制度适用于所有使用单轨吊的场所和人员。

2. 故障报告与记录

（1）设备操作人员在发现任何异常情况时，应立即将故障情况报告给主管或维修人员，并填写故障报告表。报告中应包括故障的具体描述、发生时间、地点及紧急程度等。

（2）主管或维修人员在收到故障报告后，应及时进行登记和分类。登记内容应包括故障的编号、报告人员、报告时间等关键信息。

(3) 故障报告应存档并建立统一的故障记录数据库,以供后续分析和改进使用。

3. 故障分析与诊断

(1) 维修人员应根据故障报告,尽快到达现场进行故障分析和诊断。分析过程中,可以采用分析设备历史记录、研究在线监测数据,以及现场检查等方法。

(2) 故障分析和诊断应重点关注故障致因,确定故障的具体原因,并进行合理的分类和归档。

4. 故障处理方案

(1) 维修人员根据诊断结果制定详细的故障处理方案,包括所需材料、工具和时间安排等。

(2) 故障处理方案应经过主管或相关部门审批后执行,确保有效性和可行性。

5. 维修实施和验收

(1) 在执行故障处理方案时,维修人员应按照要求进行设备关闭、检修、更换零部件、测试,以及重新启动等操作。

(2) 维修完成后,维修人员应进行功能测试和安全验收,确保设备恢复正常状态,并符合相关安全标准和规定。

6. 故障分析与改进

(1) 维修人员应对每次故障处理过程进行详细记录,包括所采取的措施、耗时、效果等。

(2) 定期对故障记录进行分析和评估,总结故障模式和频率,并提出相应的改进建议。

(3) 维修团队应定期召开会议,讨论故障分析结果和改进计划,并将其纳入下一阶段的工作计划中。

4. 记录管理制度

记录管理制度是矿用单轨吊运输系统建设、运维管理制度中的重要内容。通过对记录的系统分析,可以及时发现和解决问题,降低故障率;可以追溯故障致因深层次问题,落实安全职责,完善作业规程、操作规程和安全技术措施。记录管理制度应包括巡检记录管理、维修记录管理、故障记录管理、事故隐患记录管理、设备档案管理等方面的规定和要求。

(1) 巡检记录管理。对于矿用单轨吊运输系统的巡检工作,需要建立巡检记录,记录巡检时间、巡检人员、巡检内容、存在的问题及处置信息等,并对存在的问题进行归纳分类。同时，每次巡检后应进行签字确认，确保巡检记录真实有效。

（2）维修记录管理。针对单轨吊的维修工作，需要建立维修记录，记录维修时间、维修人员、故障情况、处理措施、更换零部件情况等信息。这些记录既可以用于跟踪维修情况，也可以作为今后设备维修保养的参考资料。

（3）故障记录管理。针对单轨吊的故障情况，需要建立故障记录，记录故障时间、故障地点、故障类型、故障原因、故障处理措施及效果等信息。这些记录有助于及时排查故障原因，避免类似的故障再度发生。

（4）事故隐患记录管理。在日常操作过程中，如果发现存在事故隐患需要及时记录，并通知相关部门和人员进行处理。事故隐患记录需要包括隐患时间、隐患地点、隐患类型、隐患级别、解决方案、处理措施、负责人及处理效果等信息。这些记录有助于及时发现并消除事故隐患，确保设备的安全稳定运行。

（5）设备档案管理。矿用单轨吊的设备档案应包括设备的基本信息、技术性能及参数、安装验收信息、历史维护记录、使用情况等信息。设备档案需要建立完整，定期更新，并妥善保存。这可以帮助设备管理人员对设备的运行情况进行全面了解，及时发现问题并采取相应措施，提高设备的可靠性和安全性。

【示例】某煤矿中央采区采用防爆柴油机单轨吊机车运输，制定了以下记录管理制度。

1. 目的和适用范围

（1）本制度的目的是规范单轨吊使用中的记录管理，保证操作有据可查。

（2）本制度适用于所有使用单轨吊的场所和人员。

2. 记录类型

（1）定期巡检记录。记录单轨吊的定期巡检情况，包括巡检日期、巡检人员、巡检内容、发现的问题及处理措施等。

（2）维护保养记录。记录单轨吊的维护保养情况，包括维护保养日期、维护保养人员、维护保养内容、检查结果等。

（3）故障记录。记录单轨吊的故障情况，包括故障发生日期、故障描述、处理过程、维修结果等。

（4）事故隐患记录。记录单轨吊事故的隐患时间、隐患地点、隐患类型、隐患级别、解决方案、处理措施、负责人及处理效果等。

（5）设备档案。记录单轨吊的基本信息、技术性能及参数、安装验收信息、历史维护记录、使用情况等。

（6）培训记录。记录单轨吊相关操作人员的培训情况，包括培训日期、培训内容、培训人员及参与人员名单等。

3. 记录要求

（1）所有记录应按照规定的格式进行填写，内容完整准确。

（2）记录应由专人负责，责任明确。

（3）记录的时间应与实际操作保持一致，及时填写。

（4）记录应进行编号和归档，方便查阅和管理。

（5）记录应保存至少一年，特殊情况可酌情延长保存期限。

（6）电子记录应有相关技术措施确保信息安全、完整性和可追溯性。

4. 记录管理

（1）设立记录管理责任人，负责记录的收集、整理、归档和保存。

（2）定期检查记录的完整性和准确性，发现问题及时进行纠正和改进。

（3）严禁篡改、删除或销毁记录，如需更正应注明原因并经过审核同意。

（4）对重要记录进行备份，确保信息不丢失。

5. 监督与评估

（1）监督各级人员按照制度要求履行记录管理职责。

（2）定期进行内部审核和评估，以确保记录管理制度的有效执行。

（3）对记录管理过程中发现的问题，及时提出改进建议并跟踪整改情况。

6. 培训与意识提升

（1）对单轨吊操作人员进行相关培训，包括记录填写要求、操作规程等。

（2）强化安全意识，加强记录管理的重要性宣传教育。

（四）**安全检查管理制度**

安全检查的目的旨在及时发现并处理矿用单轨吊运输系统运行中存在的问题，确保设备的安全性能和可靠性，防止设备故障导致事故的发生，最大限度地保障矿山生产正常进行。单轨吊安全检查制度应包括安全检查周期、安全检查内容、安全检查记录、安全检查的执行等方面的规定和要求。

（1）安全检查周期。对于矿用单轨吊，应建立定期不定期安全检查制度，一般为定期检查和矿井组织的临时性、突击性不定期检查。日常检查由操作人员自行完成，月度、季度或年度检查由专门的维修人员完成，不定期检查由安全管理人员和维修人员组织进行。

（2）安全检查内容。矿用单轨吊运输系统安全检查的内容应包括机车动力单元、保护装置、行驶单元、行走单元、起吊梁及附件、制动单元、连接装置、管路密封、各类液位、转动部位润滑情况及电缆、胶管的磨损情况等。应根据定期检查的层次不同，检查的重点有所差异，日常检查以保护装置、驾驶室操控、行驶单元、起吊梁、制动单元、连接装置、管路密封、胶管磨损等为重点。季度或年度检查则应保证检查的全面性、系统性。

(3) 安全检查记录。对于每次安全检查，应及时记录检查结果并做好档案管理。对于发现的问题，应当及时进行整改，并在整改完成后进行复查。对于未能及时按照规定整改或者未整改到位的问题，应进行追责问责。

(4) 安全检查的执行。安全检查的执行是确保矿用单轨吊运输系统安全稳定运行的关键一环。应加强对安全检查的管理和监督，通过安全检查，不断强化职工安全意识，提高安全管理水平。同时，应加强对安全检查中发现问题的处理，采取有效的整改措施，确保设备处于安全状态，并举一反三，防止同类问题的再度重演。

【示例】某煤矿南二采区采用防爆柴油机单轨吊机车运输，制定了以下安全检查管理制度。

1. 目的和适用范围

(1) 本制度旨在确保单轨吊的安全运行，防止事故发生。

(2) 本制度适用于所有使用单轨吊的场所和人员。

2. 安全检查内容

(1) 日常检查。对单轨吊进行日常巡视，包括外观检查、电气系统检查、承载机构检查等。

(2) 定期检查。定期对单轨吊进行全面检查，包括结构和磨损程度、紧固件状态、传动装置检查、制动器和限速器功能检查等。

(3) 特殊检查。在单轨吊遭受外力冲击、维修后或长时间停用后，需进行特殊的安全检查。

3. 检查要求

(1) 检查应由具备相关专业资质的人员进行，确保检查的准确性和可靠性。日常检查由单轨吊司机负责，月检、季检、年检等周期性检查由专业的维修人员或者制造厂家的人员负责实施。

(2) 检查之前，应确认单轨吊的电源已切断，避免意外启动。

(3) 检查过程中，应仔细观察和记录单轨吊的异常情况，并及时采取必要的措施进行排除。

(4) 发现重大事故隐患或故障时，应立即停止使用，并通知相关部门进行修复。

4. 检查记录

(1) 检查人员应按照规定的格式填写检查记录，包括检查日期、检查人员、检查内容、发现的问题及处理措施等。

(2) 检查记录应详细、准确，保存至少一年，并做好归档工作，方便随时查阅和管理。

（3）对于发现的问题和隐患，应及时通知相关责任人，并跟踪整改情况。

5. 监督与评估

（1）上级主管部门应定期对单轨吊的安全检查情况进行监督和评估。

（2）定期组织内部审核，发现问题及时提出改进建议，并跟踪整改情况。

6. 培训与意识提升

（1）对单轨吊操作和维护人员进行相关培训，包括安全检查的方法、要点和注意事项。

（2）定期组织安全培训和演练，增强人员的安全意识和应急反应能力。

（五）设备管理制度

制定设备管理制度的意义在于规范单轨吊设备的使用和运维管理，确保设备的安全性、可靠性和长期稳定地运行，充分发挥设备的效能。矿用单轨吊设备管理应包括设备管理职责等方面的要求，以及相关设备选型、采购、入矿入井查验、安装、调试、验收投运、使用、建档、维护保养、检测检验、报废处置等方面的规定，逐步真正实现设备的全生命周期安全管理。

（1）设备管理职责。应当明确矿山机电部门是矿用单轨吊设备管理的专业部门，具体负责设备的选型、设计、入矿入井查验、安装、调试、验收和运维管理及监管、考核工作。设备使用单位是矿用单轨吊设备的责任主体单位，负责矿用单轨吊的具体使用、保养、检修、维修工作。

（2）设备选型设计。设备管理部门应结合矿山生产需求和运输要求，对单轨吊的类型、规格、工作载荷、爬坡角度、运行速度等技术参数进行全面评估，确定最适合矿山使用的设备。根据使用地点的具体条件和工况条件，进行具体的选型设计计算和验证。

（3）设备采购。设备管理部门在制定采购计划时应考虑设备的价格、质量、售后服务和供货能力等因素。公开招标或邀请制造厂家报价后，进行比较和评审，确保选择的供应商具有相关资质、信誉良好，并且提交的报价符合市场价格水平。在签订订货合同、验收合格证、保修协议等文件前，必须进行严格的审核。所选择采购的设备必须按规定取得矿用产品安全标志和防爆合格证。

（4）入矿入井查验。单轨吊设备到货后，必须按照规定进行验收，办理移交、入库手续。所有设备（包括配套的零配件）和图纸资料必须建账管理，逐一填写设备台账，发现问题应立即与供货单位协商解决。需要下井安装、使用时，及时办理出库手续，认真填写设备使用台账。防爆电气设备入井前，必须进行防爆检查，签发防爆合格证后，方准入井。高分子材料、安全仪器仪表、高压容器等入井前，应进行查验，阻燃抗静电、保护防护等安全性能不合格的产品不得下井使用。

（5）设备安装。设备管理部门应按照《煤矿安全规程》和有关标准规范等的规定，依据设备制造厂家提供的安装图纸、使用说明书和单轨吊选型设计，进行设备的安装和调试，确保设备的安全性、完整性、稳定性和可靠性。

（6）设备调试。设备管理部门应对设备进行负荷测试和系统调试，确认设备的所有功能和性能都符合规定要求，并注意调试完成后的保养和维护。调试完毕的设备应随矿用单轨吊运输系统进行试运行，并制定相应的安全技术措施。

（7）设备验收投运。经过安装、调试、试运行合格的单轨吊设备，应当经履行验收程序和验收检验，对满足选型设计要求的通过验收；履行转交程序后，正式投入使用。

（8）设备使用人员。设备管理部门应对设备使用人员进行培训，使其了解设备的结构、原理、操作、维护等基本知识，掌握正确的操作方法、流程和安全注意事项。

（9）设备操作指南。设备管理部门应编制详细、具备针对性的操作指南，告知设备使用人员如何正确操作设备，避免发生设备损坏、人员伤害等问题。

（10）设备维护保养。设备管理部门应制定设备的日常保养计划和定期维护计划，并对故障及时进行处理，以保障设备的正常运行。

（11）设备检测检验。单轨吊机车每年应由取得安全生产检测检验资质的机构进行一次常规检验。非常规检验可以代替常规检验，在有下列情况之一时进行：①新安装的单轨吊机车在投入使用前；②经大修或技术改造的单轨吊机车在投入使用前；③闲置时间超过1年的在用单轨吊机车再次投入使用前；④经过重大自然灾害或者重大事故，可能使单轨吊结构件强度、刚度、稳定性、防爆性能受到损坏的在用单轨吊机车使用前。

（12）设备报废处置。设备管理部门应根据设备的实际情况，制定报废设备的处置方案，包括设备报废、出售、转移等方式，并履行相关程序，做好相应记录。

（13）设备档案。设备管理部门应建立设备档案，包括设备购置凭证、安装验收证明、设备检测报告、设备使用记录、设备维护记录、设备故障处理记录等信息，以及设备技术资料、安全标志证书、防爆合格证、产品合格证等合法文件。

【示例】某煤矿N06W采区采用防爆柴油机单轨吊机车运输，制定了以下设备管理制度。

1. 目的和适用范围

（1）本制度旨在规范单轨吊设备的管理，确保其安全运行，防止事故发生。

（2）本制度适用于所有使用单轨吊设备的场所和人员。

2. 设备管理责任

（1）单轨吊设备的管理责任由设备管理部门负责，并指派专人进行具体的操作和监督。

（2）设备管理部门应明确各岗位的职责和权限，并建立相应的管理制度。

3. 设备选型和采购

（1）设备选型应根据工作需求和安全要求进行，选用符合国家标准和相关规定的单轨吊设备，单轨吊机车及其纳入安标管理的组件应取得矿用产品安全标志。

（2）采购单轨吊设备应遵循相关法律法规和采购程序，确保设备的质量、性能和安全性。

4. 安装和调试

（1）单轨吊设备的安装应由专业人员进行，并按照设备制造商的要求进行施工。

（2）安装完成后，应进行设备调试和功能测试，确保各项指标正常。

5. 验收投运

（1）单轨吊设备的验收应由设备管理部门组织，并邀请相关部门参与。

（2）验收内容包括核查设备合法合规性，检查设备完整性、功能和安全性等，验收合格后方可投入使用。

6. 使用和运行

（1）单轨吊设备的使用和运行应遵循操作规程和安全操作规定，严禁超载和超过设备使用范围使用。

（2）运行中发现异常情况或故障时，应及时停机并上报设备管理部门。

7. 设备档案记录

（1）设备管理部门应建立单轨吊设备的档案，包括设备基本信息、购置日期、验收合格证明、维护记录、故障记录、零部件更换记录等。

（2）档案应详细记录设备的使用情况、维护保养情况、检修情况等，并定期进行更新和归档。

8. 维护和保养

（1）设备管理部门应制定设备的维护保养计划，并按照计划进行定期维护和保养。

（2）维护保养工作包括润滑、检查传动装置、电气系统检查、紧固件检查等。

（3）维护保养记录应详细记录维护日期、内容和结果，并及时处理发现的问题。

9. 设备检查和安全评估

(1) 定期进行单轨吊设备的安全检查和评估,并定期进行单轨吊设备的性能测试,记录测试结果。

(2) 检查和评估应由具备相关专业资质的人员进行,确保检查结果的准确性和可靠性。

(3) 发现重大事故隐患或故障时,应立即停止使用,并通知相关部门进行修复。

10. 设备故障处理

(1) 发生设备故障时,设备管理部门应及时采取必要的措施停止使用,并通知维修部门进行处理和维修。

(2) 故障处理完成后,应进行测试和试运行,并做好记录和归档。

11. 报废处置

(1) 单轨吊设备达到报废标准,或者安全性能明显下降、不能满足安全运行要求时,应立即停止使用并上报设备管理部门。

(2) 设备管理部门应制定报废处置方案,并按照相关程序进行设备的报废处置。

12. 培训与意识提升

(1) 对单轨吊操作和维护人员进行专业培训,包括矿用单轨吊安全风险、设备的正确使用方法、安全注意事项等。

(2) 定期组织安全培训和演练,增强人员的安全意识和应急反应能力。

(六) 操作规程制度

操作规程是矿山生产建设必须遵循的"三大规程"之一,是职工从事岗位作业、进行生产活动的准则和行为规范,是保障安全生产的基础。为规范操作规程的编制、审核、贯彻落实、监督、考核,应制定操作规程管理制度。操作规程管理制度应包括操作规程编制工作责任、审核、发布与实施、实施反馈与监督检查、修订与废止、培训与考核等方面的规定和要求。

(1) 操作规程编制工作责任。应当明确矿山机电部门是矿用单轨吊设备操作规程编制具体负责部门,负责组织操作规程起草、征求意见及发布实施后执行情况的监管、考核工作。设备使用单位负责操作规程的具体贯彻执行,并积极参与操作规程编制的相关工作。应当明确操作规程编制的全过程中各负责部门及责任人的具体责任和具体任务。对于不同角色的责任人,需要明确其职责范围、权限和工作流程,确保操作规程编制的有效性和质量。同时,在责任人选拔上,也要注重其专业知识和能力。

(2) 操作规程审核。操作规程审核是操作规程建设的重要步骤,需要明确相应的审核流程和要求。操作规程审核主要包括内容审查和技术审查两部分内容。内容审查应当重点关注操作规程规定的准确性、合理性、可行性等；技术审查则侧重于操作规程的科学性、先进性、实用性等。建立完善操作规程审核的相关规定要求，可以提高操作规程的质量，控制并减少执行过程中的操作风险。

（3）操作规程发布与实施。发布与实施是操作规程落地的关键环节，需要明确操作规程发布的流程和要求，以及实施的相关规定。在制定相关规定要求时，需要考虑操作规程的类型和对象，以及发布、实施的方式和时间安排。同时，为了有利于操作规程的贯彻执行，还需要明确针对不同操作规程制定相应操作指导书的要求，供操作人员参照和执行。

（4）实施反馈与监督检查。实施反馈是对操作规程实施应用情况、实施绩效、存在问题及其影响因素等进行的跟踪调查和分析评价，为操作规程的调整、修正、完善奠定基础。应明确负责单位、负责人、反馈渠道和方式、反馈结果的分析与利用等的相关要求。监督检查是操作规程贯彻落实的重要手段之一，应该规定负责单位及职责，巡查、抽查、考核等具体方式和要求，违反操作规程行为的处理措施等，以确保操作规程得到有效贯彻和落实。

（5）操作规程的修订与废止。针对新技术装备的发展、不断变化的生产环境和工况条件，操作规程需要不断修订、优化和完善。因此，需要建立操作规程修订和废止机制，明确修订、废止的流程和审批程序，并及时将新修订的操作规程发布和实施。

（6）操作规程的培训与考核。对操作人员进行操作规程的培训和考核，使其能够正确理解和执行操作规程，对操作规程的有效贯彻落实具有重要意义。培训与考核应有计划、有组织，并且应根据不同类型的操作规程制定相应的培训和考核计划。同时，还要注意培训方式的多样化，例如通过线上学习、现场教学等多种方式，提高培训的效率和成效。为此，在操作规程制度中应明确相关的规定和要求。

【示例】某矿 W008 采区采用防爆柴油机单轨吊机车运输，制定了以下操作规程制度。

1. 目的和适用范围

（1）本制度旨在规范单轨吊操作规程的管理，确保其科学性、合理性和有效性，规范相关人员岗位行为及生产活动，保障安全生产。

（2）操作规程制度适用于所有涉及单轨吊操作规程使用与管理的单位和人员。

2. 操作规程编制

（1）操作规程的编制由机电部门负责，指定具备专业技术能力的具体人员承担起草和征求意见工作。

(2) 在编制操作规程时,应进行充分的调研和风险评估,确保操作规程的内容符合国家标准和相关法规,并满足实际工作需要。

(3) 操作规程应明确规定单轨吊的使用范围、操作程序、安全操作要求、安全注意事项、紧急情况处理方法等内容。

3. 操作规程审核与发布

(1) 操作规程的审核应由机电部门负责,经全面征求意见和修订完善,报矿山分管机电负责人批准,以确保操作规程的准确性、合理性和符合要求。

(2) 审核通过的操作规程应由机电部门发布,并向相关人员进行宣传和培训,确保操作规程的有效实施。

(3) 操作规程的发布应采用明确的文件编号、版本号和生效日期等标识,确保操作规程的唯一性和时效性。

4. 操作规程实施与监督检查

(1) 操作规程的实施应由设备使用单位负责,通过培训、演练等方式推动操作规程的落地和执行。

(2) 机电部门应定期进行操作规程执行情况的监督检查,评估操作规程的实施情况和效果,并记录检查结果和收集到的反馈信息。

(3) 机电部门对监督检查中发现的问题和隐患应及时督促整改,并记录整改过程和结果。

5. 操作规程修订与废止

(1) 操作规程应根据相关法规的变化、操作规程执行情况和实际工作需要,进行定期、不定期修订和更新,由机电部门负责。

(2) 操作规程的废止应按照相关程序进行,同时应制定新的操作规程以取代被废止的规程,确保工作的连续性和规范性。

(3) 对于操作规程的修订和废止,应及时通知相关人员,并进行培训和说明。

6. 考核与奖惩

(1) 机电部门应定期对操作规程的执行情况进行考核,并结合实际情况进行评价。

(2) 对于遵守操作规程、工作出色的人员,以及对操作规程完善提升提出重要建设性意见的人员,应给予相应的奖励和表彰。

(3) 对于严重违反操作规程的行为,应依据相关规定进行相应的处罚。

(七) 安全培训制度

矿用单轨吊机车操作人员必须接受正式的安全培训,通过考核后方可上岗操作。上岗后还应接受经常性的在岗培训或者继续教育，以不断提高技术水平和操控能力，适应发展变化后的新要求。因此，应建立矿用单轨吊安全培训制度，对培训内容、培训方式、再培训和继续教育、培训考核、培训记录等作出明确的规定。

1. 培训内容

矿用单轨吊机车操作人员安全培训属于专业培训，培训的内容应包括以下几个方面：

（1）设备操作规程。操作人员必须系统掌握设备的操作规程，包括预警、开启、关闭、停止、急停等的操作方法，以及各个操控系统、部件的功能和作用，以及安全注意事项。

（2）安全警示标识。操作人员需要学习并掌握矿用单轨吊运输系统各组成设备、设施上的安全警示、标识及其含义、作用，以便正确操作和维护设备。

（3）设备维护与保养。操作人员需要学习掌握矿用单轨吊运输系统各组成设备、设施的日常维护和保养方法，如清洁、润滑、检查各部位的松动情况等，以及紧急维修处理方法。

（4）安全操作技能。操作人员需要通过学习和实操演练，提升安全操作技能，保证操控的合理性、精准性，如在操作过程中保持平衡、避免碰撞、避免超载等的技能。

（5）应急处置措施、方法。操作人员需要学习如何应对突发事件和紧急情况，如遇设备故障、意外事件、事故等，以及如何正确地采取应急处置措施。

2. 培训方式

应规定具体的培训方式和方法。应以矿用单轨吊职业技能标准为依据，以职业能力培养为核心，分析典型的工作任务，设计学习情境。以工作过程为导向，设计学习单元，每一个学习单元完成一个完整的工作任务。采用教、学、做于一体，项目导向，角色扮演，案例教学等相结合的模式，培训正确使用、操作和维护矿用单轨吊的技术方法和能力。

3. 再培训和继续教育

应规定在岗再教育和继续教育的相关要求。随着矿山科学技术的发展，技术装备日新月异，矿用单轨吊也不断进行技术升级或者更新换代。必须加强对队伍的继续教育，学习新知识，掌握新技术，促进知识的更新换代，促进知识的积累和业务水平的提高，更好适应矿用单轨吊技术发展的要求。

单轨吊特种作业操作证需要复审的，应当在期满前60天内，由申请人或者申请人的用人单位，向原考核发证机关或者从业所在地考核发证机关提出申请，并提交社区或者县级以上医疗机构出具的健康证明，从事特种作业的情况和安全培训考试合格记录。特种作业人员在特种作业操作证有效期内,连续从事本工种10年以上,严格遵守有关安全生产法律法规的,经原考核发证机关或者从业所在地考核发证机关同意,特种作业操作证的复审时间可以延长至每6年1次。

4. 培训考核

应规定培训考核的具体方式方法和具体负责部门。单轨吊特种作业人员的考核包括考试和审核两部分。考试由考核发证机关或其委托的单位负责;审核由考核发证机关负责。考核发证机关或其委托的单位应当按照原国家安全生产监督管理总局、国家煤矿安全监察局统一制定的考核标准进行考核。单轨吊特种作业人员操作证执行原国家安全生产监督管理总局制定的统一式样、标准及编号。

5. 培训记录

应规定培训记录的相关要求。对于每次培训,应准确记录培训时间、培训内容、培训方式、培训考核等的相关信息,并做好存档管理,纳入职工培训档案。

【**示例**】某煤矿北三采区采用防爆柴油机单轨吊机车运输,制定了以下安全培训制度。

1. 目的和适用范围

(1) 本制度旨在提高单轨吊操作人员、维护人员、管理人员等的安全意识和技能水平,确保单轨吊的安全运行。

(2) 本制度适用于所有需要操作、维护、管理单轨吊的人员。

2. 培训内容。

(1) 单轨吊的基本原理和结构、基本性能和主要技术特点、运行过程中的主要安全风险。

(2) 单轨吊的安全操作规程、操作要点和安全注意事项。

(3) 单轨吊的日常维护和保养方法、零元部件更换要求及注意要点。

(4) 单轨吊的故障识别和排除方法,事故隐患排查、治理技术方法。

(5) 单轨吊的应急处理和事故预防措施。

(6) 相关法律法规和安全标准。

3. 培训方式

(1) 理论培训。通过讲座、课堂教学等形式讲授相关知识。

(2) 实操培训。现场指导和演示操作技巧,通过实际操作掌握相关操作技能。

(3) 视频教学。利用多媒体技术进行培训。

(4) 互动讨论。组织讨论和案例分析,促进学员间的交流和学习。

4. 再培训和继续教育

(1) 定期组织再培训。对操作和维护人员进行定期的再培训,巩固和更新知识。

（2）继续教育计划。制定个人继续教育计划，鼓励学员参加相关专业培训和学习活动。

5. 培训考核

（1）理论考核。通过笔试、口试等方式进行理论知识的考核。

（2）技能考核。在模拟或实际操作环境中进行技能和操作能力的考核。

（3）考核成绩评定。根据考核结果评定学员的合格与否，并记录在档案中。

6. 培训记录

（1）培训计划。制定培训计划，包括培训时间、地点、内容等。

（2）培训记录表。记录培训人员的姓名、岗位、培训时间和内容等。

（3）培训反馈。收集学员的培训反馈和建议，不断改进培训质量。

（4）培训档案。保存培训记录和考核成绩，便于随时查阅和管理。

第二节　矿用单轨吊的操作规程

操作规程是指为保证本单位、本部门的工作能够安全、稳定、有效运转而制定的，相关人员在操作设备或办理业务时必须遵循的程序或步骤，一般包括准备、操作、达到的技术标准和注意事项等。为保证矿用单轨吊运维的规范性、有效性，应建立完善的操作规程，包括司机操作规程、调度工操作规程、维修工操作规程、充电工操作规程等。

一、操作规程的重要作用

矿用单轨吊机车作为矿山生产中重要的辅助运输设备，其安全稳定运行对于保证矿山生产的正常进行和安全生产具有重要意义。操作规程的制定和严格执行是矿用单轨吊运输系统安全稳定运行的基础保障。

制定和严格执行单轨吊操作规程，具有以下几方面的重要作用：

（1）制定和执行单轨吊操作规程，可以规范操作流程，明确操作人员职责和工作要求、工作标准，促进人与人、人与设备、人与环境的协调配合，减少操作失误、人为失误、配合实物导致的故障或者事故的发生，提高工作效率，降低生产成本，保证安全生产。

（2）操作规程能够加强对设备的运维管理，保证设备正常运行条件和运行工况，促进安全稳定运行，延长设备使用寿命，提高设备利用率。同时，严格按操作规程进行设备的定期检查维护，可以及时发现设备故障征兆，避免发生因设备故障导致的伤亡事故。

（3）操作规程的建立能够规范操作人员的行为，增强操作人员的安全意识和责任心，培养良好的工作习惯，提高操作人员安全素质和技能水平。

（4）制定和执行操作规程，是贯彻落实国家法律法规、标准规范的相关规定。《中华人民共和国安全生产法》第五十七条规定："从业人员在作业过程中，应当严格落实岗位安全责任，遵守本单位的安全生产规章制度和操作规程，服从管理，正确佩戴和使用劳动防护用品。"《煤矿安全规程》第四条规定："煤矿必须制定本单位的作业规程和操作规程。"第八条规定："从业人员必须遵守煤矿安全生产规章制度、作业规程和操作规程，严禁违章指挥、违章作业。"

二、矿用单轨吊司机操作规程

矿用单轨吊机车司机直接操控单轨吊机车，其操作规程应包括一般规定，以及启车前检查、启车准备、启车运行、物料吊装和卸载、人员运载、停车、交班等操作流程中的工作要求和注意事项。

（一）一般规定

对矿用单轨吊机车司机操控的重要事项和基本要求作出规定，主要应包括以下方面：

（1）矿用单轨吊机车司机必须经过专门的培训中心或机车制造厂家培训并考试合格，取得操作资格证，持证上岗。

（2）矿用单轨吊机车司机必须熟悉所使用单轨吊机车的结构、性能、工作原理和各种保护的原理及检查试验方法，掌握单轨吊运输存在的主要安全风险；必须按完好标准进行日常的维护和保养，按照操作规程的要求进行操作，并能进行一般性的保养、维修和故障处理。

（3）矿用单轨吊机车司机应当熟悉有关安全规程，正确使用信号、通信设施，有一定的应变能力。

（4）操作时，司机应保持正常的自然姿势，坐在座位上，经常目视前方，注意观察轨道道岔及轨道连接情况，右手控制操作手把。严禁将头或身体探出车外。

（5）司机不得擅自离开工作岗位，严禁在机车行驶中或尚未停稳前离开驾驶室。暂时离开岗位时，不得关闭电源和车灯，但必须取出启动钥匙；过道岔时，应当注意道岔闭合情况，防止机车脱轨造成事故。

（6）起吊物料时，必须吊稳、吊平衡，载货不得超过规定。否则，应当拒绝开车。

（7）坚守工作岗位，服从安排，有权拒绝违章指挥，杜绝违章作业，坚持正规操作，保证设备安全运行。

(二）启车前检查

在启车前，至少应当进行以下几方面的检查：

（1）检查专用的液压油、减速机油、柴油机燃油、机油、冷却水、电池电量等是否达到整个行车过程充足的要求。

（2）检查各部位的润滑油及机械连接情况，各承载轮及轴承有无损坏。否则，必须更换后方可开车。

（3）检查各驱动轮组及制动轮组的磨损情况，磨损超限的必须及时更换，否则不得开车。

（4）检查单轨吊机车各种指示仪表及电气设备是否正常。

（5）检查各种液压管路、控制线路有无损伤、变形，接头是否漏液等。

（6）检查各承载梁配套设备、液压起吊马达各操作阀的工作情况，空载反复升降几次，查看马达链轮、吊钩是否灵活。

（三）启车准备

在启动单轨吊前，应该进行以下几方面的准备工作：

（1）保证地面清洁，防止滑倒和跌落。

（2）机车运行前，必须把驾驶室专用梯收回，以防机车运行时发生事故。

（3）启动机车前，确认急停按钮处于旋起状态，两个驾驶室内操纵手柄均处于中位；检查液压系统中的各手柄是否在正确位置，如液压泵站蓄能器上的开关和卸荷阀是否复位，油箱油面是否在液位计指示范围，各管道接口紧固螺钉等有无松动现象。

（4）在前进方向的驾驶室操作位置上，插入钥匙开关激活当前驾驶室，获得操作权。

（5）旋转钥匙开关或电源开关到上电位置，设备电气系统开始启动，显示器、电控系统、电气保护系统、各传感器、照明灯、信号灯等开始工作，待启动完成无故障报警显示后，方可启动发动机、启动机车。

（四）启车运行

（1）单轨吊启车运行时，应当按照以下要求操作：

① 在单轨吊机车行走时，必须手握行走开关。开车前如不手握行走开关，则单轨吊机车不能行走；行驶中如放开行走开关，则单轨吊机车自动减速停车。

② 在单轨吊机车停止时，两个驾驶室的操作权均等；首先操作的驾驶室取得操作权，另一个驾驶室则失去操作权；当取得操作权的驾驶室操作结束，即单轨吊车停止运行时，两个驾驶室重新又获得相同的操作机会（驾驶室显示器允许操作指示灯亮）。

③ 一个驾驶室操作单轨吊车运行时，另一个驾驶室正向/反向推杆失效，但

总停按钮、鸣号按钮、照明按钮可正常操作。

④ 运行中非紧急情况下，严禁使用紧急制动，如遇紧急情况需紧急停车时，两个驾驶室均可操作停止按钮和总停按钮，使单轨吊车停车。但按下停止按钮和总停按钮有下列不同情形：

a）按下停止按钮，单轨吊车立即停止，制动器抱紧导轨制动。需要重新开车时，直接按驾驶室操作盒上的正向/反向推杆操作即可。

b）按下总停按钮，单轨吊车立即停止，制动器抱紧导轨制动。需要重新开车时，直接复位急停按钮，按驾驶室操作盒上的正向/反向推杆操作即可。

⑤ 在驾驶室操作单轨吊车运行时，制动器的松开和驱动轮夹紧均自动进行，无须人工参与。

⑥ 每个驾驶室手柄均设有一个增加驱动轮组夹紧力的按钮开关，当驱动轮组打滑需要加大驱动轮的夹紧力时，可用手按增压按钮开关，使驱动轮组的夹紧力增大。

(2) 在单轨吊行驶时，应该注意以下事项：

① 保持车速稳定，避免急加速、急刹车，确保行车平稳。

② 遵循交通规则，避让其他车辆和行人，确保行车安全。

③ 在通过拐角、斜坡等特殊路段时，注意调整行车方向和速度，以确保行车安全。

④ 过风门、道岔时，应听从清道人员指挥。

⑤ 单轨吊运行时，巷道两侧严禁有人操作和进行其他作业，严禁机车下方有人通过。

(五) 物料吊装和卸载

(1) 进行物料吊装和卸载时，应当按照以下要求操作：

① 将驾驶室（1号驾驶室、2号驾驶室均可）操作盒三位选择按钮打到"起吊模式"后，此时允许单轨吊车起吊货物。

② 操作起吊梁操作阀，使起吊梁工作链上升、下落吊装物料。

③ 使用专用集装箱应连接可靠牢固，长形物料使用专用吊链吊装，捆绑必须牢固、可靠、平稳起吊。起吊距地面高度必须高于运行路段障碍物以上。

④ 起吊物料必须保证起吊梁载荷均匀、高低水平一致。

⑤ 起吊载荷要符合起吊梁设计吨位要求，应拒绝超载。

⑥ 运输液压支架等大型设备，应当执行以下操作：

a）起吊液压支架等大型设备时必须悬挂起吊臂，两承载起吊梁载荷必须分配均匀。

b）吊运支架及大件设备时必须吊挂牢固，起吊后物料底面与巷道底板平行。

c）机车运行速度控制在 0.6 m/s 之内；在过风门、道岔时，副驾驶必须下车，跟车指挥。

d）卸放物料时必须平稳可靠，人员必须站在起吊物前后安全区域，防止倾倒伤人、损坏物料，做到轻放易卸。

e）手动操作起吊梁液压阀升降手柄即可升降货物。

（2）在对物料进行吊装和卸载时，应该注意以下事项：

① 吊装前，应检查吊装用具的状态是否良好，确认物料是否牢固绑扎和吊装。

② 进行分段吊装时，注意分段高度和重量比例控制，确保吊装平衡。

③ 起吊及卸载物料时，严禁起吊梁下方或两侧站人，确认安全后方可操作，避免伤害行人或其他工作人员。

（六）人员运载

单轨吊机车运载人员时，应注意以下事项：

（1）单轨吊机车运载人员，必须配合运人专用车，并拉好防护链，不准乘坐物料车。

（2）开车前，应检查人员乘坐情况，不得超员乘车，并检查防护杆完好情况。

（3）运输人员必须在指定地点上下车，严禁中途停车上下人。

（七）停车

在完成单轨吊机车操作后，司机应该进行以下停车操作：

（1）熄火或关闭电源开关，使单轨吊停止运转。

（2）打开驻车制动球阀至泄压状态，实施停车制动。

（3）关闭司机室内钥匙开关，解除操作权。

（4）确认物料已经放置到指定位置，避免意外损坏。

（5）清理现场，恢复原状并存放好工具和吊具。

（八）交班

完成本班工作任务，下班前应按以下要求进行交接班：

（1）现场交接、接班，落实确认相关条件，严禁在机车运行时交接班。

（2）搞好机车卫生，向接班人简述上班机车运行、设备设施状态及故障情况。

（3）仔细填写各种记录，写清机车运行情况、存在问题，并汇报工区。

【示例】某煤矿 13205 采区采用防爆柴油机单轨吊机车运输，制定了以下矿用单轨吊司机操作规程。

1. 上岗条件

(1) 单轨吊司机必须经过专业技术培训,并经考试合格,取得特种作业操作资格证,持证上岗。

(2) 单轨吊司机能熟练掌握机车性能、结构、工作原理,并会操作、会维护、会保养和处理一般故障。

(3) 单轨吊司机必须掌握单轨吊运输存在的主要安全风险,了解风险防控措施。

(4) 矿用单轨吊司机应当熟悉有关安全规程,正确使用信号、通信设施,有一定的应变能力。

2. 操作准备

(1) 检查各部位的润滑情况,各承载轮及轴承有无损坏,如有损坏必须更换,否则不得启动机车。

(2) 检查各部位机械连接轴是否完好。

(3) 检查各驱动轮组及制动轮组的磨损情况,磨损量超过 10 mm 时应及时更换,否则司机不得启动机车。

(4) 检查单轨吊机车各种指示仪表及电气设备是否正常。

(5) 检查各种液压管路、控制线路有无损坏、变形,管路接头是否漏液等。

(6) 检查电缆是否有漏电现象,对易磨损部件进行保护处理,否则司机不得启动机车。

(7) 检查照明设备是否正常。

(8) 检查液压站油位是否符合要求,油位低于油位标志的 2/3 时,及时添加液压油,否则不得启动机车。

(9) 检查柴油机车液压油、柴油、机油、冷却水、废气水是否要增加或更换。

(10) 检查柴油机 V 型带磨损情况并及时更换。

3. 启动操作

(1) 启动打火柴油机。

(2) 按下柴油机车缓解启动按钮,听见缸响时按下启动按钮,听见鸣笛声方可松开启动按钮,柴油机车启动。

(3) 检查各承载梁配套设备、液压起吊马达各操作阀的工作情况,空载反复升降几次,查看马达链轮、吊钩是否灵活。

4. 机车运行

(1) 每台机车必须配置一名二作司机,司机在前进方向操作室负责观察机车运行情况,防止物料碰撞造成事故。

(2) 司机用对讲机联系开车准备情况,等到巡道人员发出信号后,用电笛鸣号发开车信号。

（3）推动操作手柄，司机注意观察驾驶室内显示屏，是否正常。

（4）机车运行前，必须把司机室专用梯收回，以防机车运行时发生事故。

（5）机车在运行中非紧急情况下，严禁使用急停按钮紧急制动停车。

（6）机车在巷道里原地不行走、不工作时，超过 10 min 应关闭机车。

（7）司机暂时离开机车必须关闭机车拔出钥匙，并妥善保管。

（8）机车在巷道中运行时，遇人员行走时，机车必须停车，先让行人通过，方可向前运行。严禁机车运行时，人员从机车下通过。

（9）跨越设备物料运行时，间距必须大于 100 mm，否则不得通过。

（10）单轨吊机车过风门、道岔时，应听从清道人员指挥。

5. 起吊物料

（1）拔出机车钥匙，操作起吊梁操作阀，使起吊梁工作链上升，下落吊装物料。

（2）使用机车专用集装箱起吊时，集装箱专用挂钩应牢固、可靠；较长及超长物料使用专用吊装链或绳套吊装，捆绑物料必须牢靠，平稳起吊。起吊距地面 100 mm 以上。

（3）起吊物料必须使起吊梁两钩载荷均匀，并且高低水平一致。严禁斜挂物料。

（4）起吊载荷要符合起吊梁吨位要求，拒绝超载起吊。

（5）起吊大型设备（液压支架等），应注意以下事项：

① 起吊大型设备（液压支架等）必须悬挂专用起吊梁架。

② 吊运液压支架及大件设备时必须吊挂牢固。

③ 起吊大件设备不得超高、超宽，离地面高度大于 100 mm，起吊后物料底面与巷道底板平行。

④ 承载起吊臂必须均匀分配。

（6）卸放物料时，必须平稳可靠，防止倾倒伤人，损坏物料。

6. 运行速度控制

（1）吊挂支架运行速度在平巷不得超过 0.6 m/s，过弯道、道岔、斜坡时不得超过 0.5 m/s。

（2）吊挂 10 t 以下物料，运行速度在平巷中不得超过 1.0 m/s，过弯道、道岔、斜坡时不得超过 0.5 m/s。

（3）空载运行速度在平巷不得超过 1.2 m/s，过弯道、道岔、斜坡时不得超过 0.5 m/s。

（4）在机车运行过程中不得出现轨道摆动情况，一旦发现有摆动时，要根据实际情况调整机车运行速度。

7. 正常停车

机车到位，柴油机车平稳停上，操作机车关闭阀组，使机车熄火，关闭机车储能器，拔下钥匙并妥善保管。

三、矿用单轨吊调度工操作规程

调度工履行单轨吊运输调度工作，其操作规程应包括一般规定，以及作业准备、物料装卸调度、监控作业过程、随机巡视与检查等的工作要求和注意事项。

（一）一般规定

对矿用单轨吊调度工作中的重要事项和基本要求作出规定，主要包括以下几方面内容：

（1）单轨吊调度工在生产作业中，必须时刻把安全放在首位，严格按照安全操作规程进行操作，做好防范措施，做到预防为主，切实保障自身和他人的安全。

（2）单轨吊调度工应当熟悉有关安全规程，正确使用信号、通信设施，有一定的应变能力。

（3）单轨吊调度工需要充分了解设备的技术参数和性能指标，知晓设备的使用范围和限制条件，严禁超范围、超限制使用。

（4）单轨吊调度工必须掌握单轨吊运输存在的主要安全风险，了解风险防控措施。

（二）作业准备

在单轨吊作业前，调度工应进行以下前期准备工作：

（1）确定物料的种类、尺寸和重量等基本信息，制定作业方案。

（2）确认单轨吊的机械部件、电气设备、轨道系统等是否处于正常状态，防止单轨吊机车、轨道带病运行。

（3）安排好单轨吊司机的工作岗位和工作任务，确保单轨吊司机了解作业方案和安全操作规定。

（三）物料装卸调度

单轨吊调度工在对物料进行装卸时，应该注意以下要点：

（1）根据物料重量、尺寸、数量等特点，合理分配作业任务、时间和人力资源，确保作业顺畅。

（2）对于需分段吊装的物料，按照顺序确定吊装高度和重量比例，并向操作人员传达相关指令。

（3）同时监控多台单轨吊的作业进度，协调各作业区域间的作业流程，避免交叉干扰和碰撞。

(四) 监控作业过程

在单轨吊作业过程中,调度工应该持续监控作业情况,确保安全和效率,并注意以下问题:

(1) 关注各单轨吊的起重和行车速度,调整作业节奏,保证吊装平稳。

(2) 在出现异常情况或报警信号时,立即采取措施停止作业,并通知相关人员进行检修或维护。

(3) 在作业完成后,核对物料清单,确认物料已放置到指定位置,清理现场并存放好工具和吊具。

(五) 随机巡视与检查

为了确保单轨吊的安全运行,调度工需要随机巡视和检查单轨吊及周边环境,并做好以下工作:

(1) 定期检查单轨吊的机械部件和电气设备,发现问题及时处理。

(2) 定期检查单轨吊运行路线上的轨道、道岔、阻车器、吊链、吊卡、U型环、高强度螺栓、螺母是否完好无损。

(3) 检查吊具、"葫芦"等吊装用具的状态,保证其良好使用。

(4) 检查作业现场和周边环境,清理障碍物和危险品,确保安全作业。

【示例】某煤矿18205采区采用防爆柴油机单轨吊机车运输,制定了以下矿用单轨吊调度工操作规程。

1. 一般规定

(1) 调度工应当遵守国家和地方有关法律法规和政策,了解产品质量标准和公司的安全生产制度,熟悉单轨吊的基本结构、性能和操作要求。

(2) 调度工必须具有相关从业经验,在从事单轨吊操作前,应当经过专门培训并通过考核,掌握相关操作技能。

(3) 操作期间,调度工应当保持清醒状态,严禁酒后作业或疲劳驾驶等危险行为。同时,调度工还应当佩戴安全帽、防护手套等必要的防护装备。

(4) 调度工应当与其他工种人员建立良好的沟通联系,配合司机、检修工等提供技术支持和指导。

(5) 如有任何安全状况和异常情况发生,调度工应当及时上报,并采取措施进行处理。

2. 前期准备

(1) 调度工应提前了解作业任务要求和物料装卸计划,确定单轨吊的作业时间、作业顺序和路线,制定吊运计划,并对吊运的物料进行逐一检查。

(2) 调度工应当仔细检查单轨吊的工作状态,包括电气系统、润滑情况、制动器等,并及时报修处理异常情况。同时,还应检查吊具和吊钩的完好性和安全性。

(3) 调度工应当确认吊具和吊钩的规格型号、材质及其负载能力是否符合吊运物料的要求。如需更换吊具或吊钩,应当进行适当调整并重新计算负载能力。

3. 物料装卸调度

(1) 根据装卸计划和任务量,制定合理的单轨吊行驶路线,避免路线交叉或相互影响。

(2) 在装卸过程中,调度工应密切配合单轨吊司机,保持良好的沟通,确保吊物平稳运行,并严格遵守吊运规定,根据实际情况进行吊钩高度和角度的调整。

(3) 针对特殊情况,如坡度较大、视线不良、吊载物料过大等,应当加强安全措施,提高警惕性,避免发生安全事故。

(4) 调度工应当掌握吊运物料的重心位置、稳定性和卸货地点,并且根据实际情况进行吊物位置调整,保证吊物安全着陆。

4. 监控作业过程

(1) 调度工应全程观察吊运物料的动态,发现异常情况应立即采取措施并及时汇报。

(2) 严格控制吊物的高度、方向和速度,避免与其他设施或人员发生碰撞或危险接近。

(3) 定期检查吊具和吊钩的使用状态,确保其牢固可靠。如发现问题,应立即停止吊运作业并进行更换或维修。

(4) 在向下卸载物料时,要注意吊运物体的自由落体高度,避免对已卸载物体造成二次损伤。

5. 随机巡视与检查

(1) 调度工应定期对单轨吊设备和井巷配套设施进行巡视和检查,以确保其正常工作状态。

(2) 检查吊具的使用情况,如发现问题应及时更换或维修,严禁重载、超载和挂接物料偏斜。

(3) 强化安全管控,加强对单轨吊作业现场的监督和检查,对于违反操作规程的行为要及时制止并给予相应的处罚。

四、矿用单轨吊维修工操作规程

维修工负责单轨吊设备设施的维修工作,其操作规程应包括一般规定,以及作业准备、维修操作、检验与测试、记录与汇报等的工作要求和注意事项。

(一) 一般规定

对矿用单轨吊维修作业中的重要事项和基本要求作出规定,主要应包括以下几方面:

(1) 单轨吊机车维修工必须经过专门的技术培训,考试合格后,持有效维修工合格证上岗,并能够熟知和掌握本业务有关的应知应会知识和安全操作规程。

(2) 维修工必须熟悉本设备的工作性能、结构与原理和各个部件的故障处理方法,并能够正确进行操作。

(3) 维修工必须按有关规定认真详细检查和试验机车,发现机车故障及时检修,并确保机车能够正常运行。

(4) 维修机车时对所用的工具、备件,要事先检查,符合要求时方可使用。

(5) 检修工作必须在机车停止运行状态时进行,一般检修在机车硐室或检修车间进行,临时小故障处理可在运行线路上进行,但应采取安全措施,防止溜车或其他事故发生。

(二) 作业准备

(1) 在进行单轨吊机车定期计划性维修前,维修工应进行以下作业准备工作:

① 必须穿戴与佩用规定的劳动保护用品进入岗位,并做好工作前的各项准备。

② 检查单轨吊的安全设施是否完好,确保维修过程中不会发生安全事故。

③ 根据维修计划,准备所需工具和材料,以便快速、高效地进行维修工作。

④ 查询单轨吊的维修手册和历史维修记录,了解单轨吊的性能和问题,制定合理的维修方案。

(2) 进行故障维修时,维修工还应做好以下前期准备工作:

① 了解上班机车运行情况,查阅机车运行记录等。

② 听取司机介绍机车故障要点,判断机车的故障部位。

③ 由当班司机负责将机车开到指定的检修位置,停车待修。

④ 进行各项动态测试,找出故障环节。

⑤ 针对故障层层分解,找出导致事故的直接原因。

(三) 维修操作

(1) 进行单轨吊设备维修时,维修工应当按照以下要求操作:

① 检修开始前,必须将检修设备及工作场地打扫干净,洒水除尘,根据实际情况配备工作台,以便放置拆卸下来的零配件。

② 拆卸前，必须了解该部件的性能及连接方法，拆卸下来的零配件一定要有秩序地存放，并加以标记，用煤油（或柴油）清洗干净后，应用细白布擦干、清洗轴承箱和齿轮箱时，必须注意不使其中留有任何杂物。

③ 更换驱动轮时，先卸掉夹紧压力，松动夹紧油缸，去掉夹紧油缸侧的定位销及销轴，向外移动驱动轮。卸掉驱动轮，换上新的驱动轮并固定安装好。

④ 维修液压管路时，打开机器外罩，仔细检查各处管路的完好情况，发现有接头，管路弯曲变形滴漏油时，及时更换或检修。

⑤ 检修防爆电气设备时，必须注意保护防爆电气设备的防爆面不受损伤，定期涂防腐油脂，不得涂油漆。

（2）单轨吊维修工在执行维修工作时，应注意以下要点：

① 深刻分析问题。通过观察和测试，确定单轨吊出现的问题，并分析其原因，制定解决方案。

② 确定正确的维修方法。根据产品使用说明书的规定，结合自身经验，采用正确的维修方法和技巧对单轨吊进行维修，应当避免给单轨吊带来二次损害。

③ 更换合格配件。如果需要更换配件，应选择符合要求的配件，并按照要求正确安装。原则上应选择使用原厂配件，以确保整机的安全性、技术性能和质量。

④ 不得降低安全要求、安全等级进行检修、维修，检修后安全性能不得降低，必须符合《煤矿安全规程》、相关产品标准等的规定。

（四）检验与测试

机车检修后，维修工还需要进行检验和测试，以确保单轨吊的性能和安全。检验和测试工作应当按照以下要求进行：

（1）对检修后的单轨吊进行功能测试和质量检验，功能性能不能低于相关产品标准的规定，质量应符合 MT/T 1097—2008《煤矿机电设备检修技术规范》，发现不合格要求的部位要重新检修或更换，直到合格为止。

（2）试运行前要对机车各个部件进行全面的清点、检查，确认无问题后，方可启车试运行。

（3）启动机车必须按操作规程进行，试运行时观察整个机车的外表和所检修的部件及各仪表动作灵活可靠完好，确认无问题后方可交付使用。

（4）检修测试完成后，应将维修现场的工具和材料清理干净，确保环境整洁。

（五）记录与汇报

单轨吊维修工完成维修工作后，应及时记录维修内容和结果，并向上级进行汇报。

(1) 检修好的机车经试运转合格后应填写检修记录，写明检修部位、维修内容、配件更换、检修日期、检修人、验收人等有关内容，以备后期查询。

(2) 向上级主管单位汇报维修工作情况，说明维修过程中出现的问题和解决方案、试运行和检验测试结果。

【示例】 某煤矿 20235 采区采用防爆柴油机单轨吊机车运输，制定了以下矿用单轨吊检修工操作规程。

1. 一般规定

(1) 单轨吊机车检修工必须经过专门的技术培训，考试合格后，持有效合格证上岗，并能够熟知和掌握本业务有关的应知应会知识和安全操作规程。

(2) 检修工必须熟悉本设备的工作性能、结构与原理和各个部件的故障处理方法，并能够正确进行操作。

(3) 检修工必须按有关规定认真详细检查和试验机车，发现机车故障及时检修，并确保机车能够正常运行。

(4) 检修机车时对所用的工具、备件，要事先检查，符合要求时方可使用。

(5) 检修工作必须在机车停止运行状态时进行，一般检修在机车硐室或检修车间进行，临时小故障处理可在运行线路上进行，但应采取安全措施，防止溜车或其他事故发生。

2. 检修前的准备

(1) 检修工必须穿戴与配用规定的劳动保护用品进入岗位，并做好工作前的各项准备。

(2) 了解上班机车运行情况，查阅机车运行记录等。

(3) 听取司机介绍机车故障要点，判断机车的故障部位。

(4) 由当班司机负责将机车开到指定的检修位置，停车待修。

(5) 进行各项动态测试，找出故障环节。

(6) 针对故障层层分解，找出导致事故的直接原因。

(7) 根据故障部件和损坏程度做出检修或更换的决定。

3. 检修、排查故障

(1) 检修开始前，必须将检修设备及工作场地打扫干净，洒水除尘，根据实际情况配备工作台，以便放置拆卸下来的零配件。

(2) 拆卸前，必须了解该部件的性能及连接方法，拆卸下来的零配件一定要有序地存放，并加以标记，用煤油（或柴油）清洗干净后，应用细白布擦干、清洗轴承箱和齿轮箱时，必须注意不使其中留有任何杂物。

(3) 检修机车底盘可将底部端盖卸掉，准备好油盆卸放机车内存油，然后进行故障检查和修理。

(4) 更换驱动轮时，松动夹紧油缸，去掉夹紧油缸侧的定位销及销轴，向外移动驱动轮。卸掉驱动轮，换上新的驱动轮并固定安装好。

(5) 更换承载轮时，挂好倒链，缓慢起吊承载梁，使承载轮松开紧贴轨道，月扳手松开固定螺丝，取掉卡片，拿掉坏轮换上新轮，并紧固好，松开倒链，摘掉倒链，收好工具。

(6) 液压管路维修，打开机器外罩，仔细检查各处管路的完好情况，发现有接头，管路弯曲变形滴漏油时，及时更换或检修。

(7) 检查各系统有无渗油，电气部分、仪表、传感器、报警仪等是否完好。

(8) 检修时必须注意保护防爆电气设备的防爆面不受损伤，定期涂防腐油脂，不得涂油漆。

(9) 定期做好日检、周检、月检、年检保养维护工作。

(10) 机车检修后，必须经过试验，质量符合 MT/T 1097—2008《煤矿机电设备检修技术规范》，发现不合格要求的部位要重新检修或更换，直到合格为止。

(11) 试运行前要对机车各个部件进行全面的清点、检查，确认无问题后，方可启车试运行。

(12) 启动机车必须按操作规程进行，试运行时观察整个机车的外表和所检修的部件及各仪表动作灵活、可靠完好，确认无问题后方可交付使用。

4. 检修结束

(1) 检修好的机车经试运转合格后应填写检修记录。写明检修部位、名称、检修日期、检修人、验收人等有关内容。

(2) 工作结束后要清理现场，做到文明整洁，向值班人员汇报，做好记录。

五、矿用单轨吊充电工操作规程

对于防爆特殊型铅酸蓄电池单轨吊、防爆锂离子蓄电池单轨吊，需要定期充电以维持单轨吊的运行。充电工具体负责单轨吊蓄电池充电工作，其操作规程应包括一般规定，以及充电准备、充电操作、检验与维护、记录与汇报等的规定要求和注意事项。

（一）一般规定

对矿用单轨吊充电作业中的重要事项和基本要求作出规定，主要应包括以下几方面：

(1) 充电工必须由经过专业培训、考试合格、取得操作证的人员担任。

(2) 充电工应熟悉本岗位的机电设备性能及供电系统，能正确处理一般故障，能熟练按照操作规程进行充电作业。

(3) 认真执行岗位责任制和交接班制度。

(4) 蓄电池充电必须在专用充电硐室内进行。

(5) 作业时必须穿戴规定的劳保用品,给铅酸蓄电池充电时应当佩戴防酸眼镜和防酸手套。

(6) 在锂离子蓄电池充电过程中,必须监视电池电压、电流、电量和温度,并做好记录。

(7) 充电完毕必须及时拔掉充电插头和通信插头,并做好插头的防护。

(8) 充电工作结束后,应当整理好工具、仪表,填好当班工作日记及接班记录,再行交班。

(9) 必须设置充电架及推移蓄电池箱的设备或者起吊设备,严禁占用机车充电。

(10) 放置有护目眼镜、绝缘手套、耐压胶靴等,以备检修电池时使用。

(二) 充电准备

在进行单轨吊蓄电池充电前,充电工应进行以下充电准备工作:

(1) 检查单轨吊的安全设施是否完好,确保充电过程中不会发生安全事故。

(2) 根据充电计划,准备所需工具和材料,以便快速、高效地进行充电工作。

(3) 开关单轨吊电源,确保单轨吊处于关闭状态,插上电源,打开开关。

(三) 充电操作

铅酸蓄电池与锂离子蓄电池在技术性能和特征上存在较大差异,充电操作也略有不同。

1. 铅酸蓄电池单轨吊充电操作

充电工在执行铅酸蓄电池单轨吊充电工作时,应按以下步骤操作:

(1) 检查电池状态。通过观察电池指示灯或使用测试仪器,检查电池状态,确保电池需要充电。使用过程中,单个蓄电池静止电压(机车送电后不运行)降到 1.80 V 及以下时,应停止使用并立即充电。

(2) 连接充电器。连接正确型号的充电器,将充电器插入电源插座,并插入电池组的充电插头。

(3) 设置充电参数。根据充电器规格和电池类型,设置合适的充电参数(如电压、电流、充电时间等)。日常充电时,一般采用程控变电流间歇快速充电方式,由内部程序设定,充电完成后自动断电。

(4) 开始充电。确认充电参数无误后,按下充电器开关,开始充电。充电过程中不要离开现场,以防发生意外情况。

(5) 注意观察蓄电池在充电过程中蓄电池的充电状态及其发生的变化,包括电解液的比重和温度、蓄电池端电压、充电电流等。如有异常情况应停电处理，不准蓄电池带故障充电。

（6）充电饱和、断电后，应采用电解液密度计等检查电解液浓度，一般应控制在 $1.25\sim1.30\ g/cm^3$ 之间。对于电解液浓度达不到 $1.28\ g/cm^3$ 的单体电池，应予以标记，下次充电前加入 $1.28\ g/cm^3$ 标准浓度的电解液。添加电解液时，应佩戴护目镜、橡胶手套、胶鞋等防护工具；如果电解液溅到身上，及时用清水清洗干净。

2. 锂离子蓄电池单轨吊充电操作

充电工在执行锂离子蓄电池单轨吊充电工作时，应按以下步骤操作：

（1）充电前应再检查一次电源连接和控制线连接是否正确，观察显示窗的指示值，并做好记录，再按"启动"开始充电。

（2）注意观察蓄电池在充电过程中发生的变化，包括每箱蓄电池电流和温度、电池的总压、绝缘电阻、SOC（电池电量）的变化。如有异常情况应立即停止充电。

（3）当充电机启动后，充电机对电池箱按照恒流或者恒压模式进行充电，当电源装置中蓄电池达到充电截止电压时，停止充电。

（4）充电机一般直接与蓄电池通信，读取蓄电池的需求进行充电，无须人为手动给定充电电流和电压，蓄电池充满电后充电机会自动停机。

（5）如果充电过程中发生跳闸，应观察充电机显示屏显示的跳闸原因，确认是充电机本身故障还是蓄电池要求停止充电，排除充电机或蓄电池故障后再重新充电。

（6）停止充电后，断掉充电机电源。

（四）检验与维护

在充电工作完成后，充电工还需要进行检验和维护，以确保单轨吊蓄电池的性能和安全。

（1）蓄电池检测。对充电后的蓄电池进行检测，确保蓄电池性能正常。

（2）清洁蓄电池。清洁蓄电池表面和充电口，避免污染和腐蚀。

（3）维护蓄电池。根据蓄电池说明书，维护蓄电池，包括定期检查、清洗和更换损坏部件等。

（五）记录与汇报

单轨吊充电工完成充电工作后，应及时记录充电内容和结果，并向上级进行汇报。

（1）记录充电信息。记录充电时间、充电参数、电池状态、充电人等信息，以备后期查询。

（2）汇报工作结果。向上级主管汇报充电工作的结果，说明充电过程中出现的问题和解决方案。

（六）注意事项

铅酸蓄电池与锂离子蓄电池在技术性能和特征上存在较大差异，在需要注意的事项上各有千秋。

1. 铅酸蓄电池单轨吊充电注意事项

充电工在执行铅酸蓄电池单轨吊充电工作时，应该注意以下问题：

（1）闲置蓄电池，每月应进行一次放电，然后再充足电存放。

（2）每次充电前后，均需检查电解液面高度是否均匀，电池液面距离保护板一般 25~35 mm，不能缺水。如不符合要求，应立即调整。

（3）不能过放电，即电解液不得低于 1.13 g/cm^3。

（4）蓄电池放电后，应及时补充电，搁置时间不应超过 6 h。

（5）各种型号的蓄电池及充电机，其充电方式、充电电流、充电时间、常规充电或快速充电，应按该产品说明书及相关技术文件执行。

（6）停止充电前，蓄电池电解液的比重：酸性为 1.28±0.005，否则，比重高时可用蒸馏水调整；比重低时用比重为 1∶300 的稀硫酸调整，液面高出极板 25~35 mm。

（7）充电时电解液温度不得超过 45 ℃，温度超过时应停充或降低电流充电，待冷却后再充。

（8）禁止在充电过程中紧固连接线，禁止将扳手等金属导电物体放在蓄电池上。

（9）充电前及充电结束后，清洗蓄电池表面，注意水头不能太猛，不能进入电池内部。

（10）工作结束后，打扫好环境卫生，整理好工具，认真填写记录。

2. 锂离子蓄电池单轨吊充电注意事项

充电工在执行锂离子蓄电池单轨吊充电工作时，应该注意以下问题：

（1）换蓄电池时，必须把单轨吊控制手把拉回零位。

（2）用起吊梁换蓄电池时，应先检查起吊梁销轴，确认无误再行起吊，起吊梁升起后，起重物下不准站人。

（3）充电开始前先检查充电机上的显示参数，确认指示准确再送电。

（4）先擦净蓄电池箱盖上的灰尘、积水后，再进行充电。

（5）充电机电源的两极不得接反（电源的正极接电池的正极，电源的负极接电池的负极）。

（6）充电时蓄电池的温度不得超过 60 ℃；温度超过时，应立即停止充电，待冷却后，再恢复正常充电。

（7）监视充电设备的运行情况，遇有不正常现象立即停充，待处理后再充电。

（8）禁止在充电过程中，紧固连接线及通信线等，禁止将扳手等工具放在蓄电池箱上。

（9）禁止用水冲洗蓄电池。

【示例】某煤矿 13404 盘区采用防爆锂离子单轨吊机车运输，制定了以下矿用单轨吊充电工操作规程。

1. 一般规定

（1）充电工必须由经过专业培训、考试合格、取得操作证的人员担任。

（2）应熟悉本岗位的机电设备性能及供电系统。正确处理一般故障，能熟练地按操作规程进行充电作业。

（3）认真执行岗位责任制和交接班制度。

（4）充电工作业时应穿着规定的劳动保护用品。

（5）在充电过程中，每半小时必须检查一次蓄电池电压、电流、电量和温度，并做好记录。

（6）充电完毕必须及时拔掉充电插头和通信插头，并做好插头的防护。

（7）工作结束后，整理好工具、仪表，填好当班工作日记及接班记录，再行交班。

（8）必须设置充电架及推移电池箱的设备或起吊设备，严禁占用机车充电。

（9）放置有护目眼镜、绝缘手套、耐压胶靴等以备检修蓄电池时使用。

（10）每周必须检查和校对每个锂电池的电压和温度。

2. 注意事项

（1）换蓄电池时，必须把单轨吊控制手把拉回零位，取下手把，抽出电机车的插销，拔下通信线插头。

（2）更换蓄电池时，机车应与充电升降平台对中。

（3）用起吊梁换蓄电池箱时，应先检查起吊梁销轴，确认无误再行起吊，起吊梁升起后，起重物下不准站人。

（4）充电开始前先检查充电机上的显示参数，确认指示准确再送电。

（5）先擦净蓄电池箱盖上的灰尘、积水后，再进行充电。

（6）充电机电源的两极不得接反（电源的正极接电池的正极，电源的负极接电池的负极）。

（7）充电插销必须采用电源装置的专用插销，不得用其他装置代替。

（8）充电时蓄电池的温度不得超过 45 ℃；温度超过时，应立即停止充电，待冷却后，再恢复正常充电。

(9) 监视充电设备的运行情况,遇有不正常现象立即停充,待处理后再充电。

(10) 禁止在充电过程中,紧固连接线及通信线等,禁止将扳手等工具放在蓄电池箱上。

3. 充电作业

(1) 充电前应再检查一次电源连接和控制线连接是否正确,观察显示窗的指示值,并做好记录,然后按下"上电",再按"启动"开始充电。

(2) 注意观察蓄电池在充电过程中发生的变化[其中包括每箱蓄电池电流和温度,电池的总压,SOC(电池电量)的变化],如有异常情况应停电处理,不准蓄电池带故障充电。

(3) 当充电机启动后,充电机给电池箱提供控制电源,充电机与电池通信,蓄电池通过通信给充电机发送需求电压和需求电流,充电机根据需求输出电压和电流,电流从 10 A、20 A、40 A、100 A、200 A 逐步上升,充电机从慢充转换到快充,当有一块单体蓄电池电压到 2.58 V 后由快充转到 40 A 慢充,当有一块单体蓄电池电压到 3.6 V 后该箱蓄电池停止充电,当 4 箱蓄电池都达到后,充电机停止输出。

(4) 本充电机是直接与电池通信,读取蓄电池需求进行充电,无须人为手动给定充电电流和电压,蓄电池充满电后充电机会自动停机。

(5) 如果发生跳闸,观察充电机显示屏跳闸原因,确认是充电机本身故障还是蓄电池要求停止充电,排除充电机或蓄电池故障后再重新充电。

(6) 停止充电后,断掉充电机电源,拔掉充电插头和通信插头。

第三节　矿用单轨吊日常检查与维护

单轨吊机的日常检查与维护,是有效防控单轨吊运输安全风险、预防单轨吊运输故障或者事故、保障单轨吊运输设备设施始终处于良好状态的重要环节,对保证单轨吊平稳安全运行具有重要作用。基本工作内容包括对单轨吊设备设施和轨道系统的日常检查、日常的维护与保养、零部件的定期维修与更换、安全质量标准化等。

一、矿用单轨吊的日常检查

矿用单轨吊的日常检查是对单轨吊机车、轨道系统、配套设备设施等符合标准规范的情况及现实状况进行审视、查验,以及时发现和处理存在的缺陷与不足,保证设备设施始终处于完好状态。日常检查的方式包括日检、周检、月检、周期性检查等。

(一) 日常检查基本要求

为保证日常检查效果,充分发挥日常检查在单轨吊运维管理中不可替代的重要作用,矿用单轨吊日常检查的基本要求应包括日常检查人员、日常检查记录、日常检查场地等方面的要求。

1. 日常检查人员的基本要求

进行单轨吊日常检查的人员应是专业人员,一般由单轨吊司机担任,应满足以下基本要求:

(1) 具备单轨吊专业知识。日常检查人员需要具备矿用单轨吊相关的专业知识和技能,如机械、电气、液压等方面的知识,掌握《煤矿安全规程》、相关标准及规范的规定和要求。

(2) 熟悉所使用的设备。日常检查人员应该熟悉所使用的单轨吊车的结构、原理、技术性能和操作方法,掌握潜在的主要安全风险及安全管控重点,以便能够对设备设施进行全面的检查和评估。

(3) 具备较强的安全意识。日常检查人员应该具备高度的责任感、较强的安全意识和高注意度,能够及时发现设备设施存在的缺陷、不足及事故隐患,确保设备设施时刻处于健康状态。

(4) 具备较好的沟通能力。日常检查人员需要具备较好的沟通和协调能力,能够与设备管理人员、技术人员、维修人员及乘坐等相关人员保持有效的沟通和协作,营造和谐的工作环境。

(5) 遵守安全规定。日常检查人员必须严格遵守矿山设备的安全规定和操作规程,杜绝违章作业,坚决抵制违章指挥,确保自己和他人的安全。

(6) 注意细节。日常检查人员需要具备一丝不苟的工作态度,注意细节,对设备设施的每一个部位和环节都要进行仔细的检查和评估,避免可能造成设备故障、事故的任何疏漏。

(7) 全面记录检查结果。日常检查人员应该全面记录检查结果,包括设备的状况、存在的问题和处理措施等,确保记录的真实性、准确性和全面性,以便为设备的维护和管理提供第一手资料。

(8) 注意自身保护和安全防护。单轨吊在空中运行,部分检查工作需登高作业,具备一定的安全风险,检查人员必须具备较强的自我保护意识,做好工作前的各项准备,穿戴规定的劳动保护用品,切实保证自身安全。

2. 日常检查记录要求

日常检查记录是掌握和评判单轨吊设备设施运行状况、及时发现和处理设备存在的缺陷、不足或者隐患,确保设备安全运行的基础依据,应高度重视单轨吊日常检查的各项记录，满足以下要求：

（1）记录内容完整。矿用单轨吊日常检查记录应该包括设备的名称、型号、编号、检查日期、检查人员、检查内容、检查结果、处理措施等信息，确保记录内容完整。

（2）记录真实准确。矿用单轨吊日常检查记录应该真实准确地反映设备设施的实际状况、每次检查结果和处理措施，不得隐瞒或篡改检查记录。

（3）记录及时。矿用单轨吊日常检查的每次情况及结果都应该及时记录，包括检查发现问题的整改落实情况及整改效果，确保各项记录的安全及时和完整。

（4）记录规范。矿用单轨吊日常检查记录应该按照规定的格式和要求实施，记录内容应该清晰、准确、简洁，易于阅读和理解。为此，矿山企业应当编制规范性记录表单，确保记录的规范性。

（5）记录保存。矿用单轨吊日常检查记录应该妥善保存，以便随时查阅和参考。矿山企业应明确规定各项记录的保存年限，一般不低于一年。为了便于管理和溯源分析，应推广使用单轨吊运维管理的信息化系统。

3. 日常检查场地要求

矿用单轨吊在空中运行，为了保证日常检查的有效实施、检查结果的全面真实性和检查人员的安全，日常检查场地一般应满足以下要求：

（1）场地安全。检查场地应该远离危险区域，如高压电缆、易燃易爆物品等，以确保检查人员的安全。检查地点必须采用不燃性材料支护，存放的其他非金属材料必须满足阻燃抗静电要求。

（2）场地通风。检查场地应该通风良好，无明显的异味、烟雾等，以确保日常检查的安全及人员的健康。需保证全负压通风，通风量应满足《煤矿安全规程》的规定，且不可与采掘工作面串联通风。

（3）场地照明。检查场地应该有足够的照明设施，以确保检查人员能够清晰地观察矿用单轨吊的各个部位。

（4）场地空间。检查场地应该有足够的空间，安全间距满足《煤矿安全规程》等的规定，以方便检查人员进行操作和维护保养。

（5）安全警示。检查场所应设置必要的安全警示。在运输线路进入检修车场的入口处，应设置提醒单轨吊机车司机"前方慢行"的警示标牌。在人员进入检修车场的入口处，应设置提醒人员"注意安全"的警示标志。在检修车场内宜增加视频监控。

（6）场地设备。检查场地应该配备必要的检查设备和工具，如起重设备、检测仪器等，以确保检查工作的顺利进行。应设消防设施和防灭火措施，在检查车场内应设置灭火器、消火栓等消防设施,并设置监测月烟雾传感器。对于兼作加油场所的维修车场,燃油存放量必须符合《煤矿安全规程》等的规定。

(7) 场地管理。检查场地应有人员进行专门管理,负责场地的安全、卫生、设备管理等工作,确保检查场地的正常有序、环境良好。

(二) 矿用单轨吊的日检

单轨吊日检是借助于人的感官和检测工具,按照预先制定的技术标准,定点、定标准、定人、定周期、定方法、定量、定作业流程地对设备进行检查的一种设备管理方法,主要是检查直观、显性的问题,并做一些清洁和润滑。

单轨吊日检主要由运转人员(单轨吊司机)和专职检修值班人员负责实施,以运转人员为主。主要检查设备的运转状况及经常磨损和易于松动的外部零件,检查有可能出问题的关键零件,必要时进行适当的调整、简单的修理和更换,并作为交接班的主要内容。其具体内容包括:

(1) 运转过程中的声音、振动、偏摆是否正常。

(2) 驾驶室中的驾驶操控手柄是否工作正常,急停开关的紧急停车功能是否有效。

(3) 制动轮组的制动闸块磨损情况,厚度小于规定要求时及时更换新的刹车块;抱闸间隙是否合适,不合适时应适当进行调整。

(4) 驱动轮组的摩擦轮是否有严重磨损、是否有异常变形,摩擦轮上堆积有煤粉、煤块、矸石等杂物应及时清理,摩擦轮有损坏时应及时更换;螺栓螺母等连接是否完整可靠;油管等是否有破损现象;检查润滑油量及温升情况。

(5) 液压系统的液压阀、液压油缸及油管接头处是否有外泄漏,接头是否连接牢固,是否有松动现象;油箱内油量是否在油标刻线范围内;压力仪表指针显示是否正常。

(6) 对于防爆柴油机单轨吊机车,检查防爆柴油机的风扇皮带松紧程度是否适当,油位、冷却水水位是否符合要求,检查机油情况。对于铅酸蓄电池单轨吊,检查电源插销连接器是否完好,以及蓄电池箱及箱盖有无严重变形。对于锂离子蓄电池单轨吊,检查电气线路的破损和老化情况,检查电池的使用情况。对于气动单轨吊,检查各气路是否畅通,泄压阀等是否工作正常;对于绳牵引单轨吊,检查绳牵引绞车运转是否平稳,各部位是否出现明显振动和异常声音。

(7) 检查电控箱、操作箱隔爆外壳有无损伤,电控箱、操作箱的接线电缆是否有松动、破损现象;检查显示屏通信和显示,故障记录等信息;观察电磁阀通电状态。

(8) 检查轨道系统的悬吊装置,悬挂螺栓、悬挂板、摇板、连接板、吊链等是否正常,是否有裂纹或有松动现象。

(9) 检查单轨吊的轨道是否有弯曲、裂纹、淋水侵蚀等异常情况；检查轨道间隙、直线度、水平度、吊挂稳固情况、磨损变形情况。

(10) 检查轨道系统道岔动作情况。检查阻车器的设置及状态。

(11) 检查井巷的断面形状是否有异常情况，是否会对单轨吊机车的通行产生影响；井巷中的水管、气管和电缆等的布置是否正常，是否有异常情况影响单轨吊机车的安全通行；井巷中设备布置、材料存放是否影响单轨吊的安全运行。

日检主要采用观察、观测的方法，必需时应借助工具或者操作进行简易检查。对于检查和处理结果，需由相应人员按照规定详细地填写运转工作日志，以供司机参考，并作为交接班的内容之一。

矿用单轨吊日检的检查部位、检查项目及检查方法，见表 5-1。

表 5-1 矿用单轨吊日检项目表

检查部位	检查项目		检查方法
驾驶单元	急停开关		检查驾驶单元中急停开关，拍下急停开关，单轨吊机车制动是否有效
	驾驶操控手柄		检查驾驶单元中操控手柄是否正常
驱动和制动单元	摩擦轮		检查摩擦轮是否有严重磨损、是否有异常变形。清理摩擦轮上堆积的杂物如煤块矸石等，检查摩擦轮是否完好，如有损坏及时更换
	制动闸块		检查制动闸块的磨损情况，厚度小于规定要求时及时更换新的刹车块
	驱动及制动单元油管		检查驱动及制动单元油管等是否有破损及漏油现象
	驱动及制动单元螺栓螺母		检查驱动及制动单元的螺栓螺母等连接是否完整可靠，是否有松动现象
液压系统	外泄漏		观察液压阀、液压缸及油管接头处是否有外泄漏
	接头连接情况		观察液压阀、液压缸及油管接头是否连接牢固，是否有松动现象
	油箱内油量		应当观察油箱内油量是否在油标刻线范围内
	压力仪表		观察压力仪表指示是否正常，停机时是否处于初始状态
动力单元	防爆柴油机	风扇皮带	检查风扇皮带松紧程度是否适当
		油位、冷却水水位	检查油位、冷却水水位是否符合要求
		机油	检查机油尺是否在规定范围内

表 5-1（续）

检查部位	检查项目		检查方法
动力单元	防爆铅酸蓄电池	电源插销连接器	检查电源插销连接器是否完好
		蓄电池箱	检查蓄电池箱及箱盖有无严重变形
	防爆锂离子电池	电气线路	检查电气线路的破损和老化情况，是否有破损，连接是否有松动
		蓄电池的使用情况	检查蓄电池的使用情况是否正常
	空气动力	气路与泄压阀	检查各气路是否畅通，泄压阀等是否正常工作
	绳牵引绞车	绞车运转	检查绞车运转应平稳，各部位不应出现明显振动和异常声音
电控系统	电控箱		检查电控箱有无损伤，电缆是否有松动、破损现象
	操作箱		检查操作箱隔爆外壳有无损伤，电缆是否有松动、破损现象
	操作界面		检查显示屏通信和显示，故障记录等信息是否正常
	电磁阀		观察电磁阀通电状态是否正常
轨道系统	悬挂装置		检查悬挂轨道的装置，主要包括悬挂螺栓、悬挂板、摇板、连接板、吊链等是否正常，有裂纹或有松动现象
	轨道		检查单轨吊的轨道是否有弯曲、裂纹、淋水侵蚀等异常情况。检查轨道间隙、直线度、水平度、吊挂稳固情况、磨损变形情况
	道岔		检查道岔动作情况
井巷配套设施	井巷的断面情况及相应配套设施		检查井巷的断面形状是否有异常情况。拱形、矩形、梯形以及特殊的断面形式是否会对单轨吊机车的通行产生影响；井巷中的水管、气管和电线等的布置是否正常，是否有异常情况影响单轨吊机车的通行

（三）矿用单轨吊的周检

周检是专业性检查，主要由设备维修工完成，主要是对易损件进行检查，对连接件、紧固件等进行查验。对设备进行紧固、调整、除锈等的周检，以专职检修人员为主，与司机配合联合进行维修。

周检的检查方法，除了目测外，还应借助检测工具、仪器仪表进行检测。不同部位、不同项目的检查方法也会有所不同，矿用单轨吊周检的检查部位、检查项目及检查方法见表5-2。

表 5-2　矿用单轨吊周检项目表

检查部位	检查项目		检查方法
驾驶单元	操控系统		检查操作控制系统是否正常；操纵单轨吊机车运转、通信信号是否正常，操作界面是否卡顿
	操作台上按钮		检查开动机器，测试驾驶单元按钮是否正常
驱动和制动单元	摩擦轮		用卷尺等检查其轮径是否满足要求，当轮径低于要求最低值时，应立即更换
	摩擦轮夹紧弹簧		用卷尺等检查摩擦轮夹紧弹簧伸缩量是否在规定值范围，与摩擦轮的连接是否正常
	制动弹簧或油缸		目测检查制动弹簧或制动油缸是否正常
	控制系统		检查控制系统、通信电缆等是否正常
液压系统	液压系统滤芯		打开液压系统加油口，检查滤芯
	液压泵		开动机器后，观察液压泵运转时是否有异常噪声
	蓄能器		检查蓄能器情况是否正常
	冷却系统		检查冷却系统运转情况是否正常
动力单元	防爆柴油机	燃油滤清器	打开防爆柴油机燃油口，检查滤芯堵塞情况，如有堵塞，进行清洁处理
		水箱	检查水箱里水位高度，水箱工作是否正常
		传感器	检查防爆柴油机各种传感器有无松动，有无异常情况
	防爆铅酸蓄电池	蓄电池箱	打开蓄电池箱盖，检查蓄电池表面有无漏液情况，用干净布清洁蓄电池箱机头
	防爆锂离子电池	防爆面及紧固件	检查锂电池电源箱防爆面是否有损伤，紧固件是否完整、有无松动，喇叭口是否符合要求
		充电口	检查锂电池电源箱充电口是否有异常
	空气动力	气动马达	检查气动马达是否完整可靠，用声级计检测噪声是否超标
	绳牵引绞车	牵引绳的固定	检查牵引绳的固定是否安全可靠，不得自行松弛；绞车在启动、运行和制动时，钢丝绳不应在滚筒上滑行
		压绳轮的开启装置	检查压绳轮的开启装置是否正常
		制动装置	开动绞车，观察制动装置是否牢固可靠
电控系统	电控箱		检查电控箱是否存在异常
	操作箱		检查操作箱通信是否存在异常

表 5-2（续）

检查部位	检查项目	检 查 方 法
电控系统	传感器元件	检查传感器元件有无损坏
	操作界面	检查操作界面报警记录和相应显示有无异常
轨道系统	悬挂装置	检查轨道悬挂装置是否存在锚杆损坏、U型环断裂
	轨道	检查悬挂轨道是否存在扭曲、断裂现象，用钢卷尺检查轨道连接处间隙是否存在过大、偏移情况
井巷配套设施	井巷的断面情况及相应配套设施	用工具检查单轨吊机车通过的运输巷道井筒断面尺寸，检查井筒中电缆、风管、气管等的布置是否影响单轨吊安全运行

周检后，必须由专职检修人员将检查和处理结果详细地填写在检修日志中，备查或供下次检修时参考。

（四）月检项目及内容

在日检、周检的基础上，还应该对单轨吊进行月检。月检是专业性的全面检查，由检修工或设备制造厂家的专业人员完成。月检应该对所有单轨吊车列进行检查。

单轨吊的月检应对单轨吊机车的油路、水路、气路进行检查，更换或清理过滤器（芯）；对易损部件进行精度检测；对电气部分进行除尘检查等。

月检的检查方法，除了采用日检、周检的检查方法外，还应更多地借助专业仪器仪表进行检测。矿用单轨吊月检的检查部位、检查项目及检查方法，见表 5-3。

表 5-3 矿用单轨吊月检项目表

检查部位	检查项目	检 查 方 法
驾驶单元	操作系统	检查驾驶单元操纵系统，测试操纵手柄，测试开车运行情况；如果有遥控操纵，检查遥控操纵与驾驶单元操纵的互锁性
	驾驶室配套设施	检查驾驶单元的配套设施，如灭火器、座椅、门的完整可靠性
驱动和制动单元	摩擦轮组	检查摩擦轮组的轴承情况，如果轮组有横向移动时，要拆卸并清洗轴承并重新上油
	制动轮组	检查制动轮组的轴承情况，如果轮组有横向移动时，要拆卸并清洗轴承并重新上油；检查制动轮组的弹簧锈蚀情况，制动轮组油管和回油阀是否正常
	控制系统	检查控制系统通信是否正常，各按钮操作手柄是否正常

表 5-3（续）

检查部位	检查项目		检查方法
液压系统	液压系统密封件		检查液压系统密封件，如果密封件有损坏或者老化现象，及时更换
	液压系统保护装置		检查液压系统安全保护装置，如溢流阀、减压阀正常情况；检查液压泵的泵体与泵轴的连接部位润滑情况
	水泵		检查水泵是否漏水，必要时更换水泵的水封等零件
	冷却系统		检查冷却系统是否正常，并清除水垢
	蓄能器		检查蓄能器压力是否满足要求，有无异常状况
动力单元	防爆柴油机	空气滤清器	检查空气滤清器总成的积尘，清洗空气滤清器总成滤芯。若滤芯有破损应予更换
		空压机过滤器	检查空压机过滤器、燃油、水分离器和清洁进气阻火器
		燃油	检查油箱燃油是否在标尺范围内，有没有缺少，缺少应及时补充
		阻火器	检查清洁进气阻火器，保证正常
	防爆铅酸蓄电池	蓄电池箱	检查蓄电池的电缆卡子和极柱上是否有氧化物；检查加液孔盖通气小孔是否畅通；检查电解液的液面高度。用万用表检查蓄电池开路电压
	防爆锂离子电池	电池	检查防爆锂离子电池箱；检查 BMS 电池管理系统报警情况，查看是否有发生电池在充电放电过程中过压、过流、温度过高等报警
		电池管理系统	
	空气动力	油水分离器	检查油水分离器，并放掉分离器中汇集的积水；检查空气压缩机的进气、出气管的密封性；检查和清理进、排气阀片上的污垢；检查密封性并排除故障
		气管	
	绳牵引绞车	地基	检查绞车主机地基是否牢固
		螺栓螺母	检查绞车主机地基是否牢固、用力矩扳手检查受力点螺栓螺母紧固程度
		制动装置	对制动装置进行制动测试，检查制动闸磨损程度

表 5-3（续）

检查部位	检查项目	检查方法
电控系统	电控箱	检查电控箱供电和通信是否正常
	操作箱	检查操作箱供电和通信是否正常
	传感器元件	检查传感器元件通信，模拟测试传感器
轨道系统	轨道	全面检查轨道设备几何尺寸状态；检查轨道设备结构状态及功能状态，包括钢轨及道岔钢轨件、扣件、连接零件、轨道加强设备、排水沟、道口、沿线标记、标志车挡及其他轨道附属设备
井巷配套设施	井巷的断面情况及相应配套设施	检查井巷中阻车器、风门；用卷尺测量整个运输井巷单轨吊离巷道侧面、地面和顶面的安全距离

单轨吊月检后，必须由专职检修人员将检查和处理结果详细地填写在检修日志中，备查或供下次检修时参考。

（五）周期性检查

为了保证单轨吊运行安全，还应在日检、周检、月检的基础上，对于一些重要部件的重要项目进行周期性检查。

周期性检查是指为了维持设备的原有性能，通过人的观测或者借助状态监测工具、仪器、软件等，按照预先设定的标准、周期和方法，对设备重要部件的重要项目进行有无异常的预防性检查的过程，用以掌握设备的劣化趋势，早期发现、预防、处理设备的缺陷或者隐患，使设备保持其规定的功能和性能。例如，防爆柴油机每年检查一次进、排气系统的密封性、完整性，紧固件松动情况，检查发动机表面的污染程度并清理；蓄电池单轨吊每季度检查一次蓄电池电量；气动单轨吊每半年检查一次油雾器润滑油；绳牵引单轨吊每半年检查一次减速器液压油等。

周期性检查，应该做到以下"八定"：

（1）定人。确定对设备进行周期性检查的人员。

（2）定点。明确设备重要部件的重要项目、内容和关键点。

（3）定量。对劣化倾向的定量化测定。

（4）定周期。不同设备、不同设备的重要项目，给出不同的检查周期。

（5）定标准。给出每个检查项目是否正常的依据，即判断标准。

（6）定检查计划表。利用周期性检查计划表指导周期性检查人员沿着规定的路线作业。

（7）定记录。包括作业记录、异常记录、故障记录及倾向性记录等，都应有规范性的格式。

（8）定检查业务流程。明确周期性检查作业和检查结果的处理程序。如急需处理的问题，要通知维修人员；无须立即处理的问题则应记录在案，留待计划检查处理。

二、单轨吊的日常维护与保养

单轨吊的日常维护、保养，是保证单轨吊正常运行、延长使用寿命、减少单轨吊设备故障率、预防事故发生的非常重要的一个环节。不同类型的单轨吊，其技术性能和特点会有差异，维护保养也会有所不同。

（一）维护保养中的前期装配及拆卸

维护保养工作开始前，应将维护保养设备及工作场所清洁干净。根据实际需要配套工作台，以便放置被拆卸的零元件。拆卸前，必须了解部件的性能及连接方法，拆卸下来的零元件一定要按顺序摆放，并加以标记。用柴油清洗干净后擦干，清洗后的轴承和齿轮箱内不能留下任何杂物。

单轨吊日常维护、保养过程中，如果涉及零元部件的装配及拆卸，应遵守以下规定：

（1）使用的工具不能损伤螺帽、螺钉头及其他机车零件。

（2）装配时，相互作用的零件不能在干燥的情况下进行装配，要用油脂进行润滑；相应的零元件在运转过程中也用此润滑剂进行润滑。

（3）受保护的零件在安装过程中需要消除防腐油脂，改用常规油脂替代防腐油脂。

（4）液压元件拆卸及装配过程中，要对这些元件采取保护措施，防止杂质渗透进机车液压系统或发动机内。

（5）单轨吊检修工、司机装配过程中，离开设备及交接班时，必须切断上级电源（风源），停电检修时必须挂停电牌，严格执行"谁停电、谁送电"制度。

（6）前后挪移轨道时，必须有牢靠的作业平台和防护设施，保证人员和设备安全。

（二）运行井巷及悬挂轨道的维护保养

单轨吊车列在井巷中悬挂的轨道上运行，其状况直接影响单轨吊车列的运行安全。对单轨吊运行井巷及悬挂轨道的维护及保养，是矿用单轨吊日常运维管理的重要内容。

1. 运行井巷的维护

单轨吊运行井巷在矿山压力的作用下，可能发生变形破坏，断面缩小，顶板条件变差，甚至可能发生冒顶漏矸等事故，尤其是采掘工作面的巷道。加强对单轨吊运行井巷的维护管理，应该是井下经常性的重要工作，也是维护矿井正常生产持续和安全质量标准化的重要内容。

对单轨吊运行井巷的维护，应该做好以下方面的工作：

（1）定期检查。定期对井巷进行检查，包括井巷支护结构、通风、排水、电气设备设置、各类管线布设、环境清洁状态等，发现问题及时处理。

（2）清理杂物。及时清理井巷内的杂物和积水，保持巷道干燥、清洁，维持整洁的工作环境。

（3）维护支护结构。对支护结构进行定期检查和维护，及时修复或更换损坏的支护结构。

（4）加强通风。保持连续稳定的通风风流，降低瓦斯浓度和粉尘浓度，防止瓦斯积聚和粉尘飞扬。

（5）维护排水设施。定期检查和维护排水设施，确保排水畅通，防止水害事故。

（6）维护电气设备。定期检查和维护电气设备，确保电气设备正常运行，防止电气事故。

（7）加强安全管理。加强安全管理，制定并严格执行安全操作规程，提升员工的安全意识和技能水平。

2. 悬挂轨道的维护与保养

对单轨吊悬挂轨道维护保养应是重中之重。为了防止钢轨轨道及连接件的折断或者严重磨损，必须及时清除钢轨上的泥土及油垢，以便减轻锈蚀，便于发现和鉴别裂纹。应定期全面检查钢轨，对发现有裂纹及其他不良、危及行车安全的重伤钢轨，应当有计划地更换；轨缝必须符合相关标准的规定。

对悬挂轨道的维护保养，应该做好以下方面的工作：

（1）定期检查。矿用单轨吊悬挂轨道需要定期检查，检查轨道的磨损情况、轨道的平直度、轨道的连接是否牢固等。轨道上不允许有吊板、沉陷、小坑等现象。车辆在道上运行时，由于离心力的作用，加剧了单轨吊轮缘与钢轨的磨损并使运行阻力增加，严重时可能造成翻车。为了消除离心力的上述影响，应将弯道外轨抬高；在半径较小和钢轨易于磨损的曲线上，应经常在钢轨上涂油。

（2）清洗和润滑。矿用单轨吊轨道需要定期清洗和润滑，以保证轨道的正常状态。

（3）更换损坏部件。如果矿用单轨吊轨道的部件损坏，必须及时更换。更换损伤或折断的钢轨时，应保证新换钢轨型号与原轨道型号一致。

（4）调整轨道。单轨吊轨道必须定期进行校直工作，发现轨道平直度不符合要求时，必须及时调整。应定期检查悬挂轨道的螺栓、链条、锚杆等紧固件，并保持锁紧。

（5）防止生锈。井下湿度较大，单轨吊轨道需要防止生锈，可以采用涂漆、涂油等方法进行防护。同时，为了保证单轨吊车列的安全运行，应根据《煤矿安全规程》的规定，有防止淋水侵蚀轨道的措施。

（6）其他注意事项。在日常维护中要经常检查单轨吊轨道两端的限位和阻车装置，必须保证可靠有效，并悬挂醒目的警示牌板。

（三）防爆柴油机的日常维护保养

防爆柴油机是防爆柴油机单轨吊机车的主要动力单元，也是故障频发的设备，对其日常维护保养应满足以下要求：

（1）每班检查发动机润滑油（油位标尺）、柴油、冷却溶剂、液压油量（油标孔），检查并及时补充；每班进行排气箱换水（按照设计容量），进气过滤器堵塞物的调整、清洁。

（2）每班进行排气箱换水，进气过滤器堵塞物的调整、清洁。

（3）每班清理散热器栅格上附着的杂物和尘土，清除柴油机外部的油污。

（4）每班检查"三漏"（油、水、气），各管路无泄漏现象。

（5）每周进行清洁油泵上的粗滤器、调整拉紧交流发电机上的楔形皮带，润滑制动枢轴、制动控制杆、液压发动机枢轴及止端轴承。

（6）每旬更换发动机及过滤器中油及细滤器插件；清洁发动机过滤器及液压回路中废物过滤器；紧固驱动滑轮上的螺钉。

（7）每旬清理空气滤清器总成的积尘，清洗空气滤清器总成滤芯。若滤芯有破损应予更换。

（8）每月检查油水分离器，并放掉分离器中汇集的积水。

（9）每月更换机油、机油滤芯、细滤器插件、液压回路中过滤器；紧固气缸端部的螺钉，调整发动机气门间隙；检查制动衬套磨损厚度；检查排气管法兰及涡轮增压器法兰的密封性。

（10）每月更换空气滤清器、空压机过滤器、燃油、水分离器，清洁进气阻火器。

（11）每月检查空气压缩机的进气管、出气管的密封性，检查和清理进、排气阀片上的污垢，检查密封性并排除故障。

（12）每季度用柴油冲洗油箱，更换液压油，润滑及紧固驱动装置承压滑轮。

（13）每季清洗冷却系统，并清除水垢。

（14）每季检查水泵是否漏水，必要时更换水泵的水封等零件。

（15）每季清洗液压油箱，更换液压油，若液压油老化现象严重，或早已污染，则应立即更换液压油，并消除造成该现象原因。更换液压油时，应同时更换吸油过滤器。

（16）严格按照运行时间，进行预防性维护和保养。

（四）铅酸蓄电池的日常维护保养

目前，煤矿井下铅酸蓄电池单轨吊使用的铅酸蓄电池为防爆特殊型，所用的硫酸具有腐蚀性。对其维护保养应做好以下方面工作：

（1）充电前检查电池表面、连接线及螺栓的清洁，不得有杂物。如果发现电池上有灰尘或酸液时，应及时用沾有蒸馏水的棉纱进行擦洗；应保持干燥，如有电解液应用棉纱擦去，再用棉纱沾水擦干净（注意：在清洗过程中，严禁自来水进入电池内）以免漏电和增大自放电，导致单轨吊机车运行出现随机故障。

（2）蓄电池在使用过程中，由于电解液中水的电解及蒸发会造成密度升高及液面下降（尤其在夏季），所以每次充电后应检查电解液的液面高度，及时补充电解液。

（3）蓄电池内不准落入任何杂质。加水用的器具应保持清洁，以免将杂质带入蓄电池内。

（4）蓄电池盖上不许放置金属导电物品，以免造成短路，烧坏电池。

（5）做好充、放电记录。

（6）蓄电池的连接必须保持良好。经常检查蓄电池线的紧固螺母有无松动，以免引起火花或烧坏电极柱，每周检查一次连线是否松动或损坏。发现问题，应及时调整或更换。

（7）每周至少检查一次蓄电池的电压、电解液密度、液面高度。

（五）锂离子蓄电池的日常维护保养

与传统的铅酸蓄电池相比，锂离子蓄电池在工作电压、能量密度、循环寿命等方面都具有显著优势，但当锂电池大电流充放电时，可能发生内部热失控，甚至起火爆炸的风险一直备受关注。所以，对锂电池的日常维护保养，应注意以下方面事项：

（1）避免过度放电和过度充电。过度放电和过度充电会对锂电池造成损害，降低电池使用寿命，甚至发生热失控现象。有资料表明，50%~80%的锂电池热失控发生在充电过程或者充电后2h之内。在日常使用中，必须避免对锂电池的过充和过放。

（2）避免高温和低温环境。锂电池在高温和低温环境下性能会受到影响，环境温度超过60℃，锂电池的安全性会大大降低。因此，应尽量避免将锂电池暴露在极端温度下。建议在存放和使用锂电池时，保持在适宜的温度范围内。

(3) 定期充放电。长时间不使用锂电池时，建议每隔一段时间进行一次充放电循环，以保持锂电池的活性。

(4) 避免机械碰撞和损伤。锂电池应避免受到机械损伤，如碰撞、挤压等，以免造成电池短路或损坏。

(5) 注意防水防潮。锂电池应避免接触水或潮湿环境，以免造成电池短路或损坏。

(6) 定期检查锂电池状态。定期检查锂电池的外观和性能，如有异常情况应及时处理或更换电池。

(7) 使用合适的充电器。使用不合适的充电装置可能会对锂电池造成损害，因此应使用与锂电池匹配的充电装置。

(六) 气动动力的日常维护保养

气动单轨吊使用气动动力，如矿井压风、高压空气瓶等。对其维护保养，应该做好以下方面工作：

(1) 检查各气路是否畅通，无泄漏情况，是否有尘埃、异物、内部生锈、压力不足、空气压缩距离太远、风管太小、轴心连接不当、排气阻塞、润滑不足、机械阻碍。

(2) 保证气动系统使用清洁干燥的压缩空气，保证气动元件和系统得到规定的工作条件（如使用压力等）。

(3) 保证气动系统的气密性，检查管路接头是否有松动情况。

(4) 检查三联件（即过滤器、减压器、油雾器）是否正常，无异常情况。

(5) 保证油雾润滑元件得到必要的润滑，检查润滑油是否足够，无漏油情况。

(6) 检查马达、轴心连接是否不当、排气是否阻塞、润滑是否不足，机械是否有阻碍。

(7) 检查各类阀组的位置，避免将阀组置于有腐蚀性气体、化学溶液、淋水、水汽存在的场所及环境温度过高的场所。有水滴、油滴的场所，应选防滴型阀。灰尘多的场所，应选防尘型阀。有火花飞溅的场所（如焊接工作），阀上应装防护罩。在易燃易爆的环境中，应使用防爆型阀。

(8) 检查排气口装备的消声器是否安装正常，其作用除消声外，还可防止灰尘侵入阀内。

(七) 绳牵引单轨吊的日常维护保养

绳牵引单轨吊使用无极绳绞车作为牵引动力，系统较为复杂，安全风险较多，容易发生伤害事故。对绳牵引单轨吊用无极绳绞车的维护保养应做好以下方面工作：

(1) 轴承润滑油应使用锂基润滑脂，每月至少加油一次。

(2) 对快速、慢速制动轮的制动闸间隙，要经常进行检查、调整。

(3) 制动闸块磨损超过规定要求，及时进行更换。

(4) 减速器每隔一段时间检查润滑情况，更换润滑油。

(5) 绞车的工作环境应保持整洁，整个绞车应保持清洁不积尘污，易被锈蚀的金属表面应保持完整的油漆面。

(八) 轮组的维护保养

单轨吊使用的轮组较多，如驱动轮组、制动轮组、承载轮组等，各类轮组的受力比较复杂，且处于动态变化之中，容易发生磨损、机械损伤和疲劳损坏，在单轨吊运维管理中应将其维护保养作为重点，应做好以下方面的工作：

(1) 对驱动轮组、承载轮组、制动轮组进行日常保养，经常查看其轮径是否低于设计值要求。

(2) 查看驱动轮组、承载轮组、制动轮组上是否有异物（如煤粉、煤块等）附着，以避免影响轮组性能。

(3) 查看各轮组紧固件是否松动，一旦松动应及时进行锁紧，以持续保证驱动轮组、承载轮组、制动轮组安全有效。

(4) 对驱动轮组轴承进行定期的检查保养，按照要求规定时间采取润滑措施。

(5) 定期对轮组连接螺栓和螺母进行紧固。

(6) 检查轮组的磨损情况、轴承是否损坏、轮轴是否弯曲等，超过限度时应及时更换。

(7) 检查轮组的间距是否合适，如制动轮组闸块与轨道的间隙等。如发现不符合要求时应及时调整，以保证其重要的安全功能。

(8) 检查轮组的部件是否损坏，是否需要及时更换，以保证轮组的正常运转。

(9) 检查轮组是否生锈，可以采用涂漆、涂油等方法进行防护。

(九) 液压系统的维护保养

液压系统为单轨吊的运行、制动、起吊等提供动力，在长期的运行过程中，其动力装置、执行装置、控制装置、其他辅助装置均可能因机械磨损、机械损伤等，发生液压冲击、空穴和气蚀、液压卡紧、执行器爬行、泄漏，以及异常温升、噪声、振动等，影响车列的安全运行。对液压系统的维护保养，应做好以下方面的工作：

(1) 定期对液压系统的液压油、润滑油进行更换。

(2) 定期对滤芯进行更换。

(3) 查看液压阀、液压缸及油管接头处是否有外泄漏，接头是否连接牢固，是否有松动现象。

(4) 查看油箱内油量是否在油标刻线范围内；蓄能器压力是否在允许使用

范围内；打开油箱观察液压油性状是否正常，系统滤芯是否堵塞。

（5）观察液压泵运转时是否有异常噪声；液压缸全行程移动是否正常平稳，液压阀的动作是否灵敏可靠；开动机器循环运转几次，以排除系统中的空气，同时观察压力仪表指针显示是否正常。

对液压系统的状态评判或者故障判断，要充分利用眼、耳、手等器官，并根据工作经验进行综合分析。可以采用以下方法：

（1）问。任何故障在发生前总是有预兆，发生时亦是现象表露，所以应该在现场问单轨吊司机等现场人员，询问设备的使用现状、故障前后的工作状况及异常现象。

（2）看。在问的基础上，在设备使用现场对液压系统的工作情况进行仔细查看，观察设备状况或者故障现象，查找故障部位，查看有无泄漏，全面掌握液压系统的外在表象，为评判或者故障分析诊断提供重要的直接依据。

（3）听。依靠听觉甄别液压系统的异常声响，判断异常声响产生部位，再分析推断引起故障的原因及具体部位。

（4）摸。用手摸有关零元部件，直接感受其温度、振动及磨损情况。

（5）试。通过一些有效的试验来进一步证实初步的判断是否正确，如亲自试车体验设备状态，或者故障现象和故障产生的部位；通过更换某一零元部件，利用排除法来尝试发现故障的部位等。

上述方法既是可各自独立的，又是相互配合、依赖的，往往多种方法并用，通过综合各种详细分析，最终做出正确的评判或者判断。

（十）电控系统的维护保养

电控系统控制、保障单轨吊的安全平稳运行，由各类传感器、控制器、执行器及软件等组成。保证电控系统始终处于正常工作状态，对单轨吊的安全运行具有重要作用。应做好以下几方面工作：

（1）检查电气设备外壳，应无裂纹和有损防爆性能的机械变形现象。检查设备上的各种保护、联锁、检测、报警、接地等装置，应齐全、完整。

（2）查验接线箱、进线设备、防护密封盒、挠性连接管的外角、拧紧螺丝、紧固设备、外护套等，应符合防爆安全的相关规定。

（3）查验电机、电器、仪表盘、电气设备本身的腐蚀程度，拧紧螺钉是否紧固，联锁设备是否完好。

（4）油量指示仪、泄油装置和气体释放孔的内部结构应保持通畅，外部应无油渗入。

（5）查验电缆是否有松动、振动破坏、腐蚀等现象；接地网络是否优良，防静电、防雷击措施是否完善，接地电阻值是否符合要求。接地线应牢固可靠，接地端子无松动，无明显腐蚀，无折断；除防爆要求外，还应查验电气安全的相关要求并保持良好状态。

三、零部件的定期维修更换

单轨吊机车的零部件维修更换，应该依据产品使用说明书的要求及矿山安全规定，在满足维修地点相应的环境、技术条件下进行。按照分类，单轨吊的零部件可以分为通用机械部件和通用电气部件。

(一) 通用机械部件的维修更换

通用机械部件包括通用的机械、液压部件，如紧固件、轴和轴承、密封件等。通用机械部件的维修更换，应符合相关的技术要求，遵循相关的规定。

1. 紧固件

紧固件属于机械设备的易损件，其使用寿命受到多种因素的影响，如受力状态、工作环境等。对于重要部位的紧固件，更换周期一般为 1~2 年，轻负载部位的紧固件更换周期可适当延长。当重要部位的紧固件出现明显不可逆转的塑性变形时，必须立即更换。

在拆卸紧固件时，必须使用正确的工具。常用的拆卸工具有扳手、扭力扳手、电动螺丝刀、扭力钳等。选择合适的工具可以避免对设备造成不必要的损坏，特别是当需要拆下紧固件时，一定不能使用过大的力气。

单轨吊设备的紧固件，应满足以下要求：

(1) 螺纹连接件和紧固件必须齐全、牢固可靠。螺栓头部和螺母不应有刮伤、棱角严重变形等问题。螺孔乱扣、滑扣时，允许扩孔，增大螺栓直径，但不能因扩孔而影响被扩工件的机械强度和工作性能。

(2) 螺母必须拧紧。拧紧后螺栓的螺纹应露出螺母 1~3 个螺距，不得在螺母下加多余的垫圈来减少螺栓露出长度。

(3) 螺栓不得弯曲，螺纹损伤不得超过螺纹工作高度的 1/2，且连续不得超过一周。连接件螺栓的螺纹旋入孔内长度不得小于螺纹直径的 1.5 倍。沉头螺栓拧紧后，沉头部分不得凸出连接件的表面。

(4) 螺纹表面必须光洁，不得用粗制螺纹代替精制螺纹。

(5) 同一部位的紧固件规格必须一致。材质必须满足设计要求。主要连接部位或受冲击载荷容易松动部位的螺母，必须使用防松螺母或其他防松方法。

(6) 使用花螺母时，开口销应符合要求。使用止动垫圈时，包角应稳固；使用铁丝锁紧时，其拉紧方向必须和螺栓方向一致，接头应向内弯曲。

(7) 弹簧垫圈应有足够的弹性。重叠部分不得大于垫圈厚度的 1/2。

(8) 螺栓头部或螺母必须和相接触的部件紧贴。如该处为斜面时，应加相同斜度的斜垫。

（9）定位销和定位孔相吻合，不松弛。

2. 轴和轴承

轴和轴承是现代机械设备中一种举足轻重的零部件。轴是支撑转动零件并与之一起回转以传递运动、扭矩或弯矩的机械零件。轴承的主要功能是支撑机械旋转体，用以降低设备在传动过程中的机械载荷摩擦系数。

轴和轴承在长期的动态受力作用和运动的情况下，容易出现磨损、损伤，给单轨吊的安全稳定运行带来危害。轴和轴承在运行过程中出现下列现象时，应进行维修和更换：

（1）轴不得有裂纹、严重腐蚀或损伤，直线度应符合技术文件要求。轴颈加工减小量不得超过原轴颈的5%。

（2）轴与轴孔的配合应符合技术文件要求。超差时，允许采用涂镀、电镀或喷涂工艺等进行修复。在强度许可条件下，也可采用镶套处理，但不得用电焊修理。

（3）滑动轴承轴瓦合金层与轴瓦应牢固黏合，不得有脱壳现象。轴瓦合金层表面不得有夹杂物、气孔、裂纹、剥落、严重点蚀或伤痕。在下列情况下，允许用焊接方法对轴或者轴承进行修复：

① 局部出现3个以下散布气孔，其最大尺寸不大于2 mm，且相互间距不小于15 mm。

② 仅在端角处有轻微裂纹。

③ 剥落面积不超过1 cm^2并且不多于2处。

（4）轴承元件不得有裂纹、脱落、伤痕、锈斑、点蚀或变色等；保持架应完整无变形，转动灵活，无异响。

（5）轴承润滑的油量要适当，油质应符合规定，轴承座不得漏油。

（6）轴承在运行中应无异常响声，滚动轴承不得超过75 ℃，滑动轴承不得超过65 ℃。

轴和轴承的更换分为内圈的更换和外圈的更换。更换时，先将旧轴承取下，再将新轴承装上，要注意让轴承保持架与滚动体保持原有的配合间隙，否则会影响新轴承的转动性能。另外，在装配时，还要注意保持架或滚动体的平行和同心度，不要使用不同型号或规格的保持架或滚动体，也不要随意更换大小相差过大的保持架或滚动体，以免轨道受力不均而损坏。

3. 密封件

密封件是防止流体或固体微粒从相邻结合面间泄漏以及防止外界杂质如灰尘与水分等侵入机器设备内部的零部件的材料或零件。使用环境温度、介质、磨损、所承受压力等都会影响密封件的密封性能。机械密封件一般可以连续使用 1~2 年。当密封件失去弹性或老化，一般情况下需要更换。

单轨吊的密封件，应满足以下要求：

（1）各部密封件齐全完整，性能良好，不漏油。

（2）重复使用或新更换的密封件，其质量应符合 GB/T 9877—2008《液压传动 旋转轴唇形密封圈设计规范》的规定。

（3）浮动油封的密封环不得有裂纹、沟痕，应成对更换，成对使用。

（4）密封表面无损伤，油壳骨架不变形。

密封件的拆装必须使用专用工具。更换密封件时，应检查密封件的性能，如发现发黏、变脆、变色等现象时，不得使用。

4. 高压胶管与管接头

高压胶管与管接头输送具有一定压力的石油基或者水基液体和实施液压传动，一般有高压钢丝编织管和高压钢丝缠绕管两种类型。在高压、磨损、老化的作用下，高压胶管与管接头均可能出现损伤、损坏。当高压胶管和管接头表面出现裂纹、表面起泡或者出现漏油现象时，需要对高压软管和管接头进行更换。

新的或重复使用的胶管，应符合下列要求：

（1）接头无严重锈蚀、变形、毛刺，能顺利插入配合件，在无压情况下应可以自由旋转。

（2）检修时应重新更换 O 形圈和挡圈。

（3）胶管外层橡胶在每米长度上其破损不多于两处，破损面积每处不大于 $1 \ cm^2$。破损处距管接头在 200 mm 以上，且金属网未被破坏。

（4）胶管无折痕、压痕或明显的永久变形。胶管内部必须严格清洗，不得有污垢。

（5）严重损坏的胶管，可切去损坏部分，重新扣压接头。

（6）新扣压的接头应用额定工作压力的 1.5 倍进行压力试验，保持 5 min，不得有渗漏、鼓包或接头位移等现象。

5. 液压油

液压油就是利用液体压力能的液压系统使用的液压介质，在液压系统中起着能量传递、抗磨、系统润滑、防腐、防锈、冷却等作用。对于液压油来说，首先应满足液压装置在工作温度下与启动温度下对液体黏度的要求。

（1）液压油保养工作，应注意以下问题：

① 保证液压油不在高温下使用，因为油品在高温下很快会氧化变质。

② 液压站上的空气过滤器需采用既能过滤颗粒的，也能过滤水分的过滤器。

③ 采用精密滤芯过滤、耐磨的液压油，使油品的污染度满足使用要求。

④ 防止空气进入油中。油泵吸油口应密封可靠，油箱中的吸油管不可离油面太近，系统的最高点应设排气阀，放出油中的游离空气。

⑤ 定期做油品检测，不能满足使用要求时要及时更换。一般说来，单轨吊机车的液压油在最初运行150 h后，应进行一次更换；以后每使用1000 h，应进行更换。

（2）更换液压油，应按下面步骤进行：

① 先用扳手将油塞拧松动后，用手拿下油塞，将油桶放入油塞下方，松开底部放油塞，让废油流入桶内，回收废油。

② 用柴油清洗油池、油塞。

③ 用丝绸制品和食用白面擦洗，或用白面在油箱内滚粘污物。

④ 把油塞装上新机油，拧紧油塞。

（3）更换液压油，应注意以下事项：

① 更换的液压油应选用耐磨液压油，并符合产品使用说明书的相关规定。

② 更换时，应该同时清洗油箱、回油过滤器、管道过滤器等。

③ 每当更换液压油后，在初次启动油泵电机前，都应通过拧开柱塞油泵上部的卸油管帽，向油泵加入足量的液压油，以防止油泵缺油，缩短其使用寿命。

（二）通用电气部件的维修更换

由于煤矿井下电气部件涉及电气防爆的要求，如果维修需要拆掉成套设备的部件，应在维修之前进行详细记录，并将这些详细记录与厂家进行联系沟通。电气部件中涉及防爆要求的传感器和保护开关不能随意进行更换。

防爆电气配套件分为本安关联配套件和隔爆型配套件。本安关联配套件的更换损坏，应该选用与原件同厂家、同型号，且安全标志在有效期内的部件。隔爆型配套件更换，必须选用具有有效安全标志、与整机匹配的同规格型号的部件。

不得对防爆传感器进行任何电气改动。如果发现防爆传感器有损坏或者某一功能失效，必须立即进行更换。

防爆插销连接器熔断器损坏，不得用大规格或铜丝、其他导线代替，必须选用适配的熔断器，避免损坏防爆插销连接器和电源装置。更换熔断器时，切勿用手压紧，操作时需佩戴绝缘手套。

电气设备检修后，除按规定进行出厂试验外，还应按有关规定进行通电试验。通电试验时间一般不少于2 h。

设备检修后应带有铭牌，如铭牌数据有更改或字迹不清，应更换新铭牌。检修后应增加检修企业标识牌和检修时间标示牌。防爆电气设备检修后铭牌、标识牌等按GB/T 3836.13《爆炸性环境 第13部分：设备的修理、检修、修复和改造》的要求制作。

四、单轨吊运输的安全质量标准化

安全质量标准化是矿山企业的基础工程、生命工程和效益工程，是构建矿山安全生产长效机制的重要措施，是我国煤炭行业借鉴国内外先进的安全质量管理理念、方法和技术，且经过多年实践探索，逐步发展形成的一整套安全质量管理体系和方法。矿用单轨吊运维管理也应大力推进安全质量标准化建设，逐步提高单轨吊安全运行水平。

（一）安全质量标准化的基本要求

安全质量标准化是以法律法规为基础，根据企业实际情况，制定并实施一系列安全生产规章制度、操作规程和技术标准，并将其与企业组织、职责、质量方针和目标相结合，形成一套统一的安全质量管理体系的过程。安全质量标准化应满足以下基本要求：

（1）合法合规要求。企业需严格遵守国家法律法规和标准规范，依法履行安全生产方面的责任和义务，制定并落实安全生产规章制度，确保安全生产工作活动符合法律法规和标准规范的规定，控制和降低安全生产风险。

（2）管理体系要求。企业要建立完善的安全质量管理体系，并根据本企业的安全生产特点和安全风险情况，制定相应的安全管理制度和程序，明确安全职责、权限和责任，建立健全的安全管理组织架构、规范的流程和程序、完善的记录和档案管理等，确保安全生产工作有序开展。

（3）安全生产责任要求。企业明确安全生产责任分工和权限，部门、岗位、人员的安全生产职责，确保责任到人，从而推动各级管理人员、技术人员和员工对安全生产的重视，保证相应的安全投入。

（4）安全生产技术标准要求。企业必须根据安全风险辨识评估结果，制定相关的技术标准，明确安全生产的工艺、设备、工具、材料等的选用和使用维护保养要求，确保安全技术措施得到有效地贯彻执行。

（5）安全监控、安全风险评估和隐患排查治理要求。企业必须建立健全安全监测监控系统、安全风险辨识分析与隐患排查治理双控机制，通过监测生产过程中的安全情况和安全风险管控情况，及时发现、治理事故隐患，确保安全生产工作的稳定和持续改进。

（6）安全培训教育要求。企业必须对全员进行安全培训，强化员工的安全意识，提高安全操作技能，增强员工安全责任感，确保员工能够正确使用安全设施设备，杜绝"三违"，防止灾害事故的发生。

（7）事故应急处理与报告要求。企业必须建立应急救援体系，编制应急预案，储存应急救援物资设备，加强应急演练，提高灾害事故应急处置能力；必须建立健全事故报告和处理制度，及时调查处理事故，查明事故原因，采取有效措施，防止事故再度重演。

安全质量标准化工作五要素包含安全管理标准化、安全技术标准化、安全装备标准化、环境安全标准化和安全作业标准化。

安全质量标准化工作实施要素包括安全管理标准化、安全现场标准化、岗位安全操作标准化：

（1）安全管理标准化要求健全纵向到底、横向到边、不留死角的安全生产责任制，安全生产规章制度、安全操作规程、安全生产管理网络；完善安全培训教育、安全活动、安全检查、隐患排查治理台账及安全生产例会等各种会议记录，应急救援与事故调查处理预案。

（2）安全现场标准化要求现场安全装备标准化、生产场所安全化、现场定置科学化、作业牌板及安全标志规范化、文明生产管理标准化、要害部位管理标准化、现场应急有效。

（3）岗位安全操作标准化要求现场作业人、岗、证三对口，现场作业反"三违"，正确使用安全设备、个体防护用具，强化特种作业管理，健全岗位作业标准。

（二）单轨吊运输安全标准化基本要求

根据《煤矿安全生产标准化管理体系基本要求评分方法（试行）》，单轨吊运输安全质量标准化要求及评分见表5-4。

表5-4 单轨吊运输安全质量标准化要求及评分表

项目	项目内容	基本要求	标准分值	评分方法	得分
一、巷道硐室（8分）	巷道车场	巷道支护完整，巷道（包括管、线、电缆）与运输设备最突出部分之间的最小间距符合《煤矿安全规程》规定	8	查现场。巷道最小间距不符合规定1处扣2分；未设置信号硐室1处扣1分；其他不符合要求1处扣0.5分	
		车场、巷道曲线半径、巷道连接方式、运输方式设计合理，符合《煤矿安全规程》及有关规定要求			
	硐室车房	斜巷信号硐室、躲避硐、绞车房、候车室、调度站、人车库、充电硐室、错车硐室、车辆检修硐室等符合《煤矿安全规程》及有关规定要求			
	装卸载站	车辆装载站、卸载站和转载站符合《煤矿安全规程》及有关规定要求			

表 5-4（续）

项目	项目内容	基本要求	标准分值	评分方法	得分
二、运输线路（29分）	轨道线路	运行 7 t 及以上机车、3 t 及以上矿车，或者运送 15 t 及以上载荷的和矿井井筒、主要水平运输大巷、车场、主要运输石门、采区主要上下山、地面运输系统轨道线路使用不小于 30 kg/m 的钢轨；其他线路使用不小于 18 kg/m 的钢轨	6	查现场。1 处不符合要求扣 3 分	
		主要运输线路（主要运输大巷和主要运输石门、井底车场、主要绞车道，地面运煤运矸干线和集中运载站车场的轨道）及行驶人车的轨道线路质量达到以下要求： ① 接头平整度：高低和左右允许偏差分别为 2 mm 和 1 mm； ② 轨距：直线段和加宽后的曲线段允许偏差为 -2~5 mm； ③ 水平：直线段及曲线段加高后两股钢轨偏差不大于 5 mm； ④ 轨道接头间隙不得大于 3 mm； ⑤ 扣件齐全、牢固，与轨型相符； ⑥ 轨枕规格及数量应符合标准要求，间距偏差不超过 50 mm； ⑦ 道碴粒度及铺设厚度符合标准要求，轨枕下应捣实，轨枕露出高度不小于 50 mm； ⑧ 曲线段设置轨距拉杆	2	查现场。抽查 1~2 条巷道，接头平整度、轨距、水平不符合要求 1 处扣 0.2 分；其他 1 处不合格扣 0.1 分	
		其他轨道线路不得有杂拌道（异型轨道长度小于 50 m 为杂拌道），质量应达到以下要求： ① 接头平整度：高低和左右允许偏差分别为 2 mm 和 1 mm； ② 轨距：直线段和加宽后的曲线段允许偏差为 -2~6 mm； ③ 水平：直线段及曲线段加高后两股钢轨偏差不大于 8 mm； ④ 轨道接头间隙不得大于 3 mm； ⑤ 扣件齐全、牢固，与轨型相符； ⑥ 轨枕规格及数量应符合标准要求，间距偏差不超过 50 mm； ⑦ 道碴粒度及铺设厚度符合标准要求，轨枕下应捣实	3	查现场。有杂拌道 1 处扣 1 分；抽查 1~3 条巷道，接头平整度、轨距、水平不符合要求 1 处扣 0.3 分；其他 1 处不合格扣 0.1 分，单项扣到 3 分为止	

表 5-4（续）

项目	项目内容	基本要求	标准分值	评分方法	得分
二、运输线路（29 分）	轨道线路	异型轨道线路、齿轨线路质量符合设计及说明书要求	1	查现场。抽查 1~2 条巷道，1 处不符合要求扣 0.2 分	
	单轨吊线路	单轨吊机车线路达到以下要求： ① 下轨面接头间隙直线段不大于 3 mm； ② 接头高低和左右允许偏差分别为 2 mm 和 1 mm； ③ 接头摆角垂直不大于 7°，水平不大于 3°； ④ 水平弯轨曲率半径不小于 4 m，垂直弯轨曲率半径不小于 10 m； ⑤ 起始端、终止端设置轨端阻车器	3	查现场。抽查 1~2 条巷道，轨端阻车器不符合要求扣 0.3 分，其他不符合要求 1 处扣 0.2 分	
	道岔	道岔轨型不低于线路轨型，无非标准道岔，道岔质量达到以下要求： ① 轨距按标准加宽后及辙岔前后轨距偏差不大于+3 mm； ② 水平偏差不大于 5 mm； ③ 接头平整度：高低和左右允许偏差分别为 2 mm 和 1 mm； ④ 尖轨尖端与基本轨密贴，间隙不大于 2 mm，无跳动，尖轨损伤长度不超过 100 mm，在尖轨顶面宽 20 mm 处与基本轨高低差不大于 2 mm； ⑤ 心轨和护轨工作边间距按标准轨距减小 28 mm 后，偏差不大于 2 mm； ⑥ 扣件齐全、牢固，与轨型相符； ⑦ 轨枕规格及数量符合标准要求，间距偏差不超过 50 mm，轨枕下应捣实	7	查现场。抽查 1~3 组，轨距、水平、接头平整度、尖轨、心轨和护轨工作边间距不符合要求 1 处扣 0.2 分；其他不符合要求 1 处扣 0.1 分；1 组道岔最高扣 1 分；1 组非标准道岔或道岔轨型低于线路轨型扣 1 分	
		单轨吊道岔达到以下要求： ① 道岔框架 4 个悬挂点的受力应均匀，固定点数均匀分布不少于 7 处； ② 下轨面接头轨缝不大于 3 mm； ③ 道无变形，活动轨动作灵敏，准确到位； ④ 机械闭锁可靠； ⑤ 连接轨断开处设有轨端阻车器	5	查现场。抽查 1~3 组，机械闭锁、轨端阻车器不符合要求 1 处扣 1 分；其他不符合要求 1 处扣 0.5 分	

表 5-4（续）

项目	项目内容	基本要求	标准分值	评分方法	得分
二、运输线路（29分）	运输方式改善	长度超过 1.5 km 的主要运输平巷或者高差超过 50 m 的人员上下的主要倾斜井巷，应采用机械方式运送人员	1	查现场。1 分不符合要求不得分	
		水平单翼距离超过 4 km 时，有缩短人员和物料运输距离的有效措施	1	查现场。不符合要求 1 处扣 0.1 分	
		采用先进的运输方式替代多级、多段运输			
		矿井逐步取消调度绞车			
		矿井实现辅助运输连续化			
三、运输设备（26分）	绳牵引单轨吊机车	卡轨车、无极绳连续牵引车、绳牵引卡轨车、绳牵引单轨吊机车达到以下要求： ① 驱动部和牵引车制动闸齐全、灵敏可靠、使用正常； ② 装备越位、超速、张紧力下降等安全保护装置，并正常使用； ③ 设置司机与相关岗位工之间的信号联络装置；设有跟车工时，应设置跟车工与牵引绞车司机联络用的信号和通言装置； ④ 驱动部、各车场设置行车报警和信号装置； ⑤ 钢丝绳安全系数、插接长度、断丝面积、直径减小量、锈蚀程度符合《煤矿安全规程》规定	13	查现场和资料。未按规定装设有关装置扣 1 分；其他不符合要求 1 处扣 0.5 分	
	单轨吊机车	具备 2 路以上相对独立回油的制动系统	13	查现场和资料。未按规定装设有关装置扣 1 分；其他不符合要求 1 处扣 0.5 分	
		设置既可手动又能自动的安全闸，并正常使用			
		超速保护、甲烷断电仪、防灭火设备等装置齐全、可靠			
		机车设置车灯和喇叭，列车的尾部设置红灯			
		柴油单轨吊机车的发动机排气超温、冷却水超温、尾气水箱水位、润滑油压力等保护装置灵敏、可靠			
		蓄电池单轨吊机车装备蓄电池容量指示器及漏电监测保护装置，且齐全、可靠			

表 5-4（续）

项目	项目内容	基本要求	标准分值	评分方法	得分
四、运输安全设施（14分）	安全警示	斜巷各车场及中间通道口装备有声光行车报警装置，并使用正常	7	查现场。未按规定装设1处扣1分；装设但不符合要求1处扣0.5分	
		斜巷双钩提升装备错码信号			
		弯道、井底车场、其他人员密集的地点、顶车作业区装备有声光预警信号装置，关键部位道岔装备有道岔位置指示器			
		各乘人地点悬挂有明显的停车位置指示牌			
		斜巷车场悬挂最大提升车辆数及最大提升载荷的明确标识			
		无轨胶轮车运输巷道各岔口、错车点、弯道、车场等处设有行车指示等安全标志和信号			
		有轨运输与无轨运输交叉处、有轨运输行人通行处等危险路段设置有限速和警示装置			
	物料捆绑	捆绑固定牢固可靠，有防跑防滑措施	7	查现场。1处不符合要求扣1分	
	连接装置	保险链（绳）、连接环（链）、连接杆、插销、连接钩头及其连接方式符合规定			

表 5-4（续）

项目	项目内容	基本要求	标准分值	评分方法	得分
五、运输管理（15分）	制度保障	完善各岗位各工种的操作规程，内容符合现场实际，并认真执行	6	查现场和资料。缺1项制度扣0.5分；内容不符合要求1项扣0.2分；1项制度不执行扣1分	
		制定以下规定： ① 运输设备运行、检修、检测等管理规定； ② 运输安全设施检查、试验等管理规定； ③ 轨道线路检查、维修等管理规定； ④ 辅助运输安全事故汇报管理规定			
	技术资料	有运输设备、设施、线路的图纸、技术档案，有检修记录	6	查资料。缺1种扣1分，每1处不符合要求扣0.5分；运输设备未编号管理1处扣0.1分	
		施工作业规程、技术措施符合有关规定			
		运输系统、设备选型和能力计算资料齐全			
		架空乘人装置有专项设计			
		人行车、架空乘人装置、机车、调度绞车、无极绳连续牵引车、齿轨车、绳牵引单轨吊机车、单轨吊机车、齿轨车、无轨胶轮车、矿车、专用车等运输设备编号管理			
	检测检验	更新或大修及使用中的斜巷（井）人车，有完整的重载全速脱钩测试报告及连接装置的探伤报告	3	查资料。不符合要求扣3分	
		按规定对架空乘人装置、窄轨车辆连接链、窄轨车辆连接插销、斜井人车进行检测检验，有完整的试验、检测检验报告		查资料。不符合要求1处扣1分	
		按规定对无轨胶轮车、单轨吊机车进行试验、检测检验，有完整的试验、检测检验报告			
		新投用机车应测定制动距离，之后每年测定1次，有完整的制动距离测试报告			
		无极绳连续运输车、卡轨车、齿轨车、异形轨卡轨车、防跑车装置等根据产品使用说明书要求，由矿定期对相关安全性能进行试验，并有试验记录			

表 5-4（续）

项目	项目内容	基本要求	标准分值	评分方法	得分
六、职工素质及岗位规范（5分）	管理技术人员	区（队）管理和技术人员掌握相关的岗位和技术措施	1	查现场和资料。对照管理岗位职责、管理制度技术，随机抽取1名管理或技术人员2个问题，1个问题回答错误扣0.5分	
	作业人员	班组长及现场作业人员严格执行本岗位安全生产责任制；掌握本岗位相应的操作规程、安全措施；规范操作，无"三违"行为；作业前进行岗位安全风险辨识及安全确认	4	查现场。发现"三违"不得分，对照岗位安全生产责任制、操作规程和安全措施随机抽考2名岗位人员各1个问题，1人回答错误扣0.5分；随机抽查2名特种作业人员或岗位人员现场实操，不执行岗位责任制、不规范操作或不进行岗位安全风险辨识及安全确认1人扣0.5分	
七、文明生产场所（3分）	作业场所	运输线路、设备硐室、车间等卫生整洁，设备清洁、材料分类、集中码放整齐	3	查现场。不符合要求1处扣0.2分	
		主要运输线路水沟畅通，巷道无淤泥、积水；水沟侧作为人行道时，盖板齐全、稳固			

第四节 矿用单轨吊定期检测技术方法与要求

随着单轨吊机车持续运行、行驶里程的增加，其机械和电子元器件会逐渐磨损、老化、劣化，导致牵引性能、制动性能、安全保护性能等的下降。而这种下降依靠日常检查和维护往往难以准确发现，以致导致事故隐患。这就需要利用科学仪器仪表对其定期进行检测，弥补日常检查维护存在的不足，从而有效减少因机车自身问题引发的事故。

一、单轨吊定期检测的作用与意义

定期检测是指在设备的使用寿命内，按规定时间周期和要求，采用相应的仪器仪表和技术方法，对设备进行检测验证。其作用和意义体现在以下几方面：

（1）及时发现隐患，确保设备安全运行。单轨吊机车在运行过程中可能会受到各种因素的影响，如磨损、腐蚀、疲劳等，这些因素可能会导致设备故障或事故的发生。定期检验设备可以及时发现潜在的问题，及时处理，降低故障、事故发生的概率，确保设备的安全运行和人员的生命安全。

（2）保障生产效率。单轨吊机车是矿山生产的重要工具，设备的正常运行是保障生产效率的关键。定期检验设备可以及时发现故障和隐患，避免因设备故障而导致停工和生产损失，保障生产效率。

（3）延长使用寿命，降低维修成本。定期检验设备可以弥补日常检查的不足，及时发现设备的潜在问题，采取相应的措施进行修复或更换，避免设备故障的进一步扩大，延长设备的使用寿命，并降低维修成本。

（4）符合法律法规要求。定期检验设备是矿山企业遵守法律法规的要求，也是保障矿山生产安全的重要措施之一。

二、单轨吊定期检验项目及要求

不同类型的单轨吊机车，虽然有一定的互通性，但也各自有其特点，因此定期检验的项目、方法和要求不完全相同。

（一）防爆柴油机单轨吊机车

防爆柴油机单轨吊机车以防爆柴油机为动力，采用液压驱动和起吊。根据其结构特征，定期检验项目应包括资料及记录，使用性能，制动性能，照明、信号和通信，安全保护以及配套设施等方面。

1. 资料及记录

防爆柴油机单轨吊机车应至少有以下三方面的资料及记录：

（1）单轨吊机车设备及轨道使用、维护管理制度和相关记录。

（2）配套用的防爆电气设备应有安全标志证书。

（3）配套用的防爆柴油机应有安全标志证书。

2. 使用性能

防爆柴油机单轨吊机车使用性能的定期检验，应至少包含以下七方面内容，相关项目应满足相应要求：

（1）驾驶室。驾驶室内应设有两个均能独立操纵，且又互为自动闭锁的司机室，两司机室均能操作安全制动装置。

（2）运行噪声。整机的运行应平稳、无异响。司机室内的最大噪声应小于90 dB（A），如果噪声超过时应采取相应的防护措施。

（3）运行速度。实际运行速度不应超过设计规定的数值。

（4）载荷。载荷不应超过设计规定的数值，在实际使用的过程中不应超载运行。

（5）温升。防爆柴油机单轨吊机车排气口的排气温度不得超过70 ℃，其表面温度不得超过150 ℃；防爆柴油机单轨吊机车冷却水温度不应超过95 ℃。

（6）运行坡度。防爆柴油机单轨吊机车运行巷道坡度应不大于25°。

（7）牵引力。防爆柴油机单轨吊机车的最大牵引力不得超过额定牵引力的±5%。

3. 制动性能

防爆柴油机单轨吊机车制动性能方面的定期检验，应至少包含以下四方面内容，相关项目应满足相应要求：

（1）结构组成。机车应设有完整的工作制动、安全制动和停车制动装置。工作制动和安全制动装置应具有相互独立的控制系统，安全制动和停车制动装置可合二为一。

（2）安全制动。安全制动装置应为失效安全型，既可手动又可自动，空动时间不大于0.7 s，制动力应为额定牵引力的1.5~2倍。

（3）制动距离。在最大载荷、最大坡度上以最大速度向下运行时，制动距离不超过相当于在这一速度下6 s的行程。

（4）制动减速度。在最小载荷、最大坡度上向上运行时，安全制动减速度不大于5 m/s^2。

4. 照明、信号和通信

防爆柴油机单轨吊机车在照明、信号和通信方面的定期检验，应至少包含以下三方面内容，相关项目应满足相应要求：

（1）喇叭音响装置或警铃。在机车的牵引机车或头车上应装设喇叭音响装置或警铃,并在距离司机室 20 m 处喇叭音响或警铃应清晰。

(2) 车载照明。在机车的牵引机车或头车上应装设照明灯,照明灯应保证机车正前方 20 m 处至少有 4 lx 的照度。

(3) 信号灯。在车列的尾部应装设红色信号灯,且信号灯的能见距离至少为 60 m。

5. 安全保护

防爆柴油机单轨吊机车在安全保护方面的定期检验,应至少包含以下五方面内容,相关项目应满足相应要求:

(1) 限速保护装置。机车应设有限速保护装置,当其运行速度超过额定速度 15% 时,限速保护装置应动作,并使机车安全制动。

(2) 瓦斯自动检测报警断电装置。司机室内应装设瓦斯自动检测报警断电仪或者瓦斯自动检测报警断电装置,并有矿用产品安全标志证书和检验合格证;甲烷浓度达到 0.5% 时应能自动报警,并能断电停机。

(3) 司机室显示装置。每个司机室内应有显示运行速度、冷却水温度、润滑油压力、液压传动系统压力、补油系统压力、排气温度、润滑油温度的仪表。

(4) 超温保护。机车应有温度保护功能,当出现下列情况之一时,相应的保护装置应实施安全制动并停止柴油机工作:柴油机废气排气口温度超过 77 ℃;柴油机冷却水温度超过 95 ℃。

(5) 压力保护。机车应有压力保护功能,当出现下列情况之一时,相应的保护装置应实施安全制动并停止柴油机工作:柴油机润滑油压力低于规定值;液压系统补油压力低于规定值。

6. 配套设施

防爆柴油机单轨吊机车配套设施设备方面的定期检验,应至少包含以下七方面内容,相关项目应满足相应要求:

(1) 人车。人车应满足以下要求:

① 车厢内设有扶手,两侧人员入口处设置防护栏杆或链条;车厢两端应设置制动装置,两侧应设置防护装置。

② 座位及靠背应有足够强度,在制动时不应损坏。

③ 人车在列车安全制动时,各零部件不应有裂纹、变形、扭曲、开焊。

④ 人车车厢底架承受 3 倍最大载荷的试验负荷后无永久变形,其焊缝应无裂纹。

⑤ 人车车厢的舒适系数 k 不得小于每人 0.3,人均占有座位宽度不得小于 420 mm。

(2) 人车组列运行。人车组列运行时,每节车的制动装置均应灵活、可靠。

在行驶方向的第一节车厢内应设有迅速、可靠的手动制动装置。

（3）灭火器。单轨吊机车的每个司机室内应装设与其相适应的便携式灭火器，并能方便地取出使用；灭火器应在有效期内。

（4）空气关断阀。单轨吊机车空气关断阀灵活可靠，阀的严密性应使在可燃气体中运转的柴油机，在关闭空气关断阀后停机。

（5）外部管线。单轨吊机车外部的管线应归并、固定。

（6）拉杆。单轨吊机车拉杆，应定期进行无损探伤，拉杆的焊接部位不得有裂纹、气孔、夹渣的焊接缺陷且应收集拉杆强度测试报告。拉杆入口部位磨损不应超过10%，至少每2年应对拉杆进行强度测试。

（7）液压系统及管路。单轨吊机车液压系统及管路应无泄漏现象，其压力表、传感器、安全阀、泄压阀等应定期查看无异常状况。在其液压系统1.25倍额定液压系统压力下，液压系统总成所有焊缝和结合面应无渗漏，管道应无永久变形。

（二）蓄电池单轨吊机车

蓄电池单轨吊机车以防爆特殊型铅酸蓄电池电源或者防爆锂离子蓄电池电源为动力，采用电驱动、液压起吊。根据其结构特征，定期检验项目应包括资料及记录，使用性能，制动性能，照明、信号和通信，安全保护以及配套设施等方面。

1. 资料及记录

蓄电池单轨吊机车应至少有以下两方面的资料及记录：

（1）应有单轨吊车设备及轨道使用、维护管理制度和相关记录。

（2）配套用的防爆特殊型铅酸蓄电池电源或者防爆锂离子蓄电池电源、驱动电机等防爆电气设备应有安全标志证书、防爆合格证。

2. 使用性能

蓄电池单轨吊机车在使用性能方面的定期检验，应至少包含以下七方面内容，相关项目满足相应要求：

（1）整机的运行应平稳、无异响；驾驶室内应设有两个均能独立操纵，且又互为自动闭锁的司机室，两司机室均能操作安全制动装置。

（2）司机室内的最大噪声应小于90 dB(A)，如果噪声超标时应采取相应的防护措施。

（3）根据其设计的运行速度进行测量，其实际运行速度不应超过设计规定的数值。

（4）载荷不应超过设计规定的数值，在实际使用的过程中不应超载运行。

（5）两端司机室的控制器之间应设有电气联锁，只有当一端控制器的换向手柄在零位时，另一端的控制器才能操作，但两套均可操作安全制动装置。

(6) 运行巷道坡度应不大于 15°，防爆锂离子蓄电池单轨吊的运行坡度目前也是按照 15°的要求。

(7) 最大牵引力不得超过额定牵引力的±5%。

3. 制动性能

蓄电池单轨吊机车在制动性能方面的定期检验，应至少包含以下三方面内容，相关项目满足相应要求：

(1) 结构组成。机车应设有完整的工作制动、安全制动和停车制动装置。工作制动和安全制动装置应具有相互独立的控制系统，安全制动和停车制动装置可合二为一。

(2) 安全制动。安全制动装置应为失效安全型，既可手动又可自动，施闸的空动时间不大于 0.7 s，制动力应为额定牵引力的 1.5~2 倍。

(3) 在最大载荷、最大坡度上以最大速度向下运行时，制动距离不超过相当于在这一速度下 6 s 的行程；在最小载荷、最大坡度上向上运行时，安全制动减速度不大于 5 m/s²。

4. 照明、信号和通信

蓄电池单轨吊机车在照明、信号和通信方面的定期检验，应至少包含以下三方面内容，相关项目满足相应要求：

(1) 喇叭音响装置或警铃。在牵引机车或头车上应装设喇叭音响装置或警铃，并在距离司机室 60 m 处喇叭音响或警铃应清晰。

(2) 车载照明。在牵引机车或头车上应装设照明灯，照明灯应保证机车正前方 20 m 处至少有 4 lx 的照度。

(3) 信号灯。在车列的尾部应装设红色信号灯，且信号灯的能见距离至少为 60 m。

5. 安全保护

蓄电池单轨吊机车在安全保护方面定期检验，应至少包含以下四方面内容，相关项目满足相应要求：

(1) 限速保护装置。机车应设有限速保护装置，当其运行速度超过额定速度 15%时，限速保护装置应动作，并使机车安全制动。

(2) 瓦斯自动检测报警断电装置。司机室内应装设瓦斯自动检测报警断电仪或者瓦斯自动检测报警断电装置，并有矿用产品安全标志证书和检验合格证；甲烷浓度达到 0.5%时，应能自动报警，并能断电停机。

(3) 司机室显示装置。每个司机室内应有显示运行速度、蓄电池电压显示、蓄电池容量指示器及漏电监测保护装置，并工作正常。

(4) 绝缘电阻和绝缘耐压。电路绝缘电阻不小于 1 MΩ；绝缘耐压满足施以

50 Hz 交流 1280 V 试验电压，1 min 无击穿现象。

6. 配套设施

蓄电池单轨吊机车在配套设施设备方面定期检验，应至少包含以下六方面内容，相关项目满足相应要求：

（1）人车。人车应满足以下要求：

① 车厢内设有扶手，两侧人员入口处设置防护栏杆或链条；车厢两端应设置制动装置，两侧应设置防护装置。

② 座位及靠背应有足够强度，在制动时不应损坏。

③ 人车在列车安全制动时，各零部件不应有裂纹、变形、扭曲、开焊。

④ 人车车厢底架承受 3 倍最大载荷的试验负荷后无永久变形，其焊缝应无裂纹。

⑤ 人车车厢的舒适系数 k 不得小于每人 0.3，人均占有座位宽度不得小于 420 mm。

（2）人车组列。人车组列运行时，每节车的制动装置均应灵活、可靠。在行驶方向的第一节车厢内应设有迅速、可靠的手动制动装置。

（3）灭火器。机车的每个司机室内应装设与其相适应的便携式灭火器，并能方便地取出使用；灭火器应在有效期内。

（4）外部管线。机车外部的管线应归并、固定。

（5）拉杆。机车拉杆，应定期进行无损探伤，拉杆的焊接部位不得有裂纹、气孔、夹渣的焊接缺陷，且应收集拉杆强度测试报告。拉杆入口部位磨损不应超过 10%，至少每 2 年应对拉杆进行强度测试。

（6）液压系统及管路。液压系统及管路应无泄漏现象，其压力表、传感器、安全阀、泄压阀等应定期查看无异常状况。在其液压系统 1.25 倍额定液压系统压力下，液压系统总成所有焊缝和结合面应无渗漏，管道应无永久变形。

（三）气动单轨吊

气动单轨吊以压缩空气驱动气动马达为动力，采用气动驱动和起吊。根据其结构特征，定期检验项目应包括资料及记录，使用性能，制动性能，照明、信号和通信，安全保护以及配套设施等方面，应满足各自的相关要求。

1. 资料及记录

气动单轨吊应至少有以下两方面的资料及记录：

（1）应有机车设备及轨道使用、维护管理制度和相关记录。

（2）配套用的气动葫芦等应有安全标志证书。

2. 使用性能

气动单轨吊在使用性能方面的定期检验，应至少包含以下六方面内容，相关项目满足相应要求：

（1）整机的运行应平稳、无异响。

（2）司机室运行最大噪声应小于 90 dB（A），如果噪声超标时应采取相应的防护措施。

（3）根据其设计的运行速度进行测量，其实际运行速度不应超过设计规定的数值。

（4）载荷不应超过设计规定的数值，在实际使用的过程中不应超载运行。

（6）运行巷道坡度应不大于 15°，最大牵引力不得超过额定牵引力的 ±5%。

3. 制动性能

气动单轨吊在制动性能方面的定期检验，应至少包含以下三方面内容，相关项目满足相应要求：

（1）结构组成。应设有完整的工作制动、安全制动和停车制动装置。工作制动和安全制动装置应具有相互独立的控制系统，安全制动和停车制动装置可合二为一。

（2）安全制动。安全制动装置应为失效安全型，既可手动又可自动，施闸的空动时间不大于 0.7 s，制动力应为额定牵引力的 1.5~2 倍。

（3）在最大载荷、最大坡度上以最大速度向下运行时，制动距离不超过相当于在这一速度下 6 s 的行程；在最小载荷、最大坡度上向上运行时，安全制动减速度不大于 5 m/s²。

4. 照明、信号和通信

气动单轨吊在照明、信号和通信方面的定期检验，应至少包含以下三方面内容，相关项目满足相应要求：

（1）喇叭音响装置或警铃。在牵引机车或头车上应装设喇叭音响装置或警铃，并在距离司机室 20 m 处喇叭音响或警铃应清晰。

（2）车载照明。在牵引机车或头车上应装设照明灯，照明灯应保证机车正前方 20 m 处至少有 4 lx 的照度。

（3）在车列的尾部应装设红色信号灯，且信号灯的能见距离至少为 60 m。

5. 安全保护

气动单轨吊在安全保护方面定期检验，应至少包含以下三方面内容，相关项目满足相应要求：

（1）限速保护装置。机车应设有限速保护装置，当其运行速度超过额定速度 15% 时，限速保护装置应动作，并使机车安全制动。

（2）瓦斯自动检测报警断电仪。单轨吊机车司机室为应装设瓦斯自动检测报警断电仪或者瓦斯自动检测报警断电装置，并有矿用产品安全标志证书和检验合格证;甲烷浓度达到 0.5% 时,应能自动报警,并能断电停机。

(3) 机车应有相应的压力仪表,显示应正常。

6. 配套设施

气动单轨吊在配套设施设备方面的定期检验,应至少包含以下三方面内容,相关项目满足相应要求:

(1) 外部的管线应归并、固定。

(2) 拉杆应定期进行无损探伤,拉杆的焊接部位不得有裂纹、气孔、夹渣的焊接缺陷,且应收集拉杆强度测试报告。拉杆入口部位磨损不应超过 10%,至少每 2 年应对拉杆进行强度测试。

(3) 气压管路应无泄漏现象,其压力表、传感器、安全阀、泄压阀等应定期查看无异常状况。在其气路系统 1.25 倍额定压力下,气路系统总成所有焊缝和结合面应无泄漏,管道应无永久变形。

(四) 钢丝绳牵引单轨吊

钢丝绳牵引单轨吊以无极绳绞车为牵引动力,采用钢丝绳来牵引和控制机车运行。根据其结构特征,定期检验项目应包括资料及记录,使用性能,制动性能,照明、信号和通信,安全保护以及配套设施等方面,应满足各自的相关要求。

1. 资料记录

钢丝绳牵引单轨吊应至少有以下三方面的资料及记录:

(1) 应有机车设备及轨道使用、维护管理制度和相关记录。

(2) 应有对牵引钢丝绳表面断丝、磨损和锈蚀情况检查的记录,应有钢丝绳悬挂前安全检验报告。

(3) 配套用的防爆电气设备应有安全标志证书、防爆合格证。

2. 使用性能

钢丝绳牵引单轨吊在使用性能方面的定期检验,应至少包含以下五方面的检验内容,相关项目满足相应要求:

(1) 整机的运行应平稳、无异响;在运转情况下严禁换挡。跟车司机必须配备手持电话,运行时能保证跟车司机与牵引绞车司机联络,手持电台能保证在运行途中任何地点都能向司机发送紧急停车信号。

(2) 司机室运行最大噪声应小于 90 dB(A),如果噪声超标时应采取相应的防护措施。

(3) 根据其设计的运行速度进行测量,其实际运行速度不应超过设计规定的数值。

(4) 载荷不应超过设计规定的数值,在实际使用的过程中不应超载运行。

(5) 运行巷道坡度应不大于25°，最大牵引力不得超过额定牵引力的±5%。

3. 制动性能

钢丝绳牵引单轨吊在制动性能方面的定期检验，应至少包含以下几方面的检验内容，相关项目满足相应要求：

（1）结构组成。机车应设有完整的工作制动、安全制动和停车制动装置。工作制动和安全制动装置应具有相互独立的控制系统，安全制动和停车制动装置可合二为一。

（2）安全制动。安全制动装置应为失效安全型，既可手动又可自动，施闸的空动时间不大于0.7 s；制动力应为额定牵引力的1.5~2倍。

（3）在最大载荷、最大坡度上以最大速度向下运行时，制动距离不超过相当于在这一速度下6 s的行程；在最小载荷、最大坡度上向上运行时，安全制动减速度不大于5 m/s²。

4. 照明、信号和通信

钢丝绳牵引单轨吊在照明、信号和通信方面的定期检验，应至少包含以下三方面的检验内容，相关项目满足相应要求：

（1）喇叭音响装置或警铃。在牵引机车或头车上应装设喇叭音响装置或警铃，并在距离司机室60 m处喇叭音响或警铃应清晰。

（2）车载照明。在牵引机车或头车上应装设照明灯，照明灯应保证机车正前方20 m处至少有4 lx的照度。

（3）信号灯。在车列的尾部应装设红色信号灯，且信号灯的能见距离至少为60 m。

5. 安全保护

钢丝绳牵引单轨吊在安全保护方面的定期检验，应至少包含以下三方面的检验内容，相关项目满足相应要求：

（1）机车应设有限速保护装置，当其运行速度超过额定速度的15%时，限速保护装置应动作，并使机车安全制动。

（2）司机室内应装设瓦斯自动检测报警断电仪或者瓦斯自动检测报警断电装置，并有矿用产品安全标志证书和检验合格证；甲烷浓度达到0.5%时，应能自动报警，并能断电停机。

（3）跟车司机与绞车司机之间相互联络的声光信号，应准确无误，遥控装置停车可靠，呼叫电话通信应清晰明了。

6. 配套设施

钢丝绳牵引单轨吊在配套设施设备方面的定期检验，应至少包含以下九方面的检验内容，相关项目满足相应要求：

（1）人车应符合以下规定：车厢内设有扶手，两侧人员入口处设置防护栏杆或链条；车厢两端应设置制动装置，两侧应设置防护装置；座位及靠背应有足够强度，在制动时不应损坏；人车在列车安全制动时，各零部件不应有裂纹、变形、扭曲、开焊。

（2）人车车厢底架承受 3 倍最大载荷的试验负荷后无永久变形，其焊缝应无裂纹。人车组列运行时，每节车的制动装置均应灵活、可靠。在行驶方向的第一节车厢内应设有迅速、可靠的手动制动装置。人车车厢的舒适系数 k 不得小于每人 0.3，人均占有座位宽度不得小于 420 mm。

（3）司机室内应装设与其相适应的便携式灭火器，并能方便地取出使用；灭火器应在有效期内。

（4）钢丝绳牵引单轨吊外部的管线应归并、固定。

（5）拉杆应定期进行无损探伤；拉杆的焊接部位不得有裂纹、气孔、夹渣的焊接缺陷，且应收集拉杆强度测试报告。拉杆入口部位磨损不应超过 10%，至少每 2 年应对拉杆进行强度测试。

（6）液压系统及管路应无泄漏现象，其压力表、传感器、安全阀、泄压阀等应定期查看无异常状况。在 1.25 倍额定液压系统压力下，液压系统总成所有焊缝和结合面应无渗漏，管道应无永久变形。

（7）钢丝绳如果采用插接方法连接，其插接长度不应小于钢丝绳直径的 1000 倍。

（8）钢丝绳导向装置应符合下列规定：钢丝绳导向装置对钢丝绳导向时应不卡绳，不磨碰车辆、货物及巷道设施；回绳装置应牢固可靠，回绳轮预张紧力最大不超过钢丝绳破断力的 16%。单轨吊机车液压系统及管路应无泄漏现象。

（9）牵引绞车主要性能应符合以下规定：绞车运转应平稳，各部位不应出现明显振动和异常声音，绞车在启动、运行和制动时钢丝绳不应在滚筒上滑行，绞车的总效率应不低于 80%，其油温也在定期检测中需要进行测试，包括油箱内油温不超过 65 ℃，各主要部件壳体最高温度不超过 80 ℃。

三、定期检测检验方法及判定规则

可按相关国家标准、行业标准，或者参照某些地方标准规定的检验方法，进行单轨吊检验项目的检验。一般说来，一些常规的保护类项目主要靠模拟运行工况来实现，其余需要测量数据的项目采用检验仪器设备进行检验。

（一）检测检验方法

单轨吊机车的性能，主要包括噪声、速度、温度等使用性能，制动力、空动时间以及制动距离等安全性能，以及配套设备等的性能。各项性能检验方法执行相关标准规范的规定。

1. 噪声

在单轨吊机车正常运行工况下,使用不低于 2 级的声级计在前后司机室司机头部位置处进行检测,检测时司机室内不应多于 1 人。

2. 速度

在单轨吊机车正常运行工况下,使用准确度不低于 2.0 级的测量仪器测量;可以采用直接速度测试仪进行数据采集,也可以采用运行距离和运行时间计算的等效方式进行测算。

在不小于 50 m 的平直道上机车运行达到最大速度后,用速度测试仪或秒表、皮尺测量。正反向各测 3 次,取平均值。

3. 温度

温度的测量主要使用温度计来进行数据采集,并用模拟的方式设定温度超限保护数值,对传感器进行加温,当达到设定温度时报警停机。

4. 制动力

在安全制动和停车制动装置制动状态下,将准确度不低于 2.0 级的拉力传感器两端分别与机车和拉力设备连接,逐渐加力至机车发生滑动,记录此时拉力数值。测量 3 次,取平均值。

拉力传感器连接方式及制动力测试如图 5-2 所示。

图 5-2 拉力传感器连接方式及制动力测试示意图

具体操作步骤如下:

(1) 找到一个固定的锚固点,用钢丝绳或者其他的连接器具与其相连;将手拉葫芦或者其他加力设备与拉力传感器串联;在加力的过程中,操作人员在远处查看显示屏上的数据并记录;另外一端与单轨吊机车相连接。图 5-2 中所示拉力传感器为无线测力计,相对比较便携。

(2) 整个装置连接好后,单轨吊机车施闸,用手拉葫芦或其他加力设备进行加载,直至单轨吊机车制动闸发生滑动,记录此时拉力数值。

(3) 测量 3 次,取平均值。

5. 空动时间

采用分辨力不低于 0.01 s 的时间测量装置,测量控制元件开始动作到制动闸开始制动的时间差。空动时间常规测量方法如图 5-3 所示。图中所示仪器为数字式电秒表,这种检测仪器经济实惠,操作便捷,测量范围较宽,精度较高,数据直接采用屏幕显示,通俗易懂。

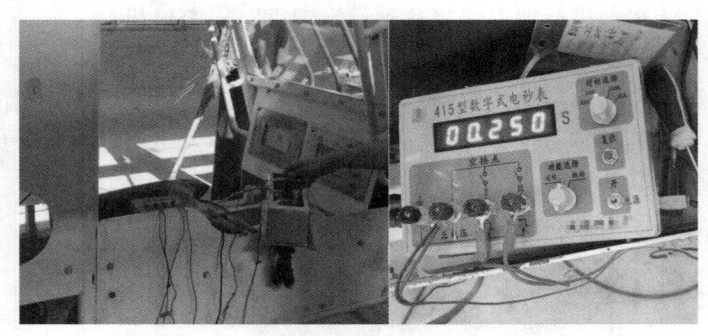

图 5-3　空动时间常规测量方法示意图

具体操作步骤如下:

(1) 取出数字式电秒表,将需要进行测量的两个通道用导线进行连接。

(2) 将急停断开开关串联一个回路进入其中一个通道,将制动闸贴合信号为另外一个通道。

(3) 待两个通道都连接好后,启动机车,打开数字式电秒表,此时进入测量状态。

(4) 拍下急停开关进行动作,测量仪器得到一个通道的电信号;当制动闸闭合时又得到另外一个通道的电信号。两个信号的时间差,即为制动闸的空动时间。

(5) 测量 3 次,取平均值。

6. 制动距离

首先,选取一段相对安全的巷道作为试验段,同时测试前在试验段设置警戒，禁止无关人员进入该区域。然后，让单轨吊机车在最大载荷、最大坡道上，以最大速度向下运行，实施安全制动。最后，制动完成之后，使用分辨力不低于1 mm的卷尺等，测量自制动开始到停车时的距离。测试3次，取其平均值。

7. 制动减速度

首先，选取一段相对安全的巷道作为试验段，测试前在试验段设置警戒，禁止无关人员进入该区域。然后，让单轨吊机车在最小载荷、最大坡道上，以最大速度向上运行，实施安全制动。最后，使用分辨力不低于0.1 s的秒表，测量制动时间；使用分辨力不低于1 mm的卷尺，测量制动距离，计算得出制动减速度；或者使用准确度不低于2.0级的测量仪器测量，如速度测试仪等，直接进行测量。测量3次，取其平均值。

实施安全制动后，单轨吊的终止速度为零。减速度为最大速度除以制动时间，即为制动减速度。

8. 最大牵引力

将准确度不低于2.0级的拉力传感器两端分别与单轨吊机车和固定装置连接；缓慢启动单轨吊机车，当驱动轮滑动时，记录此时拉力值；测量3次，取其平均值。

牵引力测试方法如图5-4所示。图5-4中所示拉力传感器为无线测力计。该仪器无须物理连接，可通过无线信号传输数据，提高了使用灵活性和便携性；测量精度高，能耗较低，测试人员可远程在显示屏上查看数据和记录，提高了测试人员的安全性。

图5-4 牵引力测试方法示意图

9. 信号

声光信号按以下方法测量噪声及灯光信号，使用卷尺测量距离，使用声级计测量噪声，用目测法观看信号灯是否可见：

（1）使用分辨力不低于 1 cm 的卷尺，测量信号距离司机室正前方 20 m 或 60 m 的位置，检查喇叭音响是否清晰。

（2）使用分辨力不低于 1 cm 的卷尺，测量距离信号灯正前方 60 m 的位置，目测检查信号灯是否可见。

10. 照度

在距离照明灯正前方 20 m、吊轨正下方 1 m 处，用照度计测量。

11. 安全保护

限速保护，超温保护，压力保护，越位、超速等安全保护功能，按以下方法进行：

（1）增加限速保护装置滚轮的转速，使用准确度不低于 0.5 级的转速表，测量限速保护装置的速度；或者使用准确度不低于 2.0 级的测量仪器，测量限速保护装置的速度。验证速度超过限值时，限速保护装置是否能动作，且使单轨吊机车安全制动。

（2）在柴油机正常运转条件下，采用模拟温度超限的方式，验证防爆柴油机单轨吊机车的超温保护装置是否动作，且能停止柴油机工作。

（3）在柴油机正常运转条件下，分别降低润滑油压力、液压系统补油压力，当压力低于规定值时验证防爆柴油机单轨吊机车的压力保护装置是否动作，且能停止柴油机工作。

（4）采用模拟方式，检查钢丝绳牵引单轨吊的越位、超速、张紧力下降保护装置的可靠性。

12. 钢丝绳插接长度

用分辨力不低于 1 cm 的卷尺，测量插接部位长度。

13. 回绳轮预张力

在停车状态下，将准确度不低于 2.0 级的拉力传感器两端分别与回绳轮和张紧装置连接，记录拉力数值，或记录张紧装置配重。

14. 连接装置的安全系数

单轨吊机车运人时，连接装置破断力不小于 13 倍额定牵引力，运物时不小于 10 倍额定牵引力。单轨吊机车连接装置的破断力为破坏性试验，将单轨吊机车的连接装置送样到有资质的检测中心，用专用的材料试验机进行拉力测试。当连接装置发生破断时对所产生的力值进行记录，用该破断力除以单轨吊的额定牵引力，如果为运人单轨吊应大于 13 倍，如果为运物单轨吊应大于 10 倍数值。

15. 绝缘电阻和绝缘耐压

拆开电动机的连线，连接全部线路，在相对湿度为 50%~70%，温度为 (20±5) ℃时，用 500 V 摇表测量其绝缘电阻。

拆开电动机的连线，经绝缘电阻试验合格后，施以 50 Hz 交流 1280 V 试验电压，保持 1 min，验证绝缘耐压性能。

16. 连接装置及承载件的无损探伤检测

矿用单轨吊机车的连接装置包括连接拉杆和销轴。承载件包括起吊梁、承载小车、轨道、承载轮轴等。在长期的使用过程中受到冲击、腐蚀等影响，其强度、刚度、稳定性都会随着时间慢慢地发生变化，以至于出现裂纹等一些永久性的损伤。因此，矿用单轨吊机车的连接装置在实际使用过程中应定期进行无损探伤检测。

连接件的无损探伤检测主要采用超声波探伤仪。该设备是一种利用超声波技术进行无损检测的便携式仪器，通过发射脉冲波并接收其在工件内部结构界面上的反射波来检测缺陷。

使用超声波探伤仪时，操作者需要熟悉仪器的操作流程，包括开机、连接探头、设置参数、进行检测、分析结果以及关机等步骤，且应持有探伤证。在检测过程中，操作者需要根据工件的材料、结构和预期的缺陷类型选择合适的探头类型和频率，以及调整适当的增益和灵敏度。检测完成后，操作者需要对数据进行分析，判断是否存在缺陷，并评估其严重程度。

（二）检测检验规则

根据相关标准规范规定，正常使用的单轨吊机车每年至少进行一次检测检验。有以下情况之一时应进行检测检验，并可代替定期检测检验：

（1）新安装、大修或改造的单轨吊机车使用前。

（2）闲置时间超过 1 年的单轨吊机车使用前。

（3）经过事故可能使结构件强度、刚度、稳定性受到损坏的单轨吊机车使用前。

（三）检测检验判别准则

检验项目全部合格，则该产品为合格品；对检验不合格的项目，允许进行调整，调整后重新进行检验，如不合格，则判该受检样品为不合格。

第五节　常见故障处理技术方法

矿用单轨吊机车在使用过程中不可避免地会出现故障。一旦发生故障，尽快确定故障部位和故障类型，及时排除故障，并分析故障发生原因，采取进一步的防控措施,对单轨吊机车的安全运行和工作效能具有重要意义。不同类型的单轨吊机车,常见的故障类型及处理技术方法也不同。

一、单轨吊机车故障处理流程

单轨吊机车故障处理流程如图 5-5 所示。

当发现单轨吊机车出现异常现象后,操作司机应立即停机并勘查现场和故障现象,形成初步判断后逐级向上汇报现场情况。

经矿山分管机电负责人批准、确定,由班组长协调单轨吊维修工与司机配合,一方面准备相关的工具、配件或者材料,另一方面制定现场维修的安全技术措施与现场条件的准备。

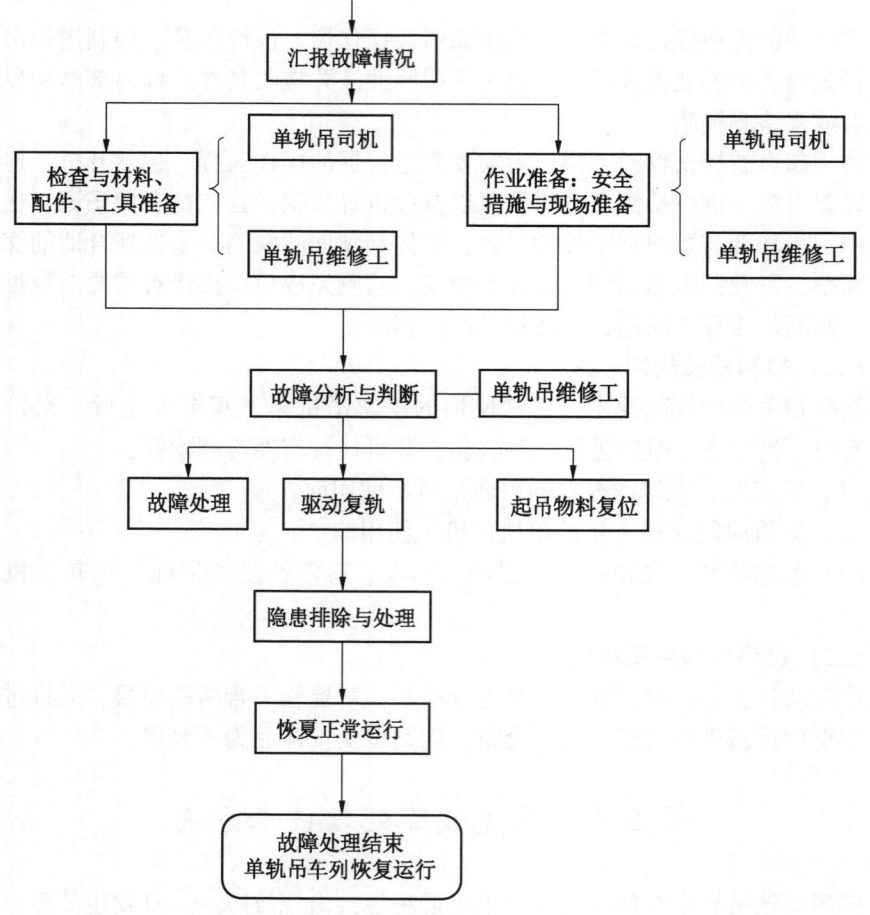

图 5-5　单轨吊机车故障处理流程示意图

维修人员应根据现场实际情况进行单轨吊故障的分析及研判,如果驱动部分和起吊部分能正常运行,应先放下运输货物同时放开驱动抱轨,以免发生意外情况,然后针对性地进行故障维修与排除,如有需要,应报请相关技术人员协助。

待故障排除后,维修人员应将驱动和起吊货物复位,同时也应进行整体检查,排除其他安全隐患后再恢复正常运行。

依照上述故障处理流程,结合不同类型单轨吊常见故障处理技术方法,可以较为顺利地处理各种常见故障。

二、防爆柴油机单轨吊机车

防爆柴油机单轨吊机车的常见故障,主要涉及防爆柴油机、液压系统、制动单元、驱动单元、吊运单元、电气系统等的故障。

(一) 防爆柴油机

防爆柴油机是防爆柴油机单轨吊机车的核心动力源,其出现故障时应及时排除,否则不仅安全性、经济性下降,还会加剧零件磨损加快,甚至导致事故性损坏。

表5-5中列出了防爆柴油机常见故障、原因及处理的技术方法。

表5-5 防爆柴油机常见故障、原因及处理的技术方法

故障	原因	处理的技术方法
防爆柴油机能转动但不能启动（排气管不排烟）	燃油箱内无油	加燃油
	柴油管堵塞	检查吹通油管
	输油泵不工作	检查更换输油泵
	燃油滤清器堵塞	更换滤清器
	喷油泵不工作	调试并修复或更换该泵
防爆柴油机启动困难或不能启动（有烟排出）	曲轴转速太低	检查阻风阀是否打开,马达是否损坏
	燃油污染	放尽燃油,清洗燃油系统
	空滤器堵塞	检查空滤器、清洁或更换之
	燃油系统中有空气	给燃油系统排气
	气阀间隙错误	重调气阀间隙
防爆柴油机启动后不能持续运转	防爆柴油机带负荷启动	检查有无因附件工作不正常所产生的负荷
	燃油污染	放尽燃油,清洗燃油系统
	燃油系统中有空气	给燃油系统排气

表5-5（续）

故障	原因	处理的技术方法
防爆柴油机怠速时振动大	燃油系统中有空气	给燃油系统排气
	燃油箱内油面太低	给油箱加油
	输油管、滤清器油路不畅	吹通输油管，更换滤清器
	喷油泵工作不正常	卸下喷油泵调试、修复
热机时怠速不稳	燃油系统有空气	给燃油系统排气
	喷油嘴堵塞或工作不正常	拆卸、清洗、修复
	防爆柴油机悬置支座断裂	更换支座
	使用的高压油管不正确	更换正确的高压油管
	喷油泵工作不正常	取下、调整油泵
防爆柴油机熄火	燃油污染	放尽燃油，清洗燃油系统
	燃油系统中有空气	给燃油系统排气
	高压油管漏油	检查更换裂漏的油管
	气阀间隙错误	检查推杆、弹簧、调整气阀间隙
	喷油器堵塞或工作不正常	拆卸、修复、更换
机油压力低	机油油面不对	加机油至适当油面并检查渗漏
	压力表、传感器工作不正常	检查、更换
	机油稀释、黏度不对	更换机油滤清器，查明更换周期
	机油滤清器堵塞	更换机油滤清器，检查更换周期
	调压阀不起作用	检查修复或更换
	吸油管不密封	检查密封、修理损漏
	机油泵、轴承磨损	与维修点联系，更换零件
防爆柴油机过热	冷却液面过低	加冷却液并检查渗漏
	水泵和风扇皮带过松	检查更换皮带张紧轮
	水箱散热片堵塞	吹通散热片
	胶管或软管弯折	检查更换
	水箱盖压力不对或失灵	更换正确的水箱盖
	未装节温器、节温器不对或不工作	检查更换节温器
	指示仪表失灵	校对或更换
	水泵不工作	更换水泵
	油量过大或喷油正时不对	检查更换喷油泵
	机车过载	减少载荷、低挡行驶

表 5-5（续）

故障	原因	处理的技术方法
防爆柴油机过热	排气栅栏堵塞	检查清洁排气栅栏
	废气处理箱水位高	降低废气处理箱水位
防爆柴油机温度不升高	指示仪表失灵	校对、更换
	节温器不起作用或工作不正常	试验、更换
防爆柴油机在无负荷工况下达不到额定转速	油门控制杆系调节不当	检查、调整油门控制杆系统
	转速表失灵	用手持式转速表检查
	调速器高速调节不当	取下喷油泵试验、修复
起动机不能启动	防爆电源箱电压不足	充电
	起动机损坏	更换
功率不足	进气栅栏堵塞	进行清洗
	排气栅栏堵塞	进行清洗
	燃油质量太差	放尽燃油，检查吹通油管
	空滤器堵塞	检查空滤器、清洁、更换
	空气、燃油控制器泄漏、节流	紧固接头更换管路
	机油油面太高	放泄至合适的油面高度
	燃油回油歧管节流	清除堵塞物、重装该歧管
	增压器进排气漏气	检查、清洗、修复或更换
	增压器工作不正常	检查增压器
	气门间隙不准	检查推杆、弹簧、调整气门
	喷油器喷油不正常	取下、试验、清洁、修复
	喷油泵工作不正常	取下、试验、修复
负载时烟度过大	空气关断阀没有全开	打开关断阀
	加载时防爆柴油机速度下降	低速行驶
	燃油系统中有空气	给燃油系统排气
	空滤器堵塞	检查空滤器，清洁，修复
	装了多个喷油器密封垫	卸掉多余的封垫
	喷油器失常	取下喷油器试验，更换
	增压器漏气	修复漏气处
	增压器损坏	更换增压器
	油量过大	取下调试喷油泵
	防爆柴油机不能升温	检查节温器和冷却系统
	阻火器堵塞	清洁阻火器

表 5-5（续）

故障	原因	处理的技术方法
燃烧不正常	防爆柴油机过载	清洁阻火器
	燃油质量太差	低挡行驶
	燃油系统有空气	放尽油箱的油，加入优质油
	喷油泵正时不对	给燃油系统排气
	喷油器失灵	检查喷油正时
防爆柴油机突然停机	油箱燃油用完	加满油箱
	燃油箱中形成真空	检查燃油箱通气孔
	开关阀处在停机位置	检查并打开开关阀，重新启动防爆柴油机
	机油压力低	检查，将机油压力怠速时达到 69 kPa 以上（加机油至规定油尺刻度）
	防爆柴油机排气温度过高	检查冷却系统，水泵皮带，风扇皮带，并将调整到正常松紧程度
	防爆柴油机水温过高	停车检查，待防爆柴油机温度下降，方可重新启动
	驾驶人员误操作	检查断油缸及进气关断阀，复位后重新启动
防爆柴油机隔爆兼本质安全型保护装置系统不显示	系统供电不足	检查发电机，电源箱充电
	液晶屏损坏	更换液晶屏
	主机本安箱电源线断	更换主机本安箱电源线
	主机本安箱电源插件接触不良	检查并紧固主机本安箱电源件
保护系统有显示超标而无报警声音	报警喇叭损坏	检查报警喇叭
	报警喇叭断线	更换报警喇叭断线
	系统"死机"	按"复位"键复位
保护系统误报警	传感器本身损坏	更换损坏的传感器
	传感器断线、短路	检查传感器连线
保护系统报警后，执行机构不动作	继电器接线螺栓松动，接触不良	紧固继电器接线螺栓，压紧输入线
	继电器连线断线	更换继电器连线
	24 V 直流电源不正常	检查 24 V 直流电源引入线
	执行机构损坏	更换执行机构
防爆柴油机水洗箱排水量大	水位控制偏高	调整到合适位置

(二) 液压系统

防爆柴油机单轨吊机车液压系统出现故障如不及时排除，会严重影响单轨吊的使用安全性和经济性。

表 5-6 中列出了液压系统常见故障、原因及处理的技术方法。

表 5-6　液压系统常见故障、原因及处理的技术方法

故障	原因	处理的技术方法
液压油过热	连续承载最大压力	减轻持续承受载荷
	液压油黏度大	采用黏度低的 46 号抗磨液压油
	冷却器堵塞散热不良	用水或压风冲洗
液压油冒泡	管道松动	紧固连接件
	油箱中的油量不足	增加油量
	液压油乳化	检查进水部位，更换液压油
	液压油进油管进气	拧紧管卡或管口周围涂抹密封胶
夹紧回路工作异常	系统压力异常	夹紧阀卡住，用柴油清洗阀
	按压夹紧按钮时 释放按钮后不能自动降低到正常范围	清洗夹紧阀
	打开蓄能器系统压力不为零	清洗夹紧阀
	驱动轮短时损坏，马达螺栓折断	检测操作手柄加压按钮和夹紧阀
	夹紧系统司机室屏幕与机械表不一致	检测仪表，更换损坏的仪表或传感器
主泵不工作	主泵堵塞或吸油管路没有弯曲浸入液面下	维修或更换
	柴油机燃料功率小	测量功率，维修
	溢流阀中充满液体，发电机无法停止	更换溢流阀
	回流阀出现故障	拆开两个回流阀

(三) 制动单元

制动单元是保证单轨吊系统安全运行的关键部件之一，其出现故障时应及时排除，否则单轨吊制动会失效，甚至跑车，造成严重事故。

表 5-7 中列出了制动单元常见故障、原因及处理的技术方法。

表 5-7　制动单元常见故障、原因及处理的技术方法

故障	原因	处理的技术方法
制动装置无法快速释放	快开阀失效	清洁或更换
	机构失效	维修控制装置
	储能器中无压力	检查快开阀并放电
制动力不足	弹簧质量问题	更换弹簧
	接触摩擦系数小	更换制动衬垫
	制动卡钳变形或损坏	更换制动卡钳
系统和夹紧压力正常但制动缸打不开	制动缸内泄	更换制动缸
	制动节流阀没有达到最大	节流阀开到最大
	制动电磁阀打不开	清洗或更换电磁阀
	继电器板损坏	更换继电器板
	进回油接反	重接油管

(四) 驱动单元

驱动单元是用于控制防爆柴油机单轨吊机车运行的关键部件之一，一旦发生故障未能及时排除时，会造成单轨吊牵引力不足，在斜坡道甚至可能引发跑车事故，造成严重损失。

表 5-8 中列出了驱动单元常见故障、原因及处理的技术方法。

表 5-8　驱动单元常见故障、原因及处理的技术方法

故障	原因	处理的技术方法
驱动轮只沿一个方向运转	检查方向阀出口输出控制压力	更换方向阀
	泵内部油道过滤器堵塞	更换过滤器插件
	方向阀堵塞	拆开方向阀
	摆角控制出现故障	
机车向任意方向都不运动	机构齿轮堵塞	检查，维修
	泵出现故障	寻求专业维修
	方向阀出现故障	检查更换阀
	冲洗阀出现故障	检查换向机构在某一方向上是否没被堵塞
机车失控	控制失效	机构控制被堵塞
	主泵的 DA 伺服阀失效	更换

(五) 吊运单元

吊运单元是单轨吊系统的主要工作部件，如果发生故障会导致单轨吊无法工作，甚至出现安全事故。表 5-9 中列出了吊运单元常见故障、原因及处理的技术方法。

表 5-9 吊运单元常见故障、原因及处理的技术方法

故障	原因	处理的技术方法
起吊梁不工作	驾驶室起吊旋钮未到位	旋转到起吊模式
	起吊梁操作阀卡阻或不到位	按几次阀芯复位，如故障未消除更换电磁阀
	起吊电磁阀阀芯动作不到位	更换电磁阀
	检查主系统泄压阀，夹紧压力泄压阀及两驾驶室紧急制动阀是否处于关闭状态	关闭泄压阀及紧急制动阀
起吊梁力不足或者达不到额定载荷	液压葫芦故障	更换液压葫芦
	吊钩故障	更换吊钩
	液压系统故障	见液压系统故障处理

(六) 电气系统

电气系统是防爆柴油机单轨吊机车的核心控制，同时起着多重保护作用，其出现故障时应及时解决，否则不仅影响运行安全性和经济性，甚至导致事故性损坏。

表 5-10 中列出了电气系统常见故障、原因及处理的技术方法。

表 5-10 电气系统常见故障、原因及处理的技术方法

故障	原因	处理的技术方法
电控箱操作面板启动按钮失效	蓄电池插座上隔离开关没合到位	合紧隔离开关
	蓄电池插座上的保险烧断	更换保险
	操作盒上的总停按钮未复位	按钮复位
	门控闭锁开关没合到位或者接线断开	检查更换闭锁开关
	操作面板上的断开按钮常闭触点断开	检查闭合触点开关
	瓦斯检测超限	检查确认甲烷浓度
	逆变器有故障	检查并更换逆变器
	本安电源损坏	检查并更换本安电源
	司机室钥匙开关没开到"打开"位置	检查并打开钥匙开关

表 5-10（续）

故障	原因	处理的技术方法
防爆柴油机隔爆兼本质安全型保护装置系统不显示	系统供电不足	检查发电机，电源箱充电
	液晶屏损坏	更换液晶屏
	主机本安电源断线	更换主机本安电源线
	主机本安箱电源插件接触不良	检查并紧固主机本安箱电源插件
保护系统有显示超标而无报警声音	报警喇叭损坏	检查报警喇叭
	报警喇叭断线	更换报警喇叭断线
	系统"死机"	按"复位"键复位
保护系统误报警	传感器本身损坏	更换损坏的传感器
	传感器断线、短路	检查传感器连线
保护系统报警后，执行机构不动作	继电器接线螺栓松动，接触不良	紧固继电器接线螺栓，压紧输入线
	继电器连线断线	更换继电器连线
	24 V 直流电源不正常	检查 24 V 直流电源引入线
	执行机构损坏	更换执行机构

三、防爆特殊型铅酸蓄电池单轨吊机车

防爆特殊型铅酸蓄电池单轨吊机车以铅酸蓄电池电源为动力，进行电力驱动、液压制动和起吊。常见故障主要涉及电源装置、电气系统、液压系统、驱动单元、制动单元、吊运单元等。液压系统、制动单元、吊运单元的故障类型及处理技术方法与防爆柴油机单轨吊机车的基本类同，在此不再赘述。

（一）电源装置

电源装置是铅酸蓄电池单轨吊的动力源，出现故障会严重影响单轨吊运行的安全性和经济性。表 5-11 中列出了电源装置常见故障、原因及处理的技术方法。

表 5-11 电源装置常见故障、原因及处理的技术方法

故障	原因	处理的技术方法
电池异常	欠压、过放、SOC 低等故障	电池电源系统需要充电
	过压、过充、SOC 高等故障	如处于充电状态则需要立即关闭充电机，停止充电；若处于放电状态，则无须处理，使用一段时间后自会消除，若不消除则联系厂家处理

表 5-11（续）

故障	原因	处理的技术方法
电池异常	过流、过温等故障	检查是否超载，若超载请降低载货量；使用一段时间后，观察是否故障消除；若无超载，停止作业，当温度下降至 55 ℃ 以下时，才可继续进行作业
	低温故障	一级和二级故障时可通过持续放电或充电，使电池温度上升；三级故障时则不允许使用
	绝缘故障	应立即停止使用，断开电气连接，检查电池电源及外围设备绝缘

（二）电气系统

表 5-12 中列出了电气系统常见故障、原因及处理的技术方法。

表 5-12　电气系统常见故障、原因及处理的技术方法

故障	原因	处理的技术方法
驾驶室及电控箱外部设备缺电	甲烷浓度超标	增大通风量
	急停触发	拔起急停按钮或排除导致急停的故障
超速保护	车速过快	降低车速
	取速检测有误	检查取速轮是否晃动及与传感器距离
	转速传感器故障	取掉转速传感器，在铁板和非铁板位置，来回手动晃动转速传感器，以确定传感器好坏
	线路故障	检查线路排除故障
送不上电	防爆锂电池箱上的隔离开关没合到位，或者锂电池插座上的保险烧断	重新合上隔离开关或更换保险
	门控闭锁开关没合到位或者接线断开	门控闭锁开关合到位或检查连接线
	甲烷检测超限	待甲烷浓度降低后重新启动
	驾驶室钥匙开关没开到"打开"位置	打到正确位置
	按下急停按钮或急停按钮故障	复位急停按钮卡死或更换急停按钮

表 5-12（续）

故障	原因	处理的技术方法
送不上电	电池电压过低	充电/更换电池
	变频器损坏	维修/更换变频器
	接触器损坏	检查并更换接触器
操作手柄，单轨吊机车不能行走或不能加/减速	机车在起吊状态，不允许走车	"行走/起吊"按钮拨至行走
	操作箱上的手柄接线断开	更换控制电缆
	防爆锂电池箱电压过低	充电/更换电池
	甲烷检测超限	待甲烷浓度降低后重新启动
	牵引变频器或者油泵变频器有故障	更换变频器
	夹紧压力未达到允许行车设定值或压力传感器接触不良	更换压力传感器
变频器报警	欠压	电池充电（测量每块单体电池电压）
	过流	检查电机
		检查减速机
		检查机车是否卡住
		变频器坏
	温度过高	变频器与后面散热板没有接触上
	堵转	检查电机
		检查减速机
		油泵电机报堵转检查单向阀
	接地、短路	检查电机绝缘
		检查电机电缆绝缘
		检查电池绝缘
		变频器坏
油泵电机不工作	电池没电	更换电池
	变频器坏	更换变频器
	油泵电机坏	更换油泵电机
	系统压力传感器坏	更换压力传感器
	电机电缆破损	更换电缆

(三) 驱动单元

驱动单元是用于控制单轨吊机车运行的关键部件，一旦发生故障未能及时排除时，会造成单轨吊牵引力不足，在斜坡道甚至可能引发跑车事故，造成严重损失。表5-13中列出了驱动单元常见故障、原因及处理的技术方法。

表5-13　驱动单元常见故障、原因及处理的技术方法

故障	原因	处理的技术方法
行走无动作	行走手柄是否有效	确定推拉行走时，手柄模拟量信号有效
	行走使能是否按下	推拉行走手柄时，按下行走使能
	制动是否打开	先排除制动故障
	牵引变频器故障	排除变频器故障
	牵引变频器控制线路故障	检查线路排除故障
驱动力不足	夹紧压力低	调大夹紧压力或排除故障
	电池电压过低	充电/更换电池
	牵引变频器控制线路故障	检查线路排除故障
	摩擦轮磨损或者损坏	更换摩擦轮

四、防爆锂离子蓄电池单轨吊机车

防爆锂离子蓄电池单轨吊机车以锂离子蓄电池电源为动力，进行电力驱动、液压制动和起吊。常见故障主要涉及电源装置、液压系统、制动单元、驱动单元、吊运载单元、电气系统等，其中液压系统、制动单元、驱动单元、吊运单元、电气系统故障处理参见防爆特殊型铅酸蓄电池单轨吊，以下主要阐述电源装置常见故障、原因及处理技术方法。

电源装置是防爆锂离子蓄电池单轨吊的动力源，出现故障会严重影响单轨吊运行的安全性和经济性。表5-14中列出了电源装置常见故障、原因及处理的技术方法。

表5-14　电源装置常见故障、原因及处理的技术方法

故障	原因	处理的技术方法
电池箱不工作	显示屏上报故障	依据显示屏故障进行针对性处理
	通信失效	排查低压接线是否正确

表 5-14（续）

故障	原因	处理的技术方法
电池容量不足	电池故障	排查或更换
	充电机故障	检查充电机是否接线正确
	长时间没维护	充/放电维护
	使用温度太低	尽量在常温下使用
单体过压	充电机或 BMS 有异常	立即停止充电
单体欠压	电量低或单体异常	及时返回充电或联系厂家
温度过高	长时间大电流使用或电芯异常	降低使用功率或拆箱检查锁扣情况
温度过低	使用环境温度过低	挪到温度合适区域使用或等温度恢复正常后使用
SOC 过低	电量低	及时返回充电
开路故障	手动断电开关未闭合或 BMS 异常	检查开关状态或联系厂家
放电过流	BMS 电流采集异常或整车未控制使用电流	立即停车，确认 BMS 电流和电控电流是否有差异，有的话联系厂家

五、空气单轨吊

空气单轨吊以压缩气体为动力，表 5-15 中列出了空气单轨吊常见故障、原因及处理的技术方法。

表 5-15 空气单轨吊常见故障、原因及处理的技术方法

故障	原因	处理的技术方法
驱动滑车	轨道面有水或者油	清理单轨吊运输轨道
	驱动轮的夹紧力不够	锁紧夹紧螺母
设备功率下降	负载超重	减少负载
	空气压缩系统中压力低（在 0.4 MPa 之下）	确保压力高于 0.4 MPa 或者减少负载
	空气滤清器阻塞	吹通阻塞的空气滤清器或者用另一个
	气动马达故障	进行有效修理
驱动轮不转但马达运转	传动轴损坏	换新的传动轴

表 5-15（续）

故障	原因	处理的技术方法
驱动单元没有反应	压缩空气的分布系统漏气	更换坏的密封元件
反应滞后	控制手柄中的控制阀进入杂质	清理有杂质的控制阀
制动装置不动作	导杆处锈蚀或进入异物	清除锈蚀或异物，并涂适量润滑脂
	管堵塞或者压力过小	检查气路，调节气压
减速箱过热	润滑油黏度过大或变质	更换润滑油
	传动轮损坏或者磨损严重	更换传动轮或减速箱

六、绳牵引单轨吊

表 5-16 中列出了绳牵引单轨吊常见故障、原因及处理的技术方法。

表 5-16　绳牵引单轨吊常见故障、原因及处理的技术方法

故障	原因	处理的技术方法
钢丝绳滚筒打滑	张紧装置配重落地	收绳增大钢丝绳预紧力
	潮湿煤泥等使绢衬摩擦系数变小	排除积水，还可在滚筒上撒些水泥等精细颗粒吸水物质
	张紧装置配重不足	加大配重
	运输重物超重	减轻运输质量
	坡度超出设计范围	修正变坡点的角度
钢丝绳牵引运行过程中掉道	承载轮被卡住转动不灵活	修理或更换
	通过小弯道速度过快	减速慢行
	弯道变换急及弯道过小	调整弯道弧度
	悬挂销轴断裂，滑轮座变形开口张开	更换销轴、滑轮座
滑轮组异响	滑轮轴承损坏	更换轴承
	导向轮磨损严重	更换导向轮
	轨型与轮缘要求不相符	更换轨型
压绳轮撞开阻力大	杂物阻碍轮体摆动	及时清理杂物
压绳轮跳绳	压绳轮安装位置不合适或数量少	调整安装位置，增加压绳轮组数
	巷道弯度太小	调整弯度半径
	弹簧变形或损坏	更换弹簧

表 5-16（续）

故障	原因	处理的技术方法
起吊梁不工作	液压葫芦故障	更换液压葫芦
	吊钩故障	更换吊钩
	液压系统故障	参见液压系统故障处理方法
液压站不升压	换向阀不到位、溢流阀泄油	检查换向阀手把位置,清洗溢流阀

七、轨道故障处理技术方法

在单轨吊机车运输实际使用中，轨道经常承受间歇性冲击、空载、重载等交变载荷，使轨道发生变形、扭曲，甚至出现断裂的现象，原因主要有以下几方面：

（1）虚吊。当轨道悬挂链不受力，即为虚吊。虚吊可分为静态虚吊和动态虚吊。悬挂链不受力，在机车运动过程中，虚吊处很容易造成冲击而断螺丝或断吊耳。

（2）折线点，即轨道不顺直。主要原因是轨道不顺直，无轨缝造成的。

（3）起吊梁和轨道选用不合理、超负荷，如选用每根 3 m 轨道运输 12 t 支架；选用每根 2.4 m 的轨道运输 14 t 综采支架等。

（4）运行速度过快。斜坡坡度大时，运行速度不合理。

（5）斜坡吊链方向不对，斜坡时受力方向向下。

（6）轨道系统长期处于超载状态。

当发现轨道出现变形、扭曲，甚至断裂的现象，应当立即停止单轨吊机车的运行，并根据实际情况进行针对性地调整，可采取如下措施：

（1）检查各吊挂点是否出现顶板、锚杆或者吊链等异常变形情况。

（2）核验安装的轨道系统与单轨吊实际运行情况是否匹配。

（3）检查各吊挂点是否存在虚吊。

（4）检查轨道连接部分是否存在缝隙过大、不顺直的情况。

（5）检查单轨吊机车的日常运行是否操作规范，是否有超载、超速运行的情况。

单轨吊机车轨道（道岔）及吊挂锚杆（索）巡检项目见表 5-17，单轨吊轨道安装质量检查验收见表 5-18。

表 5-17 单轨吊机车轨道（道岔）及吊挂锚杆（索）巡检项目表

巡检项目	巡检标准	巡检结果
轨道质量	轨道面有无淋水	
	锚杆（索）有无失锚、断锚情况	

表 5-17（续）

巡检项目	巡检标准	巡检结果
轨道质量	观察轨道有无扭曲变形	
	观察轨道有无错茬情况	
	观察轨道插销、插座是否有磨损、断裂、变形	
	承重链、侧拉链、侧拉链的紧固和完好情况	
	锚杆螺母、锚索锁具、轨道附件连接销的闭锁是否完好	
道岔质量	闭锁销的开、闭是否灵活、可靠	
	闭锁卡爪是否灵活、可靠	
	道岔开闭是否灵活、可靠	
	道岔是否有跑风现象	
	电源箱信号指示灯是否正常	
	道岔法兰连接螺栓是否有松动、缺失	
	道岔与轨道接头处是否有错茬、变形	
	司控电源箱是否完好、是否有积尘和异物	
	承重链、侧拉链是否紧固、完好	
	锚杆螺母、锚索锁具、道岔附件连接销的闭锁是否完好	
系统巷道	轨道上方顶板有无淋水	
	顶板是否完好	
	运输线路内照明是否充足、完好	
	安全间隙是否满足运输要求	
	巷道内施工人员、固定岗位人员是否有安全的避让空间	
	拨门处限高限宽门是否正常	

表 5-18 单轨吊轨道安装质量检查验收表

检查（验收）人： 检查地点： 检查时间： 年 月 日

序号	检查项目	质量要求	验收情况
1	整体外观质量	1. 目视直顺，过渡圆滑，轨道无明显变形 2. 轨道横向允许的最大偏角≤1° 3. 轨道纵向允许的最大偏角≤3° 4. 重轨凸台安装时必须朝上坡方向 5. 轨凹槽安装时必须朝上坡方向	
2	轨道下部结合面高低差	轨道下部结合面平整度高低和左右允许偏差分别不大于 2 mm 和 1 mm	

表 5-18（续）

序号	检查项目	质量要求	验收情况
3	轨道下部结合面间隙	轨道下部结合面间隙不大于 3 mm	
4	水平弯道	1. 轨道长度超过 1.6 m 水平弯轨和垂直弯轨中部设置 X 侧拉链 2. 水平弯轨接头法兰盘 V 型斜拉，单侧斜拉角度 30°~45°	
5	轨道连接附件	1. 螺栓、螺母、销轴、安全销完整不缺失，各类附件应使用原厂配件 2. 道岔、弯轨、合岔轨螺栓使用防松螺母或者双螺母防松 3. 螺栓、销轴强度等级≥10.9 级以上 4. U 型环、锚杆连接索具开口销必须装好 5. 重轨销轴使用安全销必须扣紧，严禁方向扣反，并且沿线轨道所有的安全销必须朝同侧方向，方便后续检修	
6	吊挂链	1. 每根链条必须承载受力，严禁链条处于虚位受力，虚位受力导致锚杆/锚索承受机车冲击破坏 2. 轨道吊挂链条长度超过 0.8 m，轨道必须安装防摆链条 3. 重轨吊挂链张开最大角度≤30°	
7	道岔	1. 道岔无变形，活动轨动作灵敏，闭锁安全可靠 2. 气路畅通无泄漏 3. 电控系统符合设计要求	
8	侧拉链条	1. V 型横拉和 X 型斜拉处于受力临界状态，花篮螺丝有调节余量 2. 轨道末端 3 组轨道增加 X 型斜拉 3. 平段≤5°，每 5 根轨道必须设置一组 V 型横拉和 X 型斜拉 4. 坡度 5°~10°，每 3 根轨道必须设置一组 V 型横拉和 X 型斜拉 5. 坡度 10°~18°，每 2 根轨道必须设置一组 V 型横拉和 X 型斜拉 6. 坡度≥18°，每根轨道设置 X 型斜拉 7. 与弯道、道岔连接合岔轨都设置 X 型斜拉	
9	阻车器	轨道末端一般设置阻车器	
10	锚固力	1. 锚固力符合设计要求数值，有全检记录 2. 做过锚固力试验锚杆/锚索要有试验标识	
11	空间位置	1. 不能有影响机车通行的障碍物，巷道高度、宽度满足机车通行条件 2. 锚杆/锚索伸出长度位于轨道顶面以上最小 50 mm 安全间距	
12	轨道表面	轨道表面不能有水，尤其是大坡度路段，容易造成机车驱动轮打滑，机车飞车	

第六章　矿用单轨吊典型事故及其防范措施

矿用单轨吊是在悬吊的单轨上运行的具有起吊作用的运输设备，具有机动性较强、运行速度较快、载重较大、可靠性较高等突出特点，但也客观存在着坠落、跑车、刮擦碰撞等安全风险。如果安全风险管控措施不到位、设备设施状态不良、人员违章作业、现场生产秩序不佳等，就可能引发坠落、跑车、刮擦碰撞等事故。因此，深刻吸取矿用单轨吊事故教训，剖析引发事故的深层次原因，采取针对性的事故防控措施，是矿用单轨吊运维和安全管理的重要工作。

第一节　矿用单轨吊坠落事故及其防范措施

因单轨吊轨道、机车、起吊梁、车厢、运送设备、物料及人员等均悬吊于空中，在重力的作用下，存在较大的坠落风险。此外，单轨吊坠落事故处理复杂，影响时间长，处理过程中也容易发生衍生事故。因此，防范矿用单轨吊运输坠落事故，是矿用单轨吊运输安全管理的重中之重。

一、矿用单轨吊运输坠落事故的主要类型

矿用单轨吊运输坠落事故包括轨道坠落，运输设备、物料坠落，运送人员坠落等。坠落时段多为重载运输期间，大件运输居多，轻载运输时偶有出现；坠落地点多集中在采（盘）区内部，主要轨道大巷零星出现。例如，安徽某煤矿2018年7—9月共发生13起单轨吊轨道事故，其中10起发生在采区内部的轨道上。

（一）轨道坠落事故

这类事故是由于轨道吊挂装置、措施失效或者轨道质量低劣，悬挂于巷道中的轨道在重力的作用下坠落而造成的单轨吊坠落。轨道坠落事故的主要场景包括：顶板固定部件或锚杆锚索脱落，轨道吊挂连接件损坏，特殊地段未按照要求加强悬挂措施等。

1. 顶板固定部件或锚杆锚索脱落造成的坠落

2012年，安徽某煤矿发生轨道坠落事故，其原因是吊挂点采用锚索吊挂，锚索经淋水锈蚀，钢丝断裂，单轨吊机车通过时被拉断，造成单轨吊机车坠落。

2018年3月3日，安徽某煤矿1033风巷发生一起因锚杆疲劳断裂，造成单轨吊机车被卡住的事故，幸未造成更大损失。

2. 吊挂连接件损坏造成的坠落

1）吊挂点U型环疲劳断裂造成的坠落

在长期运行中，U型环在反复应力作用下产生疲劳损坏，或者在长期淋水作用下锈蚀，单轨吊机车通过时被拉断断裂。

2015年6月21日，某矿3042工作面发生一起单轨吊落地事故，造成1人受伤。8点班单轨吊主司机杜某、副司机刘某驾驶单轨吊到3041联巷风门外给掘进三队运输支护材料，当装好一车支护材料行驶至3042巷80 m处时，单轨吊轨道上方的吊环（40连接钩）突然断裂，38号、39号、41号、42号轨道连接高强度螺栓瞬间切断，位于单轨吊机车中部的电瓶车、第3/4驱动单元落地，机尾驾驶室倾斜，机尾副司机刘某受惯性力作用，导致脊椎受伤。

2）轨道吊耳损坏造成的坠落

因锈蚀等原因，轨道吊耳在单轨吊机车运行通过时断裂，造成轨道和机车坠落。

2022年5月14日19时15分左右，山东某煤矿3号单轨吊在1615（3）运输巷拉运28/65D型支架（总质量47.74 t）进入工作面开切眼过程中，在距离开切眼口约20 m处，单轨吊轨道吊耳与轨道焊接处发生脱焊，机车停止运行。故障发生后，该矿立即组织运输二区及拆装十工区进行应急处理，至次日凌晨3点左右完成轨道更换，恢复正常运输。

3）轨道连接点损坏造成的坠落

轨道连接点损坏时，机车大部分时间仍能通过，但长期运行必然会引发单轨吊轨道的扭曲变形，继而卡住机车，在未及时停车或斜巷重载等情况下不能立即停车时，会进一步发展成坠落事故。

2022年9月19日7时40分许，河南省灵宝市某道路施工中，因使用的单轨吊轨道螺栓断裂，导致运行中的单轨吊侧翻，4名现场施工人员被砸伤。

3. 特殊地段未按照要求加强悬挂措施造成的坠落

在大坡度斜巷、变坡、拐弯等特殊地段，未能按照要求采取加设侧拉链等加强悬挂的措施时，可能造成悬挂轨道强度不够或者稳定性不足，导致单轨吊机车通过时易发生轨道坠落事故。

侧拉链的主要作用是控制单轨吊机车经过时造成的轨道摆动，对于侧拉链的安装地点以及安装方式，在煤矿机电运输管理规定中都有相应的要求。侧拉链安装不规范（尤其是大坡度斜巷及变坡点），机车经过时必然出现剧烈摆动，继而造成轨道损坏、机车落架。

在大件运输中，侧拉链装设不规范造成的机车卡阻或者落架，是单轨吊运输中最常见的事故情景。

4. 单轨吊机车与巷道中设备设施刮擦造成坠落

单轨吊机车与巷道中设备设施刮擦常见的场景有：机车与巷道周边设备设施刮擦、巷道中安装不规范的吊挂引起剐蹭、机车与巷道中的设备剐蹭等。刮擦发生时，会使单轨吊负荷增大，轨道承载不均衡性加剧，造成轨道变形，甚至轨道和机车坠落。

5. 单轨吊超载运行造成坠落

超过额定载荷运行时，产生较大冲击力，发生坠落的风险增加，尤其是吊运的物料超重并且在大坡度斜巷中运行，更容易出现因应力集中造成的轨道损坏，从而发生坠落事故。

6. 吊轨轨道损坏造成机车车辆掉道或者坠落

单轨吊长期运行中，吊轨轨道因故受损又未及时发现、维修，在车辆通过时，可能造成机车车辆掉道甚至坠落。在垂直变坡、水平拐弯、道岔等特殊地段，如果运输速度过快，也可能撞损轨道，造成机车车辆掉道。

2005年6月11日21时许，某煤矿S3采区单轨吊司机李某、魏某驾驶单轨吊至S4加油站扣口时，因道岔小道错口且机车运行速度过快，将3根轨道瘪坏，部分车辆掉道。在处理事故时，未将机车所吊物料落下，致使由于弹性作用，轨道弹回将李某的脸部打伤。

（二）运输设备、物料坠落事故

单轨吊在吊运设备、物料过程中，起吊作业及在空中行走，客观存在设备、物料坠落风险。因物料固定不合理、设备吊挂不规范等原因，均可能发生运输设备、物料坠落事故。运输设备、物料坠落事故的主要场景包括：物料固定、装车不当引发的物料坠落，设备吊挂不当引发的设备坠落，超载吊运引发的设备、物料坠落，违规起吊或者下放引发的设备、物料坠落等。

1. 物料固定、装车不当引发的物料坠落

单轨吊在物料吊运时，出现装车不平衡、失稳，底部安全间距不足，超过集装箱边缘，剐蹭巷道帮等情况，是引起运输物料掉落的主要原因。

2007年7月9日凌晨，某煤矿机运三队班长兼司机张某、跟车工桑某驾驶单轨吊为N3回风巷运送物料。当单轨吊机车将物料卸到2号皮带机尾指定位置后，在没有将集装箱吊平、吊正、吊到位的情况下，就启动单轨吊。途中，集装箱碰到了前进方向右帮的材料架。司机张某下车在前面指挥，安排跟车工桑某开车。在张某未给桑某发出开车信号的情况下，桑某就擅自启动单轨吊机车，空载集装箱撞在张某的右臂上，导致其右臂肱骨开放性骨折。事后查明，跟车工桑某不具备特种作业资质。

2. 设备吊挂不当引发的设备坠落

2014年，某煤矿单轨吊运输中，因使用普通螺栓吊挂大件，在平巷运输过程中螺栓被拉断，造成起吊的重物坠落。

3. 超载吊运引发的设备、物料坠落

2013年，某煤矿在1024采煤工作面安装期间，在30°的斜巷上运输采煤机摇臂（质量13 t）时，因超出运输能力，单轨吊轨道吊耳拉断从而造成坠落事故。

2016年4月25日凌晨25分，某煤矿在采煤工作面机巷转运液压支架作业期间，由于单轨吊与支架连接的链条强度不够，在单轨吊吊运液压支架向下运行过程中链条崩断，1名跟车工违规跟车且站位不当，被瞬间回弹的钩头击中腹部致死，直接经济损失69.5万元（不含事故罚款）。

4. 违规起吊或者下放引发的设备、物料坠落

不按照规程操作，现场管理不到位，人员站位不当等，均可能造成起吊或者下放的设备、物料坠落，甚至撞伤现场工作人员。脱绳、脱钩、断绳、吊钩破断、过卷等事故是起吊作业中常见的5种吊物坠落情景。

1）脱绳事故

脱绳事故是指起吊重物从捆绑的吊装绳中脱落、溃散发生的伤亡毁坏事故。

2）脱钩事故

脱钩事故是指重物、吊装绳或专用吊具从吊钩口脱落而出引起的重物坠落事故。

3）断绳事故

断绳事故是指起升绳和吊装绳因断裂造成的重物坠落事故。

4）吊钩破断事故

吊钩破断事故是指吊钩断裂造成的重物坠落事故。

5）过卷事故

过卷事故是指吊钩冲顶造成的重物坠落事故。

（三）运送人员坠落事故

单轨吊在运送人员过程中，因车辆在空中运行，客观存在人员坠落风险。在单轨吊实际使用过程中，可能存在采用非专用运人车辆运送人员、安全防护不足或者不使用安全防护措施以及乘车秩序不良等事故场景。

二、矿用单轨吊运输坠落事故的主要原因

不同类型的坠落事故,其致因不尽相同。对事故致因进行分析,是深刻吸取事故教训,采取针对性措施,防止类似事故再度重演的重要工作。

(一) 轨道坠落事故

单轨吊轨道坠落事故与单轨吊轨道系统选型设计、安装、验收、使用、运维及检查等方面密切相关。

1. 顶板固定部件或锚杆锚索脱落造成坠落的主要原因

因顶板固定出现问题,固定于顶板的锚杆或锚索被拔出或者锚杆(索)损坏,导致轨道、机车、吊运物料的坠落。从典型事故剖析来看,此类事故的主要原因有以下几方面:

(1) 设计不合理。未能严格按照《煤矿安全规程》、GB 50533—2009《煤矿井下辅助运输设计规范》等有关规定和要求,逐段、逐点进行轨道吊挂方式的选型设计,合理确定轨道的吊挂方式、特殊地段加强吊挂的技术措施;未根据单轨吊运输巷道的具体条件,进行顶板条件分析、悬挂锚杆受力分析和轨道受力分析;未严格按照要求,选取悬挂区域顶板岩层最薄弱处做锚杆拉拔力试验,或者确定安全系数不足(<2),造成锚杆(索)锚固力不足或者锚固力不均匀,在重载作用下锚杆(索)被拔出。

(2) 施工质量差。未严格按照施工质量标准的要求,进行锚杆钻孔施工、锚杆(索)的固定、安装及安装后的检查,致使因锚杆锚固质量差、锚固力不足,或者不同锚杆间锚固力差异过大,吊挂连接受力不均,轨道承载分布复杂化。

(3) 吊挂点长期淋水造成锚杆(索)锈蚀。在长期淋水作用下,锚杆(索)逐渐锈蚀,强度逐渐下降,甚至出现钢丝断裂。2012年安徽某煤矿发生的轨道坠落事故,就是吊挂锚索在淋水的长期作用下锈蚀,钢丝断裂,单轨吊机车通过时锚索被拉断。

(4) 锚杆(索)在长期运行中疲劳损坏。单轨吊运行过程中,锚杆(索)的受力比较复杂,容易产生疲劳,强度逐渐降低直至损坏,单轨吊机车通过时被拉断。2018年3月3日,安徽某煤矿1033风巷发生的单轨吊机车被卡住的事故,就是由于锚杆疲劳断裂造成。

(5) 检查和维护管理不力。由于巷道变形或者被修复,容易出现吊挂点被覆盖,出现疲劳损伤的位置相对隐蔽,仅采用一般的检查手段难以排查,而造成事故隐患不能及时根除。

2. 吊挂连接件损坏造成轨道坠落的主要原因

通过剖析吊挂U型环断裂、轨道吊耳损坏、轨道连接点损坏等吊挂连接件

损坏导致的轨道坠落事故，其发生事故的主要原因有以下几方面：

（1）连接件的选用不当。2015 年 6 月 21 日，某煤矿 3042 工作面发生的单轨吊落地事故，导致 1 人受伤，系吊环（40 连接钩）突然断裂所致，这与 40 连接钩的选用不当密切相关。事故调查分析指出：单轨吊轨道安装时，吊链必须使用整链，不得使用 40 连接钩进行连接。

（2）选用连接件的质量不合格。2022 年 5 月 14 日，山东某煤矿 3 号单轨吊，在 1615（3）运输巷拉运 28/65D 型支架（总质量 47.74 t）进入工作面开切眼过程中，发生机车被迫停止运行事故。直接原因是轨道吊耳与轨道焊接处发生脱焊所致，也属焊接质量问题。

（3）日常检查不到位。轨道连接扣件疲劳断裂、螺栓螺母缺失等造成连接点损坏，是单轨吊坠落事故的主要原因之一。造成这种情况的主要原因就是单轨吊轨道的检查维护责任不落实，检修维护跟不上，存在隐患问题不能及时排查整治。某矿在单轨吊机车安装前对单轨吊轨道系统的检查验收中，就曾发现 20 多处螺母缺失的问题。

（4）产品入库质量验收、入井查验把关不严。主要表现是不满足质量要求、不具备安全保障的产品能够下井安装，产品质量验收、性能查验等管理责任落实不实，规章制度未得到全面的贯彻执行，相关人员的责任意识不强等。

3. 单轨吊超载运行造成坠落事故的主要原因

其主要原因是超载运行造成单轨吊承载部件超出其允许承载能力，运行中可能对吊挂轨道的固定、悬挂、连接件等承载件造成较大冲击，进而断裂。其还可能造成机械传动部件损坏，导致制动力矩减小甚至制动器失效；损坏机电设备（如电动机因过载而烧毁）；危害机械结构，造成主要受力结构变形，影响单轨吊的使用寿命；破坏单轨吊的稳定性等。造成单轨吊超载运行的主要原因有以下几方面：

（1）未明确、明示单轨吊的最大吊运质量。设计规定的最大吊运质量未在显著位置明示，操作人员、管理人员未能准确知晓相关规定。

（2）吊运前未确认吊运设备、物料的质量。操作人员在未准确确认吊运物料质量的前提下就盲目操作，尤其对不规则的大型零部件。

（3）重载运输在大坡度斜巷上的急停。吊运重物的单轨吊在大坡度斜巷运行中可能由于机械故障、保护装置故障或者人员错误操作导致急停，出现因应力集中造成的轨道损坏而发生坠落事故。

（4）单轨吊司机及跟车工作业不规范。主要表现是不坚持原则，将就运行操作；技能不熟练，缺少必要的安全教育和培训；非司机操作，无证上岗；违章违纪蛮干，不良操作习惯；判断操作失误，指挥信号不明确，司机、跟车工等的工作配合不协调等。

（二）运输设备、物料坠落事故

不同类型、场景的运输设备、物料坠落事故，暴露出的事故原因不尽相同，研究分析如下。

1. 物料固定、装车不当引发的物料坠落

在单轨吊使用集装箱运输材料、煤、矸石等散装物料，通过圆环链捆绑运输设备及锚杆类、管材等细长材料时，均可能发生此类事故。发生事故的主要原因有以下几方面：

（1）装车不平衡、失稳。集装箱内散装物料分布不均，细长类物料捆绑不可靠，对设备、物料的重心位置未予重视或者判断失准，集装箱未吊平、吊正、吊到位。2007年7月9日，某煤矿机运三队发生的单轨吊司机被撞伤事故，就是运送物料卸料后，在没有将集装箱吊平、吊正、吊到位的情况下就急着去装废料，途中集装箱碰到了前进方向右帮的材料架，司机下车处置时跟车工违规开车所致。

（2）与巷道周边设备、设施剐蹭。物料超过集装箱边缘剐蹭巷道帮、剐蹭巷道中设备设施；底部安全间距不足刮擦底板；在拐弯巷道中，运输速度过快，致使吊挂物料摆角过大剐蹭巷道帮等。前述所涉及事故案例的发生原因也与此相关。

（3）单轨吊司机及跟车工操作不规范。风险识别分析能力不足，不能预判可能的事故及其危害；技能不熟练，缺少必要的安全培训；违章违纪蛮干，不良操作习惯；司机、跟车工等的工作配合不协调；非司机操作，无证上岗等。前述事故案例中，司机被撞伤的重要原因之一，是跟车工不具备特种作业资质，司机违章指派跟车工操作机车，司机下车在前指挥、尚未发出指令的情况下，跟车工就开动机车，机车将司机撞伤。

（4）吊运超长、超大型设备、物料未采取专门措施。未在风险辨识分析的基础上，对运输环境条件、运输速度及管控、现场管理及过程监护等提出针对性的特殊措施要求，或者实施中执行不到位。

2. 设备吊挂不当引发设备坠落的主要原因

设备吊挂不当引发的设备坠落事故，多发生在单轨吊吊运液压支架、采掘设备大型不规则部件等大型、重型物件过程中。发生事故的主要原因有以下几方面：

（1）起吊物吊挂轻重不均。对设备的重心位置未予重视或者判断失准，致使吊挂方式不当；起吊梁上受力不均，在单轨吊机车下山运行等特殊条件下出现轨道扭曲而造成设备损坏甚至机车坠落的事故。这类现象在单轨吊系统使用初期较为常见。

（2）连接承载件强度不够、断裂。使用强度等级低或存在缺陷的连接链条、螺栓等连接承载件。2014年，某煤矿单轨吊运输中因使用普通螺栓吊挂大件发生的重物坠地事故就与此相关。

（3）对连接承载件的检查、定期试验、检测存在缺陷或者缺失。未按规定对连接链条、螺栓等连接承载件进行经常性检查、定期试验、检测，不能及时发现连接承载件存在的内在缺陷。

（4）现场操作不规范。技能不熟练，缺少必要的安全培训；违章违纪蛮干，不良操作习惯；司机、跟车工等的工作配合不协调；非司机操作，无证上岗等。

3. 超载吊运引发的设备、物料坠落

超过单轨吊的吊运能力、连接件的承载能力，可能造成承载件破损断裂引发设备、物料坠落。发生事故的主要原因有以下几方面：

（1）单轨吊的最大吊运质量不明确、未明示。设计规定的最大吊运质量未在显著位置明示，操作人员、管理人员未能准确知晓相关规定，未能严格执行相关规定。

（2）盲目操作。在吊运前未确认吊运设备、物料的质量，未确认安全系数就盲目操作。2016年4月25日，某煤矿在采煤工作面机巷转运液压支架作业期间发生的1人死亡事故，就是起吊支架的链条强度不够，在下运过程中崩断、钩头瞬间回弹击中跟车工腹部所致。

（3）重载运输在大坡度斜巷上的急停。吊运的物料超重并且在大坡度斜巷运行中，突然的速度变化甚至急停，导致载荷突然增加，造成连接承载件断裂。

（4）现场操作不规范。技能不熟练，缺少必要的安全培训；非司机操作，无证上岗；违章违纪蛮干，不良操作习惯；判断操作失误，指挥信号不明确，司机、跟车工等的工作配合不协调等。

4. 起吊、下放时设备、物料坠落的主要原因

单轨吊起吊、下放设备、物料时，发生设备、物料的坠落，其主要原因有以下几方面：

（1）重物的捆绑方法与要领不当，造成重物滑落；吊装中心位置选择不当，造成偏载起吊或吊装重心不稳导致重物脱落；吊载过程中遭到碰撞、冲击，从而摇摆，造成重物坠落等。

（2）起吊吊钩缺少护钩装置；护钩保护装置机能失效；吊装方法不当及吊钩钩扣变形引起开口过大。

（3）超载起吊拉断钢丝绳；起升限位开关失灵，造成过卷拉断钢丝绳；斜吊、斜拉造成乱绳挤伤，切断钢丝绳或由于歪拉斜吊发生超负荷而拉断吊索具；

钢丝绳达到或超过报废标准,但仍继续使用等造成的破坏事故。

(4) 吊钩材质有缺陷;吊钩因长期磨损,断面减小已达到报废极限标准却仍然使用;经常超载使用造成吊钩疲劳损坏,以至断裂破坏。

(5) 没有安装上升极限位置限制器或限制器失灵,致使吊钩继续上升直至卷(拉)断起升钢丝绳;起吊机构主接触器失灵,不能及时切断起升,直至卷(拉)断起升钢丝绳。

(6) 人员违规站在起吊物下方及非安全区域。单轨吊起吊或者发放设备物料时,站在起吊物下方是严重的违规行为。

(三) 运送人员坠落事故

单轨吊在运送人员过程中,发生事故的主要原因有以下几方面:

(1) 采用非专用运人车辆运送人员。《煤矿安全规程》规定,运送人员的车辆必须使用专用人车车厢。采用普通车厢或在普通车厢中加设简易设施后运送人员,由于缺乏足够的安全保护和安全防护,在速度突然变化或者紧急停车、高速过弯道、高速过变坡点等情况下,车厢剧烈晃动,造成人员坠落。

(2) 人员在疲劳状态下乘坐单轨吊时,不采用佩戴安全带等措施。

(3) 乘坐中未关好车厢门、未挂靠保护链;不在规定地点上、下车。

(4) 现场管理混乱,乘车秩序不良,甚至出现抢上抢下现象。

三、矿用单轨吊坠落事故深层次原因剖析

为了更加有效地防范矿用单轨吊坠落事故,从根本上解决单轨吊运输存在的重点问题,应该进一步剖析矿用单轨吊坠落事故的深层次原因,发现导致事故发生的深层次问题。总结起来,矿用单轨吊坠落事故深层次原因有以下几方面:

(1) 对单轨吊运输认识不到位、重视程度不够。单轨吊作为井下辅助运输的重要组成部分,未得到应有的关注和重视,对其关注度在煤矿内部远不及采掘、主运输、通风安全及排水等,在煤矿外部远不及灾害防治和重特大事故防范,真正处于"辅助"地位。相关员工地位不高,待遇较差,整体素质相对较低。井下辅助运输的整体技术水平落后于采掘技术及主运输技术,成为制约煤炭生产和安全工作的薄弱环节。

(2) 对单轨吊运输的管控机制不够健全,未能实现全生命周期管理。虽然单轨吊运输类似地面架空客运索道,但是对矿用单轨吊的管控基本依靠煤矿企业自主设计、安装、运维、检查检测,对其管控水平明显不及地面架空客运索道。

(3) 安全管理体系不尽完善。单轨吊管理机构不够健全,人员结构和知识结构不尽合理,制约管理水平和管理质量。管理制度不够齐全、深入,制度的贯彻、落实、信息反馈存在缺陷,不能有效实现制度管人。操作规程不全、不具备

针对性，执行力不强，贯彻不够深入，不能有效实现流程管事。

（4）单轨吊轨道系统的设计选型不够全面、深入。未能严格按照《煤矿安全规程》、GB 50533—2009《煤矿井下辅助运输设计规范》等有关规定和要求，逐段、逐点进行轨道吊挂方式的选型设计，致使单轨吊运输系统存在先天不足。

（5）设备入矿质量检查、入井安全性能查验制度不够健全，执行不到位。质量检查、性能查验的程序、内容、方法、责任等不够系统、全面、清晰，检查人员责任意识和责任心不强，不能有效防范假冒伪劣、以次充好，源头管控不到位、重要作用未能充分发挥。

（6）单轨吊运输系统及设备安装存在缺陷或不足。不能严格按照设计及安装技术规范的规定，进行单轨吊轨道、机车及配套设施的安装、调试和试运行，锚杆（索）的锚固力，连接装置的强度、安全系数、可靠性，吊挂轨道的平整度、稳定性等达不到设计要求，严重制约投运后的安全稳定运行。

（7）单轨吊系统验收未能充分发挥应有的重要作用。未对轨道系统进行分段详细验收，并对安装的机车进行制动性能等安全性能的试验和测试，仅在试运行的基础上对整个系统进行整体验收，不能发现存在的重要问题和缺陷，或者对发现的问题未整改到位就投入使用，责任不落实，验收工作流于形式。

（8）煤矿区队现场安全管理弱化或者缺失。跟、带班人员现场管理不到位，不能及时发现作业现场潜在的安全风险。现场安全监管流于形式，或未安排安监人员现场监督，或对安全技术措施的落实监管不到位。现场环境复杂，生产秩序不良。处置突发紧急情况的能力不够，制定处置方案或者措施不具备针对性、有效性。

（9）使用、检查、维护、试验、检测等运维管理的责任不落实。职责、属地管理落实不到位，存在责任不清、职责不明、推诿扯皮现象，生产系统之间、区队班组之间配合不协调，导致相关工作不能有效开展。

（10）煤矿日常安全教育培训不到位，职工素质及技能不能满足需要。现场作业人员安全意识淡薄，未有效执行矿山的相关安全技术措施，粗枝大叶、违章作业、冒险盲目蛮干。矿山安全风险辨识和管控不到位，作业现场和环节风险辨识走形式，不能或者未辨识出存在的安全风险，作业现场未公示安全风险。学习培训不到位，安全技术措施及安全注意事项未能贯彻到每位员工。

四、矿用单轨吊坠落事故的防范措施

为全面管控单轨吊安全风险，确保单轨吊安全运行，避免单轨吊运行事故发生，应针对典型事故案例中暴露出的突出问题，从问题导向、系统观点出发，采取综合性防范措施。

（一）提高认识、强化意识

强化对井下单轨吊运输安全重要性的认识，使其在煤炭生产中的地位与其产生的作用相适应。矿井设计和开拓部署要充分考虑单轨吊运输的设备性能特点和适用条件，为单轨吊运输系统安全高效地运行创造条件；应加大对单轨吊设备设施的投入，推广使用先进适用技术和设备；应切实加强辅助运输安全管理和现场管理，提高辅助运输的地位和从业人员待遇，提高从业人员综合素质。

（二）全生命周期管理、全过程管控

借鉴地面特种设备的管理模式，对矿用单轨吊系统及设备实施全生命周期管控，对系统规划、设备选型、采购、入矿入井查验、安装、验收、操作使用、检查维护、备品备件更换、试验检测、大修、报废等各个环节，实施全过程、全链条管控，消除管控空白，补强管理短板，实现结果可控，过程可溯，保证单轨吊系统安全高效平稳运行。

（三）健全机构，完善制度

建立健全管理机构，配齐管理人员和技术人员；完善以岗位责任制为核心的责任体系，明确各部门、各岗位、各类人员的岗位责任，并明晰各自的责任边界，确保事事有人管、人人有专责、项项有督办、件件能落实；应完善管理制度和操作规程，提高制度的规范性、可操作性和执行力，高效实现制度管人、流程管事。

（四）严格准入，源头把关

应严格按照《煤矿安全规程》等的规定，严把设备入矿质量检查、入井安全性能查验关，制定质量检查、性能查验的程序、内容、方法、记录及结果应用等的规定，明晰执行部门及人员职责，增强人员的责任意识和责任心，坚决禁止假冒伪劣、以次充好、不具备安全保障的产品进入煤矿、进入井下生产过程，切实发挥源头管控的重要作用。

（五）系统、全面、深入地进行单轨吊系统的设计选型

应综合考虑矿山的巷道情况、产品优缺点、前期投入、运营成本等，进行单轨吊运行系统的线路设计和牵引部驱动形式的选择；应根据牵引车自重、起吊梁质量、司机及管线质量、物料质量、斜巷最大倾角、运行阻力系数、牵引力富裕系数等因素，确定单轨吊牵引力；根据载重需求及牵引设备形式，结合现场条件，进行起吊梁的选型；根据单轨吊单元最大载荷、最小载荷、轨道最大坡度等，设计计算制动力，核验制动效果；根据悬挂锚杆和轨道的受力情况，进行轨道的设计选型；根据运输线路巷道情况和顶板条件，在现场实际试验的基础上，逐段、逐点进行轨道吊挂方式的选型设计，合理确定轨道的吊挂方式，加强特殊地段的吊挂技术措施。

设计选型应在方案优选的基础上进行，并履行规定的审查流程。

（六）规范安装、保证质量

企业应编制出台矿井机电运输管理规定、单轨吊轨道安装技术规范、单轨吊机车安装技术规范等规范性文件或者标准，并做好标准的学习宣贯工作，使轨道和设备安装作业有据可依、有章可循；根据选型设计、安装施工组织设计等规定，结合安全质量标准化的要求，有序开展单轨吊轨道系统及机车的安装工作，确保锚杆（索）的锚固力、连接装置的强度、安全系数、可靠性、吊挂轨道的平整度、稳定性、单轨吊机车整体性能和安全保护性能等满足要求。

单轨吊轨道系统和机车安装完成后，应按规定进行调试和试运行，检查主要性能参数是否达到设计要求；发现产品在生产制造、检验、安装过程中是否存在问题或者缺陷，以便及时予以纠正和完善；调整各组成设备的运行技术参数，以实现最优状态和最佳配合，确保单轨吊系统投入运行前能满足矿山需求并安全稳定运行。

（七）按规验收，杜绝隐患

企业应严格按照施工组织设计，结合安全质量标准化的有关规定，对单轨吊轨道系统进行分段验收；在对安装的机车进行制动性能、安全保护性能等的试验和测试基础上，进行机车的验收；在试运行的基础上，对整个系统进行整体验收。

企业对验收发现存在的问题和缺陷，必须整改到位后方可投入使用；坚决禁止带病运行，坚决消灭事故隐患；应明确验收责任，实行终身负责制度；应制定验收工作流程和要求，且验收文件及记录应存档备查。

（八）标准化操作，规范化运行

单轨吊的操作必须符合国家和地方的有关规定。单轨吊司机必须经专业培训，熟悉相关操作规程，取得特种作业证后，方可上岗操作。企业应进一步深化单轨吊司机作业的模块化、流程化，按章作业；应增强提高跟车工的责任意识，做好跟车确认工作。

操作前，操作人员必须对设备进行检查，确保各项工作机构、安全保护装置和控制设备完好无损，如果发现设备故障应立即报修；必须在吊运前确认吊钩和吊绳的状态是否可用，停止作业前必须把吊钩和吊绳降至地面，避免意外发生。

在吊运物料时，首先需要明确起重对象的基本信息，核查吊具、吊索等工具的选择、使用及重物捆绑方式是否符合规定的要求；物料的配重应合理、吊点位置应使质量分布均匀，以确保起吊过程稳定；其次应避免超重、超长、超高物料的吊运，以免造成起吊设备过载和吊运过程出现事故隐患；最后吊运时需要对物料进行定位操作，以确保物料的移动方向和轨迹受到控制，避免碰撞等意外事件的发生。此外,应在吊装作业区域设置警示区与警示标识,禁止人员进入,严禁人员站在吊物下方。

吊运人员时,操作人员必须严格遵守安全规定;必须选用专门用于吊运人员的设备,并确保其符合标准和规定;在吊运前,必须进行安全检查,并确保工作环境安全;必须佩戴安全帽,由至少两个操作人员协同工作,确保操作人员在吊运过程中的安全。

(九)加强现场管理,维持正常生产秩序

现场管理应对人(操作人员和管理人员)、机(设备、工具、工位器具)、料(原材料)、法(操作方法、检测方法)、环(环境)、信(信息)等进行合理有效的计划、组织、协调、控制,使其处于良好的结合状态,达到安全、高效、文明生产的目的。现场管理是生产第一线的综合管理,是生产系统合理布置的补充和深入优化。

企业应坚持领导干部跟班、带班制度,明确跟、带班人员职责,提高跟、带班人员现场管理水平和及时发现作业现场潜在安全风险的能力、处置突发紧急情况的能力;充分发挥安监人员的作用,加强对安全技术措施的落实情况的监管,处置突发紧急情况时,应有安监人员在场监督;必须保证现场环境条件及状态,维持良好的生产秩序。

(十)科学化运维,常态化检查

企业应按属地管理原则,明确运维管理的单位及其职责。采区轨道由使用单位检修维护,轨道使用单位应有专人进行单轨吊轨道的巡检维护工作,使用单位机电负责人应对轨道巡检工作进行监督检查,确保全覆盖的检修维护。同时,针对因轨道安装或检修不当造成的机车坠落事故,企业应追查到位,责任落实到人。

企业应每天派专人对各采区的轨道进行自外向里检查,对每个吊点(拱架、横梁、吊爪、吊链、U型环、螺栓、吊耳、定位环/块)、每节轨道,逐个进行详细检查,发现不完好及时进行更换检修;对于轨道接头间隙、轨面错茬、折角应注意检查和调整;特别注意道岔的活动轨及其汽缸以及锁紧气缸是否灵敏可靠,活动轨面是否闭合到位,各吊点受力是否均匀,螺栓是否紧固。

企业应加强对单轨吊轨道道岔的运维管理,其主要检查内容及要求应包括:各吊点受力均匀,链环无异常变形;连接螺栓紧固可靠齐全;移动轨灵活自如,定位可靠;每班检查不少于1次,发现问题及时处理。维修时,企业应在检修点前后30 m外设置检修警戒和相关措施,严禁和防止单轨吊意外通行。

企业对单轨吊运行井巷环境及配套设施的运维管理绝不打折扣,尤其是为大件安装做准备的巷道,应严格按照运行规定进行作业;对于一些可能与单轨吊运输有交集的吊挂设施，应提前考虑好布置位置。单轨吊在使用过程中，要保证曲线巷道段在直线巷道允许安全间隙的基础上，内侧加宽不小于 0.1 m，外侧加宽不小于 0.2 m。在风门、道岔、弯道部位，企业应更加注意空间距离，保证单轨吊安全可靠通过风门、道岔、弯道。

企业应建立单轨吊机车的运维制度，建立维修作业流程和操作规程，并根据相关制度进行日常检查、定期检查、零元部件更换等工作。单轨吊所属责任队、组应当编制每台单轨吊检修计划，每日按照检修计划对应的单轨吊设备运行情况进行检查、检修，发现隐患问题及时处理。检修工必须按照《设备的维护和保养》的项目进行检修，在维修中发现设备零（元）部件损坏，必须及时领取零（元）部件进行更换，并做好记录，保证单轨吊设备安全稳定运行。

企业应加强单轨吊机车的检修工作，尤其应当保证检修时间，强化检修工的责任心和责任意识。每辆单轨吊机车每天必须保证不少于 2 h 的检修时间；未经检修的机车坚决不准运行。

(十一) 强化培训，提高素质

加强对职工的日常安全教育和培训，稳步提高职工素质及技能；强化现场作业人员安全意识、执行矿山相关安全技术措施的自觉性；提高员工对单轨吊运输安全风险辨识分析能力、事故隐患排查能力，自觉防控安全风险，杜绝违章作业、冒险蛮干。

五、处理单轨吊掉道的安全技术措施

单轨吊轨道坠落、机车掉道事故处理过程复杂，难度较大，潜存较大的安全风险，极可能造成次生事故。为了保证安全，处理单轨吊轨道坠落、机车掉道事故时，应当注意以下问题：

（1）当发生机车掉道事故后，必须立即停止机车运行，对单轨吊机车停电、闭锁，挂好"有人工作、严禁送电"警示牌，以防事故扩大；对发生事故段采取区域封闭措施，并在事故地点前后 30 m 处设立警戒，非特殊情况下禁止无关人员通过。

（2）检查机车掉道原因，以及吊挂设施、轨道和机车的损毁程度，向值班领导、跟班领导、班组长汇报。

（3）值班领导、跟班领导、班组长应根据汇报情况，组织人员现场确认，并进行准备工作。

（4）必须由跟班领导、班组长亲临现场指挥，确定机车上轨方案及相关安全技术措施；整个工作过程必须有安全管理人员现场盯班，安全员必须在现场监督。

（5）机车上轨恢复作业前，必须在掉道处看周围支护是否牢固可靠，并确保有专人监护顶板的情况下，方可作业。在此期间，所有作业人员必须随时密切关注巷道内棚梁、轨道是否完好，以免再次发生意外。

（6）所有参与处置的人员必须处于安全地点，备齐所需工具、材料后，方可进行机车上轨处置工作。

（7）发现锚杆（索）、顶棚等损坏时，必须及时报告跟班领导，联系有关人员进行修棚、加固或者重新补打悬吊锚杆（索）。

（8）若有离地高度3 m及以上的高空作业时，必须佩戴合格的保险带方可施工，保险带要与起吊梁或其他可靠设施、设备固定牢固。需要登梯作业时，应安排人员扶梯，且严禁人员处于梯子和单轨吊轨道下方。扶梯者应扶牢、扶稳，并与作业人员协调一致。扶梯者不应目视上方，以防浮矸砸伤，如确实需要，应先到安全地点，再抬头观望。

（9）机车上轨时，应使用手拉葫芦起吊，根据设备的质量，选择合适吨位的手拉葫芦。悬挂手拉葫芦，必须使用专用绳套，禁止用铁丝编织，必须使用物料吊装链。手拉葫芦的悬吊位置应根据起吊点确定，保证起吊点支护稳定可靠。若机车吊有物料，应先卸下物料，再起吊机车。吊装链与机车相连接应可靠，以防起吊过程中松脱伤人，毁坏设备设施。

（10）机车上轨过程中，所有人员必须处于起吊设备2 m之外，并避开手拉葫芦的下方及链条的作用力方向、机车的运动方向；严禁从机车下方穿行；确有需要到另一侧时，应绕过车身通行。

（11）设备起吊前，应将掉道机车的承载轮卸下或者抱闸松开。

（12）设备起吊时，起吊速度应避免时快时慢，须缓慢且均匀，防止设备出现大幅度晃动，发生意外。

（13）若小横梁松动或脱落，应重新安装，并采取措施安装牢固，如采用刹杆、木楔背实、备牢，以防再次松脱；若轨道变形严重，必须更换。

（14）当机车承载轮或者抱闸位置与吊轨轨道持平后，将手拉葫芦固定好防止松脱，安装好承载轮或者使抱闸制动。

（15）机车上轨期间，所有作业人员必须听从跟班领导、班组长的统一指挥，协调一致，严禁擅自、盲目作业。

（16）单轨吊与带式输送机同巷布置时，要研究分析掉道梁、棚梁、机车等对带式输送机运输的影响。处理机车上轨前，应同时通知值班室、调度室，协调停止带式输送机运行；机车上轨时，应与带式输送机运维队组协调一致，确保安全。

处理大型设备掉道、恢复机车上轨时，往往安全风险更高、处理难度更大，

除了应采取上述安全技术措施外,还应注意以下安全事项:
(1) 大型设备掉道后,要先用吊车链、钢丝绳将大型设备捆绑好。
(2) 采用符合吨位要求的手拉葫芦将大型设备固定牢固,防止倾倒或者摔落,砸伤人员。
(3) 用手拉葫芦、千斤顶等工具时,先将大型设备平稳地在底板上支牢、放稳。
(4) 按照上述步骤,将轨道和机车上轨。
(5) 检修机车,确定完好后,重新吊挂大型设备,驶离现场。
(6) 整个工作过程必须由跟班领导、班组长亲临现场指挥,安全员必须在现场监督。

第二节 矿用单轨吊跑车事故及其防范措施

单轨吊悬吊于空中运行,适用于坡度较大、变坡拐弯较多的运输条件,满足运行速度较快、运输物料较重的辅助运输需求。但在重力、运行动能等的作用下,也存在较大的跑车风险。比较而言,单轨吊运输过程中跑车风险的发生概率、可能造成的损失以及处置的难易程度均高于一般的地轨运输。防范矿用单轨吊运输跑车风险,防止跑车事故,是矿用单轨吊运输安全管理的重要内容。

一、矿用单轨吊跑车事故的主要类型

矿用单轨吊跑车地点以大角度、重载、下行运输居多,轻载运输偶有出现。常见的单轨吊跑车事故类型有单轨吊跑车脱轨、跑车侧翻、下滑跑车、驻车跑车等。

(一) 矿用单轨吊跑车脱轨事故

单轨吊跑车后的高速滑动,可能导致车轮脱离轨道,跑车脱轨事故。跑车脱轨事故的主要场景包括:在道岔处变道失控脱轨,在拐弯、变坡处变向失控脱轨,在阻车器(围栏)处翻越围栏失控脱轨等。此类事故的危险性较大,不仅会损毁运输物料、设备,还可能破坏井巷设施和悬挂轨道系统,且应急处置比较困难,必须严加防范。

2015 年,安徽某煤矿在 3232 采煤工作面设备回撤过程中,采用单轨吊吊运设备时,机车管路故障,因维修工处置操作不当,管路错接造成机车急速下滑,最终导致机车坠落。

(二) 矿用单轨吊跑车侧翻事故

单轨吊跑车在高速滑动过程中,可能出现车辆过分倾斜,车体失衡,最终发

生跑车侧翻事故。跑车侧翻事故的主要场景包括：在拐弯处离心力作用下的跑车侧翻，在变坡处剧烈震动下的跑车侧翻等。此类事故的危险性也比较大，应该采取有效的防范措施。

（三）矿用单轨吊下滑跑车事故

单轨吊失控后沿轨道高速下滑。下滑跑车事故的主要场景包括：制动失效跑车；行驶过程中连接杆断裂，导致单轨吊被牵引部分沿斜巷下滑跑车；因顶板淋水造成相关部件之间的摩擦系数下降从而导致的跑车；人员操作失误，导致单轨吊运行速度过快造成的下滑跑车等。

（四）矿用单轨吊驻车跑车事故

单轨吊在倾斜巷道驻车时，由于车辆制动装置失效或者操作不当等原因导致的跑车。此类事故多发生在大倾角巷道、重载运输的情况下，尤其是大型机械设备或者其组件的运输过程中。

2023年9月11日19时47分许，安徽某煤矿掘进一区在832风巷使用柴油机齿轨单轨吊运输液压支架掩护梁和顶梁至组装硐室处，在倾斜巷道段刚刚停车就发生跑车，最终造成1名工人被撞伤，经抢救无效死亡，直接经济损失338.51万元（不含事故罚款）。

二、矿用单轨吊跑车事故的主要原因

矿用单轨吊跑车事故的致因是多方面的，如制动失效或制动力不足、因顶板淋水等造成相关部件之间的摩擦系数下降、紧急停车失效、超速保护失效、连接部件断裂、操作失误等，是造成单轨吊跑车的常见原因。

（一）制动失效或者制动力不足

单轨吊制动力是单轨吊运输系统安全运行的基本保障，通过控制制动单元防止机车失速和突然停止等。由于单轨吊机车与载荷的直接接触面积较小，且存在纵向和横向不稳定的因素，合理应用制动力和控制系统，才能有效防控单轨吊跑车风险，防止单轨吊运输事故的发生。制动失效或者制动力不足是单轨吊跑车事故的常见原因。导致单轨吊制动失效或者制动力不足的主要原因有：

（1）整车制动力不足。根据《煤矿安全规程》规定，单轨吊的安全制动和停车制动必须为失效安全型，制动力应当为额定牵引力的1.5~2倍。常见于单轨吊运输条件或者工况发生变化；对设备进行改造或者单轨吊机车成列发生变化时，未按规定进行制动力计算、测试和校核。

（2）制动闸块磨损超过标准限值。此类现象引起的制动力不足、导致的下滑跑车现象最多。深层次的原因是检查维修不到位、人员责任心不强、现场管理存在缺陷或者不足等。

（3）制动装置连接紧固件松动、制动装置失灵等，也与单轨吊运输检查维修不到位、责任制及现场管理存在缺陷密切相关。

2023 年 9 月 11 日安徽某矿 832 风巷发生的柴油机单轨吊跑车事故，主要原因系单轨吊机车斜巷重载停车，制动回路电磁阀卡顿未有效进行工作制动，单轨吊机车跑车、下滑；下滑过程中紧急手动制动保护和机械离心式释放器超速保护的回油管均未回油，保护不起作用，致使单轨吊机车失速下滑至风巷下口拐弯处，司机跌落被挤压致死。

（二）因顶板淋水等造成相关部件之间的摩擦系数下降

单轨吊运输依靠驱动轮与轨道间的摩擦力实现驱动、制动单元的制动闸瓦与轨道的摩擦力实施制动，相互作用体之间的摩擦系数直接影响摩擦力的大小，决定了单轨吊运输的驱动力、制动力。

摩擦系数下降可能造成灾难性后果。在重载上行时，摩擦系数下降会造成驱动力不足，驱动轮打滑，引起单轨吊机车带着重物反向运行；重载下行时，摩擦系数下降会造成制动闸瓦与悬挂轨道间打滑，单轨吊会带着重物越走越快，以致无法有效实现刹车制动。

摩擦系数下降可由悬挂轨道存在油脂或者被水侵蚀等导致，以被水侵蚀较为常见。深层次的原因是检查维修不到位、人员责任心不强、现场管理存在缺陷等。根据《煤矿安全规程》规定，单轨吊运输应当有防止侵蚀轨道的措施。

（三）紧急停车失效

按照规定，单轨吊安全制动必须采用失效安全型制动装置。如果制动装置回油电磁阀故障或者管路堵塞、管路错接，不能正常回油泄压，制动闸不能实施制动，就会造成正常停车、紧急停车失效，导致跑车。

（四）超速保护失效

超速保护是防止单轨吊运输速度失控最重要的安全保护措施。根据《煤矿安全规程》规定，单轨吊必须设置既可手动又能自动的安全闸，绳牵引式单轨吊运行速度超过额定速度 30% 时，其他单轨吊运行速度超过额定速度 15% 时，能自动施闸；施闸时的空动时间不大于 0.7 s。

如果超速保护装置部件损坏，不起作用，会造成单轨吊在斜巷超速下滑时不能停车。超速保护装置部件质量缺陷、现场检查维修不到位、管理缺失等因素，可能导致单轨吊的超速保护失效。

（五）连接部件断裂

单轨吊机车的各组成单元间依靠连接杆连接，各连接杆为受力承载件，且在单轨吊运输过程中受力比较复杂。如果连接单轨吊驾驶室、驱动单元、制动单元等的连接杆断裂，在其运行下方又未设置制动单元（车）时，会导致单轨吊下方部分的组件沿斜巷下滑跑车。

造成连接部件断裂的可能原因是部件质量存在问题，又未经严格的入矿入井查验、检测；长期运行中疲劳损伤，又存在检查、试验、管理缺陷等。

（六）操作失误

单轨吊司机、吊放操作人员在起停单轨吊或者吊放设备、材料时，因操作或指挥失误，可能造成单轨吊跑车。

常见的直接原因是单轨吊行驶时，司机由于疲劳和分心、操作失误或选择不当、疏忽大意等原因，导致单轨吊失去控制，破坏了预先设定好的行车路径。非持证人员操作也是造成事故的重要原因。

操作流程缺失或者未执行到位、场站管理不善、环境不良、安全设施设备不完整、培训不到位等因素，都会增加人员操作失误风险。

三、矿用单轨吊跑车事故的防范措施

防范单轨吊跑车事故，除应采取前述提高认识、强化意识，实现全生命周期管理、全过程管控，健全机构、完善制度，严格准入、源头把关等综合性措施外，还应采取以下措施：

（一）增配智能化的设备设施

诸多单轨吊跑车事故与司机操作失误密切相关，制约因素包括场站管理不善、环境不良、司机观察操作不便、安全设施设备不完整等。为进一步便于单轨吊司机的观察和操作，控制或者减少操作失误，在现有单轨吊设备设施的基础上，可以增配下列智能化的设备设施：

（1）在单轨吊起吊梁前端加装视频监视设备，用以监测单轨吊线路状况、周边环境情况以及运行线路空间内是否有行走人员等，进一步扩展司机的视野。条件具备时，可以安设 AI 监视设备，在实施监视的同时，对异常情况进行预警、报警、紧急停车。

（2）在单轨吊驾驶室内安装显示实时画面的屏幕，能够及时将单轨吊起吊梁前端情况进行实时播放，扩大司机的视野，控制或者减少观察的盲区。在驾驶室内，单轨吊司机可以通过观察实时画面屏幕，随时了解掌握单轨吊运行线路的巷道条件、运输线路质量以及人员行走情况、巷道中设备设施的情况。

（3）在单轨吊车列上安设防止人员异常接近的设备设施，在单轨吊起吊、运行过程中，一旦发生人员违规进入禁入区、运输路线上单轨吊运行空间有人行走或者作业，及时预警或者自动停车。

（4）增设道岔限位误操作设施。道岔限位误操作，是单轨吊卡车的常见原因之一。增设道岔限位误操作设施，在跟车工发现机车异常时能及时通知司机停车，可以避免事故的进一步扩大。

（5）在轨道系统设置精确定位、速度监测、闭锁联锁等技术装备。该技术装备可实现单轨吊的精确定位、车列运行速度实时监测、沿线设备与车辆之间的安全探测、信号传输和设备信号闭锁联锁功能（包括信号灯闭锁、道岔联锁、风门联锁、道岔到位确认等），进一步提高单轨吊运行的安全可靠性，降低单轨吊跑车风险。

（二）进一步提高单轨吊机车制动单元的安全可靠性

制动单元的完备性和安全可靠性是防止单轨吊跑车的关键问题，可以在现有装备的基础上，采取以下技术措施，以进一步提高单轨吊机车制动单元的安全可靠性：

（1）按照安全冗余要求设置回油制动系统。为每组制动轮组设置两路以上相对独立回油的制动系统，并保证时刻处于完好状态，防止其中一条通道被堵或不畅时，制动性能降低或失效。

（2）增设手动回油制动系统。在单轨吊前、后驾驶室各安装一组手动机械液压系统卸荷阀，直接将制动闸进、回油路进行短接。在突发情况需要紧急停车时，司机打开卸荷阀后，不需要经过任何电磁阀等电气控制元件，就可直接泄压制动机车。

（3）增设连接拉杆的二次保护。从单轨吊前、后驾驶室用钢丝绳与各组制动装置串接在一起，建立机车各部位除用连接杆连接之外的二次连接保护，防止单轨吊局部连接杆断裂发生局部下滑跑车事故。

（三）加强单轨吊运输设备设施的定期检查和维护保养

单轨吊运输设备设施的定期检查以及维护保养工作，应采取以下技术措施：

（1）对单轨吊自身安装的 3 种制动保护装置进行定期检查、每班试验，做到任何一项不完好，不运行单轨吊机车。

（2）每年定期联系相关单位对单轨吊连接杆进行探伤试验，对单轨吊制动力、牵引力、抱闸时间等技术性能进行测试。

（3）运输专业部门每月组织开展一次制动力、牵引力测试。

（4）严格执行单轨吊日历化检修制度，定期检查单轨吊制动闸块，更换磨损超限的设备设施。

（5）建立单轨吊司机制动装置试验制度。每班接班后对正常运行停车、紧急制动停车、手动泄压制动各试验一次，凡是出现在 1 s 内不能制动的，立即停止运行并检查处理，每台车配备《司机试验记录表》，试验后填写试验结果。

（四）建立完善单轨吊运输定期安全检测机制

为确保单轨吊运输设备的性能可靠、运行平稳，应建立完善单轨吊运输定期安全检测检验机制及配套的规章制度，定期对单轨吊运输设备进行以下几方面的性能检测：

（1）牵引力检测。单轨吊机车最大牵引力应不低于额定牵引力的105%。

（2）运行速度检测。单轨吊机车最大运行速度应不高于额定运行速度的105%。

（3）制动力检测。紧急制动的制动力应为最大牵引力的1.5~2倍。

（4）超速保护检测。单轨吊运行速度超过规定值的15%时，紧急制动自动施闸停车。

（5）制动施闸空动时间检测。紧急制动施闸的空动时间应不大于0.7 s。

（6）制动距离检测。在最大坡道上，以相应的最大载荷和最大速度向下运行时，制动距离应不超过相当于这一速度的6 s的行程。

（7）制动减速度检测。在最小载荷最大坡度上向上运行时，制动减速度应不大于5 m/s²。

第三节 矿用单轨吊剐蹭事故及其防范措施

矿用单轨吊剐蹭事故主要发生在运输过程中，主要表现为对巷道设施、设备和人员的剐蹭，以及设备之间相互干涉引起的刮擦碰撞等。在单轨吊运输大件过程中，如果与巷道周边剐蹭，可能改变运行方向，导致轨道变形甚至机车坠落等重大事故。防止单轨吊运输过程中的剐蹭事故，是维持单轨吊运输有序正常运行的重要工作。

一、矿用单轨吊运输剐蹭事故的主要类型

井下巷道空间狭窄、设备多、工况复杂、人员集中，如果单轨吊运输过程中出现现场环境不良、秩序不佳或操作失误等，可能发生各类剐蹭事故。主要表现为：单轨吊车列与巷道周边设施刮擦，巷道中设施吊挂不当引起的剐蹭，单轨吊车列与巷道中的设备剐蹭，单轨吊车列挤压撞伤人员等。

（一）单轨吊车列与巷道周边设施刮擦事故

单轨吊车列与巷道周边设施刮擦多发于大件运输中。大件运输对巷道高度、宽度要求较高（需求较大的运行空间），在单轨吊运行空间不足的情况下，会出现大件在底板拖拽滑行或刮擦巷帮的情况，使单轨吊负载增加，轨道承载力不均，同样也会引发轨道变形甚至机车坠落。

2022年9月20日3时45分，安徽某煤矿3238综采工作面风巷，柴油机单轨吊车列运行过程中，吊运的集装箱剐蹭放置在巷道底板上的单轨吊轨道，造成

集装箱受阻发生摆动倾斜,将位于巷道上帮的 2 名作业人员挤伤,后经抢救无效死亡,直接经济损失 544.46 万元(不含事故罚款)。

单轨吊车列在通过风门、道岔、弯道时,刮擦碰撞的风险增加,操作不当就可能发生剐蹭、撞损巷道设施的事故。

2013 年 10 月 31 日 6 点 57 分,某煤矿打钻队使用 DX40 型防爆蓄电池单轨吊向外吊运打钻岩粉过程中,当行至 2101-1 号回风巷口时撞到风门上,造成直接经济损失 6700 元。该矿 2012 年 12 月 16 日凌晨,S5-9 型轨道巷也曾发生单轨吊机车撞坏风门事故。

(二)巷道中设施吊挂不当引起的剐蹭事故

因巷道中设施吊挂不当引发的单轨吊车列刮擦虽不多见,但也会造成设备设施的损坏,严重时可能造成轨道或者机车坠落。

2018 年,某煤矿 822 机巷出现一起单轨吊车列被卡住、单轨吊梁体被拉断的运输事故。造成事故的原因是 822 液压泵站使用的高压胶管吊挂不当,钢丝胶管绞入单轨吊驱动部的轮系中,随着机车前行,钢丝胶管卡在巷帮棚梁上,将机车拉住,造成单轨吊车列被卡住,单轨吊梁体被拉断,幸未造成单轨吊车列坠落事故。

(三)单轨吊车列与巷道中的设备剐蹭事故

单轨吊运输线路上巷道断面有限,如果违章放置设备,造成单轨吊运输的安全空间不足或者在道岔、变坡点、水平拐弯等附近存放设备,运行速度过快,单轨吊车列摆动过大,造成单轨吊车列剐蹭设备。

(四)单轨吊车列挤压撞伤人员事故

矿用单轨吊在运输过程中,如果发生偏转,造成机车与四周空间不足、人员违规行走等场景,有可能会挤压四周人员,发生伤亡事故。在单轨吊通过风门等井下构筑物时违规操作、违规乘坐,也可能造成司机、跟车工等的人身伤害。

2023 年 12 月 17 日,山西某煤矿运输三队在 W3303 综采工作面进风巷采用单轨吊进行运输作业,14 时 23 分单轨吊通过风门时,司机郭某某被挤压受伤,升井后经抢救无效于 15 时 35 分死亡。

2023 年 10 月 8 日,陕西某民营煤矿发生一起单轨吊挤压人员事故,1 名工人在 4415 工作面回风巷被运行的单轨吊挤压受伤,经抢救无效死亡。

2023 年 6 月 27 日 10 时 38 分,甘肃某二类中级智能化示范煤矿,发生一起转载巷单轨吊运输时车列挤伤人员事故,被挤伤人员于 11 时 58 分经抢救无效死亡。

2022 年 9 月 20 日 3 时 45 分,安徽某煤矿 3238 综采工作面风巷,柴油机单轨吊机车运行时,挤伤致死 2 名作业人员。

二、矿用单轨吊剐蹭事故的主要原因

单轨吊剐蹭事故主要发生在单轨吊运行过程中,以大件吊运居多,其主要原因有以下几方面:

(1) 安全风险辨识和隐患排查治理不到位。对于大件运输、变坡点、拐弯点等的单轨吊运输安全风险辨识不清,未能采取针对性的防控措施。因巷道变形等原因对单轨吊运输安全的影响及造成的事故隐患未能及时排查、整治,从而造成事故的发生。2022年安徽某煤矿3238综采工作面风巷单轨吊机车挤伤致死作业人员事故,就暴露出矿井对该风巷受采动影响巷道变形严重、沿空小煤柱巷道严重变形带来的安全风险辨识不到位,对单轨吊运行巷道的两侧和底部的安全间距不足的隐患排查治理不到位等突出问题。

(2) 现场安全管理不到位。一是现场运行环境不良,设备、物料并未做到有序、规范存放,未能保证单轨吊运行的安全间距。二是运行前安全确认不到位,未对现场单轨吊运行环境进行检查,未能清理影响单轨吊运行路线范围内的障碍物。三是在单轨吊吊运、倒货期间,未按规定设置警戒,人员违章进入单轨吊运行区间,造成人员伤害。四是安全监督和现场安全监护不到位,未能有效维护和保持良好的生产秩序。

(3) 运输线路维护管理不到位。对运输线路因巷道变形等原因造成的单轨吊运行安全空间不够等问题未能维护、整治。

(4) 司机违章作业、违规操作。2013年10月31日某矿发生的DX40型防爆蓄电池单轨吊在2101-1号回风巷口撞到风门事故,就是主司机张某在开车时打盹造成的。副司机履行互保联保职责不到位,也是造成本次事故的原因之一。

(5) 职工安全教育不到位。职工安全意识淡薄,对现场存在的风险和隐患辨识排查不到位,未能辨识单轨吊运行安全间距不足、运行范围存在障碍物等风险,违规进入危险区域,互保联保不到位。

三、矿用单轨吊剐蹭事故的防范措施

防范单轨吊剐蹭事故,在前述提高认识、强化意识、实现全生命周期管理、全过程管控,健全机构、完善制度,严格准入、源头把关等综合性措施的基础上,还应采取以下技术措施:

(1) 加强风险管控和隐患排查治理。进一步完善并严格落实安全风险管控和隐患排查治理双重预防工作机制,从源头上防范风险。要依据巷道服务年限、矿压、通风、运输等因素,合理设计巷道断面和支护参数,加大对沿空小煤柱的治理力度,提高沿空掘进巷道一次支护强度,做到"一巷一策、一段一策";要分析研判单轨吊等新装备使用带来的安全风险，完善操作规程，明确使用条件；要细化岗位责任，强化监督落实，把风险管控和隐患排查治理落实到生产作业全过程；要坚持问题导向，开展工作面作业环境和机电运输专项整治。

（2）加强现场安全管理。严格落实安全技术措施和现场安全管理措施，保持有序的作业秩序、良好的作业环境，有效规范现场人员的作业行为；作业地点现场负责人要加强班前、班中和班尾风险辨识、安全确认和隐患排查整改；应装尽装视频监控，发挥"人防""技防"保安作用；提升通信设备的稳定性、可靠性，确保单轨吊司机能及时沟通，合理处置现场突发情况。

（3）切实摆正安全与生产、安全与效益的关系。牢固树立安全第一的理念，配齐配足安监员，确保采掘工作面监督检查全覆盖。在巷道变形大，不符合安全生产条件时，要及时对采掘工作面进行修护，必要时停止生产，做到不安全不生产，真正做到安全第一、预防为主；要切实加强安全检查和隐患排查治理工作，隐患未得到根治前，不得进行单轨吊运输作业。

（4）加强干部职工安全教育和技术培训。要切实加强单轨吊操作人员的安全教育和技术培训，增强其安全意识、自主保安、互保联保和应急处置能力，提高专业技能操作水平，做到安全操作、安全使用维护。持续深入推进"工人违章、干部反省"和事故警示教育工作，不断提升干部职工安全风险辨识和隐患排查治理的意识和能力，夯实安全生产基础，坚决杜绝"三违"行为。

（5）增设新的技术装备和设施。运用智能化监控手段，监测巷道变形和单轨吊运输过程中集装箱与巷道四周的距离，当距离低于限值时，及时发出报警信号，有效管控刮蹭风险。增设便于单轨吊司机观察、操作、联络、确认的其他智能化的设施设备，以控制或者减少作业人员的操作失误。

第四节　矿用单轨吊其他事故及其防范措施

矿用单轨吊运输除可能发生跑车、坠落、刮蹭事故之外，还可能出现其他的事故形式，主要有作业人员操作不当引发的设备间连锁事故、单轨吊设备拆卸过程中违规操作引发的事故、单轨吊运输中与其他设备协配失当引发的事故等。

一、操作不当引发的设备间连锁事故

由于井下空间狭窄，人员和设备集中，尤其在采煤工作面上下巷和掘进巷道中使用单轨吊运输时，移动之中的采掘设备和单轨吊机车处同一段有限空间内，控制不当极可能发生设备间的连锁事故。操作不当是导致单轨吊运输过程中设备间连锁事故的主要原因之一，如操作人员未按照操作规程进行操作，或者操作人

员缺乏必要的操作技能和经验等。

2017年12月11日14时19分，内蒙古某煤矿22205综采工作面，早班采煤机司机余某在工作面机尾割煤时割到单轨吊，被掉下的单轨吊砸伤，后经抢救无效死亡。该起事故的简要经过：12月11日14时19分，综采二队控制台电工汇报调度室，工作面喊话有人员受伤，需要派车接人。调度室立即安排车队派车入井，随后联系综采二队跟班队长询问情况。跟班队长汇报称，早班采煤机司机余某在工作面机尾割煤时割到单轨吊，被掉下的单轨吊砸伤。受伤人员于15时16分升井，在井口进行紧急处理后送往当地中心医院，16时30分经抢救无效死亡。

（一）主要原因

该类事故发生的主要原因有以下几方面：

（1）安全风险辨识分析不到位。对于采掘作业中可能存在的安全风险辨识不清，对操作过程中设备间的相互关系、可能造成的其他设备损坏认识不足，未能采取单轨吊停机位置的合理确定、加强观察等针对性的防控措施，对采煤机割煤与单轨吊的安全间距排查治理不到位且未采取针对性的治理措施。

（2）现场管理存在缺陷。现场运行环境不良，单轨吊等未能做到有序、规范的停放，且未保持足够的安全间距；采煤机作业前安全确认不到位，未对采煤机运行环境进行全面检查，且未及时移走单轨吊；安全监督和现场安全监护不到位，未能有效维护和保持良好的生产秩序且未对操作人员及时提示、提醒。

（3）人员违章作业、违规操作。单轨吊司机违章停机，没有及时将单轨吊停放到安全位置；采煤机司机违规操作，没有加强操作中的观察；其他在场人员履行互保联保职责不到位。

（4）职工安全教育不到位。职工安全意识淡薄，对现场存在的风险和隐患辨识排查不到位，安全操作技能不足。

（二）预防措施

为防止此类事故，应从以下几方面采取措施：

（1）严格落实安全风险管控和隐患排查治理双重预防工作机制，从源头上防范风险。要系统分析研判采掘作业中各种安全风险，完善操作规程，明确使用条件；要细化岗位责任，强化监督落实，把风险管控和隐患排查治理落实到生产作业全过程；要坚持问题导向，开展采掘工作面作业环境和机电运输专项整治。

（2）加强现场管理。严格落实现场安全管理措施，保持有序的作业秩序、良好的作业环境，有效规范现场人员的作业行为；作业地点现场负责人要加强班前、班中和班尾风险辨识、安全确认和隐患排查整改；进一步明确互保联保职责，完善协同工作机制。

（3）切实摆正安全与生产的关系。牢固树立安全第一的理念，防止为保产、增产而盲目作业；切实加强安全检查和隐患排查治理工作，隐患未得到根治前，不得进行采掘作业。

（4）加强安全教育和技术培训。要通过安全教育和技术培训，增强作业人员的安全意识、自主保安、互保联保和应急处置能力，提高专业技能操作水平，做到安全操作、安全使用维护；加强事故警示教育，不断提升作业人员安全风险辨识和隐患排查治理的意识及能力，坚决杜绝"三违"行为。

（5）增设新的技术装备和设施。增加预防设备碰撞设施，监测设备间的安全距离，当距离低于限值时，及时发出报警信号；增设便于采煤机司机的观察、操作、联络、确认的其他智能化设施设备，控制或者减少作业人员的操作失误。

二、单轨吊设备拆卸过程中违规操作引发的事故

单轨吊设备拆卸一般为高空作业，存在坠落等安全风险；单轨吊设备较重，处置不当容易造成较严重的伤害；单轨吊运输巷道空间狭窄，多种设备共存，且照明不良，稍有不慎就可能发生事故。

2017年6月2日6时30分，山西某煤矿19108综采工作面辅运巷内发生一起机电事故，造成1人死亡，直接经济损失98.56万元。该起事故的简要经过：副班长（井下电气作业工）在辅运大巷巡视过程中发现单轨吊最后一节松动，需进行拆除。在拆除作业时，该名副班长站在单轨吊吊挂的管道上进行作业，此时单轨吊上滑轮小车滑移，吊挂电缆低垂挤压在超前支架操纵阀手把上，超前支架发生异常动作，其被支架挤撞致死。

事故发生后，经综合分析认为，副班长在进行单轨吊拆卸时，未严格按照《19108综放工作面回采作业规程》中关于单轨吊拆卸的关键安全要求进行操作，是此次事故发生的直接原因。

为了杜绝此类单轨吊事故的发生，应该采取以下措施：

（1）加强对设备的定期检查。定期对单轨吊设备进行检查和维护，及时发现问题并进行处理，保证设备的正常运行。

（2）加强员工培训。对操作人员进行专业的培训，增强其操作技能和安全意识，降低操作失误的风险。

（3）保证设施设计合理。对单轨吊管线设备要加强管理，单轨吊上的滑轮小车要经常保持一定距离，严禁相互挤撞；对各环节的工艺方法进行优化；在单轨吊设施的设计和改造过程中，应该按照规范标准进行，确保设施的安全性和可靠性。

（4）加强监督管理。应认真进行隐患排查和治理，并充分发挥事故警示教

育作用，开展安全教育，防范事故的再次发生。

为防止其他单轨吊事故的发生，还应采取以下防范措施：

（1）各单轨吊使用队组在单轨吊临时停放时要严格做到机车前后灯光警示（机车动力电源和照明电源分开改造或临时设立警示灯）。机车因故障必须检修或长时间在主要巷道停放时，必须经运输部门同意后按规定停放，同时机车前后要设置阻车装置，有效避免机车冲撞事故。

（2）遇吊运通过风门、电缆等设施安全距离不够的情况，以及在吊运电缆架、皮带架等较宽、不规则材料设备通过风门、皮带机头等交岔点或噪声大的地点时，在通过前，司机、跟车工必须先停车对现场危险源进行辨识并确认安全距离，确实影响通过时必须调整吊装设备高度及角度后方可缓慢通过。通过时，司机、跟车工必须互相协调好并密切关注行车状况，一旦发现安全距离不够，马上停车处理，若调整吊装方式后仍无法通过时，必须及时上报运输科，采取措施进行处理。

（3）运输过程中要严格执行行人不行车、行车不行人的规定。强化运输环节的管控，针对机轨合一巷道，完善防跑车、跑料的安全防护设施、装置。

（4）吊运相对较重的设备，若遇超载等特殊情况，必须使用支架车吊运，不得使用两个起吊梁吊运设备的吊运方式。

（5）运输大型设备时必须有安监人员现场监护、跟班队员现场指挥。

（6）运输作业期间，严禁与带式输送机检修平行作业。

（7）运输队组各类司机在最薄弱时段严格执行停机 10 min 安全确认制，要求司机下车对机车运行状况进行安全确认。一是方便司机下车清醒神智，排除人的不安全因素；二是检查机车完好状况，排查物的不安全状态。

（8）物料换装期间，人员要合理站位，站在安全地点进行指挥操作。

（9）跟车工在车辆经过道岔、弯道、硐室口、起坡段等特别地段时，必须下车监护并随时提醒司机提升注意力。

（10）单轨吊在运行途中，应避免突然变速，以免出现物料晃动刮坏沿途设备设施。

（11）各运输队组要强化电动单轨吊充电现场行为管控。电瓶充电必须在充电平台或充电沟内进行，严禁车载充电。充电作业前必须开盖检查，对电解液液面高度及电瓶完好状况进行确认，不符合充电条件时严禁充电作业。充电期间应不间断地对所充电瓶进行巡查并做好记录，发现异常要马上关闭充电器并及时处理。各运输队组进一步规范充电工现场交接班管理，在重点采区充电硐室设立交接班台账，现场交接班；对非重点采区在未配齐专职充电工时，若该采区无人作业时，严禁进行充电作业。

三、单轨吊运输中与其他设备协配失当引发的事故

单轨吊运输中尤其是处理突发紧急情况时，往往需要与其他设备配合完成相关作业，如果对相关安全风险辨识不清，管控不到位，违规操作导致设备间协配失当，就会导致事故发生。

2016 年 4 月 25 日凌晨 25 分，安徽某煤矿在 Ⅱ669 采煤工作面机巷转运液压支架作业期间，发生一起运输事故，造成 1 人死亡，直接经济损失 69.5 万元（不含事故罚款）。该起事故简要经过：刘某某使用 3 t 手拉葫芦链条将单轨吊上的综采支架与 JH-14 型绞车钩头相连接，试图用绞车为下行的单轨吊和支架提供一个反向牵引力，用于降低单轨吊进入变坡点时对轨道接口的冲击，避免损坏轨道。因绞车对支架施加的牵引力大于连接链条的破断拉力，导致链条崩断；钢丝绳钩头受钢丝绳拉力作用，反方向回弹，击中综采支架后方 5.2 m 处的刘某某腹部，将其击伤致死。分析认为，该起事故发生的主要原因有以下几方面：

（1）违章指挥、违章作业。刘某某擅自指挥使用未经验收的绞车，违章指挥无绞车操作证的李某某操作绞车，违规使用不符合要求的链条连接绞车钩头与支架。

（2）技术管理不到位。针对 Ⅱ669 采煤工作面机巷安装 JH-14 型绞车制定的《Ⅱ669 机巷转运支架安全技术补充措施》未履行审批手续、未贯彻执行。

（3）现场安全管理不到位。未按规定配备两名单轨吊司机；单轨吊转运支架过程中未按规定设置跟车工；区队跟班人员及安监员未对事故地点进行安全巡回检查，未能及时发现并制止刘某某的违章指挥和违章作业行为。

（4）隐患排查不到位。Ⅱ669 采煤工作面机巷与 Ⅱ6611 下降风巷交岔处是单轨吊运输的重点，轨道接口多次损坏，影响单轨吊的运行，矿井未及时采取针对性的保障措施；Ⅱ669 采煤工作面机巷新安装的 JH-14 型绞车安全设施不全（绞车信号装置、警示标识等未安设）但能运行，矿井未能及时发现并消除隐患。

（5）职工培训教育不到位。职工安全意识淡薄，互保联保意识不强，现场作业人员李某某未拒绝违章指挥，违章操作绞车，且未及时制止刘某某进入绞车运行巷道内的违章行为；相关安全管理制度及安全技术措施贯彻落实不到位；该矿相关安全生产管理人员对上级公司关于单轨吊运行的相关管理制度不了解；职工业务素质不能满足要求；预备区首次从事撤除安装综采支架工作，首次使用单轨吊转运综采支架，经验和能力不能满足现场需要。

为了杜绝此类单轨吊事故的发生，应该采取以下主要措施：

（1）规范职工操作行为，杜绝违章指挥、违章作业。严格规范职工的操作

行为，坚决杜绝违章指挥和违章作业现象，做到所有现场作业均有规可依、有规必依；杜绝不规范操作行为，作业前必须对作业环境进行安全确认，消除安全隐患后再进行作业。

(2) 加强技术管理，严格落实安全技术措施。科学编制安全技术措施，严格执行审批手续，严禁无针对性安全措施施工；加强安全技术措施的学习、贯彻，确保在现场落实到位；加强单轨吊特殊地段的设计、安装、运输管理，确保单轨吊的安全运行；加强机电设备管理，采取有效措施确保未验收合格的机电设备不能投入运行。

(3) 加强现场安全管理，强化现场监督检查。认真落实各级安全管理人员岗位责任制，强化区、队管理人员跟班带班，落实现场安全监管人员监管责任。现场安全管理人员必须对作业区域进行全面巡查，盯住重点环节、重点区域、重点工程、细查隐患，切实做到隐患排查不留死角。加强现场管理，杜绝冒险蛮干现象。

(4) 强化安全教育培训工作。采用新工艺、使用新设备前必须对职工进行专项培训，使职工熟知相关安全管理规定及操作要点；加强日常教育培训工作，切实提高职工的安全意识、风险认知和防控能力，落实现场作业人员互保联保责任制度。

(5) 吸取事故教训，加强警示教育。认真总结事故教训，采取切实可行的方式开展事故警示教育，让职工对事故教训"入脑入心"，使职工不想违章、不能违章、不敢违章。

第五节　矿用单轨吊典型事故剖析

为了进一步吸取矿用单轨吊事故教训，举一反三，防止类似事故再度重演，通过搜索、查找国家矿山安全监察局、国家矿山安全监察局安徽局、煤矿安全网、百度文库等网站，收集到以下 8 个有关单轨吊事故调查报告或案例分析，供参阅。

【案例 1】某矿单轨吊轨道坠落事故

2015 年 6 月 21 日，某矿 3042 工作面发生一起单轨吊轨道坠落事故，造成 1 人受伤。

一、事故经过

2015 年 6 月 21 日 8 点，单轨吊主司机杜某、副司机刘某驾驶单轨吊到 3041

联巷风门外给掘进三队运输支护材料。10 点 41 分，装好一车支护材料行驶至 3042 巷 80 m 处时，单轨吊轨道上方的吊环（40 连接钩）突然断裂，38 号、39 号、41 号、42 号轨道连接高强度螺栓瞬间切断，单轨吊中部电瓶、第 3/4 驱动装置落地，机尾驾驶室倾斜，机尾副司机刘某受惯性力作用脊椎受伤。10 点 50 分，皮带队队长薛某向调度室汇报，调度室接到汇报后，立即安排人员组织处理。12 点 10 分，副司机刘某出井到医院检查，经医院检查颈椎挫伤。

二、事故类型

车辆伤害事故。

三、事故性质

责任事故。

四、事故直接原因

40 连接钩选用不当，单轨吊通过时断裂，单轨吊落地，机尾驾驶室倾斜，致使副司机刘某受惯性力作用颈椎受伤。

五、事故间接原因

（1）40 连接钩从选型到使用以及质量验收、检查把关不严，管理责任落实不到位。

（2）单轨吊运输线路日常检查维护责任不落实，存在隐患问题不能及时查出、处理。

六、事故教训

该队在单轨吊运行前没有认真检查连接钩，作业前危险源辨识不清，职工自我保护意识薄弱，相关单位的业务保安监督把关不严，材料采购质量验收把关不严，造成事故发生。

七、事故防范措施

（1）各业务部（室）严把设备、材料的入库质量验收关，杜绝不合格材料入库。

（2）各队组使用设备、材料前严格进行质量检查，对存在质量问题的设备、材料严禁使用。

（3）对单轨吊、单轨吊轨道、吊链、固定锚杆、连接螺栓等全面进行检查。

（4）完善检查台账，责任人定期检查，发现问题立即处理。

(5) 单轨吊轨道安装时，吊链必须使用整链，不得使用 40 连接钩进行连接。

(6) 对单轨吊司机安装保险带，增加缓冲坐垫，保护司机人身安全。

【案例2】 某矿 S3 采区口道岔处单轨吊掉道伤人事故

2005 年 6 月 11 日 21 时许，单轨吊司机李某、魏某驾驶单轨吊至 S4 加油站扣口时，因道岔小道错口且机车运行速度过快，将 3 根轨道瘪坏，在处理事故时，未将机车所吊物料落下，由于弹性作用，致使轨道弹回将李某脸部打伤。

一、事故原因

作为班组长的李某在发生事故后，未能对事故现场进行认真观察，未详细进行危险辨识，未制定安全处置措施，是发生本起事故的直接原因。

二、事故防范措施

（1）机车在通过弯道、道岔、转装点等地点时，必须减速至 0.5 m/s 以下慢行通过，杜绝超速行驶。

（2）现场处理事故的作业人员，必须详细观察事故现场，根据实际情况制定安全技术措施。

（3）在单轨吊掉道后，必须立即向值班领导和跟班队员汇报，严禁在无跟班队员监视下擅自作业。

【案例3】 某矿 2101-1 号回风巷口单轨吊撞坏风门事故

2013 年 10 月 31 日 6 时 57 分，某矿打钻队使用 DX40 型防爆蓄电池单轨吊向外吊运打钻岩粉过程中，当行至 2101-1 号回风巷口时撞到风门上。

一、事故原因分析

（一）直接原因

主司机张某在开车时打盹，导致单轨吊撞到风门上，是造成此次事故的直接原因。

（二）主要原因

（1）打钻队未按《2101 工作面运行单轨吊作业安全技术措施》规定作业，前一次吊运完岩粉后未将阻车器恢复原位。

（2）副司机履行互保联保职责不到位。

二、事故性质

责任事故。

三、责任认定

（1）主司机在单轨吊运行过程中打盹造成本次事故发生，按照运输部门相关管理规定应给予责任人张某开除；但鉴于本人在追查事故期间，态度端正，积极配合，能够如实汇报现场情况，也没有造成系统故障，为了有效激发正能量，营造良好安全氛围，建议给予责任人张某处罚 2000 元，下岗强训并到使用单轨吊的队组（两个运搬队及四个综采队）现身说法。

（2）副司机孙某未起到监护作用，给予责任人处罚 1000 元；跟班队员郭某现场监管不到位，给予跟班队员郭某处罚 1000 元。

（3）打钻队日常管理不到位，队长刘某负日常管理责任给予处罚 500 元。

（4）运输科对薄弱环节管理不到位，未将科室服务职能落到实处，处罚运输科科长潘某 300 元。

（5）抽采科作为打钻队的主管科室，负连带责任，处罚抽采科科长魏某 200 元。

（6）打钻队单轨吊撞坏风门，由打钻队赔偿给通风队 2000 元。

四、事故危害

单轨吊撞坏风门严重时会造成风流紊乱，可能导致瓦斯事故发生。

五、事故损失

打钻队、运输科及抽采科向矿和通风队赔偿 6500 元；10 月 31 日打钻队安排 2 人修补风门，用时半个班，共计 1 个工，每个工按 200 元计算，折合后为 200 元，因此此次事故造成的直接经济损失 6700 元。

六、防范措施及建议

（1）打钻队停止运料，运输科负责向打钻队下发关于单轨吊使用的相关标准、文件及规程措施（两天之内完成），运输科牵头组织打钻队全员进行地面、井下培训，运输科派专人进行监督及帮扶。

（2）工程公司项目部牵头组织打钻队，要认真吸取本次事故教训，举一反三，结合本队实际，制定后两个月的安全管理措施。

（3）打钻队值班队员在班前会上排查不放心人员，做好互保联保。

（4）负责安全管理人员要针对打钻队这一薄弱区域重点检查及帮扶。

【案例 4】 某矿 S1 车场单轨吊起吊瓦斯管路损坏静压水管事故

2012 年 11 月 24 日 19 点 30 分，某矿运搬二队在 S1 车场单轨吊起吊瓦斯管路时造成静压水管损坏，导致井下 470 水平、N3 采区、S6 采区、S3 采区停水。

一、事故经过

2012 年 11 月 24 日 19 点 30 分，综采一队值班队员向调度室汇报，S67 工作面停水，调度室立即通知抽采科与抽采队派人下井落实，首先查看副井底 S 码静压水管流量为 200 m³/min，超过正常值 20~80 m³/min，到 S1 车场发现静压水管已从快速接头处错开，抽采队立即派人关闭 S2 车场与副井底 S 码总阀门，并对副井底 N 码静压水管流量进行调配后，除 470 水平停水，520 水平全面实现正常供水。经抽采科查看流量曲线显示，事故发生在 18 点 25 分，事故停水造成井下 470 水平供水影响 83 min，N 翼采区供水影响 25 min，S67 工作面供水影响 83 min，S3 采区供水影响 80 min。

二、原因分析

（1）S1 采区车场口至 470 水平运输石门段，北侧地轨道停放装有 ϕ710 mm 瓦斯管花车，与花车并列的南侧顶部停放单轨吊，因为是越道起吊，为防止花车在起吊过程中侧翻，司机先把花车用起吊链固定在静压水管路上，越道起吊瓦斯管，在未吊起时拉开南侧静压水管路接头，又拉坏压风管接头。单轨吊司机操作不规范，是造成本起事故的主要原因。

（2）运搬二队值班队员在接到司机事故汇报后，没有及时向调度室进行汇报，导致延误事故抢修，是事故处理延长的一个原因。

三、处理决定

（1）单轨吊司机申某危险源辨识不到位，安全意识淡薄，在跟车工不在现场的情况下，私自把花车固定在静压水管上越道作业将水管接头拉开，造成矿井多个采区停水。依据《安全生产奖惩规定》的有关内容，给予责任人处罚 2000 元。

（2）24 日运搬二队跟班队员马某，现场监护不到位，依据《安全生产奖惩规定》的有关内容，给予责任人处罚 1000 元。

（3）运搬二队值班队员牛某没有及时向调度室汇报，依据《安全生产奖惩规定》的有关内容，给予处罚 1000 元。

（4）运搬二队日常安全管理存在漏洞，对近期重复发生的运输事故未举一反三，导致运输事故再次发生，队长马某、书记乔某管理责任不落实，依据

《安全生产奖惩规定》的有关内容,分别给予处罚1000元。

(5) 本起事故造成各采区供水影响共计271 min,按照10元/min进行考核,处罚运搬二队2710元。

(6) 运输科作为主管业务科室,日常业务保安不到位,依据《安全生产奖惩规定》的有关内容,给予运输科科长王某处罚500元。

四、防范措施

(1) 严禁在S1车场吊运物料,必须在470运输石门起吊。

(2) 井下静压水管、压风管等严禁作为支撑点或受力点,防止造成管路损坏。

(3) 井下470水平所下物料装车后高度控制在1.6 m以下,如有"四超"设备时,制定专项运输措施方可运输。

(4) 运搬二队利用"元旦"检修时间对470运输石门西侧单轨吊往高调200 mm。井下470水平所剩 ϕ710 mm 的瓦斯管路按每车1根装车,确保垂直起吊。

(5) 运搬二队要加强对职工的安全意识教育,强化危险源辨识,规范岗位作业标准化,确保岗位作业安全。

(6) 各队组要严格执行《深化变化调度分级运行管理规定》,加强变化信息的汇报,确保实现事故应急及时处理。

【案例5】安徽某矿"9·20"单轨吊运输事故

2022年9月20日3时45分,安徽某矿3238综合机械化采煤工作面(以下简称3238综采工作面)风巷发生一起运输事故,柴油机单轨吊机车(以下简称单轨吊)运行时挤伤2名作业人员,后经抢救无效死亡,直接经济损失544.46万元(不含事故罚款)。

依据《中华人民共和国安全生产法》《煤矿安全监察条例》《生产安全事故报告和调查处理条例》等有关法律法规规定,2022年9月21日,国家矿山安全监察局安徽局组织安徽省能源局、亳州市发展和改革委员会、亳州市公安局、亳州市总工会成立事故调查组,并邀请亳州市纪委监委派员参加事故调查工作,聘请专家参与事故调查工作。

事故调查组按照"科学严谨、依法依规、实事求是、注重实效"原则和"四不放过"要求,通过现场勘查、调查取证、调阅资料、人员问询等,查明了事故发生的经过、原因、人员伤亡和直接经济损失情况,认定了事故性质和责任,提出了对有关责任人和责任单位的处理建议,并针对事故原因及暴露出的问题提出了事故防范措施。

一、事故发生经过、报告及应急处置情况

（一）事故发生经过

2022 年 9 月 20 日夜班，综采二区当班出勤 25 人。9 月 19 日 21 时党支部副书记许某某主持召开班前会，安排 3238 综采工作面割煤 2 刀半，风巷刷帮 2 排、卧底、检修单轨吊。队长闫某某带领 7 人在风巷作业，安排李某某、陈某负责检修单轨吊、改两处轨道吊挂点、运货，其他人负责刷帮、卧底。9 月 20 日 1 时 30 分左右，单轨吊检修完毕，李某某和陈某驾驶单轨吊将 2 个空集装箱（从外向里编号分别为 X3、X7）打运到风巷刷帮、卧底处，闫某某等人负责装货，期间陈某将卧底点外侧 11~14 m 范围的 2 处单轨吊轨道悬吊点向下帮侧进行了挪移（2 处新悬吊点处的悬吊锚杆于 9 月 19 日中班施工完成）。3 时 40 分左右 2 个集装箱装满，闫某某带领陈某、李某某等人准备将集装箱打运至风巷车场溜煤眼处卸货。陈某驾驶单轨吊，闫某某将集装箱起吊挂好后，陈某与李某某采用吹哨方式确认后发出行车信号。3 时 45 分，陈某在驾驶单轨吊向外运行 12 m 左右时，发现单轨吊突然发出异响并晃动，随即停车、下车查看，发现 2 节叠放的单轨吊轨道一端翘起抵在巷道下帮，另一端抵入 X7 集装箱与底板中间将集装箱挤至巷道上帮，闫某某躺倒在 X7 集装箱后部 1 m 左右大声呼救，李某某背对工作面被卡在 X7 集装箱与巷道上帮中间无法动弹。陈某立即呼喊风巷作业人员进行施救，闫某某、李某某分别于 4 时 43 分、5 时 8 分被抬升井并送往医院进行抢救，7 时 40 分两人经抢救无效死亡。

当班带班矿领导为防突副总工程师孙某某，事故发生时位于 72210 准备工作面，事故现场平剖面如图 6-1 所示。

（二）事故报告情况

2022 年 9 月 20 日 3 时 12 分，综采二区党支部副书记许某某下井到 3238 综采工作面巡查。3 时 50 分走到 3238 风巷车场时看见人员抬着闫某某，了解事故发生情况后立即赶到风巷事故现场。3 时 57 分许某某在现场向矿调度指挥中心报告：职工李某某、闫某某在 3238 风巷使用单轨吊打运集装箱时被挤伤。矿调度指挥中心接报后立即通知矿领导及相关人员。7 时 40 分李某某、闫某某经抢救无效死亡，7 时 53 分、7 时 58 分矿长王某某分别向国家矿山安全监察局安徽局、亳州市发展和改革委员会汇报了事故发生情况。

（三）事故应急处置情况

2022 年 9 月 20 日 3 时 45 分事故发生后，现场人员立即组织施救，制作简易担架将闫某某运出工作面。因李某某被 X7 集装箱挤至巷道上帮无法动弹，现场

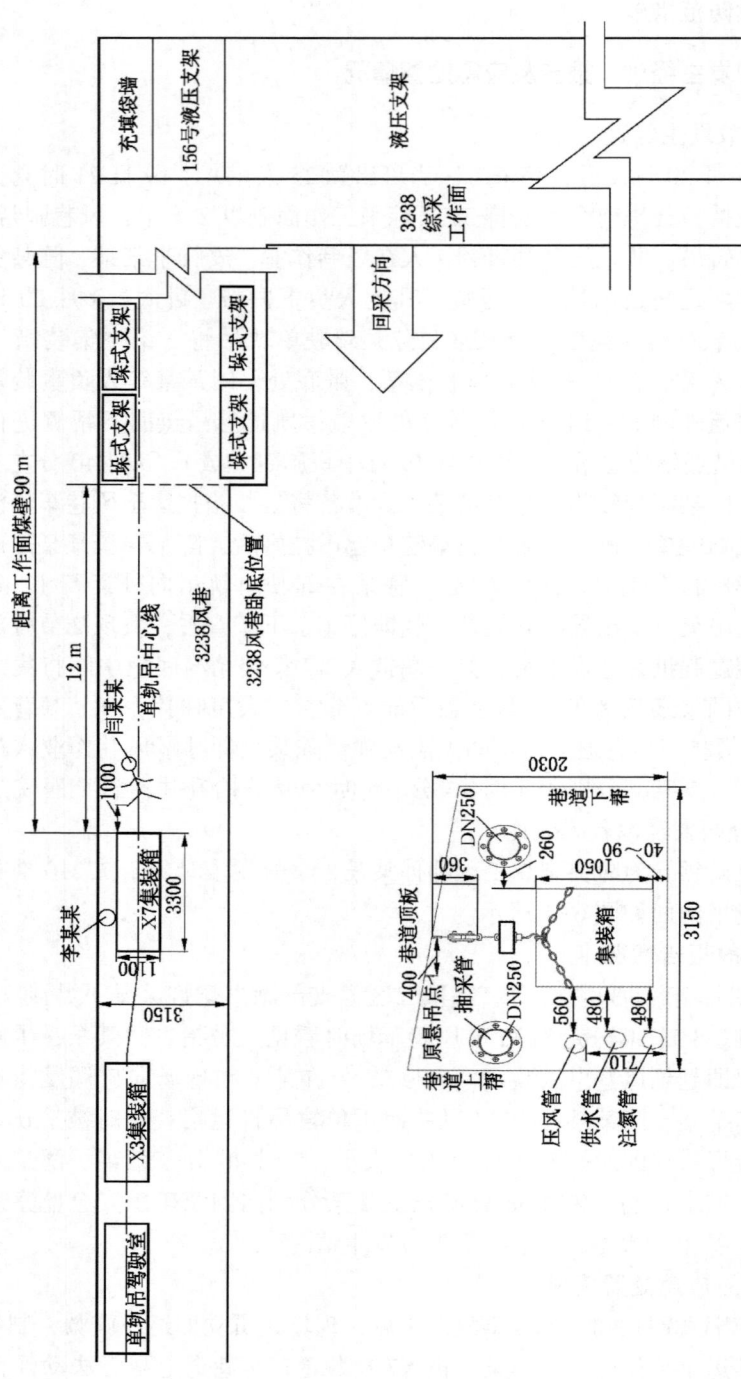

图 6-1 事故现场平剖面示意图

人员使用手拉葫芦将卡在集装箱下面的两节轨道拽出后,集装箱复位,李某某被救出,用时约 10 min。闫某某、李某某分别于 4 时 43 分、5 时 8 分升井,升井后立即被送往医院救治。7 时 40 分李某某、闫某某经抢救无效死亡。

二、事故造成的人员伤亡和直接经济损失

本次事故共造成 2 人死亡,直接经济损失 544.46 万元(不含事故罚款)。

三、事故原因

(一) 直接原因

3238 综采工作面风巷单轨吊运行过程中,吊运的集装箱剐蹭放在巷道底板上的单轨吊轨道,造成集装箱受阻发生摆动倾斜,将位于巷道上帮的闫某某、李某某挤伤,后经抢救无效死亡。

(二) 间接原因

(1) 未正确处理安全与生产的关系。矿井安监员配备不足,应配 28 人,实配 18 人,事故当班无安监员到 3238 综采工作面监督检查。3238 综采工作面风巷里段巷道变形大,局部断面仅为设计断面的 3/5,在事故隐患未彻底消除的情况下提高了生产强度。

(2) 现场安全管理不到位。安全确认不到位,更换单轨吊轨道悬吊点后,未对现场单轨吊运行环境进行检查,未清理影响单轨吊运行路线范围内的障碍物。单轨吊倒货期间,未在两端设置警戒,人员违章进入单轨吊运行区间。

(3) 安全风险辨识和隐患排查治理不到位。3238 综采工作面风巷受采动影响,巷道变形严重,对沿空小煤柱巷道严重变形带来的安全风险辨识不到位,对单轨吊运行巷道的两侧和底部的安全间距不足的隐患排查治理不到位,对安全间距不够的现状未采取针对性措施。

(4) 职工安全教育不到位。职工安全意识淡薄,对现场存在的风险和隐患辨识排查不到位,未能辨识单轨吊运行间距不足以及运行范围存在障碍物等风险,互保联保不到位。

四、事故性质

经事故调查组认定,该起事故为一起责任事故。

五、责任划分与处理建议

(一) 对责任人的处理建议

(1) 李某某,综采二区职工。安全意识淡薄,对现场存在的风险和隐患辨

识排查不到位，未能辨识单轨吊运行间距不足、运行范围存在障碍物等风险，违章进入单轨吊运行区间，互保联保不到位，对事故发生负有直接责任。鉴于其在事故中死亡，不再追究。

（2）闫某某，综采二区队长，当班带班。安全意识淡薄，对现场存在的风险和隐患辨识排查不到位，未能辨识单轨吊运行间距不足、运行范围存在障碍物等风险；单轨吊倒货期间，两端设置警戒规定未落实，和李某某都违章进入单轨吊运行区间，互保联保不到位，对事故发生负有直接责任。鉴于其在事故中死亡，不再追究。

（3）陈某，综采二区职工，单轨吊司机。更换单轨吊轨道悬吊点后，未对现场单轨吊运行环境进行检查，未清理影响单轨吊运行路线范围内的障碍物，互保联保不到位，对事故发生负有责任。依据《中华人民共和国安全生产法》第一百零七条规定，建议依照有关规章制度给予陈某处分。

（4）李某，中共党员，综采二区主管技术员，负责综采二区技术管理，当班负责工作面跟班。现场安全管理不到位，对事故发生负有重要责任。依据《中华人民共和国安全生产法》第一百零七条规定，建议依照有关规章制度给予李某处分。

（5）许某某，中共党员，综采二区支部副书记（主持工作），负责职工安全教育工作，协助区长抓好本单位安全生产工作。安全教育不到位，对事故发生负有主要责任。依据《中国共产党纪律处分条例》第一百二十一条规定，建议给予撤销党内职务处分。依据《中华人民共和国安全生产法》第九十六条规定，建议暂停其与安全生产有关的资格，并处2021年度年收入百分之四十的罚款。

（6）武某某，中共党员，综采二区区长，本单位安全生产第一责任人。现场安全管理不到位，安全风险辨识和隐患排查治理不到位，对事故发生负有主要责任。依据《安全生产领域违法违纪行为政纪处分暂行规定》第十二条规定，建议给予撤职处分。依据《中华人民共和国安全生产法》第九十六条规定，建议暂停其与安全生产有关的资格，并处2021年度年收入百分之四十的罚款。

（7）胡某，中共党员，采煤副矿长，负责矿井采煤系统安全生产工作。未正确处理安全与生产的关系，安全风险辨识和隐患排查治理不到位，对事故发生负有主要领导责任。依据《安全生产领域违法违纪行为政纪处分暂行规定》第十二条规定，建议给予撤职处分。依据《中华人民共和国安全生产法》第九十六条规定，建议暂停其与安全生产有关的资格，并处2021年度年收入百分之四十的罚款。

(8) 刘某，中共党员，某公司安监局驻该矿安监处处长，负责矿井安全生产监督管理工作。安全监督管理不到位，隐患排查治理不到位，对事故发生负有重要领导责任。依据《安全生产领域违法违纪行为政纪处分暂行规定》第十二条规定，建议给予撤职处分。依据《中华人民共和国安全生产法》第九十六条规定，建议暂停其与安全生产有关的资格，并处 2021 年度年收入百分之四十的罚款。

(9) 陈某某，中共党员，矿党委书记，负责职工安全教育工作，与矿长共同承担安全生产领导责任。安全教育不到位，对事故发生负有重要领导责任。依据《中国共产党纪律处分条例》第一百二十一条规定，建议给予撤销党内职务处分。依据《中华人民共和国安全生产法》第九十六条规定，建议处 2021 年度年收入百分之四十的罚款。

(10) 王某某，中共党员，矿长，安全生产第一责任人，全面负责矿井安全生产管理工作。未正确处理安全与生产的关系，矿井安全监管力量配备不足，安全风险辨识和隐患排查治理不到位，对事故发生负有主要领导责任。依据《安全生产领域违法违纪行为政纪处分暂行规定》第十二条规定，建议给予撤职处分。依据《中华人民共和国安全生产法》第九十五条规定，建议处 2021 年度年收入百分之四十的罚款。

建议对武某某、胡某、刘某、王某某等 4 名同志依据《中国共产党纪律处分条例》给予相应的党纪处分。

(二) 对责任单位的处理建议

该矿安全管理不到位，造成 2 人死亡，对事故发生负有责任。依据《中华人民共和国安全生产法》第一百一十四条第一项规定，建议处 100 万元罚款。

六、事故防范和整改措施

(1) 切实摆正安全与生产的关系。牢固树立安全第一理念，配齐配足安监员，确保采掘工作面监督检查全覆盖。采掘工作面在巷道变形大，不符合安全生产条件时，要及时进行修护，必要时停止生产，做到不安全不生产，真正做到产量、进尺、效益让安全。

(2) 加强现场安全管理。严格落实安全技术措施，规范现场作业行为；作业地点现场负责人要加强班前、班中和班尾风险辨识、安全确认和隐患排查整改。应装尽装视频监控，发挥"人防""技防"保安作用。提升通信设备的稳定性、可靠性，确保单轨吊司机能及时沟通处置现场突发情况。

(3) 加强风险管控和隐患排查治理。进一步完善并严格落实安全风险管控和隐患排查治理双重预防工作机制，从源头上防范风险。要依据巷道服务年限、矿压、通风、运输等因素，合理设计巷道断面和支护参数，加大对沿空小煤柱的治理力度，提高沿空掘进巷道一次支护强度，做到"一巷一策、一段一策"；要分析研判单轨吊等新装备使用带来的安全风险，完善操作规程，明确使用条件；要细化岗位责任，强化监督落实，把风险管控和隐患排查治理落实到生产作业全过程；要坚持问题导向，开展"工作面作业环境"和"机电运输"专项整治。

（4）加强干部职工安全教育。加强干部职工教育培训，特别是要加强单轨吊操作人员培训，增强职工安全意识、自主保安、互保联保和应急处置能力，提高专业技能操作水平，做到安全使用。持续深入推进"工人违章干部反省"和事故警示教育工作，不断提升干部职工安全风险辨识和隐患排查治理的意识和能力，夯实安全生产基础，坚决杜绝"三违"行为。

【案例6】安徽某矿"4·25"单轨吊运输事故

2016年4月25日凌晨25分，安徽某矿在Ⅱ669采煤工作面机巷转运液压支架作业期间，发生一起运输事故，造成1人死亡，直接经济损失69.5万元（不含事故罚款）。

依据《中华人民共和国安全生产法》《煤矿安全监察条例》《生产安全事故报告和调查处理条例》《煤矿生产安全事故报告和调查处理规定》等法律法规规定，2016年4月28日，国家煤矿安全监察局皖南监察分局组织由淮北市公安局、淮北市总工会等单位人员参加的事故调查组，开展事故调查工作。事故调查组邀请淮北市人民检察院派员参加。

事故调查组按照"科学严谨、依法依规、实事求是、注重实效"和"四不放过"原则，通过现场勘验、调查取证、技术分析，查明了事故发生的经过、原因、人员伤亡和直接经济损失情况，认定了事故性质和责任，提出了对有关责任人和责任单位的处理建议及防范措施。

一、事故发生经过、报告及应急处置情况

（一）事故发生经过

4月25日夜班，预备区出勤28人，副区长王某某值班，副区长沈某某跟班。24日20时30分点名，班前会安排夜班工作：Ⅱ669采煤工作面撤除支架2架，转运2架，Ⅱ666采煤工作面安装2架。队长张某某负责Ⅱ666采煤工作面的支架安装，副队长时某某负责Ⅱ669采煤工作面支架撤除，副队长刘某某带领朱某、李某某、马某某、许某负责Ⅱ669机巷起吊点至Ⅱ666风联巷转运支架。班前会强调Ⅱ669机巷的JH-14型绞车刚安装，未经验收，班中不能使用。

4月24日21时，夜班人员开始入井，22时20分到达工作地点。刘某某安排许某、马某某挂架、巡道，李某某维护电气设备，朱某驾驶单轨吊机车。4月25日凌晨20分，单轨吊机车吊起第32架支架向Ⅱ669机巷外口转运，单轨吊运行至机巷JH-14型绞车向外约15 m时，刘某某喊朱某停车；之后刘某某用3 t手拉葫芦链条（该链条在使用前未进行设计计算及相关拉力试验）将JH-14型绞车钩头和液压支架连接，启动绞车，安排李某某操作绞车，并让其听从指挥随时停车；然后安排朱某开动单轨吊，绞车和单轨吊同时运行后，刘某某跟着支架向下走。凌晨25分，支架运至Ⅱ6611下降风巷三岔门处，正在此处巡道的许某听到异常响声，看到支架一抖，发现刘某某受伤倒地，绞车钩头在刘某某身边，绞车钩头和液压支架连接的链条已断开。许某喊"碰人了"，并立即前往Ⅱ669工作面喊人救援。沈某某、时某某等人得知情况后立即赶到现场抢救。

（二）事故报告情况

4月25日凌晨29分，预备区跟班人员沈某某、安监员李某某向矿调度指挥中心汇报事故情况。凌晨40分，该矿调度指挥中心向集团调度指挥中心汇报。10时5分，刘某某经抢救无效死亡。10时30分，矿长高某某向皖南监察分局报告事故情况。

（三）事故应急处置情况

事故发生后，跟班副区长沈某某、副队长时某某等人立即赶到现场组织抢救，沈某某、李某某向矿调度指挥中心汇报后，立即安排人员找来担架，将刘某某放在担架上，由时某某、许某等人抬着赶向井口。矿调度指挥中心接到汇报后，要求区跟班干部安排人员护送伤者升井，同时通知矿值班、带班领导立即赶往现场组织抢救。凌晨39分，矿调度指挥中心通知皖北某集团第二医院做好伤员抢救准备。凌晨58分，皖北某集团第二医院救护车到达副井口等候，急救医生到井下待命，同时呼叫皖北总医院急救系统驱车奔赴皖北某集团第二医院。1时20分，急救医生接到伤者，发现伤者意识丧失。1时46分，伤者被送往皖北某集团第二医院进行抢救。2时11分，伤者转往皖北总医院。3时6分，伤者到达皖北总医院进行抢救治疗。10时5分，刘某某经抢救无效死亡。

（四）现场跟班及带班情况

预备区当班跟班人员为副区长沈某某，事故发生时正在Ⅱ669采煤工作面第16架的位置。矿带班领导为机电副矿长钟某某，事故发生时正在去Ⅱ4611工作面巡查的路上。

二、事故造成的人员伤亡和直接经济损失

本次事故造成1人死亡，直接经济损失69.5万元（不含事故罚款）。

三、事故原因和性质

（一）事故原因

1. 直接原因

配合单轨吊转运支架的 JH-14 型绞车钩头与支架连接的链条强度不够，在单轨吊吊运液压支架向下运行过程中崩断；刘某某违规跟车且站位不当，被瞬间回弹的绞车钩头击中腹部致死。

2. 间接原因

（1）违章指挥、违章作业。刘某某擅自指挥使用未经验收的绞车，违章指挥无绞车操作证的李某某操作绞车，违规使用不符合要求的链条连接绞车钩头与支架。

（2）技术管理不到位。《Ⅱ669 机巷转运支架安全技术补充措施》未履行审批手续、未贯彻执行。

（3）现场安全管理不到位。未按规定配备两名单轨吊司机；单轨吊转运支架过程中违规跟车；区队跟班人员及安监员未对事故地点进行安全巡回检查，未能及时发现并制止刘某某的违章指挥和违章作业行为。

（4）隐患排查不到位。Ⅱ669 采煤工作面机巷与Ⅱ6611 下降风巷交岔处是单轨吊运输的重点，轨道接口多次损坏，影响单轨吊的运行，该矿未及时采取针对性的保障措施；Ⅱ669 采煤工作面机巷新安装的 JH-14 型绞车安全设施不全（绞车信号装置、警示标识等未安设）但能运行，该矿未及时发现并消除安全隐患。

（5）职工培训教育不到位。一是职工安全意识淡薄，互保联保意识不强。现场作业人员李某某，未拒绝违章指挥，违章操作绞车，且未及时制止刘某某进入绞车运行巷道内的违章行为。二是相关安全管理制度及安全技术措施贯彻落实不到位。矿相关安全生产管理人员对关于单轨吊运行的相关管理制度不了解。三是职工业务素质不能满足要求。预备区首次从事拆除安装综采支架工作，首次使用单轨吊转运综采支架，经验和能力不能满足现场需要。

（二）事故性质

经事故调查组认定，该矿"4·25"运输事故是一起责任事故。

四、责任划分与处理建议

（一）对责任人的处理建议

（1）刘某某，预备区副队长，当班负责Ⅱ669 采煤工作面机巷支架起吊平台到Ⅱ666 风联巷支架转运工作。擅自决定使用未经验收的绞车，违章指挥无绞车操作证的李某某操作绞车，违规使用不符合要求的链条连接绞车钩头与支架，违规跟车且站位不当，对事故的发生负有直接责任，鉴于其在事故中死亡，建议不予追究责任。

（2）李某某，预备区当班电工。未拒绝违章指挥，无证违章操作绞车，且未及时制止刘某某进入绞车运行巷道内的违章行为，安全互保联保执行不到位，对事故的发生负有主要责任。依据《安全生产领域违法违纪行为政纪处分暂行规定》第十二条规定，建议给予留用察看一年处分。

（3）李某某，安全监察部安监员，负责当班事故区域安全检查工作。现场安全检查不到位，未及时发现和消除事故隐患，未能及时发现并制止违章指挥和违章作业行为，对事故的发生负有重要责任。依据《安全生产违法行为行政处罚办法》第四十五条规定，建议处 3000 元罚款。

（4）张某某，中共党员，当班队长，是本队现场安全管理第一责任人。未正确履行安全管理职责，现场安全管理和隐患排查不到位，对事故的发生负有重要责任。依据《安全生产领域违法违纪行为政纪处分暂行规定》第十二条规定，建议给予撤职处分；依据《安全生产违法行为行政处罚办法》第四十五条规定，建议处 4000 元罚款；依据《中国共产党纪律处分条例》第三十四条规定，建议给予党内严重警告处分。

（5）沈某某，中共党员，预备区副区长，当班跟班。未正确履行安全管理职责，现场安全管理监督不到位，对事故的发生负有重要责任。依据《安全生产领域违法违纪行为政纪处分暂行规定》第十二条规定，建议给予撤职处分；依据《安全生产违法行为行政处罚办法》第四十五条规定，建议处 5000 元罚款；依据《中国共产党纪律处分条例》第三十四条规定，建议给予党内严重警告处分。

（6）王某，中共党员，预备区区长，本单位安全生产第一责任人。未正确履行安全管理职责，安全管理不到位，违反规定安排安装 JH-14 型绞车，对事故的发生负有重要责任。依据《安全生产领域违法违纪行为政纪处分暂行规定》第十二条规定，建议给予撤职处分；依据《安全生产违法行为行政处罚办法》第四十五条规定，建议处 6000 元罚款；依据《中国共产党纪律处分条例》第三十四条的规定，建议给予党内严重警告处分。

（7）赵某某，中共党员，预备区党支部书记，负责本单位职工安全教育工作并协助区长抓好安全生产工作。未正确履行安全管理职责，安全管理、安全教育培训不到位，对事故的发生负有重要责任。依据《安全生产违法行为行政处罚办法》第四十五条规定，建议处 6000 元罚款；依据《中国共产党纪律处分条例》第三十四条规定，建议给予撤销党内职务处分。

（8）董某，中共党员，采煤副总工程师，负责采煤系统安全生产技术管理工作。未正确履行安全管理职责，安全技术管理不到位，对事故的发生负有重要领导责任。依据《安全生产领域违法违纪行为政纪处分暂行规定》第十二条规定，建议给予撤职处分；依据《安全生产违法行为行政处罚办法》第四十五条规定，建议处 8000 元罚款；依据《中国共产党纪律处分条例》第三十四条的规定，建议给予党内严重警告处分。

（9）秦某某，中共党员，副矿长，负责采煤系统安全生产管理工作。未正确履行安全管理职责，安全管理和隐患排查不到位，对事故的发生负有重要领导责任。依据《安全生产领域违法违纪行为政纪处分暂行规定》第十二条规定，建议给予撤职处分；依据《安全生产违法行为行政处罚办法》第四十五条规定，建议处 9000 元罚款；依据《中国共产党纪律处分条例》第三十四条规定，建议给予党内严重警告处分。

（10）郭某某，中共党员，副矿长，负责矿井安全生产监督检查工作。未正确履行安全管理职责，矿井安全监督检查不到位，对事故的发生负有重要领导责任。依据《安全生产领域违法违纪行为政纪处分暂行规定》第十二条规定，建议给予记大过处分；依据《安全生产违法行为行政处罚办法》第四十五条规定，建议处 8000 元罚款。

（11）郑某某，中共党员，矿党委书记，主持党委全面工作，按照"党政同责、一岗双责"原则，与矿长共同承担安全生产领导责任。矿井安全管理不到位，对事故的发生负有重要领导责任。依据《中华人民共和国安全生产法》第九十二条规定，建议处 2015 年度个人年收入百分之三十的罚款；依据《中国共产党纪律处分条例》第三十四条规定，建议给予撤销党内职务处分。

（12）高某某，中共党员，矿长，矿井安全生产第一责任人。矿井安全管理不到位，对事故的发生负有重要领导责任。依据《中华人民共和国安全生产法》第九十条规定，建议给予撤职处分；依据《中华人民共和国安全生产法》第九十二条规定，建议处 2015 年度个人年收入百分之三十的罚款；依据《中国共产党纪律处分条例》第三十四条规定，建议给予党内严重警告处分。

（二）对责任单位的处理建议

该矿安全管理不到位，对"4·25"运输事故的发生负有责任。依据《中华人民共和国安全生产法》第一百零九条规定，建议处 30 万元罚款。

五、防范和整改措施

为深刻吸取事故教训，举一反三，排查事故隐患，有效防范类似生产安全事故发生，提出如下防范和整改措施：

(1) 规范职工操作行为,杜绝违章指挥、违章作业。严格规范职工的操作行为,坚决杜绝违章指挥和违章作业现象,做到所有现场作业均有规可依、有规必依;杜绝不规范操作行为,作业前必须对作业环境进行安全确认,消除安全隐患后再进行作业。

(2) 加强技术管理,严格落实安全技术措施。科学编制安全技术措施,严格执行审批手续,严禁无措施施工;加强安全技术措施的学习贯彻,确保在现场落实到位;加强单轨吊特殊地段的设计、安装、运输管理,确保单轨吊的安全运行;加强机电设备管理,采取有效措施确保未验收合格的机电设备不能投入运行。

(3) 加强现场安全管理,强化现场监督检查。认真落实各级安全管理人员岗位责任制,强化区、队管理人员跟班带班,落实现场安全监管人员监管责任。现场安全管理人员必须对作业区域进行全面巡查,盯住重点环节、重点区域、重点工程,细查隐患,切实做到隐患排查不留死角。加强现场管理,杜绝冒险蛮干现象。

(4) 强化安全教育培训工作。采用新工艺、使用新设备前必须对职工进行专项培训,使职工熟知相关安全管理规定及操作要点;加强日常教育培训工作,切实提高职工的安全意识、风险认知和防控能力,落实现场作业人员互保联保责任,拒绝违章指挥,及时制止违章作业行为,杜绝无证上岗现象。

(5) 吸取事故教训,加强警示教育。认真吸取某矿"12·15"较大运输事故及近期省内外发生的煤矿典型事故教训,采取切实可行的方式开展事故警示教育,让职工对事故教训"入脑入心",使职工不想违章、不能违章、不敢违章。

【案例7】中煤某矿"6·2"单轨吊事故

2017年6月2日8时40分,中煤某矿19108综采工作面辅运巷发生一起机电事故,造成1人死亡,直接经济损失98.56万元(不含事故罚款)。

依据《中华人民共和国安全生产法》《煤矿安全监察条例》《生产安全事故报告和调查处理条例》等有关法律法规规定,2017年6月2日,朔州煤矿安全监察局组织平鲁区煤炭工业局、安全生产监督管理局、公安局、总工会等单位成立了事故调查组,并邀请平鲁区监察委员会派员参加,对事故展开联合调查。另外还聘请3名专家组成专家组协助调查。

事故调查组按照"科学严谨、依法依规、实事求是、注重实效"的原则,通过现场勘查、技术鉴定、调查取证等工作,查清了事故发生的经过和原因,认定了事故性质和责任,提出了对有关责任人、责任单位的处理建议,制定了防范措施及整改建议，形成了事故调查报告。

一、事故发生经过、报告及应急处置情况

（一）事故发生经过

2017年6月2日6时30分，综采队召开早班班前会，会议由队长张某某、书记孟某某参加并主持。参加会议还有跟班副队长曹某某、班长张某、副班长尉某，煤机司机莘某某、李某某，转载机司机陈某，刮板机司机王某某，集控室电工王某某，支架工王某某、张某、郭某，放煤工武某某、杨某某，普工任某，验收员李某某，共17人。队长张某某安排完工作后，跟班副队长曹某某带领生产班人员一起乘车下井。约7时30分到达19108综采工作面，跟班副队长曹某某在工作面巡查一遍后，未发现异常情况，命令开机割煤作业。

副班长尉某（井下电气作业工）在辅运大巷巡视过程中发现单轨吊最后一节松动，尉某站在单轨吊吊挂的管道上进行检查，发现最后一节单轨吊需进行拆除，尉某安排在附近冲尘作业的张某取扳手，在拆除作业时，单轨吊上滑轮小车滑移，致使吊挂电缆低垂挤压在超前支架操纵阀手把上，超前支架异常动作，尉某被支架挤撞。

张某在取扳手返回到现场时发现尉某躺在地上，呼叫尉某无应答，立即跑向工作面机尾，对刮板输送机机尾进行闭锁后，通过喊话器呼叫班长张某，班长张某立即从工作面机尾跑出，同张某来到尉某处，看见尉某躺在地下，安全帽破损，随后班长张某立即向矿调度室进行了汇报。

（二）事故报告情况

2017年6月2日8时40分发生事故。6月2日9时17分，矿调度室将事故情况上报集团生产运营管理部。9时59分，公司安监局将死亡情况上报至朔州煤矿安全监察局。

（三）事故应急处置情况

8时45分，矿调度室接到综采队早班班长张某汇报，工作面一人受伤需安排升井。调度员立即通知准备队队长王某某派车接人，通知综采队队长张某某联系"120"救护车。同时矿调度室通知矿长、书记和在矿领导及井下带班领导、值班领导。矿长安排组织伤员升井并召集科室及队组负责人到矿调度会议室集合，启动事故应急处置方案，向公司生产运营管理部汇报，联系平朔医院做好抢救准备工作，安排19108综采工作面停产撤人，保护现场。9时10分，伤员升井后由"120"救护车送往平朔医院。

9时41分，伤员送到平朔医院急诊科就诊。9时45分，平朔医院确认伤者已死亡。9时50分，该矿接到医院通知，伤员抢救无效死亡。

二、事故人员伤亡情况和直接经济损失

经调查核实,本次事故共造成 1 人死亡,直接经济损失 98.56 万元(不含事故罚款)。

三、事故原因和性质

(一) 事故原因

1. 直接原因

拆卸单轨吊时未严格按照《19108 综放工作面回采作业规程》中关于单轨吊拆卸的关键安全要求进行操作。

2. 间接原因

(1) 副班长尉某安全意识不强,独自一个人站在吊挂的管线上拆除单轨吊,单轨吊滑轮小车滑移,致使吊挂电缆低垂挤压在超前支架操纵阀手把上,超前支架发生异常动作,尉某被支架挤堂。

(2) 19108 综采工作面辅运巷超前支护段设施繁杂,空间狭小,超前支架手把缺少必要的保护装置,易受外部触动而动作。

(3) 井下作业现场安全管理松懈,规章制度执行不严,安全监督检查及安全防范措施不到位。

(4) 安全培训不到位,职工安全防范意识不强。没有按照作业区域范围配备相应的安全检查人员,现场安全检查人员配备不足。

(5) 煤矿安全监管部门对安全生产工作监管不到位。

(二) 事故性质

经调查认定,本次事故是一起责任事故。

四、事故责任划分与处理建议

(一) 对事故责任人的处理建议

(1) 平鲁区监察委员会建议移送检察机关 2 人:

① 刘某某,男,36 岁,群众,安监部现场安监员,6 月 2 日早班安监部当班现场安监员,负责对该矿进行日常安全检查。事故当班未到 19108 综采工作面现场排查事故隐患,未持有煤矿特种作业操作证,在事故发生前连续 5 天擅自脱岗升井,未履行 8 h 跟班制度,存在擅离职守、放弃监督检查的行为,在对该矿安全检查中存在失职渎职行为,涉嫌玩忽职守的违法行为。

② 阮某某,男,33 岁,群众,某公司安监局驻该矿安监站安监员,负责对该矿日常安全监管检查。事故当班未到 19108 综采工作面现场排查事故隐患,当

班入井 8 h 原地不动待在 14114 工作面，没有到其他工作面巡查监管，未正确履行自己的工作职责，对该矿安全监管检查中存在失职渎职行为，涉嫌玩忽职守的违法行为。

以上责任人员待司法机关作出处理后，由有关部门按干部人事管理权限及时给予相应的政纪处分和其他处理。

(2) 建议给予党政纪处分的人员：

① 尉某，男，27 岁，群众，综采队 19108 综采工作面事故当班副班长。违反《19108 综放工作面回采作业规程》中关于单轨吊拆卸作业的要求，违章拆除单轨吊，致使单轨吊滑轮小车滑移，吊挂电缆低垂挤压在超前支护支架操纵阀手把上，超前支架异常动作，被超前支架顶梁挤撞受伤致死，对本起事故应负直接责任。鉴于其已死亡，故不予追究。

② 张某，男，35 岁，群众，综采队 19108 综采工作面事故当班班长。井下作业现场管理松懈，规章制度执行不严，安全监督检查及安全防范措施不到位，对本起事故应负主要责任。依据《安全生产领域违法违纪行为政纪处分暂行规定》第十二条规定，建议给予留用察看处分。

③ 曹某某，男，34 岁，群众，综采队 19108 综采工作面事故当班跟班副队长。井下作业现场安全管理松懈，规章制度执行不严，安全监督检查及安全防范措施不到位，对本起事故应负主要责任。依据《安全生产领域违法违纪行为政纪处分暂行规定》第十二条规定，建议给予行政撤职处分。

④ 张某某，男，37 岁，中共党员，综采队队长。日常安全管理松懈，对职工安全培训教育不够，规章制度执行不严，安全防范措施不到位，对本起事故应负主要责任。依据《安全生产领域违法违纪行为政纪处分暂行规定》第十二条、《安全生产违法行为行政处罚办法》第四十四条规定，建议给予记大过处分，并处罚款人民币 10000 元的行政处罚。

⑤ 孟某某，男，48 岁，中共党员，综采队书记兼安全副队长。日常安全管理松懈，对职工安全培训、教育不够，规章制度执行不严，安全防范措施不到位，对本起事故应负主要责任。依据《中国共产党纪律处分条例》第二十九条、《安全生产领域违法违纪行为政纪处分暂行规定》第十二条、《安全生产违法行为行政处罚办法》第四十四条规定，建议给予党内警告处分，并处罚款人民币 10000 元的行政处罚。

⑥ 樊某，男，36 岁，中共党员，安监部主管。对综采队 19108 综采工作面作业现场安全管理松懈、规章制度执行不严，对职工安全教育、培训不到位，员工安全防范意识不强，没有按照作业区域范围配备相应数量的安全检查人员，对本起事故应负重要责任。依据《安全生产领域违法违纪行为政纪处分暂行规定》

第十二条、《安全生产违法行为行政处罚办法》第四十五条规定，建议给予行政记过处分，并处罚款人民币 5000 元的行政处罚。

⑦ 冯某某，男，53 岁，中共党员，安全副矿长，事故当班带班领导。贯彻国家安全生产方针、政策不到位，现场管理松懈，规章制度执行不严，对职工安全培训教育不够，作业现场安全检查人员配备不足，员工安全防范意识及能力不强，对本起事故应负重要责任。依据《安全生产领域违法违纪行为政纪处分暂行规定》第十二条，《安全生产违法行为行政处罚办法》第四十五条规定，建议给予行政警告处分，并处罚款人民币 10000 元的行政处罚。

⑧ 高某某，男，35 岁，中共党员，生产副矿长，综采队的分管领导。日常安全管理松懈，规章制度执行不严，对职工安全培训教育不够，员工安全防范意识及能力不强，对本起事故应负重要责任。依据《安全生产领域违法违纪行为政纪处分暂行规定》第十二条，《安全生产违法行为行政处罚办法》第四十五条规定，建议给予行政警告处分，并处罚款人民币 10000 元的行政处罚。

⑨ 王某某，男，汉族，中共党员，47 岁，公司安监局驻该矿安监站站长，负责对该矿进行安全监管检查，并对查出的隐患和问题督促落实整改。对该矿安全监管失察，对事故的发生负有重要责任。依据《安全生产领域违法违纪行为政纪处分暂行规定》第十二条规定，建议给予行政记过处分。

⑩ 李某某，男，汉族，49 岁，群众，平鲁区煤炭工业局"五人小组"驻该矿安监员，负责对该矿进行安全监管检查，并对查出的隐患和问题督促落实整改。对该矿监管失察，对事故的发生负有重要责任。依据《安全生产领域违法违纪行为政纪处分暂行规定》第十二条规定，建议给予行政记过处分。

⑪ 杨某某，男，汉族，47 岁，群众，平鲁区煤炭工业局"五人小组"组长，负责对该矿进行安全监管检查，并对查出的隐患和问题督促落实整改。对该矿监管失察，对事故的发生负有重要责任。依据《安全生产领域违法违纪行为政纪处分暂行规定》第十二条规定，建议给予行政警告处分。

以上人员涉及企业任命的工作人员或企业管理的职工的处分，按管理权限由企业依据规定予以落实。

（二）对事故矿井的处理建议

（1）该矿日常安全管理松懈，规章制度执行不严，对职工安全培训教育不够，作业现场安全检查人员配备不足，员工安全防范意识及能力不强，导致 2017 年 6 月 2 日发生一起机电事故，依据《中华人民共和国安全生产法》第一百零九条第一款规定，建议给予该矿罚款人民币 50 万元的行政处罚。

（2）依据《山西省人民政府办公厅关于印发进一步强化煤矿安全生产工作的规定的通知》规定，责令该矿实行整顿恢复机制，整顿恢复期 1 个月，整顿结束后履行复产验收程序,验收合格后方可恢复生产。

事故调查各成员单位要各负其责,抓好对责任单位及其责任人员处理意见的落实。

五、防范措施及建议

(1) 加强对职工的安全培训教育,加大现场管理力度,严禁职工违章作业。认真制定安装及拆除单轨吊安全技术措施并贯彻落实到实际工作中。

(2) 对单轨吊管线设备要加强管理,单轨吊上的滑轮小车要经常保持一定距离,严禁相互挤撞,并对各环节的工艺方法进行优化。

(3) 对超前支架操纵手把加防护罩或支架手动操作改为按钮控制。

(4) 加大现场管理力度,做好现场安全管控,严禁职工违章作业。组织全矿进行隐患大排查大整治,全面排查管理制度和现场隐患,规范现场安全管理。

(5) 吸取事故教训,增强员工安全防范意识。要将这起事故通报到各基层单位和每一位员工,深刻吸取事故教训,教育广大干部职工提高思想认识,全面落实安全生产责任和各项安全技术措施,同时进行全面安全大检查,全面排查现场隐患和管理制度方面存在的漏洞,规范现场安全管理。

(6) 进一步加强安全监管工作,要深刻吸取本次事故教训,举一反三,对所属各矿认真进行隐患排查和治理,并充分发挥事故警示教育作用,对全公司开展一次安全教育,防范事故的再次发生。

【案例8】安徽某矿"9·11"单轨吊事故

2023年9月11日19时47分许,安徽某矿掘进一区在832风巷使用柴油机齿轨单轨吊机车运输液压支架过程中发生溜车、下滑,造成1名单轨吊机车司机受伤,后经抢救无效死亡,直接经济损失338.51万元(不含事故罚款)。

依据《中华人民共和国安全生产法》《煤矿安全监察条例》《生产安全事故报告和调查处理条例》及《矿山生产安全事故报告和调查处理办法》等法律法规规定,2023年9月14日,国家矿山安全监察局安徽局组织安徽省能源局、淮北市应急管理局、淮北市公安局、淮北市总工会成立事故调查组,并邀请淮北市纪委监委派员参加事故调查工作,同时聘请相关专家参加事故调查。

事故调查组按照"科学严谨、依法依规、实事求是、注重实效"和"四不放过"原则,通过现场勘查、调查取证、调阅资料、人员问询、检测检验、试验等,查明了事故单位基本情况,查清了事故发生的经过、报告过程、原因、类别、人员伤亡和直接经济损失情况,认定了事故性质和责任,提出了对有关责任人和责任单位的处理建议,并针对事故原因及暴露出的问题提出了防范和整改

第六章 矿压单轨吊典型事故及其防范措施

措施。

一、事故发生经过

2023年9月11日中班,掘进一区1队出勤13人,跟班副区长张某某带领8人负责在832开切眼作业,另安排2名单轨吊机车司机在832风巷开1号、10号单轨吊机车,其中徐某某开1号单轨吊机车。19时47分许,徐某某开1号单轨吊机车运送液压支架掩梁和顶梁至组装硐室处,将操作手柄复位准备卸掩梁时,把钩工闫某某问徐某某能不能拿起吊遥控器,徐某某在前驾驶舱室从上向下将遥控器交给闫某某,并说"等下,有点溜车",闫某某随即躲避,并看见徐某某晃了晃操纵手柄,按下急停按钮,拉下手动截止阀操作拉杆,单轨吊机车加速下滑,现场作业人员立即顺着832风巷向下查看情况,在832风巷下口拐弯处发现单轨吊机车司机徐某某头朝下方侧卧在支架顶梁里侧,胳膊被压在顶梁下面,人处于昏迷状态,现场立即组织施救。23时40分,徐某某被救出,并安排人员送伤者升井,送至皖北总医院,后经抢救无效于9月12日6时35分死亡。

当班井下带班矿领导为机电副总工程师赵某某,事故发生时位于七采区变电所。

二、事故发生的原因

(一) 直接原因

单轨吊机车斜巷重载停车,制动回路电磁阀卡顿未有效进行工作制动,单轨吊机车溜车、下滑,下滑过程中紧急手动制动保护和机械离心式释放器超速保护的回油管均未回油,保护不起作用,致使单轨吊机车失速下滑至风巷下口拐弯处,司机跌落、被挤压致死。

(二) 间接原因

(1) 单轨吊机车日常维护管理不到位。单轨吊机车运行未实现专业化管理,未制定保护试验细则,制定的单轨吊机车日检标准及检修方式中无紧急手动制动保护试验检修项目;手动紧急制动装置、机械离心式释放器超速保护均已动作,但未实现有效制动。

(2) 单轨吊机车大修管理不到位。1号单轨吊机车大修未经原厂或原厂授权的维修单位进行维修,8组单轨吊机车驱动(制动)单元马达二次分包维修。增加驱动(制动)单元、重新组装后未获得生产厂家书面认可,大修后未经多部门联合验收。

(3) 安全风险辨识和隐患排查治理不到位。组装硐室位置不合理,导致机车频繁在斜巷重载悬钩停车,对大倾角斜巷重载频繁停车可能导致溜车的风险研判不足，未制定针对性管控措施。未及时发现和消除单轨吊机车紧急手动制动和机械离心式释放器超速保护不能有效制动的隐患。

（4）单轨吊机车检测检验不到位。1号单轨吊机车大修组装后、使用前，未及时进行制动力测试，未委托有资质的部门进行检测检验。

（5）安全教育培训不到位。单轨吊机车检修等人员缺少系统理论培训，对单轨吊机车的性能、原理及各项保护掌握不够，安全意识不强。

三、对有关责任人员和责任单位的处理建议

（一）对责任人的处理建议

（1）王某某，男，群众，掘进一区机电班维修工，负责1号、10号单轨吊机车日常检修维护工作。对手动紧急制动装置、机械离心式释放器超速保护检修不到位，未实现有效制动，对事故发生负有主要责任。依据《中华人民共和国安全生产法》第一百零七条规定，建议该矿依照有关规章、制度给予处分。

（2）陈某某，男，中共党员，掘进一区机电副区长，负责全区机电管理工作。未及时发现单轨吊机车手动紧急制动装置、机械离心式释放器超速保护失效的安全隐患，对事故发生负有主要责任。依据《安全生产领域违法违纪行为政纪处分暂行规定》第十二条规定，建议给予撤职处分。依据《中华人民共和国安全生产法》第九十六条规定，建议暂停其与安全生产有关的资格，建议处2022年度年收入百分之三十的罚款。

（3）杨某某，男，中共党员，掘进一区党支部书记，负责全区党务及职工教育培训等工作。本区单轨吊机车检修等人员缺少系统理论培训，对事故发生负有重要责任。依据《中国共产党纪律处分条例》第一百二十一条规定，建议给予撤销党内职务处分。依据《中华人民共和国安全生产法》第九十六条规定，建议暂停其与安全生产有关的资格，建议处2022年度年收入百分之三十的罚款。

（4）徐某，男，中共党员，掘进一区区长，负责全区安全生产管理工作。未及时发现单轨吊机车手动紧急制动装置、机械离心式释放器超速保护失效的安全隐患，对大倾角斜巷重载频繁停车可能导致溜车的风险研判不足，未采取安全措施，对事故发生负有主要责任。依据《安全生产领域违法违纪行为政纪处分暂行规定》第十二条规定，建议给予撤职处分。依据《中华人民共和国安全生产法》第九十六条规定，建议暂停其与安全生产有关的资格，建议处2022年度年收入百分之三十的罚款。

（5）任某，男，中共党员，机电科党支部书记兼运管办主任，负责矿井斜巷运输监管职责。未及时进行制动力测试，未委托有资质的部门进行检测检验，未及时发现单轨吊机车手动紧急制动装置、机械离心式释放器超速保护失效的安

全隐患，对事故发生负有重要责任。依据《安全生产领域违法违纪行为政纪处分暂行规定》第十二条规定，建议给予记过处分。

（6）冯某某，男，中共党员，掘进副总经理，负责全矿掘进系统安全生产管理工作。对大倾角斜巷重载频繁停车可能导致溜车的风险研判不足，未采取安全措施，未委托有资质的部门进行检测检验，对事故发生负有主要领导责任。依据《安全生产领域违法违纪行为政纪处分暂行规定》第十二条规定，建议给予撤职处分。依据《中华人民共和国安全生产法》第九十六条规定，建议暂停其与安全生产有关的资格，建议处2022年度年收入百分之三十的罚款。

（7）丁某，男，中共党员，机电副总经理，负责矿井机电运输安全生产管理工作。1号单轨吊机车大修未经原厂或原厂授权的维修单位进行维修，增加驱动（制动）单元、重新组装后未获得生产厂家书面认可，未委托有资质的部门进行检测检验，未制定保护试验细则，对事故发生负有重要领导责任。依据《安全生产领域违法违纪行为政纪处分暂行规定》第十二条规定，建议给予记大过处分。依据《中华人民共和国安全生产法》第九十六条规定，建议处2022年度年收入百分之二十的罚款。

（8）闫某某，中共党员，该集团公司安全监察局驻矿安监处处长，负责矿井安全生产监督管理工作。未及时发现单轨吊机车手动紧急制动装置、机械离心式释放器超速保护失效的安全隐患，对事故发生负有重要领导责任。依据《安全生产领域违法违纪行为政纪处分暂行规定》第十二条规定，建议给予记大过处分。

（9）徐某某，中共党员，党委书记，负责全矿职工安全教育工作，与矿长共同承担安全生产领导责任。对单轨吊机车作业人员安全培训教育组织不力，对事故发生负有重要领导责任。依据《中国共产党纪律处分条例》第一百二十一条规定，建议给予党内严重警告处分。依据《中华人民共和国安全生产法》第九十六条规定，建议处2022年度年收入百分之三十的罚款。

（10）高某某，男，中共党员，总经理，安全生产第一责任人，全面负责矿井安全生产管理工作。单轨吊机车运行未实现专业化管理，对单轨吊机车使用风险辨识和隐患排查治理组织不力，对事故发生负有主要领导责任。依据《安全生产领域违法违纪行为政纪处分暂行规定》第十二条规定，建议给予撤职处分。依据《中华人民共和国安全生产法》第九十五条规定，建议处2022年度年收入百分之四十的罚款。

（二）对责任单位的处理建议

该矿安全管理不到位，对事故发生负有责任。依据《中华人民共和国安全生产法》第一百一十四条第一项规定，建议处50万元罚款。

鉴于淮北矿业集团机电装备部业务指导、监管不到位，制定的各项单轨吊机车管理规定中无齿轨式单轨吊机车管理规定，未建立统一的日常检修标准和清单。建议机电装备部、设备租赁中心向该集团公司作出书面检查。

四、事故防范和整改措施

（1）健全完善单轨吊机车管理制度。按照《安徽省煤矿柴油动力单轨吊机车安全运行管理暂行规定》要求进一步健全完善单轨吊机车操作规程、保护试验细则、检修、运行管理等制度，完善单轨吊机车及轨道安装、验收标准，明确验收流程、安装和验收责任单位，将各类型单轨吊机车纳入统一规范管理，严防漏管失控。

（2）规范设备管理。严格规范单轨吊机车造型设计、安装使用，严禁随意增减机车驱动（制动）单元的数量、改变机车整体结构。不得超出安全标志认证的备案技术标准范围增加机车驱动（制动）单元的数量、改变机车结构；对不超出安全标志认证备案技术标准范围的改、组装，必须符合产品说明书规定，经厂家书面认可，经矿总工程师组织审批；新安装和大修后的单轨吊机车使用前必须按规定进行检测检验和制动力测试。实施单轨吊机车"全生命周期"管理，明确使用年限、大修周期、关键核心部件更换周期等，提高设备管理水平。规范增（减）驱动程序，保证设备安全性、合法性。

（3）加强维护管理。单轨吊机车应严格执行大修标准和使用周期，维修厂家应具备相应的资质和能力，加强大修过程管控，规范开展"修前鉴定、修中监督、修后验收"等工作，确保维修质量。健全完善电气、液压等图件、图纸资料，严格按检修清单和标准、保护试验细则规定的检查项目、内容、周期、标准进行检修和试验，确保各类保护灵敏可靠。

（4）加强风险管控和隐患排查治理。从设计、措施编制审批、设备选型及使用管理等方面，全面辨识管控单轨吊机车等"四新"应用带来的安全风险，完善落实管控措施；重点排查治理单轨吊机车设计选型、运行维护、重载大倾角使用条件及安全保护等存在的事故隐患，保证运行安全。

（5）强化安全教育培训。加强单轨吊机车司机和检修人员理论和实操培训，熟练掌握单轨吊机车安全运行工作原理，提高操作技能、检修水平、风险辨识能力和安全意识。

（6）强化部门监管。集团公司应督促各矿落实单轨吊机车专业化管理规定，配齐配强管理、操作和维护人员，实现矿井单轨吊机车统一管理、统一使用、统一检修维护。加大设备升级改造力度，如工作制动采用多电磁阀并联、故障报警，提升设备安全性能，积极推广单轨吊机车无人驾驶技术，实现本质安全。

参 考 文 献

[1] 许进. 单轨吊系统方案设计 [M]. 徐州：中国矿业大学出版社，2015.
[2] 卞泽宇，杜聿静，董妍，等. 矿用井下气动单轨吊制动系统设计与应用研究 [J]. 机械管理开发，2024，39（2）：137-138.
[3] 蔡悦. 单轨系统全生命周期成本关键要素辨析与成本估算模型研究 [J]. 智能城市，2024，10（2）：94-96.
[4] 崔东伟，袁猛. 单轨吊运行工况分析及改进措施 [J]. 中国设备工程，2024（4）：266-268.
[5] 岳彩辉. 矿用单轨吊机车紧急制动装置的研究与设计 [J]. 矿业装备，2024（2）：161-163.
[6] 左明明. 煤矿井下单轨吊机车辅助运输系统的应用 [J]. 内蒙古煤炭经济，2023（24）：115-117.
[7] 陈瑞云，邓海顺，陈宝震，等. 煤矿辅助运输单轨吊连续化作业分析与应用 [J]. 机械工程师，2023（2）：132-134.
[8] 丁彦辉. 防爆柴油机单轨吊机车液压系统设计 [J]. 设备管理与维修，2023（23）：119-120.
[9] 李振. 单轨吊辅助运输无人驾驶系统设计 [J]. 自动化应用，2023，64（21）：27-29.
[10] 张永全，徐希鹏，郭华. 煤矿机电运输中单轨吊应用探析 [J]. 内蒙古煤炭经济，2023（18）：73-75.
[11] 程东，焦鹏，袁超. 防爆蓄电池单轨吊在矿井中的应用 [J]. 中国高新科技，2023（11）：46-48.
[12] 袁亮. 煤矿安全规程解读2022 [M]. 北京：应急管理出版社，2022.
[13] 姜绿江. 象山煤矿井下单轨吊运输系统设计 [J]. 煤炭工程，2004（6）：15-17.
[14] 刘涛. 关于矿井辅助运输方式的选择 [J]. 煤炭工程，2003（12）：7-10.
[15] 赵国平，宋顺妙. 煤矿井下用单轨吊车 [J]. 煤矿机械，1991（1）：28-31.
[16] 徐秀华. 新型单轨吊运输系统在双台煤矿的应用研究 [J]. 能源技术与管理，2007（6）：98-99.
[17] 庄严. 煤矿井下单轨吊车的选型设计 [J]. 矿山机械，2010，38（5）：44-46.
[18] 马腾，崔林. 蓄电池单轨吊的设计及计算 [J]. 煤炭科学技术，1991（8）：13-15.
[19] 王平，徐加伟. 煤矿辅助运输能力的分析 [J]. 当代矿工，2007（5）：43-45.
[20] 秦卫斌. 辅助运输蓄电池电牵引单轨吊的开发与应用 [J]. 煤，2007（11）：50-51.
[21] 于学谦. 矿山运输机械 [M]. 徐州：中国矿业大学出版社，1990.
[22] 尹承排. 振兴煤矿井下单轨吊运输系统设计 [J]. 科技与管理，2013（7）：218-219.
[23] 许贤良，王传礼. 液压传动 [M]. 北京：国防工业出版社，2006.
[24] 张延军. 单轨吊机车动力系统的研究 [D]. 太原：太原理工大学，2008.

[25] 姜汉军. 矿井辅助运输设备 [M]. 徐州：中国矿业大学出版社，2008.

[26] 张荣立，何国纬，李铎. 采矿工程设计手册 [M]. 北京：煤炭工业出版社，2003.

[27] 陈羽. 大型单轨吊驱动部设计分析 [D]. 徐州：中国矿业大学，2020.

[28] 房运涛. 重型柴油机单轨吊关键技术研究 [D]. 青岛：山东科技大学，2017.

[29] 侯良超. 矿用井下气动单轨吊设计研究 [D]. 青岛：山东科技大学，2019.

[30] 张小俊. 煤矿单轨吊轨道内力计算及选型 [J]. 煤炭工程，2014，46（4）：29-31.

[31] 王辉. 单轨吊机车驱动布局研究 [J]. 工程机械，2023，54（5）：67-72.

[32] 韩文娟. 单轨吊车选型设计及适用性分析 [J]. 煤矿机械，2017，38（8）：90-92.

[33] 张凯. 单轨吊机车设备的选型设计研究 [J]. 机械管理开发，2020，35（5）：33-34.

[34] 王韶山，韩晓东，卢金春，等. 钢丝绳牵引单轨吊的研发与应用 [J]. 煤炭工程，2014，46（4）：129-131.

[35] 高贵军. 煤矿辅助运输关键技术与装备的研究 [D]. 太原：太原理工大学，2004.

[36] 李永军. 煤矿井下单轨吊机车选型计算 [J]. 山东煤炭科技，2019（2）：130-131.

[37] 姜飞. 煤矿井下液压单驱单轨吊设计研究 [D]. 青岛：山东科技大学，2018.

[38] 杜帅. 双绳牵引单轨吊车选型设计计算 [J]. 江西煤炭科技，2018（2）：115-117.

[39] 吴杰. 新型单轨机车液压系统的研发 [D]. 青岛：山东科技大学，2014.

[40] 梁椿豪，丛佩超，薛安东. 新型摩擦轮与齿轮混合驱动蓄电池单轨吊设计 [J]. 机电产品开发与创新，2018，31（6）：50-51.

[41] 徐红光. 单轨吊轨道及机车的选型计算及应用研究 [J]. 中国高新技术企业，2016（23）：52-54.

[42] 袁成国. 单轨吊轨道悬吊安装方法及实施要点分析 [J]. 内蒙古煤炭经济，2020（9）：37-39.

[43] 张八千. 单轨吊动力分配以及轨道力学特性分析 [D]. 淮南：安徽理工大学，2022.

[44] 张桂东，许延晖. 煤矿井下单轨吊轨道承载变形的有限元分析 [J]. 煤矿机械，2015（1）：129-130.

[45] 段建廷. 单轨吊轨道悬吊安装方法探讨 [J]. 矿业安全与环保，2004（2）：57-58.

[46] 黄福昌，倪兴华. 兖矿集团矿井辅助运输技术规范 [M]. 北京：煤炭工业出版社，2008.

[47] 段建廷. 单轨吊轨道的道岔指示装置的改造 [J]. 煤矿安全，2000（10）：24-25.

[48] 崔希海，来淑梅，宋廷彬，等. 单轨吊运行工况分析及改进措施 [J]. 煤矿机械，2008（9）：142-144.

[49] 范新虎，柳军国，赵军，等. 单轨吊道岔系统的设计 [J]. 电子质量，2013（6）：34-26.

[50] 于励民. 煤矿机电管理实用指南 [M]. 北京：煤炭工业出版社，2014.

[51] 李臣华，杨大明. 煤矿安全监控系统实用指南 [M]. 北京：应急管理出版社，2021.

[52] 王伟平主编. 机械设备维护与保养 [M]. 北京：北京理工大学出版社，2010.

[53] 颜井冲，单超，曹洪义. 柴油机单轨吊日常管理及维护保养 [J]. 煤矿现代化，2016（2）：112-113.

［54］尹全英，何利民．电工常见故障处理手册［M］．北京：中国电力出版社，2009．
［55］母忠林．柴油机常见故障与维修全程图解［M］．北京：化学工业出版社，2012．
［56］李文涛．锂离子电池安全与质量管控［M］．北京：化学工业出版社，2022．
［57］杨大明，尹贻勤．煤矿安全管理A类［M］．徐州：中国矿业大学出版社，2002．
［58］中国煤炭工业协会，晋能集团有限公司．全国煤矿辅助运输技术与管理［M］．徐州：中国矿业大学出版社，2017．